U0393643

Transformer and Inductor Design Handbook

FOURTH EDITION

变压器与电感器设计手册

（第四版）

[美] Colonel Wm.T.Mclyman 卡罗尼尔 · 麦克莱曼　著

周京华　龚绍文　译

中国电力出版社
CHINA ELECTRIC POWER PRESS

TRANSFORMER AND INDUCTOR DESIGN HANDBOOK 4th Edition/by COLONEL WM. T. MCLYMAN/ISBN：978-1-4398-3687-3

图书在版编目(CIP)数据

变压器与电感器设计手册：第 4 版/(美)麦克莱曼（McLyman，C. W. T.）编著；周京华译. —北京：中国电力出版社，2014.1（2017.7 重印）

书名原文：Transformer and Inductor Design Handbook，four edition

ISBN 978-7-5123-5062-5

Ⅰ.①变…　Ⅱ.①麦…②周…　Ⅲ.①变压器-设计-手册②电感器-设计-手册　Ⅳ.①TM402-62②TM550.2-62

中国版本图书馆 CIP 数据核字（2013）第 248241 号

中国电力出版社出版、发行
（北京市东城区北京站西街 19 号　100005　http://www.cepp.sgcc.com.cn）
三河市万龙印装有限公司印刷
各地新华书店经售
*
2014 年 1 月第一版　2017 年 7 月北京第三次印刷
787 毫米×1092 毫米　16 开本　36 印张　777 千字
印数 5001—6000 册　定价 **128.00** 元

献给我的妻子 *Bonnie*

译者的话

从事电力电子电路与系统设计、制造、测试、研究的工程师、研究者、教师和学生非常需要一些有关磁学、磁路、磁元件、磁器件的原理、分析与设计方面的书，特别是实用性很强的书，而这类书国内尚显不足。［美］Colonel Wm. T. McLyman 先生所著的《Transformer and Inductor Design Handbook》（Third Edition）在变压器与电感器的设计方面，实现了理论与实践的完美结合，是一本目前国内同行十分需要且实用性很强的好书。

关于本书的作者，在书的一开头的“序”和“前言”之后就有“关于作者”的详细介绍，这里不再赘述。

本书最大的特点是设计实例多。书中涉及变压器和电感器设计的实例共 17 类 27 个。每个例子都包括详细的设计步骤，少的也有 20 几步，多的达 50 多步。读者可以从这些设计实例中体会设计思想、设计原理，经过“消化”后，就可以把它们运用到自己的分析与设计中。书中有供分析和设计时使用的图 513 个，表 125 个，还有众多有用的设计公式。书中的文字内容既有理论分析，也有经验之谈，值得读者研究和借鉴。总之，本书是一部内容丰富、实用性很强且不可多得的作品。当然，这样一部大的著作也会不可避免地出现一些印刷、笔误、疏漏或其他方面的问题，凡有这种情况的地方译者都以“注”的形式做了自己的说明。

全书共 26 章，其中 1～21 章由龚绍文翻译，第 22～26 章由周京华翻译。全书由周京华统稿。

由于译者的水平所限，译文一定会存在不少缺点甚至错误，译者诚挚地希望得到专家和读者的批评指正。

序

FOREWORD

Colonel McLyman 是一位著名的作者、教师和磁路设计师。他以往有关变压器和电感器设计、磁心特性和变换器电路设计方法的著作已经广泛地为磁路设计师所采用。

在第四版中，Colonel McLyman 整合并修订了他以往著作中所描述的内容，此外还增加了五章新的内容，包括自耦变压器设计、共模电感器设计、串联饱和电抗器设计、自饱和磁放大器以及给定阻值电感器设计。作者还涉及了包括所有相关公式的磁设计理论。另外，他还为我们提供了关于磁性材料和磁心特性的完整信息，以及按步骤进行的设计实例。

这本书是从事磁路设计工作工程师的必读之作。不论你从事的是高可靠的现代设计，还是大批量生产的低成本产品，这本书都是必不可少的。感谢 Colonel 先生给我们写了一本优秀且实用的书。

Robert G. Noah

美国宾夕法尼亚州匹兹堡市

Spang and Company 公司磁器件公司（Magnetics）

分部工程应用经理（已退休）

前　言

PREFACE

我已经强烈地要求要修订我的《变压器与电感器设计手册》一书，因为近几年电力电子技术有了很大的变化。我希望在现有章节的基础上增加和扩充部分内容。这个新版本包括 26 章。新增的章节包括自耦变压器设计、共模电感器设计、串联饱和电抗器设计、自饱和磁放大器和给定阻值电感器设计。每章都包括按步骤进行的设计实例。

本书用设计实例为电子和航空工业中的设计工程师和系统工程师们提供了实用的方法。在所有实际的电子电路中都能发现有变压器。这本书很容易被用来设计质量小[1]、频率高的航空变压器或低频率的工业用变压器。因此，它是一本设计手册。

在电力电子系统的功率变换过程中需要用变压器，这类元件在变换电路中常常是最重且最大的元件，变压器元件还会对整个系统的性能和效率有显著的影响。因为，这样的变压器设计对整个系统的质量、功率变换效率和成本都有重要的影响。由于这些参数之间有相互依存和相互影响的关系，所以，为了实现设计的最优化，审慎地折中就是必不可少的了。

多年来，磁心制造商对它们的磁心都指定代表其功率处理能力的数字代码，方法是为每个磁心都提供一个被称为面积积 A_p 的数字，它是磁心窗口面积 W_a 和磁心横截面积 A_c 的乘积。磁心供应商用这组数字来概括在他们的产品目录中列出磁心尺寸和电气特性。窗口面积 W_a 和磁心面积 A_c 的乘积，其量纲为长度尺寸的 4 次方。我开发出一个新的磁心功率处理能力几何常数 K_g 的公式，K_g 具有长度尺寸 5 次方的量纲。新公式使工程师们能更快、更严格地控制他们的设计。磁心几何常数 K_g 是一个较新的概念，磁心制造商现在也开始将它加入新产品目录中。

由于其重要性，面积积 A_p 和磁心几何常数 K_g 也被广泛用于本手册中。为了设计师的方便，书中还给出了大量的其他信息。为了使设计师能用最少量的时间做出最适合于其特定应用的折中，书中很多材料是以表格的形式给出的。

设计师们已经用过很多方法以达到合适的变压器和电感器设计，例如在很多情况下，用安排电流密度的经验法，在 1000 圆密耳/安等级的情况下就能得到很好的结果。这在很多时候是令人满意的。但是，满足这个要求计算出要用的导线尺寸可

---

[1] 此处的“质量小”由原文“lightweight”译出，直译应为“轻重量”，但鉴于我国国家标准《量和单位》GB 3100～3102—1993 中已无重量一词，惯常所说的“重量”实际应为“质量”。因此，本译本把原书中的所有“Weight”均译为质量。

能要产生一个所希望的或真正要求的，又大又重的电感器。本书中给出的资料将可能避免用这样或那样的经验法。本书开发了一个更经济和更好的设计方法。其他能够买到的有关电子变压器的书似乎没有人用考虑用户的观点来编写，本书中的材料从头到尾都是为使见习工程师或技术员在变压器和电感器的设计中获得现代技术水平的理解而组织的。

本书作者和出版者对于有人利用本手册中所叙述或所涉及的电路、系统或过程而可能导致的对第三者的专利或其他权利的任何侵犯，不承担责任。

感　谢

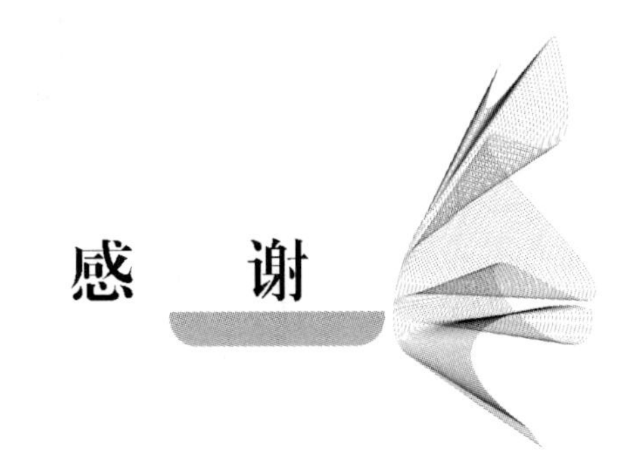

在为写本书而搜集材料的过程中，本人很幸运地得到了几个公司和很多同事们的帮助和合作，我要对他们所有人表示我的感谢。如果要把他们都提到，需要列出一个很长的名单。但是，有几个人和公司的贡献是特别显著的。已经从磁技术组退休的同事 Robet Noah 和 Harry Sovisky 对本书的编排、修改给了很大的帮助。另外，在磁技术组的同事 Lowell Bosley 和他的工作人员提供了最新的产品目录和磁心样品。我要感谢 Micrometals 公司的同事 Jim Cox 和 Dale Nicol 以及 TSC International 公司的 George Orenchak。我要给 Linear Magnetics 公司的 Richard（OZ）Ozenbaugh 特别的感谢，感谢他帮助本书做了很多公式的详细推导和设计例子的核对工作。我还要感谢 Rodon Products 公司的 Steve Freeman，他建构和测试了设计实例中使用的所有磁元件。

我还要感谢：喷气推进实验室（JPL）的 Vatche Vorperian 博士，他在导出和澄清静音变换器的公式方面、Fridenberg Research 公司的 Jerry Fridenberg 在 SPICE 程序电路建模方面提供的帮助、JPL 的 Wester 博士的投入以及 Kit Sum 在其储能公式方面的帮助。我还要感谢已故的 Robert Yahiro 的帮助和多年的鼓励。

Colonel Wm. T. McLyman

关于作者

最近，Colonel Wm. T. McLyman 作为加利福尼亚理工学院喷气推进实验室（JPL）航空电子设备组的资深成员退休了。他有 54 年磁技术领域的工作经验，握有 14 个有关磁学概念的专利。他在 JPL 30 年的工作中，写了超过 70 份 JPL 技术文件、新技术报告和有关磁学和功率变换电路设计的技术文章。他曾参与了包括“探路者（Pathfinder）”号火星探索飞行、向土星进军计划（Cassini）、“伽里略（Galileo）”号木星探测器、向金星进军计划（Magellan）、向火星进军计划（Viking）、旅行者（Voyager）”号太空探测器、向冥王星进军计划（MVM）、哈勃空间望远镜以及许多其他项目在内的美国国家航空与航天管理局（NASA）计划。

他在美国、加拿大、墨西哥和欧洲就磁元件的设计与制造做过超过 29 年的巡回演讲。他是一位知名且公认的磁路设计权威。他是他自己的专门从事功率磁设计的公司 Kg 磁技术公司的现任经理。

近来他完成了一本名为《高可靠磁器件的设计与制造》（High Reliability Magnetic Devices. Design and Fabrication，Marcel Dekker. Inc.）的著作。他还通过 Kg 磁技术公司销售一种针对于变压器和电感器的名为“Titan”的磁设计与分析计算机软件（见图 1），这个程序可运行于 Windows 95、98、2000 和 NT。

图 1　计算机设计程序的主菜单

Colonel Wm. T. McLyman(President)

Kg Magnetics, Inc.

Idyllwild, California 92549, U. S. A.

www.kgmagnetics.com; colonel@kgmagnetics.com

符　　号

α　调整率,%
A_c　磁心的有效截面积，cm^2
A_p　面积积，cm^4
A_t　变压器的表面面积，cm^2
A_w　导线面积，cm^2
$A_{w(B)}$　裸导线面积，cm^2
$A_{w(I)}$　带绝缘的导线面积，cm^2
A_{wp}　一次(旧称初级、原边)绕组导线面积，cm^2
A_{ws}　二次(旧称次级、副边)绕组导线面积，cm^2
A-T　安匝
AWG　美国线规(美国导线规格尺寸)
B　磁通密度或磁感应强度，T
B_{AC}　交流磁通密度，T
ΔB　磁通密度的变化量，T
B_{DC}　直流磁通密度，T
B_m　磁通密度，T
B_{max}　最大磁通密度，T
B_o　工作磁通密度峰值，T
B_{pk}　磁通密度峰值，T
B_r　剩余磁通密度，T
B_s　饱和磁通密度，T
C　电容
C_n　新电容
C_p　集总参数电容
C_s　杂散电容
CM　圆密耳
CM　共模
D　驻留时间占空比
D_{AWG}　导线直径，cm
$D_{(min)}$　最小占空比
$D_{(max)}$　最大占空比
D_x　休止时间占空比
$\overline{DM}$　差模
E　电压
E_{line}　线间电压(线电压)
E_{phase}　相线对中性线的电压(相电压)
W　能量，J
ESR　等效串联电阻，Ω
η　效率
f　频率，Hz
F　边缘磁通系数
F_m　磁动势，即 mmf，A-T
$F.L.$　满载
G　绕组长度，cm
γ　密度，g/cm^2
ε　趋肤深度，cm
H　磁场强度，安-匝
H　磁场强度，Oe
H_c　使磁通返回零所需的磁场强度(矫顽力——译者注)，Oe
ΔH　磁场强度变化量，Oe
H_o　工作磁场强度的峰值，Oe
H_s　饱和处的磁场强度，Oe
I　电流，A
I_c　充电电流，A
I_c　控制电流
ΔI　电流变化量，A
I_{DC}　直流(DC)电流，A

I_g 门电流

I_{in} 输入电流，A

I_{Line} 输入线电流，A

I_{phase} 输入相电流，A

I_m 磁化电流，A

I_o 负载电流，A

$I_{o(max)}$ 最大负载电流，A

$I_{o(min)}$ 最小负载电流，A

I_p 一次电流，A

I_s 二次电流，A

$I_{s(phase)}$ 二次相电流，A

$I_{s(line)}$ 二次线电流，A

J 电流密度，A/cm^2

K_c 铜损常数

K_c 准电压波形系数

K_{cw} 控制绕组系数

K_e 电系数

K_f 波形系数

K_g 磁心几何常数，cm^5

K_j 与电流密度相关的常数

K_s 与表面面积相关的常数

K_u 窗口利用系数

K_{up} 一次窗口利用系数

K_{us} 二次窗口利用系数

K_{vol} 与体积相关的常数

K_w 与质量相关的常数

L 电感，H

L_c 开路电感，H

L_c 控制绕组电感

L_p 一次电感，H

l 线(长度)尺寸

$L_{(crrt)}$ 临界电感

λ 密度，g/cm^3

l_g 气隙，cm

l_m 磁材料部分路径长度，cm

l_t 磁路路径总长度，cm

$\overline{\mathrm{MA}}$ 磁放大器

mks 米-千克-秒

MLT 平均匝长，cm

mmf 磁动势，即 Fm，A-T

MPL 磁路长度，cm

mW/g 毫瓦/克

μ 磁导率

μ_i 初始磁导率

μ_Δ 增量磁导率

μ_m 磁心材料磁导率

μ_o 空气磁导率

μ_r 相对磁导率

μ_e 等效磁导率

n 匝比

N 匝数

N. L. 无载

N_L 电感匝数

N_n 新匝数

N_p 一次匝数

N_s 二次匝数

P 功率，W

P_{Cu} 铜损，W

P_{Fe} 磁心损耗或铁损，W

P_g 气隙损耗，W

P_{gain} 功率增益，因数

Φ 磁通，Wb

P_{in} 输入功率，W

P_L 电感器的铜损，W

P_o 输出功率，W

P_p 一次铜损，W

P_s 二次铜损，W

P_Σ 总损耗(磁心和铜)，W

P_t 总视在功率，VA

P_{tin} 自耦变压器输入功率，VA

P_{to} 自耦变压器输出功率，VA

P_{VA} 一次伏—安(一次侧视在功

率)，VA

R 电阻，Ω

R_{AC} 交流电阻(AC 电阻)，Ω

R_{Cu} 铜的电阻，Ω

R_{DC} 直流(DC)电阻，Ω

R_e 体现磁心损失的等效电阻(与电感并联)，Ω

R_g 气隙的磁阻，1/H

R_L 负载电阻，Ω

R_m 磁心磁阻，1/H

R_{mt} 总磁阻，1/H

R_o 负载电阻，Ω

$R_{o(R)}$ 反射的负载电阻，Ω

$R_{in(equiv)}$ 反射的负载电阻，Ω

R_p 一次侧绕组电阻，Ω

R_R 交流/直流电阻比(AC/DC 电阻比)

R_s 二次侧绕组电阻，Ω

R_t 总电阻，Ω

ρ 电阻率，Ω-cm

S_1 导体面积/导线面积

S_2 已绕制导线的面积/可利用的窗口面积

S_3 可利用的窗口面积/窗口面积

S_4 可利用的窗口面积/可利用的窗口面积+绝缘面积

S_{np} 一次导线股数

S_{ns} 二次导线股数

S_{VA} 二次侧伏—安(二次侧视在功率)

$\overline{SR}$ 饱和电抗器

T 总周期，s

t_{off} 截止时间，s

t_{on} 导通时间，s

t_r 时间常数，s

t_w 休止时间，s

T_r 温升，℃

U 乘数因子

VA 伏—安

V_{AC} 外施电压，V

V_c 控制电压，V

$V_{c(pk)}$ 电压峰值，V

V_d 二极管电压降，V

V_{in} 输入电压，V

$V_{in(max)}$ 最大输入电压，V

$V_{in(min)}$ 最小输入电压，V

V_n 新电压，V

V_o 输出电压，V

V_p 一次电压，V

$V_{p(rms)}$ 一次 rms(方均根)电压，V

$V_{s(LL)}$ 二次线电压，V

$V_{s(LN)}$ 二次相线到中性线的电压，V

$V_{r(pk)}$ 纹波电压峰值，V

V_s 二次电压，V

ΔV_{CC} 电容器电压，V

ΔV_{CR} 电容器的串联电阻的电压，V

ΔV_p 一次电压变化量，V

ΔV_s 二次电压变化量，V

W 瓦特(Watts)

W/kg 瓦/千克

W_a 窗口面积，cm^2

W_{ac} 控制窗口面积，cm^2

W_{ag} 选通窗口面积，cm^2

W_{ap} 一次窗口面积，cm^2

W_{as} 二次窗口面积，cm^2

$W_{a(eff)}$ 有效窗口面积，cm^2

W-s 瓦-秒

W_t 质量，g

W_{tCu} 铜质量，g

W_{tFe} 铁(磁)心质量，g

WK W/ kg，W-s W/s

X_L 电感电抗，Ω

目　录

第1章

磁 学 基 础

Chapter 1

目　次

导 言

在掌握磁学领域的过程中会遇到很大的困难，因为它可能用许多不同的单位制—厘米—克—秒（cgs）制、米—千克—秒（mks）制和混合英制。磁学可以通过利用 cgs 制以简单的方法来处理。但是，任何规律似乎都有例外，如磁导率。

真空中的磁特性

一根载有直流电流 I 的长直导线在导线周围产生一圆形磁场，磁场强度 H 和磁感应强度 B 如图 1-1 所示。其关系是：

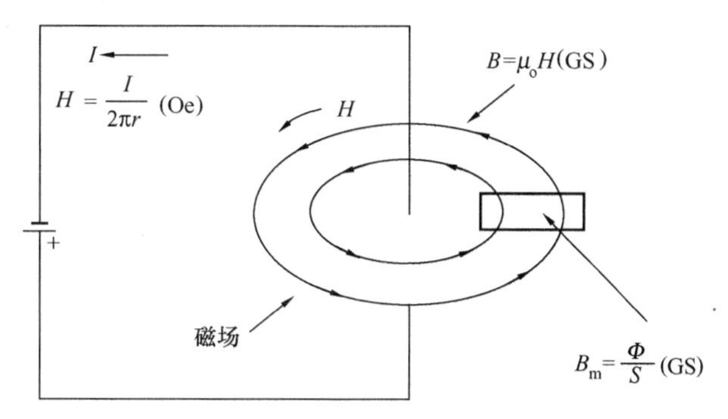

图 1-1 载流导体产生的磁场

一直导线周围磁通线的方向可用“右手定则”来决定：当用右手抓住导体，拇指的指向是电流流动的方向时，其他手指的指向就是磁通线的方向。这个电流方向是指惯常规定的电流方向，而不是电子流动的方向。

当电流以某一方向流过导线时，如图 1-2（a）所示，罗盘的指针将指向一个方向。当导线中的电流方向相反时，如图 1-2（b）所示，罗盘的指针也将反向。这表示磁场

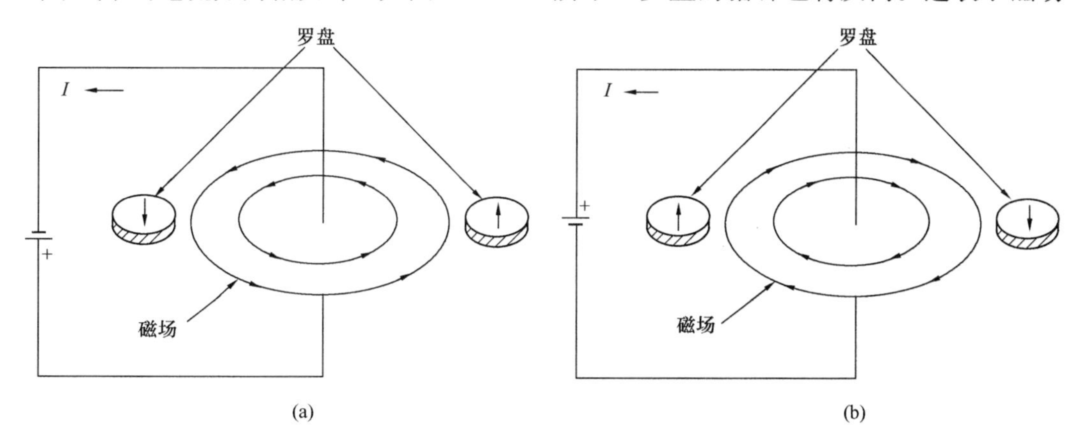

图 1-2 罗盘表明磁场怎样改变极性

具有极性，即当电流 I 反向时，磁场强度 H 将随着电流反向。

磁场的增强

当电流流过一个导线时，在其周围建立起磁场。如果如图 1-3 所示，载有相同方向电流的导体离开相当大的距离，则产生的磁场没有相互的影响。如果同样的两个导体被放置得很靠近，如图 1-4 所示，则磁场将加强，其强度加倍。

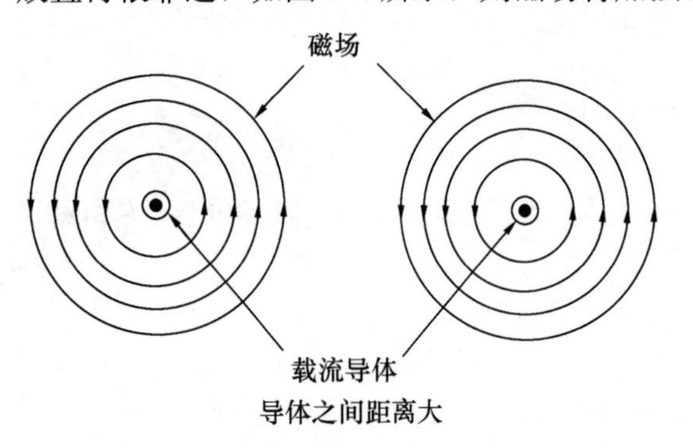

图 1-3 被分开的导体周围产生的磁场

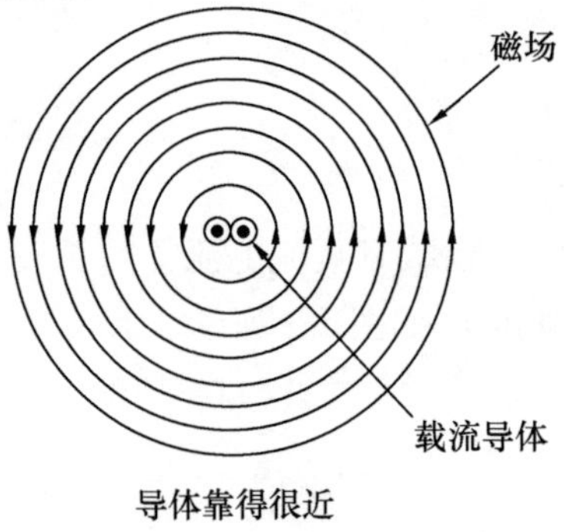

图 1-4 在靠紧的导体周围产生的磁场

$$\gamma = \frac{B^2}{8\pi\mu}[\text{能量密度}] \tag{1-1}$$[1]

如果把导线绕在一个骨架上，其磁场会被大大增强。实际上，线圈所表现出的磁场很像一个磁棒的磁场，如图 1-5 所示。像磁棒一样，线圈具有一个北极和一个中心区域。并且其极性可以通过使线圈中的电流 I 反向而反向。这再一次证明了磁场的方向取决于电流的方向。

磁路是围绕线圈"流通"磁通的空间，磁通的大小由线圈中的电流 I 和线圈的匝数 N 决定。为产生磁通而需要的"力" NI，就是磁动势 (mmf)。对空心线圈而言，磁通密度 B 与磁场强度 H 之间的关系如图 1-6 所示，B 对 H 的比值被称为磁导率 μ，对于空心线圈而

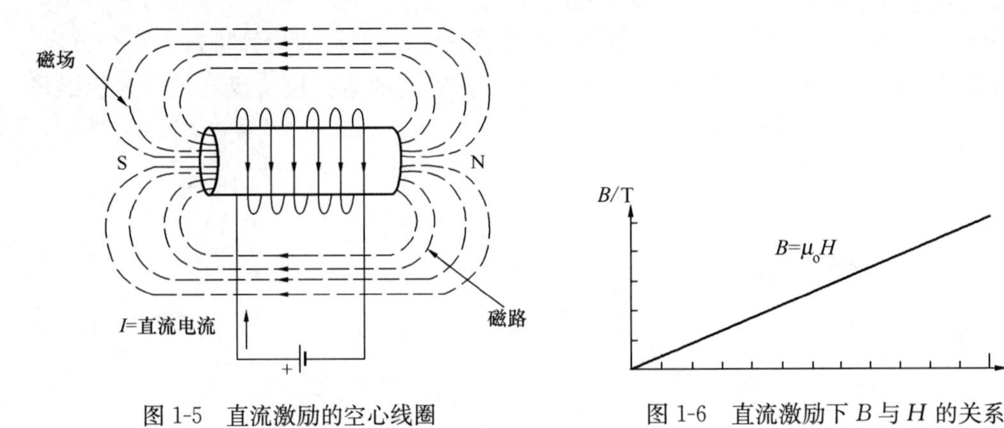

图 1-5 直流激励的空心线圈

图 1-6 直流激励下 B 与 H 的关系

[1] 译者注：这是一个非合理化 CGSM 电磁单位制下的磁场能量密度表达式。式中 γ 为磁场的能量密度，单位是 erg/cm^3，即尔格/厘米^3；B 是磁感应强度或磁通密度，单位是 Gs，即高斯；μ 是介质的磁导率，无量纲。在这种单位制的情况下，真空中的磁导率 $\mu_0=1$，也是无量纲。另外，此公式出现在这里，与上下文关系不明显。

言，在（非合理化）cgs 单位制中，这个比值是 1，其单位是高斯每奥斯特（Gs/Oe）。

$$\mu_0 = 1$$

$$B = \mu_0 H \tag{1-2}$$

如果图 1-5 中的电池用一个交流电源代替，如图 1-7 所示，B 与 H 之间的关系将有如图 1-8 所示的特性。B 与 H 之间的关系为线性关系是空心线圈的主要优点。因为关系是线性的，所以当 H 增加时，B 将增加，因此线圈中的磁通也以同样的方式增加，所以用大的电流可以产生大的磁场。对此有一个明显的限制，即它取决于导线中允许的最大电流及其导致的温升。

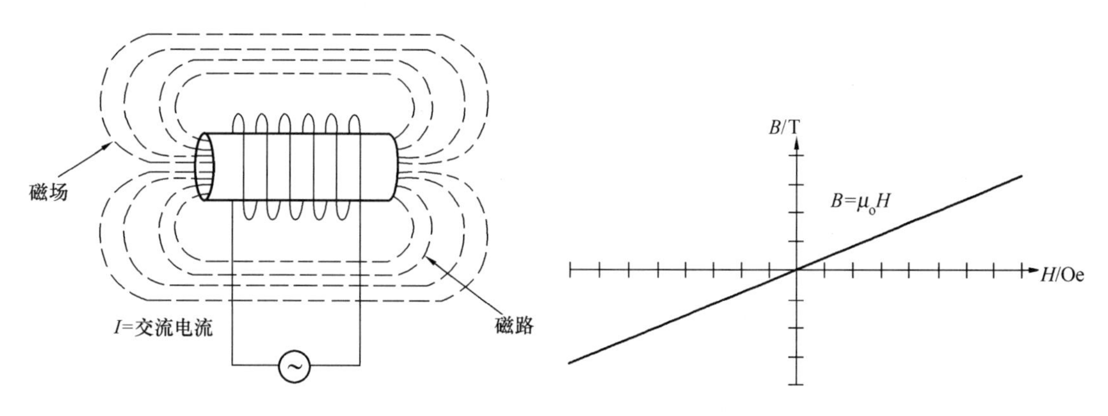

图 1-7　交流电源励磁下的空心线圈

图 1-8　交流励磁下 B 与 H 之间的关系

对于室内环境温度以上 40℃的温升而言，大约 0.1T 的磁场是合适的。具有被特别冷却的线圈，可以获得 10T 的磁场。

简 单 变 压 器

图 1-9 示出一个最简形式的变压器。这个变压器有两个穿过共同磁通的空心线圈。

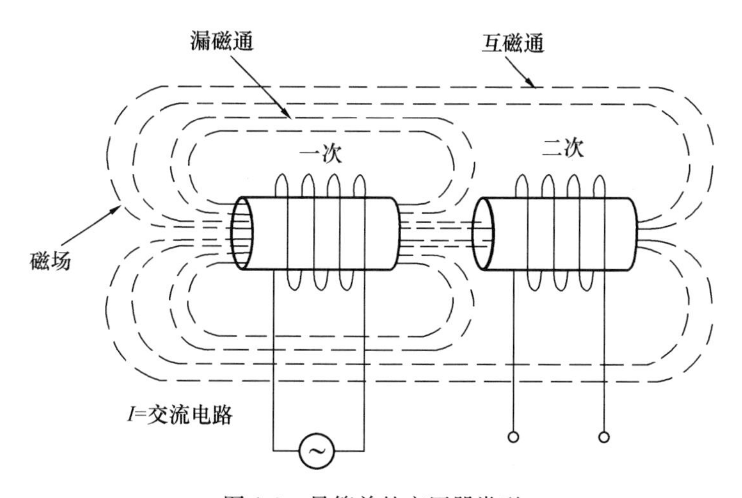

图 1-9　最简单的变压器类型

磁通以各个方向从一次线圈散发出来，它未被集中或限制。一次线圈被连到电源上，载有电流，这个电流建立磁场。另一个线圈被开路。请注意进到两个线圈中的磁通线不是共同的。这两个磁通之差就是漏磁通，即漏磁通是不共同交链两个线圈的磁通部分。

磁　心

多数材料是磁通的不良导体，它们的磁导率都很低。真空的磁导率是 1.0。非导磁材料，如空气、纸和铜，具有同样数量级的磁导率。有一些材料，如铁、镍、钴和它们的合金具有高的磁导率，往往达到几百或几千。为了使如图1-10所示的空心线圈磁通能得到改善，可以引入一个磁心，如图1-11所示。在空心线圈中放入一个磁心的优点

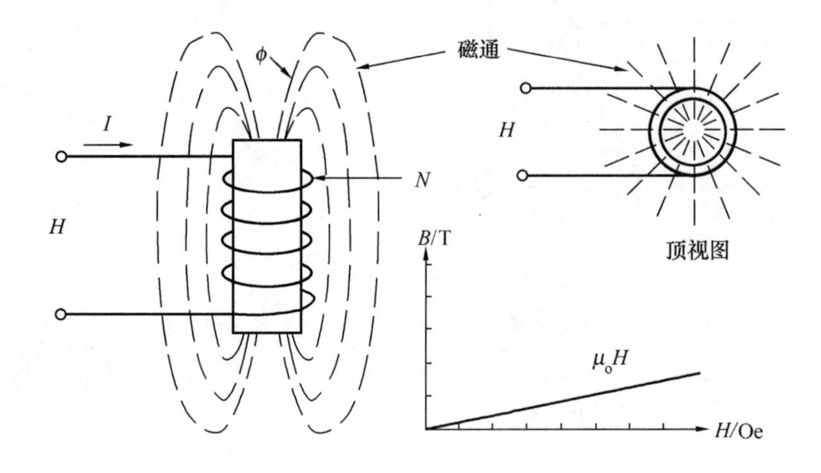

图 1-10　当被激励时，“发射”磁通的空心线圈

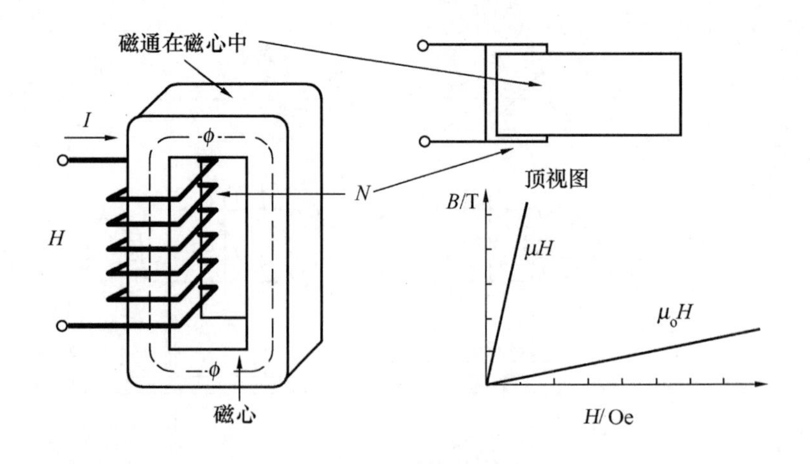

图 1-11　磁心的引入

除了其磁导率高以外，是其磁路长度（MPL—magnetic path length）明确了。除了最靠近线圈的地方，磁通基本上被限制在磁心中。在磁心进入饱和，线圈又恢复到空心状态之前，磁性材料中能够产生多少磁通是有一个界限点的，如图 1-12 所示。

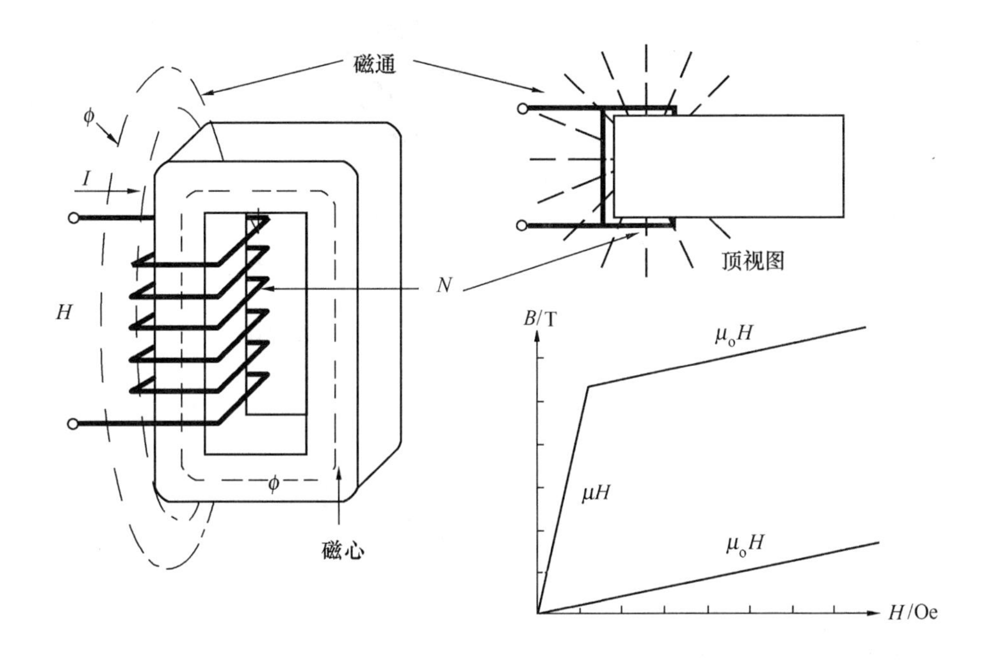

图 1-12　被驱动进入饱和的磁心

磁心的基本特性

对一个被完全退了磁的铁磁材料，用一个外施的磁化力（即磁场强度）H 激励，并且使磁场强度 H 慢慢地从零增加，其结果如图 1-13 所示。图中磁通密度 B 是作为磁场强度 H 的函数被画出。请注意，开始的时候磁通密度很慢地增加到 A 点，然后，很快增加到 B 点，再然后，几乎停止了增加。B 点被称为曲线的拐点。在 C 点，磁心材料已经饱和。从这个点以后曲线的斜率为

$$\frac{B}{H}=1 \quad (\text{Gs/Oe}) \tag{1-3}$$

此时，线圈的表现好像空心的一样。当磁心处于深度饱和时，线圈具有像空气一样的磁导率，即 1。在图 1-14、图 1-15 到图 1-16 的顺序中，按照磁化曲线（的运行位置）示出了磁心中磁通是怎样从磁心的内侧向磁心的外侧，直到磁心饱和。

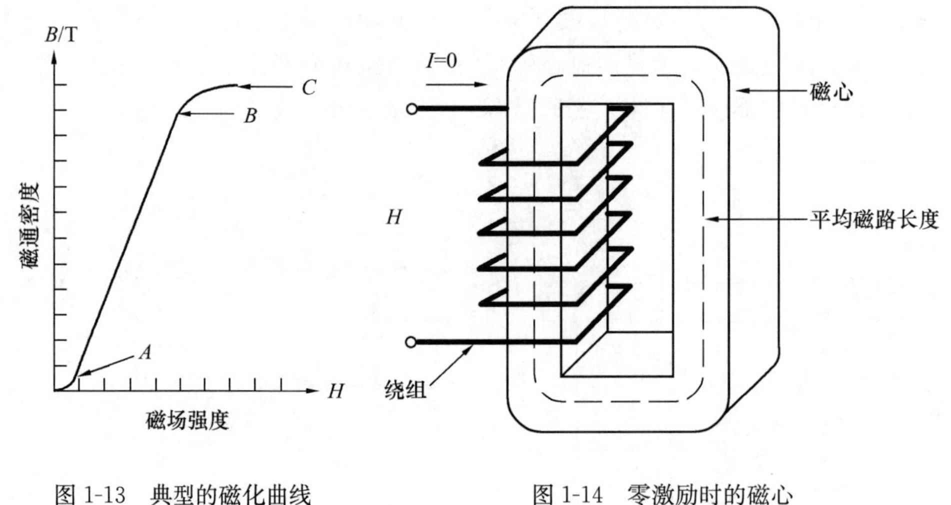

图 1-13 典型的磁化曲线

图 1-14 零激励时的磁心

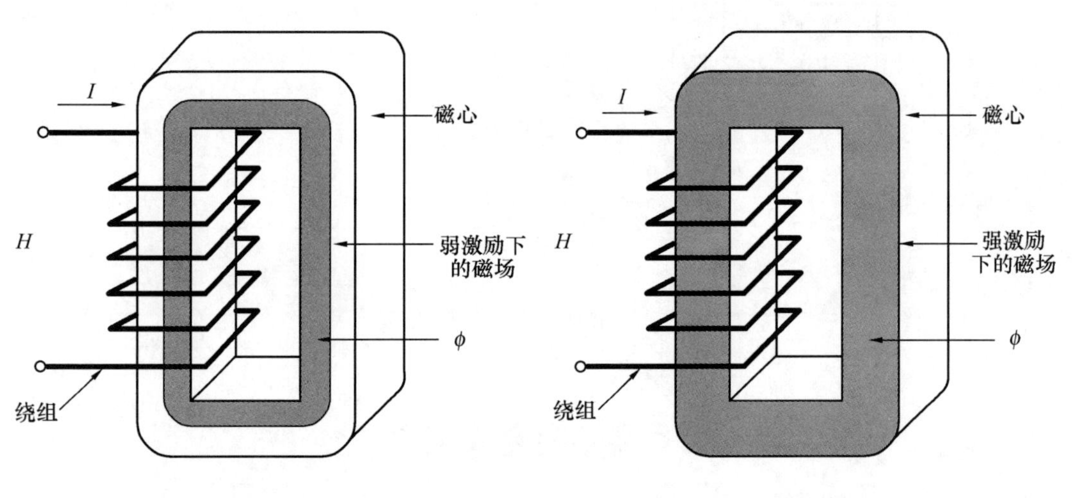

图 1-15 弱激励时的磁心

图 1-16 强激励时的磁心

磁滞回线（B-H 回线）

工程师可以通过认真地观察磁滞回线得到对磁性材料的初步估价。当磁性材料进行了一个磁化和去磁的完整周期后，其结果如图 1-17 所示。这个图从一个中性的磁性材料，即其 B-H 回线通过原点 X 开始。当 H 增加时，磁通密度 B 沿着虚线增加到饱和点 B_s。这时，当 H 减少时，B-H 回线将沿一个较高水平的路径被画到 B_r，此处 H 为零且磁心仍处于被磁化状态。这一点的磁通被称为剩余磁通，这一点具有的磁通密度为 B_r。

现在，把磁场强度 H 的极性反过来以给出其负值，使磁通密度 B_r 减少到零所需要的磁场强度被称为矫顽力 H_c。当磁心（再次）被驱动进入饱和时，剩磁 B_{rs} 就是（再次）饱和以后的剩余磁通，矫顽力 H_{cs} 就是使 B 恢复到零所需要的磁场强度。沿着图 1-17

中以 X 为起点的初始磁化曲线，B 从零点随着 H 增加，直到材料饱和。实际上，在被励磁过的变压器中，磁心的磁化从来不会沿着这条曲线，因为磁心根本不会像第一次被励磁那样处在完全的退磁状态。

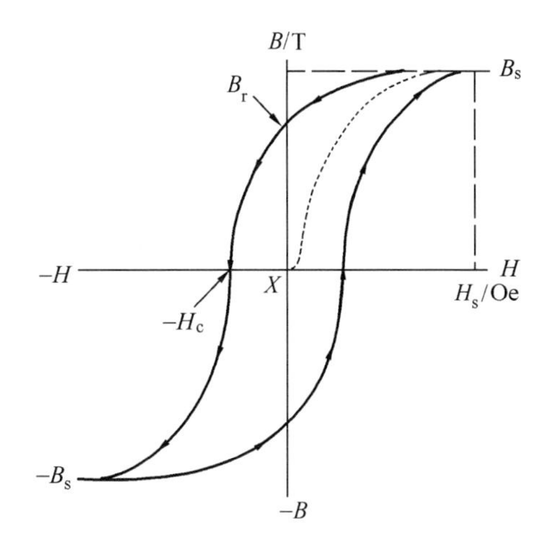

图 1-17 典型的磁滞回线

磁滞回线表征了磁心中的能量损失。测量磁滞回线的最好方法是用直流电流，因为磁场强度必须慢慢地变化以便不使其在材料中产生涡流。只有在这种条件下，闭合B-H回线的内部面积显示的才是磁滞的作用，所合围的面积是磁心材料在一个周期中能量损失的量度。在交流应用的情况下，这个过程不断地重复即总的磁滞损失取决于频率。

磁 导 率

在磁学中，磁导率代表材料导通磁通的能力。在给定磁感应强度的情况下，磁导率的大小是磁心材料能够被磁化到这个磁感应强度难易程度的量度。它的定义是磁通密度 B 对磁场强度 H 的比值，制造厂商给出的磁导率单位是高斯每奥斯特。

$$磁导率=\frac{B}{H} \quad \left(\frac{\text{Gs}}{\text{Oe}}\right) \tag{1-4}$$

在 cgs 单位制中真空的绝对磁导率 μ_0 是 1（Gs/Oe），即

$$\text{cgs：} \mu_0=1, \ \frac{\text{Gs}}{\text{Oe}}=\frac{\text{T}}{\text{Oe}}\times 10^4$$

$$\text{MKS：} \mu_0=0.4\pi\times 10^{-8} \quad \left(\frac{\text{H}}{\text{m}}\right) \tag{1-5}$$

当如图 1-18 所示相对于 H 点画 B 时，所得到的曲线被称为磁化曲线。这些曲线是

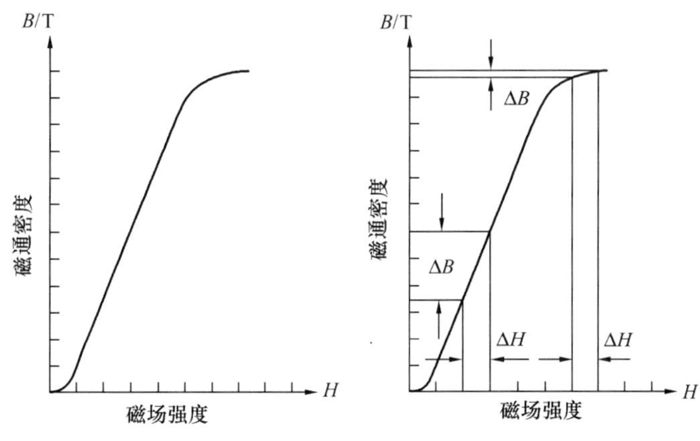

图 1-18 磁化曲线

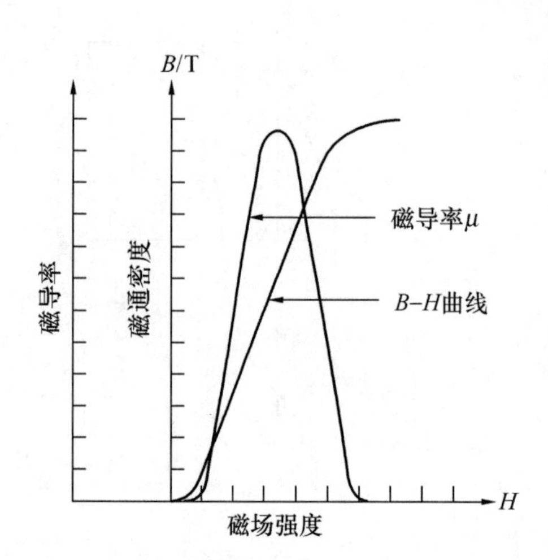

图 1-19　磁导率 μ 沿磁化曲线的变化

理想化的，磁性材料被完全退磁，然后，逐渐增加磁场强度来画磁通密度。在任何给定点曲线的斜率给出了该点的磁导率。对于典型的B-H曲线可以画出其磁导率曲线，如图 1-19 所示。由于磁导率不是常数，因此，它的值只能针对给定的 B 或 H 来描述。

现在有许多不同的磁导率，它们每一个都用符号 μ 的不同下标来指明。

μ_0：绝对磁导率，用真空中磁导率来定义。

μ_i：初始磁导率，是初始磁化曲线在原点的斜率。它是在很小的磁感应强度范围内测量的，如图 1-20 所示。

μ_Δ：增量磁导率，是具有附加直流磁化情况下，一定磁通密度的峰—峰值相对应磁化曲线的斜率，如图 1-21 所示。

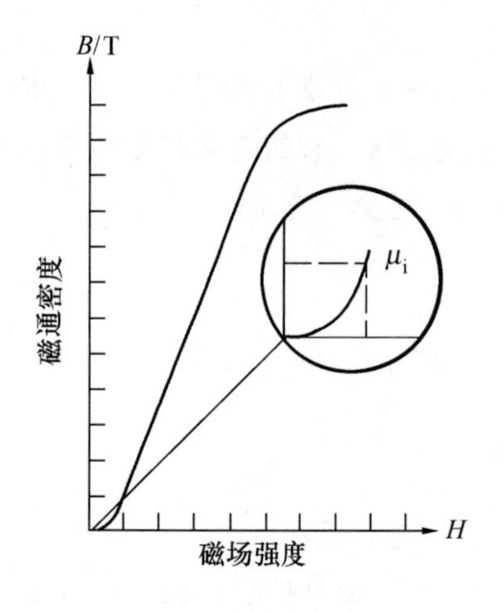

图 1-20　初始磁导率

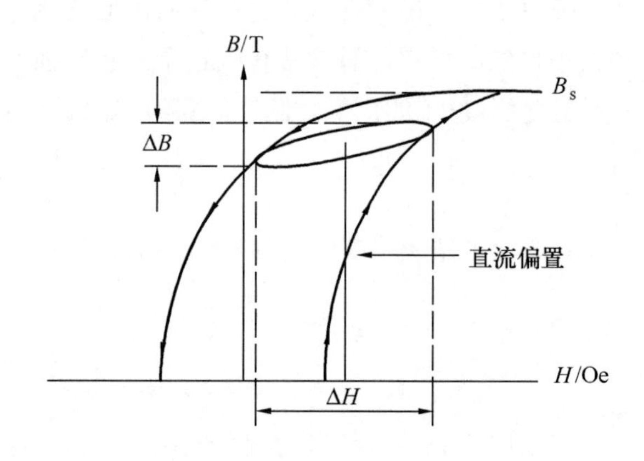

图 1-21　增量磁导率

μ_e：有效磁导率。如果磁路不是单一材料的（也就是包括空气隙），则有效磁导率就是一个假想的由单一材料（无气隙）构成磁路的磁导率。这个磁路与上述含气隙磁路具有相同形状、尺寸且能给出与含气隙磁路给出的相同电感量。

μ_r：相对磁导率，是材料的磁导率相对于真空磁导率的比值。

μ_n：正常磁导率，是如图 1-22 所示曲线任意点的比值，即 B/H。

μ_{max}：最大磁导率，是从原点画与其拐点附近曲线相切的直线斜率，如图 1-23 所示。

μ_p：脉冲磁导率，是对于单向激励下，峰值 B 对峰值 H 的比值。

μ_m：材料磁导率，是在小于50Gs情况下测得的磁化曲线的斜率，如图1-24所示。

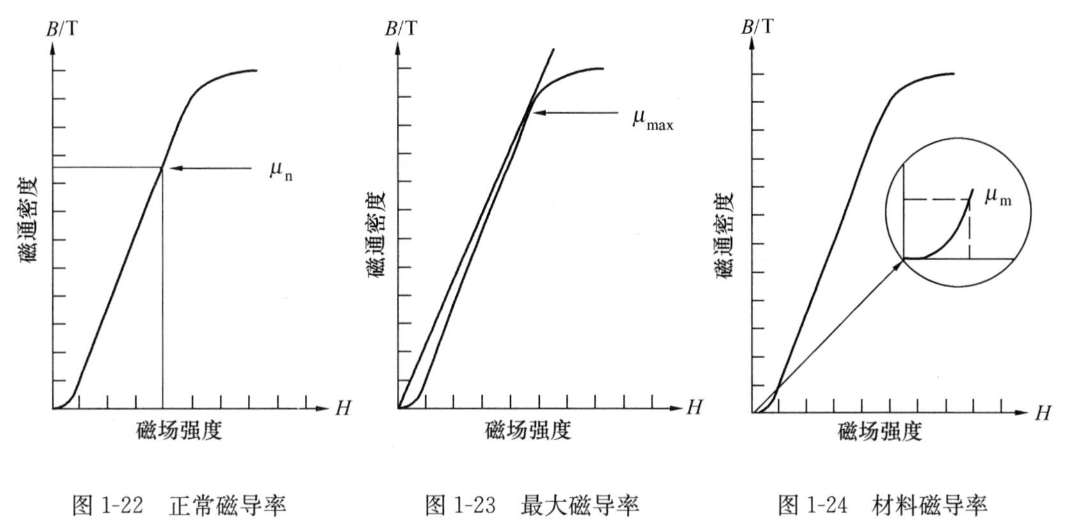

图1-22　正常磁导率　　图1-23　最大磁导率　　图1-24　材料磁导率

磁动势（*mmf*）和磁场强度（*H*）

在磁学中通常会碰到两个"力"的作用：磁动势 mmf 和磁场强度 H。磁动势不应与磁场强度相混淆，它们是因果关系。磁动势由下面公式给出

$$mmf=0.4\pi NI \text{（gilberts，即吉伯）} \tag{1-6}$$

式中：N 是线圈的匝数；I 是电流，A（安培）；mmf 是磁动势；H 是磁场强度，即每单位长度的磁动势。

$$H=\frac{mmf}{MPL}\left(\frac{\text{gilbers}}{\text{cm}}=\text{Oe}\right) \tag{1-7}$$

经代入

$$H=\frac{0.4\pi NI}{MPL} \text{（Oe）} \tag{1-8}$$

式中：MPL 为磁路长度，cm。

如果把磁通除以磁心面积 A_c，我们就得到了磁通密度 B，单位是每单位面积的磁力线根数[1]

$$B=\frac{\Phi}{A_c} \text{（Gs）} \tag{1-9}$$

在磁介质中由于磁场强度 H 的存在，磁通密度 B 取决介质的磁导率和磁场的强度

$$B=\mu H \quad \text{（Gs）} \tag{1-10}$$

对于绕制的磁心，磁化电流峰值 I_m 可由下面的公式计算

[1] 磁通线根数是较老的概念，规定1根磁力线代表1麦克斯韦尔。

$$I_m=\frac{H_o(MPL)}{0.4\pi N}\quad(A)\tag{1-11}$$

式中：H_o 为工作点峰值处的磁场强度。为了求出磁场强度 H_o，我们利用制造厂商提供的在适当频率下体现磁心损失的特性曲线和工作磁通密度 B_o，如图 1-25 所示。

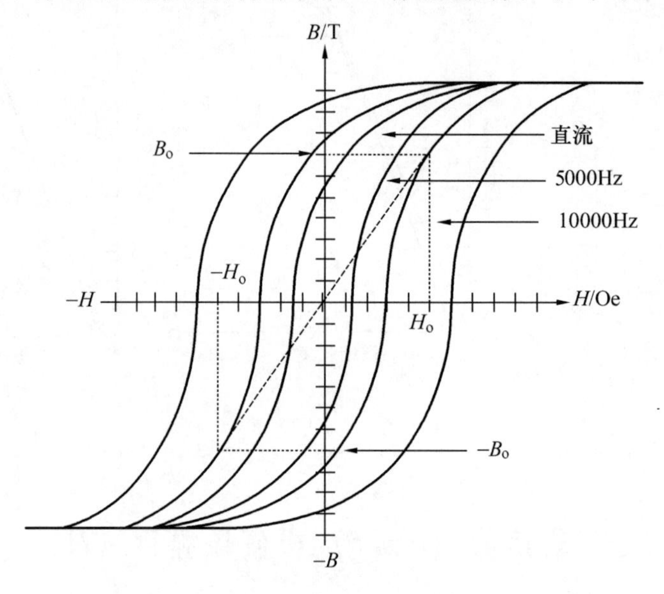

图 1-25 工作在不同频率下的典型 B-H 回线

磁 阻

由磁动势（mmf）在给定的材料[1]中产生的磁通取决于材料[1]对磁通的阻力。这个阻力被称作磁阻 R_m。磁心的磁阻取决于其材料和其物理尺寸的合成。它与电阻的概念相类似。磁动势（mmf）、磁通和磁阻的关系与电动势（emf）、电流和电阻的关系相类似，磁阻与电阻的比较如图 1-26 所示。

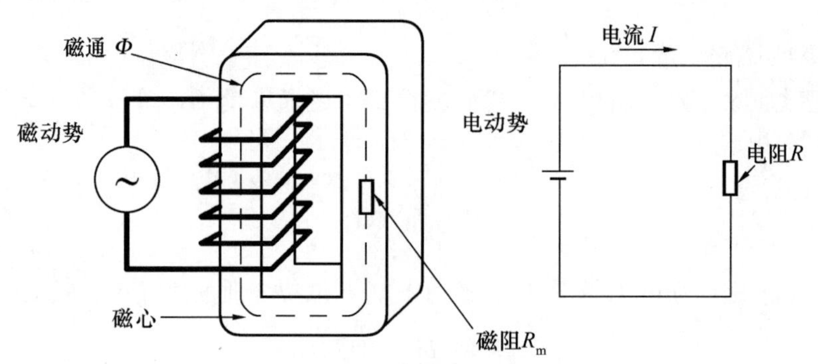

图 1-26 磁阻与电阻的比较

[1] 原文如此（即 material），实际应为磁心。

$$emf(E) = IR = \text{电流} \times \text{电阻}$$
$$mmf(F_m) = \Phi R_m = \text{磁通} \times \text{磁阻} \qquad (1\text{-}12)$$

一个磁通的不良导体具有高的磁阻 R_m，磁阻越高，获得给定磁场（磁感应强度）所需要的磁动势越高。

导体的电阻与它的长度 l、横截面积 A_w 和其特定的电阻率 ρ 有关，ρ 即为单位长度的电阻[1]。欲求任何尺寸或长度的铜导线电阻，我们只要把电阻率乘以其长度再除以其横截面积即可。

$$R = \frac{\rho l}{A_w} \quad (\Omega) \qquad (1\text{-}13)$$

对于磁路，$1/\mu$ 相当于 ρ，称为磁阻率。磁路的磁阻由下式给出

$$R_m = \frac{MPL}{\mu_r \mu_o A_c} \qquad (1\text{-}14)$$

式中：MPL 为磁路长度，单位是 cm；A_c 为磁心的横截面积，单位是 cm^2；μ_r 为磁性材料的相对磁导率；μ_o 为空气的磁导率。

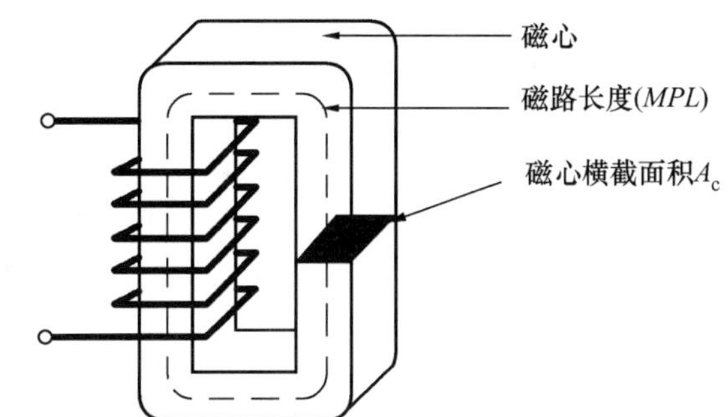

图 1-27　说明磁路长度（MPL）和横截面积 A_c 的磁心

用来说明磁路长度 MPL 和横截面积 A_c 的典型 C 形磁心如图 1-27 所示。

空　气　隙

在磁路长度（MPL）和磁心横截面积 A_c 给定的情况下，高磁导率材料构成的磁心具有低的磁阻。如果在磁路中包含空气隙，典型的含有空气隙磁心如图 1-28 所示，它的磁阻与由像铁那样低磁阻率材料构成的磁心磁阻就不一样了，这个路径的磁阻几乎将全部在空气隙中，因为空气隙的磁阻率比磁性材料的磁阻率大得多。在所有的实用场合，我们都是通过控制空气隙的大小来控制磁阻的。

一个例子可以最好地显示这个控制方法。磁心的总磁阻等于铁的磁阻和空气隙的磁阻之和，这与电路中两个串联电阻相加是一样的。计算空气隙磁阻 R_g 的公式与计算磁性材料磁阻 R_m 的公式基本相同。其不同是空气的磁导率是 1 及要用气隙长度 l_g 来代替磁路长度（MPL）。其公式为

$$R_g = \frac{1}{\mu_o} \cdot \frac{l_g}{A_c} \qquad (1\text{-}15)$$

因为 $\mu_o = 1$，则式（1-15）可简化为

---

[1] 这里的 ρ 为单位长度的电阻可理解为：①它的量纲是电阻的量纲/长度的量纲；②单位面积情况下的单位长度的电阻。

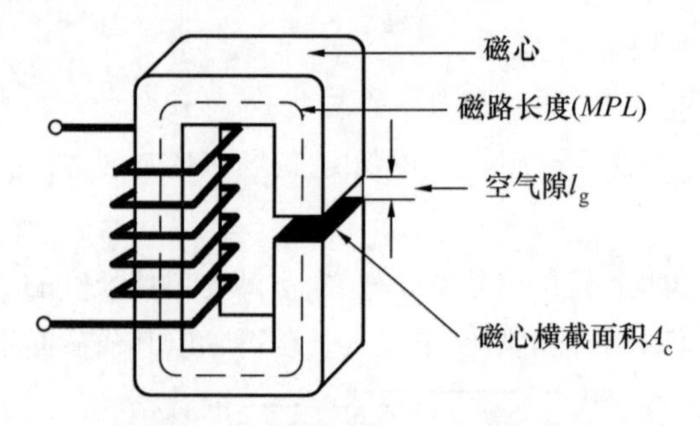

图 1-28 典型的含有空气隙磁心

$$R_g = \frac{l_g}{A_c} \tag{1-16}$$

式中：l_g 是气隙长度，cm；A_c 是磁心的横截面积，cm^2；μ_o 是空气的磁导率。

因此，图 1-28 所示的磁心总磁阻 R_{mt} 为

$$R_{mt} = R_m + R_g$$

$$R_{mt} = \frac{MPL}{\mu_r \mu_o A_c} + \frac{l_g}{\mu_o A_c} \tag{1-17}$$

式中：μ_r 是相对磁导率，它只能与具体的磁性材料一起使用。

$$\mu_r = \frac{\mu}{\mu_o} = \frac{B}{\mu_o H} \quad \left(\frac{Gs}{Oe}\right) \text{[1]} \tag{1-18}$$

磁性材料的磁导率 μ_m 由下式给出

$$\mu_m = \mu_r \mu_o \tag{1-19}$$

气隙的磁阻甚至在气隙很小的情况下也比铁部分的磁阻大。其原因是磁性材料具有的磁导率相当高，见表 1-1。所以，磁路的总磁阻更多地取决于气隙。

表 1-1　材料的磁导率 μ_m

材 料 名 称	磁 导 率
铁合金	0.8k～25k
铁氧体	0.8k～20k
非晶态	0.8k～80k

在计算了总磁阻以后，就可以计算等效磁导率 μ_e 了。

$$R_{mt} = \frac{l_t}{\mu_e A_c}$$

$$l_t = l_g + MPL \tag{1-20}$$

式中：l_t 是总的磁通路径长度；μ_e 是等效磁导率。

$$R_{mt} = \frac{l_t}{\mu_e A_c} = \frac{l_g}{\mu_o A_c} + \frac{MPL}{\mu_o \mu_r A_c} \tag{1-21}$$

化简可得

$$\frac{l_t}{\mu_e} = \frac{l_g}{\mu_o} + \frac{MPL}{\mu_o \mu_r} \tag{1-22}$$

因此

$$\mu_e = \frac{l_t}{\dfrac{l_g}{\mu_o} + \dfrac{MPL}{\mu_o \mu_r}}$$

$$\mu_e = \frac{l_g + MPL}{\dfrac{l_g}{\mu_o} + \dfrac{MPL}{\mu_o \mu_r}} \tag{1-23}$$

[1] 这里 μ_r 给出一个单位（Gs/Oe），似不妥。因为 $\mu=\mu_r\mu_o$，而 $\mu_o=1$，其单位已给出是（Gs/Oe），而 μ 的单位也是（Gs/Oe），则 $\mu_r=\frac{\mu}{\mu_o}$ 就应是无量纲的纯数。

若 $l_g \ll MPL$，用$(\mu_r\mu_o)/(MPL)$乘以公式分式的上下两边，为

$$\mu_e = \frac{\mu_o\mu_r}{1+\mu_r\left(\frac{l_g}{MPL}\right)} \tag{1-24}$$

典型的公式是

$$\mu_e = \frac{\mu_m}{1+\mu_m\left(\frac{l_g}{MPL}\right)} \tag{1-25}$$

把空气隙 l_g 引入磁心虽然不能对磁通的直流成分进行（完全的）修正，但是它能使磁通的直流成分基本维持不变。当气隙增加时其磁阻也增加。在磁动势一定的情况下，气隙可以控制磁通密度。

用空气隙控制直流（DC）磁通

存在两个类似的计算直流（DC）磁通的公式。第一个公式用于粉末磁心。粉末磁心是由磁性材料的精细颗粒制成，这种粉末都涂上惰性的绝缘材料以使涡流最小化，在磁心结构中引入了分布的空气隙

$$\mu_r = \mu_e$$

$$B_{dc} = \mu_r \frac{0.4\pi NI}{MPL} \quad (\mathrm{Gs}) \tag{1-26}$$

$$\mu_r = \frac{\mu_m}{1+\mu_m\frac{l_g}{MPL}}$$

第二个公式是用于当设计需要用设置 一个气隙与磁路长度（MPL）相串联的时候，诸如经切割的铁氧体磁心，E 形磁心或平接叠片的磁心。

$$\mu_r = \mu_e$$

$$B_{DC} = \mu_r\left(\frac{0.4\pi NI}{MPL}\right) \quad (\mathrm{Gs}) \tag{1-27}$$

用（$MPL\mu_m$）/$MPL\mu_m$ 代替 1

$$\mu_r = \frac{\mu_m}{1+\mu_m\frac{l_g}{MPL}} = \frac{\mu_m}{\frac{MPL\mu_m}{MPL\mu_m}+\mu_m\frac{l_g}{MPL}} \tag{1-28}$$

然后，化简为

$$\mu_r = \frac{MPL}{\frac{MPL}{\mu_m}+l_g} \tag{1-29}$$

$$B_{DC} = \frac{MPL}{\frac{MPL}{\mu_m}+l_g}\left(\frac{0.4\pi NI}{MPL}\right) \quad (\mathrm{Gs}) \qquad (1\text{-}30)^{❶}$$

❶ 本节开头说的“存在两个类似的计算直流磁通公式”，第一个公式就是对于粉末磁心的式（1-26），第 2 个公式就是对于含气隙的高磁导率材料组成磁心的式（1-30）。译者认为式（1-26）、式（1-27）、式（1-28）、式（1-29）中的 μ_r 改为 μ_e 更合适。

然后，化简为

$$B_{DC}=\frac{0.4\pi NI}{l_g+\frac{MPL}{\mu_m}}\quad (\text{Gs}) \tag{1-31}$$

空气隙的类型

在磁器件的设计中所用的气隙基本上有两种类型：块状的和分散的。块状气隙由诸如纸、聚酯薄膜甚至玻璃的材料固定。嵌入的缝隙材料与磁路相串联以增加磁阻，如图1-29所示。

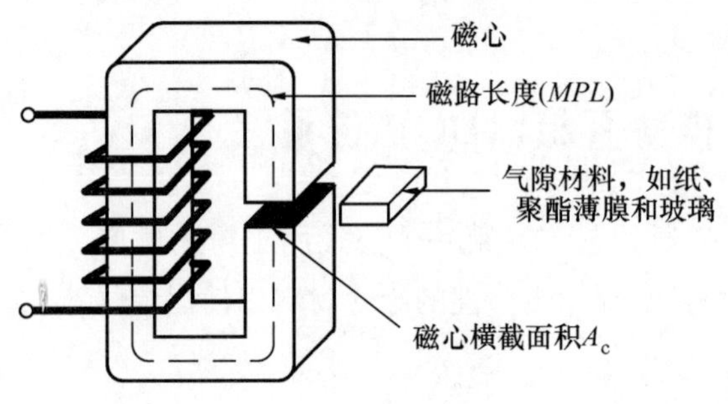

图 1-29 气隙材料的放置

气隙填充材料的放置对于保持磁心在结构上的平衡是很关键的。如果气隙在每个柱中不均衡，磁心将变得不平衡，并且会比要求的气隙要大。有很多设计者认为，气隙放置的地方能使由气隙处边缘磁通引起的噪声最小化是很重要的。图1-30示出了不同磁心结构中气隙的位置安排。图1-30（a）、（c）和（d）是一般的气隙安排。图1-30（b）所示的EE或EC形磁心是最好的，其气隙是在磁组件里边被分开的。这样可使边缘磁通噪声最小化。当采用图1-30（a）、（c）和（d）中的气隙安排时，每个磁心柱中只是计算出气隙厚度的一半。

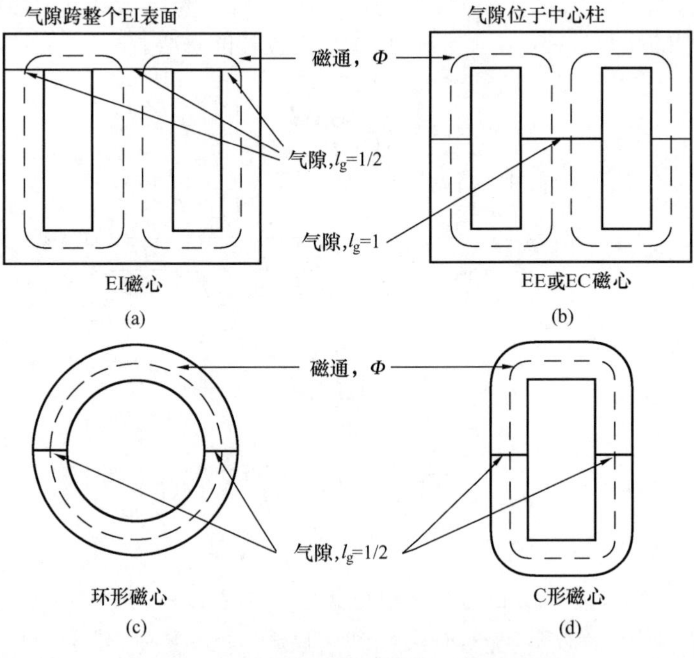

图 1-30 不同磁心结构采用的气隙位置安排

边缘磁通

引言

对于功率变换工程师而言，从一开始就被边缘磁通问题困扰着。进行功率变换时使边缘磁通最小化的磁学设计总是一个难题。工程师们已经学过了围绕边缘磁通设计以及如何使其影响最小化，但是实际情况似乎是：工程师们真的发现有问题时，常常是设计已经完成并准备离开的时候。这就是工程师会察觉到以前没有认识到的某些事情。这样的事情（一般）在最后的试验中当某个单元变得不稳定、电感电流是非线性的[1]或在试验期间工程师刚好定位于热点的时候发生。边缘磁通能引起很多问题。边缘磁通能降低变换器的整体效率，这是由于产生涡流。这个涡流引起了线圈和（或）骨架局部发热。当设计电感器的时候必须要考虑边缘磁通。如果对边缘磁通处理不当，将会发生磁心的过早饱和。现在，越来越多的磁器件都被设计工作在亚兆赫范围。高频确实带来边缘磁通和由它产生的寄生涡流。在高频下运行，已经使工程师深切地认识到边缘磁通对设计的妨碍。

材料的磁导率（μ_m）

通常在产品目录中所看到的 B-H 回线都是由磁性材料的环形样品取得的。无气隙的环形磁心是考察给定材料 B-H 回线的理想样品。在环形样品中将看到它的最高磁导率 μ_m，如图 1-31 所示。

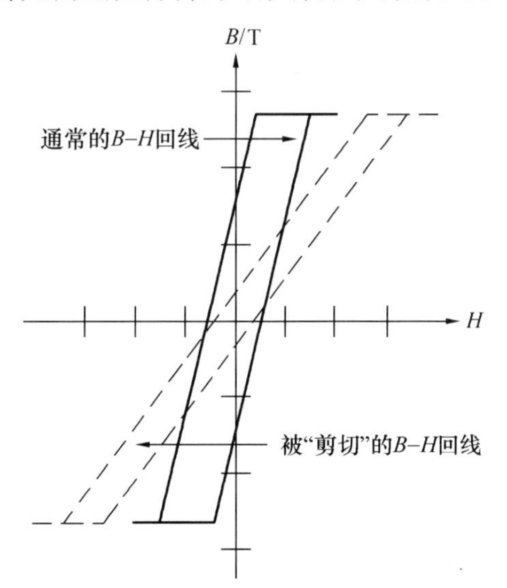

图 1-31 由于空气隙造成的理想 B-H 回线的“剪切”[2]

小于 25μm 的小空气隙，由于B-H回线的“剪切”而产生巨大的影响。这个B-H回线的“剪切”降低了磁导率，切割型的高磁导率铁氧体，如E形磁心与同样材料的环形磁心相比，其磁导率仅约为其 80%，这是因为尽管其相配合的表面已经过高度抛光，还是引起了空气隙。一般讲，具有高磁导率的磁性材料对温度、压力、励磁电压和频率都很敏感。电感的变化与磁导率的变化成正比。这个电感的变化将对励磁电流有影响。人们很容易理解，被设计用于 LC 调谐电路中的电感器应该有一个稳定的磁导率 μ_e。

---

[1] 电感电流是一个电路变量，它无所谓线性与非线性。这里似指由于磁心的磁状态进入饱和，使电感电流产生了畸变。

[2] 这里的“剪开”（Shearing）是指对有空气隙和无空气隙的磁心所测得的两个 B-H 回线图形呈张开的剪刀形状。

$$L=\frac{0.4\pi N^2 A_c \Delta\mu \times 10^{-8}}{MPL} \quad (\mathrm{H}) \tag{1-32}$$ [1]

空 气 隙

把空气隙引入磁路中可有多种理由。在变压器中，设计一个嵌入磁路的小气隙 l_g，将获得减小和稳定的等效磁导率 μ_e

$$\mu_e=\frac{\mu_m}{1+\mu_m \dfrac{l_g}{MPL}} \tag{1-33}$$

这就导致了比较严格地抑制了磁导率随温度和励磁电压变化而变化。

电感器的设计一般将要求较大的空气隙 l_g 以便控制直流（DC）磁通

$$l_g=\frac{0.4\pi NI_{DC}\times 10^{-4}}{B_{DC}} \quad (\mathrm{cm}) \tag{1-34}$$

无论何时把空气隙嵌入磁路中，如图 1-32 所示。在气隙处总会产生边缘磁通。

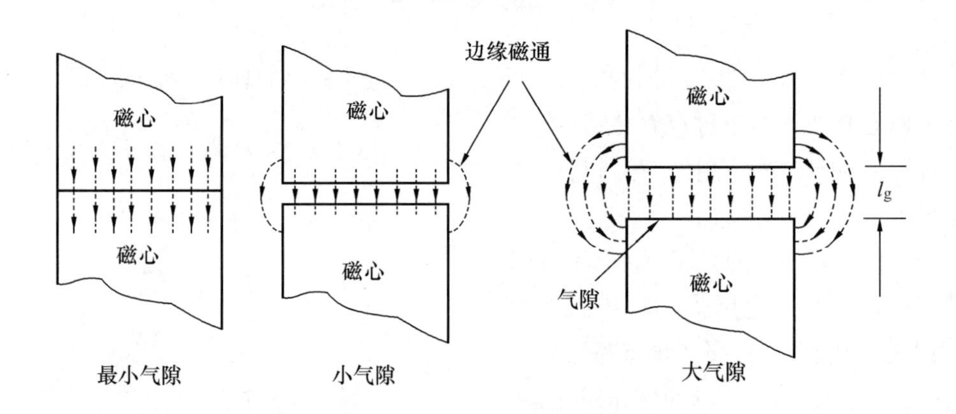

图 1-32 气隙处的边缘磁通

边缘磁通影响的大小是气隙尺寸、磁极表面的形状以及线圈的形状、尺寸和位置的函数。它的最终影响效果是缩短了空气隙。边缘磁通使磁路的总磁阻减小，因此，使其电感比计算值增加一个系数 F。

边 缘 磁 通

边缘磁通完全分布在气隙的周围，并以高损失的方向重新进入磁心，如图 1-33 所

---

[1] 此式应作如下说明：①根据上文来看，$\Delta\mu$ 应为 μ_e；②MPL 应为 $MPL+l_g$，但 $l_g \ll MPL$，这里用 MPL 代替；③式中 A_c 的单位为 cm^2，MPL 单位为 cm。

示。准确的预测计算由边缘磁通造成的气隙损耗 P_g 是很困难的。

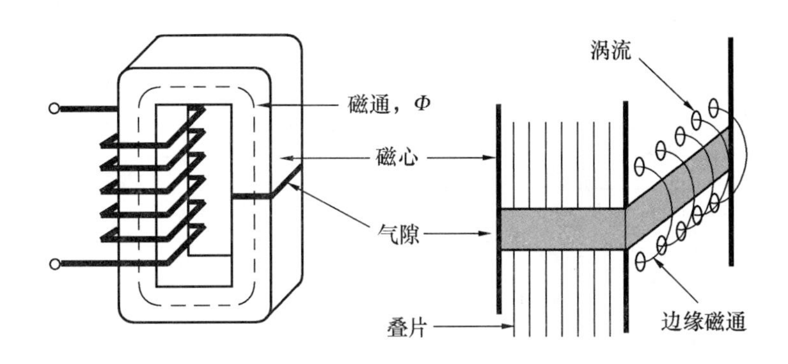

图 1-33 具有高损失涡流的边缘磁通

气隙周围的区域对金属物体（如夹紧、托架和箍紧材料）是很敏感的。其敏感的程度取决于磁动势的大小、气隙尺寸和工作频率。如果金属、托架或箍紧材料是被用来固定磁心并从气隙旁经过，可发生两种情况：①如果靠在气隙上或紧靠气隙的是铁磁材料，则它使磁场导通，这被称为“气隙短路”（shorting the gap）。短路气隙的作用与减小气隙尺寸是相同的，因此，产生出比设计要高的电感并可使磁心被驱动进入饱和；②如果材料虽是金属，但不是铁磁性的，如铜或磷青铜，它将不使气隙短路或改变电感。在这两种情况下，如果边缘磁通足够强，它将感应出涡流引起局部发热。这与感应加热中所利用的原理是相同的。

开气隙直流电感器的设计

边缘磁通系数 F 对电感器设计的基本公式有影响。当工程师开始设计时，他或她必须确定不会产生磁饱和的 B_{DC} 和 B_{AC} 的最大值。已被选择的磁性材料将限定这个饱和磁通密度。最大磁通密度的基本公式是

$$B_{max}=\frac{0.4\pi N\left(I_{DC}+\frac{\Delta I}{2}\right)\times 10^{-4}}{l_g+\frac{MPL}{\mu_m}}\quad (\text{T}) \tag{1-35}$$

载有直流（DC）磁场且有空气隙的铁心电感器电感为

$$L=\frac{0.4\pi N^2 A_c\times 10^{-8}}{l_g+\frac{MPL}{\mu_m}}\quad (\text{H}) \tag{1-36}$$

电感取决于磁路的等效长度，这个长度为空气隙长度 l_g 和磁心磁路长度与材料磁导率的比值（MPL/μ_m）之和。空气隙尺寸的最后确定需要考虑边缘磁通的影响，这个影响是气隙的尺寸、磁极表面的形状和线圈的形状、尺寸和位置的函数。线圈长度即磁心的 G 尺寸对边缘磁通有很大的影响，请参阅图 1-34 和式（1-37）。

边缘磁通减小了磁路的总磁阻。因此其电感值以一个系数 F 增加到比计算的值要

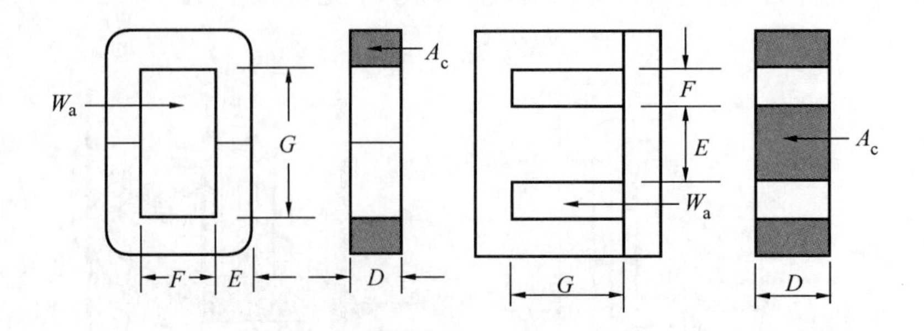

图 1-34　C 形和 E 形磁心的尺寸

大，边缘磁通系数为

$$F = 1 + \frac{l_g}{\sqrt{A_c}} \ln \frac{2G}{l_g} \tag{1-37}$$

在用式（1-36）计算电感以后，应该把边缘磁通系数引入式（1-36）中。这样式（1-36）可改写如下以包含这个边缘磁通系数

$$L = F\left(\frac{0.4\pi N^2 A_c \times 10^{-8}}{l_g + \dfrac{MPL}{\mu_m}}\right) \quad \text{(H)} \tag{1-38}$$

现在，我们可以把边缘磁通系数引入式（1-35），这可事先检查磁心是否饱和。

$$B_{max} = F\left[\frac{0.4\pi N\left(I_{dk} + \dfrac{\Delta I}{2}\right) \times 10^{-4}}{l_g + \dfrac{MPL}{\mu_m}}\right] \quad \text{(T)} \tag{1-39}$$

现在，边缘磁通系数 F 已被了解且引入了式（1-38）。我们可以把式（1-38）改写以便求解不会发生过早的磁心饱和，所需要的线圈匝数为

$$N = \sqrt{\frac{L\left(l_g + \dfrac{MPL}{\mu_m}\right)}{0.4\pi A_c F \times 10^{-8}}} \tag{1-40}$$

边缘磁通与线圈的邻近度

当空气隙增加时，边缘磁通也将增加。边缘磁通将依气隙的长度向远离气隙的方向散去。如果线圈紧密地绕在磁心上并且包围着气隙，围绕着励磁导线产生的磁通将迫使边缘磁通回到磁心中。其最终结果将是：完全不产生任何边缘磁通，如图 1-35 所示。当线圈离开磁心一个距离时，边缘磁通将增加，直到线圈与磁心的距离等于气隙的尺寸。

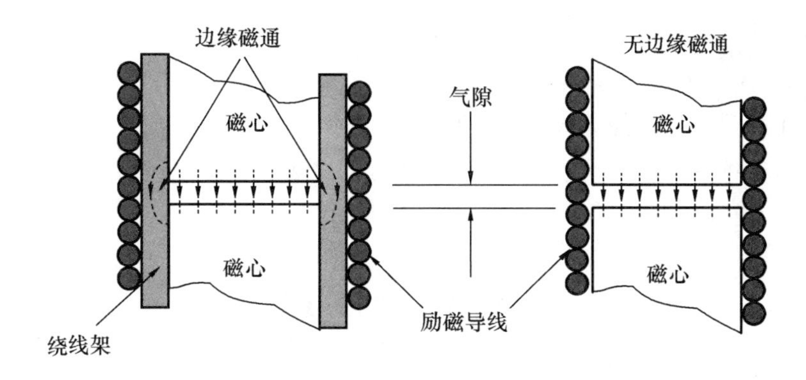

图 1-35 紧贴磁心绕线圈与在线圈架上绕线圈的比较

边缘磁通的聚集

磁通总是取具有最高磁导率的路径穿过，这在用交替搭接叠片构成的变压器中可以最清楚地看到，磁通沿叠片通过直到它碰到 I 或 E 的交接处。在这个交接处磁通将跳到邻近的叠片把这个交接处旁路，如图 1-36 所示。

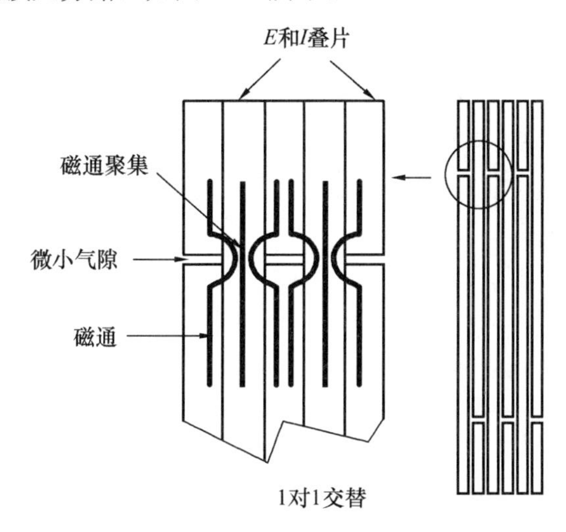

图 1-36 聚集于邻近叠片中的磁通

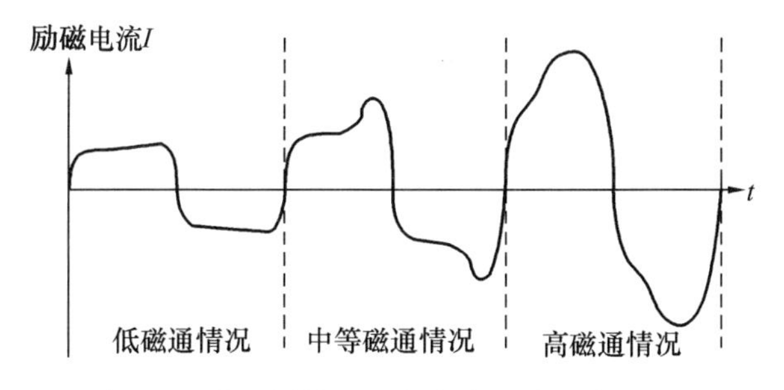

图 1-37 在不同的磁通密度水平时的励磁电流

这个现象可以通过观察在低、中和高磁通水平时的励磁电流来最清楚地看到，如图1-37所示。在小励磁时，励磁电流几乎是方波，这是由于如图1-36所示的磁通通过邻近叠片而取了高磁导率路径的缘故。当励磁增加时，邻近的叠片将开始饱和且励磁电流将增加且变得非线性❶。当邻近叠片达到饱和时，磁导率下降，然后磁通将直线地穿过如图1-36所示的微小气隙。

边缘磁通与粉末磁心

用低磁导率的粉末磁心设计高频变换器通常要求其匝数很少。低磁导率（小于60）功率磁心会出现边缘磁通。具有分布气隙的粉末磁心会产生这样的边缘磁通，这个边缘磁通的效果好像是使气隙缩短并给人以比较高磁导率的印象。因为边缘磁通和匝数少，所以要以均匀一致的方式来绕制（线圈）是很重要的。这样绕制是可以控制边缘磁通并可获得一个一个电感量可重复的电感器，如图1-38和图1-39所示。

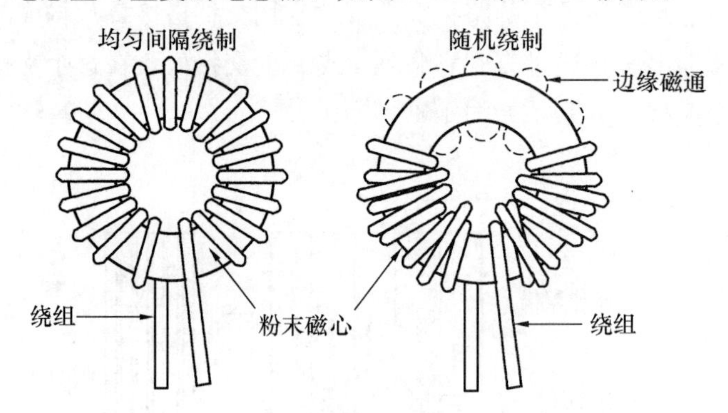

图1-38　环形磁心不同线圈绕法的比较

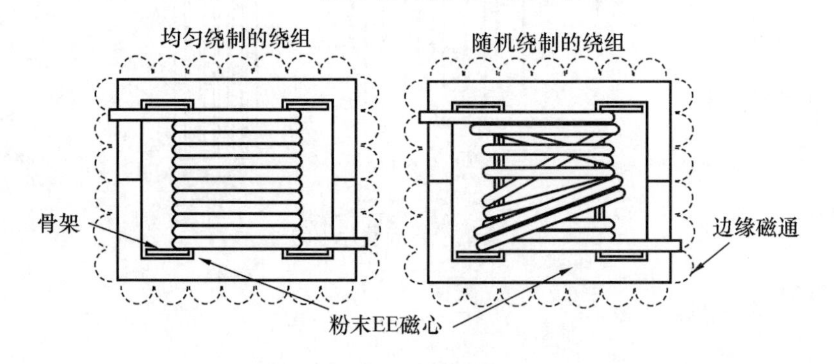

图1-39　EE磁心不同线圈绕法的比较

❶ 原文为 become nonlinear，这里似不应说电流变成非线性，而是磁心中的磁状态开始工作在 B-H 曲线的非线性区域，使励磁电流开始产生了尖峰波形（非方波）。

第2章

磁性材料及其特性

Chapter 2

目　次

导　　言

磁性材料是磁器件设计中最重要的角色。当进行一般的设计折中研究时，磁元件设计工程师有三个标准的词汇：成本、体积和性能，能综合解决好其中两个他就会很高兴。现在磁元件工程师设计的磁元件都工作在从音频范围以下到兆赫范围。通常要求他的设计做到尽可能好的性能，即具有尽可能小的寄生电容和漏电感。目前，工程师在工作中可用的磁性材料有硅钢、镍铁（坡莫合金）、钴铁（波明德）[1]、非晶态金属合金和铁氧体。还有派生的变种，如钼坡莫合金粉末、铁硅铝磁合金粉末和铁粉末。工程师将根据其设计要求的磁特性从上述这些材料中进行比较选择。这些磁特性有：饱和磁感应强度 B_s、磁导率 μ、电阻率 ρ（磁心损失）、剩磁 B_r 和矫顽力 H_c。

饱　　和

软磁材料的典型磁滞回线如图 2-1 所示。当磁场强度较高时会达到这样一点，在这一点进一步增加 H 时再不能引起 B 有利用价值的增加。这一点被称为该材料的饱和点。饱和磁通密度 B_s 和使磁心饱和所需要的磁场强度 H_s 如图 2-1 中虚线所示。

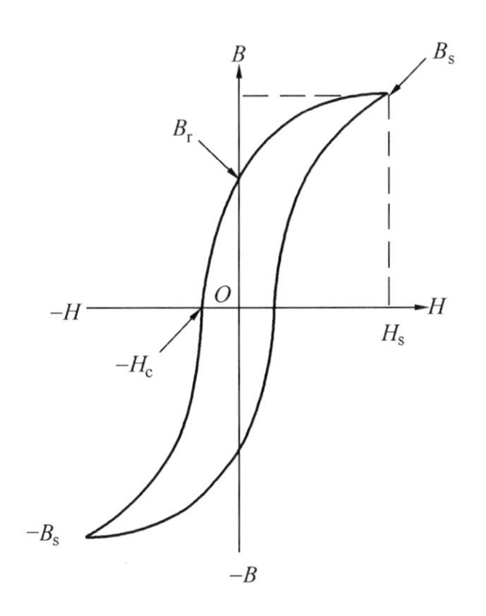

图 2-1　软磁材料典型的 B-H 回线

[1] 波明德：一种铁钴磁性合金，钴 50%、钒 1.8%～2.1%，其余为铁。

剩余磁通密度 B_r 和矫顽力 H_c

在图 2-1 中，磁滞回线清楚地表示了剩余磁通密度 B_r。剩余磁通是励磁被撤销以后磁心中所保持的被磁化的磁通。磁场强度 $-H_c$ 被称为矫顽力，它是把剩余磁通密度退回零所需磁场强度的大小。

磁导率 μ

磁性材料的磁导率是材料被磁化难易程度的量度。磁导率 μ 是磁通密度 B 对磁场强度 H 的比值，为

$$\mu = \frac{B}{H} \tag{2-1}$$

如图 2-1 中的磁滞回线所示，B 和 H 的关系不是线性的，而且很明显，比值 B/H（磁导率）也是变化的。磁导率随磁通密度的变化如图 2-2 所示。图中还示出了磁导率最大点的磁通密度。

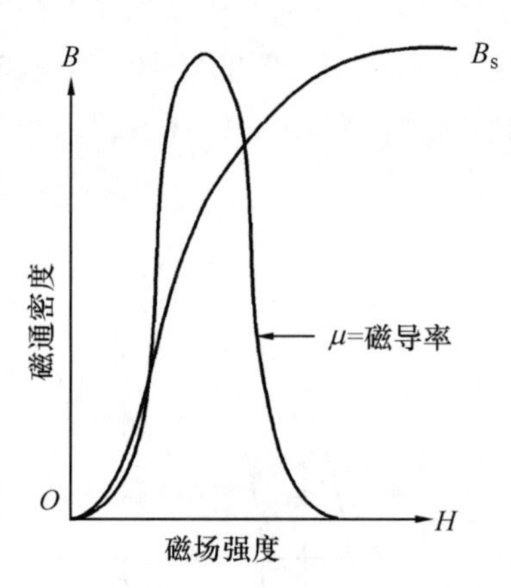

图 2-2　磁导率 μ 随 B 和 H 的变化

磁滞损失，电阻率 ρ（磁心损失）

图 2-1 中所示磁滞回线内部包围的面积是磁心材料在被磁化的那个周期中能量损失的量度。这个损失由两个成分构成：①磁滞损失；②涡流损失。磁滞损失是当磁性材料处在周期被励磁状态时的能量损失。涡流损失是当磁通线通过磁心在磁心中感应出电流所引起的能量损失。这些电流被称为涡流，它们在磁心中产生热，如果磁心的电阻高，则这个电流将低，因此，低损失材料的特点是高电阻。通常情况下，在设计磁性器件时，磁心损失是一个主要的设计指标。磁心损失可以通过选择正确的材料及其厚度来控

制。选择正确的材料和运行在它规定的极限之内会防止其过热，过热可能导致导线绝缘和/或封装（灌注）化合物的损坏。

硅钢简介

硅钢是最早被用于变压器和电感器的合金之一。多年间，它已经有了很大的改进，或许它是被最广泛采用的磁性材料。原来钢的一个缺点是当材料用的时间过长时，其损失会增加。后来通过把硅加到钢中，有两个方面的优点：①增加了电阻率；②减低了涡流损失和改善了材料的时间稳定性。

硅钢提供高饱和磁通密度、在高磁通密度时相当满意的磁导率和在音频下适中的损失。对硅钢所做的一个重要改善是在被称为冷轧晶粒取向的AISI[1]M6产生过程中，这个M6晶粒取向钢具有格外低的损失和高的磁导率。它被用于要求高性能和损失处于最小化的场合。

镍合金薄带简介

高磁导率金属合金主要建立在镍一铁系统基础之上。虽然Hopkinson早在1889年就试验研究了镍一铁合金，但是直到大约1913年，Elmen开始研究其在弱磁场中的特性以及热处理的影响以后，镍一铁合金的重要性才被认识。Elmen把他的镍一铁合金称为“坡莫合金”。他的第一个专利在1916年被编入档。他比较喜欢的成分是78Ni-50Fe合金。在Elmen之后不久，Yensen开始了一个独立的研究，结果产生了50Ni-50Fe合金“Hipcrnik”（海波尼克高磁导率镍钢）。它的磁导率和电阻率比78-坡莫合金低，但其饱和磁通密度比78-坡莫合金高（1.5T对0.75T），使它能更好地用于功率设备中。

镍一铁（Ni-Fe）合金性能的改善是通过在氢气中的高温退火获得的，这是Yensen首先报告的。接下来的改善是通过利用晶粒取向材料，在处于氢气中的磁场中退火做到的，这个工作是由Kelsall和Bozorth完成的。利用这两个方法得到了被称为镍铁钼超导磁合金（Supermalloy）的新材料。它与78-坡莫合金相比，具有更高的磁导率，更低的矫顽力和大致相同的饱和磁通密度。或许上述措施中最主要的是在磁场中退火，它不仅提高了磁导率，还提供了“矩形”的磁滞回线，这对高频功率变换设备是很重要的。

为了获得高电阻以使在音频应用中磁心损失低，有以下两个方法：①变更金属合金的形式；②开发具有磁性能的氧化物。结果在20世纪20年代开发了薄带状合金和粉末状合金。20世纪50年代开发出了薄膜状合金。从20世纪60年代中期到现在，薄膜的发展一直被航空航天功率变换电子技术的需求推动着。

---

[1] AISI＝American Iron and Steel Institute，为美国钢铁学会。

可以买到厚度为 2 密耳（mil）[1]、1 密耳、0.5 密耳、0.25 密耳和 0.125 密耳的镍一铁（Ni-Fe）合金。这些材料具有回环形或矩形的 *B-H* 回线。这给了工程师一个很宽的尺寸和结构方面的范围来为自己的设计进行选择。表 2-1 中示出了某些最常用的铁合金材料特性。在表 2-1 中还给出了每种磁性材料的 *B-H* 回线图号。

表 2-1　可供选择的铁合金材料的磁特性

材料名称	成分	初始磁导率 μ_i	磁通密度 B_s/T	居里温度 /℃	直流矫顽力/Oe	密度/(g/cm³)δ	质量系数 χ	典型 *B-H* 回线的图号
硅钢 (Silicon)	3%Si 97%Fe	1.5k	1.5～1.8	750	0.4～0.6	7.63	1.000	(2-3)
铁钴钒（矩磁）合金* (Supermendur)	49%Co 49%Fe 2%V	0.8k	1.9～2.2	940	0.15～0.35	8.15	1.068	(2-4)
具有矩形磁滞回线的铁心材料 (Orthonol)	50%Ni 50%Fe	2k	1.42～1.58	· 500	0.1～0.2	8.24	1.080	(2-5)
坡莫合金 (Permalloy)	79%Ni 17%Fe 4%Mo	12k～100k	0.66～0.82	460	0.02～0.04	8.73	1.144	(2-6)
镍铁钼超导磁合金 (Supermalloy)	78%Ni 17%Fe 5%Mo	10k～50k	0.65～0.82	460	0.003～0.008	8.76	1.148	(2-7)

注　硅钢的质量系数为 1。
*　磁场退火。

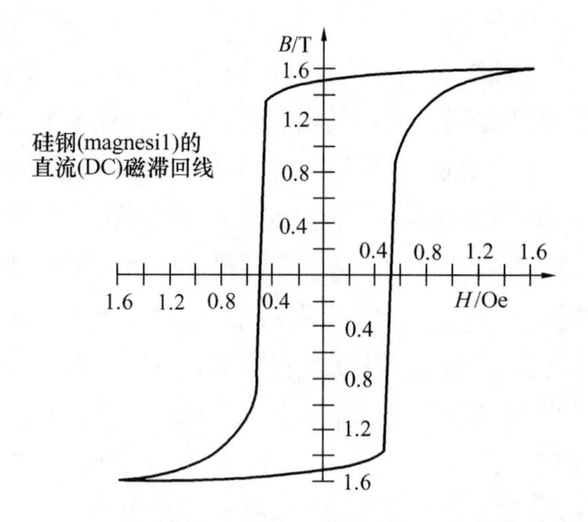

图 2-3　硅钢（97%Fe，3%Si）的 *B-H* 回线

[1] mil（密耳）：金属线直径或薄板厚度的单位。等于 0.001in，1in=2.54cm。圆密耳：面积单位，1 圆密耳为直径为 1 密耳的金属丝截面积。

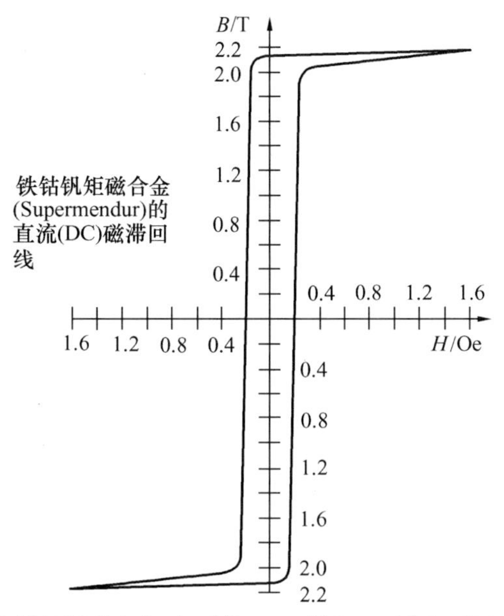

图 2-4　铁钴钒矩磁合金（49%Fe，49%Cu，2%V）的 B-H 回线

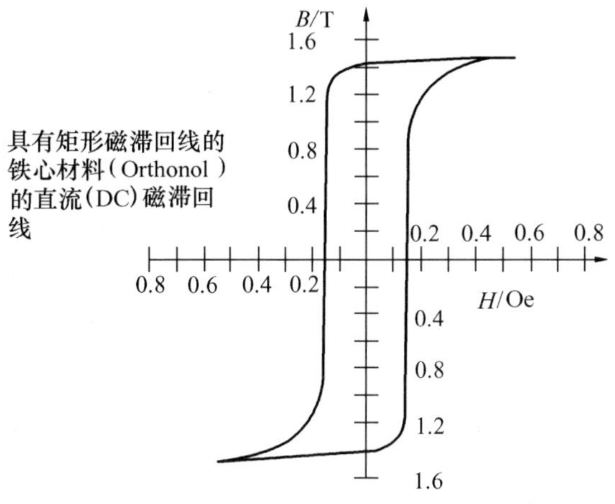

图 2-5　奥则闹尔（Orthonol，具有矩形磁滞回线的铁心材料 50%Fe，50%Ni）的 B-H 回线

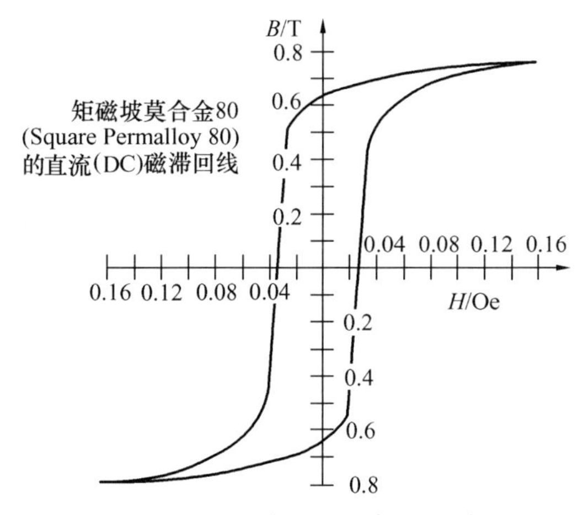

图 2-6　矩磁坡莫合金 80（79%Ni，17%Fe，4%Mo）的 B-H 回线

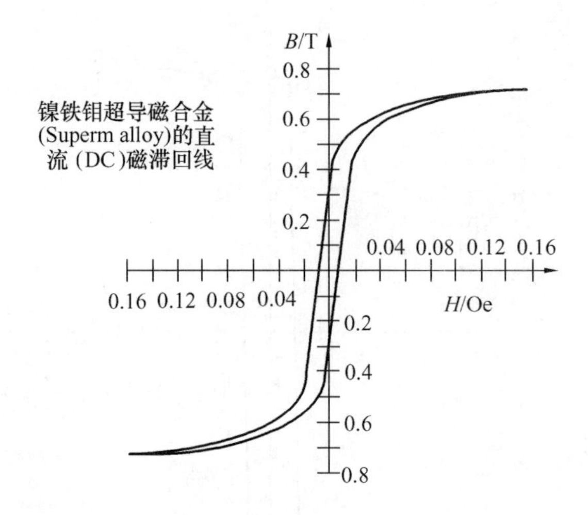

图 2-7 镍铁钼超导磁坡合金(78%Ni，17%Fe，5%Mo)的 B-H 回线

金属玻璃简介

在材料科学家中间引起广泛注意的金属玻璃第一次合成发生在 1960 年，Klement、Willens 和 Duwez 报告了金硅合金液体当其快速急冷到液态氮的温度时，会形成非晶态固体，12 年后 Chen 和 Polk 生产出了具有显著延展性、形状可用的铁基金属玻璃。从那时起，金属玻璃经过了从实验室到实用产品的过渡。目前它是深入的技术和基础研究的焦点。

金属玻璃一般是由液体急冷生产的。在这个过程中，熔化的金属合金以 10^5℃/s 数量级的速度快速冷却，通过这样快速冷却的温度发生了结晶过程。晶体金属(标准的磁性材料)和玻璃状金属的基本不同在于它们的原子结构。晶体金属是由规则的三维原子阵列构成，这些原子排列长短有序。金属玻璃没有长短有序结构。尽管它们的结构不同，而成分相同的晶体金属和玻璃状金属，其密度是接近相同的。

金属玻璃的电阻率比类似成分晶体金属的电阻率大得多(高 3 倍以上)。电阻率的大小以及它们的温度系数在玻璃状态和液体状态中都几乎是相同的。

金属玻璃在磁性方面是相当“软”的。所谓“软”是指施加小的磁场会产生大的磁化响应，而大的磁化响应在诸如变压器和电感器的应用中是很希望的。这些新材料的明显优点是在高频应用中的高磁感应强度、高磁导率和低磁心损失。

有四种非晶态材料已经用于高频的应用中：2605SC、2714A、2714AF 和 Vitroperm 500F。材料 2605SC 提供出高电阻率、高饱和磁感应强度和低磁心损失的极好组合，使它适合用来设计高频直流(DC)电感器。材料 2714A 是一种钴类材料，它提供出极好的高电阻率、高矩形比 B_r/B_s 和很低的磁心损失，使它适合用来设计高频航空航天变压器和磁放大器。VitroPecrm 500F 是铁基材料，具有 1.2T 的饱和磁通密度，非常适合于设计高频变压器和开气隙的电感器。用毫微(10^{-9})晶 500F 制造的高频磁心损失甚至在高磁通密度下工作时也比某些铁氧体的损失低。几种最常用的非晶态材料特性见表 2-2。表 2-2 还给出了每种磁性材料 *B-H* 回线的图号。

表 2-2　几种最常用的非晶态材料磁特性

材料名称	主要成分	初始磁导率 μ_i	磁通密度 B_s	居里温度 /℃	DC（直流）矫顽力/Oe	密度/(g/cm³) δ	质量系数 χ	典型 *B-H* 回线的图号
2605SC	81%Fe 13.5%B 3.5%Si	1.5k	1.5～1.6	370	0.4～0.6	7.32	0.957	(2-8)
2714A	66%Co 15%Si 4%Fe	0.8k	0.5～0.65	205	0.15～0.35	7.59	0.995	(2-9)
2714AF	66%Co 15%Si 4%Fe	2k	0.5～0.65	205	0.1～0.2	7.59	0.995	(2-10)
毫微晶 Vitroperm 500F*	73.5%Fe 1%Cu 15.5%Si	30k～80k	1.0～1.2	460	0.02～0.04	7.73	1.013	(2-11)

注　χ　硅钢的质量系数为 1，见表 2-1。

*　Vitroperm 是 Vacuumschmelze 的商标。

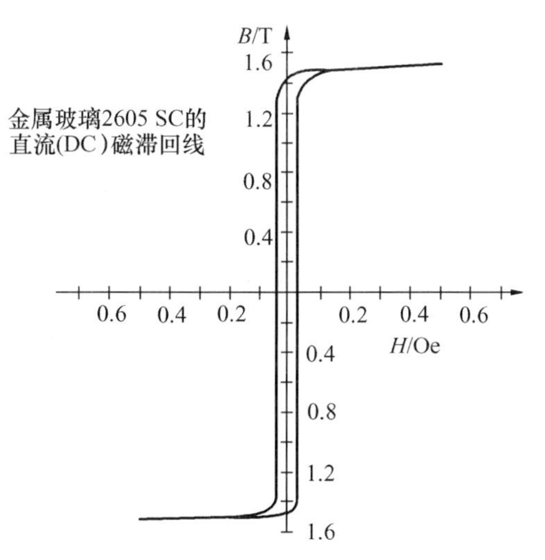

图 2-8　非晶态 2605SC（81%Fe，13.5%B，3.5%Si）的 *B-H* 回线

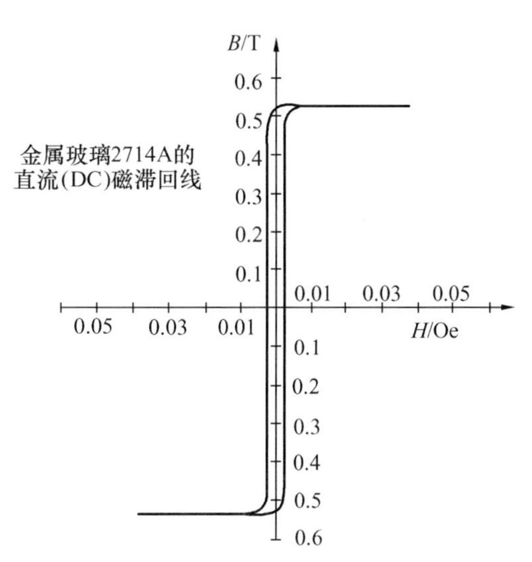

图 2-9　非晶态 2714A（66%Cu，15%Si，5%Fe）的 *B-H* 曲线

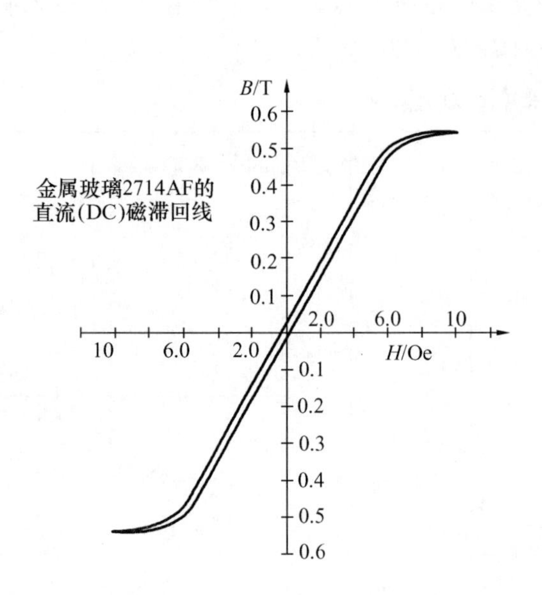

图 2-10 非晶态 2714AF（66%Co，15%Si，4%Fe）的 *B-H* 回线

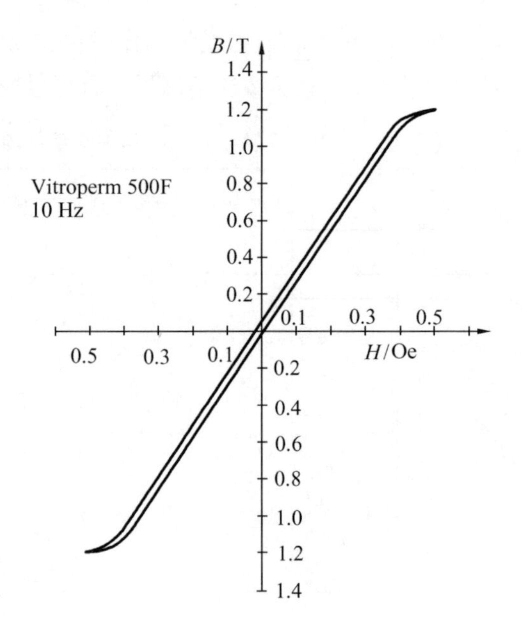

图 2-11 Vitroperm 500F（73.5%Fe，15.5%Si，1%Cu）的 *B-H* 回线

软磁铁氧体简介

在电力工业的早期中，对于不可缺少的磁性材料需求是由铁和它的磁性合金来充当的。但是，随着较高频率应用的到来，标准的减少涡流损失技术（利用叠片或铁粉心）不再有效或丧失了有效性。

这个认识重新促进了对磁绝缘体的兴趣，正如德国的 S. Hilpert 在 1909 年最先报告的那样。很容易理解，如果能够把氧化物的高电阻率与希望的磁特性相结合，那么特别适用于在高频下工作的磁性材料就会产生。

开发这样材料的研究由科学家在全世界众多实验室中进行着，诸如 V. Kato、T. Takei 和 N. Kawai 于 20 世纪 30 年代在日本；菲利浦研究实验室的 J. Snoek 于 1935～1945 年期间在荷兰；不迟于 1945 年，Snoek 建立了实际的铁氧体材料物理和技术基础。

铁氧体是由氧化物组成的均匀陶瓷材料，铁氧化物是其主要成分。软磁铁氧体可以分成两个主要类别：锰-锌和镍-锌。在每个类别中，改变化学成分或制造方法可以制造出很多不同的锰-锌和镍-锌材料的分类别。锰-锌和镍-锌两类铁氧体材料彼此互补，使软磁铁氧体的应用可以从音频直到几百兆赫。制造商们不愿意在同一地方加工，即不愿意与镍-锌一起制造锰-锌铁氧体，因为这样其中一种会污染另一种，从而导致其性能变坏。锰-锌和镍-锌之间的主要不同点见表 2-3，最大的不同是锰-锌具有较高的磁导率，而镍-锌具有较高的电阻率。表 2-4 中示出了几种最常用的铁氧体材料。在表 2-4 中还给出了每种材料 *B-H* 回线的图号。

表 2-3　　锰-锌与镍-锌基本特性的比较

材料	初始磁导率 μ_i	磁通密度 B_{max}/T	居里温度 /℃	DC（直流）矫顽力 H_c/Oe	电阻率 /Ωcm
锰-锌	750～15k	0.3～0.5	100～300	0.04～0.25	10～100
镍-锌	15～1500	0.3～0.5	150～450	0.3～0.5	10^6

表 2-4　　可供选择的铁氧体材料磁特性

Magnetics* 的材料名称	初始磁导率 μ_i	磁通密度 B_s/T	剩磁 B_r/T	居里温度 /℃	DC（直流）矫顽力 H_c Oe	密度 /(g/cm³)	典型的 B-H 回线的图号
K	1500	0.48T	0.08T	>230	0.2	4.7	(2-12)
R	2300	0.50T	0.12T	>230	0.18	4.8	(2-13)
P	2500	0.50T	0.12T	>230	0.18	4.8	(2-13)
F	5000	0.49T	0.10T	>250	0.2	4.8	(2-14)
W	10000	0.43T	0.07T	>125	0.15	4.8	(2-15)
H	15000	0.43T	0.07T	>125	0.15	4.8	(2-15)

*　Magnetics 是 Spany & Company 公司磁器件分部。

锰-锌铁氧体

这类软磁铁氧体是最常见的，它比镍-锌铁氧体应用的场合更多。在锰-锌类别中，大量材料变种是可能的。锰-锌铁氧体主要用在低于 2MHz 的频率上。

镍-锌铁氧体

这类软磁铁氧体以高材料电阻率为特征。其电阻率的大小比锰-锌铁氧体要高几个数量级。因为它的电阻率高，镍-锌铁氧体就成为工作频率从 1～2MHz 直到几百兆赫时可选择的材料。

当气隙尺寸相当大时，材料磁导率 μ_m 对有效磁导率 μ_e 几乎没有影响，见表 2-5。

表 2-5　　磁导率和它对含气隙电感器的影响

材料*	μ_m	气隙/in	气隙/cm	MPL/cm**	μ_e
K	1500	0.04	0.101	10.4	96
R	2300	0.04	0.101	10.4	98
P	2500	0.04	0.101	10.4	99
F	3000	0.04	0.101	10.4	100

*　此处的材料取自于 Spang Company 公司磁器件部。
**　此为磁心 ETD44 的磁路长度。

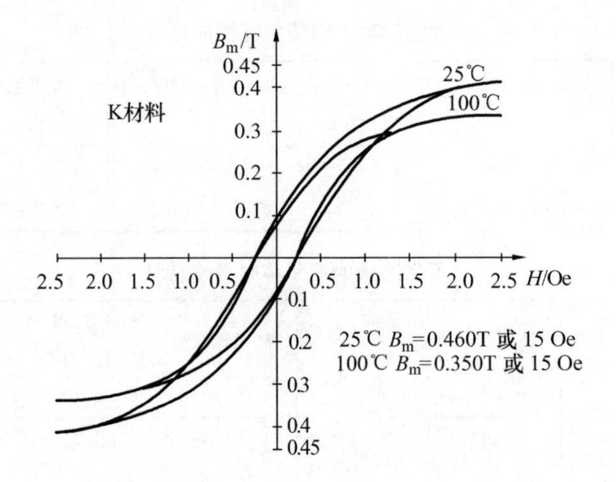

图 2-12 铁氧体（K 材料，在 25℃和 100℃时）的 B-H 回线

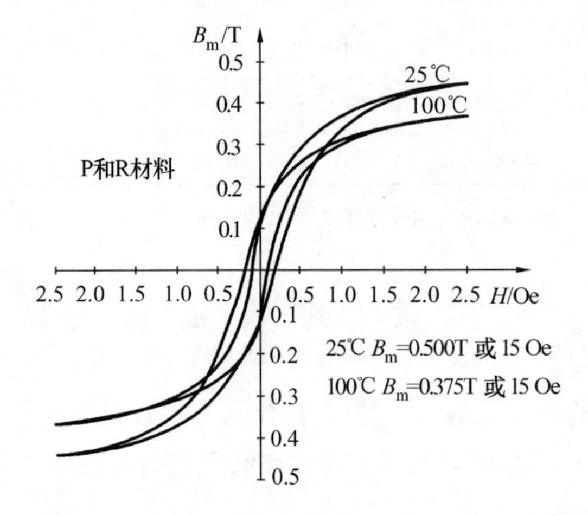

图 2-13 铁氧体（P 和 R 材料，在 25℃和 100℃时）的 B-H 回线

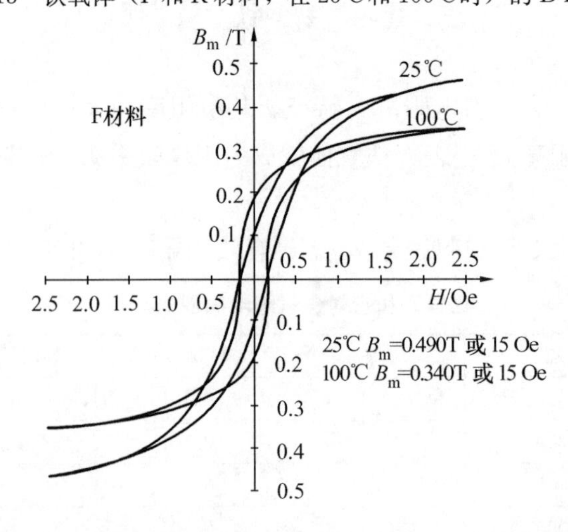

图 2-14 铁氧体（F 材料在 25℃和 100℃时）的 B-H 回线

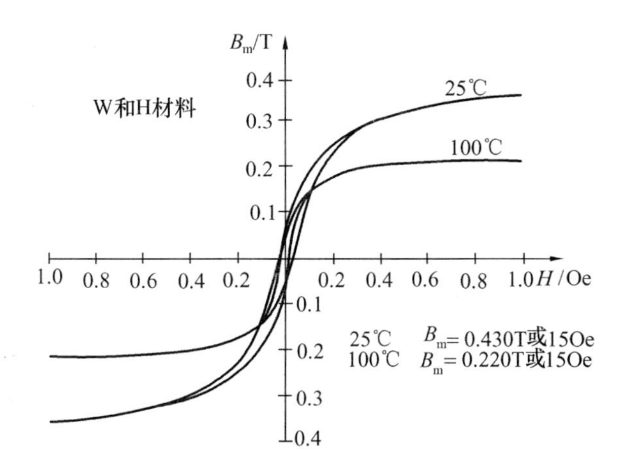

图 2-15　铁氧体（W 和 H 材料在 25℃和 100℃时）的 *B-H* 回线

铁氧体性能数据的相互对照

表 2-6 的相互参照把一些一流的铁氧体生产厂商的数据放在一起。这些铁氧体材料被组织起来并与磁学公司的材料对照。这是因为磁学公司（Magnetics）拥有一个最庞大的标准铁氧体材料生产线。

表 2-6　　**铁氧体材料，不同生产厂商的相互对照**

磁导率	1500	2300	2500	3000	5000	10000	15000
应用领域	功率	功率	功率	功率	滤波器	滤波器	滤波器
生产厂商	材料名称						
Magnetics	1 K	2 R	3 P	F	J	W	H
Ferroxcube	3F35	3F3	3C94	3C81	3E27	3E5	3E7
磁导率，μ_i	1400	2000	2300	2700	6000	10000	15000
Fair-Rite			78		75	76	
磁导率，μ_i			2300		5000	10000	
Siemens	N49	N78	N67	T41	T35	T38	T46
磁导率，μ_i	1300	2200	2100	3000	6000	10000	15000
TDK 公司	PC50	PC40	PC44	H5A	HP5	H5C2	H5C3
磁导率，μ_i	1400	2300	2400	3300	5000	10000	15000
MMG		F44	F5	F5C	F-10	F-39	
磁导率，μ_i		1900	2000	3000	6000	10000	
Ceramic Mag	MN67	MN80	MN80	MN8CX	MN60	MC25	MC15K
磁导率，μ_i	1000	2000	2000	3000	6000	10000	15000
Tokin		HBM	B25	B3100	H5000	H12000	
磁导率，μ_i							
Ferrite Int	TSF-5099	TSF-7099	TSF-7070	TSF-8040	TSF-5000	TSF-010K	
磁导率，μ_i	2000	2000	2200	3100	5000	10000	

注　1. 可用于高频功率的材料，250kHz 和以上。
2. 在 80～100℃，25～250kHz 下有最小的损失。
3. 在 60～80℃下有最小的损失。

钼坡莫合金粉末磁心简介

镍-铁高磁导率磁性合金（坡莫合金）于 1923 和 1927 年被发现。坡莫合金成功地用在了粉末磁心中，对当时的载波通信作出了很大的贡献。

在 20 世纪 40 年代初期，一个新的以钼坡莫合金粉末（MPP，Molybdenum Permalloy Powder）作为商标的材料，由贝尔电话实验室和西方电气公司（Western Electric Company）开发成磁心。这种磁心被用于电话设备中的负载线圈、滤波线圈、音频和载波频率下的变压器。这样的磁心利用已经扩展到许多工业和军事电路。磁导率和磁心损失随时间、温度的稳定性和磁通水平的高低，对设计调谐电路和定时电路的工程师而言是特别重要的。这个新的材料对所有过去的磁粉心而言都给出了更可靠的和更优良的性能。

钼坡莫合金粉末［2 个钼（Mo），82 个镍（Ni），16 个铁（Fe）］是通过研磨、热轧和使熔炼的金属脆化而制成。然后，合金被绝缘和过筛，对于在音频范围的应用筛到每平方英寸 120 个孔眼的细度，对于在高频下的应用筛到为每平方英寸 400 个孔眼的细度。

在功率变换领域，MMP 磁心在开关电源中造成的影响最大。MMP 磁心和功率 MOS 场效应晶体管的应用使得工作效率增加，导致了计算机系统的更高紧凑度和质量减小。电源是系统的心脏，当电源被正确地设计，采用了合适的温升时，系统将会延长其寿命。

在这些功率系统中，有开关型电感器、平滑扼流线圈、共模滤波器、输入滤波器、输出滤波器、功率变压器、电流变压器（亦称电流互感器——译者注）和脉冲变压器。采用 MMP，不可能对上述所有器件都会得到最佳的设计，但是，在某些情况下，MMP 磁心是唯一能在可得到空间内以合适的温升运行的磁心。

铁粉末磁心简介

开发压制的铁粉末磁心作为用于电感线圈中的磁性材料是贝尔电话实验室的工程师们在寻找优良铁-导线磁心代替物的工作中引出的。铁粉末磁心的利用是 Heaviside 在 1887 年和 Dolezalek 在 1900 年再次提出的。

第一个具有商业价值特性的铁粉末磁心是由 Buckner Speed 于 1918 年发布的美国专利 No. 1274952 中描述的。Buckner Speed 和 G. W. Elman 1921 年在 A. I. E. E. Transactions［美国电气工程师学会（American Institute of Electrical Engineers）会刊］上发表了一篇文章《压成粉末的铁的磁特性》。这篇文章叙述了一种磁性材料。这种材料非常适于构成诸如在电话系统中所用的小电感线圈和变压器中的磁心。这些铁粉末磁心是由 80 个筛目的电解铁粉末制造的。材料被退火，然后通过多个微粒表面的氧化使其绝缘。用这种方法，得到了非常细而韧的铁微粒。当压制这些磁心时，其微粒不会被打碎。一种虫胶溶液被加到已被绝缘的粉末上作为进一步的绝缘物和黏合剂。这就是大约1929年之前，西方电气公司制造环形铁磁心的方法。今天铁粉末磁心的制造方法几乎没什么变化，只是用高纯的铁粉末和更多外来的绝缘物和黏合剂。准备好了的粉末在极高压下压制形成固体样子的磁心，这个过程造成了具有分布空气隙的磁结构。铁本身的高饱和磁通密度与分布的空气隙相结合，产生了初始磁导率小于100和具有高能量存储能力的磁心材料。

直流（DC）电流不产生磁心损失。但是交流电流（AC）或纹波电流产生磁心损失。铁粉末材料具有比某些较贵的磁心材料较高的磁心损失。多数具有直流偏置的电感器，其纹波电流的百分比都较小，因此，磁心损失是很小的。但是，在高频纹波电流百分比较高的情况下，磁心损失有时会成为其应用的一个限制因素。我们不推荐把铁粉心用于载有不连续电流的电感器或具有大交流磁通摆动的变压器中。

低成本的铁粉心在当今低频和高频开关型功率变换中的典型应用，如制成差模、输入和输出功率电感器。因为铁粉心的磁导率低，所以，为制造具有合适的电感以使交流（AC）磁通很小而需要相当多的匝数。采用铁粉心的代价通常在磁器件的尺寸和效率方面。

有四种标准的粉末材料可买来用于磁功率器件：钼坡莫合金（MMP）粉末磁心，其曲线族如图2-20所示；高磁通（HF）粉末磁心，其曲线族如图2-21所示；铁硅铝合金粉末磁心（Kool Mμ）❶，其曲线族如图2-22所示；铁粉末磁心，其曲线族如图2-23所示。粉末磁心可获有各种各样的磁导率，这就给了工程师宽广的范围以使其设计优化。用最常见的材料制成的粉末磁心特性见表2-7。在表2-7中还给出了每种粉末磁心材料 *B*-*H* 回线的图号。表2-8是每种粉末磁心材料最常见磁导率一览表。

表2-7　粉末磁心材料特性

材料名称	成分	初始磁导率 μ_i	磁通密度 B_s/T	居里温度 /℃	DC（直流）矫顽力 H_c /Oe	密度 /（g/cm³）	典型的 *B*-*H* 回线图号
钼坡莫合金（MPP）	80%Ni 20%Fe	14～550	0.7	450	0.3	8.5	(2-16)
高磁通（High Flux）	50%Ni 50%Fe	14～160	1.5	360	1	80	(2-17)
铁硅铝（Kool Mμ）	85%Fe 9%Si 6%Al	26～125	1	740	0.5	6.15	(2-18)
铁粉末（Iron Powder）	100%Fe	4.0～100	0.5～1.4	770	5.0～9.0	3.3～7.2	(2-19)

❶ Spang和Company公司磁器件分部的商品名。

表 2-8　　标准粉末磁心磁导率

粉末材料	钼坡莫合金粉心	高磁通粉心	铁硅铝粉心	铁粉心
初始磁导率 μ_i				
10				×
14	×	×		
26	×	×	×	
35				×
55				×
60	×	×	×	×
75			×	×
90			×	
100				×
125	×	×	×	
147	×	×		
160	×	×		
173	×			
200	×			
300	×			
550	×			

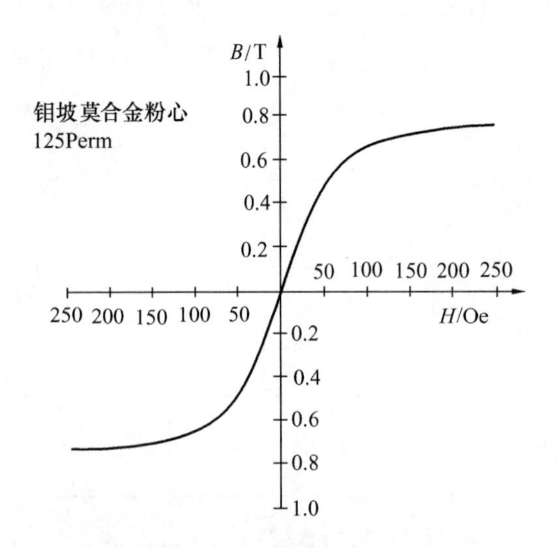

图 2-16　钼坡莫合金粉末磁心（125Perm）

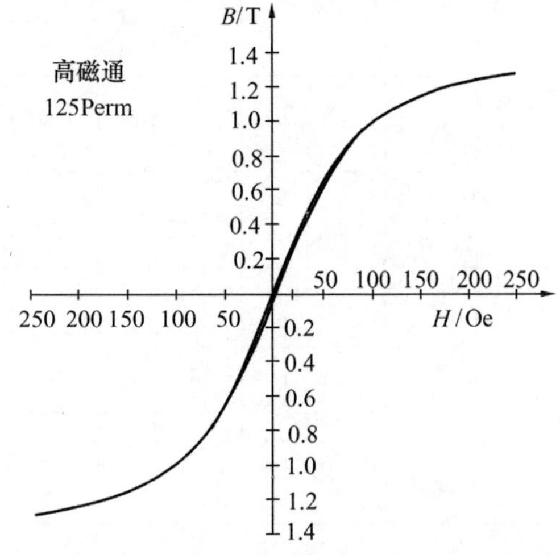

图 2-17　高磁通粉末磁心（125Perm）

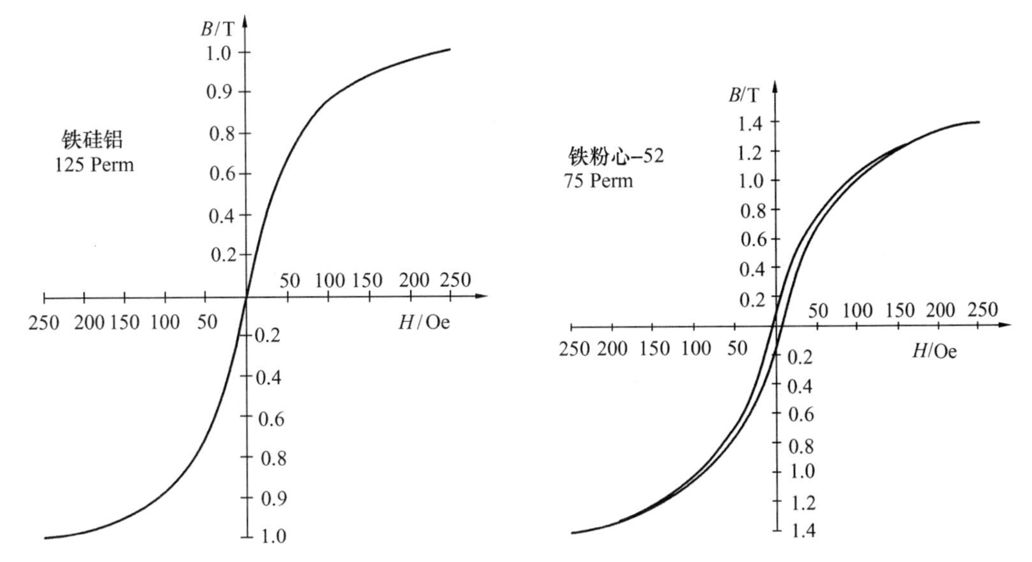

图 2-18　铁硅铝（Kool Mμ）粉末磁心（125Perm）　　图 2-19　铁粉末（—52）磁心（75Perm）

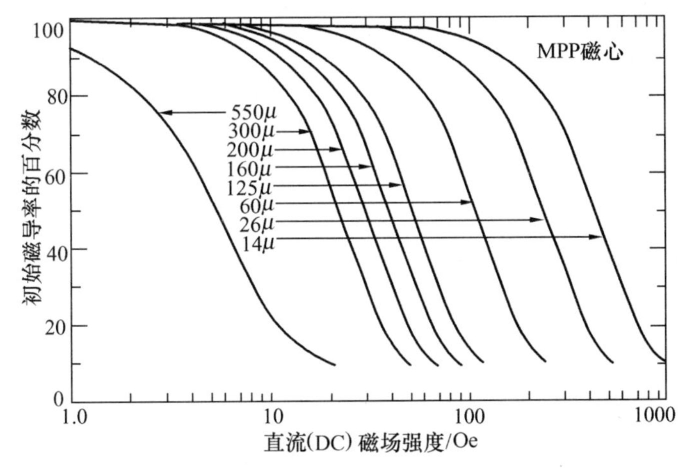

图 2-20　钼坡莫合金粉末磁心磁导率与直流（DC）偏置的关系曲线

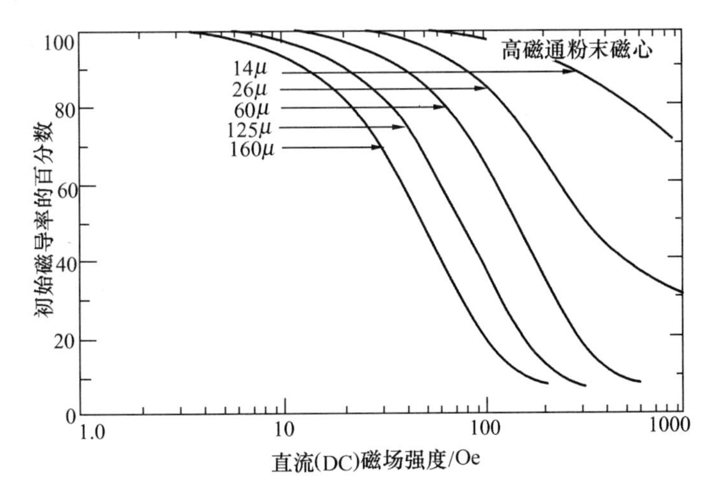

图 2-21　高磁通磁粉心磁导率与直流（DC）偏置的关系曲线

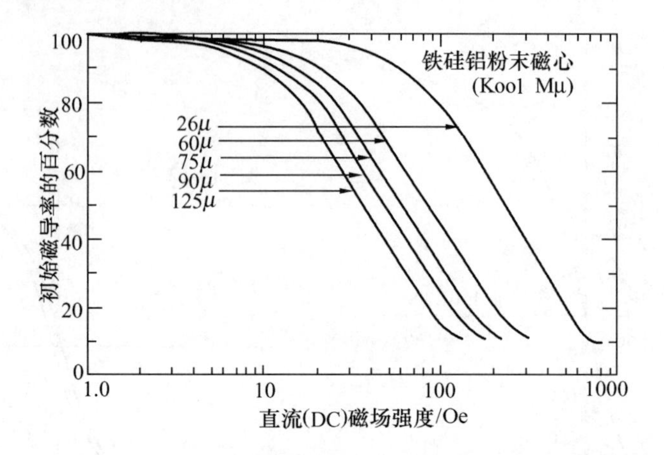

图 2-22 铁硅铝（sondust）磁粉心磁导率与直流（DC）偏置的关系曲线

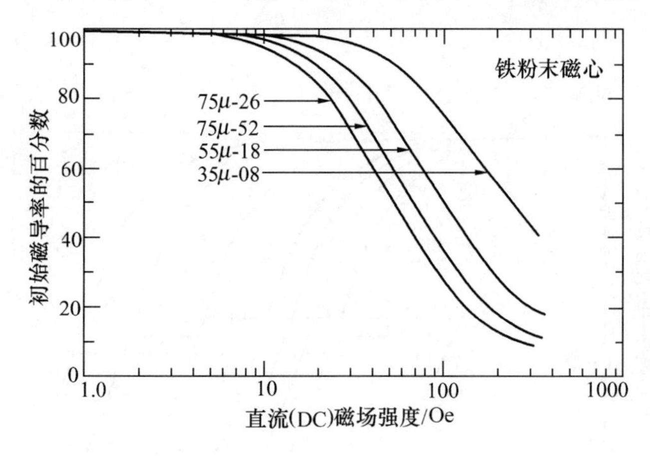

图 2-23 铁粉心磁导率与直流（DC）偏置的关系曲线

磁 心 损 失

功率磁器件——如变压器和电感器的设计者需要这些器件中磁性材料电特性和磁特性的知识。有两种磁特性是有重要意义的，即直流（DC）特性和交流（AC）特性。直流 B-H 回线是用来对不同类型的磁性材料进行比较的有用依据。交流（AC）磁特性对设计工程师也是有重要意义的。一个最重要的交流（AC）特性就是磁心损失。交流磁心损失是其磁性材料、磁性材料的厚度、磁通密度 B_{AC}、频率 f 和工作温度的函数。因此，磁性材料的选择是建立在对成本、体积和性能等指标折中而获得最好特性的基础之上的。

不是所有的厂商在叙述他们的磁心损失时都用相同的单位。在对不同的磁性材料进行比较时，使用者应该知道磁心损失的不同单位。典型的磁心损失图如图 2-24 所示。其纵坐标是磁心损失，横坐标是磁通密度，磁心损失数据对不同的频率画出，如图2-24 所示。

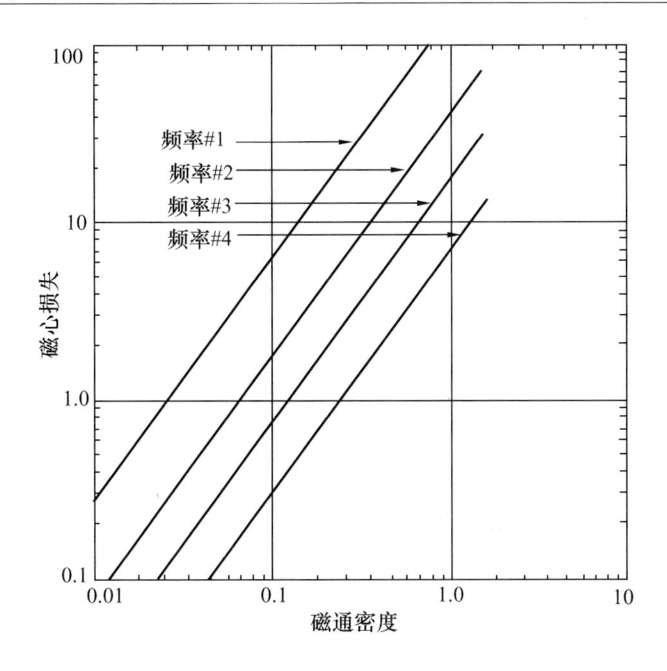

图 2-24 典型的不同频率下磁心损失图

纵坐标：制造厂商所用磁心损失单位一览表

1. 瓦特每磅（W/P）
2. 瓦特每千克（W/kg）
3. 毫瓦每克（mW/g）
4. 毫瓦每立方厘米（mW/cm^3）

横坐标：制造厂商所用磁通密度单位一览表

1. 高斯（Gs）
2. 千高斯（kGs）
3. 特斯拉（T）
4. 毫特斯拉（mT）

频率数据可以用赫兹（Hz）或千赫兹（kHz）表示。

磁心损失公式

目前，制造厂商以公式的形式提供磁心损失，如

$$W/kg（瓦特/千克）=kf^{(m)}B^{(n)} \tag{2-2}$$

式中的单位是随厂商的不同会有变化的。在下面的表中，数据被改成公制单位，即高斯变为特斯拉，瓦特每磅变为瓦特每千克。对 Magnetics Inc（磁学公司）的钼坡莫合金粉末磁心（MPP）采用式（2-2）时的系数见表 2-9。Magnetics Inc 高磁通粉末磁心（HF）采用式（2-2）时的系数见表 2-10。对 Magnetics Inc 铁硅铝粉末磁心（Kool Mμ）采用式（2-2）时的系数见表 2-11。对铁合金材料采用式（2-2）时的系数见表 2-12。

表 2-9　　**MPP 粉末磁心的磁心损失系数**

Spang & Company 公司磁器件公司（Magnetics）的 MPP 粉末磁心				
材料	磁导率 μ	系数 k	系数 m	系数 n
MPP	14	0.005980	1.320	2.210
MPP	26	0.001190	1.410	2.180
MPP	60	0.000788	1.410	2.240
MPP	125	0.001780	1.400	2.310
MPP	147～160～173	0.000489	1.500	2.250
MPP	200～300	0.000250	1.640	2.270
MPP	550	0.001320	1.590	2.360

表 2-10　　**高磁通粉末磁心的磁心损失系数**

Spang & Company 公司磁器件公司（Magnetics）的 HF 粉末磁心				
材料	磁导率 μ	系数 k	系数 m	系数 n
高磁通粉末磁　心	14	4.8667×10^{-7}	1.26	2.52
	26	3.0702×10^{-7}	1.25	2.55
	60	2.0304×10^{-7}	1.23	2.56
	125	1.1627×10^{-7}	1.32	2.59
	147	2.3209×10^{-7}	1.41	2.56
	160	2.3209×10^{-7}	1.41	2.56

表 2-11　　**铁硅铝粉末磁心的磁心损失系数**

Spang & Company 公司磁器件公司（Magnetics）的 Kool・M μ 粉末磁心				
材料	磁导率 μ	系数 k	系数 m	系数 n
铁硅铝粉末磁心	26	0.000693	1.460	2.000
	60	0.000634		
	75	0.000620		
	90	0.000614		
	125	0.000596		

表 2-12　　**铁合金磁心的磁心损失系数**

铁合金					
材料	厚度/mils	频率范围	系数 k	系数 m	系数 n
50/50 镍一铁 (50/50Ni-Fe)	1.00		0.0028100	1.210	1.380
	2.00		0.0005590	1.410	1.270
	4.00		0.0006180	1.480	1.440

续表

铁合金					
材料	厚度/mils	频率范围	系数 k	系数 m	系数 n
铁钴钒（矩磁）合金（Supermendur）	2.00 4.00	400Hz	0.0236000 0.0056400	1.050 1.270	1.300 1.360
坡莫合金 80（Permalloy 80）	1.00 2.00 4.00		0.0000774 0.0001650 0.0002410	1.500 1.410 1.540	1.800 1.770 1.990
镍铁钼超导磁合金（Supermalloy）	1.00 2.00 4.00		0.0002460 0.0001790 0.0000936	1.350 1.480 1.660	1.910 2.150 2.060
硅钢（Silicon）	1.00 2.00 4.00 12.00 14.00 24M27non-or	50～60Hz	0.0593000 0.0059700 0.0035700 0.0014900 0.0005570 0.0386000	0.993 1.260 1.320 1.550 1.680 1.000	1.740 1.730 1.710 1.870 1.860 2.092

对于非晶态材料采用式（2-2）时的系数见表 2-13。对于磁器件公司（Magnetics）的铁氧体材料采用式（2-2）时的系数见表 2-14。对微金属公司（Micrometals）铁粉末磁心材料采用式（2-3）时的系数见表 2-15。

$$\text{watts/kilogram} = k\left[\frac{fB_{\text{AC}}^{3}\times 10^{9}}{(a)+681(b)B_{\text{AC}}^{0.7}+2.512\times 10^{6}(c)B_{\text{AC}}^{1.35}}\right]+100df^{2}B_{\text{AC}}{}^{2} \quad (2\text{-}3)$$

表 2-13　　非晶态材料的磁心损失系数

非晶态合金				
材料	厚度/mils	系数 k	系数 m	系数 n
2605SC	0.80	8.79×10^{-6}	1.730	2.230
2714A	0.80	10.1×10^{-6}	1.550	1.670
Vitroperm 500	0.80	0.864×10^{-6}	1.834	2.112

表 2-14　　磁器件公司（Magnetics）铁氧体材料磁心损失系数

磁器件公司（Magnetis）的铁氧体磁心材料				
材料	频率范围	系数 k	系数 m	系数 n
K	$f<500\text{kHz}$	2.524×10^{-4}	1.60	3.15
K	$500\text{kHz}\leqslant f<1.0\text{MHz}$	8.147×10^{-8}	2.19	3.10
K	$f\geqslant1.0\text{MHz}$	1.465×10^{-19}	4.13	2.98
R	$f<500\text{kHz}$	5.597×10^{-4}	1.43	2.85
R	$500\text{kHz}\leqslant f<500\text{kHz}$	4.316×10^{-5}	1.64	2.68
R	$f\geqslant500\text{kHz}$	1.678×10^{-6}	1.84	2.28
P	$f<100\text{kHz}$	1.983×10^{-3}	1.36	2.86
P	$100\text{kHz}\leqslant f<500\text{kHz}$	4.885×10^{-5}	1.63	2.62
P	$f\geqslant500\text{kHz}$	2.068×10^{-15}	3.47	2.54
F	$f\leqslant10\text{kHz}$	7.698×10^{-2}	1.06	2.85
F	$10\text{kHz}<f<100\text{kHz}$	4.724×10^{-5}	1.72	2.66
F	$100\text{kHz}\leqslant f<500\text{kHz}$	5.983×10^{-5}	1.66	2.68
F	$f\geqslant500\text{kHz}$	1.173×10^{-6}	1.88	2.29
J	$f\leqslant20\text{kHz}$	1.091×10^{-3}	1.39	2.50
J	$f>20\text{kHz}$	1.658×10^{-8}	2.42	2.50
W	$f\leqslant20\text{kHz}$	4.194×10^{-3}	1.26	2.60
W	$f>20\text{kHz}$	3.638×10^{-8}	2.32	2.62
H	$f\leqslant20\text{kHz}$	1.698×10^{-4}	1.50	2.25
H	$f>20\text{kHz}$	5.3720×10^{-5}	1.62	2.15

表 2-15　　铁粉末磁心的磁心损失系数

微金属公司（Micrometals）的铁粉末磁心					
材料	磁导率 μ	系数 a	系数 b	系数 c	系数 d
Mix-80	35	0.01235	0.8202	1.4694	3.85×10^{-7}
Mix-18	55	0.00528	0.7079	1.4921	4.70×10^{-7}
Mix-26	75	0.00700	0.4858	3.3408	2.71×10^{-6}
Mix-52	75	0.00700	0.4858	3.6925	9.86×10^{-7}

磁性材料的选择

在航空航天和电子工业的功率处理应用领域，静止逆变器、变换器和变压器-整流器（T-R）电源中所用的变压器通常是由矩形回线钢带绕成环形。缺少描述在高频方波激励下普通常用的和较奇特磁心材料性状的工程数据，严重妨碍了上述应用中可靠、高效率和小质量器件的设计。

一个开发这些数据的计划已在 Jet Propulsion 实验室（JPL）完成。这些数据是由目前可从各种工业部门获得的带状磁心材料动态 *B-H* 回线特性测量中得到的。磁心被制成环形和 C 形，测试在无气隙（未切割）和有气隙（经切割）结构情况下进行，下面叙述其研究的结果。

典型的磁运行状态

在逆变器、变换器和变压器-整流器电源中所用的变压器，其工作由一个电源总线开始。这个总线可能是直流（DC）的，可能是交流（AC）的。在某些功率处理应用的场合，通常所用的电路是一个被驱动的晶体管开关，如图 2-25 所示。

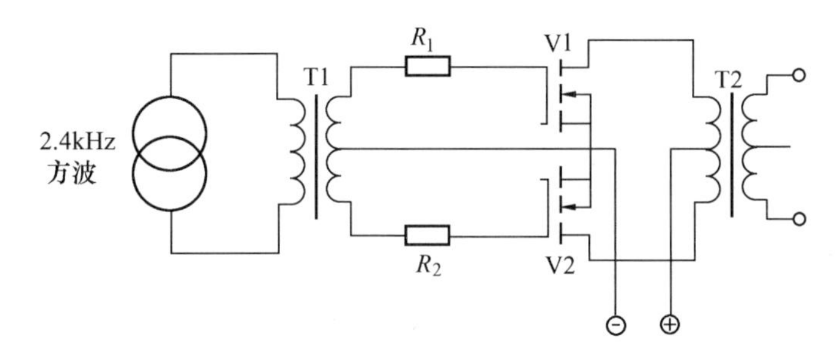

图 2-25 典型带被驱动的功率 MOS 场效应管逆变器

影响所设计的变压器能否正常使用的一个重要考虑是它必须确保其工作中对变压器一次要有一个平衡的驱动。在不平衡的驱动中，变压器的一次将有净直流（DC）电流。这会使在相交替的半周期中容易饱和。饱和的磁心不能支撑外施电压，这个外施电压主要由其导通电阻来承担。结果所引起的大电流和变压器漏感一起在开关转换期间导致高的电压尖峰。这个高电压尖峰可以使功率 MOSFET 遭到破坏。为了提供出平衡的驱动，必须精确地使 MOSFET 的 $R_{DS(on)}$ 相匹配。但是，这不总是充分有效的，实际上，精确地选配 MOSFET 也是一个主要的难题。

材料的特性

许多可买到的磁心材料都有接近如图 2-26 所示的理想 *B-H* 矩形曲线特性。几种通常可买到的典型磁心材料直流（DC）*B-H* 回线如图 2-27 所示。其他的特性见表 2-16。

关于逆变器和变换器中变压器的设计已经发表了很多文章。通常作者们的建议体现的都是对表 2-16 中所列出材料的特性之间或图 2-27 中所显示的特性之间的折中。这些数据是作为商品可以买到的且适合于个案应用的磁心材料典型数据。

正如我们可以看到的，提供最高饱和磁通密度的材料（Supermendur——铁钴钒矩磁合金材料）将导致最小的器件体积。如果体积是很重要的指标，这将影响设计者的选择。铁氧体（参看图 2-27 中的铁氧体曲线）具有最低的饱和磁通密度，这将导致体积最大的变压器。为变压器或电感器选择磁性材料不能只根据饱和磁通密度来选择，还有另外的参数，如频率和磁心结构也必须要考虑。

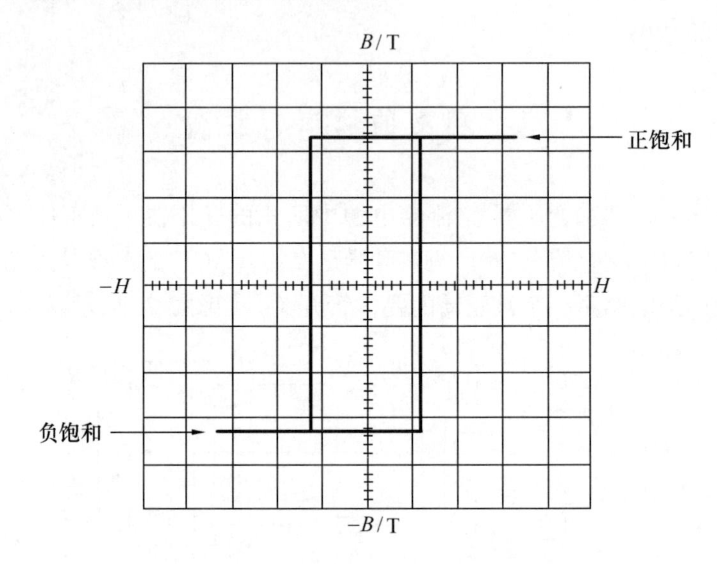

图 2-26　理想的矩形 B-H 回线

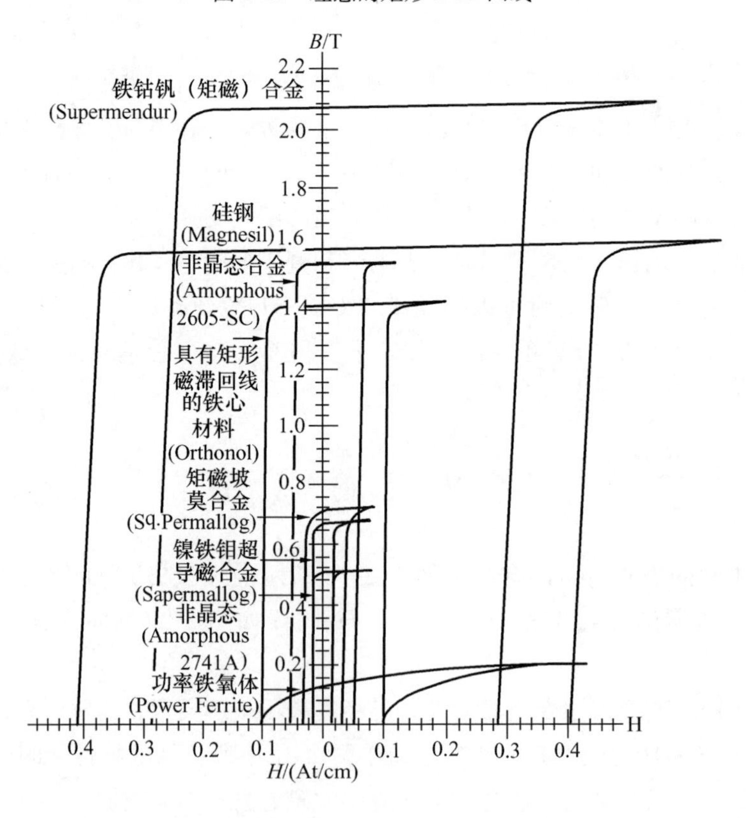

图 2-27　典型磁性材料的直流（DC）B-H 回线

表 2-16　　磁心材料特性

材料名称	成分	初始磁导率 μ_i	磁通密度 B_s/T	居里温度 /℃	DC（直流）矫顽力 H_c /Oe	密度/ (g/cm³)
硅钢 (Magnesil)	3%Si 97%Fe	1.5k	1.5～1.8	750	0.4～0.6	7.3
铁钴钒矩磁合金* (Supermendur)	49%Co 49%Fe 2%V	0.8k	1.9～2.2	940	0.15～0.35	8.15
具有矩形磁滞回线的磁心材料 (Orthonol)	50%Ni 50%Fe	2k	1.42～1.58	500	0.1～0.2	8.24
矩磁坡莫合金 (Sq. Permalloy)	79%Ni 17%Fe 4%Mo	12k～100k	0.66～0.82	460	0.02～0.04	8.73
镍铁钼超导磁合金 (Supermalloy)	78%Ni 17%Fe 5%Mo	10k～50k	0.65～0.82	460	0.003～0.008	8.76
非晶态 2605-SC (Amorphous 2605-SC)	81%Fe 13.5%B 3.5%Fe	3k	1.5～1.6	370	0.03～0.08	7.32
非晶态 2714A (Amorphous 2714A)	66%Co 15%Si 4%Fe	20k	0.5～0.58	205	0.008～0.02	7.59
铁氧体 (Ferrite)	MnZn	0.75～15k	0.3～0.5	100～300	0.04～0.25	4.8

* 磁场中退火。

通常，逆变器中变压器的设计目标是最小的体积、最高的效率和在最宽广的环境条件下满足要求的性能。遗憾的是，能够产生最小体积的磁心材料具有最低的效率，而最高效率的材料导致的是最大的尺寸。这样，变压器设计者必须在允许的变压器尺寸和能够允许的最低效率之间进行折中。那么，磁心材料的选择将建立在使最关键的或最主要的参数方面获得最好的特性和在其他参数方面也获得可接受特性折中的基础之上。

在分析了大量的设计以后看出，多数工程师选择了尺寸而不是效率作为最重要的准则，同时，为他们的变压器磁心材料选择一个中等的损失系数。因此，当频率增加时，铁氧体就成为最常用的材料了。

磁性材料饱和的定义

为了使饱和的定义标准化，我们定义 B-H 回线上的几个特殊点，如图 2-28 所示。

通过（H_0，0）和（H_s，B_s）的直线可以写为

$$B=\frac{\Delta B}{\Delta H}(H-H_0) \tag{2-4}$$

通过（0，B_2）和（H_s，B_s）的直线斜率基本上是零，可以写为

$$B=B_2\approx B_s \tag{2-5}$$

式（2-1）❶ 和式（2-2）❷ 联立定义了如下的饱和条件

$$B_s=\frac{\Delta B}{\Delta H}(H_s-H_0) \tag{2-6}$$

解式（2-3）❸ 求 H_s，得

$$H_s=H_0+\frac{B_s}{\mu_0} \tag{2-7}$$

式中用到了定义

$$\mu_0=\frac{\Delta B}{\Delta H} \tag{2-8}$$

我们定义，饱和发生在当励磁电流的峰值（B）为励磁电流平均值（A）❹ 的两倍时，如图 2-29 中所示。用解析式表示即是

$$H_{pk}=2H_s \tag{2-9}$$

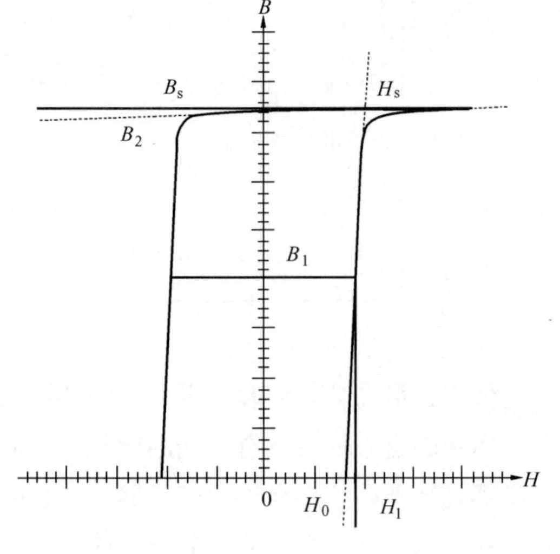

图 2-28　定义 B-H 回线

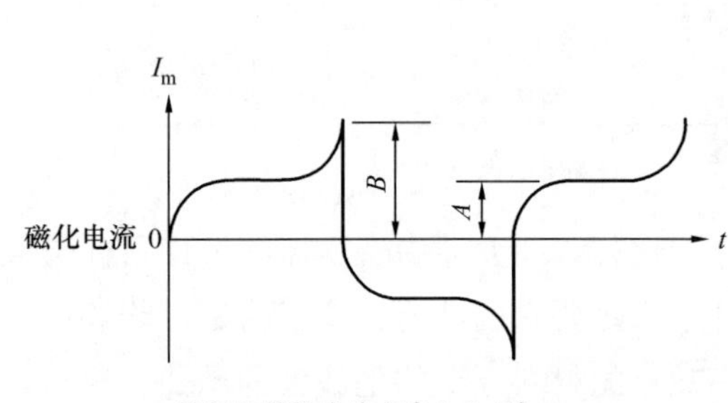

图 2-29　定义饱和时的励磁电流

---

❶ 原文有误，应为式（2-4）。

❷ 原文有误，应为式（2-5）。

❸ 原文有误，应为式（2-6）。

❹ 原文如此，但与图 2-29 不符，图 2-29 中的 A 不是电流的平均值，它是近似地与磁心材料 H_c 相对应的电流值 $I_c=\frac{H_c l_c}{N}$。而从图中看，励磁电流的平均值是零。图 2-29 是励磁线圈在对称的电压作用下，当电压幅值较大使磁心进入饱和时，励磁电流的波形。用此图定义磁心饱和是可以的，A 可以近似看作是励磁电流的“均绝值”。即此励磁电流绝对值的平均值。

解式（2-4）求 H_1，我们得到[1]

$$H_1 = H_0 + \frac{B_1}{\mu_0} \tag{2-10}$$

为了得到饱和直流裕度（ΔH），我们从式（2-7）减去式（2-10）为

$$\Delta H = H_s - H_1 = \frac{B_s - B_1}{\mu_0} \tag{2-11}$$

实际不平衡直流（DC）电流必须被限制到

$$I_{DC} \leqslant \frac{\Delta H(MPL)}{N} \quad (\mathrm{A}) \tag{2-12}$$

式中：N 为匝数；MPL 为平均磁路长度。

式（2-11）与式（2-12）联立给出

$$I_{dc} \leqslant \frac{(B_s - B_1)(MPL)}{\mu_0 N} \quad (\mathrm{A}) \tag{2-13}$$

正像前面提到的，为了防止磁心饱和，对开关功率 MOSFET 的驱动必须是对称的，并且功率 MOSFET 的导通电阻也必须是配对的。采用无切割即无气隙的磁心时磁心饱和的效果如图 2-30 所示，该图说明直流偏置对 B-H 回线移动的影响。图 2-31 示出了一组由交流电源激励且激励是逐渐减小的，50-50 镍-铁材料的典型 B-H 回线。其纵轴尺度为 0.4T/cm。人们可能注意到，在减小了激励以后，较小的那个回线维持在基本 B-H 回线的某一端位置，这个随机的小磁滞回线位置是令人遗憾的，后果是：当变压器的线圈断电后重新导通时，磁通的变化可能从某个端点而不是从通常的零坐标开始。其后果是使磁心进入饱和，产生尖峰电流，可能破坏晶体管。

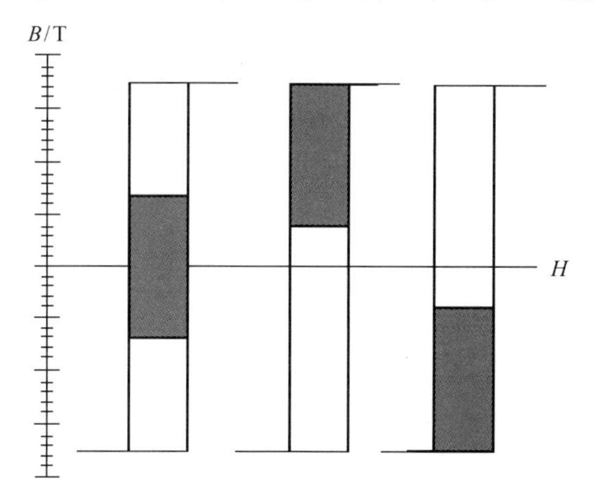

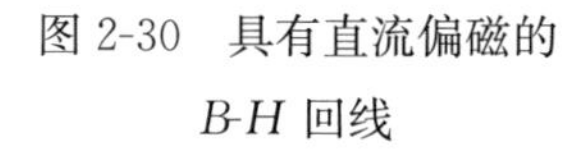
图 2-30　具有直流偏磁的 B-H 回线

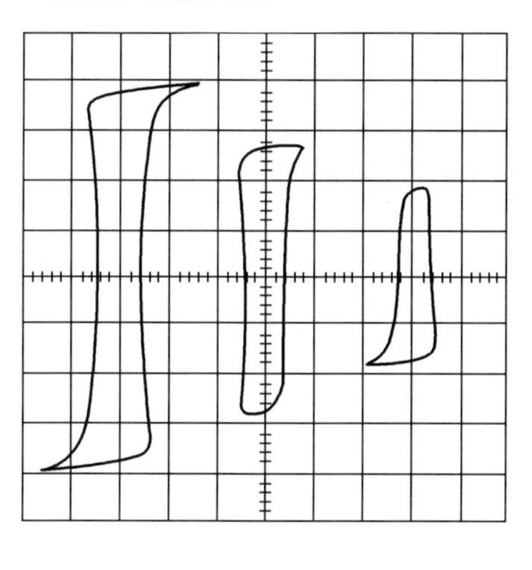
图 2-31　典型的矩磁材料的具有直流偏磁的矩磁回线

[1] H_1 是什么？由图 2-28 可知，H_1 与 B_1 相对应。B_1 是什么？B_1 表示当磁心线圈被交流平衡激励时，磁感应强度变化的幅值。

试验条件

图 2-32 中所示的试验装置是为了对各种不同的磁心材料动态 B-H 回线特性进行比较而建构的，其磁心是由各种不同材料以基本的磁心结构制成的。其基本的磁心结构是指由磁器件公司（Magnetics）生产的数字牌号为 52029 的环形磁心。所用的材料都是逆变器或变换器中变压器的设计者们最感兴趣的那些。表 2-17 列出了其试验条件。

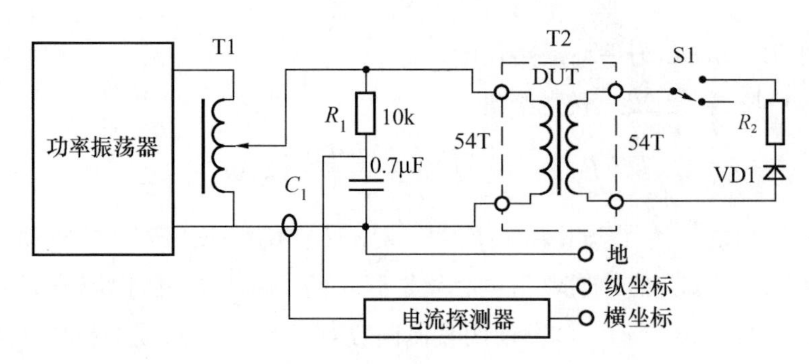

图 2-32 带有直流偏磁的 B-H 回线测试

绕组数据推导如下

$$N=\frac{V\times 10^4}{4.0B_m fA_c}\quad(匝)\qquad(2\text{-}14)$$

表 2-17 材料和试验条件

磁心型号*	商品名	B_s /T	匝数 N	f（频率）/kHz	MPL（磁路长度）/cm
52029-2A	Orthonol	1.45	54	2.4	9.47
52029-2D	Sq. Permalloy	0.75	54	2.4	9.47
52029-2F	Supermalloy	0.75	54	2.4	9.47
52029-2H	48Alloy	1.15	54	2.4	9.47
52029-2K	Magndsil	1.6	54	2.4	9.47

* 磁器件公司（Magnetics）的环形磁心。

图 2-32 中所示的试验变压器是由 54 匝的一次和二次绕组，连同在一次绕组上施加的方波激励组成。正常情况下，开关 S1 是打开的。当开关 S1 闭合时，二次绕组的电流由于二极管而被整流，结果在二次绕组中产生直流偏置。

磁心是由各自的材料在一个给定直径的心轴上卷绕相同厚度的带状材料而制成。带状材料终端由惯常的方式焊接后对其性能有些损害。磁心照例被抽真空、烘干和涂漆。

图 2-33～图 2-36 示出了对各种不同材料磁心所得到的动态 B-H 回线。在每一个图中，开关 S1 都处于打开的位置，所以没有直流（DC）偏磁加到磁心和绕组。

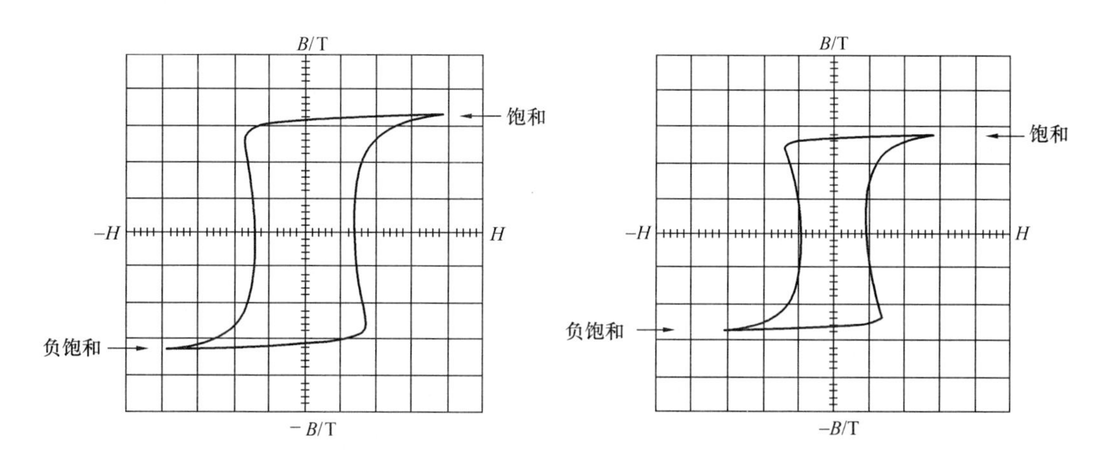

图 2-33 硅钢，Magnesil（k）的 B-H 回线，$B=0.5$ T/cm、$H=100$ mA/cm

图 2-34 具有矩形磁滞回线的磁性材料，orthonol（2A）的 B-H 回线，$B=0.5$T/cm、$H=50$mA/cm

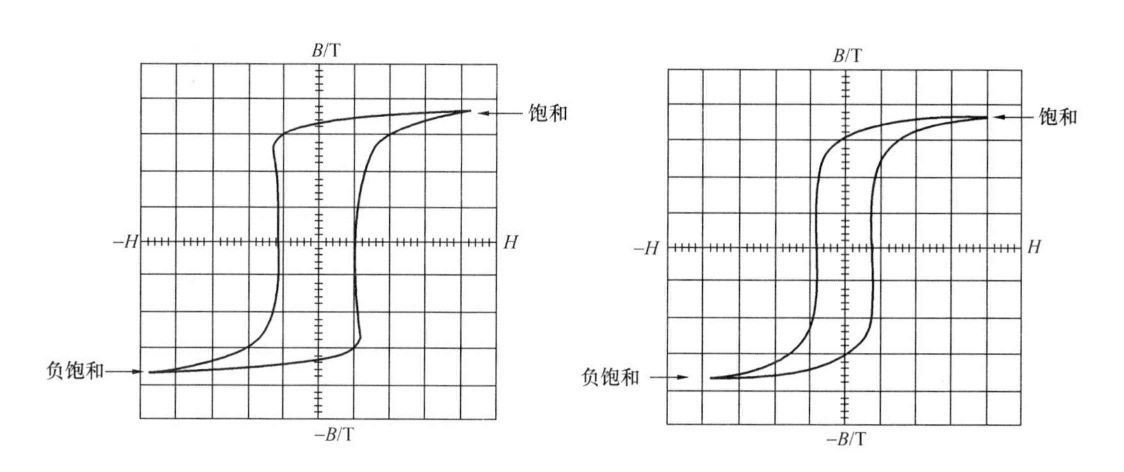

图 2-35 坡莫合金（2D），Square Permalloy（2D）的 B-H 回线，$B=0.2$ T/cm、$H=20$ mA/cm

图 2-36 镍铁钼超导磁合金，Supermalloy（2F）的 B-H 回线，$B=0.2$ T/cm、$H=10$ mA/cm

图 2-37～图 2-40 示出了以下述试验条件顺序进行的多种磁心材料试验得到的动态 B-H 回线。其中首先是 S1 处于打开状态（A），然后是 S1 处于闭合状态（B），再然后是 S1 再次处于打开状态（C）。由这个图形明显看到，在少量的直流偏置情况下，小的动态 B-H 回线可能在基本 B-H 回线（即极限磁滞回线—译者注）上从一个饱和段到另一个饱和段来回移动。请注意，在直流偏置去掉以后，小 B-H 回线仍然偏向一边或另一边。因为积分器与示波器的交流（AC）耦合，所以这些图形中的图像并没有真实地显示出磁通变动期间的完整图形。

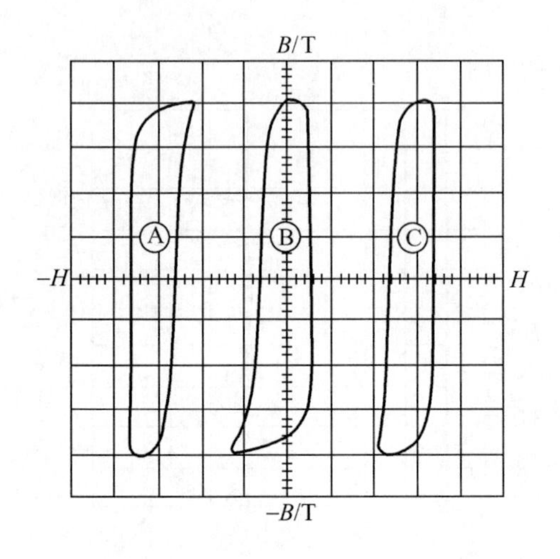

图 2-37 硅钢，Magnesil（2K）的 B-H 回线，B=0.3 T/cm、H=200 mA/cm

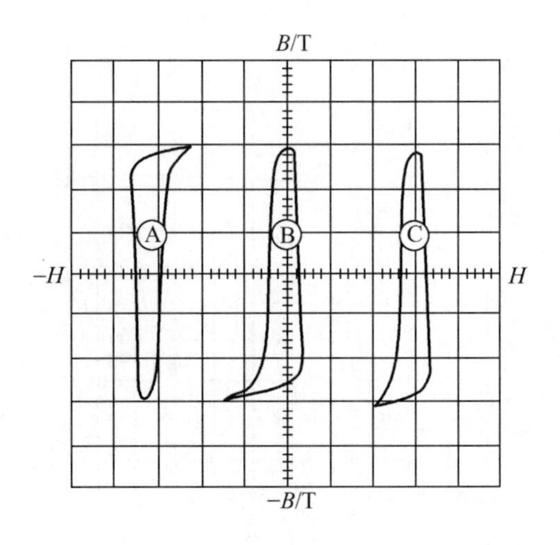

图 2-38 具有矩形磁滞回线的磁性材料，orthonol（2A）的 B-H 回线，B=0.2 T/cm、H=100 mA/cm

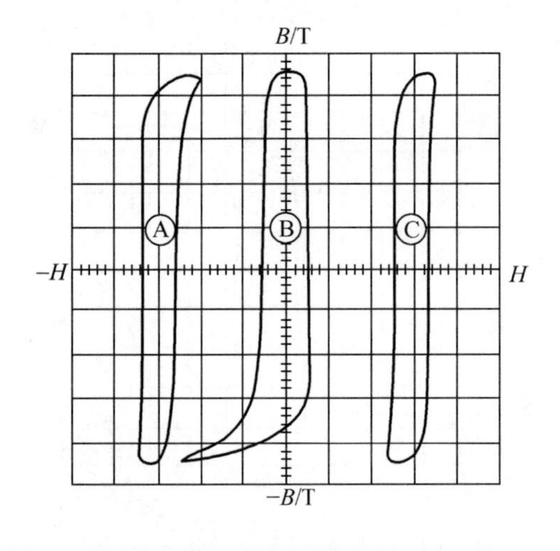

图 2-39 矩磁坡莫合金，Sq. Permalloy（2D）的 B-H 回线，B=0.1 T/cm、H=200 mA/cm

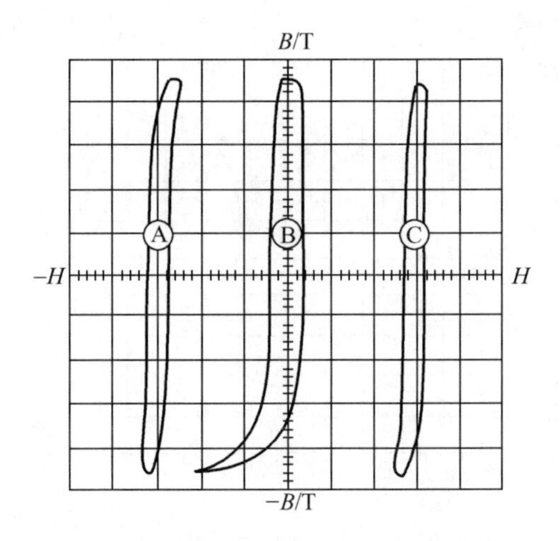

图 2-40 镍铁钼超导磁合金，Supermalloy（2F）的 B-H 回线，B=0.1 T/cm、H=10 mA/cm

磁性材料饱和理论

磁学本质的磁畴理论是建立在这样假定的基础之上，即所有的磁性材料都是由独立分子组成的小磁体组成，这些微小的磁体可以在材料内运动。当磁性材料处于去磁状态时，独立的磁微粒是随机排列的，其效果是相互抵消的。其中的一例如图 2-41 所示，磁微粒的排列是无序的（磁微粒的黑色一端代表北极）。当材料被磁化时，独立的磁微粒以一定的方向排列好，如图 2-42 所示。

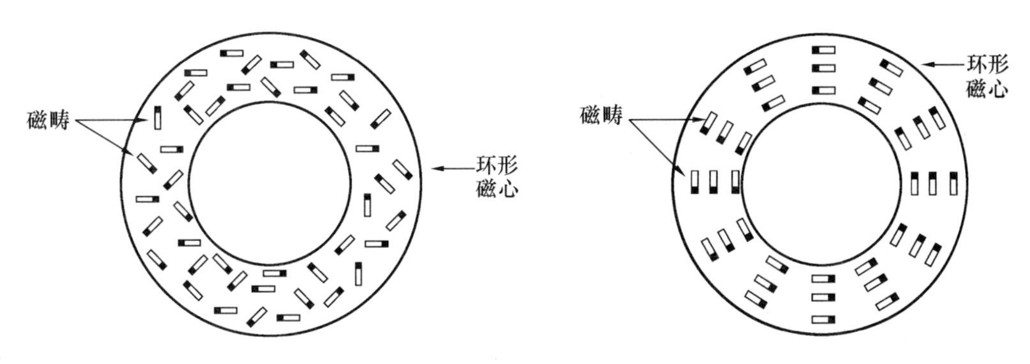

图 2-41　随机排列的磁畴　　　　图 2-42　以一定的方向排列的磁畴

磁性材料磁化的程度取决于磁微粒的排列程度。外界的磁化力（磁场强度）可以不断地影响材料，直到饱和，在饱和点所有的磁畴基本都以相同的方向排列好了。

在一个典型的环形磁心中，有效的气隙小于 10^{-6} cm。这样的气隙相对于平均磁路长度与磁导率之比而言是可以忽略的。如果环形磁心受到一个（足以使其饱和的）强磁场的作用，所有的磁畴将以基本相同的方向排列。如果在磁通密度为 B_m 时突然去掉磁场，磁畴将保持相同的排列，仍然沿着那个轴线被磁化。所保持的磁通密度大小被称为剩余磁通密度，B_r。这个作用的结果如前面图 2-37～图 2-40 所示。

气　隙　效　应

在磁心中引入空气隙具有很强的去磁作用，导致磁滞回线的剪切（Shearing over）以及高磁导率材料磁导率明显减小。直流励磁同样可以使磁导率减小，但是，通过磁心偏置比引入小气隙对磁化特性的影响明显变小。空气隙影响的大小也取决于平均磁路长度和无切割磁心的特性。对于同样的气隙，磁通路径较长，磁导率减低得少；但是，在低矫顽力、高磁导率的磁心中磁导率减低得明显多。

开　气　隙　的　影　响

图 2-43 示出了典型的无气隙和有气隙环形磁心 B-H 回线的比较。

气隙使等效的磁路长度增加。当电压 E 加到变压器一次绕组 N_p 两端时，因为线圈的电感大，产生的电流 I_m 将很小，如图 2-44 所示。

对于一个特定尺寸的铁心，当气隙最小时其电感最大。

当 S1 闭合时，在二次绕组 N_s 中流有一个不平衡直流电流，磁心受到一个直流（DC）磁化力，结果产生一个可由下式表达的磁通密度

$$B_{DC}=\frac{0.4\pi N_s I_{DC}\times 10^{-4}}{l_g+\frac{MPL}{\mu_r}}\quad (\mathrm{T}) \tag{2-15}$$

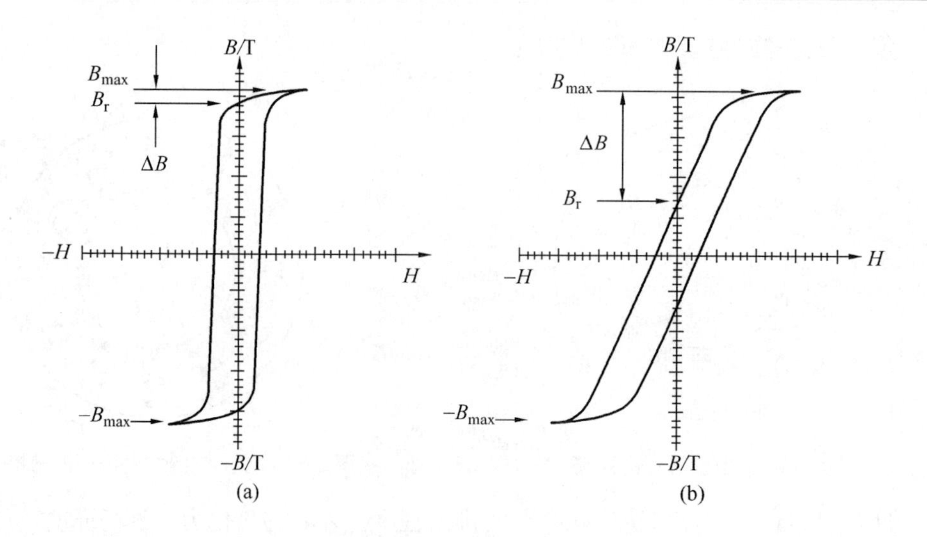

图 2-43　无气隙与有气隙时材料磁特性的比较

(a) 无气隙时；(b) 有气隙时

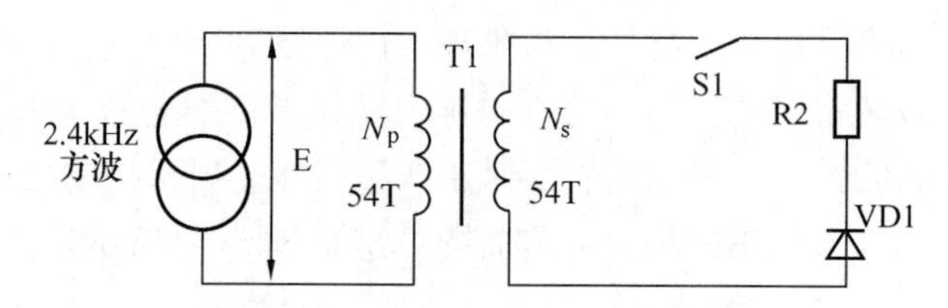

图 2-44　直流（DC）不平衡的实现

在变换器和逆变器的设计中，这个直流（DC）磁通[1]由于交流（AC）磁通的摆动而扩大了。这个交流磁通摆动幅度为

$$B_{ac}=\frac{E\times10^4}{K_f fA_cN}\quad(\mathrm{T})\tag{2-16}$$

如果 B_{DC} 和 B_{AC} 之和偏到了磁心材料的最大磁通密度以上，则其增量磁导率 μ_{AC} 降低。这一状况使阻抗降低，使磁化电流 I_m 增加。这个状况可以通过在磁心中引入空气隙，使磁心中的直流（DC）磁化降低而得到补救。但是，可“装入”的气隙尺寸（大小）是有实际限制的，既然空气隙使阻抗降低，它就导致磁化电流增加。这个磁化电流是电感性的，由这样的电流产生的电压尖峰对开关晶体管施加一个高的电压应力，并可能引起晶体管的失效。这个应力可以通过严格地控制气隙的研磨和腐蚀以保持气隙到最小而最小化。

由图 2-43 可以看到，B-H 曲线画出了无气隙和有气隙磁心的最大磁通密度 B_m 和剩余磁通密度 B_r 以及可利用的磁通变化量 ΔB。这个变化量是 B_m 与 B_r 之间的差。我们注意到，在图 2-43（a）中，B_r 接近 B_m；但是在图 2-43（b）中，它们之间的差 ΔB

[1] 这里应为直流磁场强度或直流磁化电流。

要大得多。无论在哪种情况下，当励磁电压在 B-H 回线幅度的最高点断开时，磁通将落到 B_r 点。显然，引入空气隙使 B_r 降低到一个较低的水平，增加了可利用的磁通密度范围。这样，磁心中空气隙的引入消除或显著地减小了由于变压器饱和及由漏感引起的电压尖峰。

我们来看一看无气隙和有气隙的两种磁心结构。图 2-45 示出的是经过切割的环形磁心。图 2-46 示出的是经过切割的 C 形磁心。传统生产的环形磁心实际上是无气隙的，为了增加气隙，磁心被整体切成两半，然后，被切割的边缘经研磨、酸蚀以去掉切割时的碎片残渣，然后被打箍形成磁心，制造出的最小空气隙大约小于 25μm。

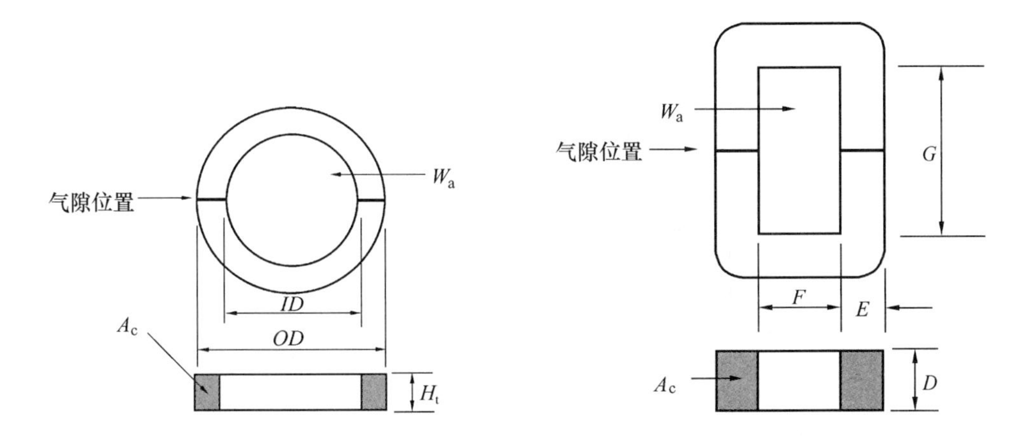

图 2-45　典型的经切割的环形磁心　　图 2-46　典型的经过中间切割的 C 形磁心

图 2-47～图 2-50 示出了未切割和经切割磁心的 B-H 回线。正如由这些图中将指出的，对于受试的 C 形磁心和环形磁心而言，开气隙的效果是相同的。但是，人们还注意到，环形磁心开气隙产生了降低矩形比特性的 B-H 回线，见表 2-18。这些数据是由图 2-47～图 2-50 得到的。由这些图抽象出如图 2-51 所示的 ΔH 值列于表 2-19 中。

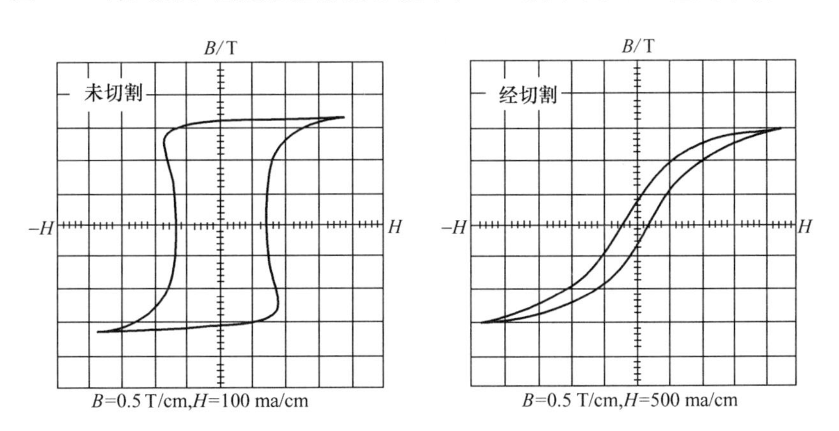

图 2-47　硅钢，Magnesil（K）未切割和经切割具有最小气隙的磁心的 B-H 回线

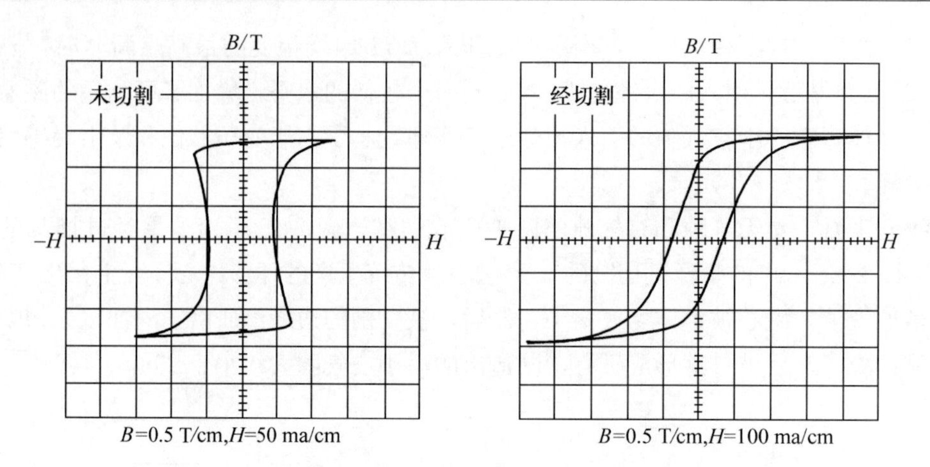

图 2-48　具有矩形磁滞回线的磁性材料，Orthonol（A）未切割和经切割具有最小气隙磁心的 B-H 回线

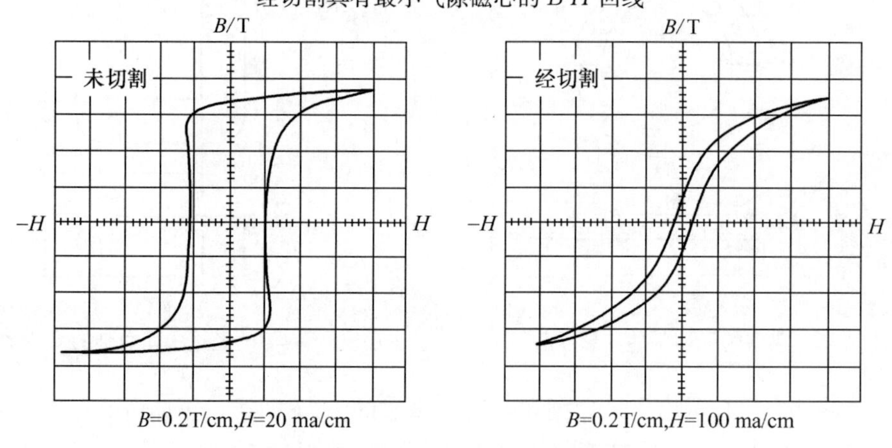

图 2-49　矩磁坡莫合金，Square Permalloy（D）未切割和经切割具有最小气隙磁心 B-H 回线

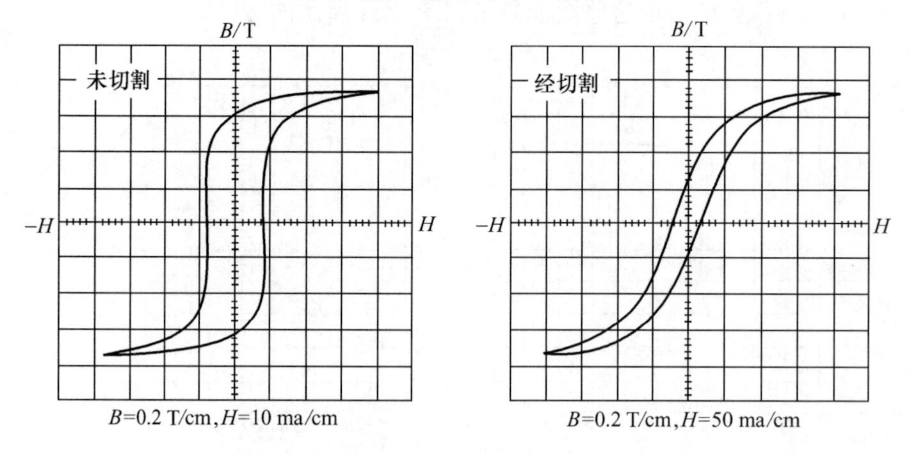

图 2-50　镍铁钼超导磁合金，Supermalloy（F）未切割和经切割具有最小气隙磁心的 B-H 回线

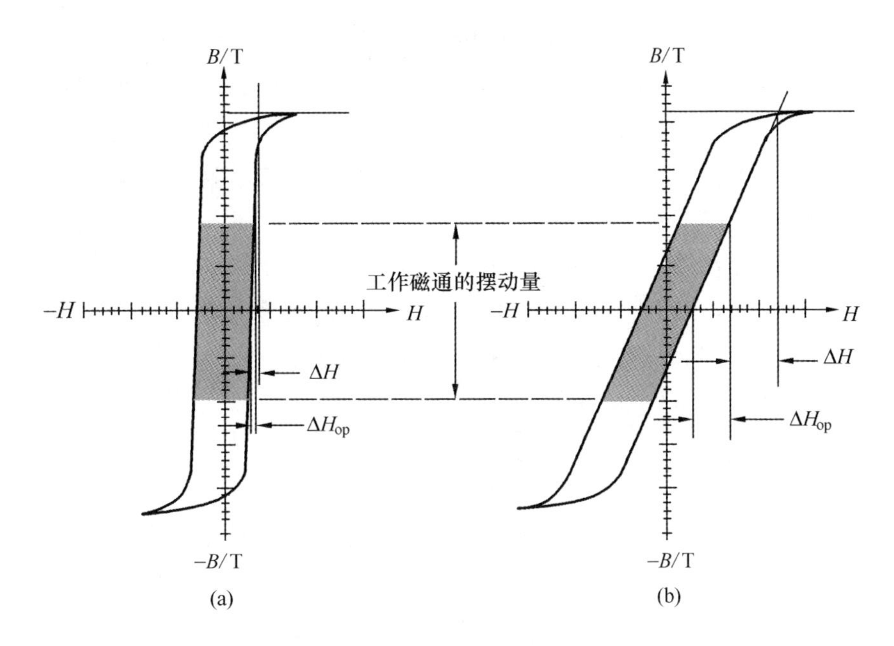

图 2-51　定义 ΔH_{op} 和 ΔH

（a）无气隙；（b）有气隙

表 2-18　　未切割和经切割磁心 B_r/B_m 的比较

磁心编号*	商品名	B_s /T	Turns /N	未切割 B_r/B_m	经切割 B_r/B_m
52029-2A	Orthonol	1.45	54	0.96	0.62
52029-2D	Sq. Permalloy	0.75	54	0.86	0.21
52029-2	Supermalloy	0.75	54	0.81	0.24
52029-2K	Magnesil	1.60	54	0.93	0.22

* 磁器件公司（Magnetics）的环形磁心。

表 2-19　　未切割和经切割磁心的 ΔH 和 ΔH_{op} 比较

材料商品名*	B_m /T	B_{ac} /T	B_{dc} /T	A/cm			
				未切割（Uncut）		经切割（Cut）	
				ΔH_{op}	ΔH	ΔH_{op}	ΔH
具有矩形磁滞回线的磁性材料（Orthonol）	1.44	1.15	0.288	0.0125	0	0.895	0.178
矩磁坡莫合金（Sq. Permalloy）	0.73	0.58	0.146	0.0100	0.005	0.983	0.178
镍铁钼超导磁合金（Supermalloy）	0.63	0.58	0.136	0.0175	0.005	0.491	0.224
硅钢（Magnesil）	1.54	1.23	0.310	0.0750	0.025	7.150	1.780

* Magntics 公司（磁器件公司）的磁心。

经切割和未切割磁心的直接比较是借助于两种不同的实验电路做出的。在这个电路中所用的磁性材料是具有矩形磁滞回线的磁性材料（Orthonol），其频率是 2.4kHz，磁通密度是 0.6T。第一种电路如图 2-52 所示，它是一个运行负载为 30W 的被驱动逆变器，其中有两个工作进入并超出饱和的功率 MOS 场效应管。驱动是连续不断施加的，S1 控制电源电压加到 V1 和 V2 上。

当开关 S1 闭合时，V1 转向导通并使其达到饱和，这使变压器绕组的两端加上电压 $E-V_{DS(on)}$。然后 S1 断开，变压器 T2 中的磁通下降到剩余磁通密度 B_r，然后开关 S1 再次闭合，这样连续地做几次，以抓住相加方向的磁通。图 2-53 和图 2-54 示出了在 T2 的中心抽头测出的浪涌电流。

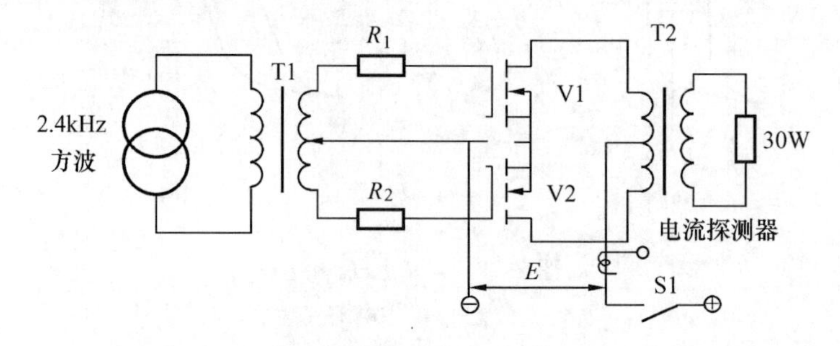

图 2-52　逆变器浪涌电流实验装置

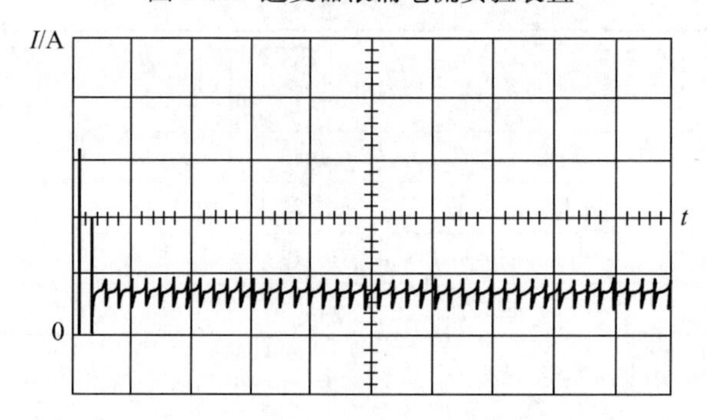

图 2-53　受驱动的逆变器中未切割磁心的典型的浪涌电流

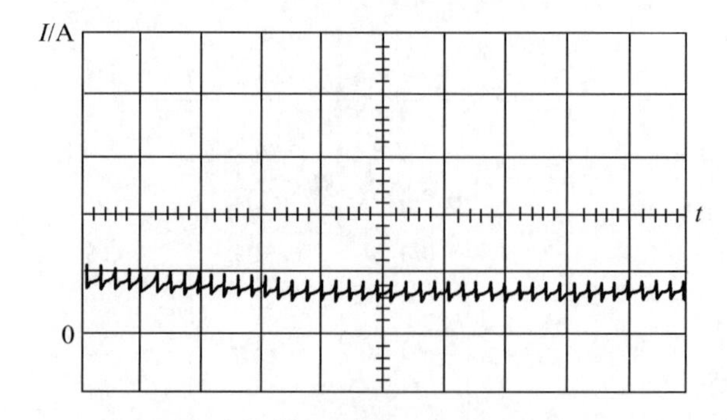

图 2-54　采用经切割磁心的导致的浪涌电流

在图 2-53 中，人们注意到，未切割的磁心饱和了，其浪涌电流只受电路电阻和功率 MOS 场效应管 $R_{ds(on)}$ 的限制。图 2-54 示出，在经切割磁心的情况下，没有发生饱和，这样，实际上消除了大的浪涌电流和晶体管的应力。

第二种实验电路如图 2-55 所示。这个实验的目的是激励一个变压器并利用一个电流探测器来测量浪涌电流。用一个方波功率振荡器激励变压器 T1。开关 S1 开与关几次以抓住相加方向的磁通。图 2-56 和图 2-57 分别示出未切割和经切割磁心的浪涌电流。

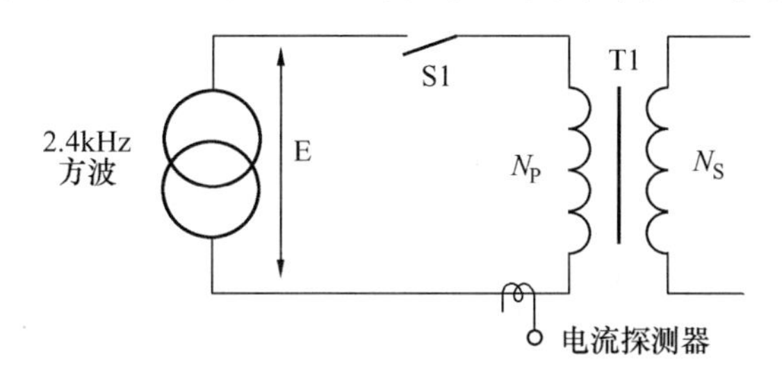

图 2-55　变压器浪涌电流的测量

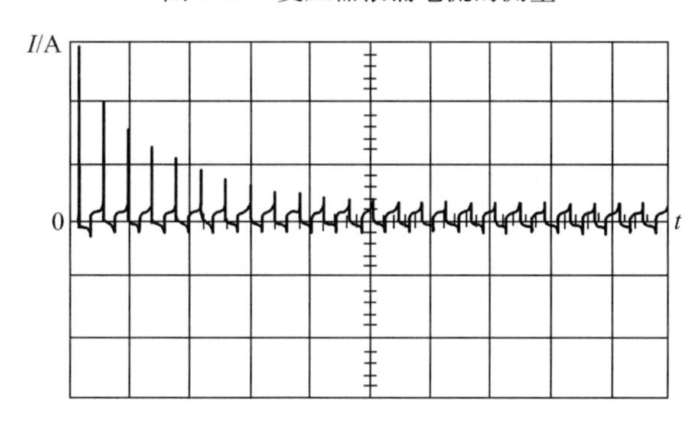

图 2-56　采用未切割磁心的变压器的浪涌电流

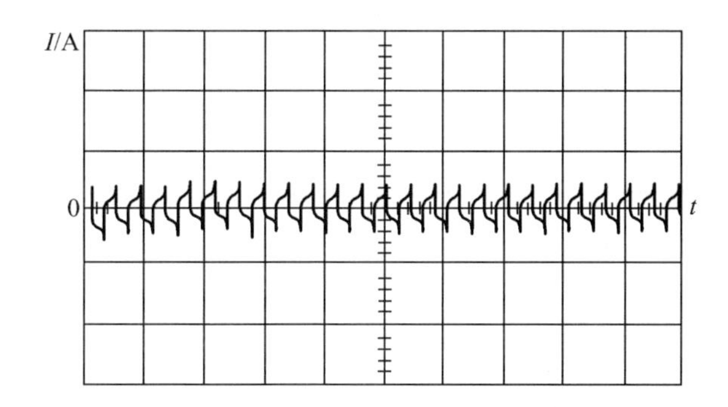

图 2-57　采用经切割磁心的变压器的浪涌电流

小于 25μm 的一个微小空气隙有着很强的去磁作用，而对磁心损失几乎没有影响。这个小的空气隙通过对磁滞回线的“剪切”减小了剩余磁性，从而消除了磁心维持饱和的问题。

在海员宇宙飞船的测试中有一个体现经切割磁心优点的典型例子。在一个封闭的样机测试中观察到一个大的开通瞬态电流（8A，200s），而正常的运行电流是0.06A。按照“海员火星”设计准则的要求，用一个$\frac{1}{8}$A的熔丝使之断路。如有8A浪涌电流，1/8A熔丝很容易熔断。仅当在每次转向导通的磁心“抓住”都是反向时，才不会发生熔丝熔断的现象。根据探查，其变压器原来是50-50镍-铁环形磁心构成的，当把原设计从环形磁心改变为带有25μm空气隙的经切割磁心时，新的设计完全成功地消除了8A转向导通时的瞬态电流。

合成磁心结构

人们开发了变压器的合成磁心结构，它把开气隙磁心的安全优点与未切割磁心的磁化电流要求低的优点结合了起来。在正常的状态下，未切割磁心起作用；在非常的状况下，经切割的磁心起主要作用以防止过高的开关瞬态电流和对晶体管的潜在破坏作用。

这个结构是把经切割和未切割的磁心集中装在一起的合成体，具体讲，就是未切割磁心被套在经切割磁心的里边。未切割的磁心具有高的磁导率，因此，要求的磁化电流很小；经切割的磁心具有低的磁导率，因此，要求的磁化电流要高得多。未切割磁心是用来运行逆变器正常工作状况足够的磁通密度。在前述的非常状况下，未切割磁心可能饱和，接着经切割磁心起主要作用，以支撑所加的电压使之不流过过大的电流。在某种意义上，它就像某些电路中的限流电阻一样以限制电流流动到一个安全的水平之内。

图2-58和图2-59示出了未切割磁心和与其同样材料、工作在同样磁通密度的合成磁心磁化曲线。[1] 与未切割磁心比较，合成磁心的低B_r特性是很容易出现的。

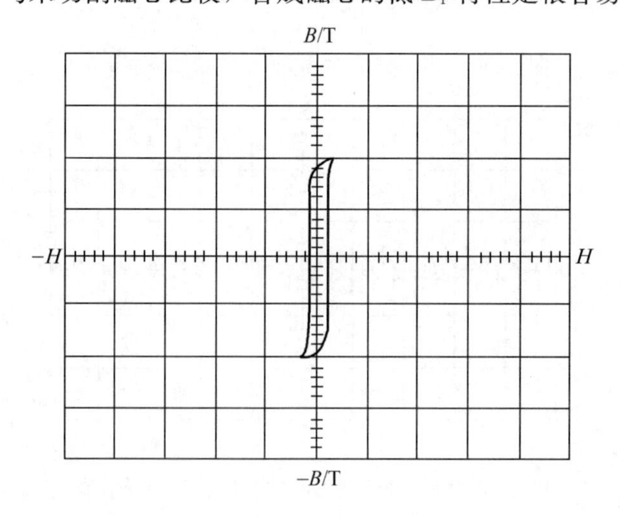

图2-58 励磁未切割磁心，0.2T/cm

[1] 图2-58和图2-59应为$\phi \sim i$曲线，不是B-H曲线，因为同样材料的B_s应相同。

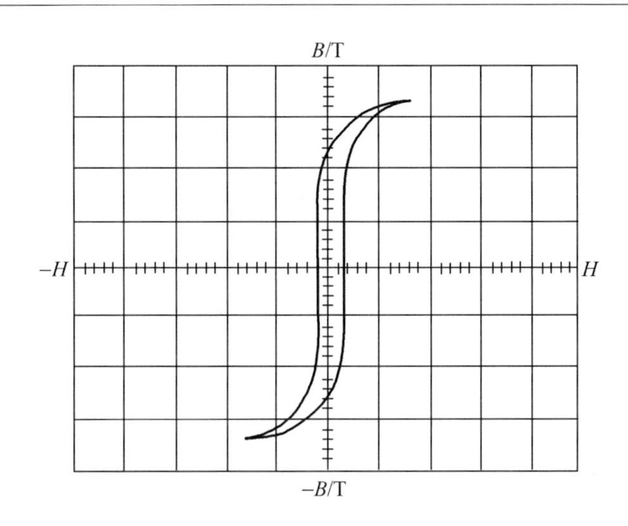

图 2-59 励磁经切割和未切割两个磁心，0.2T/cm

这种所希望的合成磁化优点可以更经济地通过采用不同的材料于磁心的经切割和未切割部分来得到。当设计要求用高镍（4/79）时，未切割磁心部分可以用低镍（50/50），因为低镍的饱和磁通密度是高镍的两倍。这个磁心是由66%的高镍和33%的低镍构成的。

图2-60示出了经切割和未切割磁心，它们都经过了灌注以使材料的带状层黏合在一起。首先对未切割磁心进行修饰，以使其通过剥离带状钢的一圈或两圈以适于放入经切割磁心的内径里，把两个磁心安装成一个合成的磁心（见图2-61的右图）。

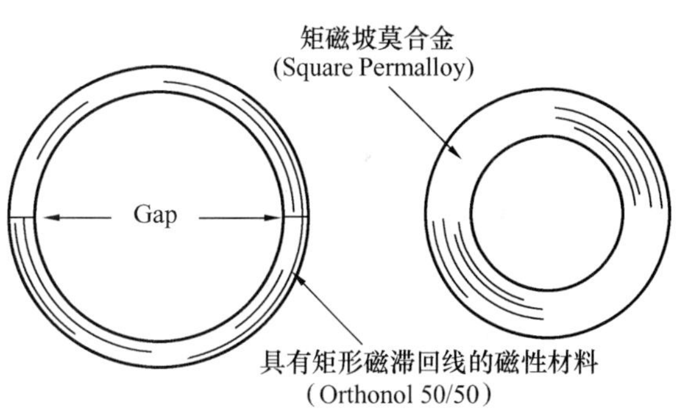

图 2-60 为最终安装成合成磁心做的准备

为了保证开气隙磁心特性的一致性，我们建议气隙大小为50μm，因为由于温度周期性变化对气隙的影响不大。在合成的磁心中，气隙是通过在绑扎的时候在磁心的两个端面间嵌入一片聚酯薄膜或聚酰亚胺薄膜来得到的。

同样的安全性优点也可以用叠片式磁心的变压器来完成。当把叠片交错着一片接一

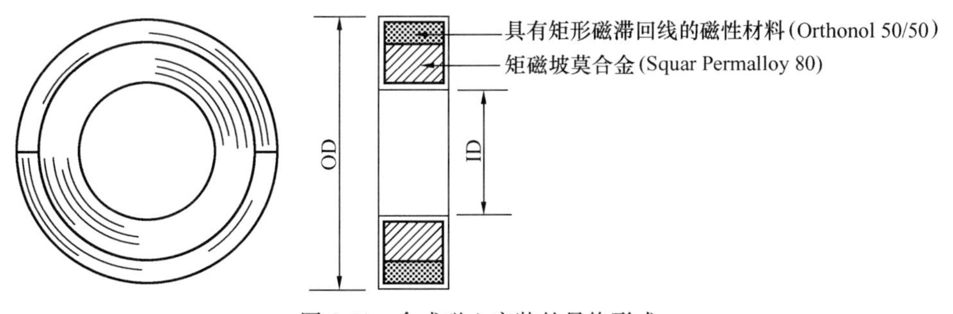

图 2-61 合成磁心安装的最终形式

片地堆垒起来以后，结果将得到一个最小的空气隙。用 B-H 回线的矩形性来表示的磁特性如图 2-62 所示。

如图 2-63 所示的 B-H 回线“剪切”即剩余磁通减小是通过在中心柱横截面中对接半个叠片，而引入一个附加的小空气隙来完成的。

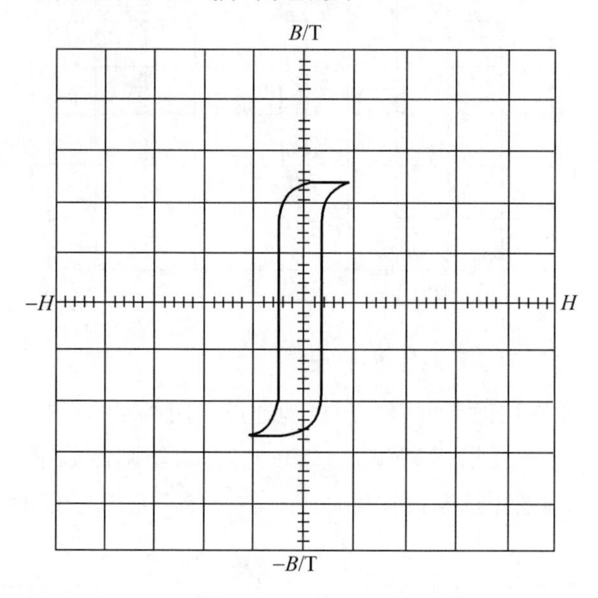

图 2-62　由一个接一个交错堆垒叠片构成的磁心 B-H 回线

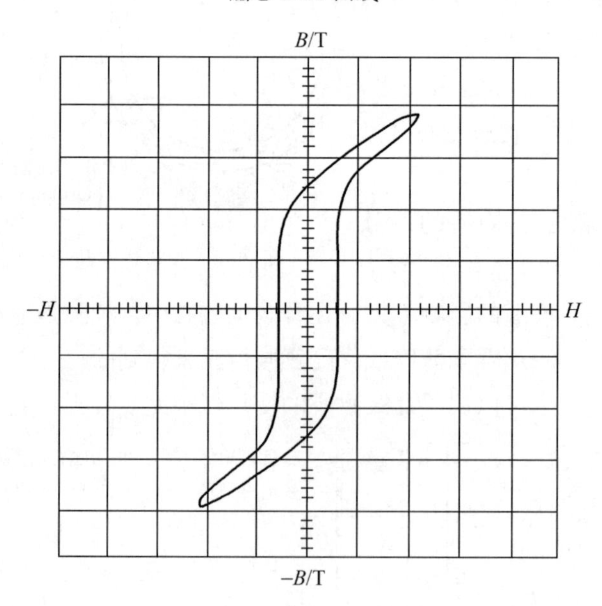

图 2-63　由半个与半个对接叠片堆成的磁心 B-H 回线

表 2-20 列出了由 Magnetics 公司生产的合成磁心编号，与它并列并在它旁边的是

以它们的等效标准尺寸命名的磁心型号。在表 2-20 中还包含这些磁心的面积积 A_p 和磁心几何常数 K_g，K_g 将在第 7 章中讨论。

表 2-20　　磁器件公司（Magnetics Inc）的合成磁心

合成磁心型号	标准磁心型号	A_p /cm^4	K_g /cm^5
01605-2D	52000	0.0728	0.00105
01754-2D	52002	0.1440	0.00171
01755-2D	52076	0.2850	0.00661
01609-2D	52061	0.3890	0.00744
01756-2D	52106	0.4390	0.00948
01606-2D	52094	0.6030	0.02210
01761-2D	52318	0.7790	0.02600
01757-2D	52029	1.0900	0.02560
01760-2D	5218	1.1520	0.05120
02153-2D	52181	1.2200	0.04070
01758-2D	52032	1.4550	0.04310
01607-2D	52026	2.1800	0.08740
01966-2D	52030	2.3370	0.06350
01759-2D	52038	2.9100	0.14000
01608-2D	52035	4.6760	0.20600
01623-2D	52425	5.2550	0.26200
01624-2D	52169	7.1300	0.41800

注　A_c=66% Square Permalloy 4/79，A_C=33% Orthonol50/50，l_g=2 mil Kapton（聚酰亚胺）。

小　结

具有矩形磁滞特性（B-H 回线）材料的低损失带绕环形磁心已被广泛用于航空航天设备的变压器设计中。由于这些材料 B-H 回线的矩形性使用它们设计的变压器很容易趋向饱和，结果可能产生很大的电压和电流尖峰，从而对电子电路引起过大的应力。在对变压器的交流驱动中有任何的不平衡或有任何的直流激励时将产生饱和。还有，当激励去掉时，由于磁特性是矩形的，可能保持一个高剩余磁通状态（高 B_r）。当以同样的方向重新励磁时，可能引起深度饱和，产生极大的尖峰。这个尖峰只受到电源的内阻抗和变压器绕组的电阻限制，可能产生严重的破坏。

通过在磁心中引入一个小小的空气隙（小于 25μm），上述的问题可以避免，而保持材料的低损失特性。空气隙具有对材料 B-H 回线“剪切”的效果。因此，剩余磁通状态低了，工作磁通密度和饱和磁通密度之间的范围大了。空气隙对矩形回线材料有很强的退磁作用，经过恰当设计，用矩形回线材料制成经切割的环形或C形磁心变压器在转向导通时将不饱和，可以允许一定大小的不平衡驱动或直流励磁。

然而，应该强调的是，由于材料的性质和气隙的尺寸很小，必须极小心地控制实施开气隙操作，否则，就达不到所期望的“剪切”效果，并且低损失的特性也会消失。磁心必须要很小心地切割、研磨和腐蚀以提供一个平滑的、无残留的表面，重新装配时也必须同样的小心。

第3章

磁　心

Chapter 3

目　次

导　言

磁器件中的关键因素是流过线圈导线中电流所产生的磁场（磁通），控制（给出通道，预设导通）磁场（磁通）的能力是控制磁器件工作的关键。

材料导通磁通的能力被定义为磁导率。真空的磁导率被定义为1，所有其他材料的磁导率都是相对于这个基准量度的。多数材料如空气、纸和木材都是磁通的不良导体，它们的磁导率都很低。如果导线绕在线圈架子上，它的磁场如图3-1中所示。有少许材料如铁、镍、钴和它们的合金具有很高的磁导率，往往在数百到数千范围内。这些材料及它们的合金就用来作为所有磁心的基本材料。

磁心的主要用途是装盛磁通和创建一个可预计的、轮廓分明的磁通路径。在磁性材料中，由磁通所占据的这个磁通路径的平均路程被定义为磁路长度（MPL），如图3-2

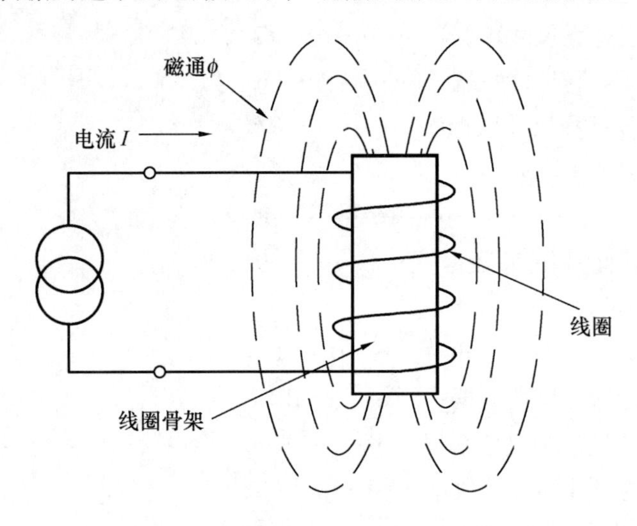

图3-1　具有增强磁场效果的空气磁心

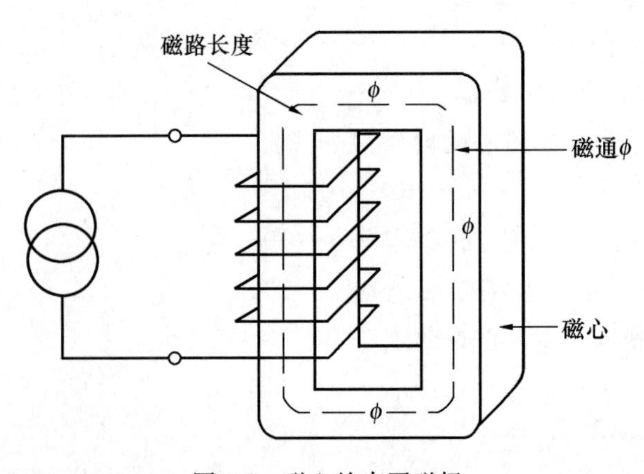

图3-2　磁心约束了磁场

所示。磁路长度和磁导率在预测磁器件工作特性中是极其关键的数据。磁心材料和几何形状的选择通常都是建立在对诸多相互矛盾的要求之间折中的基础之上，这些相互矛盾的要求，如尺寸、质量、温升、磁通密度、磁心损失和工作频率等。

心形及壳形结构

磁心的结构有两种类型，心形和壳形。壳形结构如图 3-3 所示，心形结构如图 3-4 所示。在图 3-3 所示的壳形结构中，磁心包围线圈，磁场绕到线圈的外边。这种结构的优点是它只需要一个线圈。在图 3-4 所示的心形结构中，线圈在磁心的外边，环形磁心就是这种结构的典型例子，它的线圈就是绕在磁心的外边。

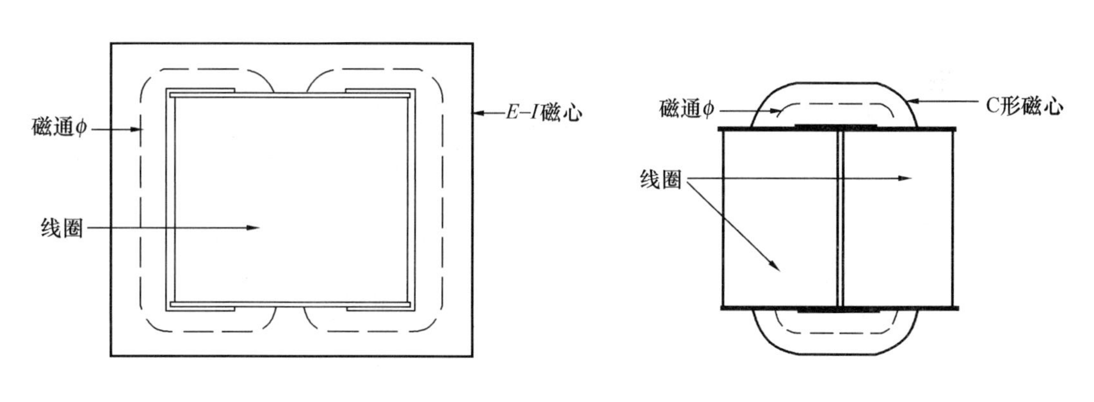

图 3-3 壳形结构：磁心包围线圈

图 3-4 心形结构：线圈包围磁心

磁心材料的类型

构成磁心的基本材料有三：①金属散件（片、带）；②粉末材料；③铁氧体。

大块的金属通过熔炼加工成金属锭，然后这个材料经过一个热轧和冷轧过程。轧制过程产生了厚度范围在 0.004～0.031in 的片状材料可以冲压成叠片。它也可以进一步轧制厚度范围在 0.002～0.000125in 的片状材料，然后切成长条，绕成带绕磁心，如 C 形、E 形和环形。

粉末磁心，如钼坡莫合金粉末磁心、铁粉末磁心，被模压成环形磁心、EE 磁心和棒形磁心。粉末磁心的加工过程是从熔炼开始的，然后经过各种各样的研磨直到使粉末形成一个适当的浓度，以达到所要求的性能。一般情况下，粉末磁心成型以后不再加工。

铁氧体是氧化铁、氧化物合金或锰、锌、镍、镁的碳酸盐或钴的陶瓷材料。人们是基于磁心所要求的磁导率来选择和配制合金。然后，这些混合物（配料）在大约 150～200t/in^2 的压力下被压模成希望的形状，并在 2000℃以上烧制。元件制成后，它们通常被磨光，以除掉毛刺和锐利的边缘（刃口），这就是这个加工过程的特征。铁氧体几乎可以被加工成任何形状以满足工程师的需要。

涡流与绝缘

工作在中等频率下的变压器要求其磁性材料中的涡流损失要小，为了使涡流损失减小到一个合理的值，要求电工钢具有足够大的电阻，还需要把它轧成特定的厚度，并且要求它进行电气的绝缘，即要求对其磁性材料进行涂敷。

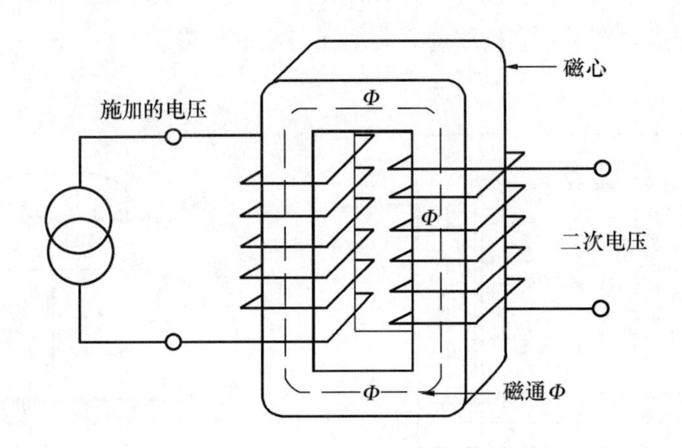

图 3-5 施加的交流电压感应出交变磁通

如果有一个交流电压加到一次绕组，如图 3-5 所示。它将在磁心中感应出一个交流磁通，接着，这个交流磁通在二次绕组中感应一个电压，这个交流电压也在磁心材料中感应出小的电压，这些小电压产生的电流称为涡流。这些涡流的大小与产生它的电压成正比。涡流的大小还受到材料电阻率的制约。交流磁通与所施加的电压成比例。所施加的电压加倍，产生的涡流也加倍，这将使磁心损失增加为 4 倍。涡流不仅在叠片本身中

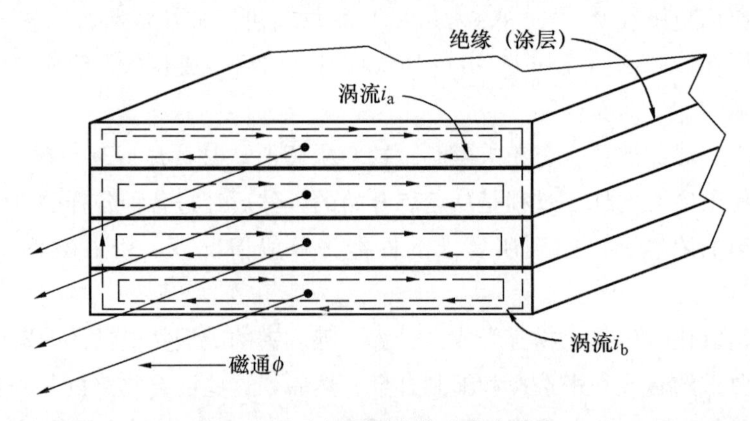

图 3-6 叠片间需要绝缘以减小涡流

流动，如果叠片冲制不当或叠片未被足够绝缘，涡流也会在作为整体的磁心之内流动，如图 3-6 所示。

图 3-6 中有两类涡流 i_a 和 i_b。叠片内涡流 i_a，其大小由每叠片的磁通和叠片的电阻来决定。因此，它取决于叠片的宽度、厚度和其体积电阻率。

叠片间的涡流 i_b 由整个叠堆（由叠片垒积而成的）的总磁通和电阻来决定。它基本上取决于叠堆的宽度和高度、叠片的数量和每个叠片表面的绝缘电阻。

用于带绕磁心和叠片磁心中的磁性材料都要涂上绝缘材料，加上这个绝缘涂层是为了减小涡流。美国钢铁研究所（AISI——American Iron and Steel Institute）已经对用于各种场合的变压器钢建立了标准。高磁导率镍-铁磁心对应力是很敏感的，这些磁心的制造商一般都有他们自己独自的绝缘材料。

叠　　片

可以买到几十种不同形状和尺寸的叠片。制造叠片的冲压技术已经开发得很好了，多数叠片尺寸已经大约是永久性的了。大多常用的叠片为 EI、EE、FF、UI、LL 和 DU 型，如图 3-7 所示。这些叠片的不同是它们在磁路长度中所切割的位置。对磁路的切割引入了空气隙，这个空气隙导致了磁导率的降低。为了使出现的空气隙最小化，一般是以这样的方式对叠片进行叠装，即使每一层中的空气隙被交错。

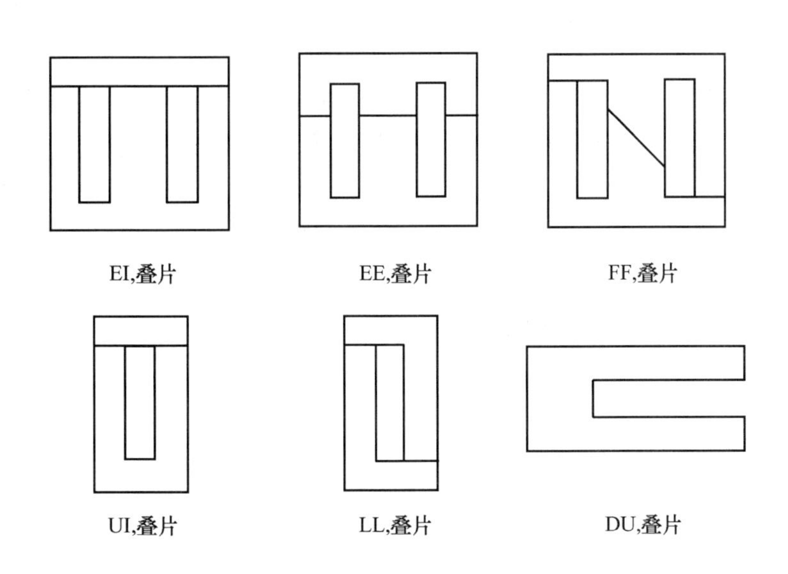

图 3-7　常用的叠片

几乎所有标准尺寸的叠装都有胎具和支撑。多数 EI 叠片是无废料的。所谓无废料是由使其浪费最小化的成形办法而得到，如图 3-8 所示。

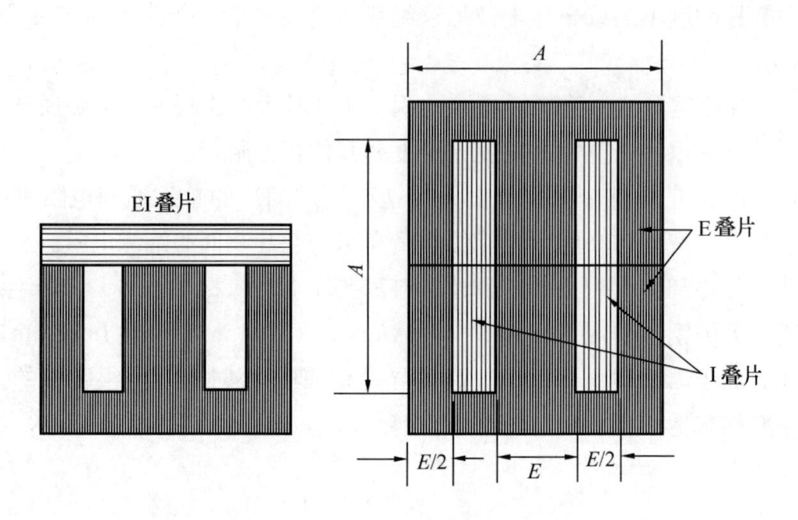

图 3-8 典型的无废料 EI 叠片

退火与应力的消除

变压器钢一个最重要的参数是磁导率。磁性材料的任何压力或应变都会对磁导率有影响。应力可以使磁化电流变大，即使电感变小。当变压器在装配（叠装过程）中叠片被弯曲（没有恢复到原来的形状）时，叠片就有了应力，我们应该将其复原。

由于在冲压、剪切和切割以后形成了应力和应变，某些重要的磁特性丧失了。这些已经丧失或严重降低的磁特性可以通过退火得到恢复。基本上，应力的消除是通过把磁性材料加热（退火）到规定的温度（多少温度取决于材料），然后再把它们冷却到室温来完成的。整个退火过程是一个很精致的操作。退火必须在时间、温度和周围大气压力（环境）可控的条件下进行，这样会避免使钢的微观成分和化学性质向不利的方向变化。

叠片的组装及其方向性

经过冲压、剪切或切割加工的磁性材料边缘会有毛刺，如图 3-9 所示。高质量的设备将使毛刺最小化。毛刺的产生使叠片具有了方向性，当叠装变压器的时候，装成的叠片堆通常是由尺寸即由它正好填满胎具来量度。

如果叠片被正确地叠装，则所有毛刺的边缘都应是排成一顺的；如果是随机地叠装，如毛刺边相互面对面，则其叠装系数将受到影响。而叠装系数将直接影响磁心的截面积，最终使铁的面积变小。这可能导致过早饱和，因而使磁化电流增加，即使电感减小。

组装变压器叠片有几种方法。在组装叠片时最常用的方法是交错法。交错法是叠装了一组叠片（如一个 E 形片和一个 I 形片）以后，下一组叠片颠倒过来叠装，如图 3-10 所示。采用这个叠装方法，提供了最小的空气隙和最高的磁导率。组装叠片的另一种方法是两-两相隔交错，如图 3-10 所示。第二种方法可以是两个或多个为一组，这样做是为了减少时间。与第一种交错法的交错不同，这样叠装在性能方面的损失是增加了磁化电流和降低了磁导率。

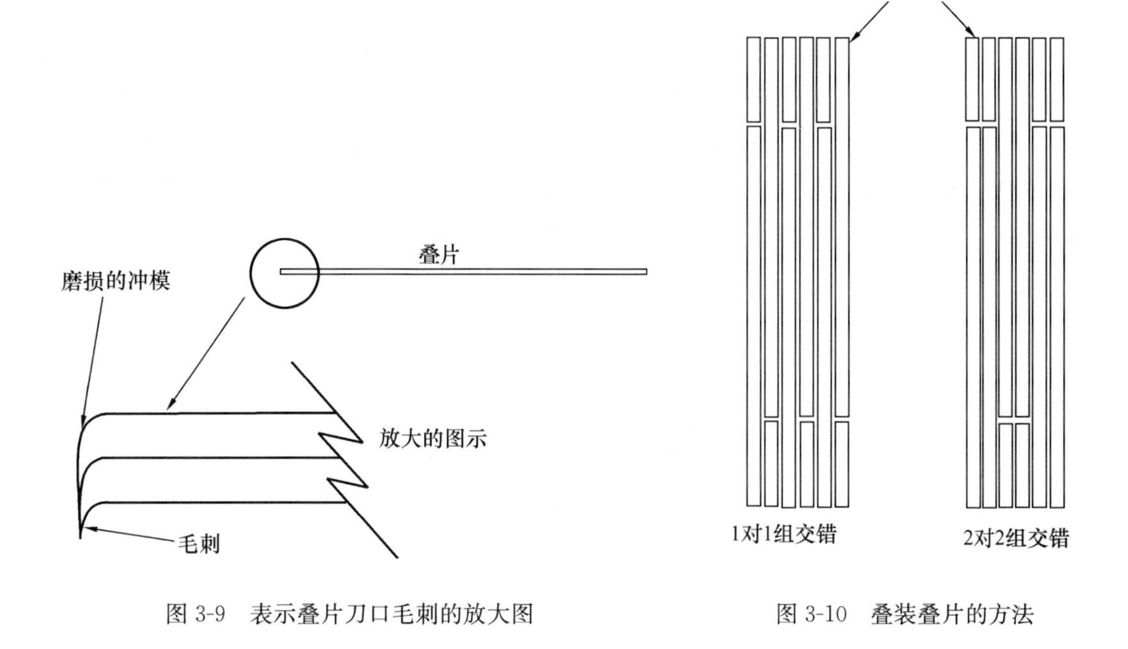

图 3-9 表示叠片刀口毛刺的放大图

图 3-10 叠装叠片的方法

磁通的聚集

当叠片被组装成如图 3-11 所示时，会发生磁通的“拥挤”（聚集），这个磁通的拥挤（聚集）是由于 E、I 叠片间与相邻叠片间空隙大小不同而造成的，邻近叠片间具有

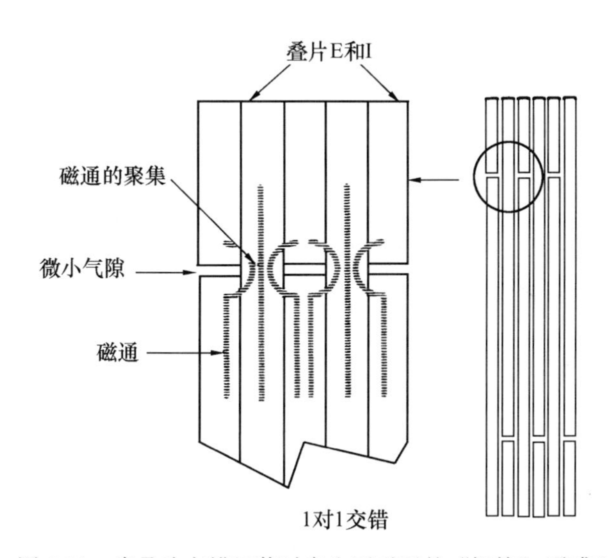

图 3-11 当叠片交错组装时产生了磁通的“拥挤”（聚集）

最小的空气隙，这就意味着具有较高的磁导率。

励 磁 电 流

磁通将沿着低磁导率的空气隙边缘转移入邻近的叠片，引起那个叠片中的磁通“拥挤”。最后，这个“拥挤”将引起那部分叠片饱和，同时，励磁电流将增加。在那部分叠片饱和以后，磁通将离开那部分转回到叠片的低磁导率断片。这个效果可以很容易地通过观察在低磁通密度和高磁通密度下的 *B-H* 回线，并且把它们与一个具有最小空气隙，用同样材料制成的环形磁心做比较看出来，如图 3-12 所示。环形磁心的

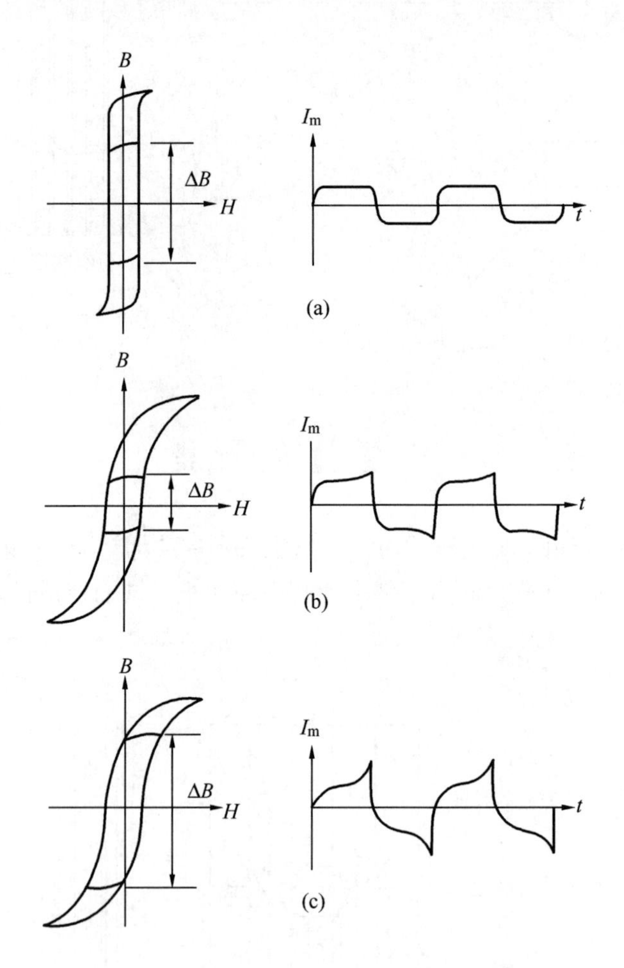

图 3-12 三个 *B-H* 回线与其励磁电流的比较

(a) 环形磁心；(b) 叠片磁心；(c) 非线性励磁

B-H 回线连同它的励磁电流 I_m，如图 3-12 (a) 所示。具有最小固有空气隙的环形磁心电流几乎是矩形的。采用同样材料的叠片磁心将显示出类似如图 3-12 (b) 所示的 *B-H* 回线和励磁电流 I_m，该图是指工作在低磁通密度下的。增加励磁将引起叠片提

早饱和，这如在图 3-12（c）中所看到的非线性励磁电流。[1]

多数成了形的变压器或电感器都会有某些种类的支撑固定件，如 L 形支撑件、钟形支撑件、管道形支撑件，即可能是一个穿过装配孔到底座的螺栓。在装配变压器时，有些问题必须注意以获得恰当的性能。虽然用来涂敷叠片的绝缘材料一般是很耐久的，但是它可能被刮破而降低性能。当在变压器装配中采用图 3-13 所示的支撑固定件时，必须精心考虑如何把螺栓和支撑固定件装在一起。图 3-13 中所示的变压器螺栓装配应该有与装配孔和所有金属件相配合的适当尺寸。这些金属件应当包括具有与螺栓大小和长度相配合的表面垫圈、紧固（弹簧）垫圈和螺帽。另外，在金属件中还应包上纤维垫圈和适合的套管以挡住螺栓。如果金属件不用绝缘，就有可能使局部匝间短路。这个局部的线匝可能通过螺栓和支撑固定件或螺栓、支撑固定件和底座被连起来。这个局部的短路线匝将使变压器的性能变坏。

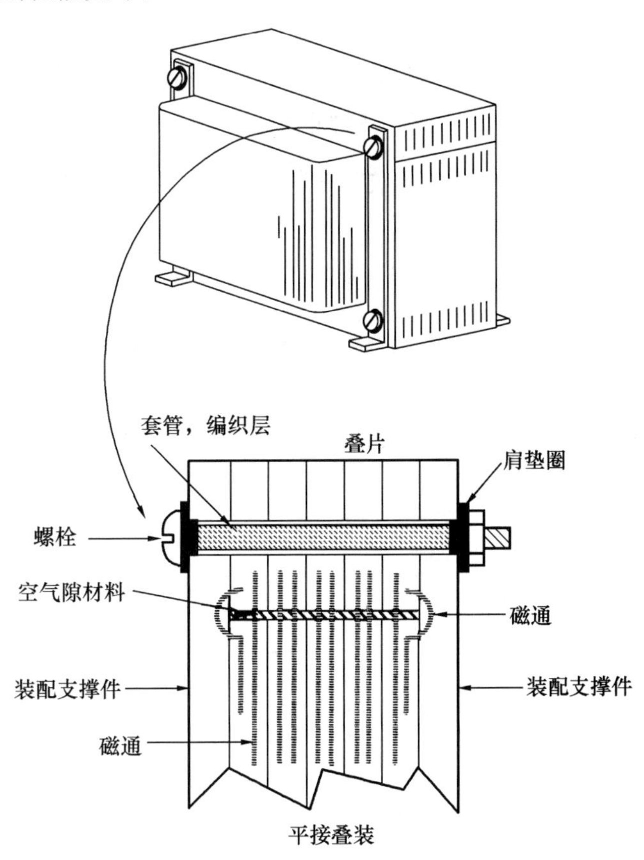

图 3-13 装配叠片的金属件

[1] 电流无所谓线性与非线性之分。译者猜测原著者是指这个电流是由于磁特性进入非线性区域而引起的。

带绕 C、EE 和环形磁心

带绕磁心是通过把预先已切成条状的磁性材料围绕一个心轴缠绕制成，如图 3-14 所示，这个带状材料是全部铁合金，还有非晶态材料。带子的厚度在 0.0005 (0.0127mm) ～0.012in (0.305mm) 之间，带状结构的优点是磁通方向与磁性材料轧延的方向一致，它以最小的磁化力（磁场强度）提供最大的磁通。这种结构有两个缺点：当磁心被切割成两半时，如图 3-15 所示，其啮合面必须要经过研磨、抛光，然后酸蚀。这样做是为了提供一个平整的啮合面，使空气隙最小和磁导率最大。另一个缺点是当装配磁心时，方法是用带状材料和卡箍环做成，这个过程需要一点儿技巧以便提供一个恰当的排列和恰当的张力，如图 3-16 所示。为了保证强度，C 形磁心在被切割之前要进行灌注。经切割的 C 形磁心在磁元件的设计中可以用于许多种结构，如图 3-17 所示。EE 形磁心以 C 形磁心相同的方式制成，但是，它们有一个附加在外面的卷绕，如图 3-18 所示。装配好的三相变压器如图 3-19 所示。

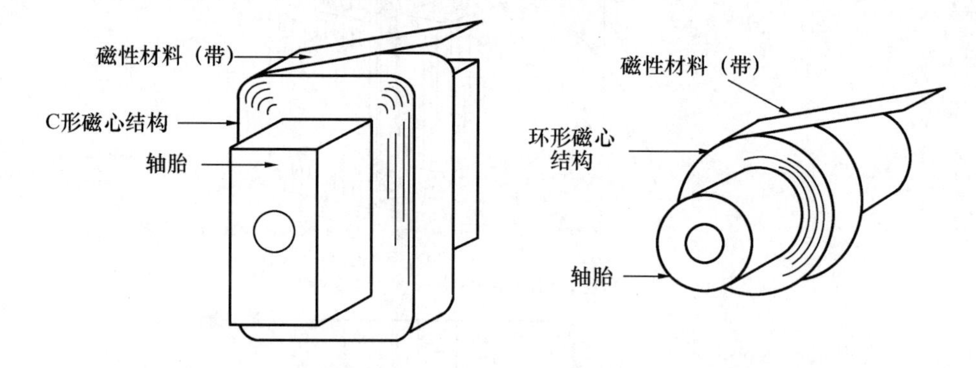

图 3-14 绕在轴胎上的带绕磁心

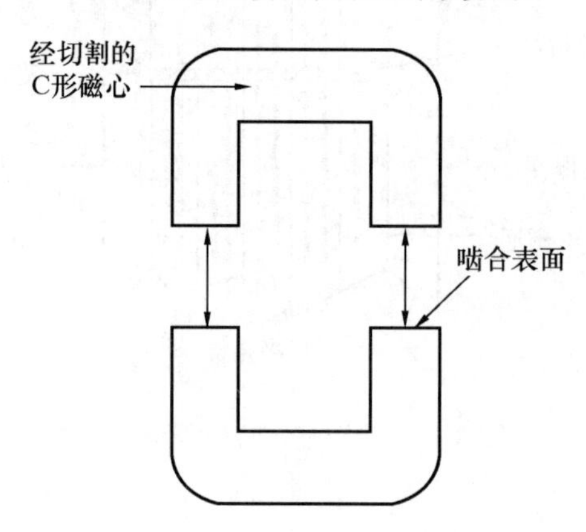

图 3-15 经切割的 C 形磁心的两半

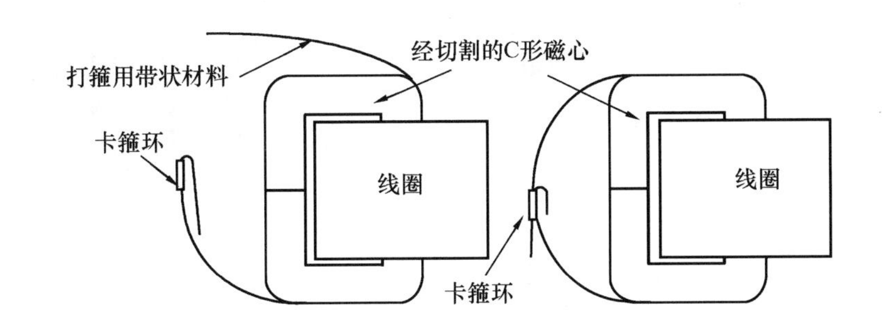

图 3-16 给经切割的 C 形磁心打箍

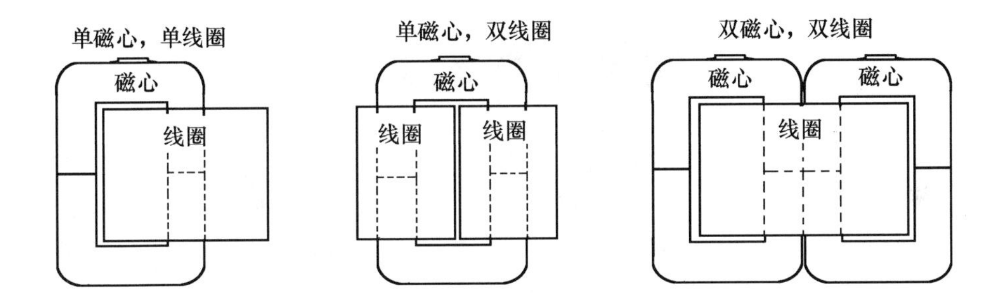

图 3-17 三种不同的 C 形磁心结构

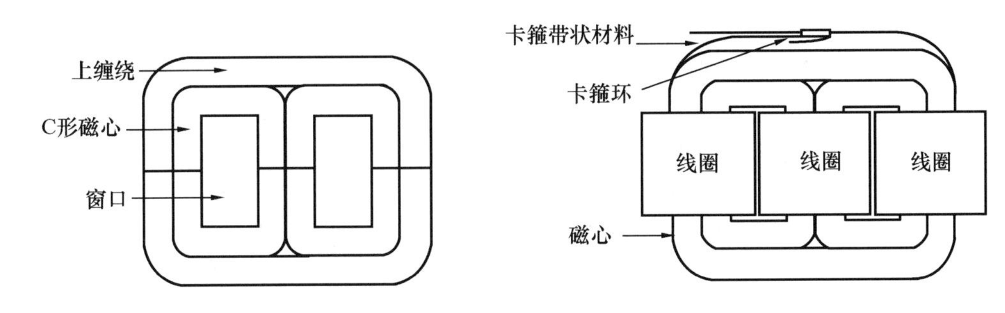

图 3-18 三相经切割的 EE 形磁心

图 3-19 装配好的经切割的典型 EE 形磁心

带绕环形磁心

带绕环形磁心是以带绕 C 形磁心同样的方式，即通过把预先切割成长条的带状材料围绕一个心轴胎卷绕而成。这个带状材料可以是所有的铁合金，还可以是非晶态材料。这些带状材料的厚度在 0.000125（0.00318mm）～0.012in（0.305mm）之间。带绕环形磁心通常有两种结构，加盒的和包封的，如图 3-20 所示。加盒的环形磁心提供一些优良的电特性和对卷绕操作时的应力保护。包封式的磁心用于不是所有细微磁特性都是重要的设计中，如在功率（电力）变压器中。

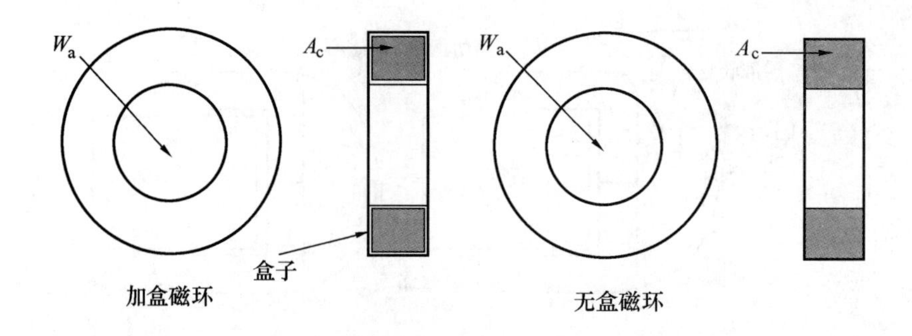

图 3-20 加盒的和不加盒的环形磁心略图

环形粉末磁心

图 3-21 所示的粉末磁心是很均匀的。它们给工程师提供了另外一种加速其开始阶段设计的工具。粉末磁心具有内建的空气隙，它们可以含有各种各样的材料，并且具有很好的时间和温度方面的稳定性。我们可以采用很好的工程方法来制成这样的磁心。制造商们提供它们的磁心目录，在目录中不仅列出其尺寸，而且还列出其磁导率，并且有每 1000 匝的毫亨数。这个数据是以这样的方式表达给工程师，即让设计花费最少的时间。

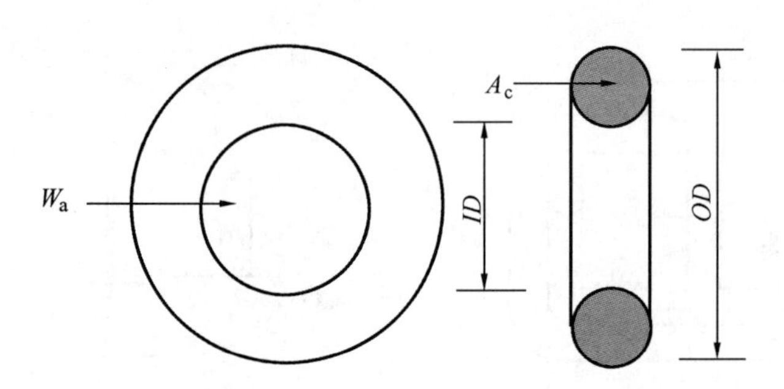

图 3-21 粉末环形磁心略图

叠装系数

带绕磁心、卷绕经切割磁心和叠片叠装磁心的标准叠装系数，见表 3-1。

表 3-1 标准叠装系数

厚度/mils	带绕磁心	卷绕的经切割磁心	叠片磁心		$(S.F.)^2$
			叠片平接装配	叠片 1×1 交错装配	
0.125	0.250				0.062
0.250	0.375				0.141
0.500	0.500				0.250

续表

厚度/mils	带绕磁心	卷绕的经切割磁心	叠片磁心		(S. F.)²
			叠片平接装配	叠片 1×1 交错装配	
1.000	0.750	0.830			0.562
2.000	0.850	0.890			0.722
4.000	0.900	0.900	0.900	0.800	0.810
6.000		0.900	0.900	0.850	0.810
12.000	0.940	0.950			0.884
14.000	0.940	0.950	0.950	0.900	0.902
18.000			0.950	0.900	0.810
25.000			0.950	0.920	0.846

EI 叠片磁心的设计和尺寸数据

在功率变换设备中，叠片磁心还是应用最广的类型之一。叠片 EI 磁心的外形尺寸符号和已装配好的变压器如图 3-22 所示。EI 叠片磁心的尺寸数据在表 3-2 中给出，其设计数据在表 3-3 中给出。❶

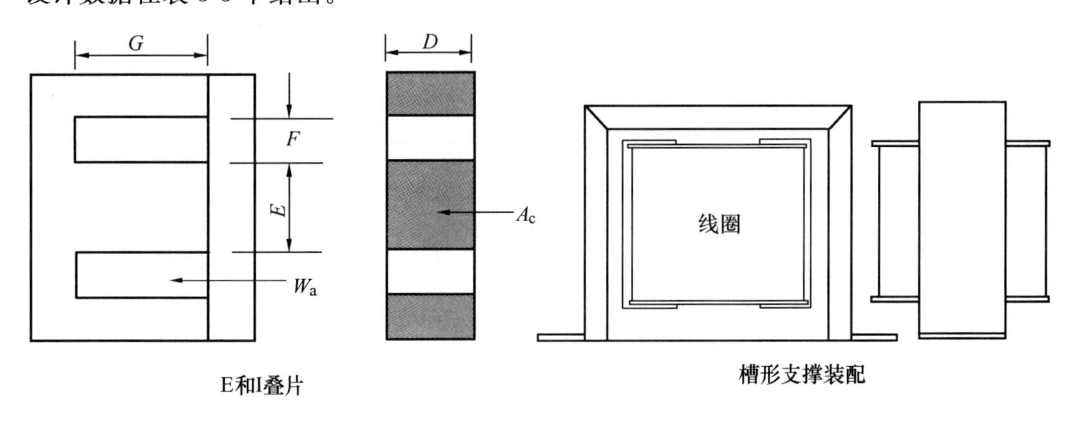

图 3-22 EI 叠片型磁心略图

表 3-2 EI 叠片磁心（14mil）的尺寸数据（Tempel）

磁心型号	D /cm	E /cm	F /cm	G /cm	磁心型号	D /cm	E /cm	F /cm	G /cm
EI-375	0.953	0.953	0.794	1.905	EI-112	2.857	2.857	1.429	4.286
EI-021	1.270	1.270	0.794	2.064	EI-125	3.175	3.175	1.588	4.763
EI-625	1.588	1.588	0.794	2.381	EI-138	3.493	3.493	1.746	5.239
EI-750	1.905	1.905	0.953	2.857	EI-150	3.810	3.810	1.905	5.715
EI-875	2.223	2.223	1.111	3.333	EI-175	4.445	4.445	2.223	6.668
EI-100	2.540	2.540	1.270	3.810	EI-225	5.715	5.715	2.858	8.573

❶ 公司名，见本章最后的“参考制造厂商”。表 3-2～表 3-65 表名括号内的英文皆为制造厂商的公司名。

表 3-3　　14mil 厚 EI 叠片磁心的设计数据 (Tempel)

磁心型号	W_{tCu} /g	W_{tFe} /g	MLT /cm	MPL /cm	W_a/A_c	A_c /cm²	W_a /cm²	A_p /cm⁴	K_g /cm⁵	A_t /cm²
EI-375	36.1	47.2	6.7	7.3	1.754	0.862	1.512	1.303	0.067	46.2
EI-021	47.6	94.3	8.2	8.3	1.075	1.523	1.638	2.510	0.188	62.1
EI-625	63.5	170.0	9.5	9.5	0.418	2.394	1.890	4.525	0.459	83.2
EI-750	108.8	296.0	11.2	11.4	0.790	3.448	2.723	9.384	1.153	120.0
EI-875	171.0	457.0	13.0	13.3	0.789	4.693	3.705	17.384	2.513	163.0
EI-100	254.0	676.0	14.8	15.2	0.790	6.129	4.839	29.656	4.927	212.9
EI-112	360.0	976.0	16.5	17.2	0.789	7.757	6.124	47.504	8.920	269.4
EI-125	492.0	1343.0	18.3	19.1	0.789	9.577	7.560	72.404	15.162	333.0
EI-138	653.0	1786.0	20.1	21.0	0.789	11.588	9.148	106.006	24.492	403.0
EI-150	853.0	2334.0	22.0	22.9	0.789	13.790	10.887	150.136	37.579	479.0
EI-175	1348.0	3711.0	25.6	26.7	0.789	18.770	14.818	278.145	81.656	652.0
EI-225	2844.0	7976.0	32.7	34.3	0.789	31.028	24.496	760.064	288.936	1078.0

UI 叠片磁心的设计和尺寸数据

UI 叠片磁心的外形尺寸符号和已装配好的变压器轮廓如图 3-23 所示，UI 叠片磁心的尺寸数据由表 3-4 给出，其设计数据由表 3-5 给出。

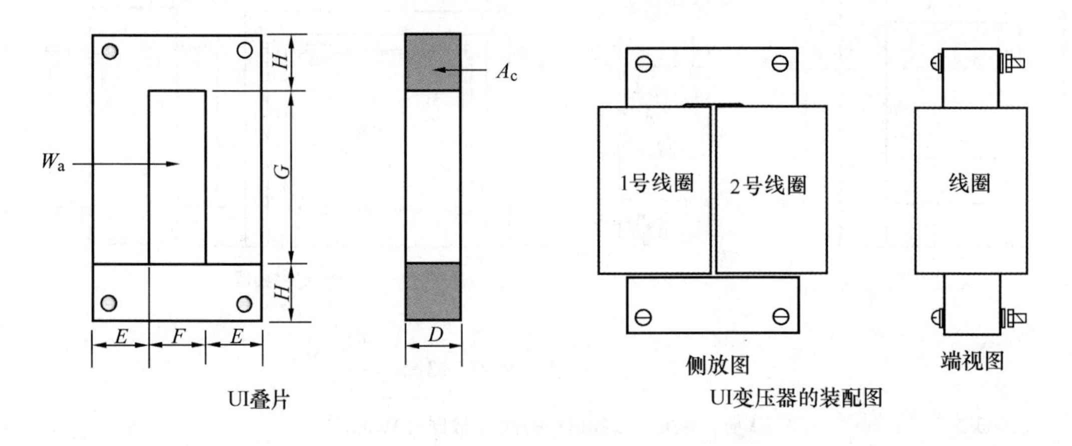

图 3-23　UI 叠片磁心略图

表 3-4　　UI 叠片磁心的尺寸数据

UI 标准叠片 14mil											
磁心型号	D /cm	E /cm	F /cm	G /cm	H /cm	磁心型号	D /cm	E /cm	F /cm	G /cm	H /cm
50UI	1.270	1.270	1.270	3.810	1.270	125UI	3.175	3.175	3.175	9.525	3.175
60UI	1.429	1.429	2.223	5.398	1.429	150UI	3.810	3.810	3.810	11.430	3.810
75UI	1.905	1.905	1.905	5.715	1.905	180UI	4.572	4.572	4.572	11.430	4.572
100UI	2.540	2.540	2.540	7.620	2.540	240UI	6.096	6.096	6.096	15.240	6.096

表 3-5　　**UI 叠片磁心的设计数据**

UI 标准叠片 14mil									
磁心型号	W_{tCu} /g	W_{tFe} /g	MLT /cm	MPL /cm	W_a/A_c	A_c /cm²	W_a /cm²	A_p /cm⁴	K_g /cm⁵	A_t /cm²
50UI	132	173	7.68	15.24	3.159	1.532	4.839	7.414	0.592	110
60UI	418	300	9.81	18.10	6.187	1.939	11.996	23.263	1.839	209
75UI	434	585	11.22	22.86	3.157	3.448	10.887	37.534	4.614	247
100UI	1016	1384	14.76	30.48	3.158	6.129	19.355	118.626	19.709	439
125UI	1967	2725	18.29	38.10	3.158	9.577	30.242	289.614	60.647	685
150UI	3413	4702	22.04	45.72	3.158	13.790	43.548	600.544	150.318	987
180UI	4884	7491	26.28	50.29	2.632	19.858	52.258	1037.740	313.636	1296
240UI	11487	17692	34.77	67.06	2.632	35.303	92.903	3279.770	1331.997	2304

LL 叠片磁心的设计和尺寸数据

LL 叠片磁心的尺寸符号和已装配好的变压器外形如图 3-24 所示。LL 叠片磁心的尺寸数据在表 3-6 给出，其设计数据在表 3-7 中给出。

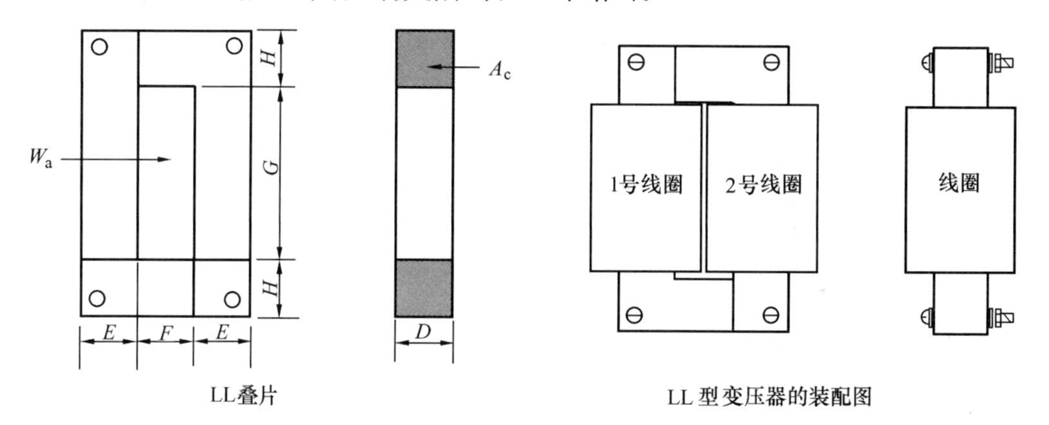

图 3-24　LL 叠片磁心的外形略图

表 3-6　　**14mil 厚 LL 叠片磁心的尺寸数据**

LL 标准叠片 14mil											
磁心型号	D /cm	E /cm	F /cm	G /cm	H /cm	磁心型号	D /cm	E /cm	F /cm	G /cm	H /cm
141L	0.635	0.635	1.270	2.858	0.635	104L	1.270	1.270	1.984	5.555	1.270
108L	1.031	1.031	0.874	3.334	1.111	105L	1.270	1.270	1.905	6.826	1.270
250L	1.031	1.031	0.874	5.239	1.111	102L	1.429	1.429	1.588	5.398	1.429
101L	1.111	1.111	1.588	2.858	1.111	106L	1.429	1.429	2.223	5.398	1.429
7L	1.270	1.270	1.270	3.810	1.270	107L	1.588	1.588	2.064	6.350	1.588
4L	1.270	1.270	1.905	3.810	1.270						

表 3-7　　**14mil 厚 LL 叠片磁心的设计数据**

LL 标准叠片 14mil										
磁心型号	W_{tCu} /g	W_{tFe} /g	MLT /cm	MPL /cm	W_a/A_c	A_c /cm²	W_a /cm²	A_p /cm⁴	K_g /cm⁵	A_t /cm²
141L	63.8	31.3	4.9	10.8	9.473	0.383	3.629	1.390	0.043	55.2
108L	61.2	97.9	5.9	12.7	2.884	1.010	2.913	2.943	0.201	70.3
250L	96.1	127.1	5.9	16.5	4.532	1.010	4.577	4.624	0.316	92.0
101L	118.5	115.9	7.3	13.3	3.867	1.173	4.536	5.322	0.340	97.3
7L	132.2	173.9	7.7	15.2	3.159	1.532	4.839	7.414	0.592	109.7

续表

LL 标准叠片 14mil										
磁心型号	W_{tCu} /g	W_{tFe} /g	MLT /cm	MPL /cm	W_a/A_c	A_c /cm²	W_a /cm²	A_p /cm⁴	K_g /cm⁵	A_t /cm²
4L	224.0	185.2	8.7	16.5	4.737	1.532	7.258	11.121	0.785	141.9
104L	344.9	228.0	8.8	20.2	7.193	1.532	11.020	16.885	1.176	180.2
105L	401.3	256.5	8.7	22.5	8.488	1.532	13.004	19.925	1.407	199.4
102L	268.6	284.1	8.8	19.7	4.419	1.939	8.569	16.617	1.462	167.6
106L	418.6	302.1	9.8	21.0	6.187	1.939	11.996	23.263	1.839	208.8
107L	475.2	409.5	10.2	23.2	5.474	2.394	13.105	31.375	2.946	235.8

DU 叠片磁心的设计和尺寸数据

DU 叠片磁心的尺寸符号和已装配好的变压器外形如图 3-25 所示。DU 叠片磁心的尺寸数据由表 3-8 给出，其设计数据由表 3-9 给出。

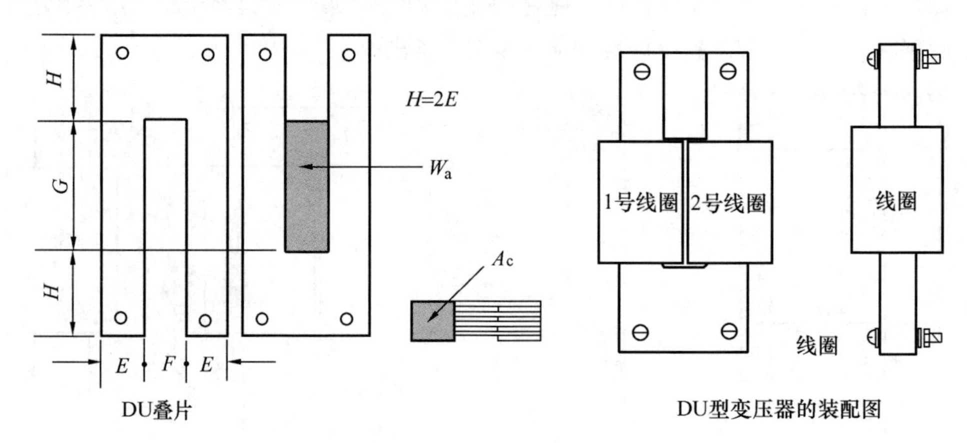

图 3-25 DU 叠片磁心外形略图

表 3-8 **14mil 厚 DU 叠片磁心的尺寸数据**

DU 标准叠片 14mil											
磁心型号	D /cm	E /cm	F /cm	G /cm	H /cm	磁心型号	D /cm	E /cm	F /cm	G /cm	H /cm
DU-63	0.159	0.159	0.318	0.794	0.318	DU-39	0.953	0.953	0.953	2.858	1.905
DU-124	0.318	0.318	0.476	1.191	0.635	DU-37	0.953	0.953	1.905	3.810	1.905
DU-18	0.476	0.476	0.635	1.588	0.953	DU-50	1.270	1.270	2.540	5.080	2.540
DU-26	0.635	0.635	0.635	1.905	1.270	DU-75	1.905	1.905	3.810	7.620	3.810
DU-25	0.635	0.635	0.953	2.064	1.270	DU-1125	2.858	2.858	5.715	11.430	5.715
DU-1	0.635	0.635	0.953	3.810	1.270	DU-125	3.175	3.175	5.080	10.160	6.350

表 3-9 **14mil 厚叠片磁心的设计数据**

DU 标准叠片 14mil										
磁心型号	W_{tCu} /g	W_{tFe} /g	MLT /cm	MPL /cm	W_a/A_c	A_c /cm²	W_a /cm²	A_p /cm⁴	K_g /cm⁵	A_t /cm²
DU-63	1.4	0.6	1.5	3.2	10.500	0.024	0.252	0.006	0.00003	4.2
DU-124	4.9	4.3	2.4	5.2	5.906	0.096	0.567	0.054	0.0009	11.8
DU-18	11.9	13.5	3.3	7.3	4.688	0.215	1.008	0.217	0.0057	23.4
DU-26	17.0	28.9	3.9	8.9	3.159	0.383	1.210	0.463	0.0180	33.9
DU-25	31.1	30.4	4.4	9.9	5.133	0.383	1.966	0.753	0.0260	44.3
DU-1	57.3	42.4	4.4	13.3	9.634	0.383	3.630	1.390	0.0479	60.9
DU-39	55.3	104.5	5.7	13.3	3.158	0.862	2.722	2.346	0.1416	76.2
DU-37	186.0	124.5	7.2	17.2	8.420	0.862	7.258	6.256	0.2992	134.3

续表

DU标准叠片 14mil										
磁心型号	W_{tCu} /g	W_{tFe} /g	MLT /cm	MPL /cm	W_a/A_c	A_c /cm²	W_a /cm²	A_p /cm⁴	K_g /cm⁵	A_t /cm²
DU-50	443.9	287.8	9.7	22.8	8.422	1.532	12.903	19.771	1.2524	238.0
DU-75	1467.0	985.2	14.2	34.3	8.420	3.448	29.032	100.091	9.7136	537.1
DU-1125	4880.0	3246.0	21.0	51.4	8.421	7.757	65.322	506.709	74.8302	1208.0
DU-125	3906.0	3966.0	21.3	41.4	5.389	9.577	51.610	494.275	88.9599	1147.0

三相EI叠片磁心的设计和尺寸数据

三相EI叠片磁心的尺寸符号和已装配好的变压器外形如图3-26所示。三相EI叠片磁心的尺寸数据由表3-10给出，其设计数据由表3-11给出。

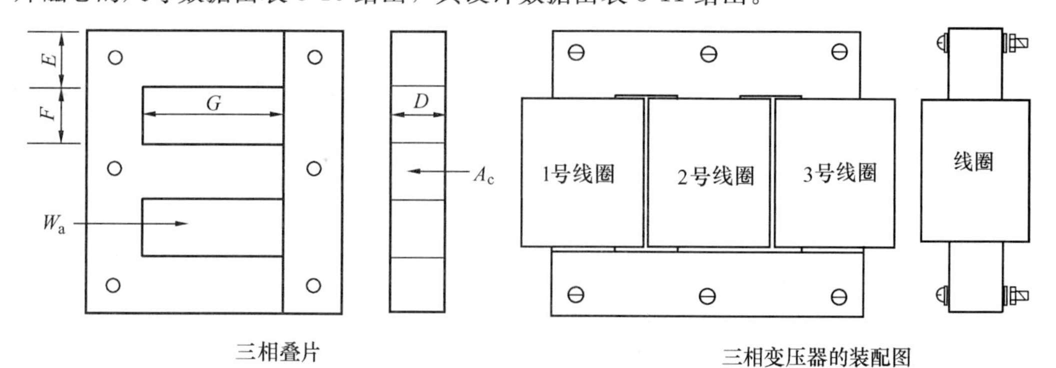

图3-26 三相EI叠片磁心外形略图

表3-10　　14mil厚的三相EI叠片磁心的尺寸数据

三相，标准叠片，Thomas & Skinner 14mil									
磁心型号	D /cm	E /cm	F /cm	G /cm	磁心型号	D /cm	E /cm	F /cm	G /cm
0.250EI	0.635	0.635	0.871	2.858	1.000EI	2.540	2.540	3.810	7.620
0.375EI	0.953	0.953	1.270	3.175	1.200EI	3.048	3.048	3.048	7.620
0.500EI	1.270	1.270	1.588	3.493	1.500EI	3.810	3.810	3.810	9.525
0.562EI	1.427	1.427	1.588	5.398	1.800EI	4.572	4.572	4.572	11.430
0.625EI	1.588	1.588	1.984	5.634	2.400EI	6.096	6.096	6.096	15.240
0.875EI	2.223	2.223	2.779	6.111	3.600EI	9.144	9.144	9.144	22.860

表3-11　　14mil厚的三相EI叠片磁心的设计数据

三相，标准叠片，Thomas & Skinner 14mil									
磁心型号	W_{tCu} /g	W_{tFe} /g	MLT /cm	$W_a/2A_c$	A_c /cm²	W_a /cm²	A_p /cm⁴	K_g /cm⁵	A_t /cm²
0.250EI	57	54	4.3	3.251	0.383	2.49	1.43	0.051	53
0.375EI	134	154	6.2	2.339	0.862	4.03	5.21	0.289	102
0.500EI	242	324	8.2	1.810	1.532	5.54	12.74	0.955	159
0.562EI	403	421	8.8	2.213	1.936	8.57	24.88	2.187	207
0.625EI	600	706	10.1	2.334	2.394	11.18	40.13	3.816	275
0.875EI	1255	1743	13.9	1.809	4.693	16.98	119.53	16.187	487
1.000EI	2594	2751	16.7	2.368	6.129	29.03	266.91	39.067	730
1.200EI	2178	3546	17.6	1.316	8.826	23.23	307.48	61.727	725
1.500EI	4266	6957	22.0	1.316	13.790	36.29	750.68	187.898	1132
1.800EI	7326	12017	26.3	1.316	19.858	52.26	1556.61	470.453	1630
2.400EI	17230	28634	34.8	1.316	35.303	92.90	4919.66	1997.995	2899
3.600EI	58144	96805	52.2	1.316	79.432	209.03	24905.75	15174.600	6522

带绕C形磁心的设计和尺寸数据

C形磁心的尺寸外形符号如图3-27所示。C形磁心的尺寸数据由表3-12给出，其设计数据由表3-13给出。

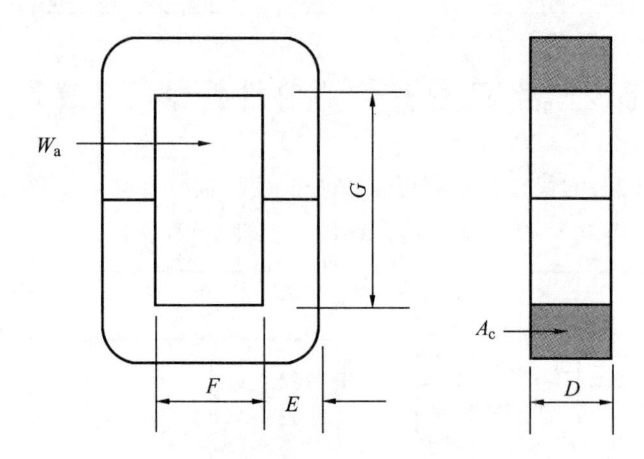

图3-27 带绕C形磁心的外形尺寸符号

表3-12 **带绕C形磁心的尺寸数据**

C形磁心，Magnetic Metals，2mil

磁心型号	D /cm	E /cm	F /cm	G /cm	磁心型号	D /cm	E /cm	F /cm	G /cm
ML-002	0.635	0.476	0.635	1.588	ML-014	1.270	1.270	1.270	3.969
ML-004	0.635	0.635	0.635	2.223	ML-016	1.905	1.270	1.270	3.969
ML-006	1.270	0.635	0.635	2.223	ML-018	1.270	1.111	1.588	3.969
ML-008	0.953	0.953	0.953	3.016	ML-020	2.540	1.588	1.588	3.969
ML-010	1.588	0.953	0.953	3.016	ML-022	2.540	1.588	1.588	4.921
ML-012	1.270	1.111	1.270	2.858	ML-024	2.450	1.588	1.905	5.874

表3-13 **带绕C形磁心的设计数据**

C形磁心，Magnetic Metals，2mil

磁心型号	W_{tCu} /g	W_{tFe} /g	MLT /cm	MPL /cm	W_a/A_c	A_c /cm^2	W_a /cm^2	A_p /cm^4	K_g /cm^5	A_t /cm^2
ML-002	13.0	13.0	3.6	6.4	3.747	0.269	1.008	0.271	0.0080	21.0
ML-004	19.8	22.6	3.9	8.3	3.933	0.359	1.412	0.507	0.0184	29.8
ML-006	27.2	45.2	5.4	8.3	1.967	0.718	1.412	1.013	0.0537	37.5
ML-008	58.4	72.5	5.7	11.8	3.556	0.808	2.874	2.323	0.1314	63.6
ML-010	73.5	120.8	7.2	11.8	2.134	1.347	2.874	3.871	0.2902	74.7
ML-012	95.1	121.7	7.4	12.7	2.891	1.256	3.630	4.558	0.3109	87.1
ML-014	137.7	170.4	7.7	15.6	3.513	1.435	5.041	7.236	0.5408	112.1
ML-016	160.5	255.6	9.0	15.6	2.341	2.153	5.041	10.854	1.0443	126.8
ML-018	176.2	149.1	7.9	15.6	5.019	1.256	6.303	7.915	0.5056	118.9
ML-020	254.5	478.4	11.4	17.5	1.756	3.590	6.303	22.626	2.8607	182.0
ML-022	315.6	530.5	11.4	19.4	2.177	3.590	7.815	28.053	3.5469	202.0
ML-024	471.7	600.1	11.9	21.9	3.117	3.590	11.190	40.170	4.8656	244.8

带绕EE形磁心的轮廓尺寸

EE形磁心的外形尺寸符号如图3-28所示。EE形磁心的尺寸数据由表3-14给出，其设计数据由表3-15给出。

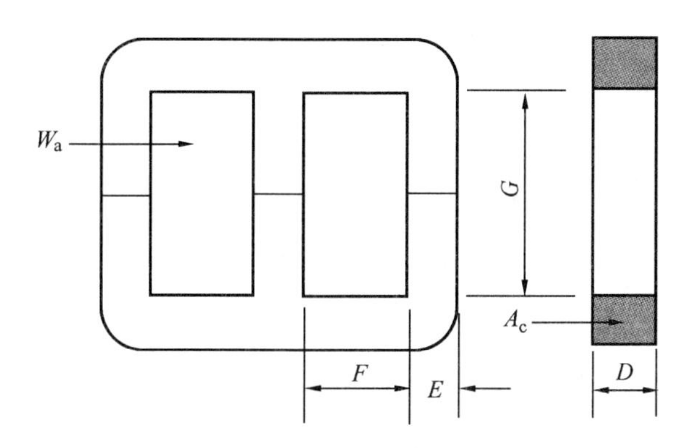

图3-28 带绕EE形磁心的外形及尺寸符号

表3-14 带绕EE形磁心的尺寸数据

三相E形磁心，National-Arnold Magnetics，14mil									
磁心型号	D /cm	E /cm	F /cm	G /cm	磁心型号	D /cm	E /cm	F /cm	G /cm
CTA-25	1.905	1.905	1.905	2.858	CTA-12	3.810	2.540	2.381	6.350
CTA-22	3.175	1.429	1.905	5.239	CTA-20	5.715	2.540	2.540	6.350
CTA-17	3.175	1.746	1.905	6.350	CTA-03	4.445	2.540	3.493	9.843
CTA-14	3.175	2.223	2.381	4.763	CTA-15	5.080	3.493	2.540	7.620

表3-15 带绕EE形磁心的设计数据

三相E形磁心，National-Arnold Magnetics，14mil									
磁心型号	W_{tCu} /g	W_{tFe} /g	MLT /cm	W_a/A_c	A_c /cm²	W_a /cm²	A_p /cm⁴	K_g /cm⁵	A_t /cm²
CTA-25	326	686	11.2	0.789	3.448	5.44	28.16	3.461	261
CTA-22	682	1073	12.8	1.158	4.310	9.98	64.53	8.686	324
CTA-17	867	1422	13.4	1.148	5.266	12.10	95.56	14.977	400
CTA-14	916	1803	15.1	0.846	6.705	11.34	114.06	20.203	468
CTA-12	1391	2899	17.3	0.822	9.194	15.12	208.50	44.438	613
CTA-20	1834	4420	21.3	0.585	13.790	16.13	333.64	86.347	737
CTA-03	3717	4597	20.3	1.602	10.730	34.38	553.15	117.079	993
CTA-15	2266	6544	22.0	0.574	16.860	19.35	489.40	150.340	956

带绕环形磁心的设计和尺寸数据

带绕环形磁心的外形尺寸略图如图 3-29 所示。带盒套的带绕环形磁心尺寸数据由表 3-16 给出，其设计数据由表 3-17 给出。

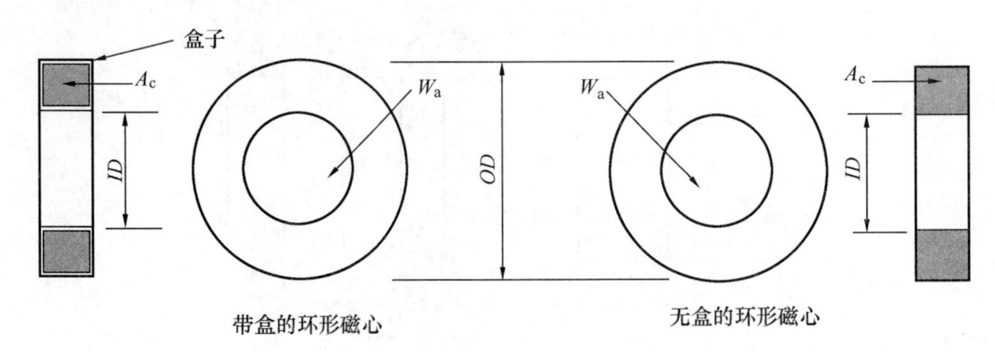

图 3-29 带绕环形磁心的外形及尺寸符号

表 3-16 带盒套的带绕环形磁心的尺寸数据

带绕环形磁心，Magnetics 2mil 铁合金［带盒与不带盒（包封的）］											
磁心型号	*OD* /cm	*ID* /cm	*HT* /cm	磁心型号	*OD* /cm	*ID* /cm	*HT* /cm	磁心型号	*OD* /cm	*ID* /cm	*HT* /cm
52402	1.346	0.724	0.610	52057	2.134	1.359	0.610	52061	2.781	1.664	0.927
52107	1.651	1.041	0.610	52000	2.134	1.041	0.610	52004	3.429	2.286	0.927
52153	1.499	0.724	0.610	52155	1.659	0.884	0.927	52076	2.794	1.334	0.762
52056	1.816	1.041	0.610	52176	2.134	1.041	0.927	52007	2.794	1.334	0.927

表 3-17 带绕环形磁心的设计数据

带绕环形磁心，Magnetics 2mil 铁合金［带盒与不带盒（包封的）］										
磁心型号	W_{tCu} /g	W_{tFe} /g	*MLT* /cm	*MPL* /cm	W_a/A_c	A_c /cm^2	W_a /cm^2	A_p /cm^4	K_g /cm^5	A_t /cm^2
52402	2.84	0.50	2.16	3.25	18.727	0.022	0.412	0.00906	0.0000388	9.80
52107	6.76	0.70	2.30	4.24	38.682	0.022	0.851	0.01872	0.0000717	15.50
52153	3.20	1.10	2.20	3.49	9.581	0.043	0.412	0.01770	0.0001400	11.20
52056	7.40	1.50	2.40	4.49	19.791	0.043	0.851	0.03660	0.0002592	16.80
52057	13.80	1.80	2.70	5.48	33.744	0.043	1.451	0.06237	0.0003998	23.70
52000	8.10	3.30	2.70	4.99	9.895	0.086	0.851	0.07320	0.0009384	20.60
52155	6.10	2.60	2.80	3.99	7.140	0.086	0.614	0.05278	0.0006461	16.00
52176	9.70	6.50	3.20	4.99	4.977	0.171	0.851	0.14554	0.0031203	23.30
52061	28.70	9.10	3.70	6.98	12.719	0.171	2.175	0.37187	0.0068597	40.30
52004	61.70	11.70	4.20	8.97	24.000	0.171	4.104	0.70184	0.0113585	62.20
52076	17.20	9.50	3.50	6.48	7.244	0.193	1.398	0.26975	0.0060284	34.60
52007	18.50	12.70	3.70	6.48	5.440	0.257	1.398	0.35920	0.0099305	36.40

铁氧体EE磁心的设计和尺寸数据

铁氧体 EE 形磁心的外形及尺寸符号如图 3-30 所示，铁氧体 EE 形的尺寸数据由表 3-18 给出，其设计数据由表 3-19 给出。

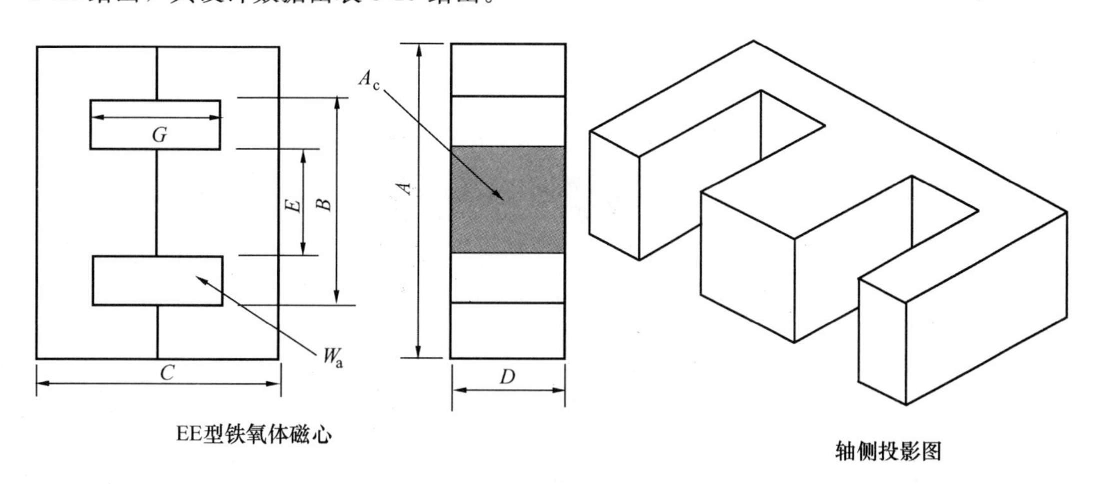

图 3-30 铁氧体 EE 形磁心的外形及尺寸符号

表 3-18 **铁氧体 EE 形磁心的尺寸数据（Magnetics）**

磁心型号	A /cm	B /cm	C /cm	D /cm	E /cm	G /cm
EE-187	1.930	1.392	1.620	0.478	0.478	1.108
EE-2425	2.515	1.880	1.906	0.653	0.610	1.250
EE-375	3.454	2.527	2.820	0.935	0.932	1.930
EE-21	4.087	2.832	3.300	1.252	1.252	2.080
EE-625	4.712	3.162	3.940	1.567	1.567	2.420
EE-75	5.657	3.810	4.720	1.880	1.880	2.900

表 3-19 **铁氧体 EE 形磁心的设计数据（Magnetics）**

磁心型号	W_{tCu} /g	W_{tFe} /g	MLT /cm	MPL /cm	W_a/A_c	A_c /cm^2	W_a /cm^2	A_p /cm^4	K_g /cm^5	A_t /cm^2	AL* /(mh/1K)
EE-187	6.8	4.4	3.8	4.01	2.219	0.228	0.506	0.116	0.0028	14.4	500
EE-2425	13.9	9.5	4.9	4.85	2.068	0.384	0.794	0.305	0.0095	23.5	767
EE-375	36.4	33.0	6.6	6.94	1.875	0.821	1.539	1.264	0.0624	45.3	1167
EE-21	47.3	57.0	8.1	7.75	1.103	1.490	1.643	2.448	0.1802	60.9	1967
EE-625	64.4	103.0	9.4	8.90	0.808	2.390	1.930	4.616	0.4700	81.8	2767
EE-75	111.1	179.0	11.2	10.70	0.826	3.390	2.799	9.487	1.1527	118.0	3467

* 这个 AL 值是经过把磁导率作为 1000 而归一化的。对于磁导率不是 1000 时的 AL 近似值，把表中的 AL 值乘以一个新的以千为单位的磁导率便得到。如果新的磁导率是 2500，则用 2.5 计。

铁氧体EE和EI扁平形(Planar)磁心的设计和尺寸数据

铁氧体EE和EI扁平形磁心的外形及尺寸符号如图3-31所示。铁氧体EE和EI扁平形磁心的尺寸数据由表3-20给出，其设计数据由表3-21给出。

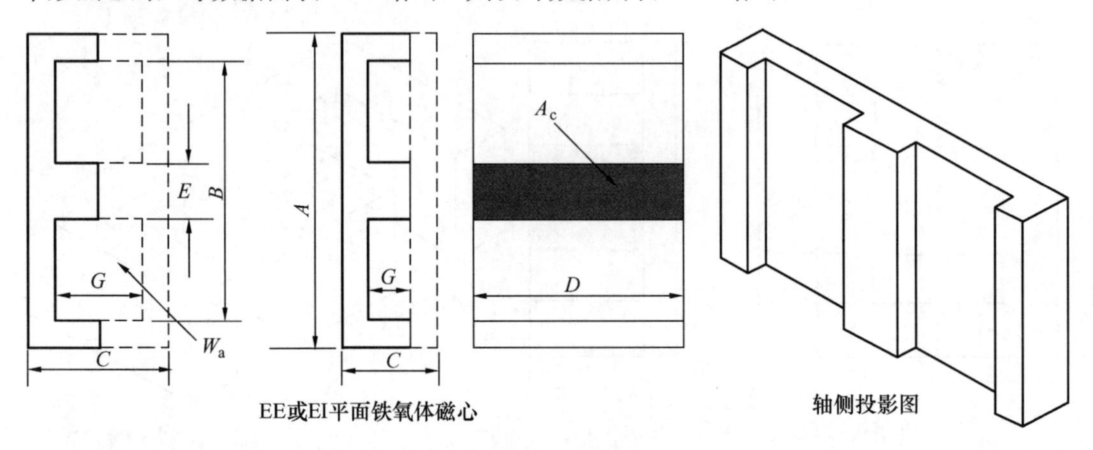

图3-31 铁氧体EE和EI扁平形磁心的外形及尺寸符号

表3-20 铁氧体EE和EI扁平形磁心的尺寸数据(Magnetics)

磁心型号	A /cm	B /cm	C /cm	D /cm	E /cm	G /cm
EI-41805	1.800	1.370	0.638	1.000	0.398	0.188
EE-41805	1.800	1.370	0.796	1.000	0.398	0.376
EI-42216	2.160	1.610	0.867	1.590	0.508	0.297
EE-42216	2.160	1.610	1.144	1.590	0.508	0.610
EI-43208	3.175	2.490	0.953	2.032	0.635	0.305
EE-43208	3.175	2.490	1.270	2.032	0.635	0.610
EI-44310	4.318	3.440	1.395	2.790	0.813	0.533
EE-44310	4.318	3.440	1.906	2.790	0.813	1.066

表3-21 铁氧体EE和EI扁平形磁心的设计数据(Magnetics)

磁心型号	W_{tCu} /g	W_{tFe} /g	MLT /cm	MPL /cm	W_a/A_c	A_c /cm²	W_a /cm²	A_p /cm⁴	K_g /cm⁵	A_t /cm²	AL* /(mh/1K)
EI-41805	1.5	4.1	4.7	2.03	0.2269	0.401	0.091	0.0366	0.00124	10.4	1737
EE-41805	3.1	4.9	4.7	2.42	0.4564	0.401	0.183	0.0715	0.00248	11.6	1460
EI-42216	3.8	10.4	6.5	2.58	0.2035	0.806	0.164	0.1319	0.00651	17.8	2592
EE-42216	7.8	13.0	6.5	3.21	0.4169	0.806	0.336	0.2709	0.01337	20.5	2083
EI-43208	8.9	22.0	8.9	3.54	0.224	1.290	0.289	0.3649	0.02126	33.4	3438
EE-43208	17.8	26.0	8.9	4.17	0.4388	1.290	0.566	0.7299	0.04253	37.9	2915
EI-44310	29.7	58.0	11.9	5.06	0.3084	2.270	0.700	1.5892	0.12085	65.4	4267
EE-44310	59.4	70.8	11.9	6.15	0.6167	2.270	1.400	3.1784	0.24170	75.3	3483

* 这个AL值是经过把磁导率作为1000而归一化的。对于磁导率不是1000时的AL近似值，把表中的AL值乘以一个新的以千为单位的磁导率便得到。如果新的磁导率是2500，利用2.5计。

铁氧体 EC 磁心的设计和尺寸数据

铁氧体 EC 磁心的外形及尺寸符号如图 3-32 所示。铁氧体 EC 磁心的尺寸数据由表 3-22 给出，其设计数据由表 3-23 给出。

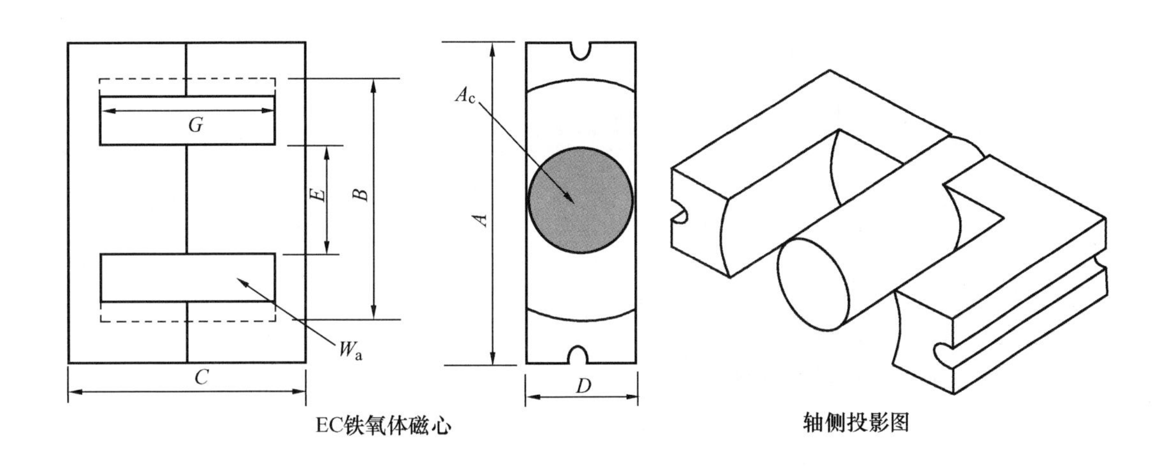

图 3-32 铁氧体 EC 磁心外形及尺寸符号

表 3-22 **铁氧体 EC 磁心的尺寸数据**

磁心型号	A /cm	B /cm	C /cm	D /cm	E /cm	G /cm
EC-35	3.450	2.270	3.460	0.950	0.950	2.380
EC-41	4.060	2.705	3.901	1.161	1.161	2.697
EC-52	5.220	3.302	4.841	1.340	1.340	3.099
EC-70	7.000	4.450	6.900	1.638	1.638	4.465

表 3-23 **铁氧体 EC 磁心的设计数据**

磁心型号	W_{tCu} /g	W_{tFe} /g	MLT /cm	MPL /cm	W_a/A_c	A_c /cm^2	W_a /cm^2	A_p /cm^4	K_g /cm^5	A_t /cm^2	AL^* /（mh/1K）
EC-35	35.1	36.0	6.3	7.59	2.213	0.710	1.571	1.115	0.050	50.2	1000
EC-41	55.4	52.0	7.5	8.76	1.964	1.060	2.082	2.207	0.125	67.6	1233
EC-52	97.8	111.0	9.0	10.30	2.156	1.410	3.040	4.287	0.267	106.5	1680
EC-70	256.7	253.0	11.7	14.10	2.927	2.110	6.177	13.034	0.941	201.7	1920

* 这个 AL 值是经过把磁导率作为 1000 而归一化的。对于磁导率不是 1000 时的 AL 近似值，把表中的 AL 值乘以一个新的以千为单位的磁导率便得到。如果新的磁导率是 2500，利用 2.5 计。

铁氧体ETD磁心的设计和尺寸数据

铁氧体ETD磁心的外形及尺寸符号如图3-33所示。铁氧体ETD磁心的尺寸数据由表3-24给出，其设计数据由图3-25给出。

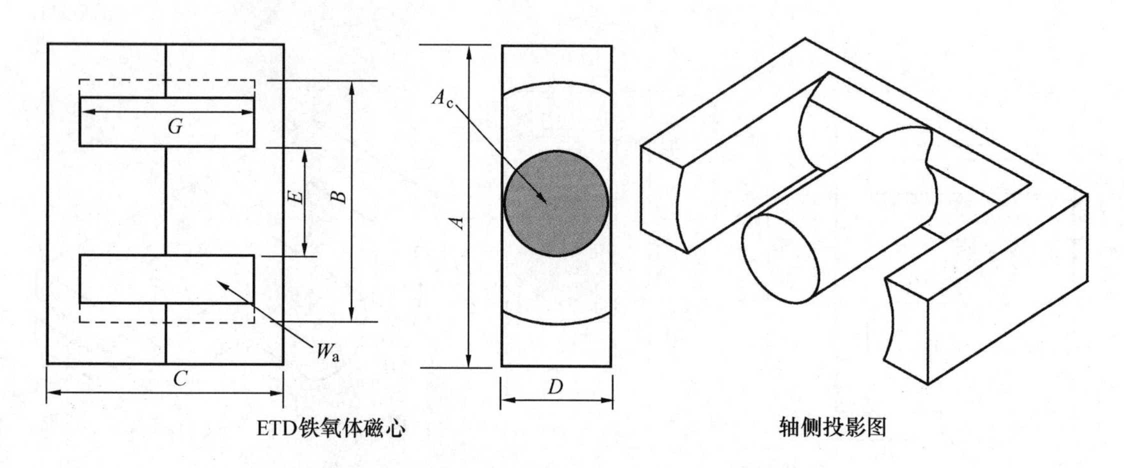

图3-33 铁氧体ETD磁心的外形及尺寸符号

表3-24 铁氧体ETD磁心的尺寸数据（Ferroxcube）

磁心型号	A /cm	B /cm	C /cm	D /cm	E /cm	G /cm
ETD-29	3.060	2.270	3.160	0.980	0.980	2.200
ETD-34	3.500	2.560	3.460	1.110	1.110	2.360
ETD-39	4.000	2.930	3.960	1.280	1.280	2.840
ETD-44	4.500	3.250	4.460	1.520	1.520	3.220
ETD-49	4.980	3.610	4.940	1.670	1.670	3.540
ETD-54	5.450	4.120	5.520	1.890	1.890	4.040
ETD-59	5.980	4.470	6.200	2.165	2.165	4.500

表3-25 铁氧体ETD磁心的设计数据（Ferroxcube）

磁心型号	W_{tCu} /g	W_{tFe} /g	MLT /cm	MPL /cm	W_a/A_c	A_c /cm^2	W_a /cm^2	A_p /cm^4	K_g /cm^5	A_t /cm^2	AL* /（mh/1K）
ETD-29	32.1	28.0	6.4	7.20	1.865	0.761	1.419	1.0800	0.0517	42.5	1000
ETD-34	43.4	40.0	7.1	7.87	1.757	0.974	1.711	1.6665	0.0911	53.4	1182
ETD-39	69.3	60.0	8.3	9.22	1.871	1.252	2.343	2.9330	0.1766	69.9	1318
ETD-44	93.2	94.0	9.4	10.30	1.599	1.742	2.785	4.8520	0.3595	87.9	1682
ETD-49	126.2	124.0	10.3	11.40	1.627	2.110	3.434	7.2453	0.5917	107.9	1909
ETD-54	186.9	180.0	11.7	12.70	1.609	2.800	4.505	12.6129	1.2104	133.7	2273
ETD-59	237.7	260.0	12.9	13.90	1.410	3.677	5.186	19.0698	2.1271	163.1	2727

* 这个AL值是经过把磁导率作为1000而归一化的。对于磁导率不是1000时的AL近似值，把表中的AL值乘以一个新的以千为单位的磁导率便得到。如果新的磁导率是2500，利用2.5计。

铁氧体 ETD/lp（low profile，低矮型）磁心的设计和尺寸数据

铁氧体 ETD/lp 磁心的外形及尺寸符号如图 3-34 所示。铁氧体 ETD/lp 磁心的尺寸数据由表 3-26 给出，其设计数据由表 3-27 给出。

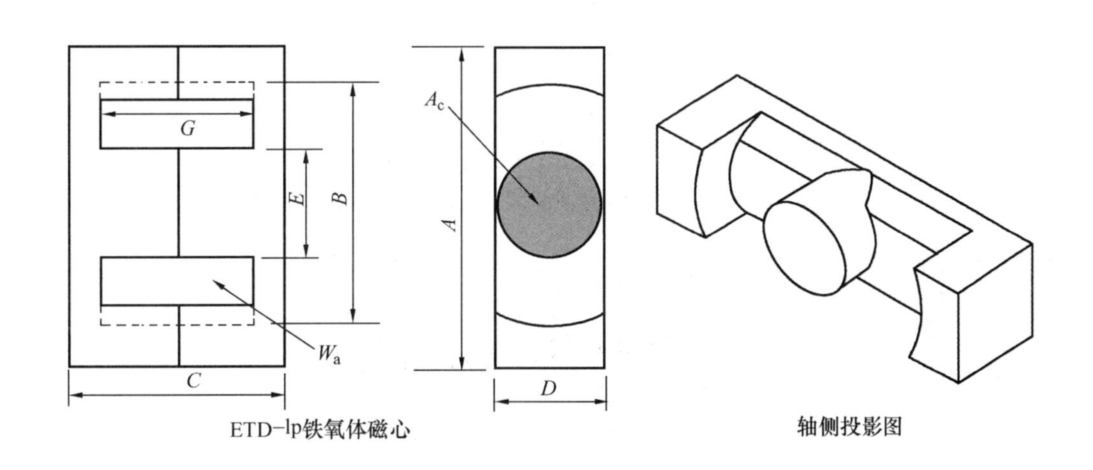

图 3-34 铁氧体 ETD/lp 磁心的外形及尺寸符号

表 3-26 铁氧体 ETD/lp 磁心的尺寸数据（TSC Ferrite International）

磁心型号	A /cm	B /cm	C /cm	D /cm	E /cm	G /cm
ETD34（lp）	3.421	2.631	1.804	1.080	1.080	0.762
ETD39（lp）	3.909	3.010	1.798	1.250	1.250	0.762
ETD44（lp）	4.399	3.330	1.920	1.481	1.481	0.762
ETD49（lp）	4.869	3.701	2.082	1.631	1.631	0.762

表 3-27 铁氧体 ETD/lp 磁心的设计数据（TSC Ferrite International）

磁心型号	W_{tCu} /g	W_{tFe} /g	MLT /cm	MPL /cm	W_a/A_c	A_c /cm²	W_a /cm²	A_p /cm⁴	K_g /cm⁵	A_t /cm²	AL* /（mh/1K）
ETD34（lp）	15.1	32.7	7.2	4.65	0.609	0.970	0.591	0.5732	0.0310	33.1	2382
ETD39（lp）	20.0	46.3	8.4	5.03	0.559	1.200	0.671	0.8047	0.0461	39.6	2838
ETD44（lp）	24.6	72.1	9.5	5.40	0.420	1.730	0.727	1.2583	0.0914	48.4	3659
ETD49（lp）	29.1	95.0	10.4	5.85	0.374	2.110	0.789	1.6641	0.1353	58.2	4120

* 这个 AL 值是经过把磁导率作为 1000 而归一化的。对于磁导率不是 1000 时的 AL 近似值，把表中的 AL 值乘以一个新的以千为单位的磁导率便得到。如果新的磁导率是 2500，利用 2.5 计。

铁氧体 ER 磁心的设计和尺寸数据(表面安装器件，SMD)

铁氧体 ER 磁心的外形和尺寸符号如图 3-35 所示。铁氧体 ER 磁心的尺寸数据由表 3-28 给出，其设计数据由表 3-29 给出。

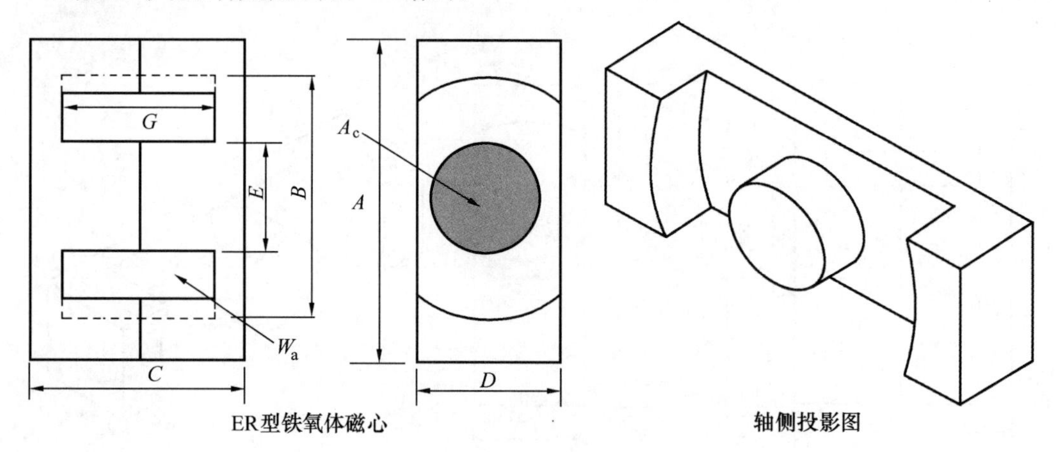

图 3-35　铁氧体 ER 磁心的外形及尺寸符号

表 3-28　铁氧体 ER 磁心的尺寸数据 (Ferroxcube)

磁心型号	A /cm	B /cm	C /cm	D /cm	E /cm	G /cm
ER9.5	0.950	0.750	0.490	0.500	0.350	0.320
ER11	1.100	0.870	0.490	0.600	0.425	0.300
ER35	3.500	2.615	4.140	1.140	1.130	2.950
ER42	4.200	3.005	4.480	1.560	1.550	3.090
ER48	4.800	3.800	4.220	2.100	1.800	2.940
ER54	5.350	4.065	3.660	1.795	1.790	2.220

表 3-29　铁氧体 ER 磁心设计数据 (Ferroxcube)

磁心型号	W_{tCu} /g	W_{tFe} /g	MLT /cm	MPL /cm	W_a/A_c	A_c /cm^2	W_a /cm^2	A_p /cm^4	K_g /cm^5	A_t /cm^2	AL* /(mh/1K)
ER9.5	0.6	0.7	2.700	1.42	0.842	0.076	0.0640	0.00486	0.000054	3.0	435
ER11	0.7	1.0	3.200	1.47	0.650	0.103	0.0670	0.00688	0.000090	3.7	609
ER35	56.7	46.0	7.300	9.08	2.190	1.000	2.1900	2.19037	0.120340	62.4	1217
ER42	72.9	96.0	9.100	9.88	1.189	1.890	2.2480	4.24867	0.352444	81.0	2000
ER48	120.7	128.0	11.500	10.00	1.185	2.480	2.9400	7.29120	0.626245	100.1	2478
ER54	101.9	122.0	11.400	9.18	1.052	2.400	2.5250	6.06060	0.512544	96.2	2652

* 这个 AL 值是经过把磁导率作为 1000 而归一化的。对于磁导率不是 1000 时的 AL 近似值，把表中的 AL 值乘以一个新的以千为单位的磁导率便得到。如果新的磁导率是 2500，利用 2.5 计。

铁氧体EFD磁心的设计和尺寸数据(表面安装器件，SMD)

EFD (Economic Flat Design，经济的扁平设计) 磁心为功率变压器电路小型化提供了非常先进的器件。铁氧体EFD磁心的外形和尺寸符号如图3-36所示。铁氧体EFD磁心的尺寸数据由表3-30给出，其设计数据由表3-31给出。

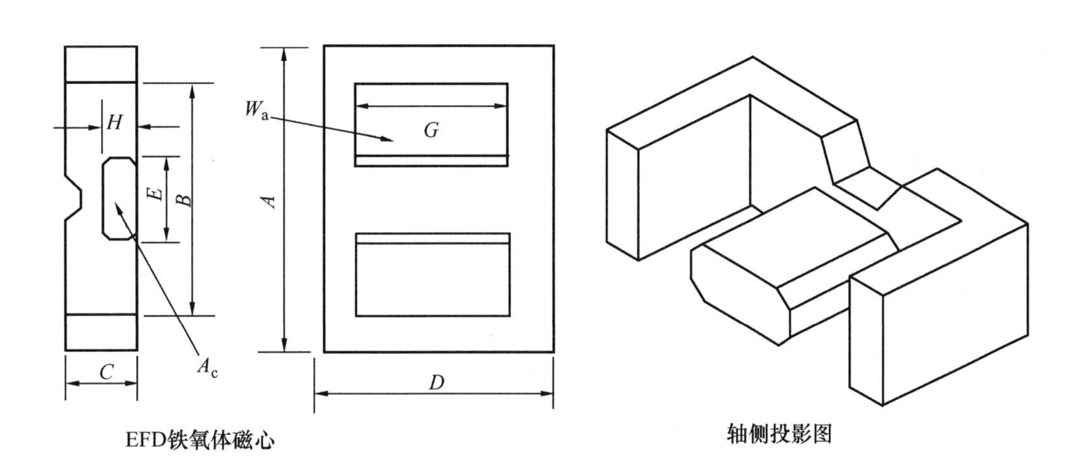

图3-36 铁氧体EFD磁心的外形和尺寸符号

表3-30 铁氧体EFD磁心的尺寸数据 (Ferroxcube)

磁心型号	A /cm	B /cm	C /cm	D /cm	E /cm	G /cm	H /cm
EFD-10	1.050	0.765	0.270	1.040	0.455	0.750	0.145
EFD-15	1.500	1.100	0.465	1.500	0.530	1.100	0.240
EFD-20	2.000	1.540	0.665	2.000	0.890	1.540	0.360
EFD-25	2.500	1.870	0.910	2.500	1.140	1.860	0.520
EFD-30	3.000	2.240	0.910	3.000	1.460	2.240	0.490

表3-31 铁氧体EFD磁心的设计数据 (Ferroxcube)

磁心型号	W_{tCu} /g	W_{tFe} /g	MLT /cm	MPL /cm	W_a/A_c	A_c /cm²	W_a /cm²	A_p /cm⁴	K_g /cm⁵	A_t /cm²	AL* /(mh/1K)
EFD-10	0.8	0.90	1.8	2.37	1.611	0.072	0.116	0.00837	0.00013	3.3	254
EFD-15	3.0	2.80	2.7	3.40	2.093	0.150	0.314	0.04703	0.00105	7.3	413
EFD-20	6.8	7.00	3.8	4.70	1.616	0.310	0.501	0.15516	0.00506	13.3	565
EFD-25	11.5	16.00	4.8	5.70	1.171	0.580	0.679	0.39376	0.01911	21.6	957
EFD-30	17.0	24.00	5.5	6.80	1.267	0.690	0.874	0.60278	0.03047	28.9	913

* 这个AL值是经过把磁导率作为1000而归一化的。对于磁导率不是1000时的AL近似值，把表中的AL值乘以一个新的以千为单位的磁导率便得到。如果新的磁导率是2500，利用2.5计。

铁氧体 EPC 磁心的设计和尺寸数据（表面安装器件，SMD）

铁氧体 EPC 磁心的外形和尺寸符号如图 3-37 所示。铁氧体 EPC 磁心的尺寸数据由表 3-32 给出，其设计数据由表 3-33 给出。

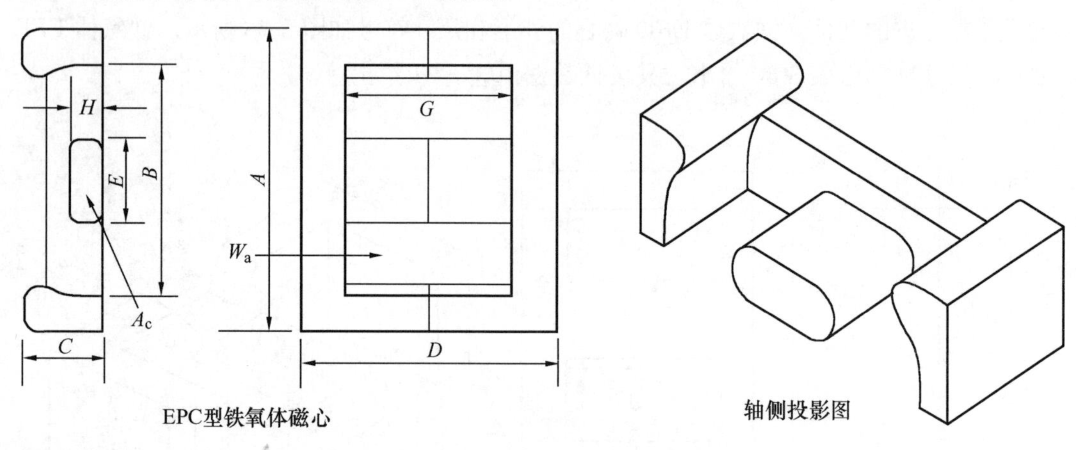

图 3-37　铁氧体 EPC 磁心的外形及尺寸符号

表 3-32　　铁氧体 EPC 磁心的尺寸数据（TDK）

磁心型号	A /cm	B /cm	C /cm	D /cm	E /cm	G /cm	H /cm
EPC-10	1.020	0.760	0.340	0.810	0.500	0.530	0.190
EPC-13	1.325	1.050	0.460	1.320	0.560	0.900	0.205
EPC-17	1.760	1.430	0.600	1.710	0.770	1.210	0.280
EPC-19	1.910	1.580	0.600	1.950	0.850	1.450	0.250
EPC-25	2.510	2.040	0.800	2.500	1.150	1.800	0.400
EPC-27	2.710	2.160	0.800	3.200	1.300	2.400	0.400
EPC-30	3.010	2.360	0.800	3.500	1.500	2.600	0.400

表 3-33　　铁氧体 EPC 磁心的设计数据（TDK）

磁心型号	W_{tCu} /g	W_{tFe} /g	MLT /cm	MPL /cm	W_a/A_c	A_c /cm²	W_a /cm²	A_p /cm⁴	K_g /cm⁵	A_t /cm²	AL* /(mh/1K)
EPC-10	0.5	1.1	1.9	1.78	0.735	0.094	0.069	0.00647	0.000128	2.9	416
EPC-13	2.0	2.1	2.5	3.06	1.768	0.125	0.221	0.02756	0.000549	5.9	363
EPC-17	4.9	4.5	3.4	4.02	1.750	0.228	0.399	0.09104	0.002428	10.2	479
EPC-19	6.9	5.3	3.7	4.61	2.330	0.227	0.529	0.12014	0.002981	12.1	392
EPC-25	14.8	13.0	5.0	5.92	1.804	0.464	0.837	0.38837	0.014532	20.6	650
EPC-27	18.8	18.0	5.1	7.31	1.890	0.546	1.032	0.56347	0.024036	26.8	642
EPC-30	21.9	23.0	5.5	8.16	1.833	0.610	1.118	0.68198	0.030145	31.5	654

* 这个 AL 值是经过把磁导率作为 1000 而归一化的。对于磁导率不是 1000 时的 AL 近似值，把表中的 AL 值乘以一个新的以千为单位的磁导率便得到。如果新的磁导率是 2500，利用 2.5 计。

铁氧体PC磁心的设计和尺寸数据

铁氧体PC磁心的外形及尺寸符号如图3-38所示。铁氧体PC磁心的尺寸数据由表3-34给出，其设计数据由表3-35给出。

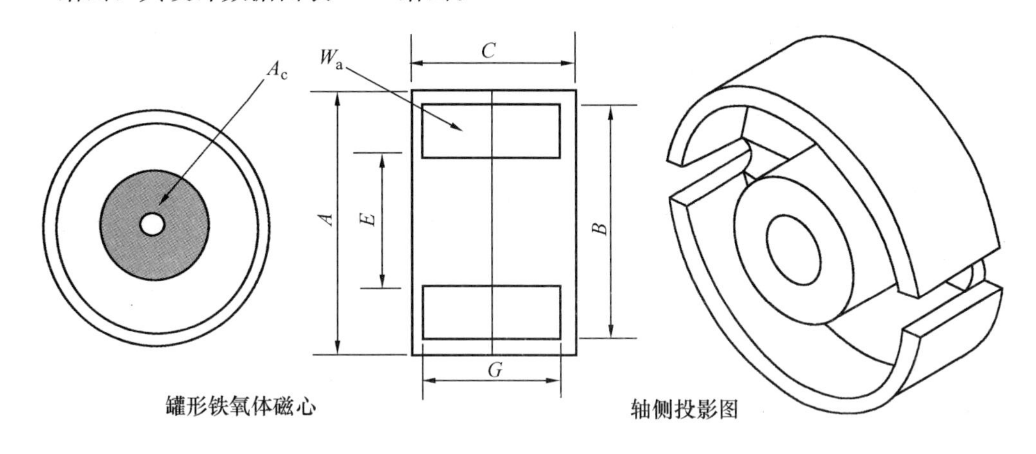

图3-38 铁氧体PC磁心的外形及尺寸符号

表3-34 铁氧体PC磁心的尺寸数据（Magnetics）

磁心型号	A /cm	B /cm	C /cm	E /cm	G /cm
PC-40905	0.914	0.749	0.526	0.388	0.361
PC-41408	1.400	1.160	0.848	0.599	0.559
PC-41811	1.800	1.498	1.067	0.759	0.720
PC-42213	2.160	1.790	1.340	0.940	0.920
PC-42616	2.550	2.121	1.610	1.148	1.102
PC-43019	3.000	2.500	1.880	1.350	1.300
PC-43622	3.560	2.990	2.200	1.610	1.460
PC-44229	4.240	3.560	2.960	1.770	2.040

表3-35 铁氧体PC磁心设计数据（Magnetics）

磁心型号	W_{tCu} /g	W_{tFe} /g	MLT /cm	MPL /cm	W_a/A_c	A_c /cm²	W_a /cm²	A_p /cm⁴	K_g /cm⁵	A_t /cm²	AL* /(mh/1K)
PC-40905	0.5	1.0	1.9	1.25	0.650	0.100	0.065	0.00652	0.000134	2.8	455
PC-41408	1.6	3.2	2.9	1.97	0.631	0.249	0.157	0.03904	0.001331	6.8	933
PC-41811	2.5	7.3	3.7	2.59	0.620	0.429	0.266	0.11413	0.005287	11.1	1333
PC-42213	6.2	13.0	4.4	3.12	0.612	0.639	0.391	0.24985	0.014360	16.4	1633
PC-42616	10.1	20.0	5.3	3.76	0.576	0.931	0.536	0.49913	0.035114	23.1	2116
PC-43109	16.7	34.0	6.3	4.50	0.550	1.360	0.748	0.97175	0.080408	31.9	2700
PC-43622	26.7	57.0	7.5	5.29	0.499	2.020	1.007	2.03495	0.220347	44.5	3400
PC-44229	55.9	104.0	8.6	6.85	0.686	2.660	1.826	4.85663	0.600289	67.7	4000

* 这个AL值是经过把磁导率作为1000而归一化的。对于磁导率不是1000时的AL近似值，把表中的AL值乘以一个新的以千为单位的磁导率便得到。如果新的磁导率是2500，利用2.5计。

铁氧体 EP 磁心的设计和尺寸数据

铁氧体 EP 磁心常用于变压器的设计中。它的装配形状几乎是立方体形的。它在印制电路板（PCB）上得到高的封装密度。铁氧体 EP 磁心的外形及尺寸符号如图3-39所示。铁氧体 EP 磁心的尺寸数据由表 3-36 给出，其设计数据由表 3-37 给出。

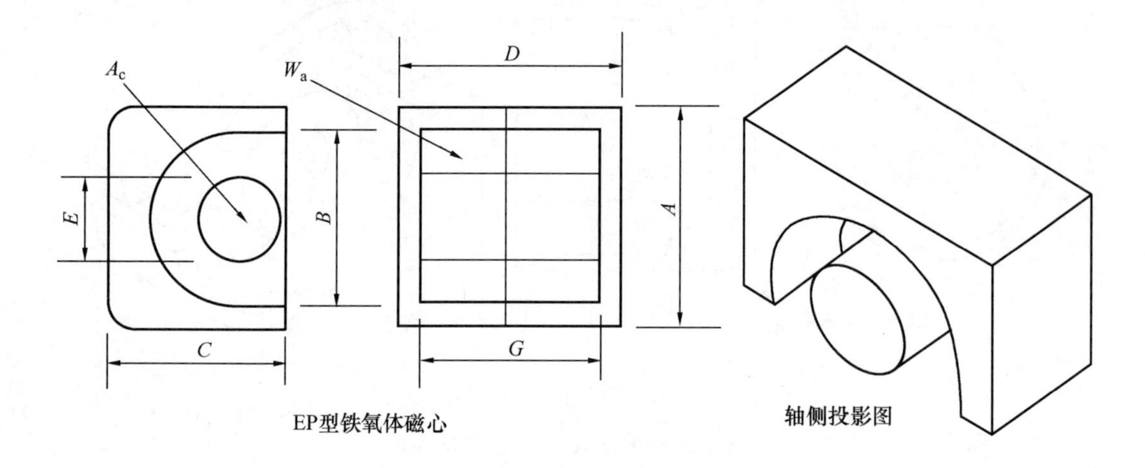

图 3-39　铁氧体 EP 磁心的外形及尺寸符号

表 3-36　　**铁氧体 EP 磁心的尺寸数据（Magnetics）**

磁心型号	A /cm	B /cm	C /cm	D /cm	E /cm	G /cm
EP-07	0.920	0.720	0.635	0.740	0.340	0.500
EP-10	1.150	0.920	0.760	1.030	0.345	0.720
EP-13	1.250	0.972	0.880	1.290	0.452	0.899
EP-17	1.798	1.160	1.100	1.680	0.584	1.118
EP-20	2.400	1.610	1.495	2.139	0.899	1.397

表 3-37　　**铁氧体 EP 磁心的设计（Magnetics）**

磁心型号	W_{tCu} /g	W_{tFe} /g	MLT /cm	MPL /cm	W_a/A_c	A_c /cm²	W_a /cm²	A_p /cm⁴	K_g /cm⁵	A_t /cm²	AL* /（mh/1K）
EP-07	1.4	1.4	1.8	1.57	0.922	0.103	0.095	0.00979	0.00022	3.5	413
EP-10	1.6	2.8	2.1	1.92	1.832	0.113	0.207	0.02339	0.00049	5.7	400
EP-13	2.0	5.1	2.4	2.42	1.200	0.195	0.234	0.04558	0.00148	7.7	667
EP-17	11.6	11.6	2.9	2.85	0.950	0.339	0.322	0.10915	0.00510	13.7	1033
EP-20	7.4	27.6	4.2	3.98	0.637	0.780	0.497	0.38737	0.02892	23.8	1667

* 这个 AL 值是经过把磁导率作为 1000 而归一化的。对于磁导率不是 1000 时的 AL 近似值，把表中的 AL 值乘以一个新的以千为单位的磁导率便得到。如果新的磁导率是 2500，利用 2.5 计。

铁氧体 PQ 磁心的设计和尺寸数据

铁氧体 PQ（Power Quality，高功率品质）磁心以相当小的圆形心柱横截面为其特点。铁氧体 PQ 磁心的外形及尺寸符号如图 3-40 所示。铁氧体 PQ 磁心的尺寸数据由表 3-38 给出，其设计数据由表 3-39 给出。

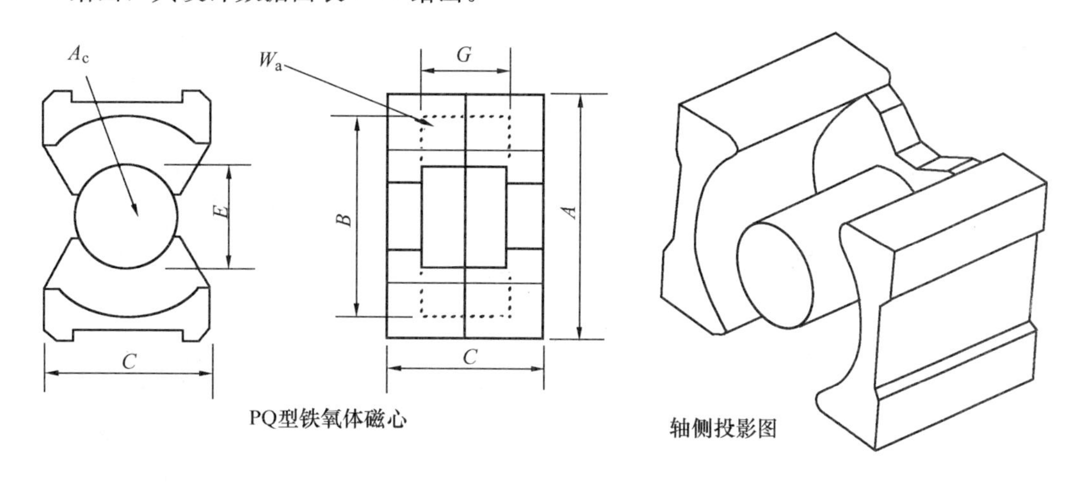

图 3-40 铁氧体 PQ 磁心的外形及尺寸符号

表 3-38 铁氧体 PQ 磁心的尺寸数据（TDK）

磁心型号	A /cm	B /cm	C /cm	D /cm	E /cm	G /cm
PQ20/16	2.050	1.800	1.620	1.400	0.880	1.030
PQ20/20	2.050	1.800	2.020	1.400	0.880	1.430
PQ26/20	2.650	2.250	2.015	1.900	1.200	1.150
PQ26/25	2.650	2.250	2.475	1.900	1.200	1.610
PQ32/20	3.200	2.750	2.055	2.200	1.345	1.150
PQ32/30	3.200	2.750	3.035	2.200	1.345	2.130
PQ35/35	3.510	3.200	3.475	2.600	1.435	2.500
PQ40/40	4.050	3.700	3.975	2.800	1.490	2.950
PQ50/50	5.000	4.400	4.995	3.200	2.000	3.610

表 3-39 铁氧体 PQ 磁心的设计数据（TDK）

磁心型号	W_{tCu} /g	W_{tFe} /g	MLT /cm	MPL /cm	W_a/A_c	A_c /cm²	W_a /cm²	A_p /cm⁴	K_g /cm⁵	A_t /cm²	AL* /（mh/1K）
PQ20/16	7.4	13.0	4.4	3.74	0.765	0.620	0.474	0.294	0.0167	16.9	1617
PQ20/20	10.4	15.0	4.4	4.54	1.061	0.620	0.658	0.408	0.0227	19.7	1313
PQ26/20	31.0	31.0	5.6	4.63	0.508	1.190	0.604	0.718	0.0613	28.4	2571
PQ26/25	17.0	36.0	5.7	5.55	0.716	1.180	0.845	0.997	0.0832	37.6	2187
PQ32/20	18.9	42.0	6.6	5.55	0.475	1.700	0.808	1.373	0.1417	36.3	3046
PQ32/30	35.5	55.0	6.7	7.46	0.929	1.610	1.496	2.409	0.2326	46.9	2142
PQ35/35	59.0	73.0	7.5	8.79	1.126	1.960	2.206	4.324	0.4510	60.7	2025
PQ40/40	97.2	95.0	8.4	10.20	1.622	2.010	3.260	6.552	0.6280	77.1	1792
PQ50/50	158.5	195.0	10.3	11.30	1.321	3.280	4.332	14.209	1.8120	113.9	2800

* 这个 AL 值是经过把磁导率作为 1000 而归一化的。对于磁导率不是 1000 时的 AL 近似值，把表中的 AL 值乘以一个新的以千为单位的磁导率便得到。如果新的磁导率是 2500，利用 2.5 计。

铁氧体 PQ/lp（低矮型）磁心的设计和尺寸数据

PQ/lp 磁心是对标准的 PQ 磁心经切割后的变种。PQ/lp 磁心具有显著缩小的总高度。铁氧体 PQ/lp 磁心的外形及尺寸符号如图 3-41 所示。铁氧体 PQ/lp 磁心的尺寸数据由表 3-40 给出，其设计数据由表 3-41 给出。

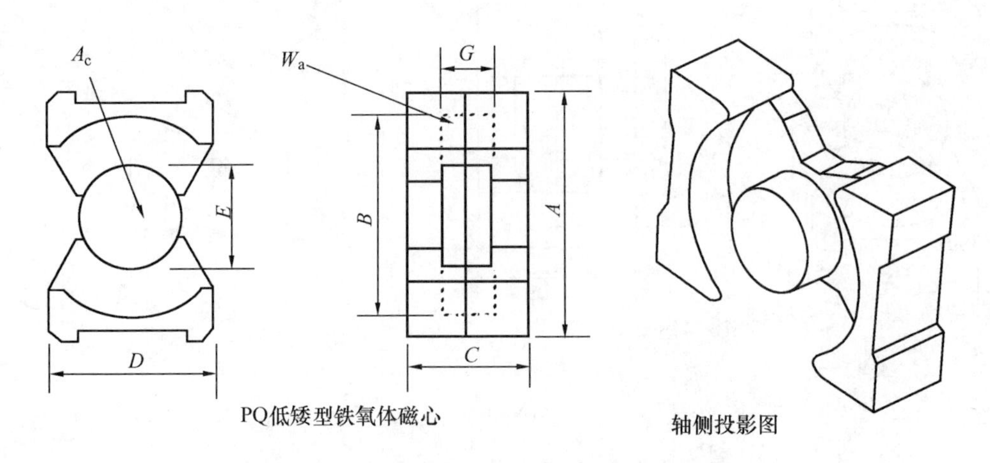

图 3-41 铁氧体 PQ/lp 磁心的外形及尺寸符号

表 3-40 铁氧体 PQ/lp 磁心的尺寸数据（Ferrite International）

磁心型号	A /cm	B /cm	C /cm	D /cm	E /cm	G /cm
PQ20-14-14lp	2.125	1.801	1.352	1.400	0.884	0.762
PQ26-16-14lp	2.724	2.250	1.630	1.900	1.199	0.762
PQ32-17-22lp	3.302	2.751	1.670	2.200	1.348	0.762
PQ35-17-26lp	3.612	3.200	1.738	2.601	1.435	0.762
PQ40-18-28lp	4.148	3.701	1.784	2.799	1.491	0.762

表 3-41 铁氧体 PQ/lp 磁心的设计数据（Ferrite International）

磁心型号	W_{tCu} /g	W_{tFe} /g	MLT /cm	MPL /cm	W_a/A_c	A_c /cm²	W_a /cm²	A_p /cm⁴	K_g /cm⁵	A_t /cm²	AL* /（mh/1K）
PQ20-14-14lp	5.4	12.5	4.4	3.2	0.563	0.620	0.349	0.217	0.0123	15.4	1948
PQ26-16-19lp	7.9	28.0	5.6	3.9	0.336	1.190	0.400	0.477	0.0407	25.4	3170
PQ32-17-22lp	12.5	39.4	6.6	4.8	0.315	1.700	0.535	0.909	0.0937	32.9	3659
PQ35-17-26lp	17.8	44.9	7.4	5.3	0.343	1.960	0.672	1.318	0.1389	40.4	3893
PQ40-18-28lp	24.9	63.5	8.3	5.8	0.419	2.010	0.842	1.692	0.1637	48.0	3850

* 这个 AL 值是经过把磁导率作为 1000 而归一化的。对于磁导率不是 1000 时的 AL 近似值，把表中的 AL 值乘以一个新的以千为单位的磁导率便得到。如果新的磁导率是 2500，利用 2.5 计。

铁氧体 RM 磁心的设计和尺寸数据

RM（Rectangular Modular，方形）磁心为印制电路板上的高装配密度而开发的。铁氧体 RM 磁心的外形及尺寸符号如图 3-42 所示。铁氧体 RM 磁心的尺寸数据由表 3-42给出，其设计数据由表 3-43 给出。

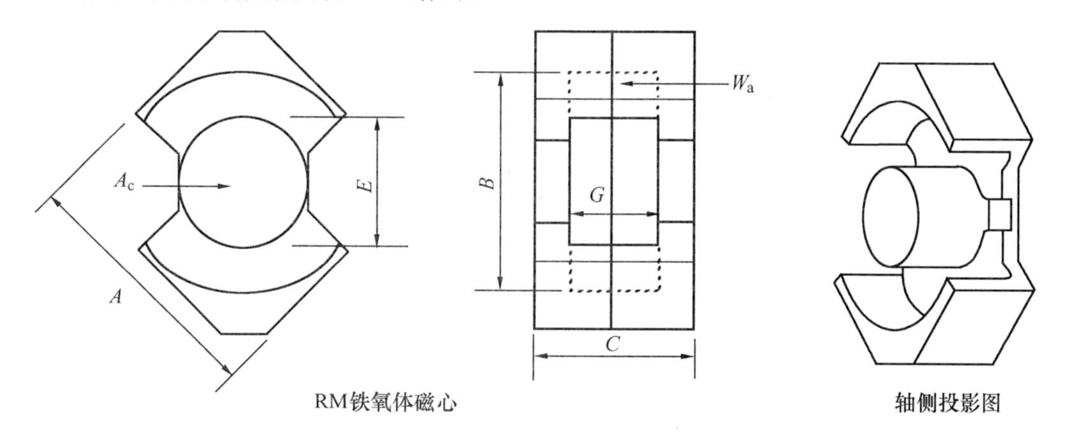

图 3-42 铁氧体 RM 磁心的外形和尺寸符号

表 3-42 铁氧体 RM 磁心的尺寸数据（TDK）

磁心型号	A /cm	B /cm	C /cm	E /cm	G /cm
RM-4	0.963	0.815	1.04	0.38	0.72
RM-5	1.205	1.04	1.04	0.48	0.65
RM-6	1.44	1.265	1.24	0.63	0.82
RM-8	1.935	1.73	1.64	0.84	1.1
RM-10	2.415	2.165	1.86	1.07	1.27
RM-12	2.925	2.55	2.35	1.26	1.71
RM-14	3.42	2.95	2.88	1.47	2.11

表 3-43 铁氧体 RM 磁心的设计数据（TDK）

磁心型号	W_{tCu} /g	W_{tFe} /g	MLT /cm	MPL /cm	W_a/A_c	A_c /cm²	W_a /cm²	A_p /cm⁴	K_g /cm⁵	A_t /cm²	AL* /（mh/1K）
RM-4	1.1	1.7	2.0	2.27	1.121	0.140	0.157	0.0219	0.0006	5.9	489
RM-5	1.6	3.0	2.5	2.24	0.768	0.237	0.182	0.0431	0.0016	7.9	869
RM-6	2.9	5.5	3.1	2.86	0.710	0.366	0.260	0.0953	0.0044	11.3	1130
RM-8	7.3	13.0	4.2	3.80	0.766	0.640	0.490	0.3133	0.0191	20.2	1233
RM-10	13.2	23.0	5.3	4.40	0.709	0.980	0.695	0.6814	0.0502	29.6	1833
RM-12	24.4	42.0	6.2	5.69	0.788	1.400	1.103	1.5440	0.1389	44.6	2434
RM-14	39.9	70.0	7.2	6.90	0.830	1.880	1.561	2.7790	0.2755	62.8	2869

* 这个 AL 值是经过把磁导率作为 1000 而归一化的。对于磁导率不是 1000 时的 AL 近似值，把表中的 AL 值乘以一个新的以千为单位的磁导率便得到。如果新的磁导率是 2500，利用 2.5 计。

铁氧体RM/lp磁心的设计和尺寸数据（表面安装器件，SMD）

RM/lp铁氧体磁心是标准的RM磁心经切割的变种。RM/lp铁氧体磁心的外形及尺寸符号如图3-43所示。RM/lp铁氧体磁心的尺寸数据由表3-44给出，其设计数据由表3-45给出。

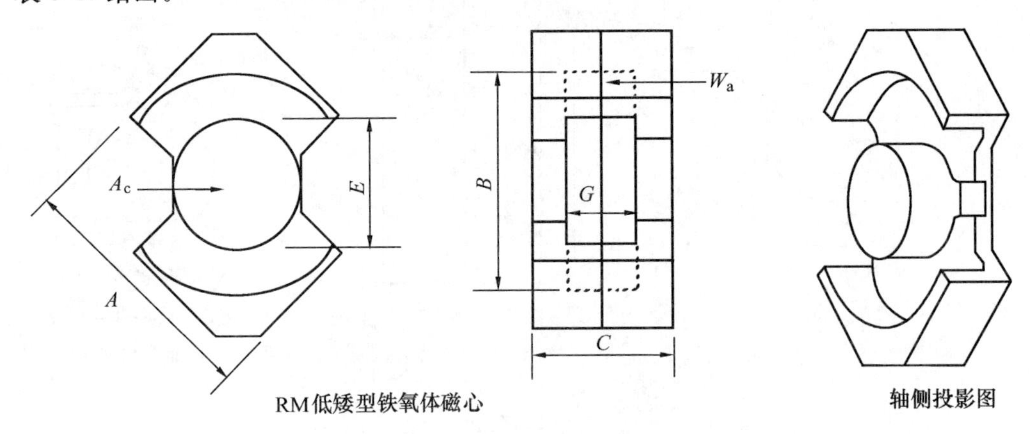

图3-43 铁氧体RM/lp磁心的外形及尺寸符号

表3-44 铁氧体RM/lp磁心的尺寸数据（Ferroxcube）

磁心型号	A /cm	B /cm	C /cm	E /cm	G /cm
RM4/ILP	0.980	0.795	0.780	0.390	0.430
RM5/ILP	1.230	1.020	0.780	0.490	0.360
RM6S/LP	1.470	1.240	0.900	0.640	0.450
RM7/ILP	1.720	1.475	0.980	0.725	0.470
RM8/ILP	1.970	1.700	1.160	0.855	0.590
RM10/ILP	2.470	2.120	1.300	1.090	0.670
RM12/ILP	2.980	2.500	1.680	1.280	0.900
RM14/ILP	3.470	2.900	2.050	1.500	1.110

表3-45 铁氧体RM/lp磁心的设计数据（Ferroxcube）

磁心型号	W_{tCu} /g	W_{tFe} /g	MLT /cm	MPL /cm	W_a/A_c	A_c /cm^2	W_a /cm^2	A_p /cm^4	K_g /cm^5	A_t /cm^2	AL* /（mh/1K）
RM4/ILP	0.6	1.5	2.0	1.73	0.770	0.113	0.087	0.00984	0.00022	5.0	609
RM5/ILP	0.9	2.2	2.5	1.75	0.525	0.181	0.095	0.01727	0.00049	6.9	1022
RM6S/LP	1.5	4.2	3.1	2.18	0.433	0.312	0.135	0.04212	0.00169	9.6	1380
RM7/ILP	2.3	6.0	3.6	2.35	0.444	0.396	0.176	0.06979	0.00306	12.7	1587
RM8/ILP	3.7	10.0	4.2	2.87	0.449	0.554	0.249	0.13810	0.00733	16.9	1783
RM10/ILP	6.4	17.0	5.2	3.39	0.426	0.809	0.345	0.27915	0.01736	25.0	2435
RM12/ILP	11.9	34.0	6.1	4.20	0.439	1.250	0.549	0.68625	0.05627	37.8	3087
RM14/ILP	19.5	55.0	7.1	5.09	0.463	1.680	0.777	1.30536	0.12404	52.5	3652

* 这个AL值是经过把磁导率作为1000而归一化的。对于磁导率不是1000时的AL近似值，把表中的AL值乘以一个新的以千为单位的磁导率便得到。如果新的磁导率是2500，利用2.5计。

铁氧体DS磁心的设计和尺寸数据

铁氧体DS磁心类似于标准的罐形磁心。这种磁心有很大的开口，使很多根导线可以露在外面。这对于大功率和多输出的变压器是适宜的。铁氧体DS磁心的外形及尺寸符号如图3-44所示。铁氧体DS磁心的尺寸数据由表3-46给出，其设计数据由表3-47给出。

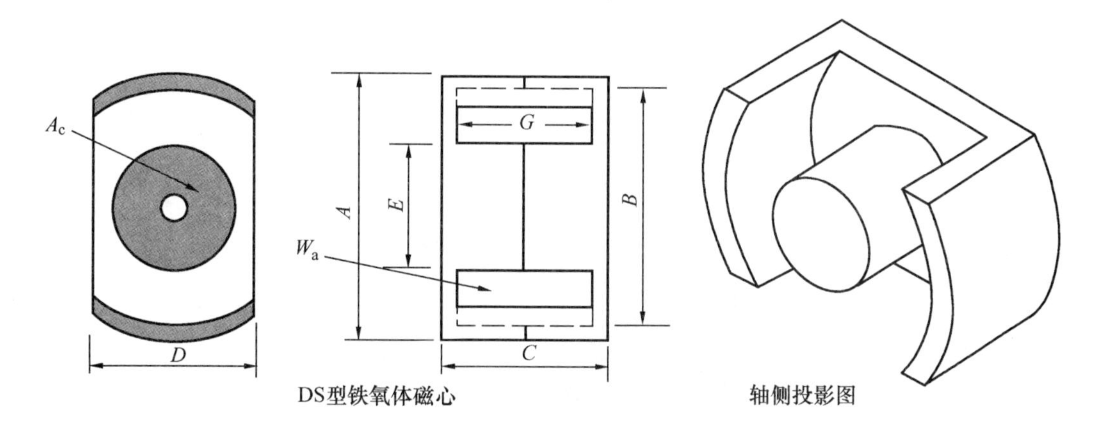

图3-44 铁氧体DS磁心的外形及尺寸符号

表3-46 铁氧体DS磁心（Magnetics）的尺寸数据（Magnetics）

磁心型号	A /cm	B /cm	C /cm	D /cm	E /cm	G /cm
DS-42311	2.286	1.793	1.108	1.540	0.990	0.726
DS-42318	2.286	1.793	1.800	1.540	0.990	1.386
DS-42616	2.550	2.121	1.610	1.709	1.148	1.102
DS-43019	3.000	2.500	1.880	1.709	1.351	1.300
DS-43622	3.561	2.985	2.170	2.385	1.610	1.458
DS-44229	4.240	3.561	2.960	2.840	1.770	2.042

表3-47 铁氧体DS磁心的设计数据（Magnetics）

磁心型号	W_{tCu} /g	W_{tFe} /g	MLT /cm	MPL /cm	W_a/A_c	A_c /cm^2	W_a /cm^2	A_p /cm^4	K_g /cm^5	A_t /cm^2	AL* /(mh/1K)
DS-42311	4.7	10.0	4.5	2.68	0.770	0.378	0.291	0.110	0.00368	16.2	1487
DS-42318	9.1	13.0	4.6	3.99	1.366	0.407	0.556	0.227	0.00800	21.1	1267
DS-42616	10.1	15.0	5.3	3.89	0.855	0.627	0.536	0.336	0.01593	23.1	1667
DS-43019	16.7	22.0	6.3	4.62	0.778	0.960	0.747	0.717	0.04380	31.9	1933
DS-43622	26.6	37.0	7.5	5.28	0.802	1.250	1.002	1.253	0.08404	44.2	2333
DS-44229	56.0	78.0	8.6	7.17	1.028	1.780	1.829	3.255	0.26917	67.7	2800

* 这个AL值是经过把磁导率作为1000而归一化的。对于磁导率不是1000时的AL近似值，把表中的AL值乘以一个新的以千为单位的磁导率便得到。如果新的磁导率是2500，利用2.5计。

铁氧体UUR磁心的设计和尺寸数据

铁氧体UUR磁心以具有相当小的圆柱横截面为特点。圆柱使金属导线或金属箔很容易绕制。U形磁心被用于功率、脉冲和高压变压器。铁氧体UUR磁心的外形及尺寸符号如图3-45所示。铁氧体UUR磁心的尺寸数据由表3-48所示，其设计数据由表3-49给出。

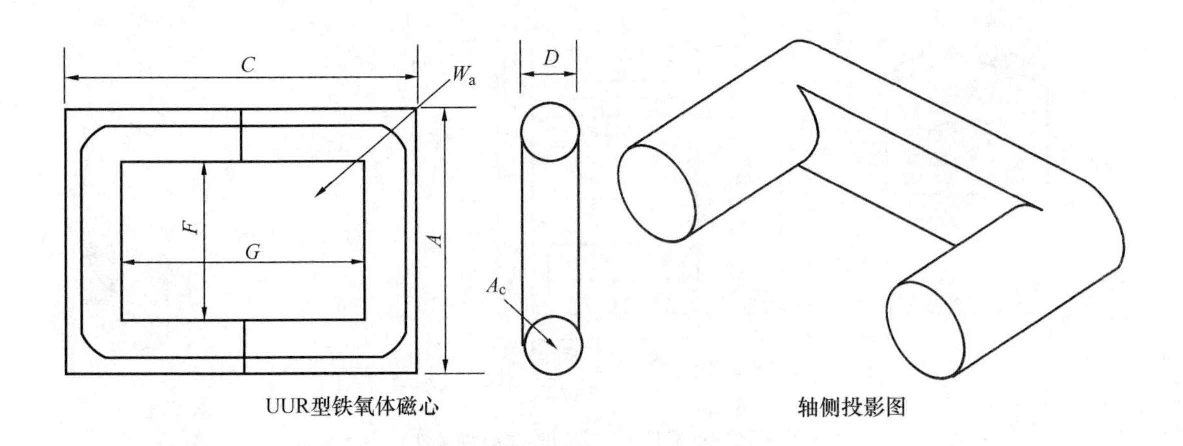

图3-45 铁氧体UUR型磁心的外形及尺寸符号

表3-48 铁氧体UUR磁心(Magnetics)的尺寸数据

磁心型号	A /cm	C /cm	D /cm	F /cm	G /cm
UUR-44121	4.196	4.120	1.170	1.910	2.180
UUR-44119	4.196	4.180	1.170	1.910	2.680
UUR-44125	4.196	5.080	1.170	1.910	3.140
UUR-44130	4.196	6.100	1.170	1.910	4.160

表3-49 铁氧体UUR磁心(Magnetics)的设计数据

磁心型号	W_{tCu} /g	W_{tFe} /g	MLT /cm	MPL /cm	W_a/A_c	A_c /cm^2	W_a /cm^2	A_p /cm^4	K_g /cm^5	A_t /cm^2	AL* /(mh/1K)
UUR-44121	119.0	55.0	8.0	11.3	4.215	0.988	4.164	4.114	0.202	98.5	616
UUR-44119	146.2	54.0	8.0	12.1	5.619	0.911	5.119	4.663	0.211	102.9	710
UUR-44125	171.3	64.0	8.0	13.3	6.070	0.988	5.997	5.925	0.291	116.1	702
UUR-44130	227.0	75.0	8.0	15.3	8.043	0.988	7.946	7.850	0.386	134.9	610

* 这个AL值是经过把磁导率作为1000而归一化的。对于磁导率不是1000时的AL近似值，把表中的AL值乘以一个新的以千为单位的磁导率便得到。如果新的磁导率是2500，利用2.5计。

铁氧体 UUS 磁心的设计和尺寸数据

铁氧体 UUS 磁心以正方形或长方形柱为其特点。人们把 U 形磁心用于功率、脉冲和高压变压器。铁氧体 UUS 磁心的外形及尺寸符号如图 3-46 所示。铁氧体 UUS 磁心的尺寸数据由表 3-50 给出，其设计数据由表 3-51 给出。

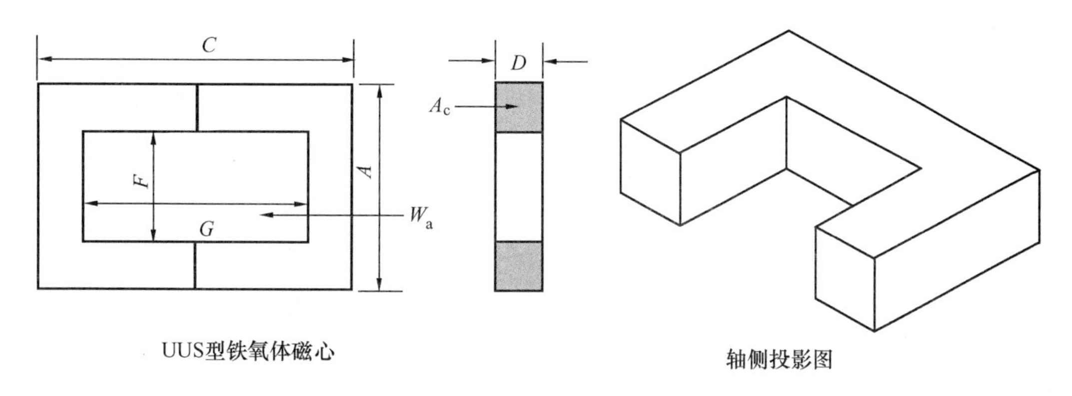

图 3-46 铁氧体 UUS 磁心的外形及尺寸符号

表 3-50 **铁氧体 UUS 磁心（Ferroxcube）的尺寸数据**

磁心型号	A /cm	C /cm	D /cm	E /cm	G /cm
U10-08-03	1.000	1.640	0.290	0.435	1.000
U20-16-07	2.080	3.120	0.750	0.640	1.660
U25-20-13	2.480	3.920	1.270	0.840	2.280
U30-25-16	3.130	5.060	1.600	1.050	2.980
U67-27-14	6.730	5.400	1.430	3.880	2.540
U93-76-16	9.300	15.200	1.600	3.620	9.600

表 3-51 **铁氧体 UUS 磁心（Ferroxcube）的设计数据**

磁心型号	W_{tCu} /g	W_{tFe} /g	*MLT* /cm	*MPL* /cm	W_a/A_c	A_c /cm²	W_a /cm²	A_p /cm⁴	K_g /cm⁵	A_t /cm²	AL* /（mh/1K）
U10-08-03	3.5	1.8	2.2	3.8	5.370	0.081	0.435	0.0352	0.000510	8.1	213
U20-16-07	16.4	19.0	4.4	6.8	1.896	0.560	1.062	0.5949	0.030661	29.5	826
U25-20-13	41.6	47.0	6.1	8.8	1.841	1.040	1.915	1.9920	0.135669	51.1	1261
U30-25-16	83.9	86.0	7.5	11.1	1.943	1.610	3.129	5.0380	0.430427	82.5	1609
U67-27-14	435.0	170.0	12.4	17.3	4.831	2.040	9.855	20.1050	1.321661	240.2	1652
U93-76-16	1875.2	800.0	15.2	35.4	7.757	4.480	34.752	155.6890	18.386023	605.3	1478

* 这个 *AL* 值是经过把磁导率作为 1000 而归一化的。对于磁导率不是 1000 时的 *AL* 近似值，把表中的 *AL* 值乘以一个新的以千为单位的磁导率便得到。如果新的磁导率是 2500，利用 2.5 计。

铁氧体环形磁心的设计和尺寸数据

从磁性能的观点看，环形铁氧体磁心可能是最好的形状。它的磁通完全封闭在磁材料结构以内。环形结构充分开发出铁氧体材料的能力。环形铁氧体磁心的外形及尺寸符号如图 3-47 所示。环形铁氧体磁心的尺寸数据由表 3-52 给出，其设计数据由表 3-53 给出。

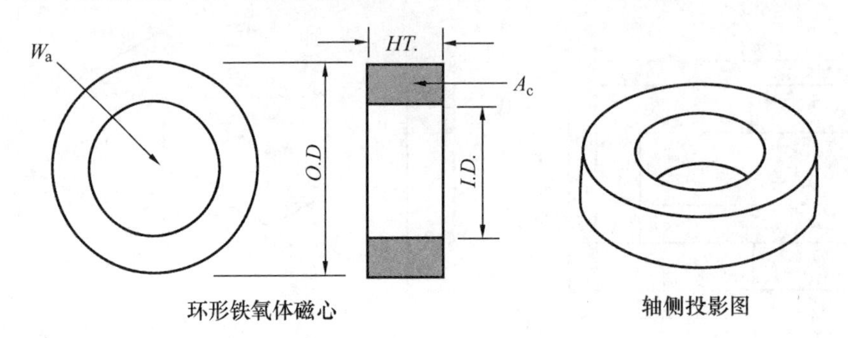

图 3-47 环形铁氧体磁心的外形及尺寸符号

表 3-52 环形铁氧体磁心（Magnetics）的尺寸数据

环形铁氧体 Z 有涂层的磁心（Magnetics）							
磁心型号	*OD* /cm	*ID* /cm	*HT* /cm	磁心型号	*OD* /cm	*ID* /cm	*HT* /cm
TC-40907	1.016	0.495	0.768	TC-42206	2.286	1.295	0.691
TC-41005	1.016	0.411	0.529	TC-42908	2.990	1.811	0.806
TC-41206	1.334	0.452	0.691	TC-43806	3.925	1.790	0.691
TC-41306	1.334	0.729	0.691	TC-43610	3.689	2.212	1.065
TC-41605	1.664	0.812	0.521	TC-43813	3.925	1.790	1.334
TC-42106	2.134	1.193	0.691	TC-48613	8.738	5.389	1.334

表 3-53 环形铁氧体磁心（Magnetics）的设计数据

环形铁氧体 Z 有涂层的磁心(Magnetics)											
磁心型号	W_{tCu} /g	W_{tFe} /g	*MLT* /cm	*MPL* /cm	W_a/A_c	A_c /cm^2	W_a /cm^2	A_p /cm^4	K_g /cm^5	A_t /cm^2	*AL** /(mh/1K)
TC-41005	0.8	1.2	1.7	2.07	1.243	0.107	0.133	0.014196	0.000366	5.3	657
TC-40907	1.4	1.6	2.0	2.27	1.422	0.135	0.192	0.025980	0.000687	6.6	752
TC-41206	1.2	3.3	2.2	2.46	0.724	0.221	0.160	0.035462	0.001443	8.6	1130
TC-41306	3.2	2.4	2.2	3.12	2.856	0.146	0.417	0.060939	0.001638	10.2	591
TC-41605	4.0	2.8	2.2	3.68	3.386	0.153	0.518	0.079231	0.002240	12.8	548
TC-42106	11.2	5.4	2.8	5.00	4.840	0.231	1.118	0.258216	0.008482	22.7	600
TC-42206	13.7	6.4	2.9	5.42	5.268	0.250	1.317	0.329283	0.011221	25.8	600
TC-42908	33.7	12.9	3.7	7.32	7.196	0.358	2.576	0.922167	0.035869	44.6	630
TC-43806	38.0	29.4	4.2	8.97	4.006	0.628	2.516	1.580357	0.093505	61.2	878
TC-43610	63.6	26.4	4.7	8.30	6.742	0.570	3.843	2.190456	0.107283	68.5	883
TC-43813	47.2	51.7	5.3	8.30	2.188	1.150	2.516	2.893966	0.252394	71.0	1665
TC-48613	740.1	203.0	9.1	21.50	12.197	1.870	22.809	42.652794	3.496437	348.0	1091

* 这个 *AL* 值是经过把磁导率作为 1000 而归一化的。对于磁导率不是 1000 时的 *AL* 近似值，把表中的 *AL* 值乘以一个新的以千为单位的磁导率便得到。如果新的磁导率是 2500，利用 2.5 计。

MPP（钼坡莫合金）粉末环形磁心的设计和尺寸数据

MPP 粉末环形磁心的外形及尺寸符号如图 3-48 所示。MPP 粉末环形磁心的尺寸数据由表 3-54 给出，其设计数据由表 3-55 给出。更多的信息见第 2 章。

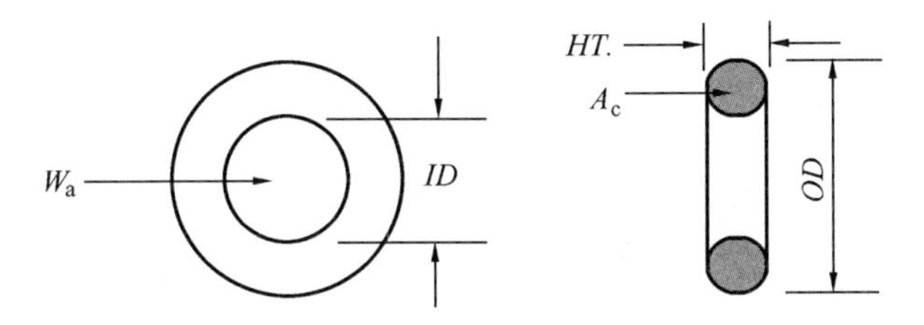

图 3-48 MPP 粉末环形磁心的外形及尺寸符号

表 3-54 MPP 粉末环形磁心（Magnetics）60 mu 的尺寸数据（有涂层）

磁心型号	*OD* /cm	*ID* /cm	*HT* /cm	磁心型号	*OD* /cm	*ID* /cm	*HT* /cm	磁心型号	*OD* /cm	*ID* /cm	*HT* /cm
55021	0.699	0.229	0.343	55381	1.803	0.902	0.711	55076	3.670	2.150	1.135
55281	1.029	0.427	0.381	55848	2.110	1.207	0.711	55083	4.080	2.330	1.537
55291	1.029	0.427	0.460	55059	2.360	1.334	0.838	55439	4.760	2.330	1.892
55041	1.080	0.457	0.460	55351	2.430	1.377	0.965	55090	4.760	2.790	1.613
55131	1.181	0.584	0.460	55894	2.770	1.410	1.194	55716	5.170	3.090	1.435
55051	1.346	0.699	0.551	55071	3.380	1.930	1.143	55110	5.800	3.470	1.486
55121	1.740	0.953	0.711	55586	3.520	2.260	0.978				

表 3-55 MPP 粉末环形磁心（Magnetics）60 mu 的设计数据（有涂层）

磁心型号	W_{tCu} /g	W_{tFe} /g	*MLT* /cm	*MPL* /cm	W_a/A_c	A_c /cm²	W_a /cm²	A_p /cm⁴	K_g /cm⁵	A_t /cm²	*AL** /(mh/1K)
55021	0.10	0.553	1.10	1.36	0.723	0.047	0.034	0.001610	0.000027	2.30	24
55281	0.70	1.307	1.40	2.18	1.729	0.075	0.130	0.009757	0.000204	4.80	25
55291	0.70	1.645	1.60	2.18	1.376	0.095	0.130	0.012359	0.000301	5.10	32
55041	0.90	1.795	1.60	2.38	1.500	0.100	0.150	0.014998	0.000375	5.60	32
55131	1.50	1.993	1.70	2.69	2.759	0.091	0.250	0.022735	0.000492	6.90	26
55051	2.50	2.886	2.00	3.12	3.175	0.114	0.362	0.041279	0.000961	9.30	27
55121	6.10	6.373	2.50	4.11	3.563	0.192	0.684	0.131267	0.003985	16.00	35
55381	5.60	7.670	2.60	4.14	2.634	0.232	0.611	0.141747	0.005099	16.30	43
55848	11.10	8.836	2.80	5.09	4.898	0.226	1.107	0.250092	0.008001	22.70	32
55059	15.20	14.993	3.20	5.67	4.097	0.331	1.356	0.448857	0.018406	28.60	43
55351	17.90	18.706	3.50	5.88	3.727	0.388	1.446	0.561153	0.024969	31.40	51
55894	22.30	33.652	4.10	6.35	2.320	0.654	1.517	0.992423	0.062916	39.80	75
55071	46.20	44.086	4.50	8.15	4.263	0.672	2.865	1.925420	0.114179	58.30	61
55586	61.40	32.806	4.40	8.95	8.681	0.454	3.941	1.789128	0.074166	64.40	38
55076	60.20	48.692	4.80	8.98	5.255	0.678	3.563	2.415897	0.137877	68.00	56
55083	85.30	86.198	5.70	9.84	3.910	1.072	4.191	4.492709	0.336608	87.50	81
55439	101.90	170.140	6.80	10.74	2.106	1.990	4.191	8.340010	0.971244	112.60	135
55090	136.90	122.576	6.40	11.63	4.497	1.340	6.026	8.075211	0.677485	117.20	86
55716	169.30	132.540	6.40	12.73	5.917	1.251	7.402	9.260268	0.720435	133.10	73
55110	233.30	164.500	7.00	14.300	6.474	1.444	9.348	13.498792	1.111049	164.70	75

* 这个 *AL* 值是经过把磁导率作为 1000 而归一化的。对于磁导率不是 1000 时的 *AL* 近似值，把表中的 *AL* 值乘以一个新的以千为单位的磁导率便得到。如果新的磁导率是 2500，利用 2.5 计。

铁粉末环形磁心的设计和尺寸数据

铁粉末环形磁心的外形及尺寸符号如图 3-49 所示。铁粉末环形磁心的尺寸数据由表 3-56 给出，其设计数据由图 3-57 给出。更多的信息见第 2 章。

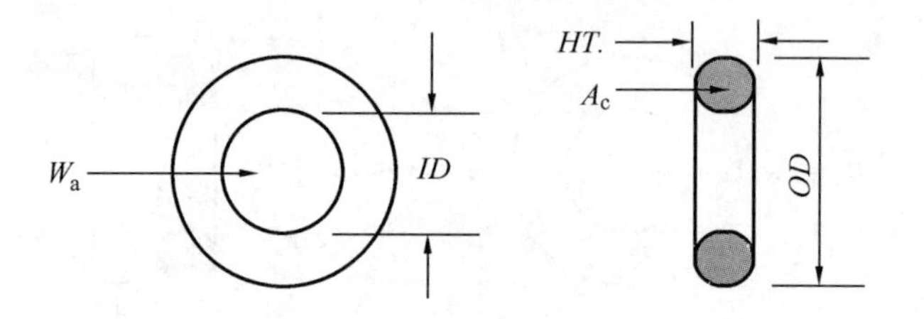

图 3-49 铁粉末环形磁心的外形及尺寸符号

表 3-56 铁粉末环形磁心 (Micrometals) 75 mu 的尺寸数据 (有涂层)

磁心型号	OD /cm	ID /cm	HT /cm	磁心型号	OD /cm	ID /cm	HT /cm	磁心型号	OD /cm	ID /cm	HT /cm
T20-26	0.508	0.224	0.178	T50-26	1.270	0.770	0.483	T130-26	3.300	1.980	1.110
T25-26	0.648	0.305	0.244	T60-26	1.520	0.853	0.594	T132-26	3.300	1.780	1.110
T26-26	0.673	0.267	0.483	T68-26	1.750	0.940	0.483	T131-26	3.300	1.630	1.110
T30-26	0.780	0.384	0.325	T80-26	2.020	1.260	0.635	T141-26	3.590	2.240	1.050
T37-26	0.953	0.521	0.325	T94-26	2.390	1.420	0.792	T150-26	3.840	2.150	1.110
T38-26	0.953	0.445	0.483	T90-26	2.290	1.400	0.953	T175-26	4.450	2.720	1.650
T44-26	1.120	0.582	0.404	T106-26	2.690	1.450	1.110				

表 3-57 铁粉末环形磁心 (Micrometals) 75 mu 的设计数据 (有涂层)

磁心型号	W_{tCu} /g	W_{tFe} /g	MLT /cm	MPL /cm	W_a/A_c	A_c /cm²	W_a /cm²	A_p /cm⁴	K_g /cm⁵	A_t /cm²	AL* /(mh/1K)
T20-26	0.10	0.19	0.70	1.15	1.713	0.023	0.039	0.000900	0.000010	1.2	18.5
T25-26	0.24	0.39	0.90	1.50	1.973	0.037	0.073	0.002700	0.000038	2.0	24.5
T26-26	0.26	0.93	1.30	1.47	0.644	0.090	0.058	0.005030	0.000130	2.6	57
T30-26	0.47	0.77	1.14	1.84	1.933	0.060	0.116	0.006940	0.000140	3.1	33.5
T37-26	0.97	1.04	1.28	2.31	3.328	0.064	0.213	0.013630	0.000270	4.5	28.5
T38-26	0.85	1.74	1.50	2.18	1.360	0.114	0.155	0.017700	0.000520	4.8	49
T44-26	1.46	1.86	1.50	2.68	2.687	0.099	0.266	0.026320	0.000670	6.2	37
T50-26	2.96	2.50	1.80	3.19	4.071	0.112	0.456	0.052120	0.001300	8.8	33
T60-26	4.40	4.89	2.20	3.74	3.053	0.187	0.571	0.106800	0.003680	12.2	50
T68-26	5.36	5.30	2.17	4.23	3.877	0.179	0.694	0.124150	0.004090	14.4	43.5
T80-26	11.66	8.31	2.63	5.14	5.394	0.231	1.246	0.287880	0.010100	21.4	46
T94-26	17.44	15.13	3.10	5.97	4.373	0.362	1.583	0.573000	0.026770	29.6	60
T90-26	18.37	15.98	3.40	5.78	3.894	0.395	1.538	0.607740	0.029600	29.4	70
T106-26	23.05	29.94	3.93	6.49	2.504	0.659	1.650	1.087660	0.072990	38.0	93
T130-26	48.33	40.46	4.40	8.28	4.408	0.698	3.077	2.148800	0.135810	56.9	81
T132-26	39.05	44.85	4.40	7.96	3.089	0.805	2.487	2.002190	0.145990	53.9	103
T131-26	32.75	47.83	4.40	7.72	2.357	0.885	2.086	1.845820	0.147960	51.7	116
T141-26	62.70	45.70	4.60	9.14	5.743	0.674	3.871	2.608887	0.154516	66.6	75
T150-26	62.55	58.24	4.85	9.38	4.091	0.887	3.629	3.218620	0.235550	71.6	96
T175-26	128.04	105.05	6.20	11.20	4.334	1.340	5.808	7.782300	0.672790	107.4	105

* 这个 AL 值是经过把磁导率作为 1000 而归一化的。对于磁导率不是 1000 时的 AL 近似值，把表中的 AL 值乘以一个新的以千为单位的磁导率便得到。如果新的磁导率是 2500，利用 2.5 计。

铁硅铝（Sendust）粉末环形磁心的设计和尺寸数据

铁硅铝（Sendust）粉末环形磁心的外形及尺寸符号如图 3-50 所示。铁硅铝（Sendust）粉末环形磁心的尺寸数据由表 3-58 给出，其设计数据由表 3-59 给出。更多的信息见第 2 章。

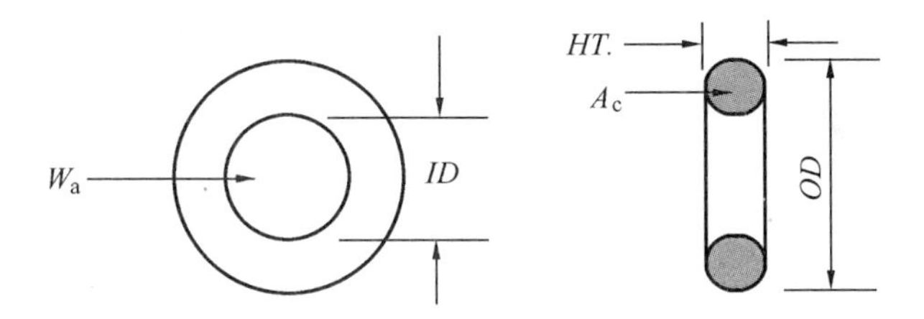

图 3-50 铁硅铝（Sendust）粉末环形磁心的外形及尺寸符号

表 3-58 铁硅铝粉末环形磁心（Magnetics）60mu 的尺寸数据（有涂层）

磁心型号	OD /cm	ID /cm	HT /cm	磁心型号	OD /cm	ID /cm	HT /cm	磁心型号	OD /cm	ID /cm	HT /cm
77021	0.699	0.229	0.343	77381	1.803	0.902	0.711	77076	3.670	2.150	1.135
77281	1.029	0.427	0.381	77848	2.110	1.207	0.711	77083	4.080	2.330	1.537
77291	1.029	0.427	0.460	77059	2.360	1.334	0.838	77439	4.760	2.330	1.892
77041	1.080	0.457	0.460	77351	2.430	1.377	0.965	77090	4.760	2.790	1.613
77131	1.181	0.584	0.460	77894	2.770	1.410	1.194	77716	5.170	3.090	1.435
77051	1.346	0.699	0.551	77071	3.380	1.930	1.143	77110	5.800	3.470	1.486
77121	1.740	0.953	0.711	77586	3.520	2.260	0.978				

表 3-59 铁硅铝粉末环形磁心（Magnetics）60mu 的设计数据（有涂层）

磁心型号	W_{tCu} /g	W_{tFe} /g	MLT /cm	MPL /cm	W_a/A_c	A_c /cm²	W_a /cm²	A_p /cm⁴	K_g /cm⁵	A_t /cm²	AL* /(mh/1K)
77021	0.10	0.448	1.10	1.36	0.723	0.047	0.034	0.001610	0.000027	2.30	24
77281	0.70	1.148	1.40	2.18	1.729	0.075	0.130	0.009757	0.000204	4.80	25
77291	0.70	1.442	1.60	2.18	1.376	0.095	0.130	0.012359	0.000301	5.10	32
77041	0.90	1.666	1.60	2.38	1.500	0.100	0.150	0.014998	0.000375	5.60	32
77131	1.50	1.706	1.70	2.69	2.759	0.091	0.250	0.022735	0.000492	6.90	26
77051	2.50	2.490	2.00	3.12	3.175	0.114	0.362	0.041279	0.000961	9.30	27
77121	6.10	5.524	2.50	4.11	3.563	0.192	0.684	0.131267	0.003985	16.00	35
77381	5.60	6.723	2.60	4.14	2.634	0.232	0.611	0.141747	0.005099	16.30	43
77848	11.10	8.052	2.80	5.09	4.898	0.226	1.107	0.250092	0.008001	22.70	32
77059	15.20	13.137	3.20	5.67	4.097	0.331	1.356	0.448857	0.018406	28.60	43
77351	17.90	15.970	3.50	5.88	3.727	0.388	1.446	0.561153	0.024969	31.40	51
77894	22.30	29.070	4.10	6.35	2.320	0.654	1.517	0.992423	0.062916	39.80	75
77071	46.20	38.338	4.50	8.15	4.263	0.672	2.865	1.925420	0.114179	58.30	61
77586	61.40	28.443	4.40	8.95	8.681	0.454	3.941	1.789128	0.074166	64.40	38
77076	60.20	42.619	4.80	8.98	5.255	0.678	3.563	2.415897	0.137877	68.00	56
77083	85.30	73.839	5.70	9.84	3.910	1.072	4.191	4.492709	0.336608	87.50	81
77439	101.90	149.608	6.80	10.74	2.106	1.990	4.191	8.340010	0.971244	112.60	135
77090	136.90	109.089	6.40	11.63	4.497	1.340	6.026	8.075211	0.677485	117.20	86
77716	169.30	111.477	6.40	12.73	5.917	1.251	7.402	9.260268	0.720435	133.10	73
77110	233.30	144.544	7.00	14.300	6.474	1.444	9.348	13.498792	1.111049	164.70	75

* 这个 AL 值是经过把磁导率作为 1000 而归一化的。对于磁导率不是 1000 时的 AL 近似值，把表中的 AL 值乘以一个新的以千为单位的磁导率便得到。如果新的磁导率是 2500，利用 2.5 计。

高磁通粉末环形磁心的设计和尺寸数据

高磁通粉末环形磁心的外形及尺寸符号如图 3-51 所示。高磁通粉末磁心的尺寸数据由表 3-60 给出，其设计数据由表 3-61 给出。更多的信息见第 2 章。

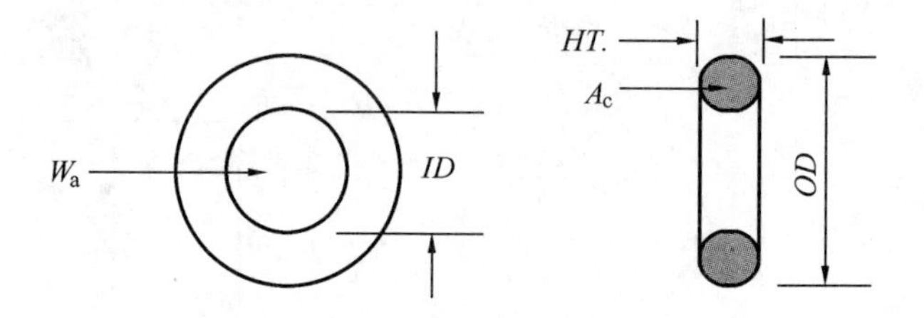

图 3-51 高磁通粉末环形磁心的外形及尺寸符号

表 3-60 高磁通粉末环形磁心（Magnetics）60 mu 的尺寸数据（有涂层）

磁心型号	OD /cm	ID /cm	HT /cm	磁心型号	OD /cm	ID /cm	HT /cm	磁心型号	OD /cm	ID /cm	HT /cm
58021	0.699	0.229	0.343	58381	1.803	0.902	0.711	58076	3.670	2.150	1.135
58281	1.029	0.427	0.381	58848	2.110	1.207	0.711	58083	4.080	2.330	1.537
58291	1.029	0.427	0.460	58059	2.360	1.334	0.838	58439	4.760	2.330	1.892
58041	1.080	0.457	0.460	58351	2.430	1.377	0.965	58090	4.760	2.790	1.613
58131	1.181	0.584	0.460	58894	2.770	1.410	1.194	58716	5.170	3.090	1.435
58051	1.346	0.699	0.551	58071	3.380	1.930	1.143	58110	5.800	3.470	1.486
58121	1.740	0.953	0.711	58586	3.520	2.260	0.978				

表 3-61 高磁通粉末环形磁心（Magnetics）60 mu 的设计数据（有涂层）

磁心型号	W_{tCu} /g	W_{tFe} /g	MLT /cm	MPL /cm	W_a/A_c	A_c /cm²	W_a /cm²	A_p /cm⁴	K_g /cm⁵	A_t /cm²	AL* /(mh/1K)
58021	0.10	0.504	1.10	1.36	0.723	0.047	0.034	0.001610	0.000027	2.30	24
58281	0.70	1.222	1.40	2.18	1.729	0.075	0.130	0.009757	0.000204	4.80	25
58291	0.70	1.598	1.60	2.18	1.376	0.095	0.130	0.012359	0.000301	5.10	32
58041	0.90	1.692	1.60	2.38	1.500	0.100	0.150	0.014998	0.000375	5.60	32
58131	1.50	1.880	1.70	2.69	2.759	0.091	0.250	0.022735	0.000492	6.90	26
58051	2.50	2.726	2.00	3.12	3.175	0.114	0.362	0.041279	0.000961	9.30	27
58121	6.10	6.016	2.50	4.11	3.563	0.192	0.684	0.131267	0.003985	16.00	35
58381	5.60	7.238	2.60	4.14	2.634	0.232	0.611	0.141747	0.005099	16.30	43
58848	11.10	8.366	2.80	5.09	4.898	0.226	1.107	0.250092	0.008001	22.70	32
58059	15.20	14.100	3.20	5.67	4.097	0.331	1.356	0.448857	0.018406	28.60	43
58351	17.90	17.672	3.50	5.88	3.727	0.388	1.446	0.561153	0.024969	31.40	51
58894	22.30	31.772	4.10	6.35	2.320	0.654	1.517	0.992423	0.062916	39.80	75
58071	46.20	41.548	4.50	8.15	4.263	0.672	2.865	1.925420	0.114179	58.30	61
58586	61.40	30.926	4.40	8.95	8.681	0.454	3.941	1.789128	0.074166	64.40	38
58076	60.20	45.966	4.80	8.98	5.255	0.678	3.563	2.415897	0.137877	68.00	56
58083	85.30	81.310	5.70	9.84	3.910	1.072	4.191	4.492709	0.336608	87.50	81
58439	101.90	160.740	6.80	10.74	2.106	1.990	4.191	8.340010	0.971244	112.60	135
58090	136.90	115.620	6.40	11.63	4.497	1.340	6.026	8.075211	0.677485	117.20	86
58716	169.30	125.020	6.40	12.73	5.917	1.251	7.402	9.260268	0.720435	133.10	73
58110	233.30	155.100	7.00	14.300	6.474	1.444	9.348	13.498792	1.111049	164.70	75

* 这个 AL 值是经过把磁导率作为 1000 而归一化的。对于磁导率不是 1000 时的 AL 近似值，把表中的 AL 值乘以一个新的以千为单位的磁导率便得到。如果新的磁导率是 2500，利用 2.5 计。

铁粉末 EE 磁心的设计和尺寸数据

铁粉末 EE 磁心的外形及尺寸符号如图 3-52 所示。铁粉末 EE 磁心的尺寸数据由表 5-62 给出，其设计数据由表 3-63 给出。更多的信息见第 2 章。

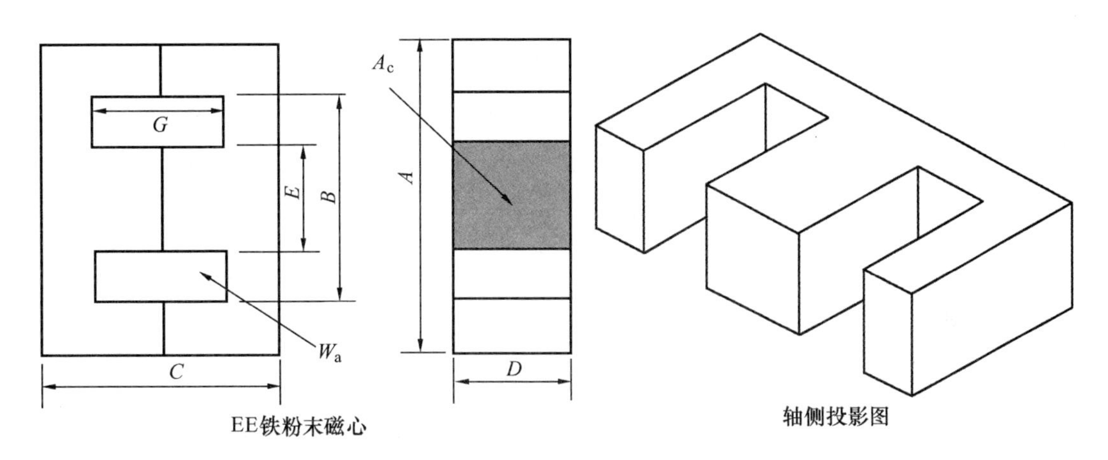

图 3-52 铁粉末 EE 磁心的外形及尺寸符号

表 3-62 铁粉末 EE 磁心（Micrometals）75mu Mix-26 的尺寸数据

磁心型号	A /cm	B /cm	C /cm	D /cm	E /cm	G /cm
DIN-16-5	1.640	1.130	1.630	0.462	0.462	1.200
EI-187	1.910	1.430	1.610	0.475	0.475	1.160
EE-24-25	2.540	1.910	1.910	0.635	0.635	1.270
EI-375	3.490	2.540	2.910	0.953	0.953	1.960
EI-21	4.130	2.860	3.410	1.270	1.270	2.140
DIN-42-15	4.280	3.070	4.220	1.500	1.200	3.070
DIN-42-20	4.280	3.070	4.220	2.000	1.200	3.070
EI-625	4.740	3.180	3.940	1.570	1.570	2.420
DIN-55-21	5.610	3.860	5.540	2.080	1.730	3.830
EI-75	5.690	3.810	4.760	1.890	1.890	2.900

表 3-63 铁粉末磁心（Micrometals）75mu Mix-26 的设计数据

磁心型号	W_{tCu} /g	W_{tFe} /g	MLT /cm	MPL /cm	W_a/A_c	A_c /cm²	W_a /cm²	A_p /cm⁴	K_g /cm⁵	A_t /cm²	AL* /(mh/1K)
DIN-16-5	4.7	5.3	3.3	3.98	1.790	0.224	0.401	0.090	0.00243	11.5	58
EI-187	7.5	5.5	3.8	4.10	2.451	0.226	0.554	0.125	0.00297	14.4	64
EI-24-25	14.3	12.2	5.0	5.10	2.010	0.403	0.810	0.326	0.01062	23.5	92
EI-375	37.1	40.1	6.7	7.40	1.714	0.907	1.555	1.411	0.07624	46.8	134
EI-21	50.2	80.8	8.2	8.40	1.071	1.610	1.725	2.777	0.21852	63.3	210
DIN-42-15	91.3	112.4	8.9	10.40	1.586	1.810	2.870	5.196	0.42050	84.4	195
DIN-42-20	101.5	149.6	9.9	10.40	1.191	2.410	2.870	6.918	0.67054	92.9	232
EI-625	65.2	141.1	9.4	9.5	0.785	2.480	1.948	4.831	0.50894	82.4	265
DIN-55-21	167.9	283.7	11.6	13.2	1.133	3.600	4.079	14.684	1.82699	141.3	275
EI-75	110.7	245.8	11.2	11.5	0.778	3.580	2.784	9.9667	1.27615	119.3	325

* 这个 AL 值是经过把磁导率作为 1000 而归一化的。对于磁导率不是 1000 时的 AL 近似值，把表中的 AL 值乘以一个新的以千为单位的磁导率便得到。如果新的磁导率是 2500，利用 2.5 计。

铁硅铝（Sendust）粉末EE磁心的设计和尺寸数据

铁硅铝粉末EE磁心的外形及尺寸符号如图3-53所示。铁硅铝粉末EE磁心的尺寸数据由表3-64给出，其设计数据由表3-65给出。更多的信息见第2章。

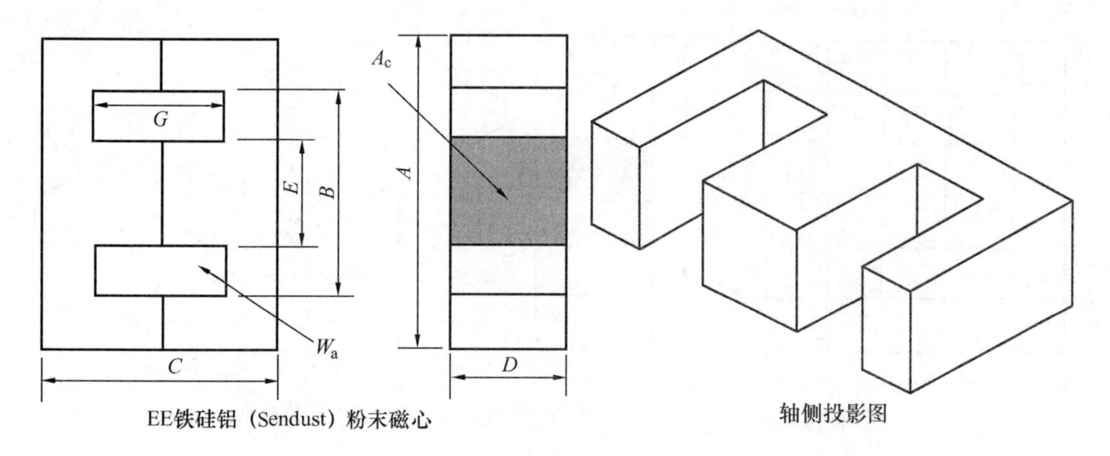

图3-53　铁硅铝（Sendust）粉末EE磁心的外形及尺寸符号

表3-64　铁硅铝粉末EE磁心（Magnetics）60mu的尺寸数据

磁心型号	A /cm	B /cm	C /cm	D /cm	E /cm	G /cm
EI-187	1.910	1.430	1.610	0.475	0.475	1.160
EE-24-25	2.540	1.910	1.910	0.635	0.635	1.270
EI-375	3.490	2.540	2.910	0.953	0.953	1.960
EI-21	4.130	2.860	3.410	1.270	1.270	2.140
DIN-42-15	4.280	3.070	4.220	1.500	1.200	3.070
DIN-42-20	4.280	3.070	4.220	2.000	1.200	3.070
DIN-55-21	5.610	3.860	5.540	2.080	1.730	3.830

表3-65　铁硅铝粉末EE磁心Magnetics 60mu的设计数据

磁心型号	W_{tCu} /g	W_{tFe} /g	MLT /cm	MPL /cm	W_a/A_c	A_c /cm^2	W_a /cm^2	A_p /cm^4	K_g /cm^5	A_t /cm^2	AL* /(mh/1K)
EI-187	7.5	6.4	3.8	4.01	2.451	0.226	0.554	0.125	0.00297	14.4	48
EI-24-25	14.3	13.1	5.0	4.85	2.010	0.403	0.810	0.326	0.01062	23.5	70
EI-375	37.1	40.8	6.7	6.94	1.714	0.907	1.555	1.411	0.07624	46.8	102
EI-21	50.2	82.6	8.2	7.75	1.071	1.610	1.725	2.777	0.21852	63.3	163
DIN-42-15	91.3	126.0	8.9	9.84	1.586	1.810	2.870	5.196	0.42050	84.4	150
DIN-42-20	101.5	163.0	9.9	9.84	1.191	2.410	2.870	6.918	0.67054	92.9	194
DIN-55-21	167.9	302.0	11.6	12.3	1.133	3.600	4.079	14.684	1.82699	141.3	219

* 这个AL值是经过把磁导率作为1000而归一化的。对于磁导率不是1000时的AL近似值，把表中的AL值乘以一个新的以千为单位的磁导率便得到。如果新的磁导率是2500，利用2.5计。

参考制造厂商

Magnetics
Home Office and Factory
P. O. Box 11422
Pittsburgh. PA 15238-0422
1-800-245-3984
1-412-696-0333,Fax
www. mag-inc. com   magnetics@spang. com

* *

Micrometals
5615 E. La Palma Ave.
Anaheim,CA 92807
1-800-356-5977,USA
1-714-970-0400,Fax
www. micrometals. com

* *

TSC International
39105 North Magnetics Blvd.
P. O. Box 399
Wadsworth, IL 60083-0399
1-847-249-4900
1-847-249-4988,Fax
www. tscinternational. com   sales@tscinternational. com

* *

Magnetic Metals Corp.
2475 La Palma Ave.
Anaheim,CA 92801
1-800-331-0278,USA
1-714-828-4279,Fax
www. magmet. com

* *

Thomas and Skinner,Inc.
1120 East 23rd Street
P. O. Box 150
Indianapolis, Indiana 46206
1-317-923-2501
1-317-923-5919,Fax

www. thomas-skinner. com

* *

Tempel Steel Co.

5500 N. Wolcott

Chicago, Il 60640-1020

1-773-250-8000

1-773-250-8910, Fax

www. tempel. com

* *

第4章

窗口的利用、励磁导线和绝缘

Chapter 4

目　次

窗口利用系数 K_u

窗口利用系数是指在变压器或电感器的窗口面积中铜所占的比例。窗口利用系数受五个主要因素的影响：

(1) 导线的绝缘，S_1。

(2) 层绕或乱绕的情况下，导线的填充系数，S_2。

(3) 有效窗口面积（当采用环形时，需要考虑穿过梭子的孔口），S_3。

(4) 多层绕组或绕组间所需要的绝缘，S_4。

(5) 加工技术水平（加工的质量）。

这些系数乘在一起，在正常情况下，将得到窗口利用系数 $K_u=0.4$，如图 4-1 所示。

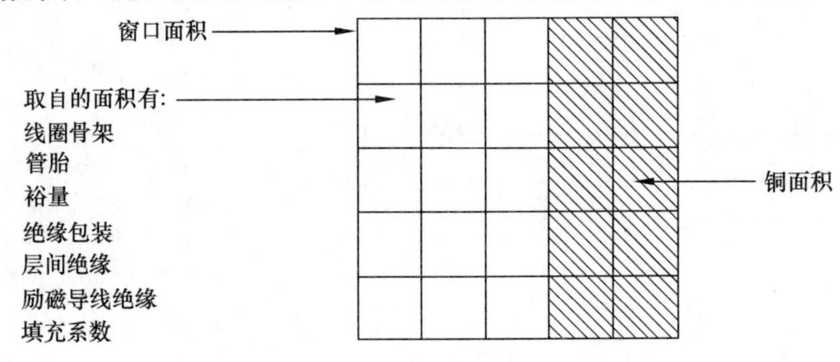

图 4-1 铜所占的窗口面积

可得到磁心窗口的窗口利用系数 K_u 是绕组（铜）所占有的空间比例，它是根据 S_1、S_2、S_3 和 S_4 来计算的

$$K_u = S_1 S_2 S_3 S_4 \tag{4-1}$$

式中：S_1 为导体面积/导线面积；S_2 为绕线面积/可利用的窗口面积；S_3 为可利用的窗口面积/窗口面积；S_4 为可利用的窗口面积/（可利用的窗口面积＋绝缘面积）。[1]

其中：

导体面积 $A_{w(B)}$ = 铜面积

导线面积 A_w = 铜面积 + 绝缘面积

绕线面积 = 匝数 × 一匝的导线面积

可利用的窗口面积 = 可得到窗口面积 − 由所采用的绕制方法和技术所造成的空间面积

窗口面积 = 可得到的窗口面积

绝缘面积 = 为包绕绝缘所用去的面积

[1] 按以上 S_1、S_2、S_3、S_4 的定义和式 $K_u=S_1S_2S_3S_4$，得不出 K_u＝导体面积/窗口面积的结果，而得到的结果是 K_u＝导体面积×可利用的窗口面积/窗口面积×（可利用的窗口面积＋绝缘面积）。关于这个问题，译者在本节的最后还有一段注释。

S_1，导线的绝缘

在大电流或小电流变压器的设计中，导体面积对导线总面积的比值可能在 0.941～0.673 范围内变化，具体数字取决于导线的尺寸。在图 4-2 中，绝缘的厚度被夸大以显示出绝缘是怎样压在导线表面上的。

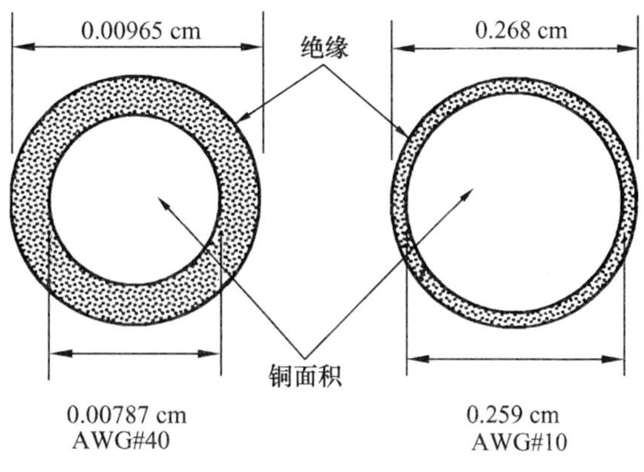

图 4-2　不同规格导线的绝缘比较

在图 4-2 中可以看到，由于为了减小趋肤效应而采用多股细线将对窗口利用系数 K_u 有显著的影响。S_1 取决于导线的尺寸，而且也取决于涂敷的绝缘。表 4-1 示出了裸导线与带绝缘的导线（面积）的比值。带绝缘的导线包括薄漆膜、厚漆膜、加厚漆膜和超厚漆膜绝缘。当设计低电流变压器时，重新估算 S_1 是适当的，因为绝缘材料的比例增加了。

$$S_1 = \frac{A_{w(B)}}{A_w} \tag{4-2}$$

表 4-1　裸导线与绝缘导线的比值

AWG 导线号	裸面积 /cm^2	比值 裸面积/薄漆膜导线面积	比值 裸面积/厚漆膜导线面积	比值 裸面积/加厚漆膜导线面积	比值 裸面积/超加厚漆膜导线面积
10	0.1019	0.961	0.930	0.910	0.880
15	0.0571	0.939	0.899	0.867	0.826
20	0.0320	0.917	0.855	0.812	0.756
25	0.0179	0.878	0.793	0.733	0.662
30	0.0100	0.842	0.743	0.661	0.574
35	0.0056	0.815	0.698	0.588	0.502
40	0.0031	0.784	0.665	0.544	0.474

S_2，填充系数

S_2 是填充系数，即导线放入可利用窗口面积的情况。当大量匝数的绕组紧密地绕在平坦表面的时候，绕组的长度会超过根据其导线直径而计算得到值的 10%～15%，具体数值取决于导线的尺寸规格。如图 4-3 所示，导线的放置状况要受到导线应力、质量（如导线直径的恒定性）以及加工者技能（即绕制技术水平）的制约。

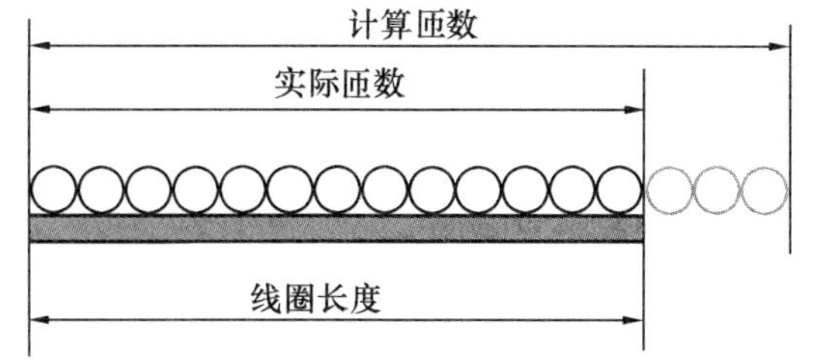

图 4-3　每单位长度能放置的匝数

对于各种导线尺寸规格的层绕和乱绕线圈的导线放置系数关系分别见表 4-2 和表 4-3。这些表中列出了厚膜励磁导线 10～44AWG 的外径。

表 4-2　层绕线圈的导线绕置系数

AWG	绝缘的导线/in	绝缘的导线/cm	导线绕置系数
10～25	0.1051～0.0199	0.2670～0.0505	0.90
26～30	0.0178～0.0116	0.0452～0.0294	0.89
31～35	0.0105～0.0067	0.0267～0.0170	0.88
36～38	0.0060～0.0049	0.0152～0.0124	0.87
39～40	0.0043～0.0038	0.0109～0.0096	0.86
41～44	0.0034～0.0025	0.00863～0.00635	0.85

厚膜励磁导线

表 4-3　乱绕线圈的导线绕置系数

AWG	绝缘的导线/in	绝缘的导线/cm	导线绕置系数
10～22	0.1051～0.0276	0.267～0.0701	0.90
23～39	0.0623～0.0109	0.0249～0.0043	0.85
40～44	0.0038～0.0025	0.0096～0.00635	0.75

厚膜励磁导线

有两种理想的绕制方法如图 4-4 和图 4-5 所示。方形绕制如图 4-4 所示，六边形绕制如图 4-5 所示。最简单的绕制形式是由把线圈一匝挨一匝和一层接一层地绕制来完成，如图 4-4 所示。方形绕制模式理论上的填充系数是 0.785[1]。

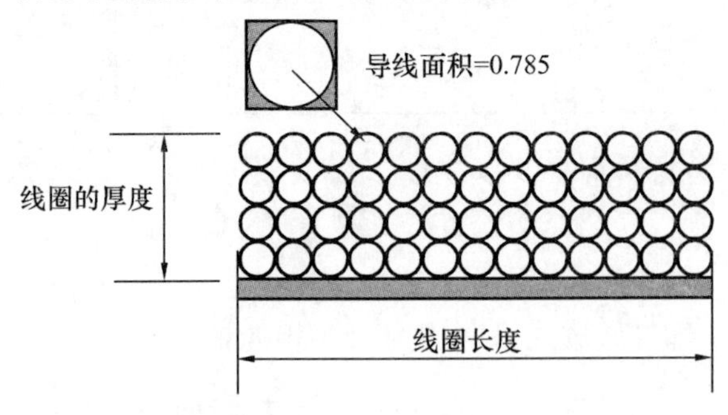

图 4-4　方形绕制模式，理论上的填充系数是 0.785

[1] 填充系数 $=\dfrac{\frac{\pi}{4}d^2}{d^2}=\dfrac{\pi}{4}=0.785$。

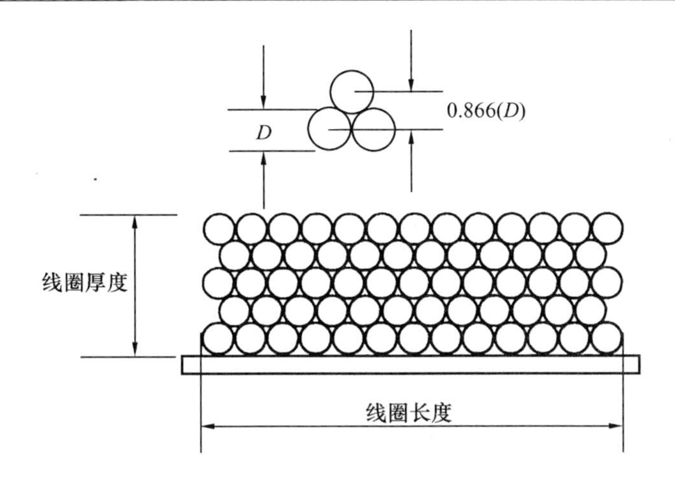

图 4-5　六边形绕制模式，理论上的填充系数是 0.907

看上去，与图 4-4 中方形绕制模式比较，采用图 4-5 中的六边形绕制模式可以获得比较好的填充系数。在这种绕制方式中，各个导线不是像方形绕制模式那样正好放在彼此的上方，而是把导线放在低一层的凹陷处，如图 4-5 所示。这种绕制方式导致了导线可能的最紧密地充填。六边形绕制模式将得到的理论上的填充系数是 0.907。

即使在没有几层层绝缘的情况下，用手来绕制方形模型的填充系数达到 0.785 几乎也是不可能的。任何层绝缘的加入将更进一步减小填充系数。采用六边形模式，填充系数达到 0.907 也同样困难。用手绕六边形模式将导致如下情况：第一层几乎完全有序地进行，在第二层就会发生某些无序，第三和第四层实际上已无序了，绕制就完全错了。这种绕制方法对匝数少时较好，但是，如果匝数很多，就变成乱绕了。

在一个矩形骨架上的理想绕组如图 4-6 所示。然而，当在矩形骨架或管胎上绕制时，由于绕组的弯曲，实际被磁心所围区域的绕组厚度将比计算的绕组厚度要大。如图 4-7 所示，弯曲的大小取决于绕组的尺寸和绕组的厚度。通常，可得到的绕组厚度应该减少 15％～20％，即 0.85×绕成的选型（厚度）。当在圆形的骨架或管胎上绕制的时候，这个弯曲效应可以忽略。

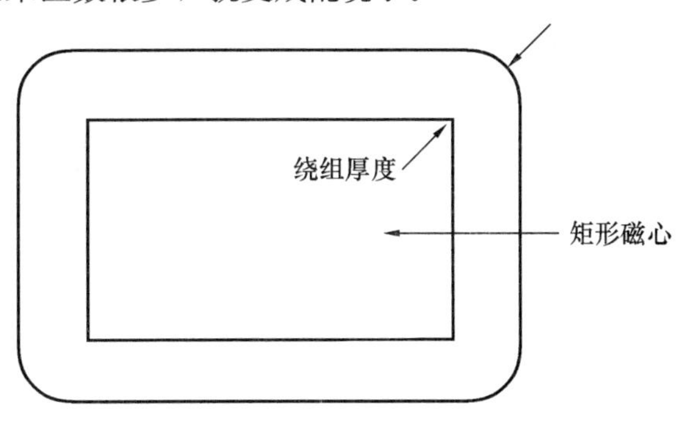

图 4-6　在矩形骨架上理想的绕制状况

把用于带绝缘的层绕线圈的方形绕制模式与六边形绕制模式以及它的弯曲绕制模式进行比较以后，得出的结论是两者的填充系数似乎都是大约 0.61，但是，总是有百分之一的例外。诸如，当设计正巧碰上有合适的骨架、合适的匝数和合适的导线尺寸（型号），这通常只发生在当设计不是要求处于临界（极限）的情况下。

为了使上述弯曲效应最小化和保证无论是层绕还是乱绕所得到的厚度都是最小，图

4-8 中所示的圆形骨架将提供最紧密的设计。在图 4-8 中可以看到，圆形骨架对于层绕和乱绕都提供了围绕骨架的 360°均匀压力。采用圆形骨架的另一个优点是使由绕组弯曲所引起的漏感减低并最小化。

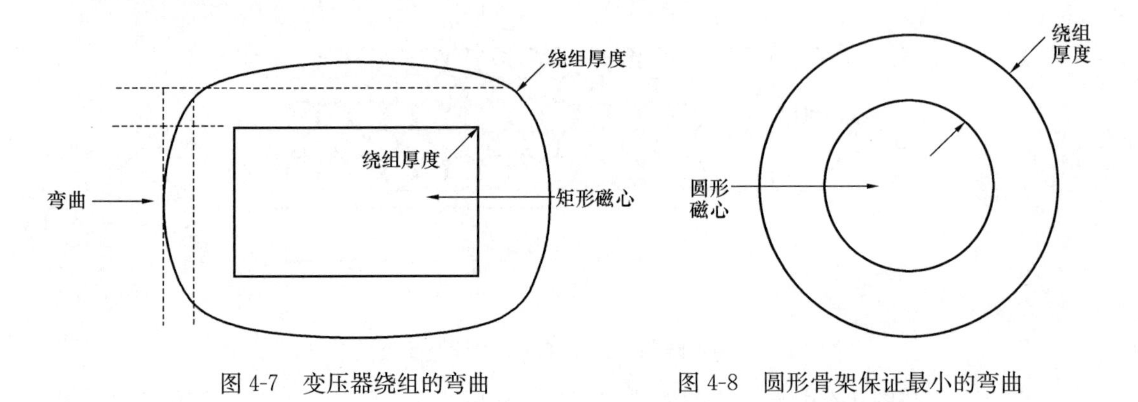

图 4-7　变压器绕组的弯曲　　图 4-8　圆形骨架保证最小的弯曲

S_3，有效窗口

有效窗口 S_3，意指在可得到的窗口空间中有多少是可以实际用来绕制绕组的。对设计者而言可得到的绕组面积取决于骨架或筒壳结构。利用骨架来设计层绕绕组将需要留出一定的空间即裕量。如图 4-9 所示，裕量的尺寸将随导线尺寸而变化，见表 4-4。在图 4-9 和表 4-4 中可以看到，这个裕量是怎样减少有效窗口面积的。当用层绕的方法构建变压器的时候，对于层间绝缘厚度有其工业标准，这个厚度是以导线的直径为基础的，见表 4-5。

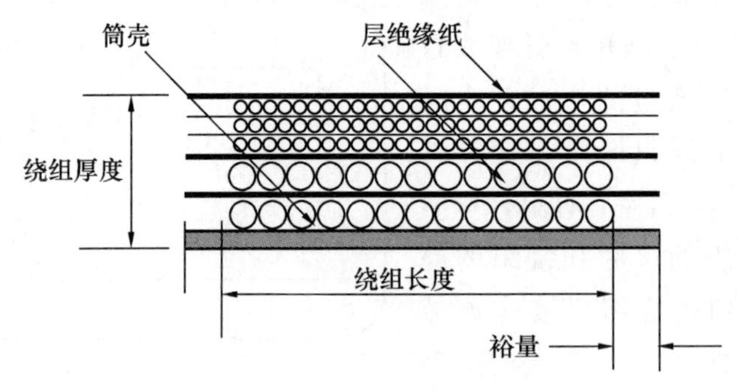

图 4-9　带有裕量的变压器绕组

表 4-4　线圈裕量与 AWG 的关系

AWG	裕量		AWG	裕量	
	/cm	/in		/cm	/in
10～15	0.635	0.25	22～31	0.318	0.125
16～18	0.475	0.187	32～37	0.236	0.093
19～21	0.396	0.156	38～up	0.157	0.062

表 4-5　　层间绝缘的厚度

AWG	绝缘厚度		AWG	绝缘厚度	
	/cm	/in		/cm	/in
10～16	0.02540	0.01000	24～27	0.00510	0.00200
17～19	0.01780	0.00700	28～33	0.00381	0.00150
20～21	0.01270	0.00500	34～41	0.00254	0.00100
22～23	0.00760	0.00300	42～46	0.00127	0.00050

单骨架设计如图 4-10 所示，对叠片磁心而言，提供的有效面积 W_a 在 0.835～0.929 之间；对铁氧体磁心而言，在 0.55～0.75 之间。两骨架结构如图 4-11 所示，对带绕 C 形磁心而言，提供的有效面积 W_a，在 0.687～0.873 之间❶。

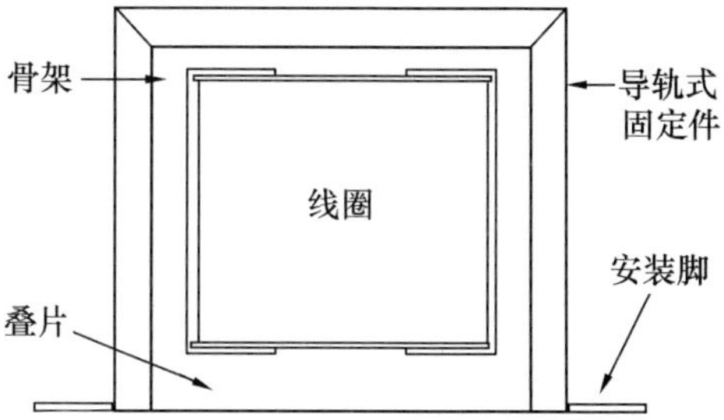

图 4-10　具有单骨架的变压器结构

环形磁心没有什么不同，符号 S_3 也是意指可得到窗口空间有多少可以用来绕制绕组。为了在环形磁心上绕制绕组，必须有一个使梭子自由来回通过的空间。如果把内径的一半用来使梭子来回通过，则将有 75%的窗口面积（W_a）留下用于放置绕组，即有一个很好的有效窗口面积系数（S_3=0.75），如图 4-12 所示。环形磁心的情况与上面所有类型的磁心情况是一致的。

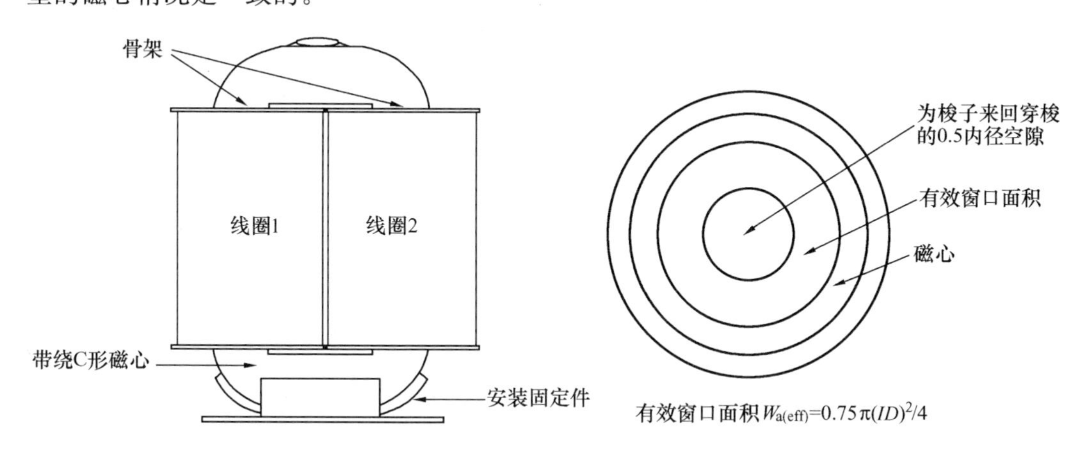

图 4-11　具有两骨架的变压器结构　　图 4-12　环形磁心的有效绕组面积

❶ 文中的有效面积 W_a（原文为 effective area，W_a），实际应为有效面积与窗口面积的比值，即用来绕导线的面积/窗口面积。

S_4，绝缘系数

绝缘系数 S_4，意指在可利用的窗口空间中有多少是实际用于绝缘的。如果变压器有带大量绝缘的多二次绕组，则 S_4 应对每一个附加的二次绕组都要减少 5%～10%。这部分是因为绝缘要占据附加的空间，一部分是因为较差的空间因素。

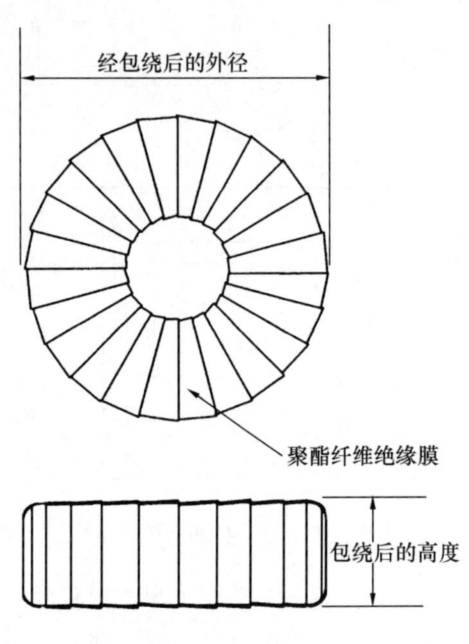

图 4-13　被绝缘包绕的环形磁心

在图 4-12 中没有考虑绝缘系数 S_4，绝缘系数 S_4 为 1。绝缘系数 S_4 对窗口利用系数 K_u 影响很大，因为要快速在环形磁心中叠垒绝缘，如图 4-13 所示。

在图 4-13 中可以看到，绝缘的叠垒在里边比外边厚。例如，在图 4-13 中，如果 1.27cm (1/2″) 宽的绝缘带子在外径处交叠 0.32cm (1/8″)，则（在内径处）交叠的厚度将是绝缘带子厚度的 4 倍。应该注意到，交叠的厚度很大程度上取决于环形磁心的尺寸和所要求带子的情况。在环形磁心的设计中，并在采用 0.5ID（内径）剩余量用来使梭子通过的情况，通常有足够的绝缘包绕空间。

小　　结

作者希望已经说明了如何推导出窗口利用系数 K_u 的一些方法，并且已经说明了这个神秘的数字 0.4。构成窗口利用问题的所有各个方面已经被解释，希望消除混淆并简化了问题的复杂度。

如本章开头所述，对于窗口利用系数而言，一个良好的近似数据是 $K_u=0.4$。

S_1 = 导体面积 / 导线面积 = 0.855，#20AWG

S_2 = 绕线面积 / 可利用的窗口面积 = 0.61

S_3 = 可利用的窗口面积 / 窗口面积 = 0.75

S_4 = 可利用的窗口面积 /（可利用的窗口面积 + 绝缘面积）= 1

$$K_u = S_1 S_2 S_3 S_4$$

$$K_u = 0.855 \times 0.61 \times 0.75 \times 1.0 = 0.391 \approx 0.4 \tag{4-3}$$

这是一个很保守的数字，它可以用于多数的设计中，在所有的磁器件设计中，它是一个重要的系数❶。

含骨架铁氧体磁心的窗口利用系数 K_u

在高频功率电子学中，多数设计将采用某种有线圈骨架的铁氧体磁心，用铁氧体的主要理由是它的高频性能好和成本低。带有线圈骨架的铁氧体磁心窗口利用系数 K_u，不如铁合金材料磁心，如叠片磁心和 C 形磁心高。用过带骨架铁氧体材料磁心的设计工程师都了解这个窗口利用系数 K_u 中的缺陷，一旦了解了这个缺陷，就应该尽量避免。

铁氧体和绝缘陶瓷加工一样，是在窑里烧。在烧后有某些收缩，其收缩量在一个制造厂商的加工过程与另一个制造厂商的加工过程中是不一样的，这个收缩量可能在 15%～30%之间变化，如图 4-14 所示。铁氧体制造厂商们都力图严格控制其收缩量，因为在烧制这些磁心时都必须满足尺寸的公差。即便这个收缩是在严格地控制下，最终产品允许的公差还是要比铁合金或冲制叠片磁心的公差大得多。这个最终的结果是骨架必须能滑动，并且要满足全部的最小和最大尺寸公差要求。

这个尺寸公差对骨架绕组面积的影响，清楚地见表 4-6。这个变小的绕制面积减小了磁心的功率处理能力。在高频率下运行也将因为趋肤效应而减小磁心的功率处理能力。趋肤效应要求用多股导线来代替粗大的单股导线，选择合适的导线尺寸，以使在给定的频率下趋肤效应最小化，见式（4-5）～式（4-9），此外还展示了当其工作在 100kHz 时必须要用的最大导线尺寸实例。为了能够使其工作在 100kHz，采用＃26 导线并采用经切割的铁氧体磁心来重新估算式（4-3）的 K_u。

---

❶ 按书中对 S_1、S_2、S_3、S_4 的定义，$K_u=S_1S_2S_3S_4$ 计算出的 K_u 不是导体面积/窗口面积。通过书中对 S_1、S_2、S_3、S_4 的详细解释，译者试对构成窗口利用系数的因素作如下分析：

S_1＝导线绝缘系数＝导体面积/导线面积

导线面积＝导体面积＋导体表面绝缘层面积

S_2＝导线填充系数＝绕线面积/绕线实际所占面积

绕线面积＝匝数×1 匝的导线面积

绕线实际所占面积＝绕线面积＋由于绕制方法与技术造成的空隙面积

S_3＝有效占空系数＝绕线实际所占面积/基本窗口面积

基本窗口面积＝绕线实际所占面积＋线圈骨架（或环形磁心中的梭子用穿孔）＋基本绕组的层间绝缘＋绕组空间裕度（绕组的长度裕量）

S_4＝绕组绝缘系数＝基本窗口面积/窗口面积

窗口面积＝磁心制造后形成的窗口面积＝基本窗口面积＋多二次绕组的二次绕组的层间绝缘和绕组间绝缘面积

或基本窗口面积＝窗口面积－多二次绕组时二次绕组的层次绝缘和绕组间绝缘的面积

即当 S_4 为 1 时，基本窗口面积就是窗口面积。

从第 8 章的设计例子中也可看到，那里把 S_3 设定为有效窗口面积 $W_{a(eff)}$ 与窗口面积 W_a 之比，把 S_2 设定为导线实际所占面积与有效的窗口面积 $W_{a(eff)}$ 之比。

$$K_u=S_1S_2S_3S_4=\frac{导体面积}{导线面积}\cdot\frac{绕线面积}{绕线实际所占面积}\cdot\frac{绕线实际所占面积}{基本窗口面积}\cdot\frac{基本窗口面积}{窗口面积}=\frac{导体面积}{窗口面积}=窗口利用系数$$

例：若 $S_1=0.855$，$S_2=0.61$，$S_3=0.75$，$S_4=1$

则 $K_u=S_1S_2S_3S_4=0.855\times0.61\times0.75\times1.0\approx0.4$

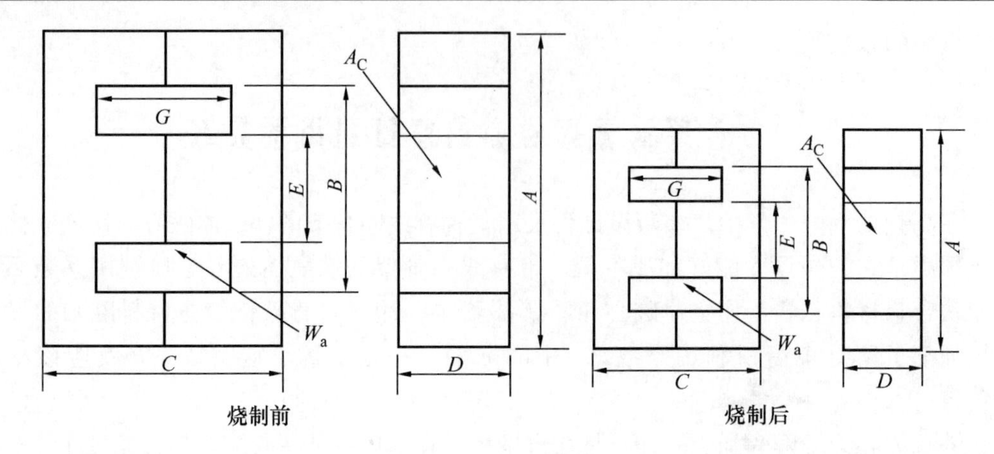

图 4-14 绕制前和绕制后的铁氧体 EE 磁心

S_1=导体面积/导线面积=0.79，#26 AWG

S_2=绕组面积/可利用窗口面积=0.61

S_3=可利用窗口面积/窗口面积=0.6

S_4=可利用窗口面积(同上)/可利用窗口面积+绝缘(级间)=1

$$K_u = S_1 S_2 S_3 S_4 \tag{4-4}$$

$$K_u = 0.79 \times 0.61 \times 0.6 \times 1.0 = 0.289$$

表 4-6　　有效窗口面积

磁心型号	窗口面积/cm^2	骨架中线圈面积/cm^2	比值 B/W（骨架中线圈面积/窗口面积）
RM-6	0.260	0.150	0.577
RM-8	0.456	0.303	0.664
RM-12	0.103	0.730	0.662
PQ-20/16	0.474	0.256	0.540
PQ-26/25	0.845	0.502	0.594
PQ-35/35	2.206	1.590	0.721
EFD-10	0.116	0.042	0.362
EFD-15	0.314	0.148	0.471
EFD-25	0.679	0.402	0.592
EC-35	1.571	0.971	0.618
EC-41	2.082	1.375	0.660
EC-70	6.177	4.650	0.753
叠　片			
EI-187	0.529	0.368	0.696
EI-375	1.512	1.170	0.774
EI-21	1.638	1.240	0.757

圆密耳和方密耳

有一些工程师用圆密耳/安培（Circular mils/amp，CM/A）或方密耳/安培（即Square mils/amp，SM/A），它们是电流密度的倒数。常规上是用安培/厘米^2（即A/cm^2），这是真正的电流密度。这里有必要给圆密耳和方密耳一个定义。首先，我们定义密耳，它是0.001in。图4-15出示了方密耳和圆密耳的面积。

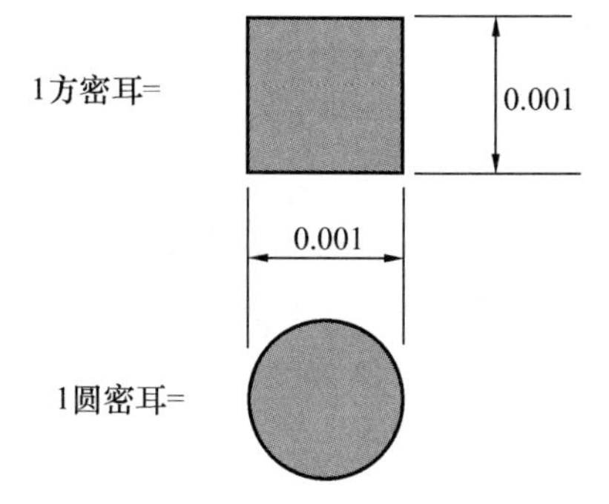

图4-15　圆密耳与方密耳的比较

为把方密耳变换为圆密耳，应乘以1.2732。

为把圆密耳变换为方密耳，应乘以0.7854。

为把圆密耳变换为平方厘米，应乘以5.066×10^{-6}。

为把方密耳变换为平方厘米，应乘以6.45×10^{-6}。

请注意：多年来，设计师们都采用这样的近似计算

$$500CM/A \approx 400A/cm^2$$

$$1000CM/A \approx 200A/cm^2$$

励磁导线

标准的励磁导线有三种材料可以买到，见表4-7。最通用的是铜，而铝和银也可买到。在相同导体尺寸的情况下，铝励磁导线的质量是铜励磁导线质量的1/3；在相同导电能力的情况下，铝励磁导线的质量是铜励磁导线质量的一半。铝励磁导线在端接方面的困难多一点儿，但我们还是可以做到的。银励磁导线具有最高的电导率，很容易焊接，其质量比铜多20%。

表4-7　励磁导线材料特性

材料	符号	密度/(g/cm^3)	电阻率/($\mu\Omega/cm$)	质量系数	电阻系数	温度系数
铜	Cu	8.89	1.72	1	1	0.00393
银	Ag	10.49	1.59	1.18	0.95	0.00380
铝	Al	2.703	2.83	0.3	1.64	0.00410

励磁导线的绝缘膜

保证选择用于设计中的励磁导线是与其工作环境和设计指标相匹配的，这是设计工

程师的责任。环境指标将规定环境（周围）温度。励磁导线的最大工作温度是由最大环境温度加上磁元件温升得到的。在最大工作温度确定以后，我们来看一看表 4-8 中的温度等级。表 4-8 中所列材料的励磁导线绝缘指南只是 NEMA❶ 标准 MW1000 中所列的一部分。

最大工作温度是励磁导线的唯一弱点。励磁导线的标准是由温度来标定的，其温度范围是 105～220℃，见表 4-8。励磁导线的绝缘薄膜是敷在铜导线的表面，这个绝缘薄膜是最容易由于过热负荷而破碎。所以，绝缘薄膜的选择对于导线的寿命而言是非常关键的。当励磁导线遭受过热负荷或在额定温度以上的高温时，励磁导线的寿命要大大降低，如图 4-16 和图 4-17 所示。工程师对于过热点必须很小心，以便不降低磁元件的服务寿命。

表 4-8　励磁导线绝缘指南

温度等级	绝缘类型	介电常数	NEMA 标准 MW1000
105℃	聚氨基甲酸酯*	6.20	MW-2-C
105℃	聚醋酸甲基乙烯酯	3.71	MW-15-C
130℃	聚氨基甲酸酯——尼龙*	6.20	MW-28-C
155℃	聚氨基甲酸酯——155	6.20	MW-79-C
180℃	可焊接的聚酯*	3.95	MW-77-C
200℃	聚酯（酰胺）（酰亚胺）	4.55	MW-35-C
220℃	聚酰亚胺	3.90	MW-16-C

* 可焊接的绝缘材料。

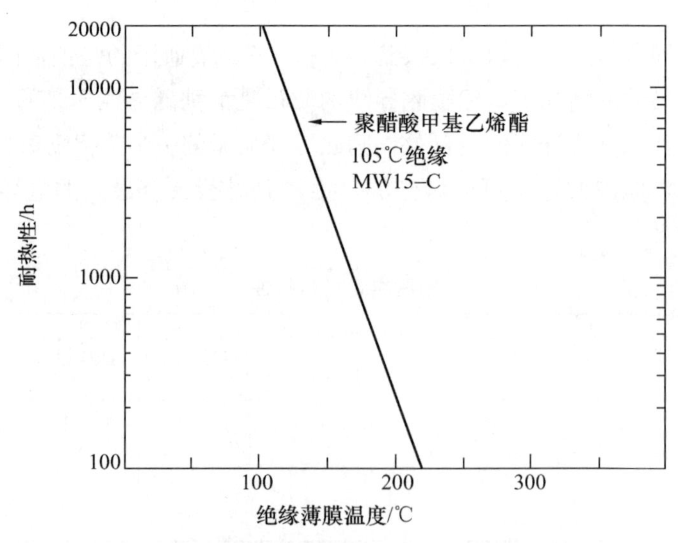

图 4-16　105℃耐热级的聚醋酸甲基乙烯酯绝缘的耐热性

❶ NEMA：National Electrical Manufacturers Association（美国）全国电气制造商协会或 National Electronic Manufacturing Association（美国）国家电子制造联合会。

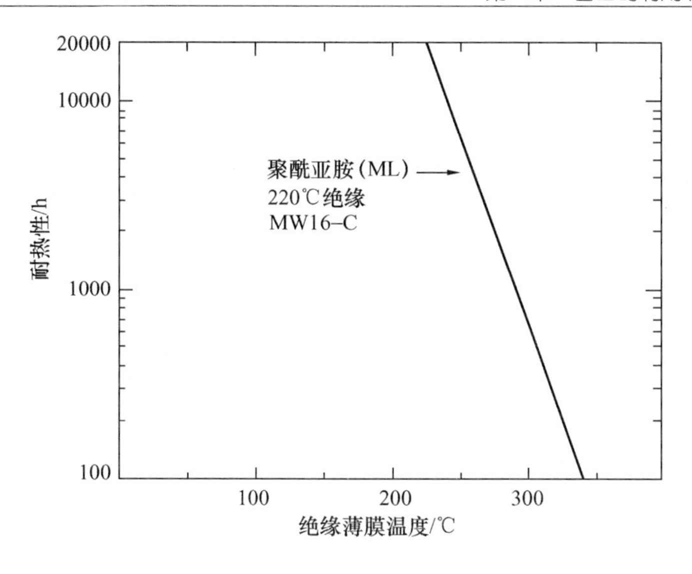

图 4-17　220℃耐热级的聚酰亚胺绝缘（ML）的耐热性

导　线　表

表 4-9 是美国线规（AWG 即 American Wire Gauge）10～44 号厚漆膜导线表。每种型号的裸线面积在第 2 列以 cm^2 为单位给出，在第 3 列以圆密耳为单位给出。每种型号的等效电阻（率）在第 4 列以微欧每厘米（$\mu\Omega/cm$ 或 $10^{-6}\Omega/cm$）为单位给出，第 5～第 13 列与厚绝缘涂敷有关。在第 13 列是以克每厘米为单位表示的励磁导线（单位长度）的质量。

表 4-10 提供了 AWG（美国线规）10～44 号薄漆膜、厚漆膜、加厚漆膜、超加厚漆膜绝缘励磁导线的最大外径。其尺寸数据是以 cm 和 in 给出的。

表 4-9　美国线规（American Wire Gauge，即 AWG）10～44 号厚漆膜导线表

AWG	裸面积		电阻率 ($\mu\Omega$/cm) 20℃	厚漆膜绝缘								
				面积		直径		单位长度根数		单位面积根数		质量
	/cm^2 (10^{-3})	cir-mil		/cm^2 (10^{-3})	cir-mil	/cm	/in	/cm	in	cm^2	in^2	/(mg/cm)
1	2	3	4	5	6	7	8	9	10	11	12	13
10	52.6100	10384.00	32.7	55.9000	11046.00	0.2670	0.105	3.9	10	11	69	0.46800
11	41.6800	8226.00	41.4	44.5000	8798.00	0.2380	0.094	4.4	11	13	90	0.37500
12	33.0800	6529.00	52.1	35.6400	7022.00	0.2130	0.084	4.9	12	17	108	0.29770
13	26.2600	5184.00	65.6	28.3600	5610.00	0.1900	0.075	5.5	13	21	136	0.23670
14	20.8200	4109.00	82.8	22.9500	4556.00	0.1710	0.068	6.0	15	26	169	0.18790
15	16.5100	3260.00	104.3	18.3700	3624.00	0.1530	0.060	6.8	17	33	211	0.14920

续表

AWG	裸面积		电阻率 (μΩ/cm) 20℃	厚漆膜绝缘								
				面积		直径		单位长度根数		单位面积根数		质量
	/cm² (10⁻³)	cir-mil		/cm² (10⁻³)	cir-mil	/cm	/in	/cm	in	cm²	in²	/(mg/cm)
16	13.0700	2581.00	131.8	14.7300	2905.00	0.1370	0.054	7.3	19	41	263	0.11840
17	10.3900	2052.00	165.8	11.6800	2323.00	0.1220	0.048	8.2	21	51	331	0.09430
18	8.2280	1624.00	209.5	9.3260	1857.00	0.1090	0.043	9.1	23	64	415	0.07474
19	6.5310	1289.00	263.9	7.5390	1490.00	0.0980	0.039	10.2	26	80	515	0.05940
20	5.1880	1024.00	332.3	6.0650	1197.00	0.0879	0.035	11.4	29	99	638	0.04726
21	4.1160	812.30	418.9	4.8370	954.80	0.0785	0.031	12.8	32	124	800	0.03757
22	3.2430	640.10	531.4	3.8570	761.70	0.0701	0.028	14.3	36	156	1003	0.02965
23	2.5880	510.80	666.0	3.1350	620.00	0.0632	0.025	15.8	40	191	1234	0.02372
24	2.0470	404.00	842.1	2.5140	497.30	0.0566	0.022	17.6	45	239	1539	0.01884
25	1.6230	320.40	1062.0	2.0020	396.00	0.0505	0.020	19.8	50	300	1933	0.01498
26	1.2800	252.80	1345.0	1.6030	316.80	0.0452	0.018	22.1	56	374	2414	0.01185
27	1.0210	201.60	1687.0	1.3130	259.20	0.0409	0.016	24.4	62	457	2947	0.00945
28	0.8046	158.80	2142.0	1.0515	207.30	0.0366	0.014	27.3	69	571	3680	0.00747
29	0.6470	127.70	2664.0	0.8548	169.00	0.0330	0.013	30.3	77	702	4527	0.00602
30	0.5067	100.00	3402.0	0.6785	134.50	0.0294	0.012	33.9	86	884	5703	0.00472
31	0.4013	79.21	4294.0	0.5596	110.20	0.0267	0.011	37.5	95	1072	6914	0.00372
32	0.3242	64.00	5315.0	0.4559	90.25	0.0241	0.010	41.5	105	1316	8488	0.00305
33	0.2554	50.41	6748.0	0.3662	72.25	0.0216	0.009	46.3	118	1638	10565	0.00241
34	0.2011	39.69	8572.0	0.2863	56.25	0.0191	0.008	52.5	133	2095	13512	0.00189
35	0.1589	31.36	10849.0	0.2268	44.89	0.0170	0.007	58.8	149	2645	17060	0.00150
36	0.1266	25.00	13608.0	0.1813	36.00	0.0152	0.006	62.5	167	3309	21343	0.00119
37	0.1026	20.25	16801.0	0.1538	30.25	0.0140	0.006	71.6	182	3901	25161	0.00098
38	0.0811	16.00	21266.0	0.1207	24.01	0.0124	0.005	80.4	204	4971	32062	0.00077
39	0.0621	12.25	27775.0	0.0932	18.49	0.0109	0.004	91.6	233	6437	41518	0.00059
40	0.0487	9.61	35400.0	0.0723	14.44	0.0096	0.004	103.6	263	8298	53522	0.00046
41	0.0397	7.84	43405.0	0.0584	11.56	0.0086	0.003	115.7	294	10273	66260	0.00038
42	0.0317	6.25	54429.0	0.0456	9.00	0.0076	0.003	131.2	333	13163	84901	0.00030
43	0.0245	4.84	70308.0	0.0368	7.29	0.0069	0.003	145.8	370	16291	105076	0.00023
44	0.0202	4.00	85072.0	0.0316	6.25	0.0064	0.003	157.4	400	18957	122272	0.00020

表 4-10　　美国线规（AWG）10～44 号薄漆膜、厚漆膜、加厚漆膜、超加厚漆膜绝缘励磁导线的尺寸数据

导线号	最大直径							
	薄漆膜		厚漆膜		加厚漆膜		超厚漆膜	
	in	cm	in	cm	in	cm	in	cm
10	0.1054	0.2677	0.1071	0.2720	0.1084	0.2753	0.1106	0.2809
11	0.9410	2.3901	0.0957	0.2431	0.0969	0.2461	0.0991	0.2517
12	0.0840	0.2134	0.0855	0.2172	0.0867	0.2202	0.0888	0.2256
13	0.0750	0.1905	0.0765	0.1943	0.0776	0.1971	0.0796	0.2022
14	0.0670	0.1702	0.0684	0.1737	0.0695	0.1765	0.0715	0.1816
15	0.0599	0.1521	0.0613	0.1557	0.0624	0.1585	0.0644	0.1636
16	0.0534	0.1356	0.0548	0.1392	0.0558	0.1417	0.0577	0.1466
17	0.0478	0.1214	0.0492	0.1250	0.0502	0.1275	0.0520	0.1321
18	0.0426	0.1082	0.0440	0.1118	0.0450	0.1143	0.0468	0.1189
19	0.0382	0.0970	0.0395	0.1003	0.0404	0.1026	0.0422	0.1072
20	0.0341	0.0866	0.0353	0.0897	0.0362	0.0919	0.0379	0.0963
21	0.0306	0.0777	0.0317	0.0805	0.0326	0.0828	0.0342	0.0869
22	0.0273	0.0693	0.0284	0.0721	0.0292	0.0742	0.0308	0.0782
23	0.0244	0.0620	0.0255	0.0648	0.0263	0.0668	0.0279	0.0709
24	0.0218	0.0554	0.0229	0.0582	0.0237	0.0602	0.2520	0.6401
25	0.0195	0.0495	0.0206	0.0523	0.0214	0.0544	0.0228	0.0579
26	0.0174	0.0442	0.0185	0.0470	0.0192	0.0488	0.0206	0.0523
27	0.0156	0.0396	0.0165	0.0419	0.0172	0.0437	0.0185	0.0470
28	0.0139	0.0353	0.0148	0.0376	0.0155	0.0394	0.0166	0.0422
29	0.0126	0.0320	0.0134	0.0340	0.0141	0.0358	0.0152	0.0386
30	0.0112	0.0284	0.0120	0.0305	0.0127	0.0323	0.0137	0.0348
31	0.0100	0.0254	0.0108	0.0274	0.0115	0.0292	0.0124	0.0315
32	0.0091	0.0231	0.0098	0.0249	0.0105	0.0267	0.0113	0.0287
33	0.0081	0.0206	0.0088	0.0224	0.0095	0.0241	0.0102	0.0259
34	0.0072	0.0183	0.0078	0.0198	0.0084	0.0213	0.0091	0.0231
35	0.0064	0.0163	0.0070	0.0178	0.0076	0.0193	0.0082	0.0208
36	0.0058	0.0147	0.0063	0.0160	0.0069	0.0175	0.0074	0.0188
37	0.0052	0.0132	0.0057	0.0145	0.0062	0.0157	0.0067	0.0170
38	0.0047	0.0119	0.0051	0.0130	0.0056	0.0142	0.0060	0.0152
39	0.0041	0.0104	0.0045	0.0114	0.0050	0.0127	0.0053	0.0135
40	0.0037	0.0094	0.0040	0.0102	0.0044	0.0112	0.0047	0.0119
41	0.0033	0.0084	0.0036	0.0091	0.0040	0.0102	0.0043	0.0109
42	0.0030	0.0076	0.0032	0.0081	0.0037	0.0094	0.0038	0.0097
43	0.0026	0.0066	0.0029	0.0074	0.0033	0.0084	0.0035	0.0089
44	0.0024	0.0061	0.0027	0.0069	0.0030	0.0076	0.0032	0.0081

可焊接的绝缘

可焊接的绝缘是一种特殊的用于低成本、高生产量场合励磁导线上的薄膜绝缘。把带有这种可焊接绝缘的励磁导线包扎在引线端的针柱上，如图 4-18 所示。然后，这个引线端不用先去膜清洗就可以在规定的温度下被浸焊。这种膜绝缘的环境温度范围是105～180℃。

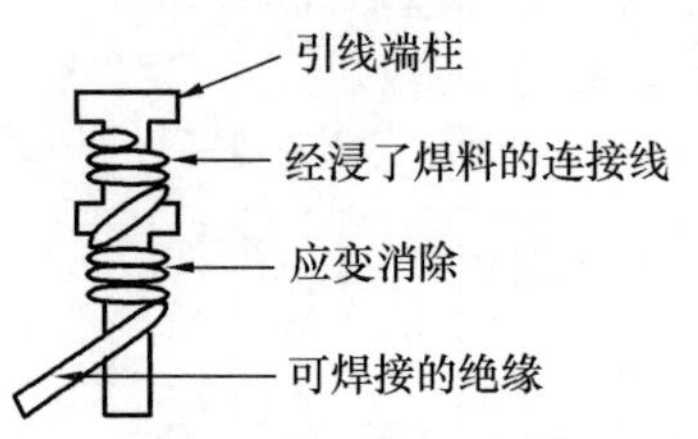

图 4-18 在浸焊引线端上的可焊接绝缘

在用某些可焊接的绝缘导线时也有某些缺点。在采用这种绝缘导线之前，要检查一下使用场合和导线生产厂的目标场合是否一致，在可能发生严重过载的场合不建议用某种可焊接的薄膜绝缘。某些可焊接的薄膜绝缘容易被软化，这是由于长时间暴露在有强溶解力的溶剂之中，例如酒精、丙酮和丁酮（或甲基・乙基酮）。

可热黏合的励磁导线

可热黏合的励磁导线是一个涂敷了薄膜连同附加涂敷热塑性的黏合剂的铜或铝，如图 4-19 所示，它们用于希望有黏合剂（如溶剂）的场合。在被烘烤以前，它们将保持线圈的形状。多数涂敷的黏性物质都可能通过溶剂或加热而变软。如果线圈被绕成一个不规则的形状，并以一个形式固定，然后使其升高到适当的温度，这个线圈将保持它的形状。可热黏合的励磁导线可用于如电枢、励磁线圈和自支撑线圈。

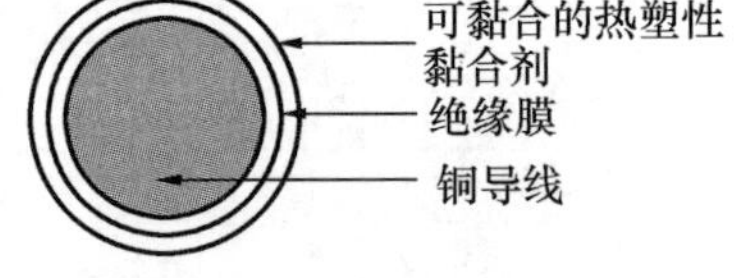

图 4-19 可热黏合励磁导线的典型横截面

基于膜的绝缘

所有传统的薄膜绝缘都可被涂敷黏合剂以获得可热黏合的导线。但是，在选择用高温膜绝缘导线时要仔细考虑，因为涂敷的黏合剂可能耐不住那样的高温，见表 4-11。表 4-11 中的温度仅供参考，经常检查核对一下与制造商最近提供的材料和应用场合的说明是否一致是明智的做法。在薄膜绝缘上涂敷附加的黏合物质将导致最终直径的增加，好像从薄漆膜变为厚漆膜似的。

表 4-11 可热黏合的涂层

类型	工作温度/℃	加热激活温度/℃	溶解活化剂
聚乙烯醇缩丁醛	105	120～140	酒精
环氧树脂	130	130～150	丁酮，甲基・乙基酮，丙酮
聚酯	130	130～150	甲酮
酰胺纤维	155	180～220	无

热黏合的方法

热黏合可以用温度可控的烘箱来完成。小件可用可控热空气鼓风机来黏合导线。无论在什么情况下，当线圈还是热的时候来处理它时，都应该特别小心，因为可能发生变形。

电阻性黏合是用电流通过线圈以得到希望的黏合温度的一种方法。这种方法产生很均匀的热分布，能很好地黏合整个线圈。许多线圈可同时被电阻性黏合。某个线圈要求的电流将与相串联的许多线圈所需要的电流相同。把线圈焊接成串联形式，然后调整所施加的电压，直到达到这个相同的电流。

溶剂黏合是溶剂使黏合材料活化的一种方法。这种方法可以让导线通过一种溶解饱和的毡垫或轻雾来完成。有很多可以被采用的活化溶剂：变性乙醇、异丙基乙醇、丁酮和丙酮。应该经常检查核对一下溶剂与生产厂商近来提供的材料和使用说明是否一致。

微小的方形励磁导线

当产品小型化要求在给定的面积中有更多铜的时候，具有方形绝缘膜的微小方形励磁导线可以实现密实线圈设计，以使在小空间中传递更多的功率，见表4-12。微小方形励磁导线有铜导线和铝导线，也有可焊接的和高温薄膜绝缘的。26号厚漆膜微小方形励磁导线的横截面如图4-20所示。

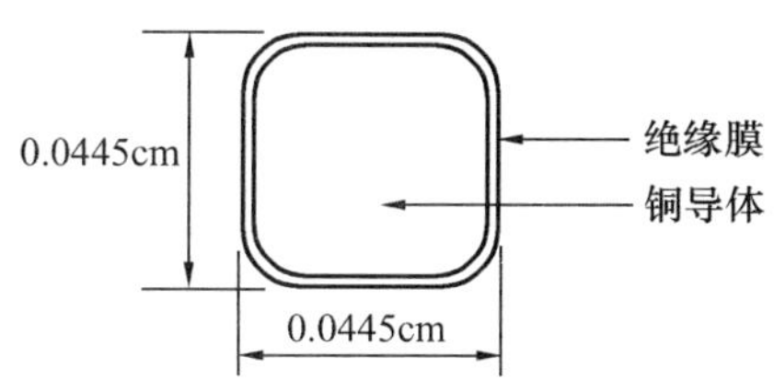

图4-20　26号厚漆膜微小方形励磁导线的横截面

表4-12　微小方形励磁导线（标称尺寸）

导线号 AWG	裸线宽度 /cm	裸线宽度 /in	导线面积 /cm²	导线面积 /sq-mils	铜电阻率 /(Ω/cm)	铝电阻率 /(Ω/cm)	薄漆膜导线的宽度 /cm	厚漆膜导线的宽度 /cm
15	0.1450	0.0571	0.019614	3041	0.0000879	0.000144	0.1483	0.1514
16	0.1290	0.0508	0.015228	2361	0.0001132	0.000186	0.1323	0.1354
17	0.1151	0.0453	0.011816	1832	0.0001459	0.000239	0.1184	0.1212
18	0.1024	0.0403	0.009675	1500	0.0001782	0.000293	0.1054	0.1080

续表

导线号 AWG	裸线宽度 /cm	裸线宽度 /in	导线面积 /cm²	导线面积 /sq-mils	铜电阻率 /(Ω/cm)	铝电阻率 /(Ω/cm)	薄漆膜导线的宽度 /cm	厚漆膜导线的宽度 /cm
19	0.0912	0.0359	0.007514	1165	0.0002294	0.000377	0.0940	0.0968
20	0.0813	0.0320	0.006153	954	0.0002802	0.000460	0.0841	0.0866
21	0.0724	0.0285	0.004786	742	0.0003602	0.000591	0.0749	0.0772
22	0.0643	0.0253	0.003935	610	0.0004382	0.000719	0.0668	0.0688
23	0.0574	0.0226	0.003096	480	0.0005568	0.000914	0.0599	0.0620
24	0.0511	0.0201	0.002412	374	0.0007147	0.001173	0.0536	0.0556
25	0.0455	0.0179	0.002038	316	0.0008458	0.001388	0.0480	0.0498
26	0.0404	0.0159	0.001496	232	0.0011521	0.001891	0.0427	0.0445
27	0.0361	0.0142	0.001271	197	0.0013568	0.002227	0.0389	0.0409
28	0.0320	0.0126	0.001006	156	0.0017134	0.002813	0.0348	0.0366
29	0.0287	0.0113	0.000787	122	0.0021909	0.003596	0.0312	0.0330
30	0.0254	0.0100	0.000587	91	0.0029372	0.004822	0.0277	0.0295

多股导线和趋肤效应

现在，电子设备一般都运行在较高的频率下。预测的效率要变化，因为只是在直流和低频运行的情况下导线中承载的电流在导线横截面中才是均匀分布的。由励磁导线所产生的磁通如图 4-21 所示。在较高的频率下，存在电流向导线表面附近集中的现象，这被称为趋肤效应。它是磁链在励磁导线中产生的涡流引起的，如图 4-22 所示。

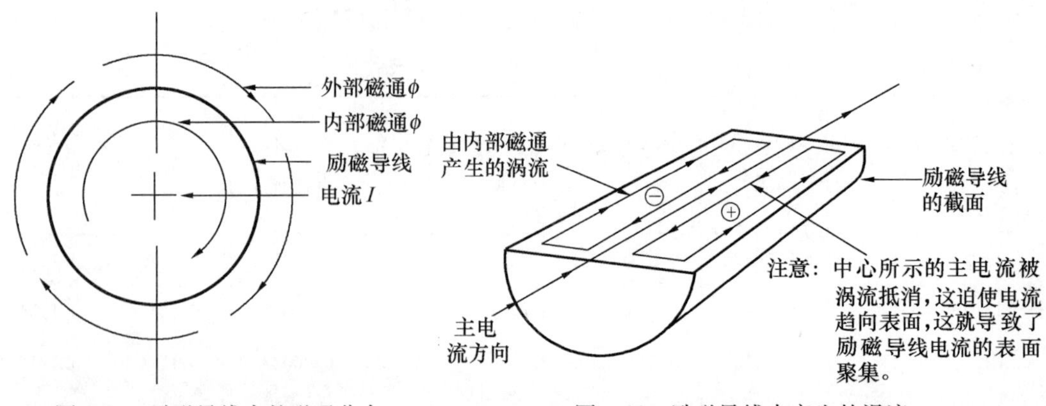

图 4-21 励磁导线中的磁通分布

图 4-22 励磁导线中产生的涡流

变压器中趋肤效应的降低

趋肤效应造成了这样的事实，即等效的交流电阻与直流电阻的比值大于 1。在设计当中，在高频下这个效应对电导率、磁导率和电感的影响情况要求进一步估算导线的尺寸。我们把电流密度下降为导体表面电流密度的 $1/e$（即 37%）处与导体表面的距离定义为趋肤深度

$$\varepsilon = \frac{6.62}{\sqrt{f}}K \quad (\text{cm}) \tag{4-5}$$

式中：ε 为趋肤深度；f 为频率，Hz；K 对于铜等于 1。

在高频运行下选择导线时，应选择导线使其交流（AC）电阻与直流（DC）电阻之间的关系是 1

$$R_R = \frac{R_{AC}}{R_{DC}} = 1 \tag{4-6}$$

利用这个方法，我们来选择运行在 100kHz 的最大导线为

$$\begin{aligned} \varepsilon &= \frac{6.62}{\sqrt{f}}K \quad (\text{cm}) \\ &= \frac{6.62}{\sqrt{100000}} \times 1 \quad (\text{cm}) \\ &= 0.0209 \quad (\text{cm}) \end{aligned} \tag{4-7}$$

导线的直径为

$$\begin{aligned} D_{AWG} &= 2\varepsilon \quad (\text{cm}) \\ &= 2 \times 0.0209 \quad (\text{cm}) \\ &= 0.0418 \quad (\text{cm}) \end{aligned} \tag{4-8}$$

其裸导线面积 $A_{W(B)}$ 为

$$\begin{aligned} D_{W(B)} &= \frac{\pi D_{AWG}^2}{4} \quad (\text{cm}^2) \\ &= \frac{3.14 \times 0.0418^2}{4} \quad (\text{cm}^2) \\ &= 0.00137(\text{cm}^2) \end{aligned} \tag{4-9}$$

最接近 0.00137 这个面积的导线型号是 AWG#26，0.00128cm² （见表 4-9）。

电感器中趋肤效应的计算

像变压器一样，电感器也有趋肤效应的问题。趋肤效应取决于电感器中交流（AC）电流的大小 ΔI。高频电感器电流有两个成分：直流（DC）电流 I_{DC}和交流（AC）电流 ΔI。直流（DC）电流处于导线的中心，交流（AC）电流处于导线的表面，如图 4-23

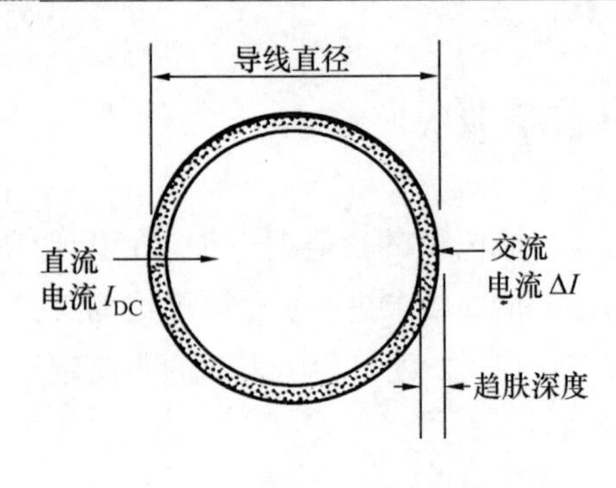

图 4-23 直流（DC）电感器高频电流分布

所示。

下面的步骤用来计算高频电流 ΔI，以图 4-23 为参考。趋肤深度公式是

$$\varepsilon = \frac{6.62}{\sqrt{f}}K \quad (\mathrm{cm}) \tag{4-10}$$

计算铜导体的直径

$$D_{AWG} = \sqrt{\frac{4A_{w(B)}}{\pi}} \quad (\mathrm{cm}) \tag{4-11}$$

从这个直径 D_{AWG} 中减去 2 倍的趋肤深度 ε

$$D_n = D_{AWG} - 2\varepsilon \quad (\mathrm{cm}) \tag{4-12}$$

计算新的导线面积 A_n

$$A_n = \frac{\pi D_n^2}{4} \quad (\mathrm{cm}^2) \tag{4-13}$$

高频（电流）的导线面积 $A_{w(\Delta I)}$ 是导线面积 $A_{w(B)}$ 与新面积 A_n 之差，为

$$A_{w(\Delta I)} = A_{w(B)} - A_n \quad (\mathrm{cm}^2) \tag{4-14}$$

电感器中的交流（AC）电流 ΔI 是三角波，其方均根电流 ΔI_{rms} 为

$$\Delta I_{rms} = I_{pk}\sqrt{\frac{1}{3}} \quad (\mathrm{A}) \tag{4-15}$$

计算方均根电流 ΔI_{rms} 的电流密度为

$$J = \frac{\Delta I_{rms}}{A_{w(\Delta I)}} \quad (\mathrm{A/cm^2}) \tag{4-16}$$

ΔI 的方均根电流密度 J 应该满足

$$\Delta I_{rms} \text{ 的电流密度} \leqslant I_{DC} \text{ 的电流密度}$$

趋肤深度作为频率的函数图形如图 4-24 所示。趋肤深度对 AWG 半径的关系如图 4-25 所示，图中画出了 $R_{AC}/R_{DC}=1$ 的线。

为了表明 AWG 交流电阻/直流电阻（AC/DC 电阻比值）怎样随频率变化，见表

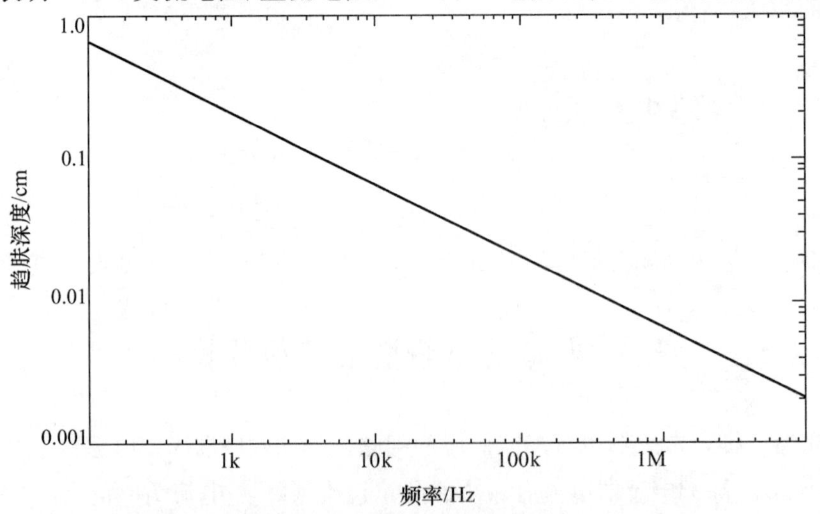

图 4-24 趋肤深度与频率的关系曲线

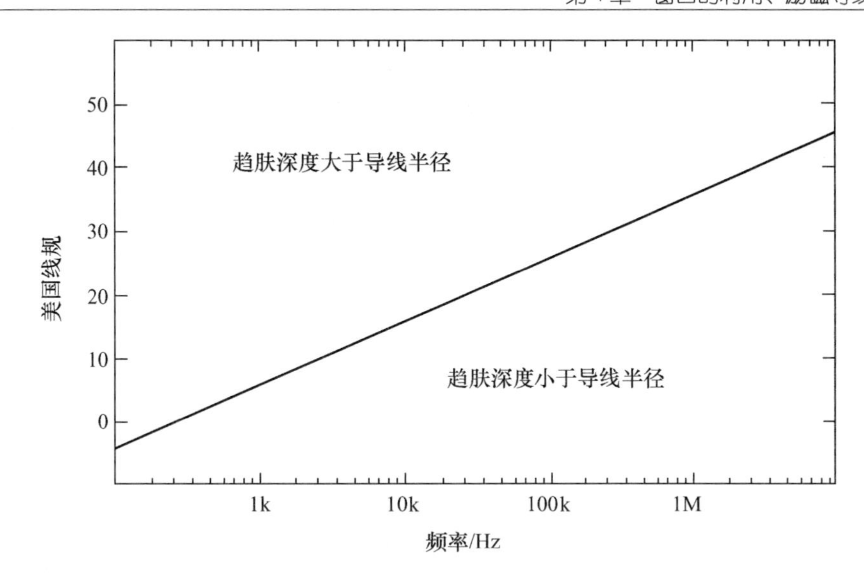

图4-25　在趋肤深度等于导线半径时AWG（美国线规）与频率的关系曲线

4-13。在表4-13中，可以看到，当变换器工作在100kHz时，并要求AC/DC电阻的比值为1.001时，应该用的最大（粗）导线是26号线。

表4-13　在常用变换器频率下，AWG中的导线交流电阻与直流电阻的比值

AWG	D_{AWG}/cm	25kHz		50kHz		100kHz		200kHz	
		ε/cm	R_{AC}/R_{DC}	ε/cm	R_{AC}/R_{DC}	ε/cm	R_{AC}/R_{DC}	ε/cm	R_{AC}/R_{DC}
12	0.20309	0.041868	1.527	0.029606	2.007	0.020934	2.704	0.014802	3.699
14	0.16132	0.041868	1.300	0.029606	1.668	0.020934	2.214	0.014802	2.999
16	0.12814	0.041868	1.136	0.029606	1.407	0.020934	1.829	0.014802	2.447
18	0.10178	0.041868	1.032	0.029606	1.211	0.020934	1.530	0.014802	2.011
20	0.08085	0.041868	1.001	0.029606	1.077	0.020934	1.303	0.014802	1.672
22	0.06422	0.041868	1.000	0.029606	1.006	0.020934	1.137	0.014802	1.410
24	0.05101	0.041868	1.000	0.029606	1.000	0.020934	1.033	0.014802	1.214
26	0.04052	0.041868	1.000	0.029606	1.000	0.020934	1.001	0.014802	1.078
28	0.03219	0.041868	1.000	0.029606	1.000	0.020934	1.000	0.014802	1.006
30	0.02557	0.041868	1.000	0.029606	1.000	0.020934	1.000	0.014802	1.000

注　20℃时AWG铜线的趋肤深度。

多股利兹（Litz）线

利兹（Litz）一词是由德文词汇引用过来的，意思是编织成的。利兹线一般被定义为由单独的薄膜绝缘导线以均匀的捻绞和捻距编织在一起而构成的导线。这样的多股结构使实心导线中由趋肤效应而遭受的功率损失得到最小化。标准利兹线的最小和最大股数见表4-14。励磁导线供应商会提供大量的捻绞好了的励磁导线。

表 4-14　　标准的利兹线

导线号	最小股数	接近 AWG 导线号	最大股数	接近 AWG 导线号
30	3	25	20	17.0
32	3	27	20	19.0
34	3	29	20	21.0
36	3	31	60	18.5
38	3	33	60	20.5
40	3	35	175	18.0
41	3	36	175	18.5
42	3	37	175	19.5
43	3	38	175	21.0
44	3	39	175	21.5
45	3	40	175	22.5
46	3	41	175	23.5
47	3	42	175	25.0
48	3	43	175	25.5

邻近效应

目前，开关型电源的工作频率多在50～500kHz的范围内，伴随着频率的提高，工程师要面对研究趋肤效应和邻近效应这些新的任务。这二者在励磁导线中产生的涡流是很相似的。这些效应所产生的涡流有相同的解决办法，即使交流电阻 R_{AC} 与直流电阻 R_{DC} 的比值降低

$$R_R = \frac{R_{AC}}{R_{DC}} \tag{4-17}$$

这里关于邻近效应所提供的信息均取自本章最后所提供的5个参考文献。这些参考文献很好地提供了由于邻近效应而产生功率损失的深入分析，这已超出了本书的目标范围。

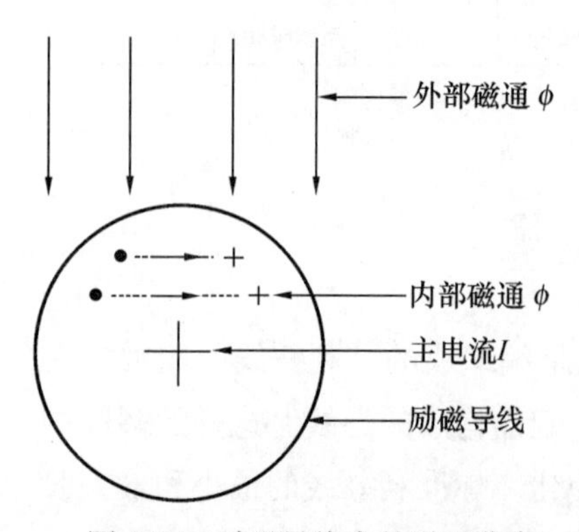

图 4-26　励磁导线中的磁通分布

邻近效应是由于邻近处另外导体产生的交流磁场在本导线中感应的涡流所引起的。由励磁导线所产生的磁通如图 4-26 所示。涡流引起电流密度的畸变，这个畸变是在励磁导线中产生涡流磁通的结果。因此，在一侧增强了主电流，在另一侧要从主电流中减去一些，如图 4-27 所示。具有畸变电流密度的励磁导线如图 4-28 所示。

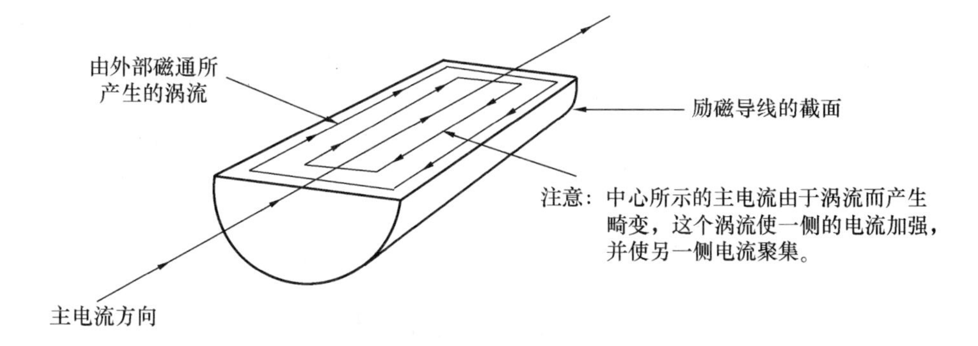

图 4-27 励磁导线中产生的涡流

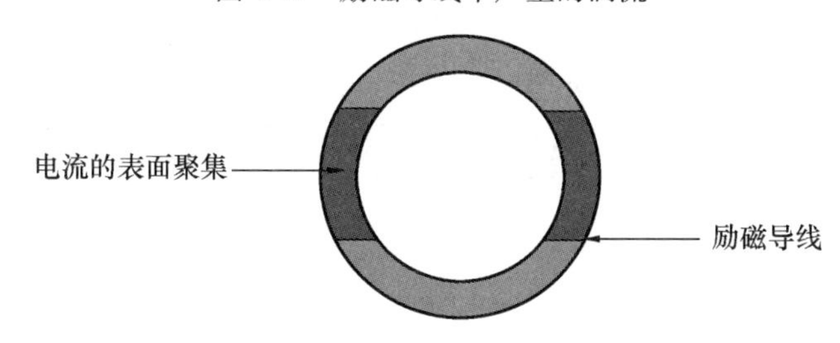

图 4-28 显示畸变了的表面电流聚集的励磁导线

变压器中的邻近效应

邻近效应对如图 4-29 所示的具有单层二次绕组的变压器影响最小。图中还画出了其低频磁动势（mmf）图。如果想使邻近效应最小，需要设计具有最小绕组层数的变压器。选择具有窄长窗口的磁心将产生一个具有最小绕组层数的设计，用同样的方法选择磁心也会得到最小的漏感。

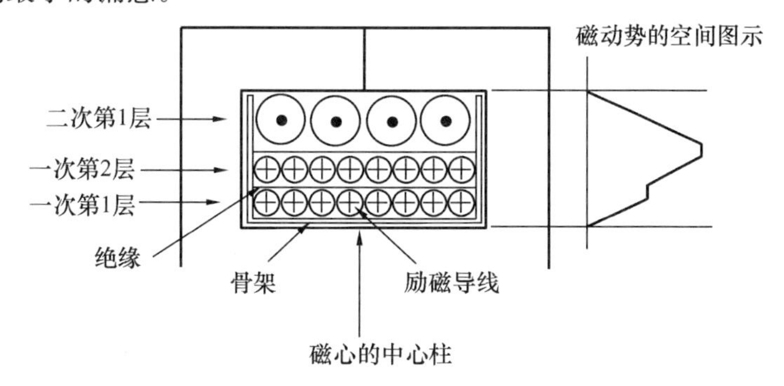

图 4-29 表示了 mmf（磁动势）的简单变压器

多层高频变压器和高损耗

我们粗略地阐述一下如图 4-30 所示的具有在空间上均匀排布的三层二次绕组变压

器的邻近效应。变压器的简图如图 4-31 所示，它示出了不同的磁动势。假定高频趋肤深度为 25%，变压器一次线圈 24 匝，二次线圈 24 匝，线圈中电流为 1A，变压器安一匝或磁动势即 F_m 等于 24。

$$F_m = NI[\text{磁动势,mmf}] \tag{4-18}$$

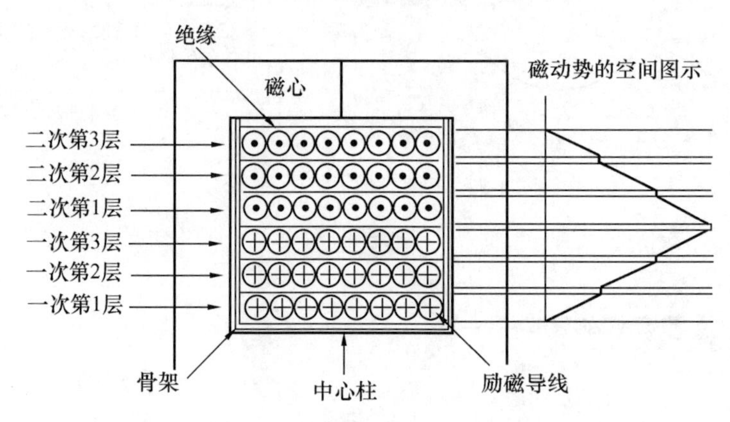

图 4-30 示出了磁动势 mmf 的简单变压器

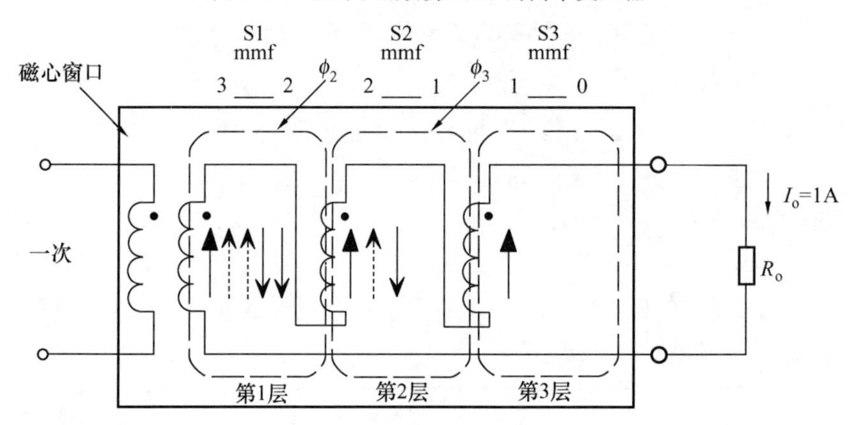

负载电流 I_o=1A。

由于负载电流由邻近绕组中的磁动势（mmf）所感应的电流 I_g。

由邻近绕组中的磁动势所感应的反向电流 I_c。

图 4-31 表示 mmf 的变压器简图

cgs（厘米·克·秒单位制）中，$F_m=0.8NI$。

图 4-31 中所示的简图被用来表示邻近效应怎样影响分层绕制绕组的变压器。负载电流 I_o 等于 1A，二次绕组有相同的三层，每层 8 匝。由于趋肤效应即趋肤深度，每个导线只利用所得到面积的 25%，因此，电流将只“拥挤”在可得到铜线的 25%范围内。在 S3 的右侧，F_m 为 0；在 S3 的左侧，F_m=8AT。

(1) S3 层的 1A 负载电流 I_o 所建立的磁通 Φ_3 将在 S2 绕组层中产生电流 I_g。这个电流的方向与正常电流方向相反，并与负载电流 I_o 相抵消。磁动势 F_m 将产生为 16AT，即 I_c=2A 以保持原来的负载电流为 1A。

（2）由负载电流 I_o 加上 S2 中 I_c 与 I_g 之差所建立的磁通 Φ_2，在 S1 绕组层中将产生 $2I_g$。这个电流与正常的电流方向相反，以抵消负载电流 I_o[1]，磁动势 F_m 将为 24AT，则 $I_c=3A$，以保持原来的负载电流为 1A。

如果每层中的电流恰好是 1A 且由于趋肤效应被限制在导体厚度 25%深度中，其交流（AC）电阻与直流（DC）电阻之比 R_R 将是 4∶1，如上所讨论的表面电流逐层越来越大。绕组电流列于表 4-15，和电流也由表 4-15 给出。电流 I_g 是邻近线圈感应的电流，电流 I_c 是由磁动势所感应的反向电流。

表 4-15　　二次电流

绕组	I_o	I_c	I_o+I_c	$(I_o+I_c)^2$	I_g	导线中电流平方的总和
	A	A	A	A^2	A	A^2
S3	1	0	1	1	0	$(I_o+I_c)^2=1$
S2	1	1	2	4	1	$(I_o+I_c)^2+I_g^2=5$
S1	1	2	3	9	2	$(I_o+I_c)^2+I_g^2=13$

由表 4-15 中的数据可以看到，运行在高频时，多层绕组变压器确实有邻近效应的问题。由邻近效应所引起的涡流损失随层数指数上升。选择绕组长度对绕组厚度比大的磁心会使绕组层数减低到最小，如图 4-32 所示。

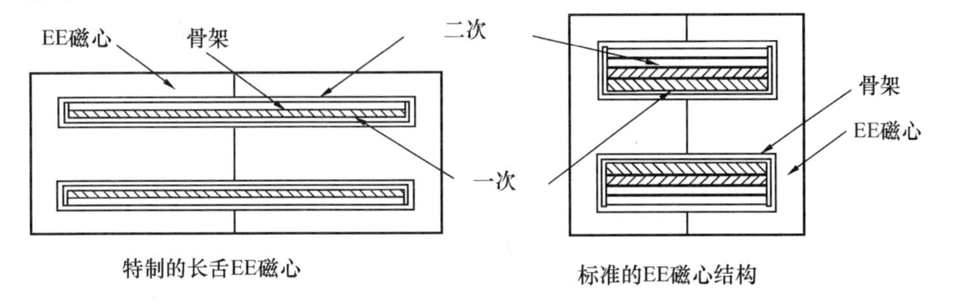

图 4-32　标准的和特制长舌的 EE 磁心比较

利用 Dowell 曲线分析邻近效应

关于邻近效应的 Dowell 曲线如图 4-33 所示。纵坐标是 R_R，即 R_{AC} 对 R_{DC} 的比值；横坐标 K 是有效的导体厚度或层厚对趋肤深度 ε 的比值。在这个曲线的右边标注的是层数（趋肤）。

这里的层数是指分段的层数。分段层是指当一次侧绕组与二次侧绕组相间隔时，每个分离的部分就是一个段。K 为

[1] 这里应抵消第 2、3 层的磁动势电流 $2I_o$。

$$K = \frac{h\sqrt{F_l}}{\varepsilon} \tag{4-19}$$
$$h = 0.866 D_{\mathrm{AWG}}$$

式中

$$F_l = \frac{N D_{\mathrm{AWG}}}{l_{\mathrm{w}}} \tag{4-20}$$

式（4-20）中的变量在图 4-34 中被描述。可以看到，如果匝数 N 乘以导线直径 N_{AWG} 等于绕组的长度 l_{w}，则可把公式简化为

$$K = \frac{h}{\varepsilon} \tag{4-21}$$
$$h = 0.866 D_{\mathrm{AWG}}$$

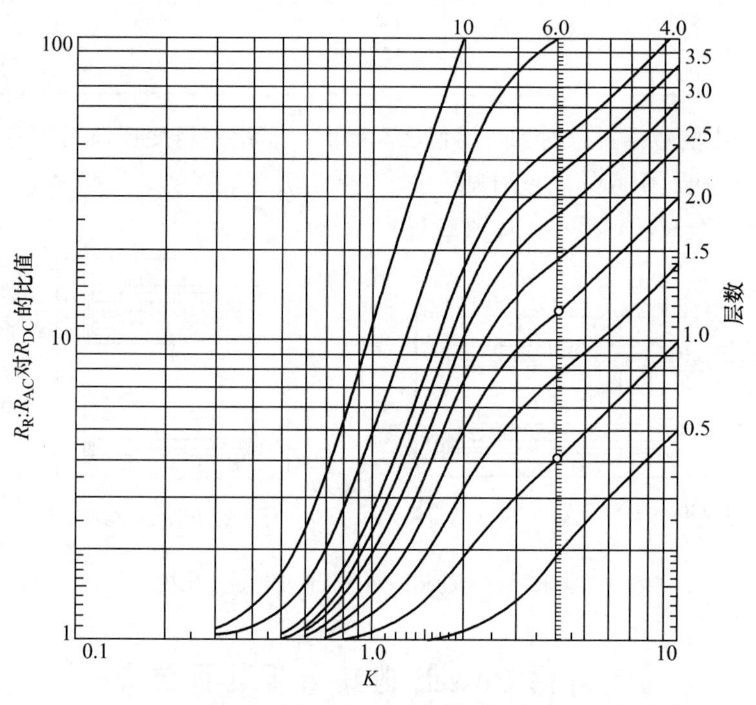

图 4-33 由于邻近效应而导致的交流电阻与直流电阻之比

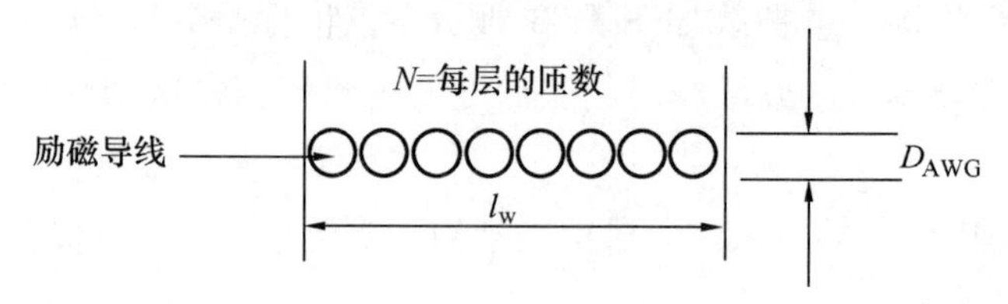

图 4-34 绕组层参数

用如图 4-33 所示的 Dowell 曲线比较具有两层绕组的变压器结构 A 和具有一、二次绕组相间的变压器 B 之间的损耗，如图 4-35 所示。当趋肤效应深度为 25%时，系数 K

为 4，变压器的 A 和 B 具有相同的 AT（安-匝）。但是，由于变压器 B 上的绕组是一、二次绕组相间的，所以它具有的低频磁动势只是一半。

在图 4-35 中有一条 $K=4$ 的纵向虚线，按这条虚线与线圈层数为 1 的曲线交点左边的纵坐标为 $R_R=4$，按这条虚线与线圈层数为 2 的曲线交点左边的纵坐标为 $R_R=13$。具有一、二次交替绕组的变压器 B，交流（AC）对直流（DC）的电阻比值降低，其系数为 3.25。

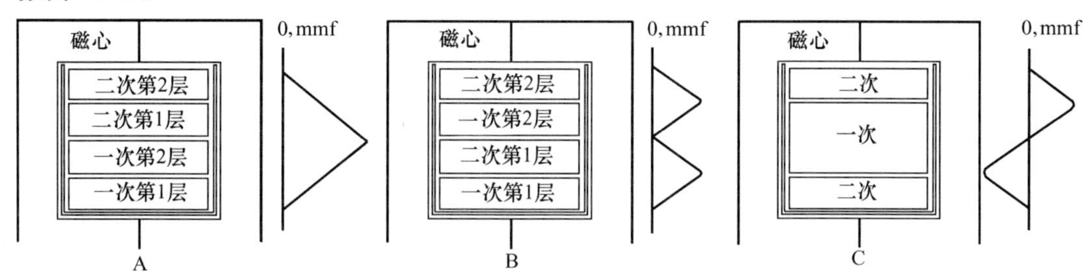

图 4-35　一、二次侧绕组结构不同的变压器

在高频磁器件中，具有指数增加损失的邻近效应趋向于占优势的导体损失成分，特别是当绕组为多层的时候。

特制的导线

在导线行业中有很多新的思想出现，只要工程师有时间来估价，对这些新概念以建立信任和应用它们就好了。

三层绝缘导线

为满足防止漏电和有害空隙的 IEC/VDE 安全指标，必须符合下面的技术要求：VDE 0805、IEC 950、EN 60950、UL 1950-3e、CSA 950-95。

工程师们必须意识到，一种技术要求不能解决所有的应用场合。例如，IEC 是对于办公室设备、数据处理设备、电子医疗设备仪器和其他设备的技术要求。

这些 IEC 技术要求原本是围绕 50Hz 和 60Hz 线性变压器而开发的。对于高频工作下，如开关型功率变压器，它并不总是有助于使其得到最佳设计的，为满足 IEC/VDE 安全技术要求的设计，标准的高频开关型变压器组成如图 4-36 所示。在任何开关型变压器中，因为有漏磁通，所以耦合问题总是最优先考虑的事情。

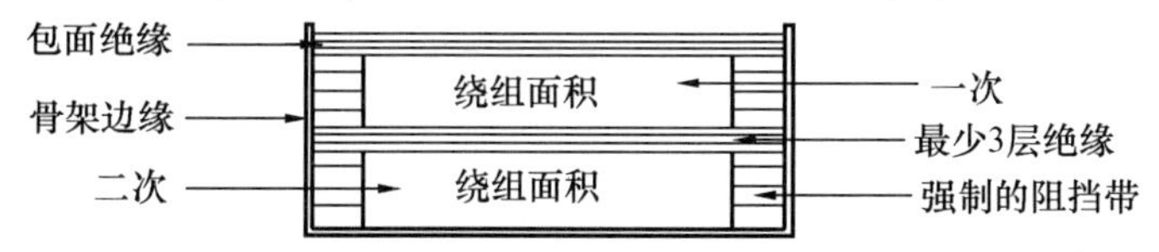

图 4-36　为满足 IEC/VDE 技术要求而设计的线圈骨架截面

三层绝缘导线是为满足上述技术要求和免除在一次与二次之间对三层绝缘带的要求而开发的，三层绝缘导线也免除了对漏电裕度的要求，这样，全部的骨架都可以用来绕线。这样的导线还可以作为从一次或二次绕组到电路的连接线来用，而不用套管或管子。

三层绝缘导线的结构如图 4-37 所示。这种导线的温度范围是从 105～180℃。三层绝缘导线的尺寸见表 4-16。表 4-16 中，导线采用每层 0.002in 的涂层，也可买到其他厚度。在本章最后的参考文献一节中列有制造商 Rubadue 导线公司。

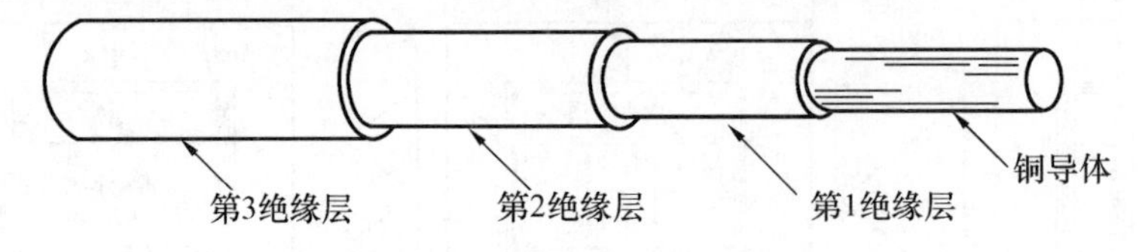

图 4-37 三层绝缘导线的结构

三层绝缘利兹线 (Litz)

图 4-38 所示的三层绝缘高频利兹线也可以从制造商处买到，利兹线的绝缘层厚度有 0.002in 和 0.003in。

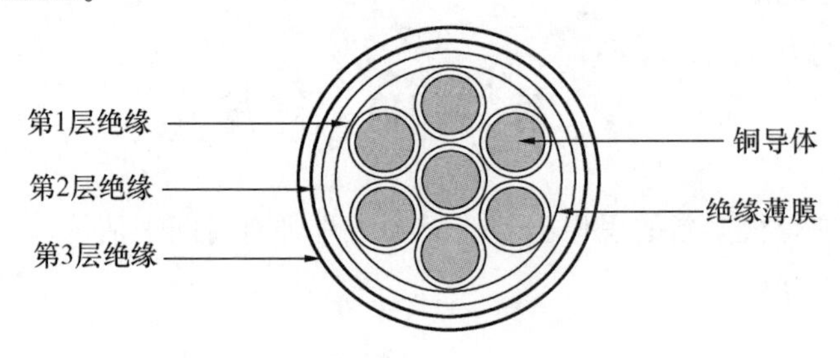

图 4-38 三层绝缘利兹线

表 4-16 三层绝缘导线 (0.002) 材料

AWG	裸线				带有绝缘	
	面积/cm² (10^{-3})	直径/in	直径/mm	电阻率/(μΩ/cm)	直径/in	直径/mm
16	13.0700	0.0508	1.2903	132	0.0628	1.5951
18	8.2280	0.0403	1.0236	166	0.0523	1.3284
19	6.5310	0.0359	0.9119	264	0.0479	1.2167
20	5.1880	0.0320	0.8128	332	0.0440	1.1176
21	4.1160	0.0285	0.7239	419	0.0405	1.0287
22	3.2430	0.0253	0.6426	531	0.0373	0.9474
23	2.5880	0.0226	0.5740	666	0.0346	0.8788
24	2.0470	0.0201	0.5105	842	0.0321	0.8153
25	1.6230	0.0179	0.4547	1062	0.0299	0.7595
26	1.2800	0.0159	0.4039	1345	0.0279	0.7087
27	1.0210	0.0142	0.3607	1687	0.0262	0.6655
28	0.8046	0.0126	0.3200	2142	0.0246	0.6248

续表

AWG	裸线				带有绝缘	
	面积/cm² (10^{-3})	直径/in	直径/mm	电阻率/(μΩ/cm)	直径/in	直径/mm
29	0.6470	0.0113	0.2870	2664	0.0233	0.5918
30	0.5067	0.0100	0.2540	3402	0.0220	0.5588
32	0.3242	0.0080	0.2032	5315	0.0200	0.5080
34	0.2011	0.0063	0.1600	8572	0.0183	0.4648
36	0.1266	0.0050	0.1270	13608	0.0170	0.4318
38	0.0811	0.0040	0.1016	21266	0.0160	0.4064

多根平排励磁导线

在很多高频变压器和电感器中可以采用多根平排在一起的励磁导线。圆形的多根平排励磁导线如图 4-39 所示，方形的多根平排励磁导线如图 4-40 所示。这两种励磁导线在某些应用场合都可以代替金属箔。多根平排励磁导线可以被用来作为箔形绕组，如低电压大电流甚至可作为法拉第屏蔽网。多根平排励磁导线带的宽度很容易通过添加或去除导线来增加或减小，以提供与线圈骨架相配合的导线带子宽度，绕制起来相对容易。多根平排导线带具有完好的绝缘，它没有在用金属箔导体时的可能割破绝缘那样的尖锐边缘问题。在目的是做一个精确的中心抽头绕组时，由于在电容方面的问题我们不推荐用多根平排励磁导线来绕变压器，除非它只有很少的几匝。如果非要用多根平排带不可，应该用具有低介电常数的绝缘薄膜励磁导线，见表 4-8。

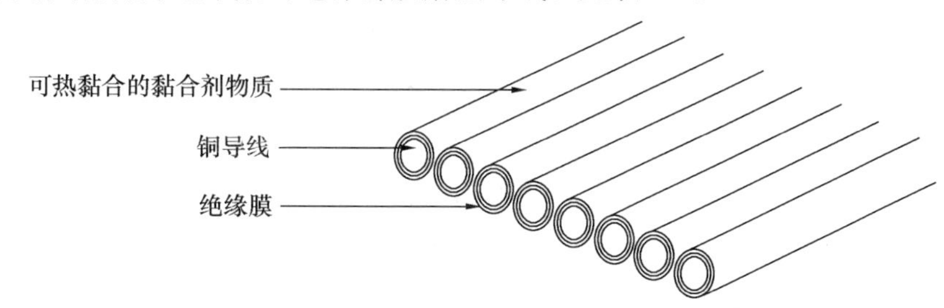

图 4-39 圆形励磁导线黏合成的多根平排带

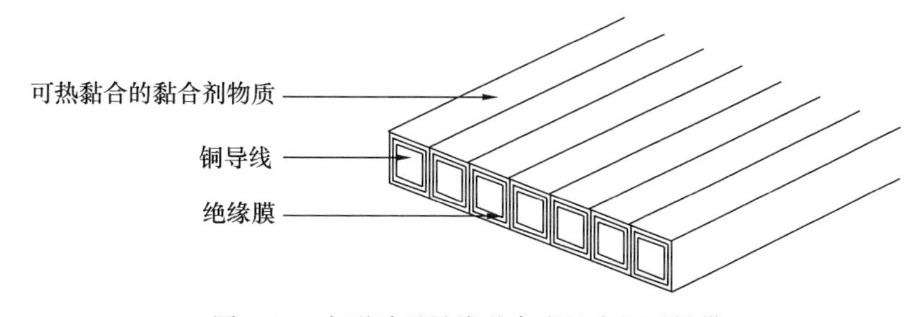

图 4-40 方形励磁导线黏合成的多根平排带

标准金属箔

用金属箔作整个励磁导线的最大优点是填充系数大。大电流高频直流—直流（DC-DC）变换器设计一般安排用这种导线。采取高频的主要理由是尺寸地减小。功率变压器是设计中最大的元件，当设计高频变压器时，设计公式涉及的是很小的变压器。当变压器工作在高频时，趋肤效应变得越来越占优势，要求用更细的导线。如果由于电流密度的缘故而需要较粗的导线，则不得不用并联的多股导线（利兹线），用细导线对填充系数有很大的影响。

相对利兹线而言，用金属箔后，填充系数的增加是最大的改善。为了做一个比较，利兹设计如图 4-41 所示，金属箔设计如图 4-42 所示。在利兹设计中，存在不能用于导体绕制的部分面积，这个损失的面积是由导线之间的空隙和导线上的绝缘薄膜构成的。图 4-42 所示的金属箔绕线圈可以设计得使其绕组面积得到最佳利用。每匝金属箔可以在骨架或管胎的上下边限制内延展，只要金属箔已滚压并除去了图 4-46 所示的尖锐毛刺，层间所需要的绝缘就是最小的。

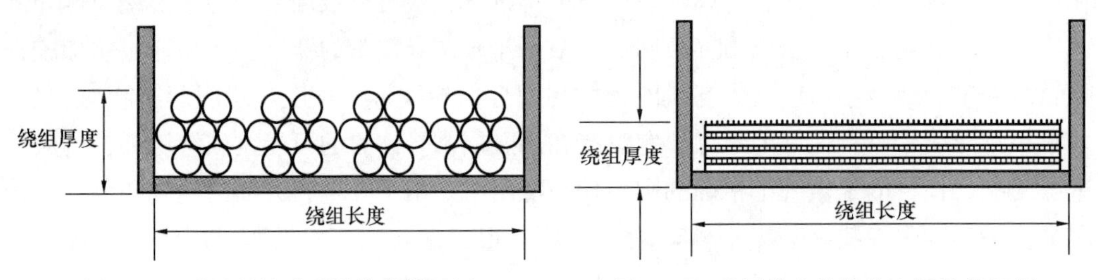

图 4-41　采用利兹励磁导线的绕组层　　图 4-42　采用带有绝缘的金属箔绕组层

金属箔的利用

用金属箔设计变压器和电感器是一个很麻烦的任务，特别是工程师们只是偶尔做这样的事，它本身一个巨大的工作是找出可得到材料的地方。金属箔有它的优点，主要是在大电流、高频率和大电流密度环境下。

在正常的情况下，窗口利用系数 K_u 不用很大的力气也能大于 0.6，变压器工程师们采用的标准金属箔材料是铜和铝。工程师们可以很好地选择如下的标准厚度：

1.0mil、1.4mil、2.0mil、5.0mil 和 10mil

工程师可以找到其他厚度的材料，但是标准厚度是应该首先被考虑的。用非标准的厚度时要很小心。你采用的东西可能超出限度，给你造成问题。金属箔以 in 为单位的标准厚度为：0.25、0.375、0.5、0.605、0.75、1.0、1.25、1.5、2.00、2.50、3.00、4.00 (in)。标准厚度是可以最快得到的厚度。还有不同样式的预制金属箔，如图 4-43、图 4-44 和图 4-45 所示。

虽然切割始终是专门来做的，但是通常有一个最小的切割量。当做切割时，要特别注

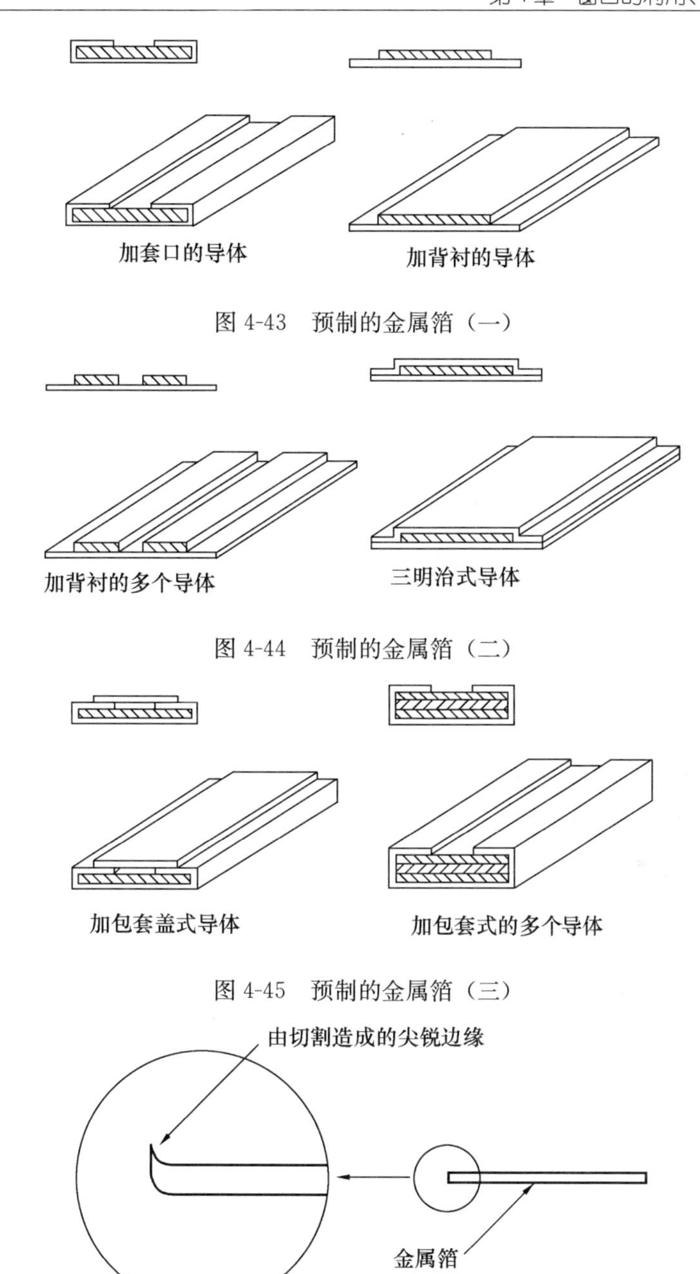

图 4-43　预制的金属箔（一）

图 4-44　预制的金属箔（二）

图 4-45　预制的金属箔（三）

图 4-46　切割后带有尖锐毛边的金属箔

意那尖锐锋利的边缘，如图 4-46 所示。在切割后，应该把被切割边缘滚轧至少两次，以便去除可能刺破绝缘的尖锐毛刺，因此，不用小于/mil 的层间，绝缘是明智之举。

当用金属箔绕制变压器或电感器时，应该特别考虑线圈出线端。用金属箔最大的问题之一就是焊接时焊料的流动。这个焊料的流动会穿透绝缘，导致匝间短路，一般金属箔所用的绝缘是很薄的。用金属箔绕制时，线圈如图 4-7 所示，只是图 4-47 所示更明显些。

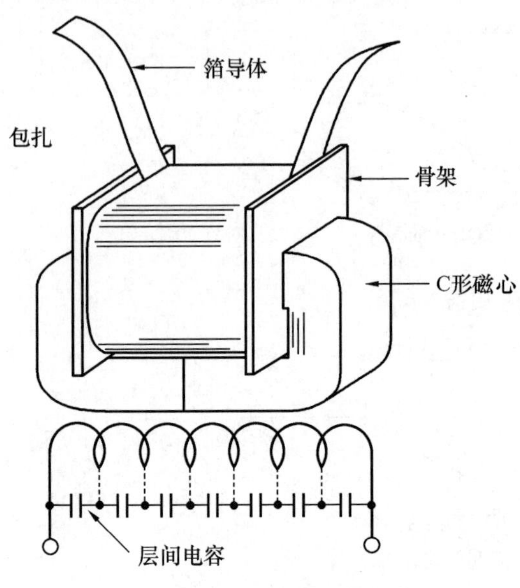

图 4-47 金属箔电容公式

形成的电容被表达为

$$C = 0.0885\left[\frac{K(N-1)MLT\,G}{d}\right]\text{(pF)} \tag{4-22}$$

式中：K 为介电常数；MLT 为平均匝长；N 为匝数；G 为金属箔宽度，cm；d 为层绝缘厚度，cm。

各种材料的介电常数 K 可由表 4-17 找到。

表 4-17 各种材料的介电常数

材　料	K
聚酰亚胺	3.2～3.5
聚酯薄膜	3～3.5
牛皮纸	1.5～3.0
青壳纸	1.5～3.0
诺来克纸（聚芳酰胺纤维纸）	1.6～2.9

MLT(平均匝长)的计算

为了计算任何给定线圈的线圈电阻和质量，都需要平均匝长（MLT）。含骨架或管胎的线圈平均匝长（MLT）有关的线圈尺寸如图 4-48 所示。

$$\left.\begin{aligned} &MLT=2(D+2F)+2(E+2F)+\pi A\text{，作为整个的单一绕组的}\\ &MLT_1=2(D+2F)+2(E+2F)+\pi B\text{，第 1 个绕组的}\\ &MLT_2=2(D+2F)+2(E+2F)+\pi(2B+C)\text{，第 2 个绕组的}\end{aligned}\right\} \tag{4-23}$$

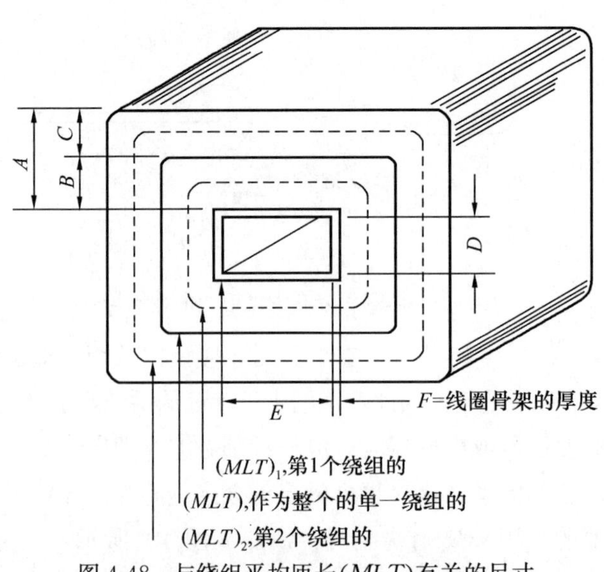

图 4-48 与绕组平均匝长(MLT)有关的尺寸

环形磁心线圈 MLT(平均匝长)的计算

对于满足所有情况下的环形磁心，平均匝长（MLT）计算是十分困难的，有太多绕制环形磁心绕组的方法。如果用机器来绕，将需要一个专门的空隙用来穿过走绕线的梭子；如果用手绕，绕制的内径将不同。环形磁心绕组制作的效果很大程度上依赖于绕线者的技术水平。图 4-49 中示出了对环形磁心绕组平均匝长（MLT）的一个较好近似。

$$MLT = 0.8\left[OD + 2\left(H_t\right)\right]，近似 \tag{4-24}$$

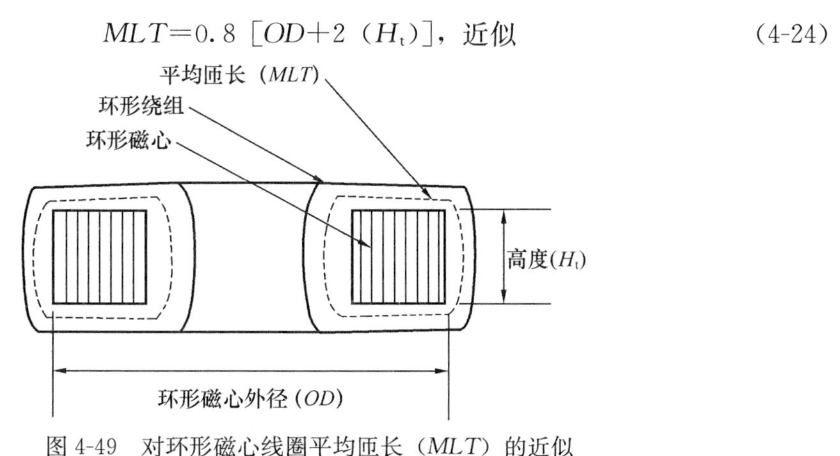

图 4-49　对环形磁心线圈平均匝长（MLT）的近似

铜的电阻

线圈的直流（DC）电阻计算需要知道导体的总长度 l，导体的横截面积 A_w 和导体材料的电阻率 ρ。以 μΩ/cm 为单位的三种不同导体材料的电阻率 ρ 可以从表 4-7 中找到。

$$R_{DC} = \frac{\rho l}{A_W} \quad (\Omega) \tag{4-25}$$

铜的质量

线圈质量的计算需要知道导体的总长度 l、导体的横截面积 A_w 和导体材料的密度 λ。以 g/cm^3 为单位的三种不同导体材料的密度 λ 可以从表 4-7 中找到。

$$W_t = \lambda l A_w \quad (g) \tag{4-26}$$

电气绝缘材料

磁器件的可靠性和寿命取决于施加于绝缘材料上的应力水平。如果设计或制作得不妥当，那么绝缘也帮不了你。

参 考 文 献

[1] P. L. Dowell,"Effects of Eddy Currents in Transformer Windings,"Proceedings IEE(UK),Vol. 113, No. 8,August 1966,pp 1387—1394.

[2] B. Carsten,"High Frequency Conductor Losses in Switch Mode Magnetics,"High Frequency Power Converter Conference,1986,pp 155—176.

[3] L. Dixon,Eddy Current Losses in Transformer Windings and Circuit Wiring,Unitrode Corp. Power Supply Seminar Handbook,Unitrode Corp. ,Watertown MA,1988.

[4] E. Snelling,Soft Ferrites,pp 341—348,Iliffe,London,1969.

[5] A. I. Pressman,Switching Power Supply Design,pp 298—317,McGraw-Hill,Inc. ,New York 1991.

[6] E. C. Snelling,Soft Ferrites,CRC Press,Iliffe Books Ltd. ,42 Russell Square,London,W. C. I,1969.

[7] Werner Osterland,"The Influence of Wire Characteristics on the Winding Factor and Winding Method,"WIRE,Coburg,Germany. Issue 97,October 1968.

[8] H. A. George,"Orthocyclic Winding of Magnet Wire Without Interleaving Materials,"Insulation/Circuits,August 1976.

[9] MWS Wire Industries,"Wire Catalog,"Revised June,1992,31200 Cedar Valley Drive,Westlake Village,CA 91362.

[10] Alpha-Core Inc. (Special Foils),915 Pembroke Street,Bridgeport,CT06608 Phone:(203)335 6805.

[11] Industrial Dielectrics West, Inc. ,(Special Foils),455 East 9th Street,San Bernardino,CA 92410 Phone:(909)381 4734.

[12] Rubadue Wire Company,Inc. ,(Triple Insulated Wire),5150 E. LaPalma Avenue,Suite 108,Anaheim Hills,CA 92807 Phone:(714)693 5512,Email:www. rubaduewire. com.

第5章

变压器的设计折中

Chapter 5

目　次

导　　言

在功率电子技术中，变换过程需要用变压器元件。这些元件在变换电路中常常是笨重和庞大的。这些元件对整个系统的性能和效率都有显著的影响。因此，这样的变压器设计对整个系统的质量、功率变换效率和成本都有重要的影响，由于这些参数的相互依赖和相互影响，所以，为了获得设计的最优化，适当的折中是必不可少的。

设计中的一般性问题

设计者面临一组约束，在任何变压器的设计中都一定会有的约束。这些约束之一是输出功率 P_o（工作电压乘以需要的最大电流）。在特定的调整限度内，二次绕组必须能够把这个功率传送到负载。另一个约束涉及的是最小运行效率，它取决于变压器所允许的最大功率损失。还有一个约束是当它用于特定的温度环境时，所允许的最大温升。

变压器设计中的基本步骤之一是选择适当的磁心材料。设计低频和高频变压器时所用的磁性材料见表5-1。这些材料中的每一种在成本、尺寸、频率和效率方面都有自己的最佳点。设计者应该知道硅钢、镍-铁合金、非晶态和铁氧体材料之间价格的不同。另外的约束是变压器所占的体积（特别是在航空航天应用领域中）和质量最小是一个重要的目标。最后，成本可行性总是一个重要的考虑。

表5-1　　磁性材料和它们的特性

磁心材料特性					
材料名称	初始磁导率 μ_i	磁通密度 B_s	居里温度 /℃	直流矫顽力 H_c /℃	工作频率 f
铁合金					
硅钢（Magnesil）	1.5k	1.5～1.8	750	0.4～0.6	<2kHz
铁钴钒矩磁合金（Supermendur*）	0.8k	1.9～2.2	940	0.15～0.35	<1kHz
具有矩形磁滞回线的磁性材料（Orthonol）	2k	1.42～1.58	500	0.1～0.2	<2kHz
矩磁坡莫合金（Sq. Permalloy）	12k～100k	0.66～0.82	460	0.02～0.04	<25kHz
镍铁钼超导磁合金（Supermalloy）	10k～50k	0.65～0.82	460	0.003～0.008	<25kHz
非晶态					
2605～SC	3k	1.5～1.6	370	0.03～0.08	<250kHz
2714A	20k	0.5～0.58	>200	0.008～0.02	<250kHz
Vitro perm 500	30k	1.0～1.2	>200	<0.05	<250kHz
铁氧体					
锰锌	0.75～15k	0.3～0.5	100～300	0.04～0.25	<2MHz
镍锌	15～1500k	0.3～0.5	150～450	0.3～0.5	<100MHz

* 磁场退火。

根据应用场合的不同，这些约束中，某些约束将更为重要，然后，如必要时，对其他有影响的参数可以被折中，以获得最希望的设计。在一个设计中，不可能对所有的参数都要求是最佳的，因为它们之间有相互的影响和相互依赖关系。例如，如果体积和质量是很重要的，可以通过让变压器工作在高频下来减小体积和质量，但是要以效率为代价。当频率不能增加时，体积和质量还可能通过选择更有效的磁心材料来减小，但要以增加成本为代价。这样，明智的折中对获得设计目标一定会起重要作用。

变压器设计师已经采取了很多能达到合适设计的方法。例如，在很多情况下，用电流密度来处理的经验法。一个典型地假定是为得到一个很好的工作状况，取 200A/cm^2 (1000 圆密耳每安培，即 1000CM/A)。这样的经验法将会用于很多的设计中。但是，为满足这个要求，所需要的导线尺寸可能产生比希望或要求的要重且体积大的变压器。本章所提供的信息将可能避免用这个假定和其他经验法，而开发出了更经济且很精确的设计方法。

功率处理能力

近年来，制造厂商都为他们的磁心给出了一个数字代号以表明它们的功率处理能力。这个方法是给每个磁心一个被称为面积积 A_p 的数字。A_p 即窗口面积 W_a 和磁心横截面积 A_c 的乘积。磁心供应商用这些数字概括他们产品目录中的尺寸和电性能。对于叠片磁心、C 形磁心、铁氧体磁心、粉末磁心和环形带绕磁心都能得到这个数据。

A_p 与变压器功率处理能力的关系

按照研究结果，磁心的功率处理能力与面积积 A_p 的关系可以通过下面的公式表示

$$A_p=\frac{P_t\times 10^4}{K_f K_u B_m J f} \quad (cm^4) \tag{5-1}$$

式中：K_f 为波形系数，对方波，K_s 为 4.0；对正弦波，K_f 为 4.44。

由上可以看到，因子，诸如磁通密度、工作频率和窗口利用系数 K_u，确定了窗口中由铜可能占有的最大空间。

K_g 与变压器调整率和功率处理能力的关系

虽然多数变压器是针对给定的温度来设计，但是它们也能针对给定的调整率来设计。调整率和磁心的功率处理能力与下面两个约束有关

$$\alpha=\frac{P_t}{2K_g K_e} \quad (\%) \tag{5-2}$$

$$\alpha=调整率 \quad (\%) \tag{5-3}$$

常数 K_g 是由磁心的几何形状及尺寸决定的（参看第 7 章)。它们的关系可以由下式表示

$$K_g=\frac{W_a A_c^2 K_u}{MLT} \quad (cm^5) \tag{5-4}$$

常数 K_e 是由磁和电的工作状况来决定的。它们的关系可由下式表示

$$K_e=0.145K_f^2f^2B_m^2\times10^{-4} \tag{5-5}$$

式中：K_f 为波形系数，对方波，K_f 为 4.0；对正弦波，K_f 为 4.44。

由上可以看出，因子，诸如磁通密度、工作频率和波形系数对变压器的尺寸有影响。由于它们的重要性，所以面积积 A_p 和磁心几何常数 K_g 在本手册中被广泛讨论。为了设计师的方便，本书也提供大量的其他信息。为了帮助设计师以最短的时间做出最适于具体应用场合的折中，本书多数信息将以表格的形式给出。

变压器的面积积 A_p

作者已经补充开发出了针对给定的调整率和温度情况下的 A_p 与电流密度 J 之间的关系。面积积 A_p 的量纲是长度的 4 次方（l^4），如图 5-1 所示。

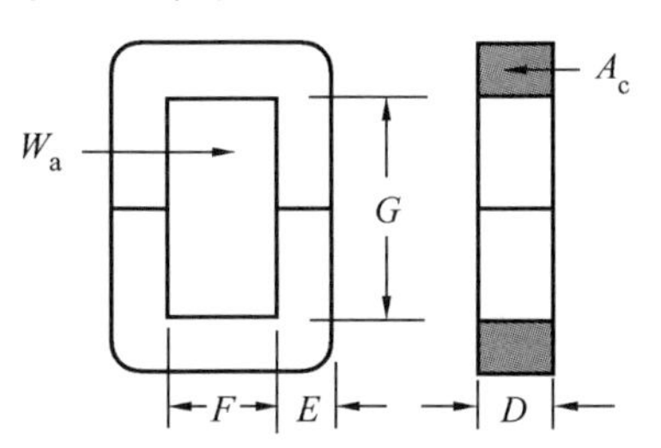

图 5-1　表示窗口面积 W_a 和磁心面积 A_c 的 C 形磁心的略图

$$W_a=FG \quad (\text{cm}^2)$$

$$A_c=DE \quad (\text{cm}^2)$$

$$A_p=W_aA_c \quad (\text{cm}^4) \tag{5-6}$$

应该指出，对于带绕磁心的常数，诸如 K_{Vol}、K_w、K_s、K_j 和 K_p[1]，具有上下跳变和不相一致的趋势这种不相一致的现象与组装好的磁心不是真正成比例有关。

变压器体积和面积积 A_p 的关系

如果把变压器的体积作为如图 5-2～图 5-4 那样，对磁心窗口不进行任何扣除的实心量来看待时，变压器的体积可以认为与变压器的面积积有关系，这个关系可根据下面的理由推导出来：体积是按照任何线尺度（l）的三次方变化，而面积积是按其 4 次方变化

$$\text{Volume（体积）}=K_1l^3 \quad (\text{cm}^3) \tag{5-7}$$

$$A_p=K_2l^4 \quad (\text{cm}^4) \tag{5-8}$$

$$l^4=\frac{A_p}{K_2} \tag{5-9}$$

[1] 这些常数的含义见本章下面几节的叙述。

$$l=\left(\frac{A_p}{K_2}\right)^{0.25} \tag{5-10}$$

$$l^3=\left[\left(\frac{A_p}{K_2}\right)^{0.25}\right]^3=\left(\frac{A_p}{K_2}\right)^{0.75} \tag{5-11}$$

$$\text{Volume（体积）}=K_1\left(\frac{A_p}{K_2}\right)^{0.75} \tag{5-12}$$

$$K_{\text{Vol}}=\frac{K_1}{K_2^{0.75}} \tag{5-13}$$

因此，体积和面积积 A_p 关系是

$$\text{Volume（体积）}=K_{vol}A_p^{0.75} \quad (\text{cm}^3) \tag{5-14}$$

式中：K_{vol}是与磁心结构有关的常数，它们的值在表 5-2 中给出。这些值是通过对取自第 3 章中表 3-1～表 3-64 中的数据进行求平均值而得到的。

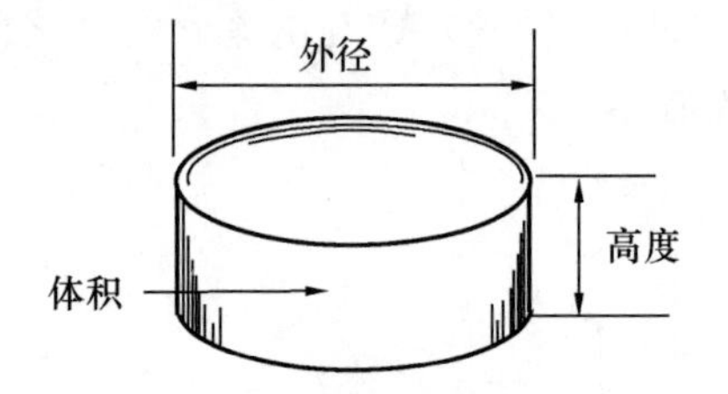

图 5-2　表示体积的环形变压器略图

表 5-2　　体积与面积积的关系

磁心类型	K_{vol}
罐形磁心	14.5
粉末磁心	13.1
叠片磁心	19.7
C 形磁心	17.9
单线圈 C 形磁心	25.6
带绕磁心	25.0

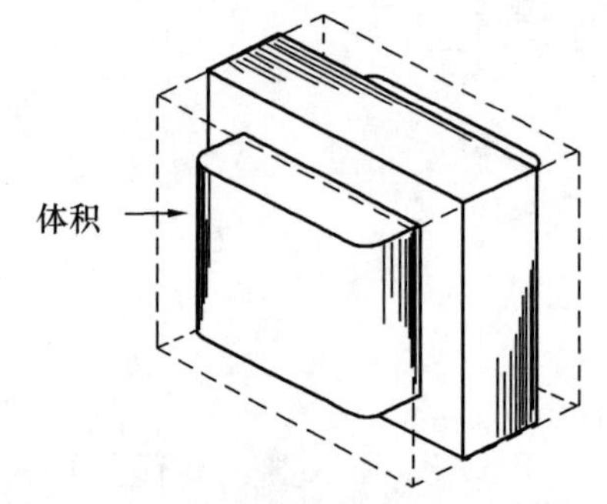

图 5-3　表示体积的 EI 磁心变压器略图

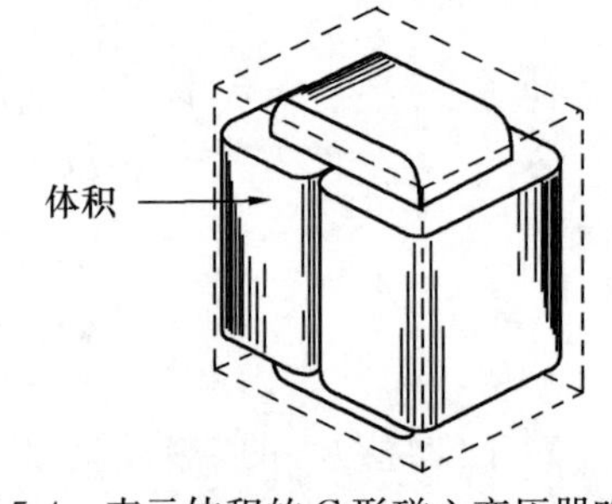

图 5-4　表示体积的 C 形磁心变压器略图

对于不同磁心类型的变压器体积与面积积 A_p 的关系在图 5-5～图 5-7 中画出。这些图中的数据取自第 3 章中的表格。

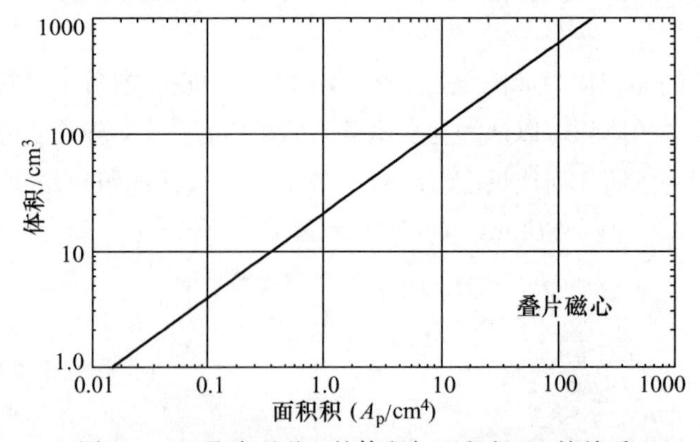

图 5-5　EI 叠片型磁心的体积与面积积 A_p 的关系

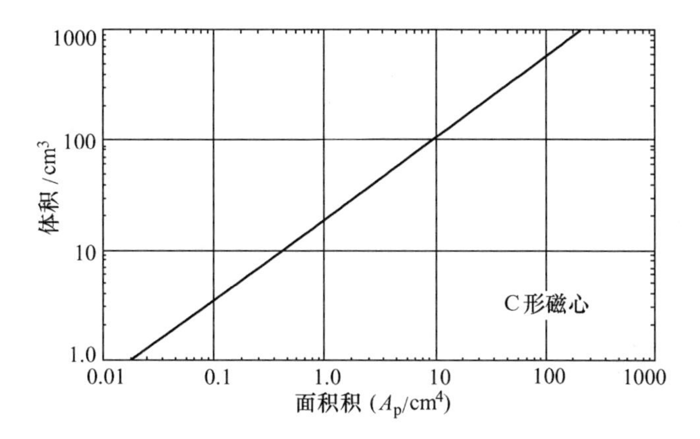

图 5-6 C形磁心体积与面积积 A_p 的关系

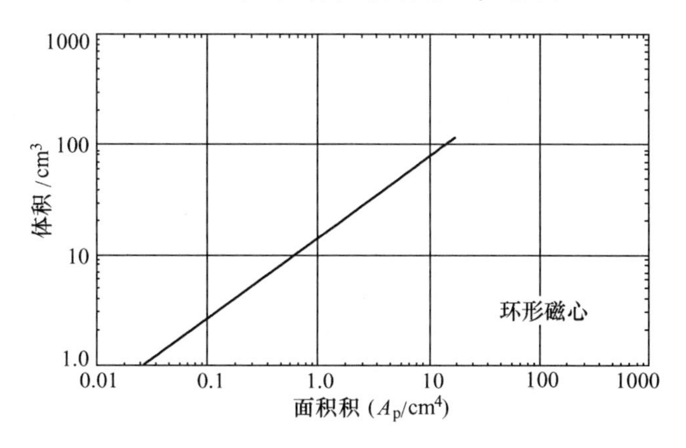

图 5-7 环形 MPP 磁心体积与面积积 A_p 的关系

变压器质量和面积积 A_p 的关系

变压器的总质量也可能与变压器的面积积 A_p 有关系。这个关系可根据下述理由被推导出来：质量 W_t 是按照任何线尺度 l 的三次方变化，而面积积按其 4 次方变化

$$W_t = K_3 l^3 \quad (\text{g}) \tag{5-15}$$

$$A_p = K_2 l^4 \quad (\text{cm}^4) \tag{5-16}$$

$$l^4 = \frac{A_p}{K^2} \tag{5-17}$$

$$l = \left(\frac{A_p}{K_2}\right)^{0.25} \tag{5-18}$$ [1]

$$l^3 = \left[\left(\frac{A_p}{K_2}\right)^{0.25}\right]^3 = \left(\frac{A_p}{K_2}\right)^{0.75} \tag{5-19}$$

[1] 原文似有误：原文式（5-18）为 $l^4 = \left(\frac{A_p}{K_2}\right)^{0.25}$。

$$W_t=K_3\left(\frac{A_p}{K_2}\right)^{0.75} \tag{5-20}$$

$$K_w=\frac{K_3}{K_2^{0.75}} \tag{5-21}$$

因此，质量和面积积 A_p 的关系为

$$W_t=K_wA_p^{0.75} \tag{5-22}$$

式中：K_w 是与磁心结构有关的常数，它们的值在表 5-3 中给出。这些值是通过对取自第 3 章中表 3-1～表 3-64 中的数据求平均值得到的。

表 5-3　质量与面积积的关系

磁心类型	K_w
罐形磁心	48.0
粉末磁心	58.8
叠片磁心	68.2
C 形磁心	66.6
单线圈 C 形磁心	76.6
带绕磁心	82.3

图 5-8～图 5-10 画出了不同磁心类型的质量和面积积的关系曲线。

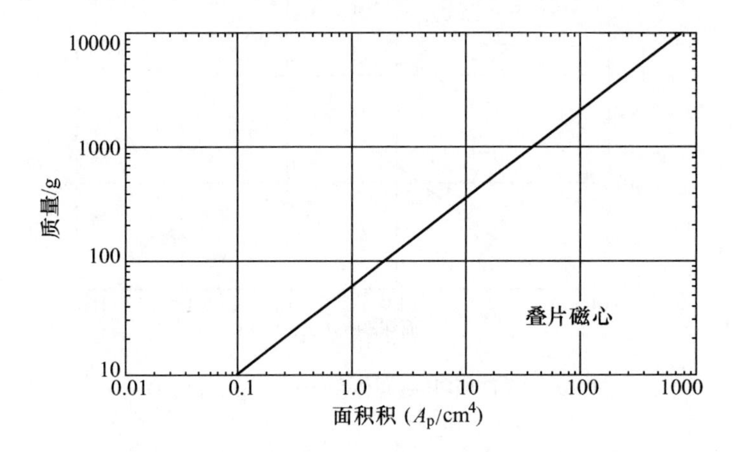

图 5-8　EI 叠片型磁心总质量与面积积 A_p 的关系

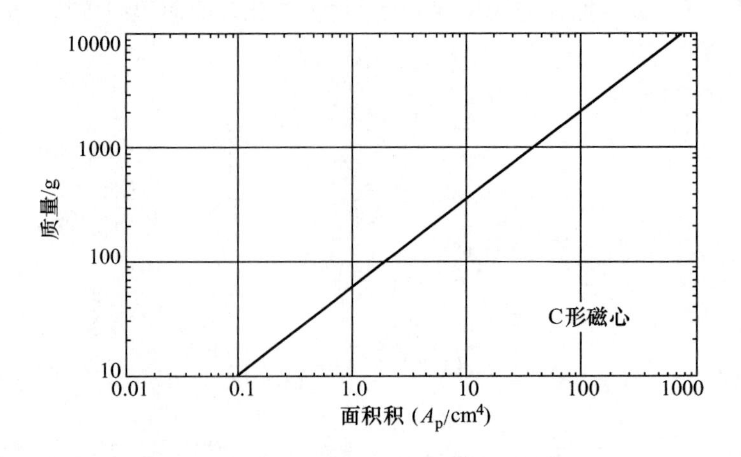

图 5-9　C 形磁心总质量与面积积 A_p 的关系

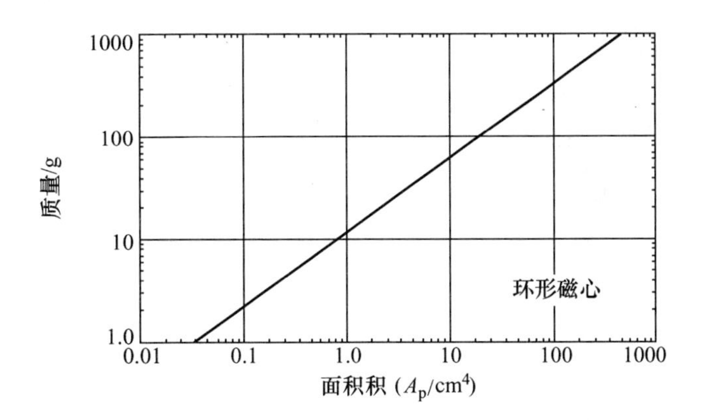

图 5-10 环形 MPP 磁心总质量与面积积 A_p 的关系

变压器表面积和面积积 A_p 的关系

如果变压器表面积如图 5-11～图 5-13 那样处理，变压器的表面积也与其面积积有关系。这个关系可根据下述理由被推导出来：表面积按任何线尺度 l 的平方变化，而面积积按其 4 次方变化。

$$A_t = K_4 l^2 \quad (\text{cm}^2) \tag{5-23}$$

$$A_p = K_2 l^4 \quad (\text{cm}^4) \tag{5-24}$$

$$l^4 = \frac{A_p}{K_2} \tag{5-25}$$

$$l = \left(\frac{A_p}{K_2}\right)^{0.25} \tag{5-26}$$

$$l^2 = \left[\left(\frac{A_p}{K_2}\right)^{0.25}\right]^2 = \left(\frac{A_p}{K_2}\right)^{0.5} \tag{5-27}$$

$$A_t = K_4 \left(\frac{A_p}{K_2}\right)^{0.5} \tag{5-28}$$

$$K_s = \frac{K_4}{K_2^{0.5}} \tag{5-29}$$

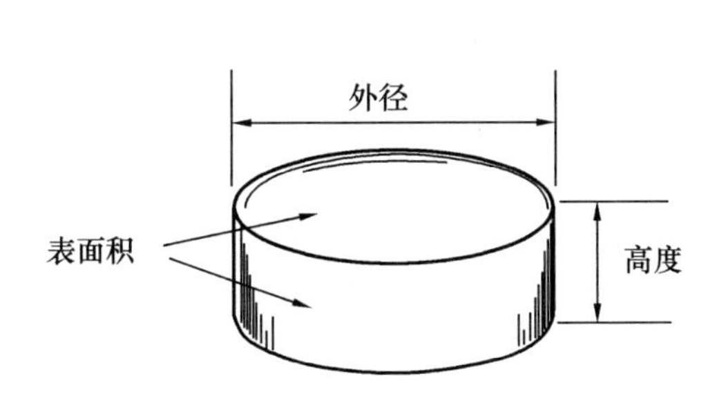

图 5-11 表示表面积的环形磁心变压器略图

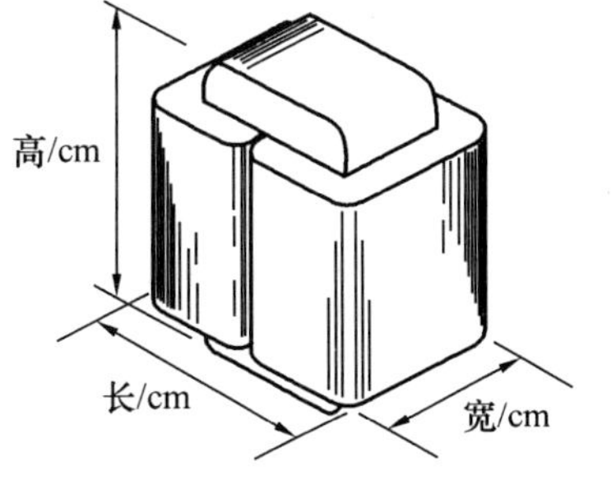

图 5-12 表示表面积的 C 形磁心变压器略图

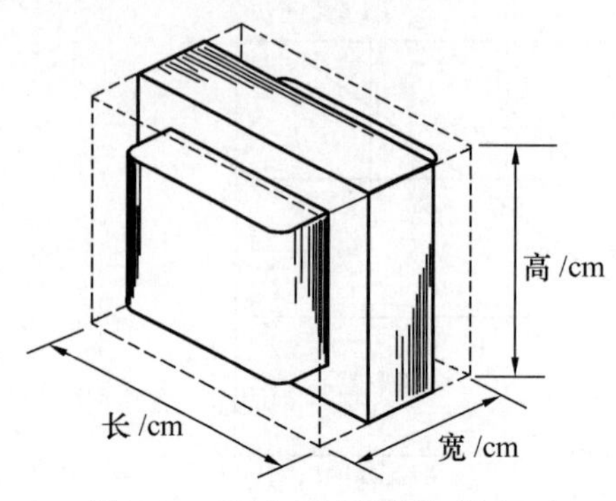

图 5-13 表示表面积的典型 EE 或 EI 磁心变压器略图

表 5-4 表面积与面积积的关系

磁心类型	K_s
罐形磁心	33.8
粉末磁心	32.5
叠片磁心	41.3
C 形磁心	39.2
单线圈 C 形磁心	44.5
带绕磁心	50.9

表面积 A_t 和面积积 A_p 之间的关系可以表达为

$$A_t = K_s A_p^{0.5} \tag{5-30}$$

式中：K_s 是与磁心结构有关的常数。其值在表 5-4 中给出。这些值是通过对取自第 3 章表 3-1～表 3-64 中的数据求平均值得到的。

环形变压器的表面积计算如下所示

$$\text{上、下表面} = 2\left[\frac{\pi\ (OD)^2}{4}\right] \quad (\text{cm}^2) \tag{5-31}$$

周围圆柱形表面$=\pi(OD)(\text{高})\quad(\text{cm}^2)$

C 形磁心、叠片磁心和与其相似结构的磁心变压器表面积计算如下。由于侧面和端面不是完整的方形，所以有一个很小的应该扣除的面积。

$$\begin{aligned} &\text{端面积} = \text{高} \times \text{长} \quad (\text{cm}^2) \\ &\text{顶面积} = \text{长} \times \text{宽} \quad (\text{cm}^2) \\ &\text{侧面积} = \text{高} \times \text{宽} \quad (\text{cm}^2) \\ &\text{表面积} = 2(\text{端面积}) + 2(\text{顶面积}) + 2(\text{侧面积}) \quad (\text{cm}^2) \end{aligned} \tag{5-32}$$

图 5-14～图 5-16 画出了不同磁心类型变压器的表面积与面积积 A_p 之间的关系曲线。这些图中的数据取自第 3 章中的表格。

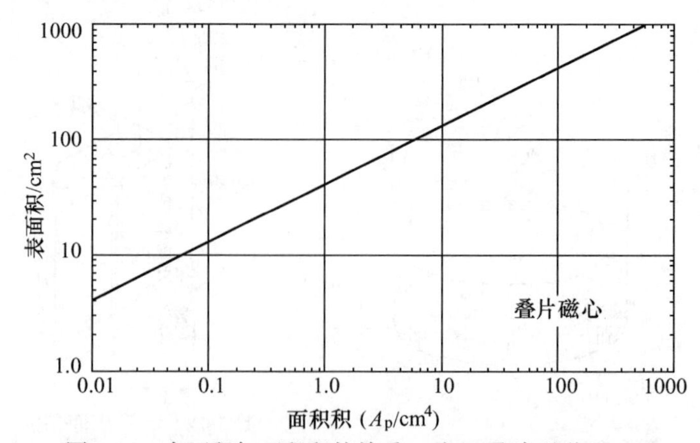

图 5-14 表面积与面积积的关系，对 EI 叠片型磁心

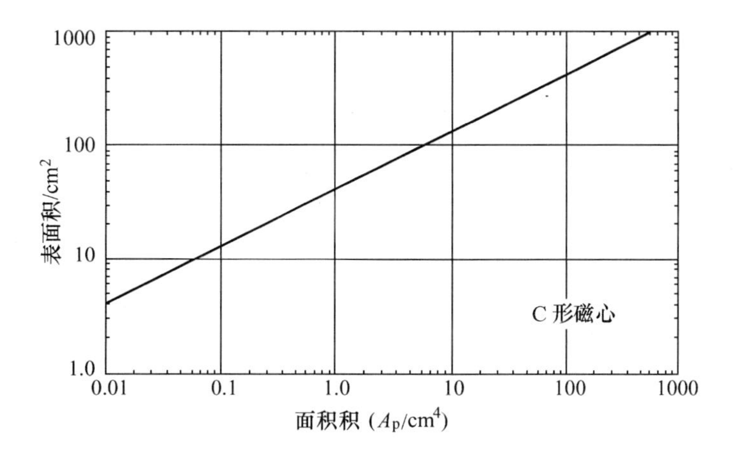

图 5-15 表面积与面积积的关系，对 C 形磁心

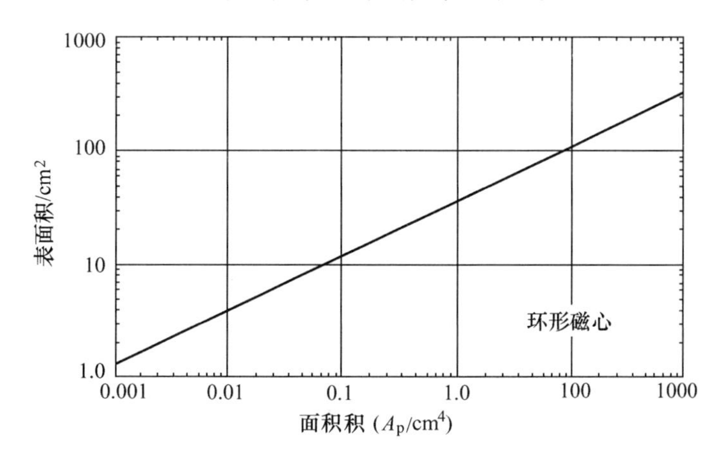

图 5-16 表面积与面积积的关系，对于环形 MPP 磁心

变压器的电流密度 J 与面积积 A_p 的关系

对于给定温升下变压器的电流密度 J 是与变压器的面积积 A_p 有关系的。这个关系可推导如下

$$A_t = K_s A_p^{0.5} \quad (\text{cm}^2) \tag{5-33}$$

$$P_{Cu} = I^2 R \quad (\text{W}) \tag{5-34}$$

$$I = A_w J \quad (\text{A}) \tag{5-35}$$

因此

$$P_{Cu} = A_w^2 J^2 R \tag{5-36}$$

因为

$$R = \frac{MLT}{A_w} N\rho \quad (\Omega) \tag{5-37}$$

所以我们有

$$P_{Cu} = A_w^2 J^2 \frac{MLT}{A_w} N\rho \tag{5-38}$$

$$P_{Cu} = A_w J^2 (MLT) N\rho \tag{5-39}$$

因为 MLT 具有长度的量纲，则

$$MLT = K_5 A_p^{0.25} \tag{5-40}$$

$$P_{Cu} = A_w J^2 (K_5 A_p^{0.25}) N\rho \tag{5-41}$$

$$A_w N = K'_3 W_a = K_6 A_p^{0.5} \tag{5-42}$$[1]

$$P_{Cu} = (K_6 A_p^{0.5})(K_5 A^{0.25}) J^2 \rho \tag{5-43}$$

令

$$K_7 = K_6 K_5 \rho \tag{5-44}$$

假定在变压器最佳工作下是磁心损失与铜损失相同（见第 6 章），为

$$P_{Cu} = K_7 A_p^{0.75} J^2 = P_{Fe} \tag{5-45}$$

$$P_\Sigma = P_{Cu} + P_{Fe} \tag{5-46}$$

$$\Delta T = K_8 \frac{P_\Sigma}{A_t} \tag{5-47}$$

$$\Delta T = \frac{2K_8 K_7 J^2 A_p^{0.75}}{K_s A_p^{0.5}} \tag{5-48}$$

为简单起见，令

$$K_9 = \frac{2K_8 K_7}{K_s} \tag{5-49}$$

则

$$\Delta T = K_9 J^2 A_p^{0.25} \tag{5-50}$$

$$J^2 = \frac{\Delta T}{K_9 A_p^{0.25}} \tag{5-51}$$

然后，令

$$K_{10} = \frac{\Delta T}{K_9} \tag{5-52}$$

我们有

$$J^2 = K_{10} A_p^{-0.25} \tag{5-53}$$[2]

因此，电流密度 J 与面积积 A_p 的关系可表达如下

$$J = K_j A_p^{-0.125} \tag{5-54}$$

式中：常数 K_j 与磁心结构有关，其数值在表 5-5 中给出。这些值是通过对取自第 3 章表 3-1～表 3-64 中的数据求平均值得到的。

表 5-5　温升为 25℃和 50℃情况下的常数 K_j

磁心类型	K_j（Δ25°）	K_j（Δ50°）
罐形磁心	433	632
粉末磁心	403	590
叠片磁心	366	534
C 形磁心	322	468
单线圈 C 形磁心	395	569
带绕磁心	250	365

[1] 原文中式（5-42）中 W_a 左为 K_3，但 K_3 在前文已有定义，即式（5-15）$W_t = K_3 l^3$。故此处译文改用 K'_3。

[2] 原文式（5-53）为 $J^2 = K_{10} A_p^{0.25}$，式（5-54）为 $J = K_j A_p^{0.125}$，似有误。因为式（5-53）是由式（5-51）而来，所以应为 $J^2 = K_{10} A_p^{-0.25}$，因此式（5-54）也应为 $J = K_j A_p^{-0.125}$。实际上，原书第一版（1978 年）P68 的结果与此注一致。

图 5-17～图 5-19 画出了温升为 25℃和 50℃情况下，电流密度 J 与面积积 A_p 的关系曲线。图中曲线上的数据是基于第 3 章表 3-1～表 3-64 中的数据计算的。

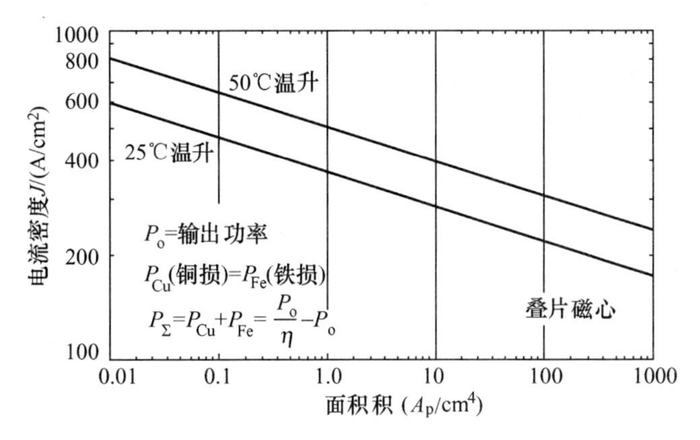

图 5-17　EI 叠片磁心电流密度 J 与面积积 A_p 的关系

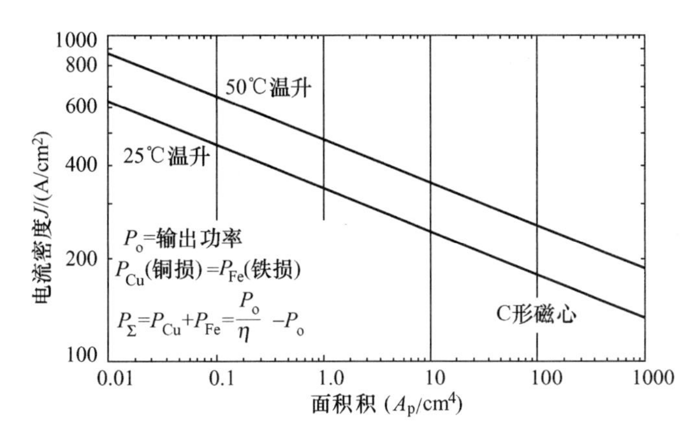

图 5-18　C 形磁心电流密度 J 与面积积 A_p 的关系

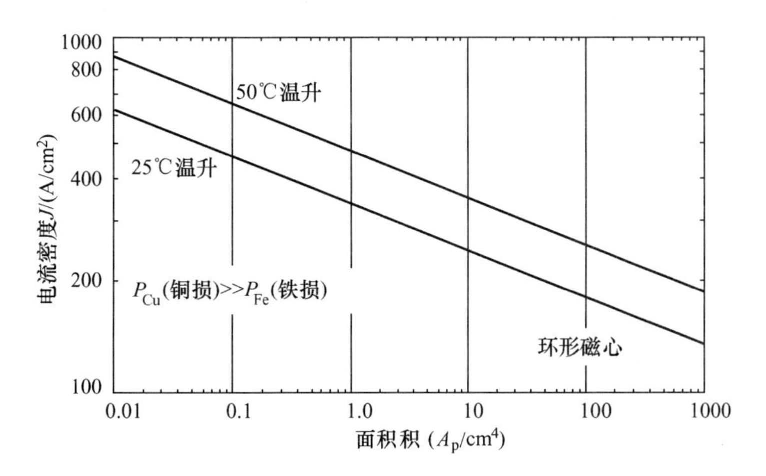

图 5-19　MPP 磁心电流密度 J 与面积积 A_p 的关系

变压器磁心几何常数 K_g 与面积积 A_p 的关系

变压器的磁心几何常数 K_g 也与面积积 A_p 有关。这个关系可根据下面理由推导出来：磁心几何常数 K_g 按任何线尺度的 5 次方变化，而面积积 A_p 按其 4 次方变化

$$K_g=\frac{W_aA_c^2K_u}{MLT} \quad (\text{cm}^5) \tag{5-55}$$

$$K_g=K'_{10}l^5 \tag{5-56}$$ [1]

$$A_p=K_2l^4 \tag{5-57}$$

由式（5-56）

$$l=\left(\frac{K_g}{K'_{10}}\right)^{0.2} \tag{5-58}$$

则

$$l^4=\left[\left(\frac{K_g}{K'_{10}}\right)^{0.2}\right]^4=\left(\frac{K_g}{K'_{10}}\right)^{0.8} \tag{5-59}$$

把式（5-59）代入式（5-57）

$$A_p=K_2\left(\frac{K_g}{K'_{10}}\right)^{0.8} \tag{5-60}$$

令

$$K_p=\frac{K_2}{K'^{(0.8)}_{10}} \tag{5-61}$$

则

$$A_p=K_pK_g^{(0.8)} \tag{5-62}$$

常数 K_p 与磁心结构有关，其数值在表 5-6 中给出。这些数值是通过对取自第 3 章表 3-1～表 3-64 中的数据求平均值得到的。

表 5-6　与磁心结构有关的面积积 A_p 与磁心几何常数 K_g 的关系常数

磁心类型	K_p
罐形磁心	8.9
粉末磁心	11.8
叠片磁心	8.3
C 形磁心	12.5
带绕磁心	14.0

图 5-20～图 5-22 画出了面积积 A_p 与磁心几何常数 K_g 之间的关系曲线。其曲线上

---

[1] 原文中式（5-56）中的常数为 K_{10}，但 K_{10} 前文已有定义，即式（5-53）$J^2=K_{10}A_p^{0.25}$，所以，此处译文改为 K'_{10}。

的数据是由第 3 章表 3-1～表 3-64 中的数据计算的。

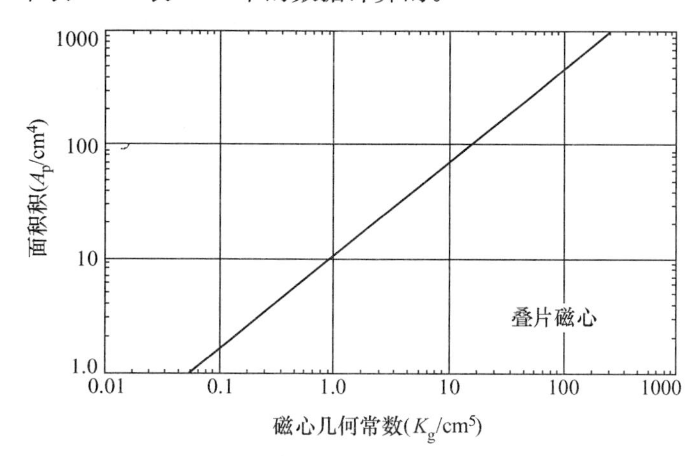

图 5-20　面积积 A_p 与磁心几何常数 K_g 的关系，对 EI 叠片磁心

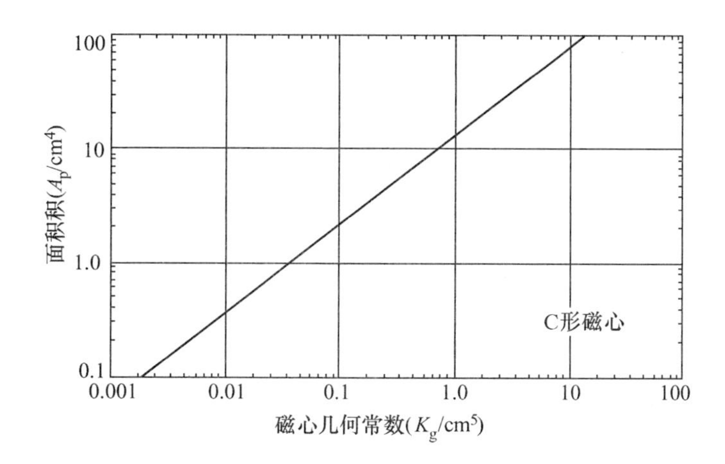

图 5-21　面积积 A_p 与磁心几何常数 K_g 的关系，对 C 形磁心

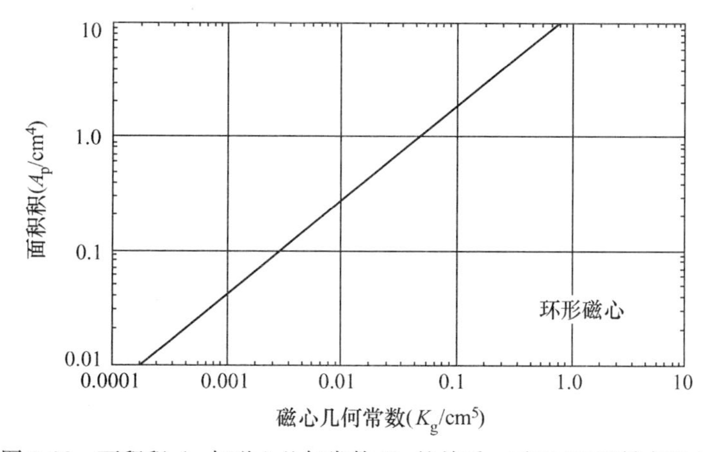

图 5-22　面积积 A_p 与磁心几何常数 K_g 的关系，对于 MPP 粉末磁心

质量与变压器调整率的关系

有许多变压器的设计任务，其质量是很重要的设计指标。工程师会提高工作频率以达到减少尺寸和质量的目的。当考察了磁性材料在工作频率及最低和最高温度下的性能，找到了理想的磁性材料后，变压器的质量还是感觉太高时，唯一的解决办法就是改变调整率。变压器的调整率与质量的关系如图 5-23 所示。

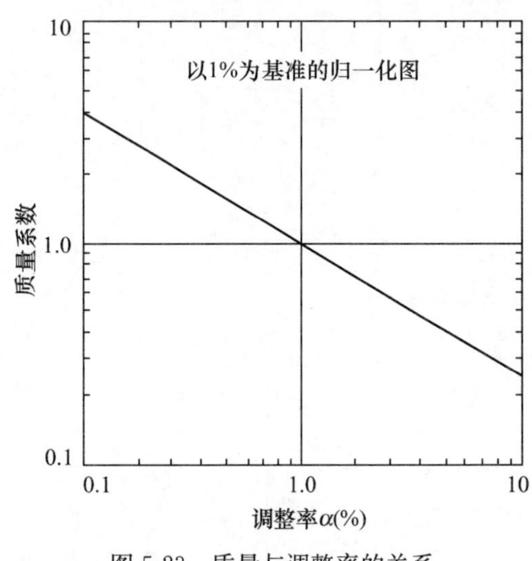

图 5-23　质量与调整率的关系

如果把调整率增加或减小，工程师将会看到质量的影响将是多么大了。

参 考 文 献

[1] C. McLyman，Transformer Design Tradeoffs，Technical Memorandum 33-767 Rev. 1，Jet Propulsion Laboratory，Pasadena，CA.

[2] W. J. Muldoon，High Frequency Transformer Optimization，HAC Trade Study Report 2228/1130，May，1970.

[3] R. G. Klimo，A. B. Larson，and J. E. Murray，Optimization Study of High Power Static Inverters and Converters，Quarterly report No. 2 NASA-CR-54021，April 20，1964，Contract NAS 3-2785.

[4] F. E. Judd and D. R. Kessler，Design Optimization of Power Trarsformers，Bell Laboratories，Whippany，New Jersey IEEE Applied Magnetics Workshop，June 5-6，1975.

第6章

变压器—电感器的效率、调整率和温升

Chapter 6

目　次

导　言

变压器的效率、调整率和温升是相互关联的。不是输入到变压器所有功率都传递到负载。输入功率与输出功率的差转换为热。这个功率损失可分为两个部分：磁心损失 P_{Fe}和铜损 P_{Cu}。磁心损失是固定的损失，铜损是可变损失，它与负载的电流需要量有关。铜损按电流的平方增加，也称为平方损失。当固定损失与额定负载时的平方损失相等时，获得最大效率。变压器的调整率 α 是铜损 P_{Cu}除以输出功率 P_o。

$$\alpha=\frac{P_{Cu}}{P_o}\times 100 \quad (\%) \tag{6-1}$$

变压器的效率

变压器的效率是估量设计效果的好方法。效率被定义为输出功率 P_o 对输入功率 P_{in} 的比值。P_o 与 P_{in}的不同是由于损耗。变压器中的总功率损失 P_{Σ} 是由磁心的固定损失和绕线即铜中的平方损失决定的。这样

$$P_{\Sigma}=P_{Fe}+P_{Cu} \quad (W) \tag{6-2}$$

式中：P_{Fe}是磁心损失；P_{Cu}是铜损。

最大效率

当使固定损失等于平方损失时，得到最大效率如式（6-12）所示。变压器损失与输出负载电流的关系如图 6-1 所示。

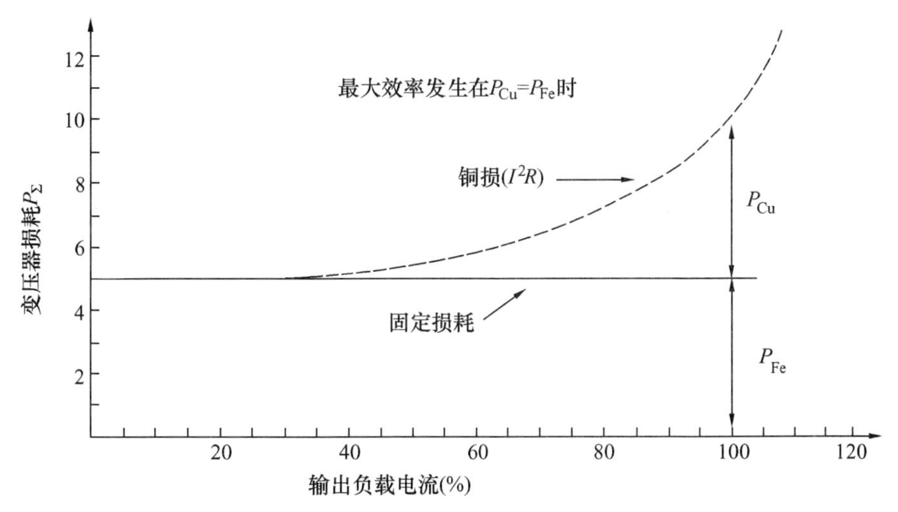

图 6-1　变压器损耗与输出负载电流的关系

铜损随输出功率 P_o 的平方与常数 K_c 的乘积增加，即

$$P_{Cu}=K_cP_o^2 \tag{6-3}$$

这可重写为

$$P_\Sigma=P_{Fe}+K_cP_o^2 \tag{6-4}$$

因为

$$P_{in}=P_o+P_\Sigma \tag{6-5}$$

所以，效率可以表达为

$$\eta=\frac{P_o}{P_o+P_\Sigma} \tag{6-6}$$

接着，把式（6-4）代入式（6-6），给出

$$\eta=\frac{P_o}{P_o+P_{Fe}+K_cP_o^2}=\frac{P_o}{P_{Fe}+P_o+K_cP_o^2} \tag{6-7}$$ [1]

对 P_o 求导

$$\frac{d\eta}{dp_o}=\frac{P_{Fe}+P_o+K_cP_o^2-P_o\ (1+2K_cP_o)}{(P_{Fe}+P_o+K_cP_o^2)^2} \tag{6-8}$$

为求最大值，令式（6-8）等于 0，则

$$\frac{P_{Fe}+P_o+K_cP_o^2-P_o\ (1+2K_cP_o)}{(P_{Fe}+P_o+K_cP_o^2)^2}=0 \tag{6-9}$$

$$-P_o\ (1+2K_cP_o)\ +\ (P_{Fe}+P_o+K_eP_o^2)\ =0 \tag{6-10}$$

$$-P_o-2K_cP_o^2+P_{Fe}+P_o+K_cP_o^2=0 \tag{6-11}$$

因此

$$P_{Fe}=K_cP_o^2=P_{Cu} \tag{6-12}$$

由辐射和对流产生的变压器损耗

变压器绕组的温升不可能完全精确地预计，尽管在文献中对它的计算叙述了很多方法。一个对于开放的磁心和绕组结构比较准确的方法是建立在可以把磁心和绕组的损失集中在一起这样一个假定的基础上，即

$$P_\Sigma=P_{Cu}+P_{Fe}\quad (W) \tag{6-13}$$

并假定热能被均匀地消耗在全部磁心和绕组装配件的表面。当一个物体的温度升高到它周围环境温度以上的时候，将发生通过热辐射的热传递，以波的形式发射辐射能量。根据斯蒂芬-玻尔兹曼（Stefan-Boltzmann）定律（见参考文献 1），这个热传递可以表达为

$$W_r=K_r\varepsilon\ (T_2^4-T_1^4) \tag{6-14}$$

---

[1] 原文有误。原文式（6-7）中 P_o^2 前的系数为 K，但式（6-4）中 P_o^2 前的系数为 K_c，故此处译文改为 K_c。同理，直至式（6-12）相应的地方皆应改为 K_c。

式中：W_r 为表面上每平方厘米的功率损失，W/cm²；$K_r=5.7(10^{-12})\text{W}/(\text{cm}^2/\text{K}^4)$；ε为发射系数；$T_2$ 为发热物体的温度，K(开尔文)；T_1 为周围即环境温度，K(开尔文)。

当一个物体比周围的介质（通常是空气）热时，将发生通过对流的热传递。与热物体接触的空气层通过传导扩散被加热且吸收其热量使温度升高，接下去较冷的层替换温度已升高的层，以此顺序被加热和温度升高。只要物体周围的空气或其他介质的温度较低，这个热传递就一直继续下去。通过对流的热传递可用数学式表达如下

$$W_c=K_c F\theta^{\eta}\sqrt{P} \tag{6-15}$$

式中：W_c 为每平方厘米的功率损失，W/cm²；$K_c=2.17\times10^{-4}$；F 为空气摩阻系数（垂直的表面为1）；θ 为温升，℃；P 为相对大气压（在海平面上为1）；η 为指数值，其范围为1.0～1.25，取决于正在被冷却表面的形状和位置。

由式（6-13）和式（6-15）可把由垂直（直立）的平表面耗散的总热能表达为

$$W=5.70\times10^{-12}\varepsilon(T_2^4-T_1^4)+1.4\times10^{-3}F\theta^{1.25}\sqrt{P} \tag{6-16}$$

温升与表面积 A_t 耗散的关系

不同功率损失水平的可预知温升如图6-2所示。它是基于式（6-16），依靠从Blume的著作（1938，见参考文献1）中的资料得到的。具体条件是物体处于海平面，环境温

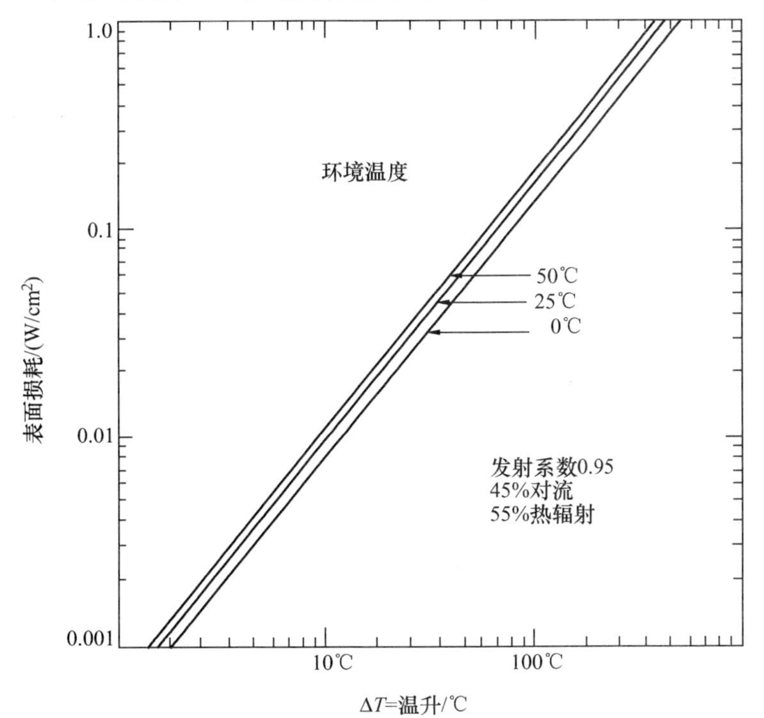

图6-2 温升与表面热耗散的关系

［引自 L. F. Blume. Transformers Engingeering，（变压器工程）Weley，New York，1938，Figure7.］

度为 25℃，表面热发射系数为 0.95，热传递由 55%的热辐射和 45%的对流组成。功率损失（热耗散）用瓦特/总表面的每平方厘米来表示。由水平表面的上边通过对流耗散的热能大约比由竖直表面通过对流耗散的热能多 15%～20%。由水平表面下边耗散的热能取决于面积和热导率。

热耗散所要求的表面积 A_t

耗散热能（以单位面积所消耗的瓦特数表示）所要求的有效表面积为

$$A_t=\frac{P_\Sigma}{\psi} \quad (\mathrm{cm}^2) \tag{6-17}$$

式中：ψ 为功率密度，即从变压器的表面每单位面积所耗散的平均功率；P_Σ 为总的功率损耗，即被耗散的总功率。

变压器的表面积 A_t 可能与变压器的面积积有关系。图 6-3 中所示的对数直线关系是根据第 3 章中的数据画出的。这个表面积 A_t 与面积积 A_p 关系的推导见第 5 章。

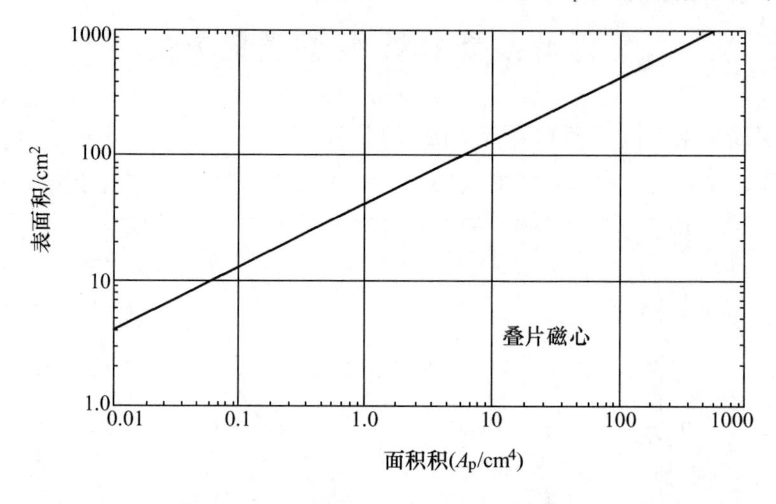

图 6-3 表面积 A_t 与面积积 A_p 的关系

由这个表面积可以引申出下面的关系

$$A_t=K_s A_p^{0.5}=\frac{P_\Sigma}{\psi} \quad (\mathrm{cm}^2) \tag{6-18}$$

由图 6-2❶ 得出

$$\psi=0.03 \ (\mathrm{W/cm^2}，在 25℃)$$

$$\psi=0.07 \ (\mathrm{W/cm^2}，在 50℃)$$

以℃为单位的温升 T_r 公式为

$$T_r=450\psi^{0.826} \quad (℃) \tag{6-19}$$

❶ 此处原文为由图 6-3（And from Figure 6-3），但根据上下文，这里应为图 6-2。

要求的表面积 A_t

一般，对变压器一般有两个在环境温度以上的允许温升，这两个温升如图 6-4 所示。图中所示为在环境温度以上的温升为 25℃和 50℃时所要求的表面积 A_t 与总损耗瓦数的关系。图中提供的数据被用来作为求解所需要的以 cm^2 为单位的变压器表面积的基础。

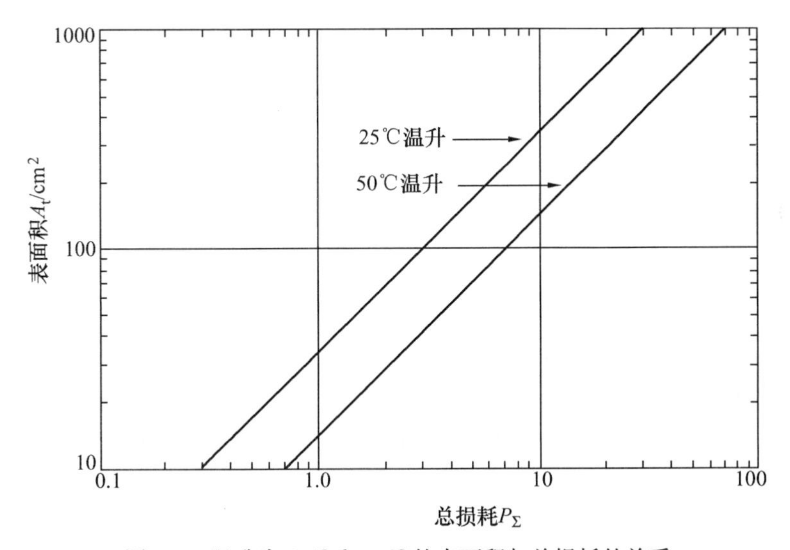

图 6-4　温升为 25℃和 50℃的表面积与总损耗的关系

如果变压器被看作是均质的，那么热能将均匀地遍布从磁心和绕组的安装表面上散发。图 6-5 给出了变压器达到最终温度的 63％所需要的时间（即时间常数）的一个很好近似。一个典型变压器的温升如图 6-6 所示。

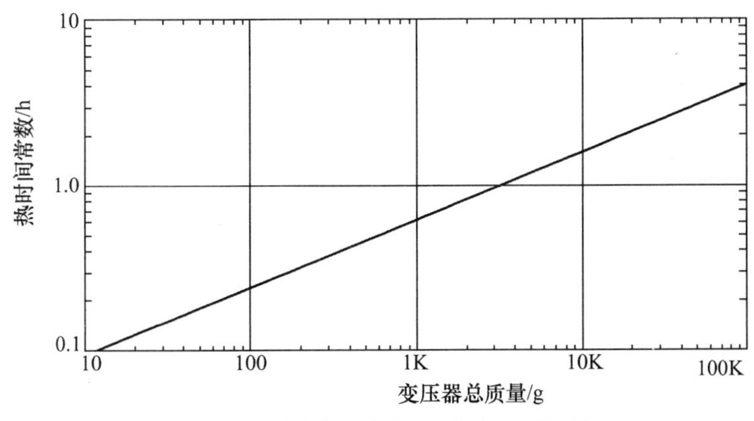

图 6-5　达到最终温度的 63％所需要的时间

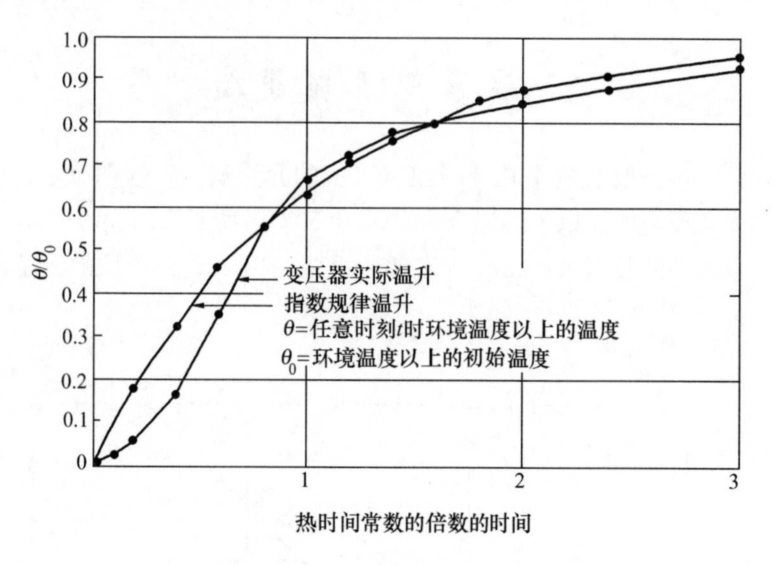

图 6-6　变压器温升的时间

作为效率函数的调整率

变压器的最小尺寸通常是既可由温升来限制，也可由假定尺寸和质量都被最小化情况下的允许电压调整率来决定的。图 6-7 示出了具有一个二次绕组的变压器电路图。请注意：α=调整率（%）。

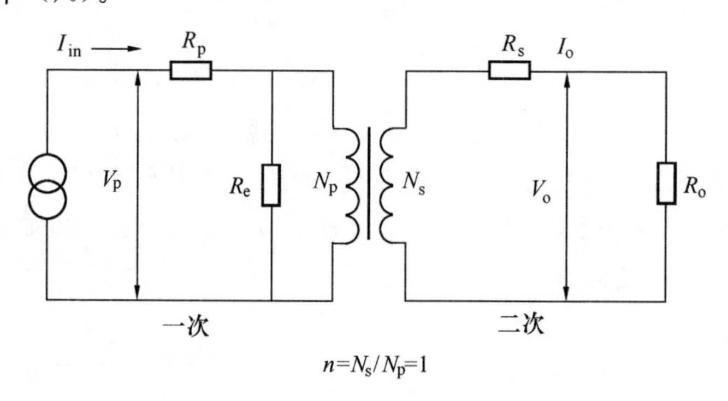

图 6-7　变压器电路图

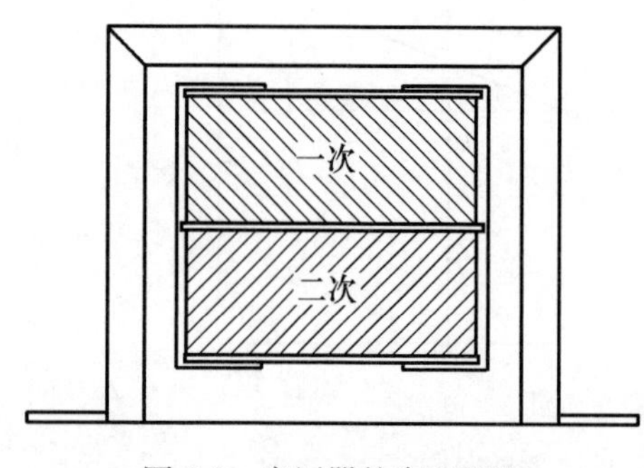

图 6-8　变压器的窗口配置

假定二次线圈中的分布电容可以忽略不计，因为工作频率和一次电压都不太高。还有，绕组的几何形状与尺寸也被设计得把漏感限制到在多数运行状况下可以被忽略不计的足够低的水平。变压器的窗口配置如图 6-8 所示。

$$\frac{W_a}{2}=一次=二次 \tag{6-20}$$

现在，变压器的电压调整率可以表达为

$$\alpha=\frac{V_o(\text{N. L.})-V_o(\text{F. L.})}{V_o(\text{F. L.})}\times100(\%) \tag{6-21}$$

式中：V_o(N. L)为空载电压；V_o(F. L.)为满载电压。为简单起见，假定图6-5中的变压器是一个隔离变压器，即它的匝数比为1∶1，磁心损耗电阻R_e为无穷大。

如果变压器的匝数比是1∶1，磁心损耗电阻是无穷大，则

$$I_{in}=I_o \quad (\text{A})$$
$$R_p=R_s \quad (\Omega) \tag{6-22}$$

对于一次与二次绕组配置相同的窗口面积，并采用相同电流密度J的情况下

$$\Delta V_p=I_{in}R_p=\Delta V_s=I_oR_s \quad (\text{V}) \tag{6-23}$$

则，调整率为

$$\alpha=\frac{\Delta V_p}{V_p}\times100+\frac{\Delta V_s}{V_s}\times100 \ (\%) \tag{6-24}$$

用电流I乘以上式

$$\alpha=\left(\frac{\Delta V_pI_{in}}{V_pI_{in}}+\frac{\Delta V_sI_o}{V_sI_o}\right)\times100 \ (\%) \tag{6-25}$$

一次绕组的铜损为

$$P_p=\Delta V_pI_{in} \quad (\text{W}) \tag{6-26}$$

二次绕组的铜损为

$$P_s=\Delta V_sI_o \quad (\text{W}) \tag{6-27}$$

总铜损为

$$P_{Cu}=P_p+P_s \quad (\text{W}) \tag{6-28}$$

这样，调整率公式可以改写为

$$\alpha=\frac{P_{Cu}}{P_o}\times100 \ (\%) \tag{6-29}$$ [1]

参　考　文　献

[1] Blume, L. F., *Transformer Engineering*, John Wiley & Sons Inc. New York, N. Y. 1938. page272-282.

[2] Terman, F. E., *Radio Engineers Handbook*, McGraw-Hill Book Co., Inc., New York, N. Y., 1943. page28-37.

[1] 式（6-29）的成立应有假定条件：即对公式中的分母而言，应假定$V_p=V_s$，才能由式（6-28）推得。但由图6-7看出，只有当$R_p=R_s=0$时，才有$V_p=V_s=V_o$，即$V_pI_{in}=V_sI_o=V_oI_o=P_o$。

另外，式（6-29）可如下推导：在图6-7中，$N_p/N_s=1$和R_e为无穷大的情况下，由变压器的电压调整率定义［式（6-21）］可得$\alpha=\frac{V_p-R_LI_o}{R_LI_o}$，式中$R_L$为负载电阻，所以$\alpha=\frac{R_pI_o+R_sI_o}{R_L\,I_o}$。此式的分子分母同乘以$I_o$，则$\alpha=\frac{R_pI_o^2+R_sI_o^2}{R_LI_o^2}$，又因$I_p=I_o$，所以有$\alpha=\frac{R_pI_p^2+R_sI_o^2}{R_LI_o^2}=\frac{P_p+P_s}{P_o}=\frac{P_{Cu}}{P_o}$。

第7章

功率变压器设计

Chapter 7

目 次

导　　言

在功率电子技术中的变换过程需要采用变压器和其他一些元器件。这些元器件在变换电路中常常是最笨重和最庞大的部分。它们对整个系统的性能和效率也有显著的影响。因此，这样的变压器设计对整个系统的质量、功率变换效率和成本都有重要的影响。由于参数间的相互依赖和相互影响，所以，为获得设计的最佳化，明智的折中是必不可少的。

设计的一般问题

设计师要面对在任何有关变压器的设计中一定会看到一组约束。这些约束中的一个是输出功率(工作电压乘以要求的最大电流)，二次绕组必须能够在规定的调整率限制以内把这个功率传递到负载。另一个约束是最小的工作效率，它取决于变压器中能够被允许的最大功率损失。还有一个约束是当它被用于一个特定的温度环境时，规定的变压器最大允许温升。

变压器设计的一个基本步骤是选择合适的磁心材料。用于设计低频和高频变压器的磁性材料见表7-1。这些材料中的每一种在成本、尺寸、频率和效率方面都有自己的最佳点。设计师应该了解硅钢、镍-铁、非晶态和铁氧体材料在价格方面的不同。另一个约束是涉及变压器所占的体积和质量，因为质量最小化是当今电子学领域中的一个主要目标，质量在航空航天领域中特别重要。最后，成本可行性总是一个重要的考虑。

表7-1　　**磁性材料的特性**

材料名称	商品名成分	初始磁导率 μ_i	磁通密度 B_s/T	典型的工作频率
硅钢	3-97SiFe	1500	1.5～1.8	50～2k
具有矩形磁滞回线的磁心材料	50-50 NiFe	2000	1.42～1.58	50～2k
坡莫合金	80-20 NiFe	25000	0.66～0.82	1k～25k
非晶态	2605SC	1500	1.5～1.6	250k
非晶态	2714A	20000	0.5～6.5	250k
非晶态	毫微晶	30000	1.0～1.2	250k
铁氧体	MnZn	0.75～15k	0.3～0.5	10k～2M
铁氧体	NiZn	0.20～1.5k	0.3～0.4	0.2M～100M

根据应用场合，这些约束中的某一个将被认为更重要一些，影响其他约束的参数可能要做必要的折中，以获得最希望的设计结果。因为参数间有相互影响和相互依赖的关系，所以在一个设计中，使所有的参数都最佳化是不可能的。例如，如果体积和质量是

最重要的，通过把变压器工作在较高的频率下，可以使这两个指标减小，但是要以效率为代价。当不能增加频率时，体积和质量的减小还可能通过选择更有效的磁心材料来达到，但是，这要以增加成本为代价。这样，明智的折中对获得设计目标一定起很好的作用。

变压器设计师已经采用了各种方法来达到合适的设计。例如，在许多情况下，用经验法来处理电流密度。典型的、假定良好的工作水平是 $200A/cm^2$(1000CM/A)，在很多情况下可以正常工作。但是，满足这一要求的导线尺寸可能产生一个比希望或要求的要重且大的变压器。本书中所提供的信息可以避免使用这个假定或其他经验法而开发出一个更经济且很准确的设计方法。

功率处理能力

近年来，磁心制造商对他们的磁心都给出了数字标记，这些标记代表功率处理能力。其方法是对每一个磁心都给出一个数字，这个数字就是磁心的窗口面积 W_a 和磁心的横截面积 A_c 的乘积，这个乘积被称作面积积 A_p。

这些数字被磁心提供商用来在他们的产品目录中概括其磁心的尺寸和电气特性。这些磁心有叠片磁心、C 形磁心、罐形磁心、粉末磁心、铁氧体环形磁心和环形带绕磁心。

磁心的调整率和功率处理能力与磁心的几何常数 K_g 有关。每个磁心都有它自己固有的 K_g。磁心几何常数是一个相对新的概念，磁心制造商还没有列上这个系数。

鉴于它们的重要性，本书扩展地论述了面积积 A_p 和磁心几何常数 K_g。为了设计师的方便，本书还给出了大量的其他信息。为了帮助设计师以最少的时间对其具体的应用场合做出最适当的折中，书中多数材料是以表格形式给出的。

现在，这些关系可以被用来作为使变压器的设计过程简化和标准化的新工具。它们使不通过试探法设计步骤设计较轻质量和较小体积的变压器或使效率最佳化成为可能。

虽然这些关系是针对航空航天应用特别开发的，但它有广泛的利用价值，能很好地用于非航空航天领域中的设计。

输出功率 P_o 与视在功率 P_t 的关系

对用户而言，输出功率 P_o 是最重要的。对变压器设计者而言，与变压器的几何形状和尺寸有关的视在功率 P_t 更为重要。为简单起见，假定一个隔离变压器的磁心在其窗口面积中只有两个绕组即一次绕组和二次绕组，还假定以相等的电流密度按绕组的功率处理能力的比例来分割窗口面积 W_a。一次绕组处理功率 P_{in}，二次绕组处理传到负载的功率 P_o。因为功率变压器的设计必须与 P_{in} 和 P_o 相适应，所以根据定义

$$P_t = P_{in} + P_o \quad (W)$$

$$P_{in}=\frac{P_o}{\eta}\quad (W) \tag{7-1}$$

利用法拉第定律，一次绕组匝数可以表示为

$$N_p=\frac{V_p\times 10^4}{A_c B_{AC} f K_f} \tag{7-2}$$

当变压器的绕组面积被完全利用时

$$K_u W_a=N_p A_{wp}+N_s A_{ws} \tag{7-3}$$

根据定义，导线面积为

$$A_w=\frac{I}{J}\quad (cm^2) \tag{7-4}$$

重新整理公式，得出

$$K_u W_a=N_p\frac{I_p}{J}+N_s\frac{I_s}{J} \tag{7-5}$$

现在，代入法拉第公式

$$K_u W_a=\frac{V_p\times 10^4}{A_c B_{AC} f K_f}\times\frac{I_p}{J}+\frac{V_s\times 10^4}{A_c B_{AC} f K_f}\times\frac{I_s}{J} \tag{7-6}$$

重新整理，得出

$$W_a A_c=\frac{(V_p I_p+V_s I_s)\times 10^4}{B_{AC} f J K_f K_u}\quad (cm^4) \tag{7-7}$$

输出功率 P_o 为

$$P_o=V_s I_s\quad (W) \tag{7-8}$$ [1]

输入功率是

$$P_{in}=V_p I_p\quad (W) \tag{7-9}$$

而

$$P_t=P_{in}+P_o \tag{7-10}$$

用 P_t 代换，得

$$W_a A_c=\frac{P_t\times 10^4}{B_{AC} f J K_f K_u}\quad (cm^4) \tag{7-11}$$

由定义，A_p 等于

$$A_p=W_a A_c\quad (cm^4) \tag{7-12}$$

则

$$A_p=\frac{P_t\times 10^4}{B_{AC} f J K_f K_u}\quad (cm^4) \tag{7-13}$$

设计者一定要关注视在功率 P_t 和变压器磁心及绕组的功率处理能力。P_t 可能在 P_{in}的 2～2.828 倍范围内变化。具体值取决于所用变压器所处的电路类型。如果在整流变压器中电流有间断，它的有效值要改变。这样，变压器的尺寸不仅由负载要求来决定，而且也要由应用的场合来决定。因为由于电流波形使变压器承受了不同的铜损。

[1] 此式的条件是忽略二次绕组的电阻 R_s（见图 6-7），V_s 为 N_s 两端的电压。

图 7-1 二次全波整流桥式电路

例如，对于一个 1W 的负载，让我们比较图 7-1 所示的全波桥式电路、图 7-2 所示的二次绕组具有中心抽头的全波电路和图 7-3 所示的推挽式具有中心抽头的全波电路，对每个绕组所要求的功率处理能力(忽略变压器和二极管的损失，所以 $P_{in}=P_o$)。图中所有绕组都具有相同的匝数 N。

图 7-1 所示电路的总视在功率 P_t 是 2W。

这由下面公式表示

$$P_t=P_{in}+P_o \quad (W) \tag{7-14}$$

$$P_t=2P_{in} \quad (W) \tag{7-15}$$

图 7-2 所示电路的总功率 P_t 增加 20.7%，这是由于在二次绕组中流动着有间断电流畸变的波形。这由下面的公式表示

$$P_t=P_{in}+P_o\sqrt{2} \ (W) \tag{7-16}$$

$$P_t=P_{in}(1+\sqrt{2}) \ (W) \tag{7-17}$$

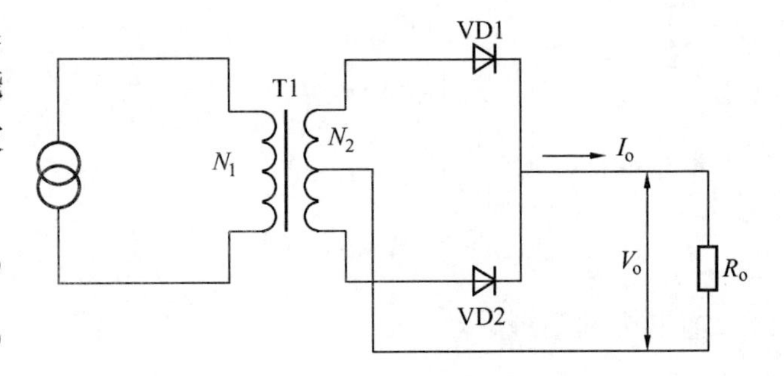

图 7-2 二次具有中心抽头的全波整流电路

图 7-3 所示的典型 DC-DC (直流-直流) 变换器电路总功率 P_t 增加到 2.828 倍的 P_{in}。这是因为在一次和二次两个绕组中流动的电流都是间断的。

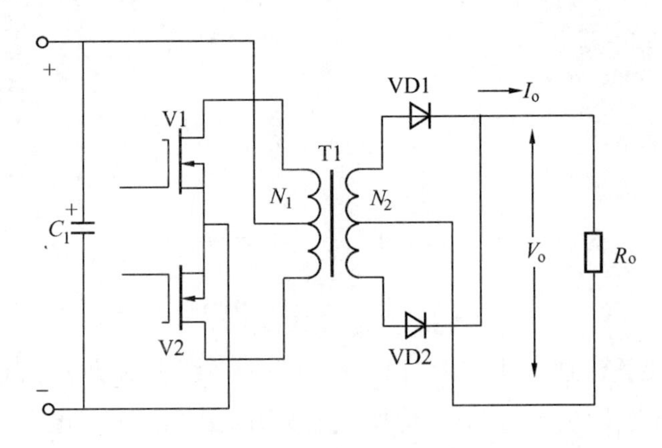

图 7-3 一次推挽、二次带有中心抽头的全波整流电路

$$P_t=P_{in}\sqrt{2}+P_o\sqrt{2} \quad (W) \tag{7-18}$$

$$P_t=2P_{in}\sqrt{2} \quad (W) \tag{7-19}$$

具有多输出的变压器

让我们用例子说明视在功率 P_t 怎样随变压器的多输出而变化。

输出	电路
5V、10A	对中心抽头 V_d＝二极管压降＝1V
15V、1A	对全波桥式 V_d＝二极管压降＝2V

效率＝0.95

图 7-4 中变压器的输出功率为

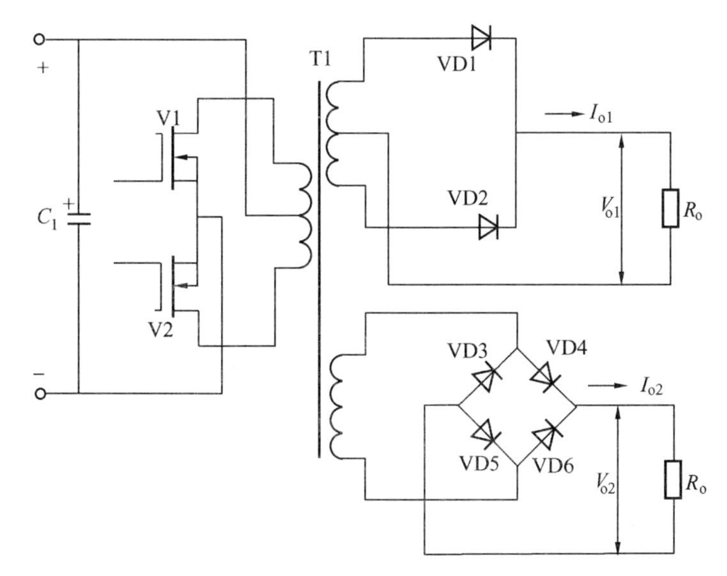

图 7-4　多输出变换器

$$
\begin{aligned}
P_{o1} &= (V_{o1}+V_d)\,I_{o1} \\
&= (5+1)\times 10 \\
&= 60\quad (\mathrm{W})
\end{aligned}
\tag{7-20}
$$

和

$$
\begin{aligned}
P_{o2} &= (V_{o2}+V_d)\,I_{o2} \\
&= (15+2)\times 1.0 \\
&= 17\quad (\mathrm{W})
\end{aligned}
\tag{7-21}
$$

因为绕组结构不同，视在功率 P_t，变压器输出相加，都应该反映这一点。当绕组具有中心抽头并产生不连续的电流时，在一次或二次绕组的功率必须要乘上一个系数 U，系数 U 对那个绕组中电流的有效值进行修正，如果绕组具有中心抽头，则系数 U 为 1.41；如果不，系数 U 为 1。

例如，对多输出变压器输出功率求和为

$$P_{\Sigma}=P_{o1}\,(U)\;+P_{o2}\,(U)\;+P_{on}\,(U)\;+\cdots \tag{7-22}$$

则

$$P_{\Sigma}=P_{o1}U+P_{o2}U$$
$$=60\times1.41+17\times1$$
$$=101.6\quad(W)\qquad(7\text{-}23)$$

在把二次总加起来以后，一次的功率可以被计算如下

$$P_{in}=\frac{P_{o1}+P_{o2}}{\eta}$$
$$=\frac{60+17}{0.95}$$
$$=81\quad(W)\qquad(7\text{-}24)$$

然后，视在功率 P_t 等于

$$P_t=P_{in}U+P_{\Sigma}$$
$$=81\times1.41+101.6$$
$$=215.8\quad(W)\qquad(7\text{-}25)$$

调　整　率

变压器的最小尺寸通常既由温升限制，也由假定尺寸和质量被最小化的情况下所允许的电压调整率来决定。图 7-5 示出了带有一个二次绕组的变压器电路图。

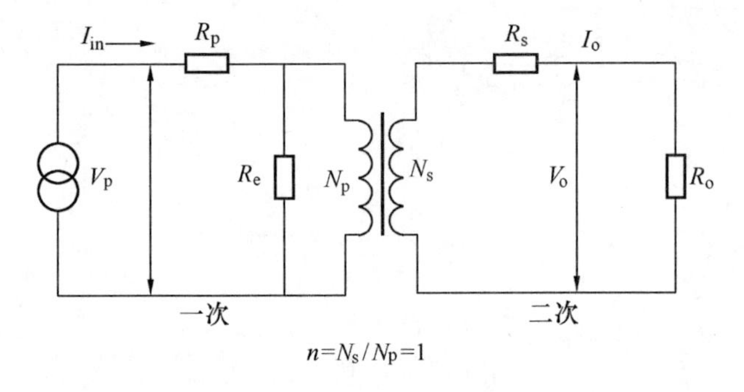

图 7-5　变压器电路图

请注意 α=调整率（%）。

假定二次绕组的分布电容可以忽略，因为频率和二次电压都不太高，绕组的几何形状与尺寸也设计得使漏感低到在多数工作状况下都可以忽略的水平。

现在，变压器的电压调整率可以表达为

$$\alpha=\frac{V_o(\text{N. L.})-V_o(\text{F. L.})}{V_o(\text{F. L.})}\times100(\%)\qquad(7\text{-}26)$$

式中：V_o（N. L.）为空载电压；V_o（F. L.）为满载电压。为简单起见，假定图 7-5 中的变压器是一个匝数比为 1∶1，磁心损耗阻抗 R_e 为无穷大的隔离变压器。

如果变压器具有 1∶1 的匝数比，磁心损耗阻抗为无穷大，则

$$I_{in}=I_o \quad (A)$$
$$R_p=R_s \quad (\Omega) \tag{7-27}$$

在一次与二次绕组配置的窗口面积相同，并采用相同电流密度 J 的情况下

$$\Delta V_p=I_{in}R_p=\Delta V_s=I_oR_s \quad (V) \tag{7-28}$$

则，调整率为

$$\alpha=\frac{\Delta V_p}{V_p}\times100+\frac{\Delta V_s}{V_s}\times100 \quad (\%) \tag{7-29}$$

用电流 I 乘上式

$$\alpha=\frac{\Delta V_p I_{in}}{V_p I_{in}}\times100+\frac{\Delta V_s I_o}{V_s I_o}\times100 \quad (\%) \tag{7-30}$$

一次绕组的铜损为

$$P_p=\Delta V_p I_{in} \quad (W) \tag{7-31}$$

二次绕组的铜损为

$$P_s=\Delta V_s I_o \quad (W) \tag{7-32}$$

总铜损为

$$P_{Cu}=P_p+P_s \quad (W) \tag{7-33}$$

这样，调整率的公式可以改写为

$$\alpha=\frac{P_{Cu}}{P_o}\times100 \quad (\%) \tag{7-34}$$ [1]

调整率可以表示铜损。一个输出功率为100W，调整率为2%的变压器，其铜损为

$$P_{Cu}=\frac{P_o\alpha}{100} \tag{7-35}$$

$$=\frac{100\times2}{100} \tag{7-36}$$ [2]

$$=2 \quad (W) \tag{7-37}$$

K_g 与功率变压器调整率的关系

虽然多数变压器是针对给定的温升进行设计的，但是也可以针对给定的调整率进行设计。调整率与磁心功率处理能力的关系有两个约束

---

[1] 从P182中间至此与第6章P172至P173的内容是完全一样的，原文如此，故译文也照释。

[2] 此式中 α 用2代之，是式（7-34）中 α 的定义所致。在那里 α 的单位为（%），这样就出现 α 大于1的情况。也正因为如此，后面的式（7-41）中 K_e 的等号右边有一个因子 10^{-4}，而不是 10^{-2}。但译者认为，式（7-26）可写为 $\alpha=\frac{V_o(N.L.)-V_o(F.L.)}{V_o(F.L.)}$，式（7-29）写为 $\alpha=\frac{\Delta V_p}{V_p}+\frac{\Delta V_s}{V_s}$，式（7-34）写为 $\alpha=\frac{P_{Cu}}{P_o}$，式（7-38）写为 $\alpha=\frac{P_t}{2K_gK_e}$，式（7-39）写为 α=调整率，式（7-41）写为 $K_e=0.145K_f^2f^2B_m^2\times10^{-2}$（$W/cm^5$）即可。

$$\alpha=\frac{P_t}{2K_gK_e}\quad(\%)\tag{7-38}$$

$$\alpha=\text{调整率}\ (\%)\tag{7-39}$$

常数 K_g 由磁心的几何形状和尺寸决定，它们的关系可以由下式表示

$$K_g=\frac{W_aA_c^2K_u}{MLT}\quad(\text{cm}^5)\tag{7-40}$$

常数 K_e 由电和磁的工作状态决定，它们的关系可以由下式表示

$$K_e=0.145K_f^2f^2B_m^2\times10^{-4}\tag{7-41}$$

式中：K_f 为波形系数。4.0：对方波；4.44：对正弦波。

由上可以看到，磁通密度、工作频率和波形系数诸因素会影响变压器的尺寸。

A_p 与变压器功率处理能力的关系

根据新近开发的方法，磁心的功率处理能力与面积积 A_p 可以用下面的公式来表述

$$A_p=\frac{P_t\times10^4}{K_fK_uB_mJf}\quad(\text{cm}^4)\tag{7-42}$$

式中：K_f 为波形系数。4.0：对方波；4.44：对正弦波。

由上可以看到，磁通密度、工作频率和窗口利用系数 K_u 诸因素确定了窗口中铜可能占有的最大空间。

具有相同面积积的不同磁心

磁心的面积积是可以得到的，以平方厘米（cm^2）为单位的磁心窗口面积 W_a 与以平方厘米（cm^2）为单位的有效横截面积 A_c 相乘。它可以表述如下

$$A_p=W_aA_c\quad(\text{cm}^4)\tag{7-43}$$

图 7-6～图 7-9 以外形轮廓图的形式示出了四种变压器磁心类型[1]，它们是在供应

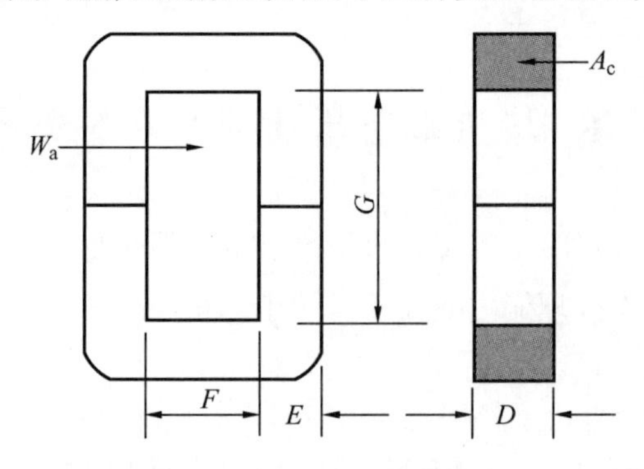

图 7-6　C 形磁心的轮廓尺寸

[1] 原文为 three transformer core type，但图 7-6～图 7-9 显然是四张图，四个类型磁心：C 形、EI 叠片型、环形和 PQ 型。

商产品目录中所示的典型类型。

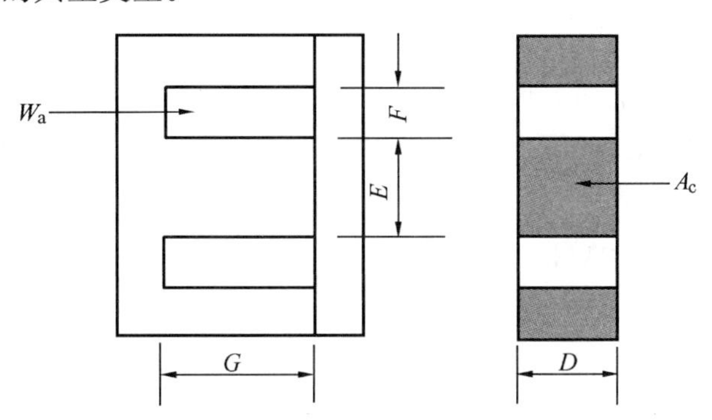

图 7-7 EI叠片磁心的轮廓尺寸

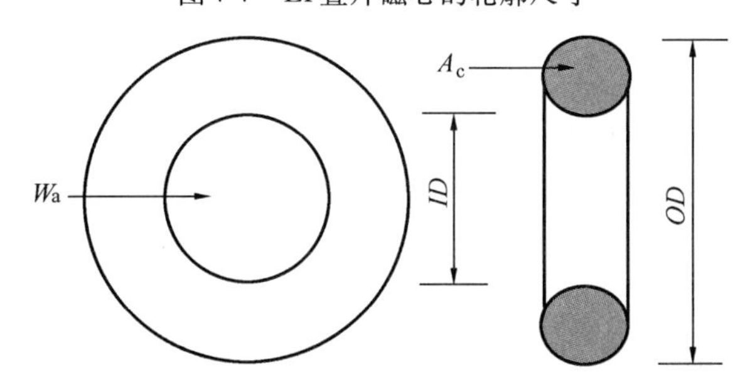

图 7-8 环形磁心的轮廓尺寸

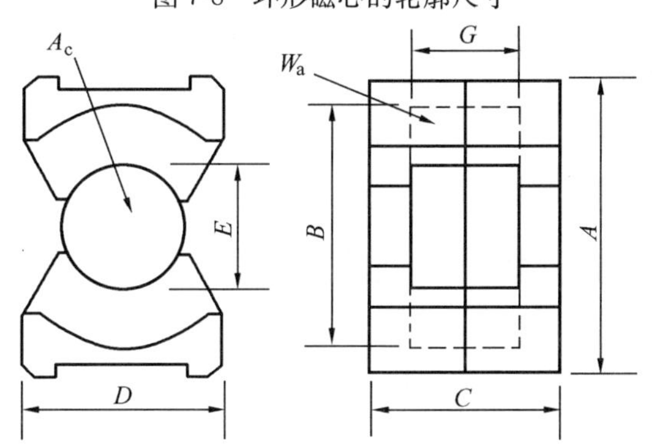

图 7-9 PQ铁氧体磁心的轮廓尺寸

利用磁心几何常数（K_g）法设计250W隔离变压器

下面的数据是用磁心几何常数（K_g）法设计工作频率为47Hz，250W隔离变压器的设计技术要求（指标）。对于一个具体的例子，假定的技术要求：

(1) 输入电压 V_{in}=115V。

(2) 输出电压 V_o=115V。

(3) 输出电流 I_o=2.17A。

(4) 输出功率 P_o=250W。

(5) 频率 f=47Hz。

(6) 效率 η=95%。

(7) 调整率 α=5%。

(8) 工作磁通密度 B_{AC}=1.6T。

(9) 磁心材料=硅钢 M6X。

(10) 窗口利用系数 K_u=0.4。

(11) 温升目标 T_r=30℃。

步骤 1：计算变压器的视在功率 P_t

$$P_t = P_o\left(\frac{1}{\eta}+1\right) \quad (W)$$

$$=250\times\left(\frac{1}{0.95}+1\right) \quad (W)$$

$$=513 \quad (W)$$

步骤 2：计算电磁的状况系数 K_e

$$K_e=0.145\ (K_f^2)^2 f^2 B_m^2\times10^{-4}$$

$$K_f=4.44\ (\text{对正弦波})$$

$$K_e=0.145\times4.44^2\times47^2\times1.6^2\times10^{-4}$$

$$K_e=1.62 \quad (W/cm^5)$$

步骤 3：计算磁心几何常数 K_g

$$K_g=\frac{P_t}{2K_e\alpha} \quad (cm^5)$$

$$=\frac{513}{2\times1.62\times5} \quad (cm^5)$$

$$=31.7 \quad (cm^5)$$

步骤 4：从第 3 章中选择与上面的磁心几何常数 K_g 相近的叠片磁心。[1]

叠片型号：EI-150

厂家：Thomas and Skinner

磁路长度 MRL：22.9cm

磁心质量 W_{tFe}：2.334kg

铜的质量 W_{tCu}：853g

平均匝长 MLT：22cm

铁面积 A_c：13.8cm²

窗口面积 W_a：10.89cm²

面积积 A_p：150cm⁴

磁心几何常数 K_g：37.6cm⁵

[1] 见本书第 3 章表 3-3，14mil EI 叠片磁心的设计数据。

$$表面积\ A_t：479\text{cm}^2$$

步骤 5：利用法拉第定律计算一次绕组匝数 N_p

$$N_p = \frac{V_{in} \times 10^4}{K_f B_{AC} f A_c} \quad (匝)$$

$$= \frac{115 \times 10^4}{4.44 \times 1.6 \times 47 \times 13.8} \quad (匝)$$

$$= 250 \quad (匝)$$

步骤 6：计算电流密度 J

$$J = \frac{P_t \times 10^4}{K_f K_u B_{AC} f A_p} \quad (\text{A/cm}^2)$$

$$= \frac{513 \times 10^4}{4.44 \times 0.4 \times 1.6 \times 47 \times 150} \quad (\text{A/cm}^2)$$

$$= 256 \quad (\text{A/cm}^2)$$

步骤 7：计算输入电流 I_{in}

$$I_{in} = \frac{P_o}{\eta V_{in}} \quad (\text{A})$$

$$= \frac{250}{0.95 \times 115} \quad (\text{A})$$

$$= 2.28 \quad (\text{A})$$

步骤 8：计算一次绕组的裸导线面积 $A_{wp(B)}$

$$A_{wp(B)} = \frac{I_{in}}{J} \quad (\text{cm}^2)$$

$$= \frac{2.28}{256} \quad (\text{cm}^2)$$

$$= 0.0089 \quad (\text{cm}^2)$$

步骤 9：从第 4 章的导线表中选择导线

$$AWG = \#18$$

$$A_{wp(B)} = 0.00822 \quad (\text{cm}^2)$$

$$A_{wp} = 0.00933 \quad (\text{cm}^2)$$

$$\frac{\mu\Omega}{\text{cm}} = 209^{❶} \quad \left(\frac{\mu\Omega}{\text{cm}}\right)$$

步骤 10：计算一次绕组电阻 R_p

$$R_p = MLT\ (N_p)\ \frac{\mu\Omega}{\text{cm}}\ (10^{-6}) \quad (\Omega)$$

$$= 22 \times 250 \times 209 \times 10^{-6} \quad (\Omega)$$

$$= 1.15 \quad (\Omega)$$

---

❶ 表 4-9 中的单位长度（每厘米）的电阻由 $\frac{\rho}{A_w\ (B)}$ 求得。

步骤 11：计算一次铜损 P_p

$$P_p = I_p^2 R_p \quad (W)$$
$$= 2.28^2 \times 1.15 \quad (W)$$
$$= 5.98 \quad (W)$$

步骤 12：计算二次绕组匝数 N_s

$$N_s = \frac{N_p V_s}{V_{in}}\left(1+\frac{\alpha}{100}\right)$$ ❶

$$= \frac{250\times115}{115}\left(1+\frac{5}{100}\right) \quad (匝)$$
$$= 262.5 \text{（匝）} \quad \text{取 263 匝}$$

步骤 13：计算二次绕组裸导线面积 $A_{ws(B)}$

$$A_{ws(B)} = \frac{I_o}{J} \quad (cm^2)$$
$$= \frac{2.17}{256} \quad (cm^2)$$
$$= 0.00804 \quad (cm^2)$$

步骤 14：从第 4 章中的导线表选择导线

$$AWG = \#18$$
$$A_{ws(B)} = 0.00822 \quad (cm^2)$$
$$A_{ws} = 0.00933 \quad (cm^2)$$
$$\frac{\mu\Omega}{cm} = 209 \quad \left(\frac{\mu\Omega}{cm}\right)$$

步骤 15：计算二次绕组电阻 R_S

$$R_S = MLT(N_S)\frac{\mu\Omega}{cm}(10^{-6}) \quad (\Omega)$$
$$= 22\times263\times209\times10^{-6} \quad (\Omega)$$
$$= 1.21 \quad (\Omega)$$

步骤 16：计算二次铜损 P_S

$$P_S = I_o^2 R_S \quad (W)$$
$$= 2.17^2 \times 1.21 \quad (W)$$

---

❶ 此公式的推导：

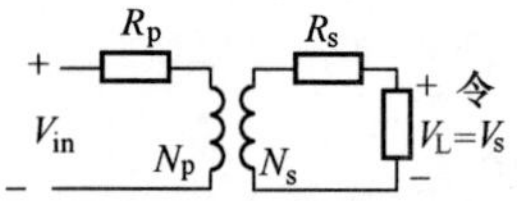

令 $V_L=V_s$

$\alpha=\frac{V_L(N.L.)-V_L(F.L.)}{V_L(F.L.)}\times100\%$ 令 $V_{L(F.L.)}=V_S$

则 $\alpha=\frac{\frac{N_s}{N_p}V_{in}-V_s}{V_s}\times100\%$ $N_s=\frac{N_pV_s}{V_{in}}\left(1+\frac{\alpha}{100}\right)$，$\alpha$ 的单位为%

∴此处的 V_s，指负载电压 V_L。

$$=5.70 \quad (W)$$

步骤 17：计算一、二级总铜损 P_{Cu}

$$P_{Cu}=P_P+P_S \quad (W)$$
$$=5.98+5.7 \quad (W)$$
$$=11.68 \quad (W)$$

步骤 18：计算变压器的调整率 α

$$\alpha=\frac{P_{Cu}}{P_o}\times 100 \quad (\%)$$
$$=\frac{11.68}{250}\times 100 \quad (\%)$$
$$=4.67\%$$

步骤 19：计算每 kg 磁心损耗 W/kg，利用第 2 章中这个材料的公式[1]

$$W/kg=0.000577 f^{1.68} B_{AC}{}^{1.86}$$
$$=0.000577\times 47^{1.68}\times 1.6^{1.86}$$
$$=0.860 \quad (W/kg)$$

步骤 20：计算磁心损失 P_{Fe}

$$P_{Fe}=(W/kg)\ W_{tFe}\times 10^{-3}\text{[2]} \quad (W)$$
$$=0.860\times 2.33\text{[3]} \quad (W)$$
$$=2.00 \quad (W)$$

步骤 21：计算变压器总损失 P_{Σ}

$$P_{\Sigma}=P_{Cu}+P_{Fe} \quad (W)$$
$$=11.68+2.00 \quad (W)$$
$$=13.68 \quad (W)$$

步骤 22：计算每单位表面积的瓦数 ψ

$$\psi=\frac{P_{\Sigma}}{A_t} \quad (W/cm^2)$$
$$=\frac{13.68}{479} \quad (W/cm^2)$$
$$=0.0286 \quad (W/cm^2)$$

步骤 23：计算温升 T_r

$$T_r=450\psi^{0.826} \quad (^\circ C)$$
$$=450\times 0.0286^{0.826} \quad (^\circ C)$$
$$=23.9 \quad (^\circ C)$$

步骤 24：计算总的窗口利用系数 K_u

---

[1] 见本书第 2 章，式（2-2）和表 2-12 中的硅钢，14mil。

[2] 此式中的 W_{tFe} 指表 3-3 中的数据。

[3] 此式中的 2.33 为步骤 4 中的数据。

$$K_u = K_{up} + K_{us}$$

$$K_{us} = \frac{N_s A_{ws(B)}}{W_a} = \frac{263 \times 0.00822}{10.89} = 0.199$$

$$K_{up} = \frac{N_p A_{wp(B)}}{W_a} = \frac{250 \times 0.00822}{10.89} = 0.189$$

$$K_u = 0.189 + 0.199 = 0.388$$

利用磁心几何常数（K_g）法设计38W、100kHz变压器

下面的数据是采用 K_g 磁心几何常数法设计工作在100kHz的38W推挽式变压器的设计技术指标。对于一个典型的例子，假定是满足下面指标的如图7-4所示的推挽、全波、带中心抽头的电路：

（1）输入电压 $V_{(min)}$ 为24V。

（2）输出电压#1，$V_{(01)}$ 为5.0V。

（3）输出电流#1，$I_{(01)}$ 为4.0A。

（4）输出电压#2，$V_{(02)}$ 为12.0V。

（5）输出电流#2，$I_{(02)}$ 为1.0A。

（6）频率 f 为100kHz。

（7）效率 η 为98%。

（8）调整率 α 为0.5%。

（9）二极管压降 V_d 为1.0V。

（10）工作磁通密度 B_{AC} 为0.05T。

（11）磁心材料为铁氧体。

（12）窗口利用系数 K_u 为0.4。

（13）温升目标 T_r 为30℃。

（14）备注。

采用具有中心抽头的绕组时，U=1.41；采用单个绕组时，U=1.0。

现在，我们选择一个使交流（AC）电阻与直流（DC）电阻关系是1的导线

$$\frac{R_{AC}}{R_{DC}} = 1$$

以厘米为单位的趋肤深度是

$$\varepsilon=\frac{6.62}{\sqrt{f}} \quad (\text{cm})$$

$$=\frac{6.62}{\sqrt{100000}} \quad (\text{cm})$$

$$=0.0209 \quad (\text{cm})$$

则，导线的直径 D_{AWG} 为

$$D_{AWG}=2\varepsilon \quad (\text{cm})$$

$$=2\times 0.0209 \quad (\text{cm})$$

$$=0.0418 \quad (\text{cm})$$

则，导线裸面积 A_w 为

$$A_w=\frac{\pi (D_{AWG})^2}{4} \quad (\text{cm}^2)$$

$$=\frac{3.1416\times 0.0418^2}{4} \quad (\text{cm}^2)$$

$$=0.00137 \quad (\text{cm}^2)$$

由第4章的导线表4-9看到，27号线的导线裸面积是0.001021cm²。

它是这个设计中最小的导线号码。如果设计要求较大的面积以满足设计指标，设计将采取多股26号导线，列在下面的是27号和28号。❶

美国线规号	导线裸面积/cm²	带绝缘面积/cm²	裸面积/带绝缘面积	μΩ/cm
26号	0.001280	0.001603	0.798	1345
27号	0.001021	0.001313	0.778	1687
28号	0.0008046	0.0010515	0.765	2142

步骤1：计算变压器的输出功率 P_o。

$$P_o=P_{o1}+P_{o2} \quad (\text{W})$$

$$P_{o1}=I_{o1} (V_{o1}+V_d) \quad (\text{W})$$

$$=4\times (5+1) \quad (\text{W})$$

$$=24 \quad (\text{W})$$

$$P_{o2}=I_{o2} (V_{o2}+V_d) \quad (\text{W})$$

$$=1\times (12+2) \quad (\text{W})$$

$$=14 \quad (\text{W})$$

$$P_o=24+14 \quad (\text{W})$$

❶ 此段开始提到的27号线，似应为26号线，它的裸线面积是0.001280cm²。而25号线的裸线面积是0.002002cm²。计算出的100kHz超滤深度 ε=0.0209cm，对应的导线裸面积为0.00137cm²。所以26号线应为最小的导体号码。这也与后面提出的“如果设计要求较大的导线面积以满足设计指标，设计将采取多股的26号线”相一致。

$$=38 \quad (\text{W})$$

步骤 2：计算二次总视在功率 P_{ts}

$$P_{ts}=P_{tso1}+P_{tso2} \quad (\text{W})$$

$$P_{tso1}=P_{o1}U \quad (\text{W})$$

$$=24\times1.41 \quad (\text{W})$$

$$=33.8 \quad (\text{W})$$

$$P_{tso2}=P_{o2}U \quad (\text{W})$$

$$=14\times1 \quad (\text{W})$$

$$=14 \quad (\text{W})$$

$$P_{ts}=33.8+14 \quad (\text{W})$$

$$=47.8 \quad (\text{W})$$

步骤 3：计算总视在功率 P_t

$$P_{in}=\frac{P_o}{\eta} \quad (\text{W})$$

$$P_{tp}=P_{in}P_a \quad (\text{W})$$ [1]

$$P_t=P_{tp}+P_{ts} \quad (\text{W})$$

$$=\frac{38}{0.98}\times1.41+47.8 \quad (\text{W})$$

$$=102.5 \quad (\text{W})$$

步骤 4：计算电状态 K_e

$$K_e=0.145K_f^2f^2B_{AC}^2\times10^{-4}$$

$$K_f=4.0 \text{（方波）}$$

$$K_e=0.145\times4.0^2\times100000^2\times0.05^2\times10^{-4}$$

$$K_e=5800 \quad (\text{W/cm}^5)$$

步骤 5：计算磁心几何常数 K_g

$$K_g=\frac{P_t}{2K_e\alpha} \quad (\text{cm}^5)$$

$$=\frac{102.5}{2\times5800\times0.5} \quad (\text{cm}^5)$$

$$=0.0177 \quad (\text{cm}^5)$$

当工作在高频时，工程师必须重新考虑第 4 章中的窗口利用系数 K_u。当采用一个小的带骨架铁氧体磁心时，可利用的骨架绕组面积对磁心窗口面积的比仅差不多为 0.6。工作在 100kHz 时，因为趋肤效应，必须用 26 号导线，这时，它的导线裸面积对总面积之比是 0.78。因此，整个的窗口利用系数 K_u 被降低了。为了使设计回到标准数

[1] 此公式中 P_a 即 U。

据[1]，磁心几何常数 K_g 要乘上1.35。然后，用窗口利用系数为0.29计算电流密度 J

$$K_g = 0.0177 \times 1.35 \quad (\text{cm}^5)$$
$$= 0.0239 \quad (\text{cm}^5)$$

步骤6：由第3章中选择一个与上面磁心几何常数 K_g 相近的PQ磁心：

磁心型号为PQ-2020[2]。

制造商为TDK。

磁性材料为PC44。

磁路长度 MPL 为4.5cm。

窗口高度 G 为1.43cm。

磁心质量 W_{tFe} 为15g。

铜质量 W_{tCu} 为10.4g。

平均匝长 MLT 为4.4cm。

铁面积 A_c 为0.62cm²。

窗口面积 W_a 为0.658cm²。

面积积 A_p 为0.408cm⁴。

磁心几何常数 K_g 为0.0227cm⁵。

表面积 A_t 为19.7cm²。

亨利每1000匝 AL 为3020。

步骤7：计算一次绕组匝数 N_p，利用法拉第定律

$$N_p = \frac{V_p \times 10^4}{K_f B_{AC} f A_c} \quad (\text{匝})$$
$$= \frac{24 \times 10^4}{4.0 \times 0.05 \times 100000 \times 0.62} \quad (\text{匝})$$
$$= 19 \quad (\text{匝})$$

步骤8：计算电流密度 J，利用窗口利用系数 $K_u = 0.29$

$$J = \frac{P_t \times 10^4}{K_f K_u B_{AC} f A_p} \quad (\text{A/cm}^2)$$
$$= \frac{102.5 \times 10^4}{4.0 \times 0.29 \times 0.05 \times 100000 \times 0.408} \quad (\text{A/cm}^2)$$
$$= 433 \quad (\text{A/cm}^2)$$

步骤9：计算输入电流 I_{in}

$$I_{in} = \frac{P_o}{V_{in} \eta} \quad (\text{A})$$
$$= \frac{38}{24 \times 0.98} \quad (\text{A})$$

---

[1] 指 K_u 为0.4。

[2] 见第3章中的表3-39。

$$=1.61 \quad (A)$$

步骤 10：计算一次绕组导线的裸面积 $A_{wp(B)}$

$$A_{wp(B)}=\frac{I_{in}\sqrt{D_{max}}}{J} \quad (cm^2)$$ [1]

$$=\frac{1.61\times0.707}{433} \quad (cm^2)$$

$$=0.00263 \quad (cm^2)$$

步骤 11：计算一次多股导线所需要的股数 S_{np}

$$S_{np}=\frac{A_{wp(B)}}{A_{\#26}}$$

$$=\frac{0.00263}{0.00128}$$

$$=2.05 \quad 取2$$

步骤 12：计算一次新的每厘米μΩ 数

$$(新的)\ \mu\Omega/cm=\frac{\mu\Omega/cm}{S_{np}}$$

$$=\frac{1345}{2}$$

$$=673$$

步骤 13：计算一次绕组电阻 R_p

$$R_p=MLT\ (N_P)\ \frac{\mu\Omega}{cm}\times10^{-6} \quad (\Omega)$$

$$=4.4\times19\times673\times10^{-6} \quad (\Omega)$$

$$=0.0563 \quad (\Omega)$$

步骤 14：计算一次绕组的铜损 P_P

$$P_P=I_P^2R_P \quad (W)$$

$$=1.61^2\times0.0563 \quad (W)$$

$$=0.146 \quad (W)$$

步骤 15：计算二次绕组匝数 N_{S1}

$$N_{S1}=\frac{N_PV_{S1}}{V_{in}}\left(1+\frac{\alpha}{100}\right)$$

$$V_{S1}=V_o+V_d \quad (V)$$

$$=5+1 \quad (V)$$

$$=6 \quad (V)$$

$$N_{S1}=\frac{19\times6}{24}\times\left(1+\frac{0.5}{100}\right) \quad (匝)$$

[1] 式中 D_{max} 为一次绕组中最大的占空比。

$$=4.77\ (匝)\quad 取5匝$$

步骤16：计算二次绕组匝数 N_{s2}

$$N_{s2}=\frac{N_p V_{s2}}{V_{in}}\left(1+\frac{\alpha}{100}\right)[1]$$

$$V_{s2}=V_o+2V_d\quad (V)$$

$$=12+2\quad (V)$$

$$=14\quad (V)$$

$$N_{s2}=\frac{19\times 14}{24}\times\left(1+\frac{0.5}{100}\right)\quad (匝)$$

$$=11.1\ (匝)\quad 取11匝$$

步骤17：计算二次绕组导线裸面积 $A_{ws1(B)}$

$$A_{ws1(B)}=\frac{I_o\sqrt{D_{max}}}{J}\quad (cm^2)[2]$$

$$=\frac{4\times 0.707}{433}\quad (cm^2)$$

$$=0.00653\quad (cm^2)$$

步骤18：计算二次绕组多股线所需的股数 S_{ns1}

$$S_{ns1}=\frac{A_{ws1(B)}}{A_{\#26}}$$

$$=\frac{0.00653}{0.00128}$$

$$=5.1\quad 取5$$

步骤19：计算二次绕组 S1 新的每厘米$\mu\Omega$数

$$(新的)\ \mu\Omega/cm=\frac{\mu\Omega/cm}{S_{ns1}}$$

$$=\frac{1345}{5}$$

$$=269$$

步骤20：计算二次绕组的电阻 R_{s1}

$$R_{s1}=MLT\ (N_{s1})\ \frac{\mu\Omega}{cm}\times 10^{-6}\quad (\Omega)$$

$$=4.4\times 5\times 269\times 10^{-6}\quad (\Omega)$$

$$=0.0059\quad (\Omega)$$

步骤21：计算二次绕组铜损 P_{s1}

$$P_{s1}=I_{s1}^2 R_{s1}\quad (W)$$

---

[1] 此式原文误写为 $N_{s2}=\frac{N_p V_{s1}}{V_{in}}\left(1+\frac{\alpha}{100}\right)$。

[2] 此处原文为 A_{ws1}，落掉了（B），下面一行也如此。

$$=4.0^2\times 0.0059 \quad (\text{W})$$

$$=0.0944 \quad (\text{W})$$

步骤 22：计算二次绕组导线裸面积 $A_{ws2(B)}$❶

$$A_{ws2(B)}=\frac{I_o}{J} \quad (\text{cm}^2)$$

$$=\frac{1}{433} \quad (\text{cm}^2)$$

$$=0.00231 \quad (\text{cm}^2)$$

步骤 23：计算二次绕组多股线需要的股数 S_{ns2}

$$S_{ns2}=\frac{A_{ws2(B)}}{A_{\#26}}$$

$$=\frac{0.00231}{0.00128}$$

$$=1.8 \quad \text{取 } 2$$

步骤 24：计算二次绕组的新的每厘米μΩ 数

$$(\text{新的})\ \mu\Omega/\text{cm}=\frac{\mu\Omega/\text{cm}}{S_{ns2}}$$

$$=\frac{1345}{2}$$

$$=673$$

步骤 25：计算二次绕组的电阻 R_{s2}

$$R_{s2}=MLT\ (N_{s2})\ \left(\frac{\mu\Omega}{\text{cm}}\right)\times 10^{-6} \quad (\Omega)$$

$$=4.4\times 11\times 673\times 10^{-6} \quad (\Omega)$$

$$=0.0326 \quad (\Omega)$$

步骤 26：计算二次绕组的铜损 P_{s2}

$$P_{s2}=I_{s2}^2R_{s2} \quad (\text{W})$$

$$=1.0^2\times 0.0326 \quad (\text{W})$$

$$=0.0326 \quad (\text{W})$$

步骤 27：计算二次绕组总铜损 P_s

$$P_s=P_{s1}+P_{s2} \quad (\text{W})$$

$$=0.0944+0.0326 \quad (\text{W})$$

$$=0.127 \quad (\text{W})$$

步骤 28：计算一次与二次总铜损 P_{Cu}

$$P_{Cu}=P_p+P_s \quad (\text{W})$$

$$=0.146+0.127 \quad (\text{W})$$

❶ 原文此处落掉下脚（B），下面一行也如此。

$$=0.273 \quad (\mathrm{W})$$

步骤 29：计算变压器调整率 α

$$\alpha=\frac{P_{\mathrm{Cu}}}{P_{\mathrm{o}}}\times 100 \quad (\%)$$

$$=\frac{0.273}{38}\times 100 \quad (\%)$$

$$=0.718\%$$

步骤 30：计算毫瓦每克 mW/g，利用第 2 章中这个材料的公式

$$\mathrm{mW/g}=0.000318 f^{1.51} B_{\mathrm{AC}}{}^{2.747}$$ ❶

$$=0.000318\times 100000^{1.51}\times 0.05^{2.747}$$

$$=3.01$$

步骤 31：计算磁心损失 P_{Fe}

$$P_{\mathrm{Fe}}=(\mathrm{mW/g})(W_{\mathrm{tFe}}\times 10^{-3}) \quad (\mathrm{W})$$

$$=3.01\times 15\times 10^{-3} \quad (\mathrm{W})$$

$$=0.045 \quad (\mathrm{W})$$

步骤 32：计算总损失 P_{Σ}

$$P_{\Sigma}=P_{\mathrm{Cu}}+P_{\mathrm{Fe}} \quad (\mathrm{W})$$

$$=0.273+0.045 \quad (\mathrm{W})$$

$$=0.318 \quad (\mathrm{W})$$

步骤 33：计算单位表面积的损失 ψ

$$\psi=\frac{P_{\Sigma}}{A_{\mathrm{t}}} \quad (\mathrm{W/cm^2})$$

$$=\frac{0.318}{19.7} \quad (\mathrm{W/cm^2})$$

$$=0.0161 \quad (\mathrm{W/cm^2})$$

步骤 34：计算温升 T_{r}

$$T_{\mathrm{r}}=450\psi^{0.826} \quad (^{\circ}\mathrm{C})$$

$$=450\times 0.0161^{0.826} \quad (^{\circ}\mathrm{C})$$

$$=14.9 \quad (^{\circ}\mathrm{C})$$

步骤 35：计算总的窗口利用系数 K_{u}

$$K_{\mathrm{u}}=K_{\mathrm{up}}+K_{\mathrm{us}}$$

---

❶ 此式与第 2 章中的式（2-2）相对应。但公式中 k、m、n 的数据 0.000318、1.51 和 2.747 却不是来源于本书中的数据。本书中只给出了 Maghetic 公司铁氧体材料的相应数据于表 2-14 中，而此例中用的 TDK 公司材料，它应来源 TDK 公司，它与本书表 2-14 中 R 型材料的 $f\leqslant$1000kHz 的数据相近。

$$K_{us}=K_{us1}+K_{us2}$$

$$K_{us1}=\frac{N_{s1}S_{n1}A_{ws1(B)}}{W_a}$$ [1]

$$=\frac{10\times5\times0.000128}{0.658}=0.0973$$

$$K_{us2}=\frac{11\times2\times0.000128}{0.658}=0.0428$$

$$K_{up}=\frac{N_P S_{np}A_{wp(B)}}{W_a}$$ [1]

$$=\frac{38\times2\times0.000128}{0.658}=0.148$$

$$K_u=0.148+0.973+0.428$$

$$=0.288$$

---

[1] 此式中的 $A_{ws1(B)}$ 与步骤 17、18 中的 $A_{ws1(B)}$ 不同，那里指的是由 I_o、D_{max} 和 J 计算出来的值，这里是指二次绕组 s1 中一股的截面积，即步骤 18 中的＃26。

第8章

用开气隙的磁心设计直流(DC)电感器

Chapter 8

目　次

导　　言

设计师们已经用过各种方法以得到合适的电感器设计。例如，在许多情况下，用安排电流密度的经验法。安排 200A/cm² （1000CM/A）就能得到很好的工作水平。在许多时候，这个方法是令人满意的。但是，用来满足这个要求的导线尺寸可能比希望或需要的大且重。在本书中所提供的信息将有可能避免利用这样或那样的经验法而开发出一个经济且更好的设计方法。

用于正弦波整流电路中的临界电感

LC 滤波器是减小纹波的基本方法。图 8-1 所示的带中心抽头全波整流电路和图 8-2 所示的桥式全波整流电路是两种基本的整流电路。为了使电感器正常工作，通过输入电感器 L_1 中的电流必须是连续的。

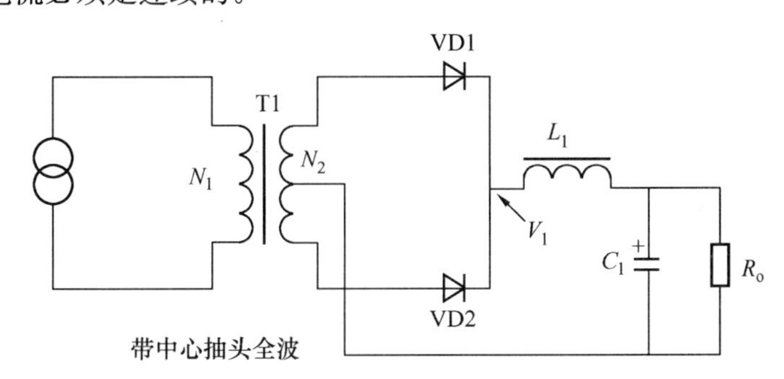

图 8-1　带 *LC* 滤波的中心抽头全波整流电路

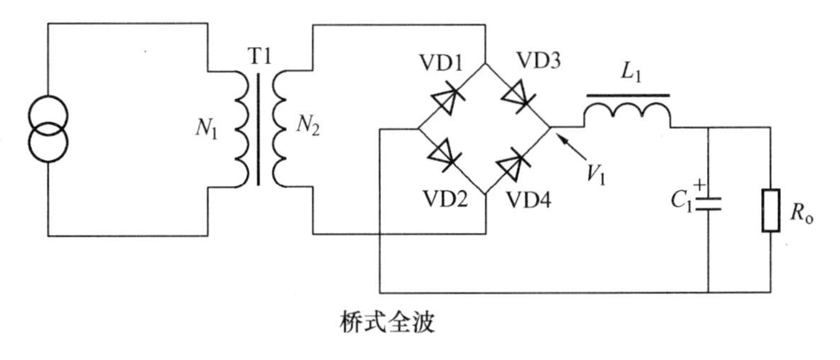

图 8-2　带 *LC* 滤波的桥式全波整流电路

被称为临界电感 $L_{(\mathrm{crit})}$ 的最小电感法是

$$L_{(\mathrm{crit})}=\frac{R_{\mathrm{o(max)}}}{3\omega}\quad(\mathrm{H}) \tag{8-1}$$

式中：$\omega=2\pi f$，f 为输入电源的频率。

负载电阻 R_{o} 越高（即直流负载电流越小），保持电流的连续流动越难。滤波电感

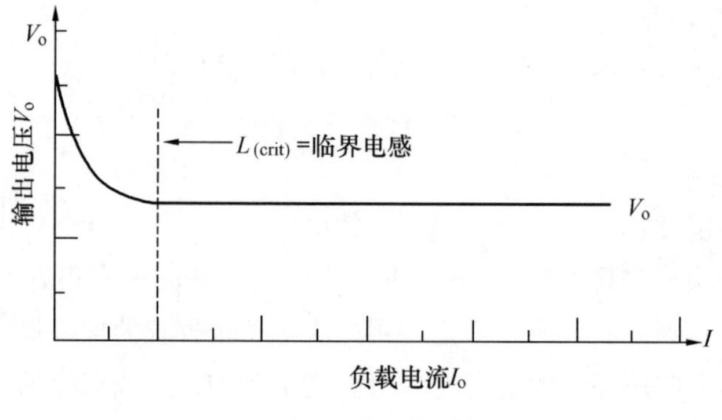

图 8-3 临界电感

器以如下的方式工作：当 R_o 趋于无穷大，在无载情况下（无泄放电阻），$I_o=0$，滤波电容器将充电到峰值电压 V_{pk}。因此，输出电压将等于输入电压的峰值，如图 8-3 所示。

利用式（8-2）和图 8-4 可以计算由单级 LC 滤波导致的纹波降低。

$$V_{r(pk)}=V_{in(pk)}\left[\frac{1}{(2\pi f)^2L_1C_1}\right]^{❶}\quad (V) \tag{8-2}$$

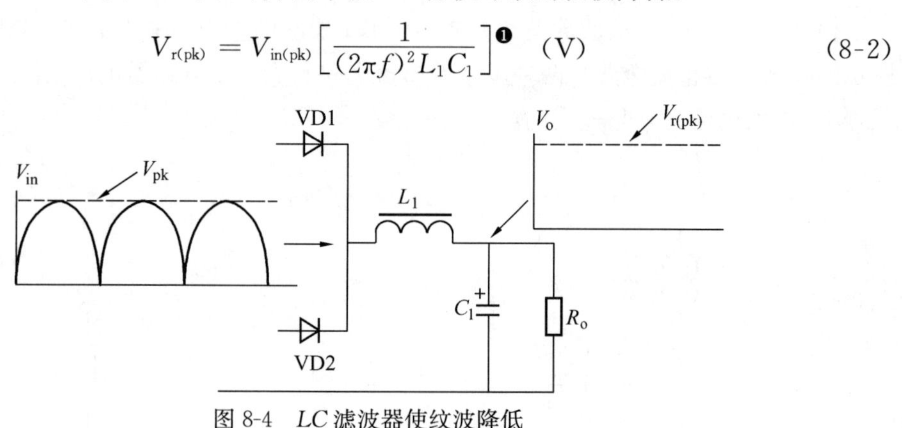

图 8-4 LC 滤波器使纹波降低

用于 Buck（降压）型变换器的临界电感

Buck 型变压器的原理图如图 8-5 所示，Buck 型直流—直流(DC—DC) 变换器如

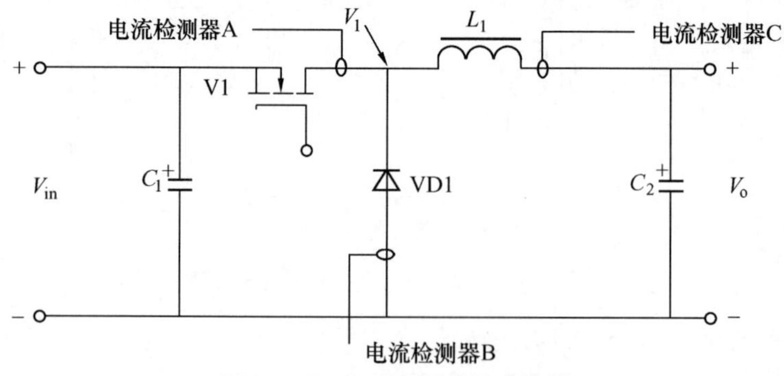

图 8-5 Buck 型可调整的变换器

❶ 此式似有错，少了一个系数，应为 $V_{r(pk)}=V_{in(pk)}\left[\frac{0.2107}{(2\pi f)^2LC}\right]$。式中：$V_{r(pk)}$ 为滤波电容 C 上电压变化的峰值。

图 8-6 所示。图 8-5 中 Buck 型稳压器的滤波电阻有三个电流检测器。三个电流检测器检测开关型 Buck 变换器输出滤波器中的三个基本电流。电流检测器 A 检测功率 MOS 场效应管的开关电流。电流检测器 B 检测通过 VD1 中的整流电流。电流检测器 C 检测通过输出电感器 L_1 中的电流。

Buck 变换器的典型滤波器波形如图 8-7 所示。这些波形是与变换器工作在占空比

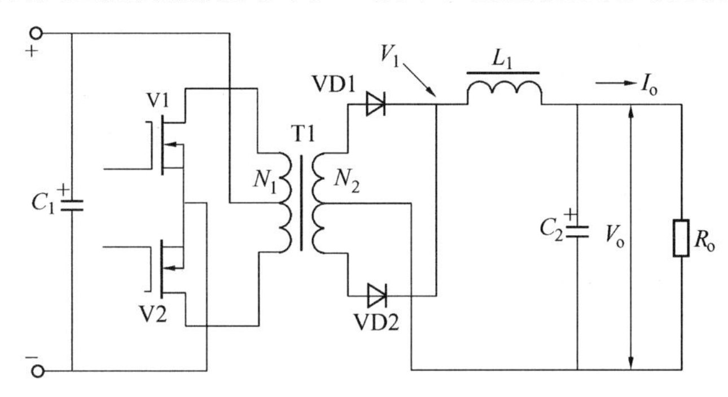

图 8-6　推挽式 Buck 型变换器

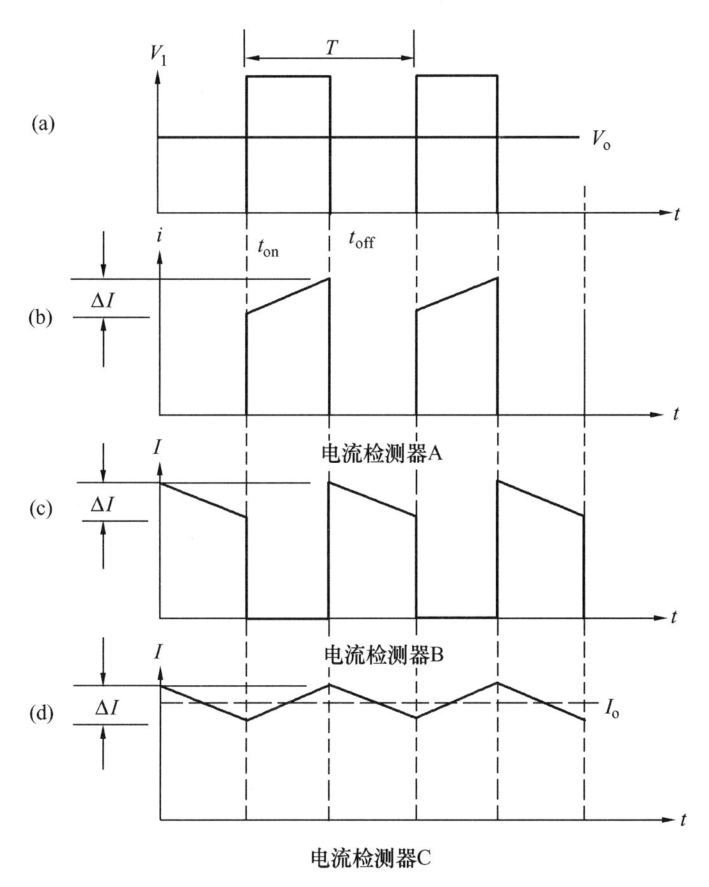

图 8-7　Buck 变换器的典型波形，工作条件是占空比为 0.5

(a) V_1 的波形；(b) 功率 MOS 电流波形；(c) 通过 VD1 的整流电流波形；(d) 流过电感器 L_1 的波形

为 0.5 相对应。图 8-7（a）示出的是加到滤波器的电压 V_1 的波形。图 8-7（b）示出的是功率 MOS 场效应管的电流波形。图 8-7（c）示出的是通过 VD1 的整流电流波形，这个整流电流是由于 V1 被断开，L_1 中的磁场要“崩溃”而产生的。图 8-7（d）示出的是流过电感器 L_1 的电流，流过 L_1 的电流是图 8-7（b）和图 8-7（c）中电流的和。

图 8-8（b）示出了临界电感电流。这个临界的电感电流在式（8-3）中也可看到。临界电流是发生在电流 ΔI 与输出负载电流的比值等于 2，即 $\Delta I/I_o=2$ 时。如果允许输出负载电流使这个比值超过这一点，则（电感中的—译者加）电流将变成不连续的，如图 8-8（d）所示。在这样的输出电压情况下，所加的电压 V_1 将产生振铃，如图 8-8（c）所示。当输出电感器中的电流变成如图 8-8（d）所示的不连续时，对于负载阶跃性变化的响应时间将变得很差。

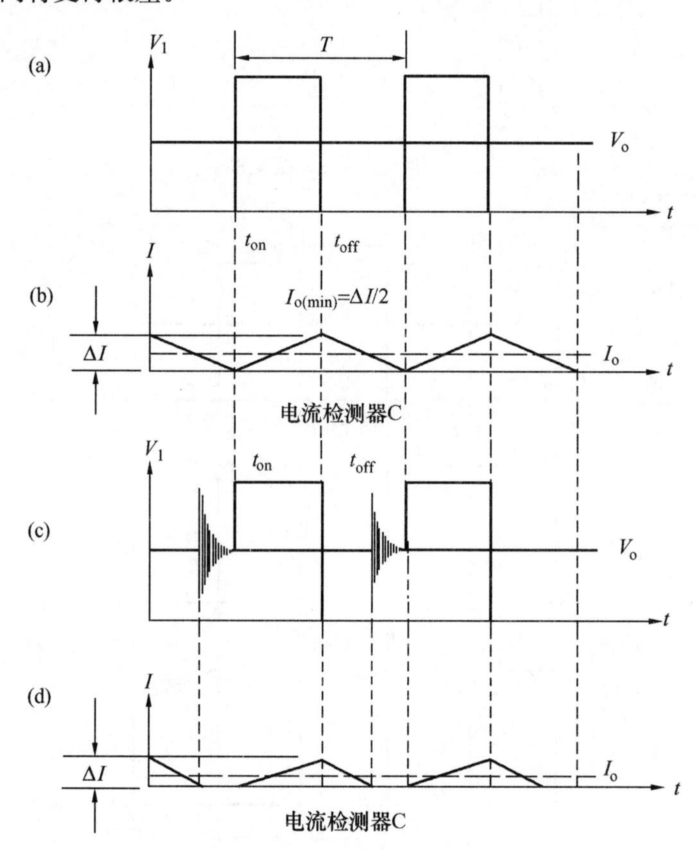

图 8-8　Buck 变换器，输出滤波电感器从临界工作状态到不连续工作状态

（a）输出电压波形；（b）临界电感电流；（c）电压 V_1 产生振铃；（d）电感电流不连续

当设计与图 8-6 类似的多输出变换器时，从属的输出一侧应该永远不使电感器中的电流降到零。如果电流为零，则从属侧的输出电压将上升到 V_1 的值。如果允许电流降到零，则滤波器的输入电压与输出电压之间将没有电位差，即输出电压将上升到等于输

入电压的峰值

$$L_{(\text{critical})}=\frac{V_{\text{o}}T(1-D_{\text{cmin}})}{2I_{\text{o(min)}}}\quad(\text{H})\tag{8-3}$$

$$D_{(\text{min})}=\frac{V_{\text{o}}}{\eta V_{\text{in(max)}}}\tag{8-4}$$

用于 PWM 变换器中的磁心材料

对于高频功率变换器和脉冲宽度调制（PWM）式的开关型调节器中所用的滤波电感器，设计师们常常趋向于指定用钼坡莫合金粉末材料，因为容易得到制造商提供的资料，这些资料里包含有图、表和能使设计工作简化的例子。采用这些磁心可能导致电感器的设计在尺寸和质量方面不是最佳的。例如，如图 8-9 中所示的，钼坡莫合金粉末磁心在其直流偏置 0.3T 下工作时，差不多仅有其原电感量的 80%。在更高磁通密度（偏置）的情况下，其电感量很快下降。当尺寸（体积）是最关心的因素时，将首选具有高饱和磁通密度 B_s 的磁性材料。与钼坡莫合金粉末磁心相比较，如硅钢和某些非晶态材料的可利用磁通密度是前者的 4 倍。铁合金在大于 1.2T 的情况下还能保持它们原电感量的 90%。当用铁合金的设计正确且使用也正确时，能很好地运行在频率直到 100kHz。当工作在 100kHz 以上时，只有铁氧体可以胜任。铁氧体材料在磁通密度方面具有负的温度系数。应该用工作温度和温升的要求来计算最大磁通密度。

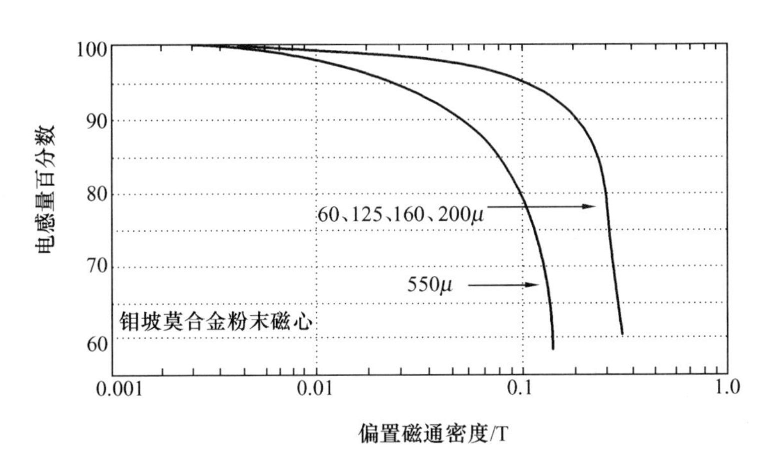

图 8-9　电感量与直流（DC）偏磁的关系

为了得到最佳的性能和尺寸，工程师必须就 B_s 和 B_{AC} 对材料进行评估，见表 8-1。工作的直流（DC）磁通只与 I^2R 损失（铜损）有关；工作的交流（AC）磁通，与磁心损失有关，这个损失完全取决于（磁性）材料。影响设计的因素有很多：成本、尺寸、温升和材料的可获得性等。

表 8-1 磁(性)材料特性

材料名称	成分	初始磁导率 μ_i	磁通密度/T B_s	居里温度 /℃	密度/(g/cm³) δ
硅钢(Silicon)	3～97SiFe	1500	1.5～1.8	750	7.63
具有矩磁特性的磁心材料(Orthonol)	50～50NiFe	2000	1.42～1.58	500	8.24
坡莫合金(Permalloy)	80～20NiFe	25000	0.66～0.82	460	8.73
非晶态(Amorphous)	81～3.5FeSi	1500	1.5～1.6	370	7.32
非晶态(Amorphous)	66～4CoFe	800	0.57	250	7.59
非晶态(微晶)[Amorphous (μ)]	73～15FeSi	30000	1.0～1.2	460	7.73
铁氧体(Ferrite)	MnZn	2500	0.5	>230	4.8

在功率电感器的设计中，采用铁合金和铁氧体有显著的优点，尽管有某些缺点，如需要带绕和气隙材料、带绕工具、安装支架和绕制的心轴。

在设计高频功率电感器中，铁合金和铁氧体能提供更大的灵活性，因为空气隙可以被调整到任何希望的长度，还因为相对磁导率也高，甚至在高直流(DC)磁通密度下也如此。

基本考虑

线性电抗器的设计依赖于四个相关的因素：

(1) 要求的电感量 L。

(2) 直流电流 I_{DC}。

(3) 交流电流 ΔI。

(4) 功率损失和温升 T_r。

设计者必须依据上面建立的这些要求决定 B_{DC} 和 B_{AC} 的最大值，以使其不发生磁饱和。设计者必须做出折中，使其在给定体积下获得最大的电感量。应该记住，工作磁通的峰值 B_{pk} 取决于 $B_{DC}+B_{AC}$，以图 8-10 中的方式

$$B_{pk}=B_{DC}+\frac{B_{AC}}{2}\quad(\mathrm{T}) \tag{8-5}$$ [❶]

$$B_{DC}=\frac{0.4\pi NI_{DC}\times10^{-4}}{l_g+\dfrac{MPL}{\mu_m}}\quad(\mathrm{T}) \tag{8-6}$$

❶ 式(8-5)与其前一行中的 B_{pk} 取决于 $B_{DC}+B_{AC}$ 不同。式(8-5)中的第 2 项似应为 $\frac{\Delta B}{2}$，而 $\Delta B=2B_{AC}$，或应为 $B_{pk}=B_{DC}+B_{AC}$。

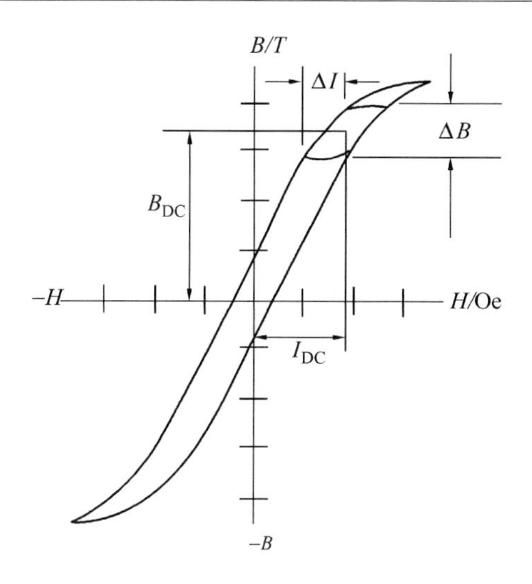

图 8-10　电感器的磁通密度与电流 $I_{DC}+\Delta I$ 的关系

$$B_{AC}=\frac{0.4\pi N\dfrac{\Delta I}{2}\times 10^{-4}}{l_g+\dfrac{MPL}{\mu_m}}\quad (T) \tag{8-7}$$

$$B_{pk}=\frac{0.4\pi N\left(I_{DC}+\dfrac{\Delta I}{2}\right)\times 10^{-4}}{l_g+\dfrac{MPL}{\mu_m}}\quad (T) \tag{8-8}$$

带有直流电流和有空气隙的铁心电感器电感量可用下式表达

$$L=\frac{0.4\pi N^2 A_c\times 10^{-8}}{l_g+\dfrac{MPL}{\mu_m}}\quad (H) \tag{8-9}$$

这个公式表明，电感量取决于磁路的等效长度，它是空气隙长度和磁心平均长度与材料磁导率比值（MPL/μ_m）的和。当磁心空气隙 l_g 因为磁导率 μ_m 的缘故比 MPL/μ_m 大时，μ_m 的变化对总的等效磁路长度或电感量没有显著的影响。

式（8-9）可简化为

$$L=\frac{0.4\pi N^2 A_c\times 10^{-8}}{l_g}\quad (H) \tag{8-10}$$

空气隙大小的最后确定需要考虑边缘磁通的影响。边缘磁通是气隙尺寸、磁极表面形状和绕组形状、尺寸及位置的函数，它的净影响是使空气隙缩短。由于边缘磁通的存在，把初始（设置）的工作磁通密度降低 10%～20%是明智的。

边 缘 磁 通

边缘磁通降低了总的磁路磁阻，通过一个系数 F 使电感量增加到一个比由式（8-10）计算值大的值。气隙越大，边缘磁通在总磁通中的比例越大。

边缘磁通系数为

$$F = 1 + \frac{l_g}{\sqrt{A_c}} \ln \frac{2G}{l_g} \tag{8-11}$$

式中：G 是绕组长度，在第 3 章中有定义❶。这个公式对叠片磁心、C 形磁心和已开气隙铁氧体磁心都是成立的。式（8-11）画于图 8-11 中。

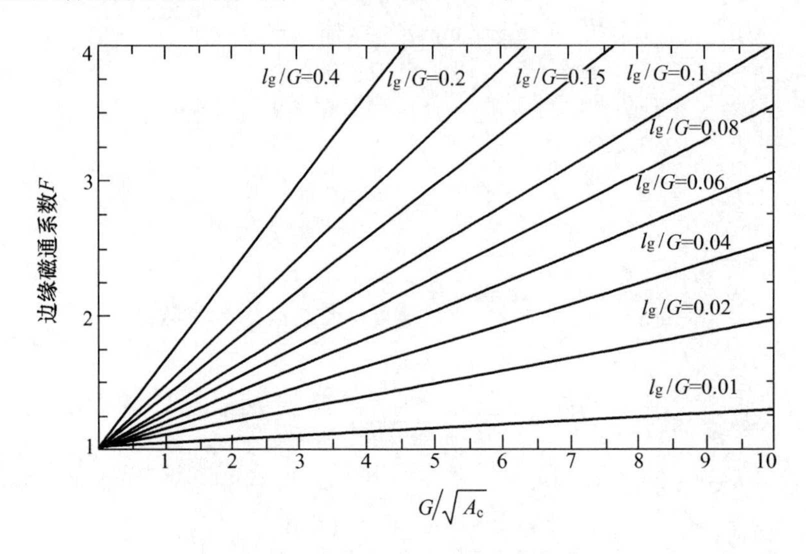

图 8-11 气隙处边缘磁通使电感量的增加

随着气隙的增加，跨过气隙的磁通散开程度越来越大，某些边缘磁通穿出与穿入磁心时与磁材料带垂直且产生涡流，在磁心引起附加损耗。如果气隙的尺寸太大，边缘磁通会穿过铜绕组（导线）并产生涡流，产生热，恰似一个感应加热器。边缘磁通将“跳过”气隙，在磁心和绕组（导线）中同时产生涡流，如图 8-12 所示。

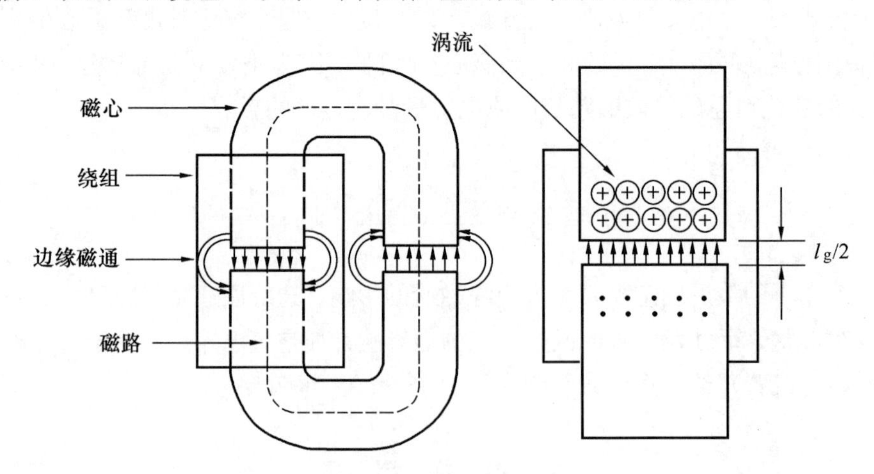

图 8-12 电感器气隙周围的边缘磁通

❶ G 的定义似在第 1 章图 1-34。

用式（8-10）计算的电感量 L 没有包含边缘磁通的影响。考虑边缘磁通后修正了的电感值 L' 为

$$L' = \frac{0.4\pi N^2 F A_c \times 10^{-8}}{l_g} \quad (H) \tag{8-12}$$

等效磁导率可由下式计算

$$\mu_e = \frac{\mu_m}{1 + \frac{l_g}{MPL}\mu_m} \tag{8-13}$$[1]

式中：μ_m 为磁材料的磁导率。

电　感　器

载有直流的电感器常常用于各种各样的地面、航空和航天应用场合。选择电感器的最佳磁心常常采用试探（逐次逼近）的方法。

作者已经研究出一种简化的对具有开气隙磁心载有直流磁成分的电感器进行最佳设计的方法。这个方法使工程师可以选择出能够提供正确的铜损和能使边缘磁通在允许范围内的合适磁心，而不用依靠试探（逐次逼近）法和麻烦的 Hanna 曲线。

作者认为，不讨论变压器设计师们所用的各种各样方法，而考虑典型的设计问题并在新关系式的基础上研究出解决办法是更有用的。我们将比较两个开气隙磁心的设计。为了比较它们的长短、优劣，第一个设计例子用磁心几何常数 k_g 法，第二个设计例子用面积积 A_p 法。

本手册中所设计的电感器是用磷青铜带绕材料捆绑或用铝卡箍固定的。用钢带材料作跨过气隙的卡箍是不可取的，因为用钢带跨过气隙被视为使气隙“短路”。当气隙被“短路”时，其电感量将比计算值要增加。

A_p 与电感器能量处理能力的关系

能量处理能力与它的面积积 A_p 有关，用下式表达

$$A_p = \frac{2W \times 10^4}{B_m J K_u} \quad (cm^4) \tag{8-14}$$

式中：W 为能量，J；B_m 为磁通密度，T；J 为电流密度，A/cm^2；K_u 为窗口利用系数（参见第 4 章）。

---

[1] 此式可根据下面关于等效磁导率的概念推导出来，即一个开有气隙的磁心可以用一个以某种想象的磁性材料，均匀分布在磁路中的无气隙磁心在绕上相同匝数线圈后获得相同电感量的意义上来等效。这个无气隙磁心的磁路面积就是开有气隙的磁心含磁性材料部分的磁路面积，这个无气隙磁心的磁路长度就是开有气隙的磁心含磁性材料部分的磁路长度，这个无气隙磁心的磁导率就称为开有气隙磁心的等效磁导率。

由上看出，磁通密度 B_m、窗口利用系数 K_u（它决定了窗口中可用于铜的最大空间）和电流密度 J（它控制铜损）诸因素都影响面积积 A_p。磁心的能量处理能力由下式推导

$$W=\frac{1}{2}LI^2 \quad (\mathrm{J}) \tag{8-15}$$

K_g 与电感器能量处理能力的关系

像变压器一样，电感器既可以针对给定的温升来设计，也可以针对给定的调整率来设计。调整率和磁心的能量处理能力与两个约束有关

$$\alpha=\frac{W^2}{K_gK_e} \quad (\%) \tag{8-16}$$

式中：α 是调整率，%。

常数 K_g 由磁心的几何形状和尺寸决定

$$K_g=\frac{W_aA_c^2K_u}{MLT} \quad (\mathrm{cm}^5) \tag{8-17}$$

常数 K_e 由磁和电的工作状况决定

$$K_e=0.145P_oB_{pk}^2\times10^{-4} \tag{8-18}$$

工作磁通密度峰值 B_{pk}是

$$B_{pk}=B_{DC}+\frac{B_{AC}}{2} \quad (\mathrm{T}) \tag{8-19}$$

由上看到，磁通密度 B_{pk}是影响尺寸的最主要因素。

我们来确定图 8-13 中的输出功率 P_o。

$$P_{o(L1)}=V_{(o1)}I_{(o1)} \quad P_{o(L2)}=V_{(o2)}I_{(o2)} \tag{8-20}$$

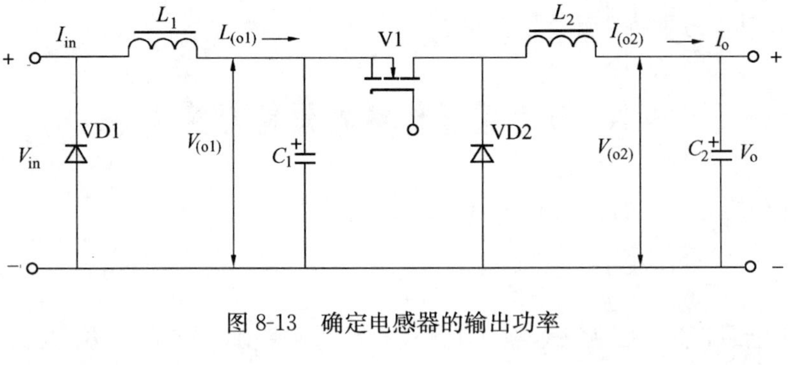

图 8-13　确定电感器的输出功率

用磁心几何常数（K_g）法设计开气隙的电感器举例

步骤 1：根据下列技术要求设计线性直流（DC）电感器：

(1) 电感量 L 为 0.0025H。

(2) 直流（DC）电流 I_o 为 1.5A。

(3) 交流（AC）电流 ΔI 为 0.2A。

(4) 输出功率 P_o 为 100W。

(5) 调整率 α 为 1.0%。

(6) 纹波频率为 200kHz。

(7) 工作磁通密度 B_m 为 0.22T。

(8) 磁心材料为铁氧体。

(9) 窗口利用系数 K_u 为 0.4。

(10) 温升目标 T_r 为 25℃。

步骤 2：计算电流峰值 I_{pk}

$$I_{pk}=I_o+\frac{\Delta I}{2} \quad (\mathrm{A})$$
$$=1.5+\frac{0.2}{2} \quad (\mathrm{A})$$
$$=1.6 \quad (\mathrm{A})$$

步骤 3：计算能量处理能力

$$W=\frac{LI_{pk}^2}{2} \quad (\mathrm{J})$$
$$=\frac{0.0025\times1.6^2}{2} \quad (\mathrm{J})$$
$$=0.0032 \quad (\mathrm{J})$$

步骤 4：计算电的工作状况系数 K_e

$$K_e=0.145P_oB_m^2\times10^{-4}$$
$$=0.145\times100\times0.22^2\times10^{-4}$$
$$=0.0000702$$

步骤 5：计算磁心几何常数 K_g

$$K_g=\frac{W^2}{K_e\alpha} \quad (\mathrm{cm^5})$$
$$=\frac{0.0032^2}{0.0000702\times1.0} \quad (\mathrm{cm^5})$$
$$=0.146 \quad (\mathrm{cm^5})$$

步骤 6：由第 3 章中选择 ETD 铁氧体磁心，其所列数据最接近计算出的磁心几何常数 K_g 的为：

(1) 磁心型号为 ETD-39。

(2) 磁路长度 MPL 为 9.22cm。

(3) 磁心质量 W_{tFe} 为 60g。

(4) 平均匝长 MLT 为 8.3cm。

(5) 铁心面积 A_c 为 1.252cm^2。

(6) 窗口面积 W_a 为 2.34cm^2[1]。

---

[1] 表 3-25 中给出 ETD-39 的 W_a 是 1.871cm^2，这里给出的是 2.34cm^2。从表 3-25 中 A_p 的数据（2.933cm^4）来看，这个的数据 2.34cm^2 是正确的。

(7) 面积积 A_p 为 2.93cm^4。

(8) 磁心几何常数 K_g 为 0.177cm^5。

(9) 表面面积 A_t 为 69.9cm^2。

(10) 材料 P 型磁导率为 2500μ。[1]

(11) 1 千匝毫亨数 AL 为 3295mH。[2]

(12) 绕组长度 G 为 2.84cm。

步骤 7：计算电流密度 J，利用面积积公式 A_p

$$J=\frac{2W\times10^{-4}}{B_mA_pK_u}\quad(\text{A/cm}^2)$$

$$=\frac{2\times0.0032\times10^{-4}}{0.22\times2.93\times0.4}\quad(\text{A/cm}^2)$$

$$=248\quad(\text{A/cm}^2)$$

步骤 8：计算电流值的方均根（有效）值 I_{rms}

$$I_{rms}=\sqrt{I_o^2+\Delta I^2}\quad(\text{A})$$ [3]

$$=\sqrt{1.5^2+0.2^2}\quad(\text{A})$$

$$=1.51\quad(\text{A})$$

步骤 9：计算所需要的导线裸面积 $A_{w(B)}$

$$A_{w(B)}=\frac{I_{rms}}{J}\quad(\text{cm}^2)$$

$$=\frac{1.51}{248}\quad(\text{cm}^2)$$

$$=0.00609\quad(\text{cm}^2)$$

步骤 10：从第 4 章中的导线表选择导线。如果其面积不在 10%之内，则取下一个最小的尺寸，并记录其微欧每厘米值。

$$AWG=\#19$$

裸导线 $A_{w(B)}=0.00653\quad(\text{cm}^2)$

绝缘导线 $A_w=0.00754\quad(\text{cm}^2)$

$$\left[\frac{\mu\Omega}{\text{cm}}\right]=264\quad(\mu\Omega/\text{cm})$$

步骤 11：计算有效的窗口面积 $W_{a(eff)}$，利用步骤 6 给出的窗口面积。如第 4 章中所示，S_3 的典型值是 0.75

[1] 这里 2500 后应为 μ_0（真空磁导率）。

[2] 表 3-25 中给出 AL 的归一化数据是 1318mh/1K，这里的数据是其归一化数据乘以 2.5 得到的，因为此材料的实际磁导率是 2500。

[3] 此式计算出的 I_{rms} 值比实际大。若假定电感器线圈电流的直流成分为 I_o，交流成分为三角波，其峰峰值为 ΔI，则 $I_{rms}=\sqrt{I_o^2+I_o\frac{\Delta I}{2}+\frac{(\Delta I/2)^2}{3}}=\sqrt{I_o^2+\frac{I_o\Delta I}{2}+\frac{(\Delta I)^2}{12}}$。若交流成分为正弦波，则 $I_{rms}=\sqrt{I_o^2+\frac{(\Delta I)^2}{8}}$。

$$W_{a(eff)} = W_a S_3 \quad (cm^2)$$
$$= 2.34 \times 0.75 \quad (cm^2)$$
$$= 1.76 \quad (cm^2)$$

步骤 12：计算可能的绕组匝数 N，利用由步骤 6 给出的带绝缘的导线面积 A_w，如第 4 章中所示。S_2 的典型值是 0.6

$$N = \frac{W_{a(eff)} S_2}{A_w} \quad (匝)$$
$$= \frac{1.76 \times 0.6}{0.00754} \quad (匝)$$
$$= 140 \quad (匝)$$

步骤 13：计算所需要的气隙 l_g

$$l_g = \frac{0.4\pi N^2 A_c \times 10^{-8}}{L} - \frac{MPL}{\mu_m} \quad (cm)$$
$$= \frac{1.26 \times 140^2 \times 1.25 \times 10^{-8}}{0.0025} - \frac{9.22}{2500} \quad (cm^2)$$
$$= 0.120 \quad (cm)$$

步骤 14：计算以密耳（mils）为单位的等效气隙

$$mils = cm(393.7)$$
$$= 0.120 \times 393.7$$
$$= 47.2 \quad 取 50$$

步骤 15：计算边缘磁通系数 F

$$F = 1 + \frac{l_g}{\sqrt{A_c}} \ln \frac{2G}{l_g}$$
$$F = 1 + \frac{0.120}{\sqrt{1.25}} \ln \frac{2 \times 2.84}{0.120}$$
$$F = 1.41$$

步骤 16：计算新的绕组匝数 N_n，利用添入边缘磁通系数 F

$$N_n = \sqrt{\frac{l_g L}{0.4\pi A_c F \times 10^{-8}}} \quad (匝)$$ [1]
$$= \sqrt{\frac{0.120 \times 0.0025}{1.26 \times 1.25 \times 1.41 \times 10^{-8}}} \quad (匝)$$
$$= 116 \quad (匝)$$

步骤 17：计算绕组电阻 R_L，利用步骤 6 给出的 MLT 和步骤 10 计算出的微欧每厘米

[1] 由于本例 $\frac{MPL}{\mu_m} \leqslant l_q$，所以可用式(8-10) 和式(8-12) 计算。

$$R_L=(MLT)\ N_n\left[\frac{\mu\Omega}{cm}\right]\times10^{-6}\quad(\Omega)$$

$$=8.3\times116\times264\times10^{-6}\quad(\Omega)$$

$$=0.254\quad(\Omega)$$

步骤 18：计算铜损 P_{Cu}

$$P_{Cu}=I_{rms}^2R_L\quad(W)$$

$$=1.51^2\times0.254\quad(W)$$

$$=0.579\quad(W)$$

步骤 19：计算调整率 α

$$\alpha=\frac{P_{Cu}}{P_0}\times100\%$$

$$=\frac{0.579}{100}\times100\%$$

$$=0.579\%$$

步骤 20：计算交流（AC）磁通密度 B_{AC}

$$B_{AC}=\frac{0.4\pi N_nF\dfrac{\Delta I}{2}\times10^{-4}}{l_g+\dfrac{MPL}{\mu_m}}\quad(T)$$

$$=\frac{1.26\times116\times1.41\times\dfrac{0.2}{2}\times10^{-4}}{0.120+\dfrac{9.22}{2500}}\quad(T)$$

$$=0.0167\quad(T)$$

步骤 21：计算瓦每千克（磁心损耗），对第 2 章中的铁氧体 P 类，瓦每千克可以写成毫瓦每克

$$mW/g=Kf^{(m)}B_{AC}^{(n)}$$

$$=0.00004855\times200000^{1.63}\times0.0167^{2.62}$$

$$=0.468$$

步骤 22：计算磁心损失 P_{Fe}

$$P_{Fe}=(mW/g)W_{tFe}\times10^{-3}\quad(W)$$

$$=0.468\times60\times10^{-3}\quad(W)$$

$$=0.0281\quad(W)$$

步骤 23：计算总损耗，铜损加铁损 P_Σ

$$P_\Sigma=P_{Fe}+P_{Cu}\quad(W)$$

$$=0.0281+0.579\quad(W)$$

$$=0.607 \quad (\text{W})$$

步骤 24：计算表面积的功率耗散密度 ψ，表面面积 A_t 可由步骤 6 中找到

$$\psi=\frac{P_{\Sigma}}{A_t} \quad (\text{W/cm}^2)$$

$$=\frac{0.607}{69.9} \quad (\text{W/cm}^2)$$

$$=0.00868 \quad (\text{W/cm}^2)$$

步骤 25：计算温升 T_r

$$T_r=450\psi^{0.826} \quad (℃)$$

$$=450\times 0.00868^{0.826} \quad (℃)$$

$$=8.92 \quad (℃)$$

步骤 26：计算磁通密度峰值 B_{pk}

$$B_{pk}=\frac{0.4\pi N_n F\left(I_{DC}+\frac{\Delta I}{2}\right)\times 10^{-4}}{l_g+\frac{MPL}{\mu_m}} \quad (\text{T})$$

$$=\frac{1.26\times 116\times 1.41\times 1.6\times 10^{-4}}{0.127+\frac{9.22}{2500}}\text{[1]} \quad (\text{T})$$

$$=0.252 \quad (\text{T})$$

注意：利用磁心几何常数设计程序的一个大优点是：导线电流密度是计算出来的，而用面积积设计程序时，电流密度充其量是估计出来的。在下一个例子中将用与磁心几何常数法设计程序时相同的电流密度。

用面积积（A_p）法设计开气隙电感器举例

步骤 1：根据下列技术要求设计线性直流（DC）电感器：

（1）电感量为 0.0025H。

（2）直流（DC）电流 I_o 为 1.5A。

（3）交流（AC）电流 ΔI 为 0.2A。

（4）输出功率 P_o 为 100W。

（5）电流密度 J 为 250A/cm²。

（6）纹波频率为 200kHz。

（7）工作磁通密度 B_m 为 0.22T。

（8）磁心材料为铁氧体。

---

[1] 此式 l_g 的数据应为 0.120，见步骤 13。

(9) 窗口利用系数 K_u 为 0.4。

(10) 温升目标 T_r 为 25℃。

步骤 2：计算电流的峰值 I_{pk}

$$I_{pk}=I_o+\frac{\Delta I}{2}\quad(A)$$
$$=1.5+\frac{0.2}{2}\quad(A)$$
$$=1.6\quad(A)$$

步骤 3：计算能量处理能力

$$W=\frac{LI_{pk}^2}{2}\quad(J)$$
$$=\frac{0.0025\times1.6^2}{2}\quad(J)$$
$$=0.0032\quad(J)$$

步骤 4：计算面积积 A_p

$$A_p=\frac{2W\times10^4}{B_mJK_u}\quad(cm^4)$$
$$=\frac{2\times0.0032\times10^4}{0.22\times248\times0.4}\quad(cm^4)$$ [1]
$$=2.93\quad(cm^4)$$

步骤 5：从第 3 章中选择 ETD 铁氧体磁心，下列数据最接近所计算的面积积 A_p：

(1) 磁心型号为 ETD-39。

(2) 磁路长度 MPL 为 9.22cm。

(3) 磁心质量 W_{tFe} 为 60g。

(4) 平均匝长 MLT 为 8.3cm。

(5) 磁心面积 A_c 为 1.252cm^2。

(6) 窗口面积 W_a 为 2.34cm^2。

(7) 面积积 A_p 为 2.93cm^4。

(8) 磁心几何常数 K_g 为 0.177cm^5。

(9) 表面面积 A_t 为 69.9cm^2。

(10) 材料，P 型磁导率为 2500μ。

(11) 1 千匝毫亨数为 3295mH。

(12) 绕组长度 G 为 2.84cm。

步骤 6：计算电流的方均根（rms）值 I_{rms}

---

[1] 此步骤中电流密度取 248A/cm^2 是由于前例最后的约定。即此例中的电流密度取上例中用 K_g 法计算出的电流密度值，而没用本例步骤 1 中给定的 $J=250A/cm^2$。

$$I_{rms}=\sqrt{I_0^2+\Delta I^2}\quad (A)$$[1]

$$=\sqrt{1.5^2+0.2^2}\quad (A)$$

$$=1.51\quad (A)$$

步骤 7：计算所需要的导线裸面积 $A_{w(B)}$

$$A_{w(B)}=\frac{I_{rms}}{J}\quad (cm^2)$$

$$=\frac{1.51}{248}\quad (cm^2)$$

$$=0.00609\quad (cm^2)$$

步骤 8：从第 4 章的导线表中选择导线。如果面积不在 10%之内，则取下一个最小的尺寸并记录其微欧每厘米数。

AWG=#19

裸的　$A_{w(B)}=0.00653\ (cm^2)$

带绝缘的　$A_w=0.00754\ (cm^2)$

$$\frac{\mu\Omega}{cm}=264\ (\mu\Omega/cm)$$

步骤 9：计算有效的窗口面积 $W_{a(eff)}$。利用步骤 6 中给出的窗口面积，如第 4 章中所示，S_3 的典型值是 0.75

$$W_{a(eff)}=W_aS_3\quad (cm^2)$$

$$=2.34\times 0.75\quad (cm^2)$$

$$=1.76\quad (cm^2)$$

步骤 10：计算可能的绕组匝数 N，利用步骤 8 中给出的绝缘导线面积 A_w。如第 4 章中所示，S_2 的典型值是 0.6

$$N=\frac{W_{a(eff)}S_2}{A_w}\quad (匝)$$

$$=\frac{1.76\times 0.60}{0.00754}\quad (匝)$$

$$=140\quad (匝)$$

步骤 11：计算所需要的气隙 l_g

$$l_g=\frac{0.4\pi N^2A_c\times 10^{-8}}{L}-\frac{MPL}{\mu_m}\quad (cm)$$

$$=\frac{1.26\times 140^2\times 1.25\times 10^{-8}}{0.0025}-\frac{9.22}{2500}\quad (cm)$$

$$=0.120\quad (cm)$$

---

[1] 同上例步骤 8 的[注]。

步骤 12：计算用密耳(mils)表示的等效气隙

$$\text{mils}=\text{cm}(393.7)$$
$$=0.120\times 393.7$$
$$=47.2\quad 取 50$$

步骤 13：计算边缘磁通系数 F

$$F=1+\frac{l_g}{\sqrt{A_c}}\ln\frac{2G}{l_g}$$
$$=1+\frac{0.120}{\sqrt{1.25}}\ln\frac{2\times 2.84}{0.120}$$
$$=1.41$$

步骤 14：计算新的绕组匝数 N_n，利用添入的边缘磁通系数 F

$$N_n=\sqrt{\frac{l_gL}{0.4\pi A_cF\times 10^{-8}}}\quad (匝)$$
$$=\sqrt{\frac{0.120\times 0.0025}{1.26\times 1.25\times 1.41\times 10^{-8}}}\quad (匝)$$
$$=116\quad (匝)$$

步骤 15：计算绕组电阻 R_L，利用步骤 5 给出的 MLT 和步骤 10 给出的$\frac{\mu\Omega}{\text{cm}}$

$$R_L=(MLT)N_n\left[\frac{\mu\Omega}{\text{cm}}\right]\times 10^{-6}\quad (\Omega)$$
$$=8.3\times 116\times 264\times 10^{-6}\quad (\Omega)$$
$$=0.254\quad (\Omega)$$

步骤 16：计算铜损 P_{Cu}

$$P_{Cu}=I_{rms}^2R_L\quad (W)$$
$$=1.51^2\times 0.254\quad (W)$$
$$=0.579\quad (W)$$

步骤 17：计算调整率 α

$$\alpha=\frac{P_{Cu}}{P_o}\times 100\%$$
$$=\frac{0.579}{100}\times 100\%$$
$$=0.579\%$$

步骤 18：计算交流(AC)磁通密度 B_{AC}

$$B_{AC}=\frac{0.4\pi N_nF\frac{\Delta I}{2}\times 10^{-4}}{l_g+\frac{MPL}{\mu_m}}\quad (T)$$

$$=\frac{1.26\times116\times1.41\times\frac{0.2}{2}\times10^{-4}}{0.120+\frac{9.22}{2500}}\quad(T)$$

$$=0.0167\quad(T)$$

步骤 19：计算第 2 章中 P 型铁氧体的瓦每千克数。瓦每千克可以写为毫瓦每克

$$mW/g=Kf^{(m)}B_{AC}^{(n)}$$
$$=0.00004855\times200000^{1.63}\times0.0167^{2.62}$$
$$=0.468$$

步骤 20：计算磁心损失 P_{Fe}

$$P_{Fe}=(mW/g)W_{tFe}\times10^{-3}\quad(W)$$
$$=0.468\times60\times10^{-3}\quad(W)$$
$$=0.0281\quad(W)$$

步骤 21：计算总损耗，铜损加铁损，P_{Σ}

$$P_{\Sigma}=P_{Fe}+P_{Cu}\quad(W)$$
$$=0.0281+0.579\quad(W)$$
$$=0.607\quad(W)$$

步骤 22：计算表面积的功率耗散密度 ψ。表面面积 A_t 可从步骤 5 找到

$$\psi=\frac{P_{\Sigma}}{A_t}\quad(W/cm^2)$$
$$=\frac{0.607}{69.9}\quad(W/cm^2)$$
$$=0.00868\quad(W/cm^2)$$

步骤 23：计算温升 T_r

$$T_r=450\psi^{0.826}\quad(℃)$$
$$=450\times0.00868^{0.826}\quad(℃)$$
$$=8.92\quad(℃)$$

步骤 24：计算磁通密度的峰值 B_{pk}

$$B_{pk}=\frac{0.4\pi N_nF\left(I_{DC}+\frac{\Delta I}{2}\right)\times10^{-4}}{l_g+\frac{MPL}{\mu_m}}\quad(T)$$

$$=\frac{1.26\times116\times1.41\times1.6\times10^{-4}\text{[1]}}{0.127+\frac{9.22}{2500}}\quad(T)$$

$$=0.252\quad(T)$$

---

[1] 此式中 l_g 的数据应为 0.120，见上例步骤 26 的[注]。

步骤 25：计算等效的磁导率 μ_e。知道了等效磁导率，ETD-39 铁氧体磁心连同其内建的气隙就可以订货了。

$$\mu_e = \frac{\mu_m}{1 + \frac{l_g}{MPL}\mu_m}$$

$$= \frac{2500}{1 + \frac{0.120}{9.22} \times 2500}$$

$$= 74.5 \quad 取 75$$

步骤 26：计算窗口利用系数 K_u

$$K_u = \frac{N_n A_{w(B)}}{W_a}$$

$$= \frac{116 \times 0.00653}{2.34}$$

$$= 0.324$$

第9章

采用粉末磁心的直流(DC)电感器设计

Chapter 9

目　次

导　　言

粉末磁心是由非常细小的磁性材料颗粒制造的。粉末磁心中的粉末用惰性绝缘材料涂覆以使涡流损失最小化并把分布的空气隙引入磁心结构。然后，已绝缘的粉末被压制成环形或EE形磁心。当绕组沿整个磁路布满磁心时，环形粉末磁心中的磁通可以比叠片或C形磁心更容易限制在磁心之内。电感器的设计常常要考虑其磁场对它附近器件的影响。在设计航空航天领域内的变换器和开关型稳压器中的大电流电感器时尤其是这样。

环形粉末磁心广泛用于要求具有高可靠性的军事和航天领域应用场合，这是因为它们在宽温度范围内良好的稳定性以及它们抗高水平冲击、振动及核辐射而不损坏的能力。这些磁心的其他应用场合有：

（1）工作在1kHz～1MHz频率范围的稳定、高Q滤波器。

（2）用来消除电话电缆中分布电容的负载线圈。

（3）脉冲变压器。

（4）差模电磁干扰（EMI）噪声滤波器。

（5）回扫变压器。

（6）带有直流（DC）大电流电路中的能量存储或输出电感器。

钼坡莫合金粉末磁心(MPP)

钼坡莫合金粉末磁心(MPP)是由81%的镍、17%铁和2%钼的极细小颗粒制成，绝缘粉末被压成EE形和环形磁心。环形磁心的尺寸范围是其外径从0.1(0.254cm)～5in(12.7cm)。可以买到的MPP磁心磁导率范围为从14～550，见表9-1。

高磁通粉末磁心(HF)

高磁通粉末磁心(HF)是由50%镍和50%铁的极细小颗粒制成，绝缘粉末被压成EE形和环形磁心。环形磁心的尺寸范围是其外径为0.25(0.635cm)～3in(7.62cm)。可以买到的HF磁心磁导率范围为14～160，见表9-1。

铁硅铝粉末磁心(Magnetics Kool Mμ)

铁硅铝粉末磁心是由85%铁、9%硅和6%铝的极细小颗粒制成，绝缘粉末被压成EE形和环形磁心。环形磁心的尺寸范围是其外径为0.4(0.35cm)～3in(7.62cm)。可以买到的铁硅铝磁心的磁导率范围为26～125，见表9-1。

铁粉末磁心

低价格的铁粉末磁心典型用于目前低频和高频开关型功率变换场合的差模、输入和输出功率电感器。铁粉末磁心中分布的空气隙特性产生了其磁导率范围为10～100的磁心。这个特点与铁固有的高饱合磁通密度特点相结合，使它很难饱和。虽然铁粉末磁心由于其磁导率低和在高频下的磁心损失相当高，可能在应用方面受到限制，但是对大量商业应用中的EE形或环形磁心材料而言，它已经是很流行的选择了。它们之所以流行，是由于与其他磁心材料比较，它们的价格低。环形磁心的尺寸范围是其外径为0.3(0.76cm)～6.5in(16.5cm)，见表9-1。

表9-1　粉末磁心标准的磁导率

粉末材料	钼坡莫合金	高磁通	铁硅铝	铁粉末
初始磁导率 μ_i				
10				×
14	×	×		
26	×	×	×	
35				×
55				×
60	×	×	×	×
75			×	×
90			×	
100				×
125	×	×	×	
147	×	×		
160	×	×		
173	×			
200	×			
300	×			
550	×			

电感器

载有直流成分的电感器常常被用于各种各样的地面、空中和空间应用场合。对于电感器最好磁心的选择常常涉及试探的(逐次逼近的)计算方法。

电感器的设计还常常要考虑它的磁场对邻近其他器件的影响。对于在这些设备中，还可能要使用灵敏的磁场探测器。航天领域所使用的变换器和开关型稳压器中的大电流电感器设计尤其如此。

对于这种类型的设计问题常常要用环形磁心。在粉末磁心中，磁通比在叠片或C形磁心中更容易被限制在磁心之内。当其线圈沿整个磁路布满磁心上的情况下，作者已经开发出一种简化的采用粉末磁心载有直流电流的电感器最佳设计方法。这个方法不用依靠试探(逐次逼近)法就能确定正确的磁心磁导率。

A_p 与电感器能量处理能力的关系

磁心的能量处理能力与其面积积 A_p 的关系用下式表示

$$A_p = \frac{2W \times 10^4}{B_m J K_u} \quad (cm^4) \tag{9-1}$$

式中：W 为能量，J；B_m 是磁通密度，T；J 是电流密度，A/cm^2；K_u 是窗口利用系数(见第4章)。

由上可以看到，影响 A_p 的因素有：磁通密度 B_m、窗口利用系数 K_n(它确定了窗口中由铜可以占用的最大空间)和电流密度 J，它控制着铜损。磁心的能量处理能力由下式给出

$$W = \frac{LI^2}{2} \quad (J) \tag{9-2}$$

K_g 与电感器能量处理能力的关系

像变压器的设计一样，电感器可针对给定的温度来设计，也可针对给定的调整率来设计。调整率与磁心能量处理能力的关系涉及两个常数

$$\alpha = \frac{W}{K_g K_e} \quad (\%) \tag{9-3}$$

式中：α 为调整率，%。

常数 K_g 由磁心几何尺寸决定

$$K_g = \frac{W_a A_c^2 K_u}{MLT} \quad (cm^5) \tag{9-4}$$

常数 K_e 由磁和电的工作状况决定

$$K_e = 0.145 P_o B_m^2 \times 10^{-4} \tag{9-5}$$

输出功率 P_o 在图9-1中被定义为

$$P_{o(L1)} = V_{(o1)} I_{(o1)}, \ P_{o(L2)} = V_{(o2)} I_{(o2)} \tag{9-6}$$

工作磁通密度 B_m 为

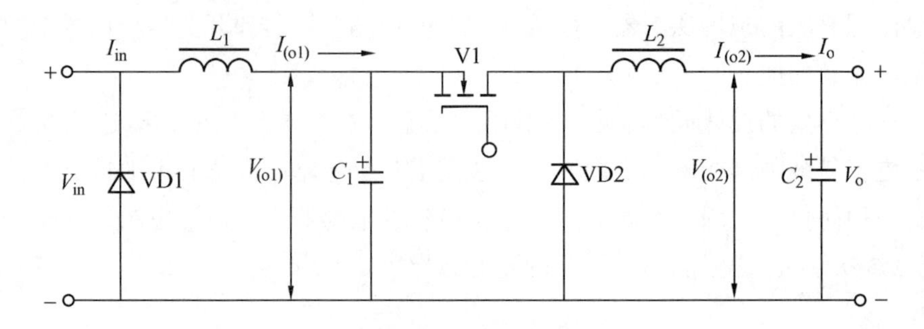

图 9-1 电感器输出功率的定义

$$B_m = B_{DC} + \frac{B_{AC}}{2} \quad (T) \tag{9-7}$$ ❶

由上看出，磁通密度 B_m 是控制尺寸方面的最主要因素。

基 本 考 虑

线性电抗器的设计取决于四个有关的因素：

(1) 所要求的电感量 L。

(2) 直流电流 I_{DC}。

(3) 交流电流 ΔI。

(4) 功率损失和温升 T_r。

根据所建立的这些要求，设计师应该决定 B_{DC}和 B_{AC}的最大值，以便不会产生磁饱和以及应该做出折中以便获得在给定体积情况下的最大电感量。所选的磁心磁导率限定了对给定的设计所允许的最大直流(DC)磁通密度。

如果随着直流电流(成分)的增加电感量不变，那一定在整个工作电流范围电感量只有可以忽略的降低。最大 H(磁场强度)是磁心能力的标志，如图 9-2 所示。

多数制造商给出直流(DC)磁场强度 H，单位为 Oe(奥斯特)

$$H = \frac{0.4\pi NI}{MPL} \quad (Oe) \tag{9-8}$$

有些工程师更喜欢 A－t(安－匝)

$$NI = 0.8H(MPL) \quad (A-t) \tag{9-9}$$

对于不同磁导率值的不同材料，电感量都随磁通密度 B_m 和磁场强度 H 的增加而减少。在给定的设计中正确磁导率的选择可利用下式做出

$$\mu_\Delta = \frac{B_m(MPL) \times 10^4}{0.4\pi W_a J K_u} \tag{9-10}$$

应该记住，最大磁通 B_m 是图 9-3 中表示的 $B_{DC}+B_{AC}$

---

❶ 从后面设计举例中来看，此式中的$\frac{B_{AC}}{2}$应为 B_{AC}，即 $B_m = B_{DC} + B_{AC}$。

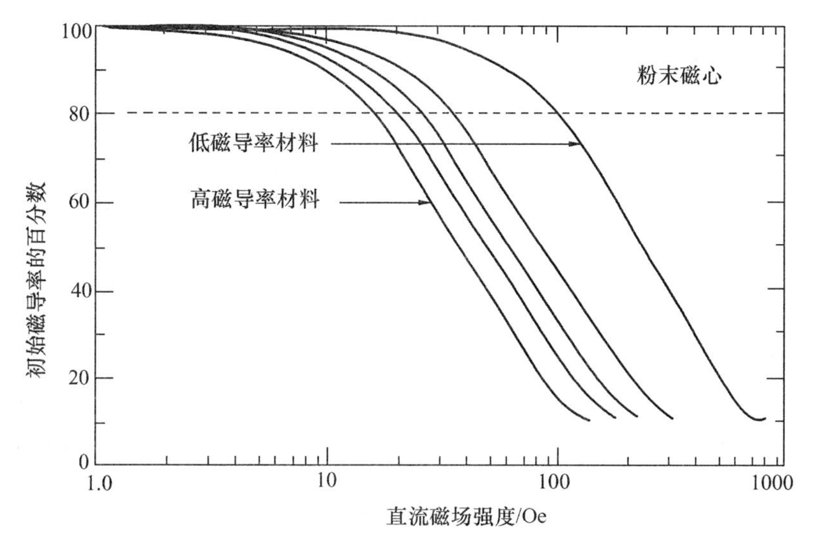

图 9-2 典型的粉末磁心磁导率与直流(DC)偏置的关系

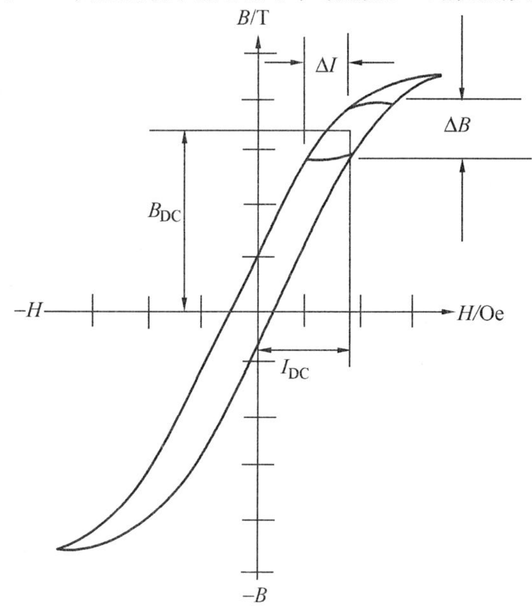

图 9-3 电感器的磁通密度与 $I_{DC}+\Delta I$ 电流的关系❶

$$B_m = B_{DC} + \frac{B_{AC}}{2} \quad (T) \tag{9-11}$$
❷

$$B_{DC} = \frac{0.4\pi N I_{DC} \mu \times 10^{-4}}{MPL} \quad (T) \tag{9-12}$$

$$B_{AC} = \frac{0.4\pi \frac{\Delta I}{2} \mu \times 10^{-4}}{MPL} \quad (T) \tag{9-13}$$

❶ 同第8章图8-10。此图标题写为“电感器的磁通密度与 $I_{DC}+\frac{\Delta I}{2}$ 电流的关系”更好。

❷ 同式(9-7)的注。从式(9-14)也可看出这一点。

$$B_{pk}=\frac{0.4\pi\left(I_{BC}+\frac{\Delta I}{2}\right)\mu\times10^{-4}}{MPL}\quad(T)\tag{9-14}$$

采用钼坡莫合金粉末磁心设计的磁通密度 $B_{DC}+B_{AC}$应该被限制，最大为 0.3T，如图 9-4 所示。

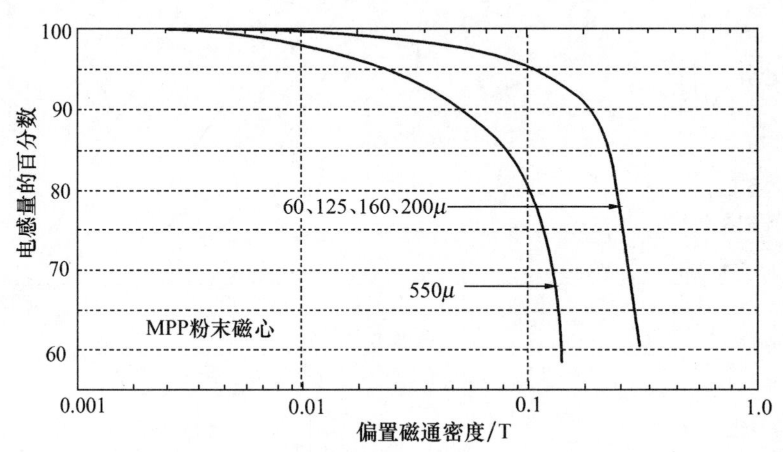

图 9-4 电感量与直流(DC)偏置的关系

用磁心几何常数(K_g)法设计环形粉末磁心

这个设计步骤（程序）对所有的粉末磁心都适用。

步骤 1：用下面的技术要求设计一个线性直流（DC）电感器：

(1) 电感量 L 为 0.0025H。

(2) 直流（DC）电流 I_o 为 1.5A。

(3) 交流（AC）电流 ΔI 为 0.2A。

(4) 输出功率 P_o 为 100W。

(5) 调整率 α 为 1.0%。

(6) 纹波频率为 20kHz。

(7) 工作磁通密度 B_m 为 0.3T。

(8) 磁心材料为 MPP。

(9) 窗口利用系数 K_u 为 0.4。

(10) 温升目标 T_r 为 25℃。

步骤 2：计算电流峰值 I_{pk}

$$I_{pk}=I_o+\frac{\Delta I}{2}\quad(A)$$
$$=1.5+\frac{0.2}{2}\quad(A)$$
$$=1.6\quad(A)$$

步骤 3：计算能量处理能力

$$W=\frac{LI_{pk}^{2}}{2}\quad (J)$$

$$=\frac{0.0025\times 1.6^{2}}{2}\quad (J)$$

$$=0.0032\quad (J)$$

步骤 4：计算电状态系数 K_e

$$K_e=0.145P_oB_m^2\times 10^{-4}$$

$$=0.145\times 100\times 0.3^2\times 10^{-4}$$

$$=0.0001305$$

步骤 5：计算磁心几何常数 K_g

$$K_g=\frac{W}{K_e\alpha}\quad (cm^5)$$

$$=\frac{0.0032^2}{0.0001305\times 1.0}\quad (cm^5)$$

$$=0.0785\quad (cm^5)$$

步骤 6：由第 3 章选择 MPP 粉末磁心。其下面所列的数据是与计算出的磁心几何常数 K_g 最接近的磁心。

（1）磁心型号为 55586。

（2）磁路长度 MPL 为 8.95cm。

（3）磁心质量 W_{tFe} 为 34.9g❶。

（4）平均匝长 MLT 为 4.40cm。

（5）铁面积 A_c 为 0.454cm^2。

（6）窗口面积 W_a 为 3.94cm^2。

（7）面积积 A_p 为 1.79cm^4。

（8）磁心几何常数 K_g 为 0.0742cm^5。

（9）表面面积 A_t 为 64.4cm^2。

（10）磁导率 μ 为 60。

（11）千匝毫亨数 AL 为 38mH。

步骤 7：计算电流密度 J，利用面积积 A_p 公式

$$J=\frac{2W\times 10^4}{B_mA_pK_u}\quad (A/cm^2)$$

$$=\frac{2\times 0.0032\times 10^4}{0.3\times 1.79\times 0.4}\quad (A/cm^2)$$

$$=298\quad (A/cm^2)$$

步骤 8：计算电流的有效值 I_{rms}

❶ 此数据在第 3 章表 3-55 中是 32.806g。

$$I_{rms}=\sqrt{I_o^2+\Delta I^2}\quad (A)$$[1]

$$=\sqrt{1.5^2+0.2^2}\quad (A)$$

$$=1.51\quad (A)$$

步骤 9：计算所需导线的裸面积 $A_{w(B)}$

$$A_{w(B)}=\frac{I_{rms}}{J}$$

$$=\frac{1.51}{298}\quad (cm^2)$$

$$=0.00507\quad (cm^2)$$

步骤 10：由第 4 章中的导线表选择导线。如果面积不在 10%之内，则取下一个最小的号码，还要记录下微欧每厘米值

AWG=#20

裸面积 $A_{w(B)}=0.00519(cm^2)$

带绝缘的面积 $A_w=0.00606(cm^2)$

$$\frac{\mu\Omega}{cm}=332\quad (\mu\Omega/cm)$$

步骤 11：计算有效窗口面积 $W_{a(eff)}$。利用步骤 6 中给出的窗口面积。如第 4 章中所示，S_3 的典型值是 0.75。

$$W_{a(eff)}=W_aS_3\quad (cm^2)$$

$$=3.94\times0.75\quad (cm^2)$$

$$=2.96\quad (cm^2)$$

步骤 12：计算可能的匝数 N。利用步骤 10 中给出的带绝缘导线面积 A_w，如第 4 章中所示，S_2 的典型值为 0.6。

$$N=\frac{W_{a(eff)}S_3}{A_w}\quad (匝)$$

$$=\frac{2.96\times0.60}{0.00606}\quad (匝)$$

$$=293\quad (匝)$$[2]

步骤 13：计算所需要的磁心磁导率 μ

$$\mu_\Delta=\frac{B_m(MPL)\times10^4}{0.4\pi W_aJK_u}$$

$$=\frac{0.30\times8.95\times10^4}{1.26\times3.94\times298\times0.4}$$

$$=45.4$$

注意：磁导率 45.4 与所采用的 60μ 磁心是足够接近的。我们也注意到可以买到其

[1] 同第 8 章中用 K_g 法设计开气隙的直流电感器举例步骤 8 的[注]。

[2] 由步骤 10、11、12 看出，本例在处理窗口面积 W_a 与导体铜所占面积的关系时，只用了三个系数，即 $K_u=S_1S_2S_3$，其中 $S_1=\frac{NA_{w(B)}}{NA_w}$，$S_2=\frac{NA_w}{W_{a(eff)}}$，$S_3=\frac{W_{a(eff)}}{W_a}$。

他磁导率的磁心，限于篇幅，第3章中只列出了MPP、高磁通、铁硅铝磁心的60μ表格和铁粉末磁心的75μ表格。60μ之外磁心可利用制造商的产品目录查到。

步骤14：计算所需要的匝数N_L

$$N_L = 1000\sqrt{\frac{L}{L_{(1000)}}} \quad (匝)$$

$$= 1000\sqrt{\frac{2.5}{38}} \quad (匝)$$

$$= 256 \quad (匝)$$

步骤15：计算线圈电阻R_L。利用步骤6中的MLT和步骤10中的微欧每厘米

$$R_L = (MLT)N_L\left(\frac{\mu\Omega}{cm}\right)\times 10^{-6} \quad (\Omega)$$

$$= 4.4 \times 256 \times 332 \times 10^{-6} \quad (\Omega)$$

$$= 0.374 \quad (\Omega)$$

步骤16：计算铜损P_{Cu}

$$P_{Cu} = I_{rms}^2 R_L \quad (W)$$

$$= 1.51^2 \times 0.374 \quad (W)$$

$$= 0.853 \quad (W)$$

步骤17：计算调整率α

$$\alpha = \frac{P_{Cu}}{P_o} \times 100 \quad (\%)$$

$$= \frac{0.853}{100} \times 100 \quad (\%)$$

$$= 0.853 \quad (\%)$$

步骤18：计算交流(AC)磁通密度B_{AC}

$$B_{AC} = \frac{0.4\pi N_L \frac{\Delta I}{2}\mu \times 10^{-4}}{MPL} \quad (T)$$

$$= \frac{1.25 \times 256 \times \frac{0.2}{2} \times 60 \times 10^{-4}}{8.95} \quad (T)$$

$$= 0.0125 \quad (T)$$

步骤19：对第2章中相应的MPP粉末磁心材料计算瓦每千克。瓦每千克可以写成毫瓦每克

$$mW/g = Kf^m B_{AC}^n$$

$$= 0.00551 \times 20000^{1.23} \times 0.0215^{2.12}$$ [1]

$$= 0.313$$

步骤20：计算磁心损失P_{Fe}

---

[1] 第2章中表2-9中给出的MPP(60μ)的系数：K为0.000788，m为1.41，n为2.24，与此处代入的数据不同。

$$P_{Fe}=(mW/g)W_{tFe}\times10^{-3}\quad(W)$$
$$=0.313\times34.9\times10^{-3}\quad(W)$$
$$=0.011\quad(W)$$

步骤 21：计算总损失，铜损加铁损，P_Σ

$$P_\Sigma=P_{Fe}+P_{Cu}\quad(W)$$
$$=0.011+0.853\quad(W)$$
$$=0.864\quad(W)$$

步骤 22：计算表面功率耗散密度 ψ，表面面积 A_t 在步骤 6 中给出

$$\psi=\frac{P_\Sigma}{A_t}\quad(W/cm^2)$$
$$=\frac{0.864}{64.4}\quad(W/cm^2)$$
$$=0.0134\quad(W/cm^2)$$

步骤 23：计算温升 T_r

$$T_r=450\psi^{0.826}\quad(℃)$$
$$=450\times0.0134^{0.826}\quad(℃)$$
$$=12.8\quad(℃)$$

步骤 24：计算直流（DC）磁场强度 H

$$H=\frac{0.4\pi N_L I_{pk}}{MPL}\quad(Oe)$$ [1]
$$=\frac{1.26\times256\times1.6}{8.95}\quad(Oe)$$
$$=57.7\quad(Oe)$$

步骤 25：计算窗口利用系数 K_u

$$K_u=\frac{N_{L(new)}A_{w(B)}\#20}{W_a}$$
$$=\frac{256\times0.00519}{3.94}$$
$$=0.337$$

注意：用磁心几何常数法设计步骤的一大优点是：电流密度是计算出来的。而用面积积法设计步骤中，电流密度充其量是估计出来的。在下面的同样设计中，我们将采用与在磁心几何常数法中计算出来的相同电流密度。

[1] 此式中用 I_{pk} 计算，其 H 应为最大磁场强度或磁场强度的峰值。

用面积积（A_p）法设计环形粉末磁心电感器

步骤1：设计一线性直流（DC）电感器，依据下面的技术要求：

（1）电感量 L 为0.0025H。

（2）直流（DC）电流 I_o 为1.5A。

（3）交流（AC）电流 ΔI 为0.2A。

（4）输出功率 P_o 为100W。

（5）电流密度 J 为300A/cm^2。

（6）纹波频率为20kHz。

（7）工作磁通密度 B_m 为0.3T。

（8）磁心材料为MPP。

（9）窗口利用系数 K_u 为0.4。

（10）温升目标 T_r 为25℃。

步骤2：计算电流的峰值 I_{pk}

$$I_{pk}=I_o+\frac{\Delta I}{2}\quad(\text{A})$$

$$=1.5+\frac{0.2}{2}\quad(\text{A})$$

$$=1.6\quad(\text{A})$$

步骤3：计算能量处理能力

$$W=\frac{LI_{pk}^2}{2}\quad(\text{J})$$

$$=\frac{0.0025\times1.6^2}{2}\quad(\text{J})$$

$$=0.0032\quad(\text{J})$$

步骤4：计算面积积 A_p

$$A_p=\frac{2W\times10^4}{B_mJK_u}\quad(\text{cm}^4)$$

$$=\frac{2\times0.0032\times10^4}{0.3\times300\times0.4}\quad(\text{cm}^4)$$

$$=1.78\quad(\text{cm}^4)$$

步骤5：从第3章中选择MPP粉末磁心。下列数据与计算出的面积积 A_p 是最接近的。[1]

（1）磁心型号为55586。

---

[1] 原文有误。原文为：The data listed is the closest to the calcu lated core geometry，K_g。即下列数据与计算出的磁心几何常数 K_g 是最接近的。

(2) 磁路长度 MPL 为 8.95cm。

(3) 磁心质量 W_{tFe} 为 349g。

(4) 平均匝长 MLT 为 4.4cm。

(5) 磁心面积 A_c 为 0.454cm^2。

(6) 窗口面积 W_a 为 3.94cm^2。

(7) 面积积 A_p 为 1.79cm^4。

(8) 磁心几何常数 K_g 为 0.0742cm^5。

(9) 表面积 A_t 为 64.4cm^2。

(10) 磁导率 μ 为 60。

(11) 千匝电感量 AL 为 38mH。

步骤 6:计算电流的有效值 I_{rms}

$$I_{rms}=\sqrt{I_o^2+\Delta I^2} \quad (A)$$ ❶

$$=\sqrt{1.5^2+0.2^2} \quad (A)$$

$$=1.51 \quad (A)$$

步骤 7:计算所需要的导线裸面积 $A_{w(B)}$

$$A_{w(B)}=\frac{I_{rms}}{J} \quad (cm^2)$$

$$=\frac{1.51^2}{298} \quad (cm^2)$$

$$=0.00507 \quad (cm^2)$$

步骤 8:由第 4 章的导线表中选择导线。如果面积不在 10%之内,则取下一个最小的导线号码,还要记录微欧每厘米数

AWG=#20

裸面积 $A_{w(B)}=0.00519 \quad (cm^2)$

带绝缘 $A_w=0.00606 \quad (cm^2)$

$$\frac{\mu\Omega}{cm}=332 \quad (\mu\Omega/cm)$$

步骤 9:计算有效窗口面积 $W_{a(eff)}$。利用步骤 5 给出的窗口面积,如第 4 章中所示,S_3 的典型值为 0.75

$$W_{a(eff)}=W_aS_3 \quad (cm^3)$$

$$=3.94\times0.75 \quad (cm^3)$$

$$=2.96 \quad (cm^3)$$

步骤 10:计算可能的匝数 N。利用步骤 8 中给出的带绝缘导线面积 A_w。如第 4 章中所示,S_2 的典型值是 0.6。

❶ 同前例中步骤 8 的 [注]。

$$N = \frac{W_{a(eff)} S_2}{A_w} \quad (匝)$$

$$= \frac{2.96 \times 0.6}{0.00606} \quad (匝)$$

$$= 293 \quad (匝)$$

步骤 11：计算所需要的磁导率 μ

$$\mu = \frac{B_m (MPL) \times 10^4}{0.4\pi W_a J K_u}$$

$$= \frac{0.3 \times 8.95 \times 10^4}{1.26 \times 3.94 \times 298 \times 0.4}$$

$$= 45.4$$

注意：磁导率 45.4 与所采用的 60μ 磁心是足够接近的。我们也注意到，可以买到其他磁导率的磁心。限于篇幅，第 3 章中只列出了 MPP、高磁通、铁硅铝粉末磁心的 60μ 表格和铁粉末磁心的 75μ 表格。60μ 之外的磁心可利用制造商的产品目录查到。

步骤 12：计算所需的匝数 N_L

$$N_L = 100 \sqrt{\frac{L}{L_{(1000)}}} \quad (匝)$$

$$= 1000 \sqrt{\frac{2.5}{38}} \quad (匝)$$

$$= 256 \quad (匝)$$

步骤 13：计算线圈电阻 R_L。利用步骤 6 中的 MLT 和步骤 10 的微欧每厘米数

$$R_L = (MLT) N_L \frac{\mu\Omega}{\text{cm}} \times 10^{-6} \quad (\Omega)$$

$$= 4.4 \times 256 \times 332 \times 10^{-6} \quad (\Omega)$$

$$= 0.374 \quad (\Omega)$$

步骤 14：计算铜损 P_{Cu}

$$P_{Cu} = I_{rms}^2 R_L \quad (W)$$

$$= 1.51^2 \times 0.374 \quad (W)$$

$$= 0.853 \quad (W)$$

步骤 15：计算交流（AC）磁通密度 B_{AC}

$$B_{AC} = \frac{0.4\pi N_L \frac{\Delta I}{2} \mu \times 10^{-4}}{MPL} \quad (T)$$

$$= 1.25 \times 256 \times \frac{0.2}{2} \times 60 \times 10^{-4} \quad (T)$$

$$= 0.0125 \quad (T)$$

步骤 16：计算瓦每千克，对第 2 章中相应的 MPP 粉末磁心材料。瓦每千克可以写

成毫瓦每克

$$\mathrm{mW/g}=Kf^{(m)}B_{\mathrm{AC}}^{(n)}$$

$$=0.00551\times20000^{1.23}\times0.0215^{2.12}$$

$$=0.313$$

步骤 17：计算磁心损失 P_{Fe}

$$P_{\mathrm{Fe}}=(\mathrm{mW/g})W_{\mathrm{tfe}}\times10^{-3}\quad(\mathrm{W})$$

$$=0.313\times34.9\times10^{-3}\quad(\mathrm{W})$$

$$=0.011\quad(\mathrm{W})$$

步骤 18：计算总损耗，铜损加铁损 P_{Σ}

$$P_{\Sigma}=P_{\mathrm{Fe}}+P_{\mathrm{Cu}}\quad(\mathrm{W})$$

$$=0.011+0.853\quad(\mathrm{W})$$

$$=0.864\quad(\mathrm{W})$$

步骤 19：计算表面耗散功率密度 ψ。表面积 A_{t} 可由步骤 5 中找到

$$\psi=\frac{P_{\Sigma}}{A_{\mathrm{t}}}\quad(\mathrm{W/cm^2})$$

$$=\frac{0.864}{64.4}\quad(\mathrm{W/cm^2})$$

$$=0.0134\quad(\mathrm{W/cm^2})$$

步骤 20：计算温升 T_{r}

$$T_{\mathrm{r}}=450\psi^{0.826}\quad(^\circ\mathrm{C})$$

$$=450\times0.0134^{0.826}\quad(^\circ\mathrm{C})$$

$$=12.8\quad(^\circ\mathrm{C})$$

步骤 21：计算直流（DC）磁场强度 H

$$H=\frac{0.4\pi N_{\mathrm{L}}I_{\mathrm{PK}}}{MPL}\quad(\mathrm{Oe})$$

$$=\frac{1.26\times256\times1.6}{8.95}\quad(\mathrm{Oe})$$

$$=57.7\quad(\mathrm{Oe})$$

步骤 22：计算窗口利用系数 K_{u}

$$K_{\mathrm{u}}=\frac{N_{\mathrm{L(new)}}A_{\mathrm{w(R)}}\#20}{W_{\mathrm{a}}}$$

$$=\frac{256\times0.00519}{3.94}$$

$$=0.337$$

第10章

交流(AC)电感器的设计

Chapter 10

目　次

导　言

交流（AC）电感器的设计和变压器的设计很相似。如果在磁心中没有直流（DC）磁通，其设计计算是很简单的。电感器中的视在功率（表观功率）P_t 是激励电压和电感器中电流的乘积

$$P_t = VA \quad [W] \tag{10-1}$$ [1]

技 术 要 求

交流（AC）电感器的设计需要计算伏安（VA）能力。在某些应用场合，要规定电感量；在另外的场合，要规定电流。如果规定了电感量，则必须要计算电流；如果规定了电流，则必须要计算电感量。图 10-1 中示出了一个在铁磁谐振稳压器中所采用的串联交流（AC）电感器 L_1。

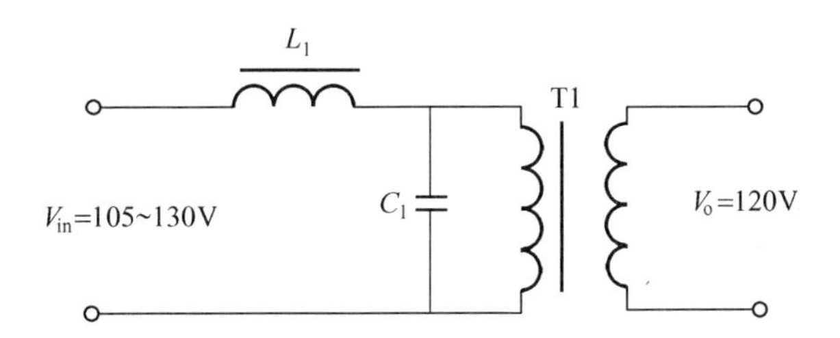

图 10-1　铁磁谐振稳压器中所采用的串联交流（AC）电感器 L_1

A_p 与电感器伏—安能力的关系

磁心的伏—安能力与其面积积的关系可由下式表示

$$A_p = \frac{P_t \times 10^4}{K_f K_u B_{AC} f J} \quad (cm^4) \tag{10-2}$$

式中：K_f 为波形系数；K_u 为窗口利用系数；B_{AC}为工作磁通密度，T；f 为工作频率，Hz；J 为电流密度，A/cm^2。

由上可以看到，诸如磁通密度 B_{AC}、窗口利用系数 K_u（它确定了在窗口中铜所占的最大空间）和电流密度 J 等因素对电感器的面积积 A_p 都有影响。

---

[1] 作为公式，此式表达为 $P_t = VI$ (W) 即电流应用符号 I 表示。另外，在国内，视在功率的单位一般用伏安（VA）表示，以示和有功功率的区别。

K_g 与电感器伏—安能力的关系

虽然多数电感器是针对给定的温度来设计的，但是它们也可以针对给定的调整率来设计。调整率与磁心伏—安能力的关系涉及两个常数

$$\alpha = \frac{P_t}{K_g K_e} \quad (\%) \tag{10-3}$$

$$\alpha = \text{调整率} \quad (\%) \tag{10-4}$$

常数 K_g 由磁心的几何尺寸用下式来求出

$$K_g = \frac{W_a A_c^2 K_u}{MLT} \quad (\text{cm}^5) \tag{10-5}$$

常数 K_e 由磁和电的工作状况用下式求出

$$K_e = 0.145 K_f^2 f^2 B_m^2 \times 10^{-4} \tag{10-6}$$

式中：K_f 为波形系数，对于方波，$K_f=4.0$；对于正弦波，$K_f=4.44$。

由上可见，磁通密度、工作频率和波形系数等因素对电感器的尺寸都有影响。[1]

基本考虑

线性交流（AC）电感器的设计依赖于五个有关的因素：

(1) 希望的电感量。

(2) 所加的电压（跨越电感器的两端）。

(3) 频率。

(4) 工作磁通密度。

(5) 温升。

根据上面所建立的技术要求，设计师应该确定不会产生磁饱和的 B_{AC}最大值，并且做出能对给定体积的情况下，获得最大电感量的折中。所选择的材料决定给定设计中允许的最大磁通密度。磁材料和它们的工作磁通水平已在第 2 章中给出。

像变压器一样，交流电感器必须承受所施加的电压 V_{AC}。其匝数根据法拉第定律来计算，其表达式是

$$N = \frac{V_{AC} \times 10^4}{K_f B_{AC} f A_c} \quad (\text{匝}) \tag{10-7}$$

带空气隙的铁心电感器电感值可由下式表示

[1] 此句原文有误：原文为“… flux density…have an influence on the transformer size”，应为“…on the inductor size”。

$$L=\frac{0.4\pi N^2A_c\times10^{-8}}{l_g+\frac{MPL}{\mu_m}}\quad(\text{H})\tag{10-8}$$

由上看到，电感量取决于等效磁路长度的倒数。这个等效的磁路长度是空气隙长度 l_g 和磁路长度 MPL 与材料的磁导率 μ_m 的比值之和。

当磁心的空气隙 l_g 比 MPL/μ_m 大的情况下，高磁导率材料 μ_m 的变化对总的等效磁路长度或电感量没有显著影响，所以电感量公式可简化为

$$L=\frac{0.4\pi N^2A_c\times10^{-8}}{l_g}\quad(\text{H})\tag{10-9}$$

重新安排上式对气隙求解

$$l_g=\frac{0.4\pi N^2A_c\times10^{-8}}{L}\quad(\text{cm})\tag{10-10}$$

边缘磁通

空气隙的最终确定需要考虑边缘磁通的影响。边缘磁通是气隙尺寸、磁极表面形状和线圈形状、尺寸和位置的函数，如图 10-2 和图 10-3 所示。它的净效果是使等效的空气隙比其实际的物理尺寸小。

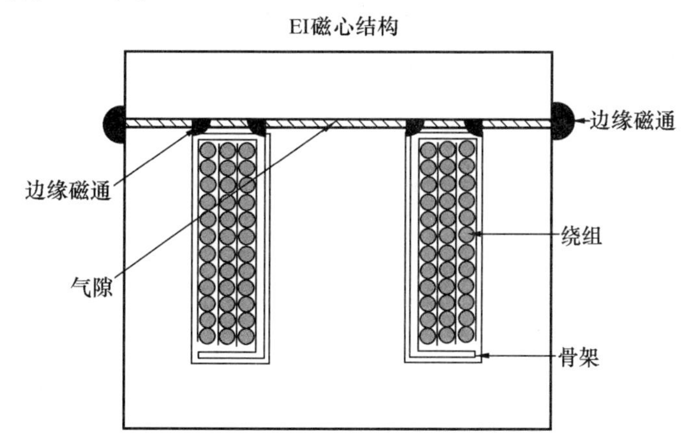

图 10-2　EI 磁心结构边缘磁通的位置

边缘磁通使磁路的总磁阻减小。因此，使其电感量通过系数 F 增加到比用式（10-9）计算出的值大。边缘磁通系数为

$$F=1+\frac{l_g}{\sqrt{A_c}}\ln\frac{2G}{l_g}\tag{10-11}$$

式中：G 为线圈长度，在第 3 章中有定义。式（10-11）对经切割 C 形磁心、叠片和经切割铁氧体磁心都成立。

式（10-9）计算出的电感量不包括边缘磁通的影响。式（10-12）中的电感值是考虑边缘磁通后的修正

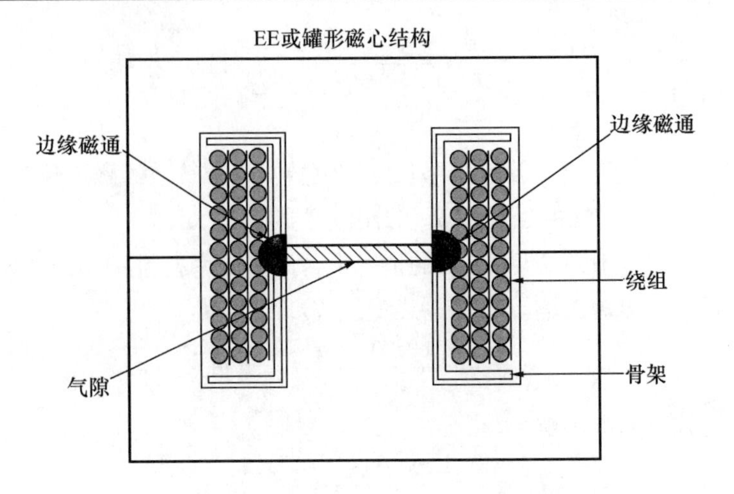

图 10-3　EE 或罐形磁心结构边缘磁通的位置

$$L' = \frac{0.4\pi N^2 A_c F \times 10^{-8}}{l_g} \quad \text{(H)} \tag{10-12}$$

现在，边缘磁通系数 F 已经计算出来了，我们有必要利用 F 重新计算线圈的匝数

$$N_{(new)} = \sqrt{\frac{L l_g}{0.4\pi A_c F \times 10^{-8}}} \quad \text{(匝)} \tag{10-13}$$

在新的匝数 $N_{(new)}$ 被计算出来以后，用式（10-13）求出的新匝数 $N_{(new)}$ 来求解 B_{AC}。这个校核将提供出工作磁通密度以便计算磁心损失 P_{Fe} 以及将提供对磁心饱和裕量的校验

$$B_{AC} = \frac{V_{AC} \times 10^4}{K_f N_{(new)} f A_c} \quad \text{(T)} \tag{10-14}$$

交流（AC）电感器中的损耗由三部分构成：

（1）铜损 P_{Cu}。

（2）铁损 P_{Fe}。

（3）气隙损耗 P_g。

铜损 P_{Cu} 是 I^2R_o，如果趋肤效应很小，它可直接计算。铁损由磁心制造商提供的数据来计算。气隙损耗 P_g 与磁心材料带（片）的厚度及磁导率无关。和变压器中一样，在电感器中，当铜损 P_{Cu} 和铁损相等时，效率最高。但是，这只当气隙是零的时候如此。气隙损耗不是发生在空气隙本身中，而是由气隙周围散射出的磁通又重新以高损耗的方向进入磁心引起的。当空气隙增加时，跨气隙两侧的边缘磁通越来越多，有些边缘磁通以与叠片垂直的方向射入到磁心，产生涡流，引起了附加的损耗，这个附加的损耗就称为气隙损耗 P_g。边缘磁通的分布还受磁心的几何形状与尺寸、线匝离磁心的接近程度和是否有绕在两个心柱匝数情况的影响（见表 10-1）。气隙损耗的精确预测依赖于边缘磁通的大小（见本章末的参考文献）

$$P_g = K_i E l_g f B_{AC}^2 \quad \text{(W)} \tag{10-15}$$

式中：E（如第 3 章所定义的）是带或舌的宽度，单位为 cm。

表 10-1　　气隙损失系数

结　构	K_i	结　构	K_i
双线圈 C 形磁心	0.0388	叠片形	0.1550
单线圈 C 形磁心	0.0775		

当设计电感器要选择磁心时，人们总是选择具有如下最小比值的磁心，即

$$\frac{W_a}{A_c} = 最小的比值 \tag{10-16}$$

比较两个用于相同设计要求，具有相同面积积 A_p 的磁心，具有最小窗口面积的磁心产生的边缘磁通最小。如果设计的要求有变化，而要求用紧接着下一个较大的磁心，把所用的磁心两个叠起来，比选一个较大的磁心要好得多，如图 10-4 所示。

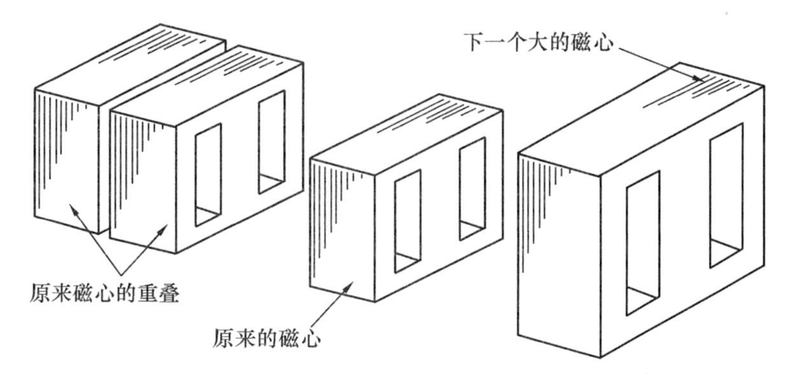

图 10-4　磁心结构的比较

例如：如果选择下一个较大的磁心，通常所有的磁心（长、宽、厚）尺寸都将增加。这就意味着，窗口面积 A_a 和铁心截面积 A_c 将双双增加（不应该用这个较大的磁心，因为它的边缘磁通也增加）。如果想要保持边缘磁通到最小，则可用两个原来的磁心叠起来。因此，铁心面积 A_c 将加倍，而窗口面积 W_a 将保持原样，这将减小 W_a/A_c 比值，如式（10-16）所示。随着铁的截面积 A_c 增加，对于相同的窗口面积 W_a，线圈匝数必须减少；而随着匝数的减少，气隙也将减小，结果导致边缘磁通也小了。

当设计一个变压器时，工程师会把磁通密度设置得很大，只要不使磁心饱和。在交流（AC）电感器的设计中不能这样做，因为你必须留出一个裕量，以考虑边缘磁通系数。交流（AC）电感器设计的一个最大问题是要保持气隙达最小值。当设计高频交流（AC）电感器时，这个问题变得更加尖锐。设计高频电感器中的问题是要求用线圈匝数来支撑所施加的电压，然后，开气隙以提供合适的电感量。如果可以找到合适的磁导率的材料，利用粉末磁心可以使这个问题最小化。

交流（AC）电感器设计举例

步骤 1：设计一线性交流（AC）电感器，用下列技术要求：

（1）施加的电压 V_L 为 120V。

(2) 线电流 I_L 为 1.0A。

(3) 电源频率为 60Hz。

(4) 电流密度 J 为 300A/cm²。

(5) 效率目标 η 为 90%。

(6) 磁性材料为硅钢。

(7) 磁性材料的磁导率 μ_m 为 1500。

(8) 磁通密度 B_{AC} 为 1.4T。

(9) 窗口利用系数 K_u 为 0.4。

(10) 波形系数 K_f 为 4.44。

(11) 温升目标 T_r 为 50℃。

步骤 2:计算电感器 L 的视在功率 P_t

$$P_t = V_L I_L \quad (\text{W})$$
$$= 120 \times 1.0 \quad (\text{W})$$
$$= 120 \quad (\text{W})$$

步骤 3:计算面积积 A_p

$$A_p = \frac{P_t \times 10^4}{K_f K_u f B_{AC} J} \quad (\text{cm}^4)$$
$$= \frac{120 \times 10^4}{4.44 \times 0.4 \times 60 \times 1.4 \times 300} \quad (\text{cm}^4)$$
$$= 26.8 \quad (\text{cm}^4)$$

步骤 4:由第 3 章选择一个 EI 叠片磁心。与计算出的面积积 A_P 最接近的叠片磁心是 EI-100。

(1) 磁心型号为 EI-100。

(2) 磁路长度 MPL 为 15.2cm。

(3) 磁心质量 W_{tFe} 为 676g。

(4) 平均匝长 MLT 为 14.8cm。

(5) 铁面积 A_c 为 6.13cm²。

(6) 窗口面积 W_a 为 4.84cm²。

(7) 面积积 A_p 为 29.7cm⁴。

(8) 磁心几何常数 K_g 为 4.93cm⁵。

(9) 表面面积 A_t 为 213cm²。

(10) 绕组长度 G 为 3.81cm。

(11) 叠片舌宽 E 为 254cm。

步骤 5:计算电感器的匝数 N_L

$$N_L = \frac{V_L \times 10^4}{K_f B_{AC} f A_c} \quad (\text{匝})$$
$$= \frac{120 \times 10^4}{4.44 \times 1.4 \times 60 \times 6.13} \quad (\text{匝})$$
$$= 525 \quad (\text{匝})$$

步骤 6：计算感抗 X_L

$$X_L = \frac{V_L}{I_L} \quad (\Omega)$$

$$= \frac{120}{1.0} = 120 \quad (\Omega)$$

步骤 7：计算所需要的电感量 L

$$L = \frac{X_L}{2\pi f} \quad (\mathrm{H})$$

$$= \frac{120}{2 \times 3.14 \times 60} \quad (\mathrm{H})$$

$$= 0.318 \quad (\mathrm{H})$$

步骤 8：计算所需要的气隙 l_g

$$l_g = \frac{0.4\pi N_L^2 A_c \times 10^{-8}}{L} - \frac{MPL}{\mu_m} \quad (\mathrm{cm})$$

$$= \frac{1.26 \times 525^2 \times 6.13 \times 10^{-8}}{0.318} - \frac{15.2}{1500} \quad (\mathrm{cm})$$

$= 0.0568(\mathrm{cm})$ 或 $l_g = 22.4(\mathrm{mils})$ 这将是每个脚柱 10mils。

步骤 9：计算边缘磁通系数 F

$$F = 1 + \frac{l_g}{\sqrt{A_c}} \ln \frac{2G}{l_g}$$

$$= 1 + \frac{0.0568}{\sqrt{6.13}} \ln \frac{2 \times 3.81}{0.0568}$$

$$= 1.112$$

步骤 10：利用边缘磁通，重新计算串联电感器的匝数 $N_{L(new)}$

$$N_{L(new)} = \sqrt{\frac{l_g L}{0.4\pi A_c F \times 10^{-8}}} \quad (\text{匝})$$

$$= \sqrt{\frac{0.0568 \times 0.318}{1.26 \times 6.13 \times 1.112 \times 10^{-8}}} (\text{匝})$$

$$= 459(\text{匝})$$

步骤 11：利用新的匝数，重新计算磁通密度 B_{AC}

$$B_{AC} = \frac{V_L \times 10^4}{K_f N_{L(new)} A_c f} \quad (\mathrm{T})$$

$$= \frac{120 \times 10^4}{4.44 \times 459 \times 6.13 \times 60} \quad (\mathrm{T})$$

$$= 1.6 \quad (\mathrm{T})$$

步骤 12：计算电感器的导线裸面积 $A_{\omega L(B)}$

$$A_{\omega L(B)} = \frac{I_L}{J} \quad (\mathrm{cm}^2)$$

$$= \frac{1.0}{300} \quad (\text{cm}^2)$$

$$= 0.00333 \quad (\text{cm}^2)$$

步骤 13：由第 4 章的导线表中选择导线

$$\text{AWG} = \#22$$

$$A_{\omega(B)} = 0.00324(\text{cm}^2)$$

$$\frac{\mu\Omega}{\text{cm}} = 531 \quad (\mu\Omega/\text{cm})$$

步骤 14：计算电感器的线圈电阻 R_L。利用步骤 4 中给出的 MLT 和步骤 13 中给出的微欧每厘米数

$$R_L = (MLT) N_{L(new)} \frac{\mu\Omega}{\text{cm}} \times 10^{-6} \quad (\Omega)$$

$$= 14.8 \times 459 \times 531 \times 10^{-6} \quad (\Omega)$$

$$= 3.61 \quad (\Omega)$$

步骤 15：计算电感器线圈的铜损 P_L

$$P_L = I_L^2 R_L \quad (\text{W})$$

$$= 1.0^2 \times 3.61 \quad (\text{W})$$

$$= 3.61 \quad (\text{W})$$

步骤 16：计算相应磁心材料的瓦每千克值 W/kg，其材料的相应数据见第 2 章

$$\text{W/kg} = 0.000557 f^{1.68} B_{AC}^{1.86} \quad (\text{W/kg})$$

$$= 0.000557 \times 60^{1.68} \times 1.6^{1.86} \quad (\text{W/kg})$$

$$= 1.3 \quad (\text{W/kg})$$

步骤 17：计算磁心损失 P_{Fe}，以瓦为单位

$$P_{Fe} = (\text{W/kg}) W_{tFe} \quad (\text{W})$$

$$= 1.3 \times 0.676 \quad (\text{W})$$

$$= 0.878 \quad (\text{W})$$

步骤 18：计算气隙损耗 P_g

$$P_g = K_i E l_g f B_{AC}^2 \quad (\text{W})$$

$$= 0.155 \times 2.54 \times 0.0568 \times 60 \times 1.6^2 \quad (\text{W})$$

$$= 3.43 \quad (\text{W})$$

步骤 19：计算电感器的总损失 P_Σ

$$P_\Sigma = P_{Cu} + P_{Fe} + P_g \quad (\text{W})$$

$$= 3.61 + 0.878 + 3.43 \quad (\text{W})$$

$$= 7.92 \quad (\text{W})$$

步骤 20：计算电感器的表面积功率（瓦）耗散密度 ψ

$$\psi=\frac{P_{\Sigma}}{A_t}\quad (\mathrm{W/cm^2})$$

$$=\frac{7.92}{213}\quad (\mathrm{W/cm^2})$$

$$=0.0372\quad (\mathrm{W/cm^2})$$

步骤 21：计算温升 T_r

$$T_r=450\psi^{0.826}\quad (℃)$$

$$=450\times 0.0372^{0.826}\quad (℃)$$

$$=29.7\quad (℃)$$

步骤 22：计算窗口利用系数 K_u

$$K_u=\frac{N_{L(new)}A_{w(B)\#22}}{W_a}$$

$$=\frac{459\times 0.00324}{4.84}$$

$$=0.307$$

参 考 文 献

Ruben, L., and Stephens, D. Gap Loss in Current-Limiting Transformer. Electromechanical Design, April 1973, pp. 24-126.

第11章

恒压变压器(CVT)

Chapter 11

目　次

导　　言

恒压变压器（CVT，constant-voltage transformer）有广泛的应用场合。特别是可靠性和对付电源电压变化的自动调节能力是非常重要的。恒压变压器的输出基本上是方波，这正是整流器输出应用所希望的。它也具有很好的电路特性。恒压变压器的主要缺点是在效率和对频率和负载的稳定性方面。这里所给出的用来设计在电源相线电压频率下的恒压变压器公式已经用在了航天应用场合的 400Hz 情况下以及 20kHz 的情况下。

恒压变压器调整特性

基本的两元件铁磁谐振稳压器如图 11-1 所示。电感器 L_1 是一个在输入相线电压两

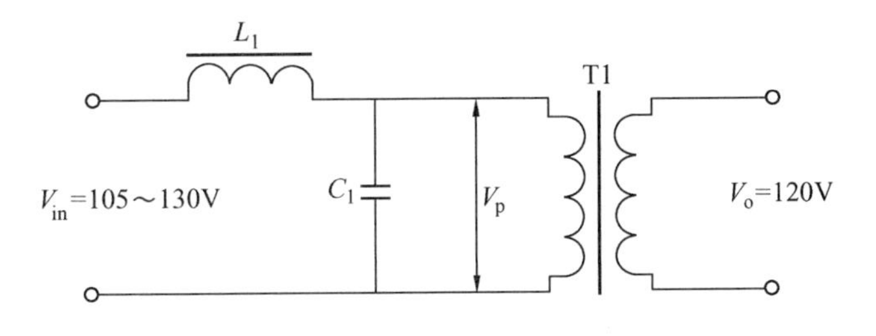

图 11-1　两元件铁磁谐振稳压器

端间与电容器 C_1 相串联的线性电感器。电容器 C_1 两端的电压会比电源电压大很多，因为 L_1 与 C_1 之间处于谐振状态。

利用自饱和变压器 T1 可使电压 V_p 被限制在预先规定的幅度。变压器 T1 在其磁通密度达到饱和之前一直具有高阻抗。而变压器进入饱和以后变为低阻抗通路，就防止了电容器两端的电压进一步上升。这个限制作用产生了一个具有相当平顶特征的电压波形，其每半个周期的情况如图 11-2 所示。

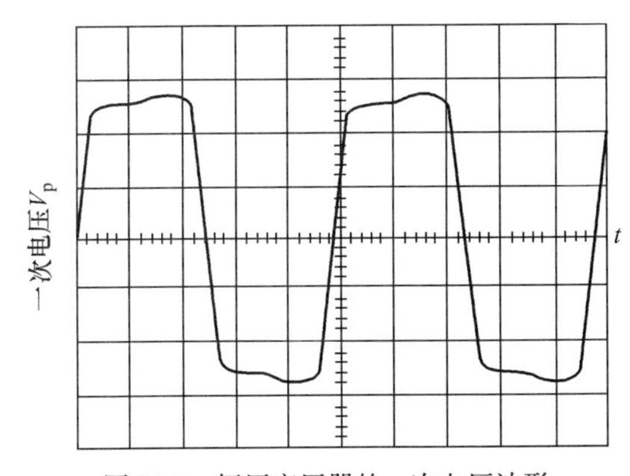

图 11-2　恒压变压器的一次电压波形

CVT 电源稳压器的电参数

当恒压变压器作为电源稳压器工作时，其输出电压将作为输入电压的函数来变化，如图 11-3 所示。设计变压器 T1 所用的磁性材料对电源的稳定度有很大的影响。用具有矩形 *B-H* 回线材料设计的变压器将导致较好的电源稳定度。如果电源稳压器的输出接到功率因数小于 1（滞后的）的负载，其输出电压将作如图 11-4 所示的变化。

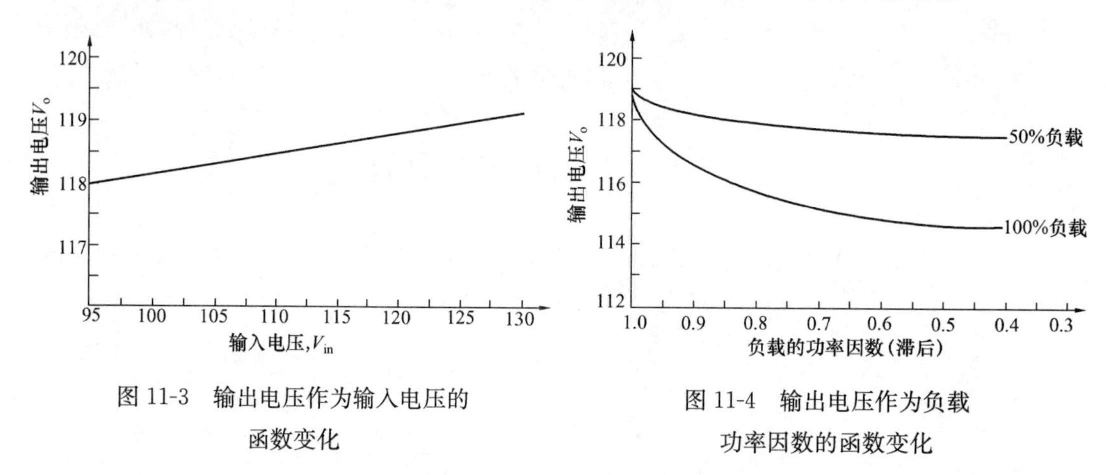

图 11-3 输出电压作为输入电压的函数变化

图 11-4 输出电压作为负载功率因数的函数变化

当恒压变压器所接的电源电压频率变化时，其输出电压将作如图 11-5 所示的变化，恒压变压器的稳定度可以设计得好于百分之几。处理短路的能力强是恒压变压器固有的特征。短路电流由串联电感器 L_1 来限制，不同的电源电压和负载的稳定特性如图 11-6 所示。应该注意到，相应于输出电压为零的全短路，使负载电流增加不太大；而对多数变压器而言，全短路将是毁灭性的。

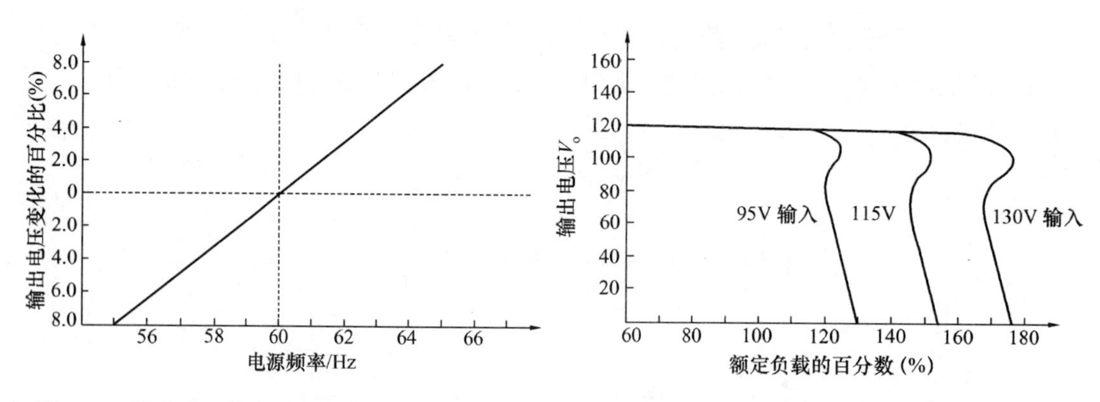

图 11-5 输出电压作为电源频率变化的函数变化

图 11-6 输出电压作为负载的函数变化

恒压变压器的设计公式

恒压变压器的正常工作和功率容量取决于如图 11-7 中所示的元件 L_1 和 C_1。经验

指出，LC 的关系是

$$LC\omega^2 = 1.5 \tag{11-1}$$

电感量可以表示为

$$L = \frac{R_{o(R)}}{2\omega} \quad (\text{H}) \tag{11-2}$$

电容量可以表示为

$$C = \frac{1}{0.33\omega R_{o(R)}} \quad (\text{F}) \tag{11-3}$$

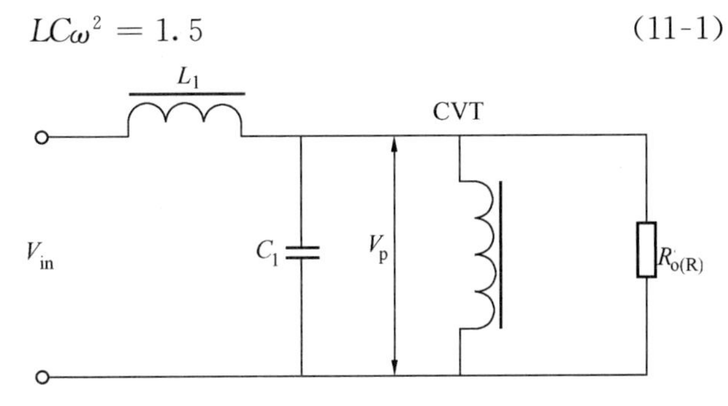

图 11-7　基本的恒压变压器电路

参看图 11-7，假定输入电压是正弦的，输入电感器 L_1 和串联的电容器 C_1 是理想的，所有的电压和电流都是有效值，V_{in}是电路在开始加载调整前一时刻的电压，$R_{0(R)}$是反射到一次的反射电阻，包括效率的影响。η 是效率，P_o 是输出功率

$$P_o = \frac{V_s^2}{R_o} \quad (\text{W}) \tag{11-4}$$

$$R_{o(R)} = \frac{V_p^2 \eta}{P_o} \quad (\Omega) \tag{11-5}$$

通常的实际情况是在恒压变压器上输出与输入隔离，并且把 C_1 连接到一个升压绕组上。为了采用比较小的电容器值，必须添加一个如图 11-8 中所示的升压线圈。这个升压线圈使变压器的视在功率（P_t）或尺寸增加了。这可以在式（11-6）中看到。电容器中的能量是

$$W = \frac{CV^2}{2} \quad (\text{J})$$

$$C = \frac{2W}{V^2} \quad (\text{F}) \tag{11-6}$$

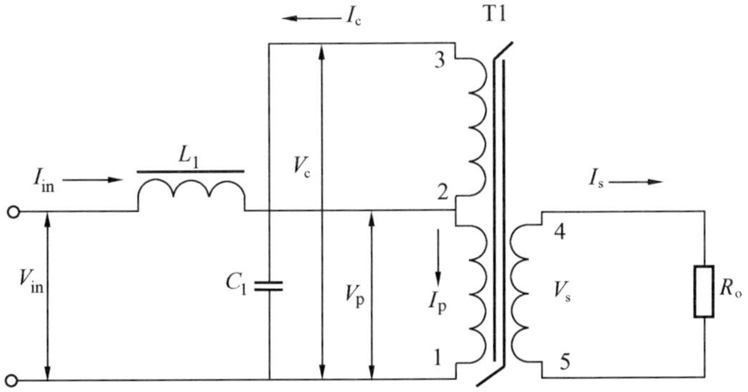

图 11-8　CVT，带有一个电容器升压绕组

二次电流 I_s 可以表达为

$$I_s = \frac{P_o}{V_s} \tag{11-7}$$

带有升压线圈时，一次线圈电流 I_p 与二次线圈电流的关系由下式表示(见参考文献 3)

$$I_p = \frac{I_s V_{s(4\text{-}3)}}{\eta V_{p(1\text{-}2)}}\left[1+\sqrt{\frac{V_{p(1\text{-}2)}}{V_{c(1\text{-}3)}}}\right] \quad (A) \tag{11-8}$$

由于等效频率提高，通过电容器的电流 I_c 要增加，由乘一个系数 K_c 来体现。这是由于如图 11-2 中所示的准电压波形，使谐振电容器的等效交流（AC）阻抗比正常正弦波时要降低到某一值，这是由于奇次谐波增加的缘故

$$I_c = K_c V_c \omega C \quad (A) \tag{11-9}$$

式中：K_c 可在 1.0～1.5 之间变化。

经验指出，为了获得好的性能，一次工作电压应为

$$V_p = V_{in} 0.95 \quad (V) \tag{11-10}$$

当谐振电容器被连接到升压绕组的两端时，如图 11-8 所示。电容器的电容值和它的体积都可以减小。C_n 是新的电容值，V_n 是新的电容器两端电压

$$C_n V_n^2 = C_{(1-2)} V_{(1-2)}^2$$

视在功率 P_t 是每个绕组功率之和

$$P_t = P_{(1-2)} + P_{(2-3)} + P_{(4-5)} \quad (W) \tag{11-11}$$

恒压变压器的电源电压稳定度为

$$\Delta V_p = 4.44 \Delta B_s A_c f N_p \times 10^4 \quad (V) \tag{11-12}$$

当电源线电压变化时，恒压变压器的输出电压稳定度是 B-H 回线矩形系数的函数，如图 11-9 所示。饱和磁通密度 B_s 取决于磁性材料的退火过程。每个制造商都有自己的，对饱和磁通密度 B_s 有影响的退火过程。

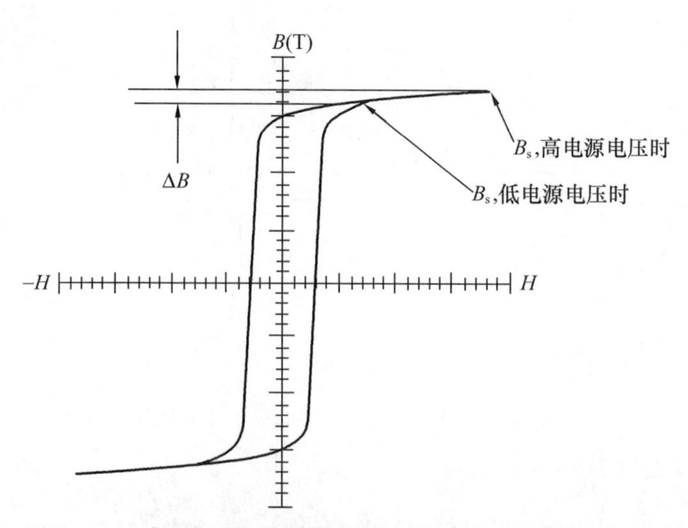

图 11-9 在高电源电压和低电源电压时的恒压变压器 B-H 回线

恒压变压器设计举例

根据下面的技术要求来设计恒压变压器（CVT）。

（1）输入电压为 105～129V。

（2）电源频率为 60Hz。

（3）输出电压为 120V。

（4）输出功率为 250W。

（5）变压器电流密度 J 为 300A/cm^2。

（6）电容器电压 V_c 为 440V。

（7）电容器系数 K_c 为 1.5。

（8）效率目标 η（100）为 85%。

（9）磁性材料为硅钢。

（10）饱和磁通密度 B_s 为 1.95T。

（11）窗口利用系数 K_u 为 0.4。

（12）温升目标 T_r 为 50℃。

步骤 1：计算一次绕组的电压 V_p

$$V_p = 0.95V_{in(min)} \quad (\text{V})$$
$$= 105 \times 0.95 \quad (\text{V})$$
$$= 99.75 \quad (\text{V})$$

步骤 2：计算反射到一次的反射电阻，包括考虑效率 η

$$R_{o(R)} = \frac{V_p^2 \eta}{P_o} \quad (\Omega)$$
$$= \frac{99.75^2 \times 0.85}{250} \quad (\Omega)$$
$$= 33.8 \quad (\Omega)$$

步骤 3：计算所需要的电容器 C_1 的电容值

$$C_1 = \frac{1}{0.33\omega R_{o(R)}} \quad (\text{F})$$
$$= \frac{1}{0.33 \times 377 \times 33.8} \quad (\text{F})$$
$$= 238 \times 10^{-6} \quad (\text{F})$$

步骤 4：利用较高的电压 V_c 计算新的电容值

$$C_{(1-3)} = \frac{C_{(1-2)} V_{(1-2)}{}^2}{V_{(1-3)}{}^2} \quad (\text{F})$$
$$= \frac{238 \times 10^{-6} \times 99.75^2}{440^2} \quad (\text{F})$$

$$= 12.3 \times 10^{-6} \quad (\mathrm{F})$$

标准的电动机用电容器有 12.5μF/440V。

步骤 5：计算电容器电流 I_c

$$I_c = 1.5 V_c \omega C \quad (\mathrm{A})$$
$$= 1.5 \times 440 \times 377 \times 12.5 \times 10^{-6} \quad (\mathrm{A})$$
$$= 3.11 \quad (\mathrm{A})$$

步骤 6：计算二次绕组电流 I_s

$$I_s = \frac{P_o}{V_s} \quad (\mathrm{A})$$
$$= \frac{250}{120} \quad (\mathrm{A})$$
$$= 2.08 \quad (\mathrm{A})$$

步骤 7：计算一次绕组电流 I_p

$$I_p = \frac{I_s V_{s(4-5)}}{\eta V_{p(1-2)}}\left[1 + \sqrt{\frac{V_{p(1-2)}}{V_{c(1-3)}}}\right] \quad (\mathrm{A})$$
$$= \frac{2.08 \times 120}{0.85 \times 99.75}\left(1 + \sqrt{\frac{99.75}{440}}\right) \quad (\mathrm{A})$$
$$= 4.35 \quad (\mathrm{A})$$

步骤 8：计算视在功率 P_t

$$P_t = P_{(1-2)} + P_{(2-3)} + P_{(4-5)} \quad (\mathrm{W})$$
$$P_{(1-2)} = V_p I_p = 99.75 \times 4.35 = 434 \quad (\mathrm{W})$$
$$P_{(2-3)} = (V_c - V_p) I_c = 340 \times 3.11 = 1057 \quad (\mathrm{W})$$
$$P_{(4-5)} = V_s I_s = 120 \times 2.08 = 250 \quad (\mathrm{W})$$
$$P_t = 434 + 1057 + 250 \quad (\mathrm{W})$$
$$= 1741 \quad (\mathrm{W})$$

步骤 9：计算面积积 A_p

$$A_p = \frac{P_t \times 10^4}{K_f K_u f B_s J} \quad (\mathrm{cm}^4)$$
$$= \frac{1741 \times 10^4}{4.44 \times 0.4 \times 60 \times 1.95 \times 300} \quad (\mathrm{cm}^4)$$
$$= 279 \quad (\mathrm{cm}^4)$$

步骤 10：从第 3 章中选择 EI 叠片磁心。与面积积的计算值最接近的叠片是 EI-175。

(1) 磁心型号为 EI-175。

(2) 磁路长度 MPL 为 26.7cm。

(3) 磁心质量 W_{tFe} 为 3.71kg。

(4) 平均匝长 MLT 为 25.6cm。

（5）铁面积 A_c 为 18.8cm²。

（6）窗口面积 W_a 为 14.8cm²。

（7）面积积 A_p 为 278cm⁴。

（8）磁心几何常数 K_g 为 81.7cm⁵。

（9）表面面积 A_t 为 652cm²。

步骤 11：计算一次绕组匝数 N_p

$$N_p = \frac{V_p \times 10^4}{K_f B_s f A_c} \quad (\text{匝})$$

$$= \frac{99.75 \times 10^4}{4.44 \times 1.95 \times 60 \times 18.8} \quad (\text{匝})$$

$$= 102 \quad (\text{匝})$$

步骤 12：计算一次绕组导线裸面积 $A_{wp(B)}$

$$A_{wp(B)} = \frac{I_p}{J} \quad (\text{cm}^2)$$

$$= \frac{4.35}{300} \quad (\text{cm}^2)$$

$$= 0.0145 \quad (\text{cm}^2)$$

步骤 13：由第 4 章中的导线表选择导线

$$\text{AWG} = \#16$$

$$A_{w(B)} = 0.0131 \quad (\text{cm}^2)$$

$$\frac{\mu\Omega}{\text{cm}} = 132 \quad (\mu\Omega/\text{cm})$$

步骤 14：计算一次绕组电阻 R_p。利用磁心数据中的平均匝长 MLT 和步骤 13 中求出的微欧每厘米值。

$$R_p = (MLT) N_p \frac{\mu\Omega}{\text{cm}} \times 10^{-6} \quad (\Omega)$$

$$= 25.6 \times 102 \times 132 \times 10^{-6} \quad (\Omega)$$

$$= 0.345 \quad (\Omega)$$

步骤 15：计算一次铜损 P_p

$$P_p = I_p^2 R_p \quad (\text{W})$$

$$= 4.35^2 \times 0.345 \quad (\text{W})$$

$$= 6.53 \quad (\text{W})$$

步骤 16：计算连接电容器的升压绕组需要的匝数 N_c

$$N_c = \frac{N_p (V_c - V_p)}{V_p} \quad (\text{匝})$$

$$= \frac{102 \times (440 - 99.75)}{99.75} \quad (\text{匝})$$

$$= 348 \quad (匝)$$

步骤 17：计算连接电容器升压绕组导线的裸面积 $A_{wc(B)}$

$$A_{wc(B)} = \frac{I_c}{J} \quad (cm^2)$$

$$= \frac{3.11}{300} \quad (cm^2)$$

$$= 0.0104 \quad (cm^2)$$

步骤 18：由第 4 章中的导线表选择导线

$$AWG = \#17$$

$$A_{wo(B)} = 0.0104 \quad (cm^2)$$

$$\frac{\mu\Omega}{cm} = 166 \quad (\mu\Omega/cm)$$

步骤 19：计算连接电容器的绕组电阻 R_c。利用磁心数据表中的平均匝长 MLT 和步骤 18 中求出的微欧每厘米值

$$R_c = (MLT) N_c \frac{\mu\Omega}{cm} \times 10^{-6} \quad (\Omega)$$

$$= 25.6 \times 348 \times 166 \times 10^{-6} \quad (\Omega)$$

$$= 1.48 \quad (\Omega)$$

步骤 20：计算连接电容器的升压绕组铜损 P_c

$$P_c = I_c^2 R_c \quad (W)$$

$$= 3.11^2 \times 1.48 \quad (W)$$

$$= 14.3 \quad (W)$$

步骤 21：计算二次绕组匝数 N_s

$$N_s = \frac{N_p V_s}{V_p} \quad (匝)$$

$$= \frac{102 \times 120}{99.75} \quad (匝)$$

$$= 123 \quad (匝)$$

步骤 22：计算二次绕组导线的裸面积 $A_{ws(B)}$

$$A_{ws(B)} = \frac{I_s}{J} \quad (cm^2)$$

$$= \frac{2.08}{300} \quad (cm^2)$$

$$= 0.00693 \quad (cm^2)$$

步骤 23：由第 4 章中的导线表选择导线

$$AWG = \#19$$

$$A_{w(B)} = 0.00653 (cm^2)$$

$$\frac{\mu\Omega}{cm} = 264 \quad (\mu\Omega/cm)$$

步骤 24：计算二次绕组电阻 R_s。利用磁心数据中的平均匝长 MLT 和步骤 23 中求出的微欧每厘米值。

$$R_s = (MLT)N_s\left(\frac{\mu\Omega}{\text{cm}}\right)\times 10^{-6} \quad (\Omega)$$
$$= 25.6 \times 123 \times 264 \times 10^{-6} \quad (\Omega)$$
$$= 0.831 \quad (\Omega)$$

步骤 25：计算二次绕组铜损 P_s

$$P_s = I_s^2 R_s \quad (\text{W})$$
$$= 2.08^2 \times 0.831 \quad (\text{W})$$
$$= 3.59 \quad (\text{W})$$

步骤 26：计算总铜损 P_{Cu}

$$P_{Cu} = P_p + P_s + P_c \quad (\text{W})$$
$$= 6.53 + 3.59 + 14.3 \quad (\text{W})$$
$$= 24.4 \quad (\text{W})$$

步骤 27：计算相应磁心材料的瓦特每千克（W/kg），见第 2 章

$$\text{W/kg} = 0.000557 f^{1.68} B_s^{1.86} \quad (\text{W/kg})$$
$$= 0.000557 \times 60^{1.68} \times 1.95^{1.86} \quad (\text{W/kg})$$
$$= 1.87(\text{W/kg})$$

步骤 28：计算磁心损失，以瓦（W）为单位，P_{Fe}

$$P_{Fe} = (\text{W/kg}) W_{tFe} \quad (\text{W})$$
$$= 1.87 \times 3.71 \quad (\text{W})$$
$$= 6.94 \quad (\text{W})$$

步骤 29：计算总损失 P_Σ

$$P_\Sigma = P_{Cu} + P_{Fe} \quad (\text{W})$$
$$= 24.4 + 6.94 \quad (\text{W})$$
$$= 31.34 \quad (\text{W})$$

步骤 30：计算变压器表面功率耗散密度 ψ

$$\psi = \frac{P_\Sigma}{A_t} \quad (\text{W/cm}^2)$$
$$= \frac{31.34}{652} \quad (\text{W/cm}^2)$$
$$= 0.0481 \quad (\text{W/cm}^2)$$

步骤 31：计算变压器温升 T_r

$$T_r = 450\psi^{0.826} \quad (^\circ\text{C})$$
$$= 450 \times 0.0481^{0.826} \quad (^\circ\text{C})$$
$$= 36.7 \quad (^\circ\text{C})$$

步骤 32：计算变压器效率 η

$$\eta=\frac{P_o}{P_o+P_\Sigma}\times 100\%$$
$$=\frac{250}{250+31.3}\times 100\%$$
$$=88.9\%$$

步骤 33：计算窗口利用系数 K_u

$$K_u=\frac{N_p A_{wp(B)\#16}+N_c A_{wc(B)\#17}+N_s A_{ws(B)\#19}}{W_a}$$
$$=\frac{102\times 0.0131+348\times 0.0104+123\times 0.00653}{14.8}$$ [1]
$$=0.389$$

串联交流电感器设计举例（亦见第9章）

根据下列技术要求设计串联线性交流（AC）电感器。

（1）施加电压为 129V。

（2）电源频率为 60Hz。

（3）电流密度 J 为 $300A/cm^2$。

（4）效率目标 η 为 85%。

（5）磁性材料为硅钢。

（6）磁性材料的磁导率 μ_m 为 1500。

（7）磁通密度 B_{AC} 为 1.4T。

（8）窗口利用系数 K_u 为 0.4。

（9）波形系数 K_f 为 4.44。

（10）温升目标 T_r 为 50℃。

步骤 34：计算所需要的串联电感量 L_1，如图 11-8 所示

$$L_1=\frac{R_{o(R)}}{\omega}\quad (H)$$
$$=\frac{33.8}{2\times 377}\quad (H)$$
$$=0.0448\quad (H)$$

步骤 35：计算电感器的电抗 X_L

$$X_L=2\pi f L_1\quad (\Omega)$$
$$=6.28\times 60\times 0.0448\quad (\Omega)$$
$$=16.9\quad (\Omega)$$

[1] 此式中分母原文为 $14.6cm^2$，根据磁心数据表应为 $14.8cm^2$。

步骤 36：计算短路电流 I_L

$$I_L = \frac{V_{in(max)}}{X_L} \quad (A)$$
$$= \frac{129}{16.9} \quad (A)$$
$$= 7.63 \quad (A)$$

步骤 37：计算输入串联电感器 L_1 的视在功率 P_t 或 P_{tL1}，利用最大的电源电压值 129V 和步骤 7 计算出的正常的运行电流 I_p

$$P_{tL1} = V_{in(max)} I_{L(n)} \quad (W)$$
$$= 129 \times 4.35 \quad (W)$$
$$= 561 \quad (W)$$

步骤 38：计算面积积 A_p

$$A_p = \frac{P \times 10^4}{K_f K_u f B_{AC} J} \quad (cm^4)$$
$$= \frac{561 \times 10^4}{4.44 \times 0.4 \times 60 \times 1.4 \times 300} \quad (cm^4)$$
$$= 125 \quad (cm^4)$$

步骤 39：根据最接近计算出的面积积 A_p，由第 3 章中选择 EI 叠片磁心。

(1) 磁心型号为 EI-138。

(2) 磁路长度 MPL 为 20.1cm。[1]

(3) 磁心质量 W_{tFe} 为 1.79kg。

(4) 平均匝长 MLT 为 20.1cm。

(5) 磁心面积 A_c 为 11.6cm^2。

(6) 窗口面积 W_a 为 9.15cm^2。

(7) 面积积 A_p 为 106cm^4。

(8) 磁心几何常数 K_g 为 24.5cm^5。

(9) 表面面积 A_t 为 403cm^2。

(10) 绕组长度 G 为 5.24cm。

(11) 叠片舌宽 E 为 3.49cm。

步骤 40：计算电感器匝数 N_L

$$N_L = \frac{V_{in(max)} \times 10^4}{K_f B_{AC} f A_c} \quad (匝)$$
$$= \frac{129 \times 10^4}{4.44 \times 1.4 \times 60 \times 11.6} \quad (匝)$$
$$= 298 \quad (匝)$$

[1] 原文此处为 21cm，但第 3 章表 3-3 中此数据为 20.1cm。后文步骤 47 中用的也是 20.1cm。

步骤 41：计算需要的气隙 l_g

$$l_g=\frac{0.4\pi N_L^2A_c\times 10^{-8}}{L}-\frac{MPL}{\mu_m}\quad (cm)$$

$$=\frac{12.6\times 298^2\times 11.6\times 10^{-8}}{0.0448}-\frac{21}{1500}\quad (cm)$$

$=0.276(cm)$ 或 $l_g=109(mils)$；[1]即每个脚柱 50mils。

步骤 42：计算边缘磁通系数 F

$$F=1+\frac{l_g}{\sqrt{A_c}}\ln\frac{2G}{l_g}$$

$$=1+\frac{0.276}{\sqrt{11.6}}\ln\frac{2\times 5.24}{0.276}$$

$$=1.29$$

步骤 43：利用边缘磁通系数重新计算串联电感器的匝数 $N_{L(new)}$

$$N_{L(new)}=\frac{l_gL}{\sqrt{0.4\pi A_cF\times 10^{-8}}}\quad (匝)$$

$$=\sqrt{\frac{0.276\times 0.0448}{1.26\times 11.6\times 1.29\times 10^{-8}}}\quad (匝)$$

$$=256\quad (匝)$$

步骤 44：利用新匝数重新计算磁通密度 B_{AC}

$$B_{AC}=\frac{V_{in(max)}\times 10^4}{K_fN_{L(new)}A_cf}\quad (T)$$

$$=\frac{129\times 10^4}{4.44\times 256\times 11.6\times 60}\quad (T)$$

$$=1.63\quad (T)$$

步骤 45：计算电感器线圈导线的裸面积 $A_{wL(B)}$

$$A_{wL(B)}=\frac{I_{L(n)}}{J}\quad (cm^2)$$

$$=\frac{4.35}{300}\quad (cm^2)$$

$$=0.0145\quad (cm^2)$$

步骤 46：由第 4 章中的导线表选择导线

$$AWG=\#16$$

$$A_{w(B)}=0.01307\quad (cm^2)$$

$$\frac{\mu\Omega}{cm}=132\quad (\mu\Omega/cm)$$

步骤 47：计算电感器线圈的电阻 R_L，利用磁心数据中的平均匝长 MLT 和步骤 46

[1] 原文此处误为 0.109。

中求出的微欧每厘米值

$$R_L = (MLT)N_{L(new)}\frac{\mu\Omega}{cm}\times 10^{-6}\text{❶}\quad(\Omega)$$
$$= 20.1\times 256\times 132\times 10^{-6}\quad(\Omega)$$
$$= 0.679\quad(\Omega)$$

步骤 48：计算电感器线圈的铜损 P_L

$$P_L = I_L^2 R_L\quad(W)$$
$$= 4.35^2\times 0.679\quad(W)$$
$$= 12.8\quad(W)$$

步骤 49：计算相应磁心材料的单位质量损失 W/kg，参见第 2 章。

$$W/kg = 0.000577 f^{1.68} B_{AC}^{1.86}\text{❷}\quad(W/kg)$$
$$= 0.000577\times 60^{1.68}\times 1.63^{1.86}\quad(W/kg)$$
$$= 1.34\quad(W/kg)$$

步骤 50：计算磁心损失 P_{Fe}，以 W 为单位

$$P_{Fe} = (W/kg)W_{tFe}\quad(W)$$
$$= 1.34\times 1.79\quad(W)$$
$$= 2.4\quad(W)$$

步骤 51：计算气隙损失 P_g

$$P_g = K_i E l_g f B_{AC}^2\quad(W)$$
$$= 0.155\times 3.49\times 0.276\times 60\times 1.63^2\quad(W)$$
$$= 23.8\quad(W)$$

步骤 52：计算总损失 P_Σ

$$P_\Sigma = P_{Cu} + P_{Fe} + P_g\quad(W)$$
$$= 12.8 + 2.4 + 23.8\quad(W)$$
$$= 39\quad(W)$$

步骤 53：计算电感器单位表面积的功率耗散密度 ψ

$$\psi = \frac{P_\Sigma}{A_t}\quad(W/cm^2)$$
$$= \frac{39}{403}\quad(W/cm^2)$$
$$= 0.0968\quad(W/cm^2)$$

步骤 54：计算温升 T_r

$$T_r = 450\psi^{0.826}\quad(℃)$$
$$= 450\times 0.0968^{0.826}\quad(℃)$$

---

❶ 原文此式中第 2 个因子误写为 N_s。

❷ 原文此式中的 B_{AC} 误写为 B_s。

$$= 65 \quad (℃)$$

步骤 55：计算窗口利用系数 K_u

$$K_u = \frac{N_{L(new)} A_{w(B)\#16}}{W_a}$$

$$= \frac{256 \times 0.0131}{9.15}$$

$$= 0.367$$

参 考 文 献

[1] Ruben, L., and Stephens, D. Gap Loss in Current-Limiting Transformer. Electromechanical Design, April 1973, pp. 24-126.

[2] H. P. Hart and R. J. Kakalec, "The Derivation and Application of Design Equations for Ferroresonant Voltage Regulators and Regulated Rectifiers," IEEE Trans. Magnetics, vol. Mag-7, No. 1, March 1971, pp 205-211.

[3] I. B. Friedman, "The Analysis and Design of Constant Voltage Regulators," IRE Trans. Component Parts, vol. CP-3, March 1956, pp. 11-14.

[4] S. Lendena, "Design of a Magnetic Voltage Stabilizer." Electronics Technology, May 1961, pp. 154-155.

第12章

三相变压器设计

Chapter 12

目　次

导　　言

三相电除了用于发电、输电和配电系统以外，它也用于航空飞行器，包括商业的和军事的。它比单相电有许多优点。在相同功率处理能力的情况下，变压器可以被做得更小、更轻，因为铜和铁可以被用得更有效。在从交流（AC）到直流（DC）的整个变换电路中，其输出包含的纹波幅度低且频率高。它是电源频率的 3 倍和 6 倍，因此对滤波的要求较低。

一 次 电 路

三相变压器两种最常用的基本电路是星（Y）形联结（见图 12-1）和三角形（D）联结（见图 12-2）。具体所用的连接方法由每个特定工作的设计要求来确定。

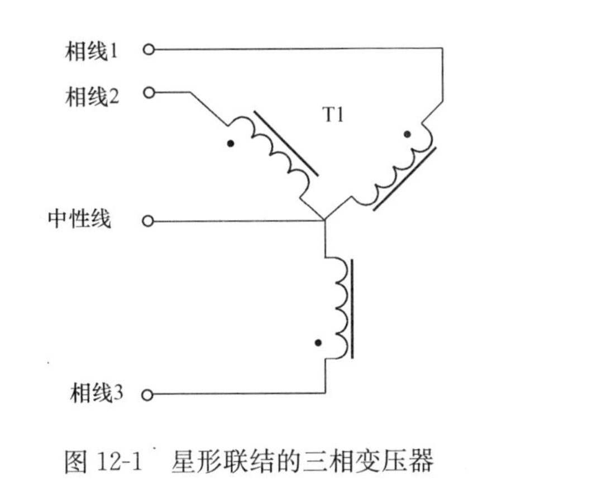

图 12-1　星形联结的三相变压器

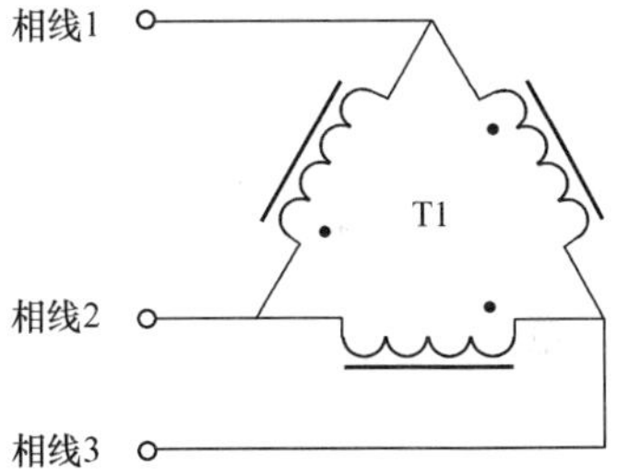

图 12-2　三角形联结的三相变压器

变压器实际尺寸的比较

图 12-3 中的略图示出三个单相变压器的连接：单个的三相变压器 T4 比总额定值相同的三个单相变压器的组合要更轻、更小。因为三相变压器的绕组是置于公共的磁心上，而不是三个独立的磁心上，这个合并显著的节省了铜、磁心和绝缘材料。

两种磁心结构的窗口面积和磁心（铁）面积的单相变压器剖面图如图 12-4 和图 12-5所示。图 12-4 所示的 EI 叠片被称为壳式，因为它好像是磁心包围线圈，图 12-5 所示的 C 形磁心被称为心式，因为它好像是线圈包围磁心。

三相变压器的剖面图如图 12-6 所示。这些剖面图示出了窗口面积和磁心（铁）面积。三心柱磁心设计的优点是在施加对称电压的情况下，每相心柱中的磁通加起来等于

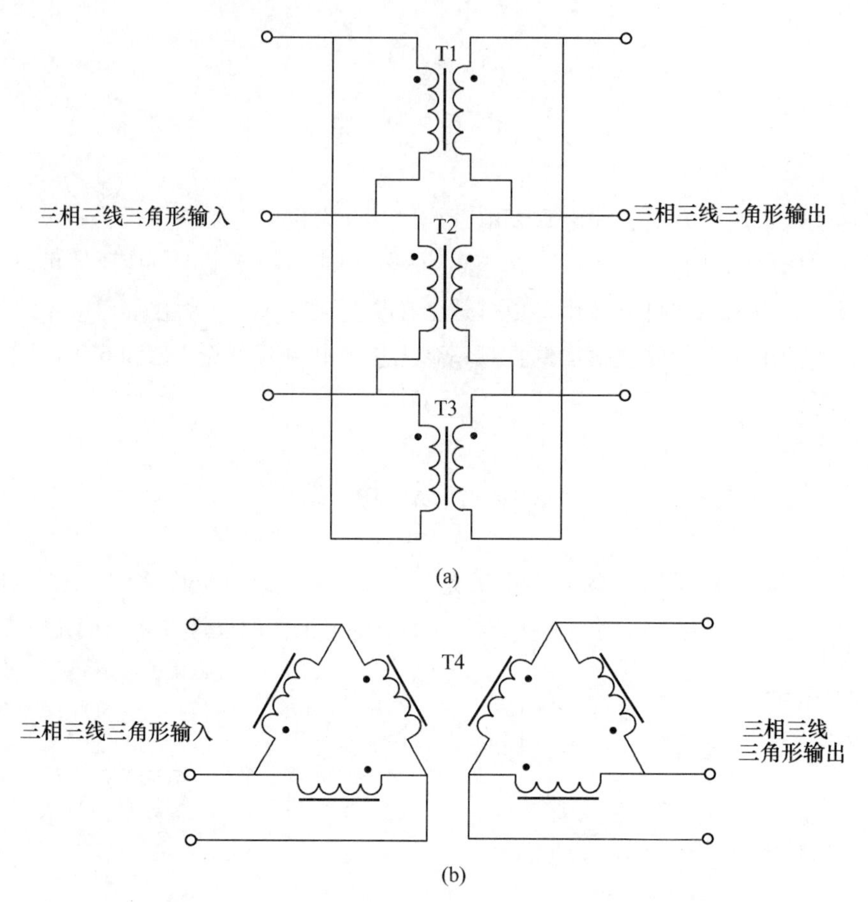

(a)

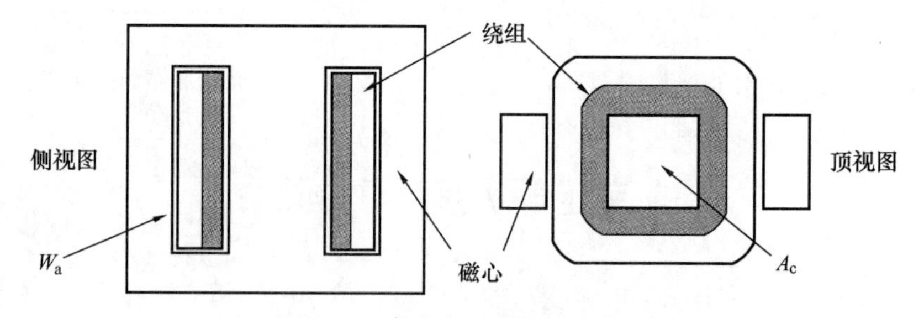

(b)

图 12-3　三相三角形变压器与三个单相变压器的比较

(a) 以三相电源和三个单相变压器形式运行；(b) D-D结构连接的三相电源形式运行

图 12-4　壳式变压器的图示说明

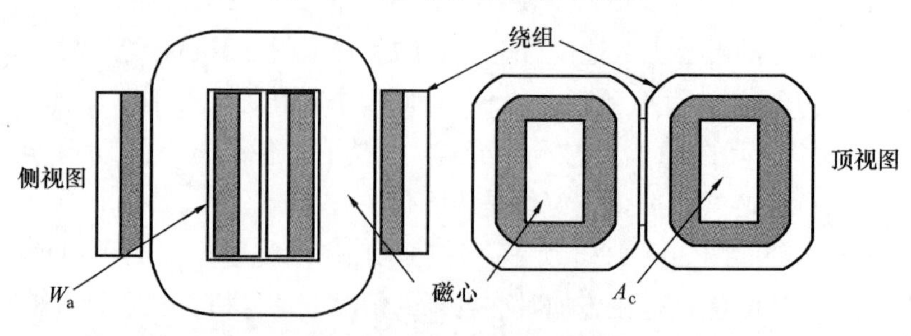

图 12-5　心式变压器的图示说明

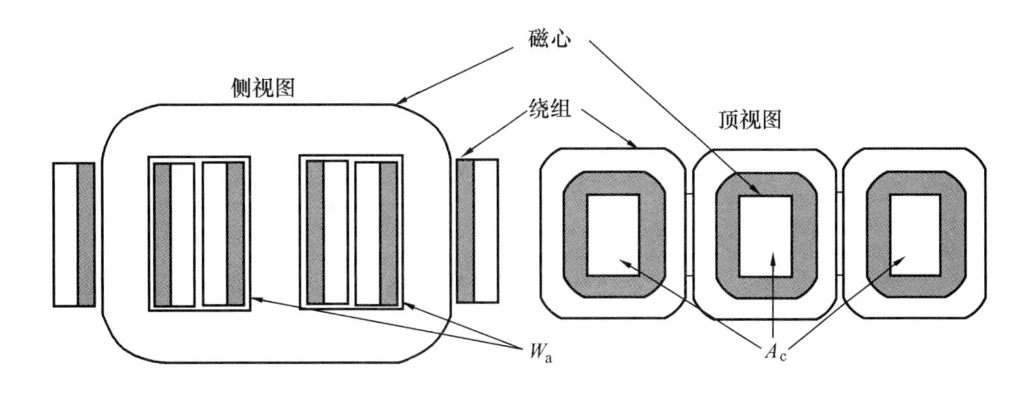

图 12-6　三相变压器的剖面图

零。因此，在正常的情况下，不需要返回心柱。当变压器的负载不对称或施加的电源电压不对称时，用三个单相变压器可能是最好的，因为有很大的环流。

三角形联结的相电流、线电流和相电压、线电压

在如图 12-7 所示的三相三角形电路中，线电压和线电流通常被称为相电压和相电流。❶ 线电压 $E_{(\text{Line})}$ 与变压器实际的绕组电压相同，但是，线电流 $I_{(\text{Line})}$ 是等于相电流 $I_{(\text{Phase})}$ 的$\sqrt{3}$倍。

$$I_{(\text{Line})} = I_{(\text{Phase})}\sqrt{3} \quad (\text{A}) \tag{12-1}$$

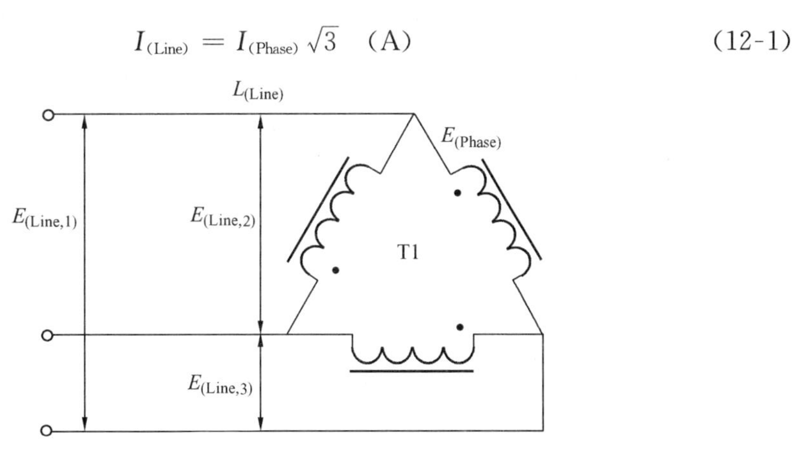

图 12-7　三相三角形电路的电压和电流关系

星形联结的相电压、线电压和相电流、线电流

三相星形联结，线电压、线电流和绕组或相电压和线电流的关系可由图 12-8 中看

❶ 原文如此：即 the line voltage and line current are eommonly called phase voltage and phase eurrent。实际上，这里的线电流不能称为相电流。这与接下去的下文矛盾，故此句可删去。

出。在星形连接中，任意两相线之间的电压总是等于中线与任意一个相线之间的相电压 $E_{(Phase)}$ 的$\sqrt{3}$倍

$$E_{(Phase)}=\frac{E_{(Line)}}{\sqrt{3}} \quad (V) \tag{12-2}$$

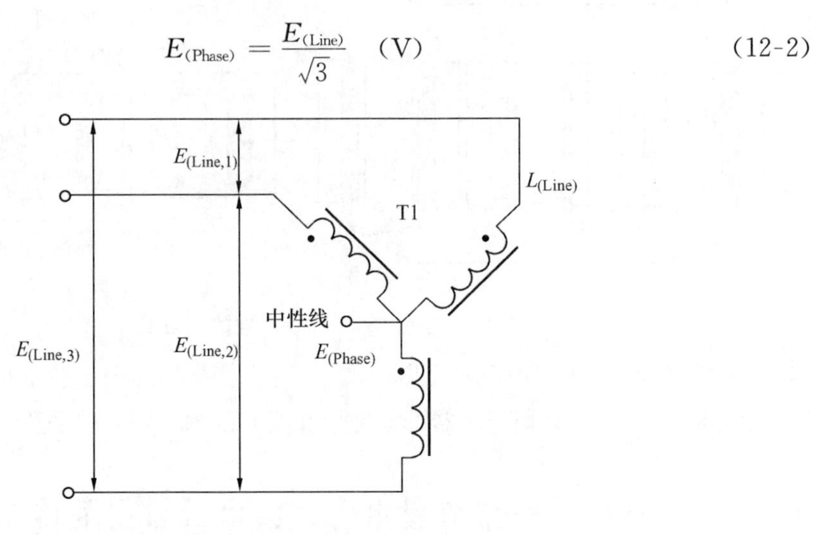

图 12-8　三相星形连接下电压和电流关系

多相与单相的功率比较

三相电的功率分布与单相电相比有明显的优点。多数大功率设备和工业中的成套组合都会采用三相电。采用三相电的最大优点之一是在同样的功率下比单相供电时可以用较小的磁性元件来处理。这一点可以在航空航天、船舶设备以及固定地面装置中看到。选择三相电的一个基本理由在于变压器的尺寸（体积）。另一个理由是：如果需要直流，则其电容器和电感器等滤波元件都可以是比较小的。除为使环流最小化需维持负载的平衡以外，三相变压器的奇特形式也会带来麻烦。

单相桥式全波电路如图 12-9 所示。纹波电压的频率总是供电电源频率的两倍。流过每个整流器件的电流仅是总电流的 50%。三相三角形全波桥式电路如图 12-10 所示，其纹波电压频率总是电源电压的 6 倍，通过每个整流器件的电流仅为总电流的 33%。

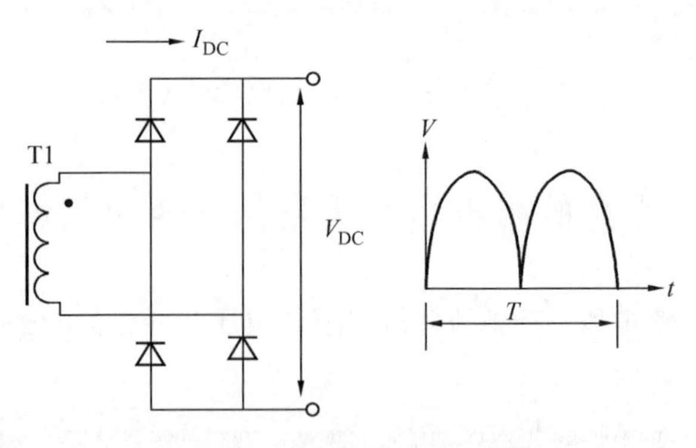

图 12-9　单相桥式全波电路

请看图 12-10 中的纹波，很明显，LC 元件会比较小。

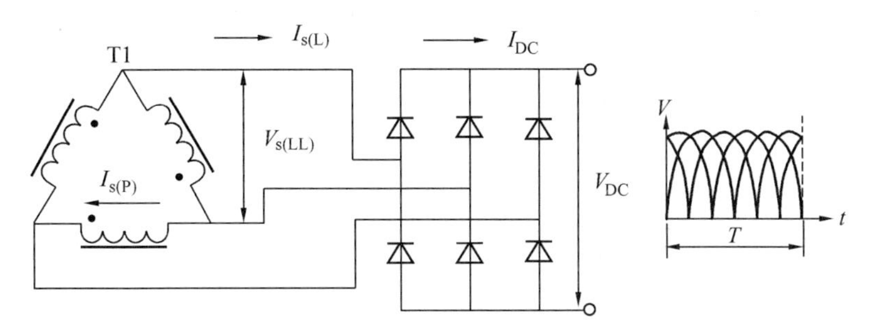

图 12-10　三相“三角形”桥式全波电路

多相整流电路

表 12-1 列出了图 12-11～图 12-14 所示的输出电感滤波电路的电压比与电流比。这些比值是对施加的正弦交流输入电压而言的，所给出的值没有考虑功率变压器和整流二极管产生的压降。

表 12-1　　　三相整流电路的电压比与电流比

D-D 全波，图 12-11			
项　　目	系　数		
一次 VA	1.050	×	输出直流功率
二次 V/leg	0.740	×	输出直流平均电压
二次 I/leg	0.471	×	输出直流平均电流
二次 VA	1.050	×	输出直流平均功率
电压纹波%	4.200		
纹波频率	$6f$		
D-Y 全波，图 12-12			
项　　目	系　数		
一次 VA	1.050	×	输出直流功率
二次线电压	0.740	×	输出直流平均电压
二次 V/leg	0.428	×	输出直流平均电压
二次 I/leg	0.817	×	输出直流平均电流
二次 VA	1.050	×	输出直流平均功率
电压纹波%	4.200		
纹波频率	$6f$		
D-Y 半波，图 12-13			
项　　目	系　数		
一次 VA	1.210	×	输出直流功率
二次线电压	0.740	×	输出直流平均电压
二次 V/leg	0.855	×	输出直流平均电压
二次 I/leg	0.577	×	输出直流平均电流
二次 VA	1.480	×	输出直流平均功率
电压纹波%	18.000		
纹波频率	$3f$		

续表

D-Y6 相半波，图 12-14			
项　　目	系　数		
一次 VA	1.280	×	输出直流功率
二次线电压	1.480	×	输出直流平均电压
二次 V/leg	0.740 对中点	×	输出直流平均电压
二次 I/leg	0.408	×	输出直流平均电流
二次 VA	1.810	×	输出直流平均功率
电压纹波%	4.200		
纹波频率	$6f$		

注　1. 表中电压电流频的系数是指其方均根值与直流平均值的比值。

2. 正弦波，电感无限大，变压器和整流器件无损耗。

3. VA—伏安，V/leg—每柱线圈两端的电压，I/leg—每柱线圈中的电流。

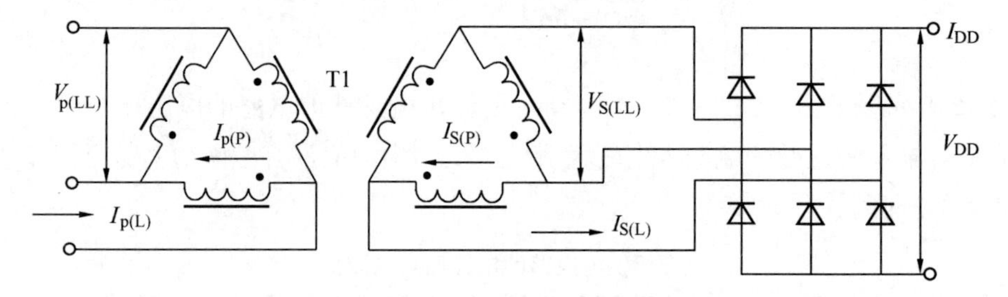

图 12-11　三相 D-D 联结桥式全波电路

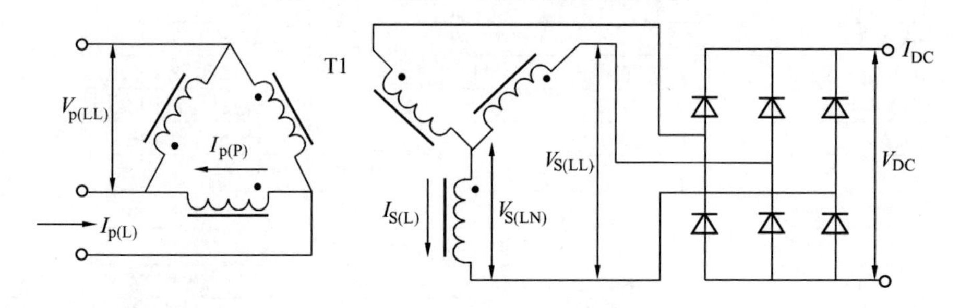

图 12-12　三相 D-Y 全波电路

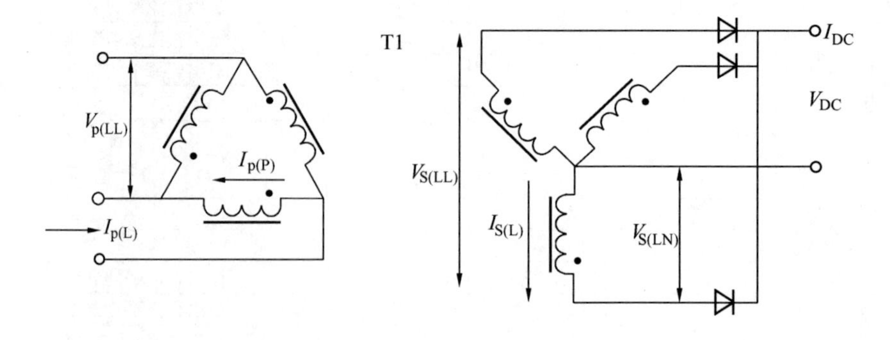

图 12-13　三相 D-Y 联结桥式半波电路

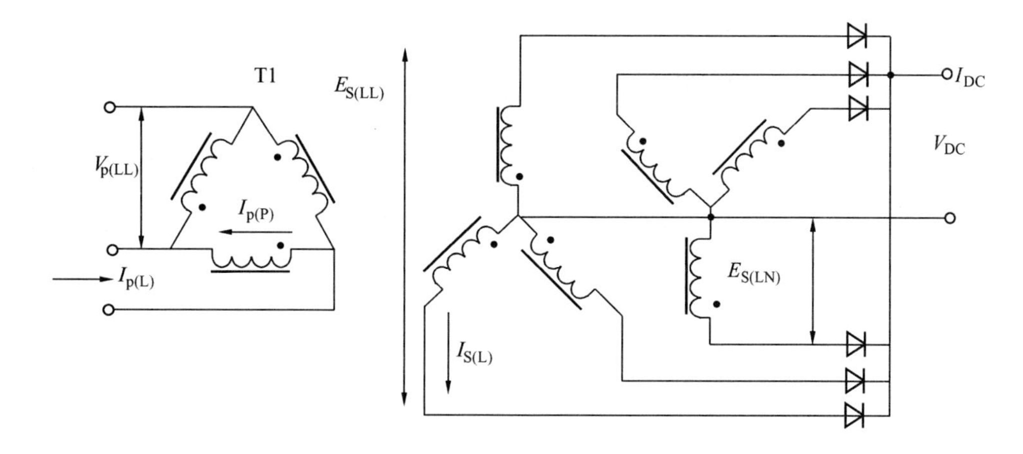

图 12-14　三相 D-Y 联结 6 相星形电路

三相变压器的面积积 A_p 和磁心几何常数 K_g

三相变压器磁心的面积积 A_p 与单相变压器磁心的面积积有不同的定义。单相变压器的窗口面积 W_a 和磁心面积（铁面积）A_c 如图 12-4 和图 12-5 所示。三相变压器的窗口面积 W_a 和磁心面积（铁面积）A_c 如图 12-6 所示。磁心的面积积 A_p 是已有的以平方厘米（cm^2）为单位的磁心窗口面积 W 乘以以平方厘米（cm^2）为单位的有效横截面积 A_c。它可表述如下

单相
$$A_p = W_a A_c \quad (cm^4) \tag{12-3}$$

对于单相变压器这就可以了，而对于三相变压器，因为有两个窗口面积 W_a 和三个铁（磁）心面积 A_c。窗口利用情况与单相是不同的。所以，A_p 变为

三相
$$A_p = 3 \times \frac{W_a}{2} A_c \quad (cm^4) \tag{12-4}$$

简化为

$$A_p = 1.5 W_a A_c \quad (cm^4) \tag{12-5}$$

对于磁心几何常数 K_g 而言，单相变压器磁心几何常数 K_g 和三相变压器磁心几何常数 K_g 的情况不同是类似的。单相变压器的磁心几何常数是

单相
$$K_g = \frac{W_a A_c^2 K_u}{MLT} \quad (cm^5) \tag{12-6}$$

三相变压器的磁心几何常数是

三相
$$K_g = 3 \times \frac{W_a}{2} \times \frac{A_c^2 K_u}{MLT} \quad (cm^5) \tag{12-7}$$

简化为

$$K_g = 1.5 \times \frac{W_a A_c^2 K_u}{MLT} \quad (cm^5) \tag{12-8}$$

输出功率与视在功率 P_t 的关系

视在功率 P_t 在第 7 章中已经做了详细的叙述。变压器的视在功率 P_t 是一次绕组和二次绕组联合起来的功率。它们分别处理输入功率 P_{in}和到达负载的输出功率 P_o，因为功率变压器必须要与一次的 P_{in}和二次的 P_o 相适应。

$$P_t = P_{in} + P_o \quad (W) \tag{12-9}$$

$$P_{in} = \frac{P_o}{\eta} \quad (W) \tag{12-10}$$

代换后

$$P_t = \frac{P_o}{\eta} + P_o \quad (W) \tag{12-11}$$

$$P_t = P_o\left(\frac{1}{\eta} + 1\right) \quad (W) \tag{12-12}$$

设计师必须关注变压器磁心和绕组的视在功率处理能力。视在功率 P_t 随变压器的电路类型而变化。如果整流元件中的电流是间断的，它的有效值（rms 值）将改变。变压器尺寸的确定，不但取决于负载的要求，也取决于电流的波形。作为一次功率和二次功率的例子，表 12-1 和图 12-11～图 12-14 中比较了每个三相整流电路所要求的功率处理能力。这个比较忽略了变压器和二极管的损耗，所以对所有三相整流电路都有 $P_{in} = P_o$（$\eta=1$）。

1. D-D 全波整流电路，如图 12-11 所示

$$\begin{aligned} P_t &= P_o\left(\frac{P_{VA}}{\eta} + S_{VA}\right) \quad (W) \\ &= P_o\left(\frac{1.05}{1} + 1.05\right) \quad (W) \\ &= 2.1P_o \quad (W) \end{aligned} \tag{12-13}$$

2. D-Y 全波整流电路，如图 12-12 所示

$$\begin{aligned} P_t &= P_o\left(\frac{P_{VA}}{\eta} + S_{VA}\right) \quad (W) \\ &= P_o\left(\frac{1.05}{1} + 1.05\right) \quad (W) \\ &= 2.1P_o \quad (W) \end{aligned} \tag{12-14}$$

3. D-Y 半波整流电路，如图 12-13 所示

$$\begin{aligned} P_t &= P_o\left(\frac{P_{VA}}{\eta} + S_{VA}\right) \quad (W) \\ &= P_o\left(\frac{1.21}{1} + 1.48\right) \quad (W) \\ &= 2.69P_o \quad (W) \end{aligned} \tag{12-15}$$

4. D-Y6 相半波整流电路，如图 12-14 所示

$$P_t = P_o\left(\frac{P_{VA}}{\eta} + S_{VA}\right) \quad (W)$$
$$= P_o\left(\frac{1.28}{1} + 1.81\right) \quad (W)$$
$$= 3.09P_o \quad (W) \tag{12-16}$$

K_g 与功率变压器调整率的关系

虽然多数变压器是针对给定温升设计的，但是也有针对给定调整率来设计的。调整率与磁心功率处理能力的关系与两个常数有关

$$\alpha = \frac{P_t}{2K_gK_e} \quad (\%) \tag{12-17}$$

$$\alpha = \text{调整率} \quad (\%) \tag{12-18}$$

常数 K_g 由磁心的几何形状与尺寸决定，它们的关系由下式表示

$$K_g = 1.5 \times \frac{W_aA_c^2K_u}{MLT} = \frac{P_t}{2K_e\alpha} \quad (cm^5) \tag{12-19}$$

常数 K_e 由磁和电的工作状态决定，它们的关系由下式表示

$$K_e = 2.86f^2B^2 \times 10^{-4} \tag{12-20}$$

由上可以看到，诸如磁通密度、工作频率和波形系数等因素对变压器的尺寸有影响。

A_p 与变压器功率处理能力的关系

根据新近研究出的方法，磁心的功率处理能力与面积积 A_p 的关系可以由下式表述

$$A_p = \frac{P_t \times 10^4}{K_fK_uB_mJf} \quad (cm^4) \tag{12-21}$$

$$A_p = 1.5(W_aA_c) = \frac{P_t \times 10^4}{K_fK_uB_mJf} \quad (cm^4) \tag{12-22}$$

式中：K_f 为波形系数；对方波 K_f 为 4.0；对正弦波 K_f 为 4.44。

由上可以看出，磁通密度、工作频率和窗口利用系数 K_u 确定了窗口中铜可能占有的最大空间。

三相变压器设计举例

下面的数据是三相隔离变压器的设计要求，用 K_g 磁心几何常数法设计。

设计的技术要求：

(1) 输入电压 V_{in} 为 208V，三线制。

(2) 输出电压 V_o为 28V。
(3) 输出电流 I_o 为 10A。
(4) 输出电路为全波桥式。
(5) 输入/输出为 D/D。
(6) 三相频率 f 为 60Hz。
(7) 效率 η 为 95%。
(8) 调整率 α 为 5%。
(9) 磁通密度 B_{AC}为 1.4T。
(10) 磁性材料为硅 M6X。
(11) 窗口利用系数 $K_a=(K_{up}+K_{us})$ 为 0.4。
(12) 二极管压降 V_d 为 1.0V。

步骤 1:计算视在功率 P_t

$$P_t = P_o\left(\frac{1.05}{\eta}+1.05\right) \quad (W)$$

$$P_o = I_o(V_o+2V_d) = 10\times 30 = 300 \quad (W)$$

$$P_t = 300\times\left(\frac{1.05}{0.95}+1.05\right) \quad (W)$$

$$= 647 \quad (W)$$

步骤 2:计算电状态 K_e

$$K_e = 2.86f^2B^2\times 10^{-4}$$

$$= 2.86\times 60^2\times 1.4^2\times 10^{-4}$$

$$= 2.02$$

步骤 3:计算磁心几何常数 K_g

$$K_g = \frac{P_t}{2K_e\alpha} \quad (cm^5)$$

$$= \frac{647}{2\times 2.02\times 5} \quad (cm^5)$$

$$= 32 \quad (cm^5)$$

步骤 4:由第 3 章中选择 EI 三相叠片,取下面的数据。
磁心型号为 100EI-3P[1]。
磁心质量 W_{tFe}为 2.751kg。
平均匝长 MLT 为 16.7cm。
磁心(铁)面积 A_c 为 6.129cm^2。
窗口面积 W_a 为 29.0cm^2。
面积积 A_p 为 267cm^4。

[1] 第 3 章表 3-11 [P3-20] 中的型号为 1.000EI(三相,14mil)。

磁心几何常数 K_g 为 $39cm^5$。

表面面积 A_t 为 $730cm^2$。

步骤 5：计算一次绕组匝数 N_p，利用法拉第定律

$$N_p=\frac{V_{p(Line)}\times 10^4}{4.44B_{AC}A_cf} \quad (匝)$$
$$=\frac{208\times 10^4}{4.44\times 1.4\times 6.129\times 60} \quad (匝)$$
$$=910 \quad (匝)$$

步骤 6：计算一次线电流 $I_{p(Line)}$

$$I_{p(Line)}=\frac{P_o}{3V_{p(Line)}\eta} \quad (A)$$[1]
$$=\frac{300}{3\times 208\times 0.95} \quad (A)$$
$$=0.506 \quad (A)$$

步骤 7：一次相电流 $I_{p(Phase)}$

$$I_{p(Phase)}=\frac{I_{p(Line)}}{\sqrt{3}} \quad (A)$$
$$=\frac{0.506}{1.73} \quad (A)$$
$$=0.292 \quad (A)$$

步骤 8：计算一次线圈导线的裸面积 $A_{wp(B)}$。对一次可得到的窗口面积是 $W_a/4$。一次窗口利用系数 $K_{up}=0.2$

$$A_{wp(B)}=\frac{K_{up}W_a}{4N_p} \quad (cm^2)$$
$$=\frac{0.2\times 29.0}{4\times 910} \quad (cm^2)$$
$$=0.00159 \quad (cm^2)$$

步骤 9：由第 4 章中的导线表选择导线

AWG25 号

$$A_{w(B)}=0.001623 \quad (cm^2)$$
$$A_{w(Ins)}=0.002002 \quad (cm^2)$$
$$\frac{\mu\Omega}{cm}=1062$$

步骤 10：计算一次线圈电阻。利用步骤 4 的 MLT 和步骤 9 的微欧每厘米

[1] 此公式似有误：对 D 对称三相电路，应为 $I_{p(Line)}=\frac{P_o}{\sqrt{3}V_{p(Line)}\eta}$ 或 $I_{p(Phase)}=\frac{p_o}{3V_{p(Phase)}\eta}$。

$$R_p = MLT(N_p)\frac{\mu\Omega}{\text{cm}}\times 10^{-6} \quad (\Omega)$$
$$= 16.7\times 910\times 1062\times 10^{-6} \quad (\Omega)$$
$$= 16.1 \quad (\Omega)$$

步骤 11：计算一次总铜损 P_p

$$P_p = 3I_{p(\text{Phase})}{}^2 R_p \quad (\text{W})$$
$$= 3\times 0.292^2\times 16.1 \quad (\text{W})$$
$$= 4.12 \quad (\text{W})$$

步骤 12：计算二次线圈匝数 N_s

$$N_s = \frac{N_p V_s}{V_p}\left(1+\frac{\alpha}{100}\right) \quad (\text{匝})$$
$$V_s = 0.740\times(V_o+2V_d) = 0.740\times(28+2) = 22.2 \quad (\text{匝})$$
$$N_s = \frac{910\times 22.2}{208}\left(1+\frac{5}{100}\right) \quad (\text{匝})$$
$$= 102 \quad (\text{匝})$$

步骤 13：计算二次线圈导线的裸面积 $A_{ws(B)}$

$$A_{ws(B)} = \left[\frac{K_{u(s)}W_a}{4N_s}\right] \quad (\text{cm}^2)$$
$$= \frac{0.2\times 29.0}{4\times 102} \quad (\text{cm}^2)$$
$$= 0.0142 \quad (\text{cm}^2)$$

步骤 14：由第 4 章中的导线表选择导线

AWG16 号

$$A_{w(B)} = 0.01307 \quad (\text{cm}^2)$$
$$A_{w(\text{Ins})} = 0.01473 \quad (\text{cm}^2)$$
$$\frac{\mu\Omega}{\text{cm}} = 132$$

步骤 15：计算二次线圈电阻。利用步骤 4 中的 MLT 和步骤 14 中的微欧每厘米。

$$R_s = (MLT)N_s\frac{\mu\Omega}{\text{cm}}\times 10^{-6} \quad (\Omega)$$
$$= 16.7\times 102\times 132\times 10^{-6} \quad (\Omega)$$
$$= 0.225 \quad (\Omega)$$

步骤 16：计算二次的线电流 $I_{s(\text{Line})}$

$$I_{s(\text{Line})} = 0.471 I_o \quad (\text{A})$$
$$= 0.471\times 10 \quad (\text{A})$$
$$= 4.71 \quad (\text{A})$$

步骤 17：计算二次相电流 $I_{s(\text{Phase})}$

$$I_{s(Phase)} = \frac{I_{s(Line)}}{\sqrt{3}} \quad (A)$$

$$= \frac{4.71}{1.73} \quad (A)$$

$$= 2.72 \quad (A)$$

步骤 18：计算二次总铜损 P_s

$$P_s = 3I_{s(Phase)}^2 R_s \quad (W)$$

$$= 3 \times 2.72^2 \times 0.225 \quad (W)$$

$$= 4.99 \quad (W)$$

步骤 19：计算变压器调整率 α

$$\alpha = \frac{P_{Cu}}{P_o} \times 100 \quad (\%)$$

$$P_{Cu} = P_p + P_s \quad (W)$$

$$= 4.12 + 4.99 \quad (W)$$

$$= 9.11 \quad (W)$$

$$\alpha = \frac{9.11}{300} \times 100 \quad (\%)$$

$$= 3.03 \quad (\%)$$

步骤 20：计算单位质量的损耗——瓦特每千克（W/kg）

$$W/kg = Kf^m B_{AC}{}^n$$

$$= 0.000557 \times 60^{1.68} \times 1.40^{1.86}$$

$$= 1.01$$

步骤 21：计算磁心损失 P_{Fe}。磁心质量可由步骤 4 中找到

$$P_{Fe} = (W/kg)(W_{tFe}) \quad (W)$$

$$= 1.01 \times 2.751 \quad (W)$$

$$= 2.78 \quad (W)$$

步骤 22：变压器总损耗 P_Σ

$$P_\Sigma = P_p + P_s + P_{Fe} \quad (W)$$

$$= 4.12 + 4.99 + 2.78 \quad (W)$$

$$= 11.89 \quad (W)$$

步骤 23：计算变压器效率 η

$$\eta = \frac{P_o}{P_o + P_\Sigma} \times 100\%$$

$$= \frac{300}{300 + 11.89} \times 100\%$$

$$= 96.2\%$$

步骤 24：计算表面积功率耗散密度 ψ。表面积 A_t 可由步骤 4 中找到

$$\psi = \frac{P_\Sigma}{A_t} \quad (\text{W/cm}^2)$$

$$= \frac{11.89}{730} \quad (\text{W/cm}^2)$$

$$= 0.0163 \quad (\text{W/cm}^2)$$

步骤 25：计算温升 T_r。单位表面积损耗 ψ 可由步骤 24 找到

$$T_r = 450\psi^{0.826} \quad (℃)$$

$$= 450 \times 0.0163^{0.826} \quad (℃)$$

$$= 15 \quad (℃)$$

步骤 26：计算总的窗口利用系数 K_u。窗口面积可由步骤 4 中找到

$$K_u = K_{up} + K_{us}$$

$$K_u = \frac{4N_p A_{wp(B)(25)}}{W_a} + \frac{4N_s A_{ws(B)(16)}}{W_a}$$

$$= \frac{4 \times 910 \times 0.001623}{29} + \frac{4 \times 102 \times 0.01307}{29}$$

$$= 0.204 + 0.184$$

$$= 0.388$$

第13章

反激变换器及其变压器设计

Chapter 13

作者非常感谢喷气推进实验室(JPL)功率与传感器电子学组的资深工程师 V. Vorperian 博士，线性磁学公司的 Richard Ozenbaugh 和资深顾问 Kit Sum 在反激变换器设计公式方面的帮助。

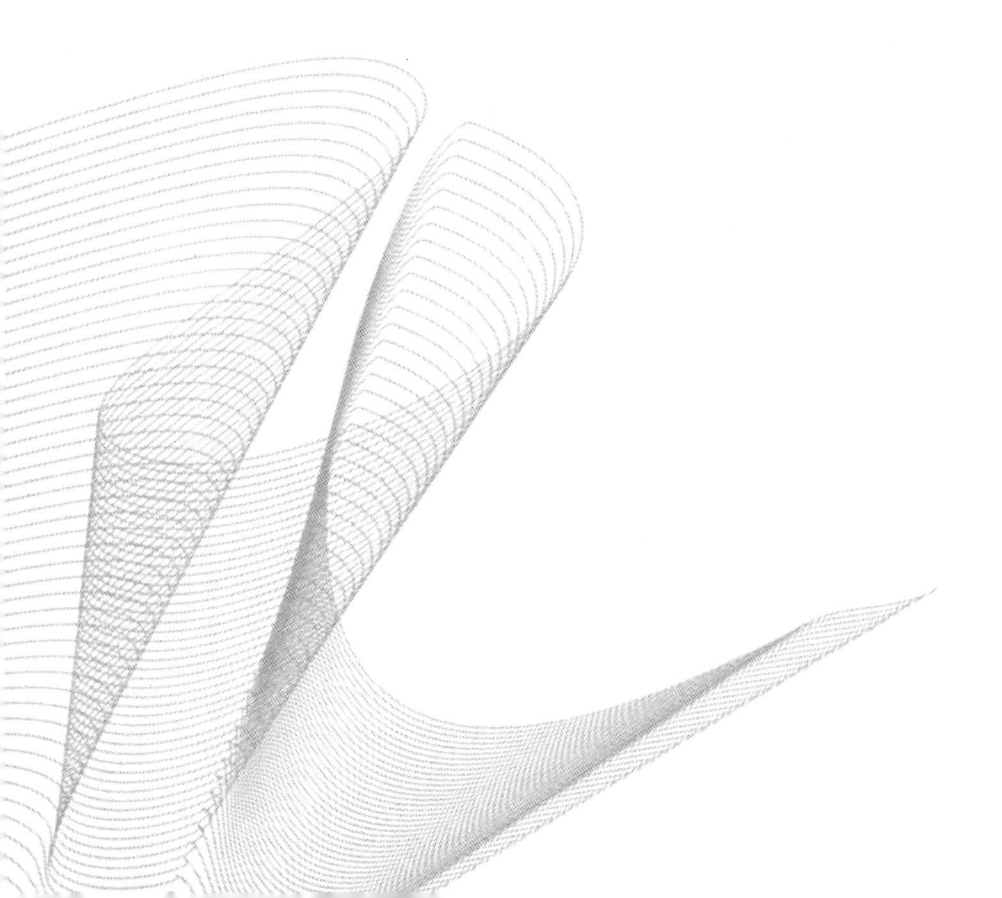

目　次

导　　言

反激变换器的原理是基于在充磁期间即在导通期间（t_{on}），电感器存储能量和在截止期间（t_{off}），能量向负载释放。最常见的电感器型变换器电路有四种基本类型：

（1）降压型的，即 Buck 变换器。

（2）升压型的，即 Boost 变换器。

（3）倒向型的，即 Buck-Boost 变换器。

（4）隔离型的 Buck-Boost 变换器[1]。

能 量 传 递

图 13-1 示出了 Flyback 开关变换器有两种可能的运行模式：

（1）不连续电流模式。在下一个充磁时期到来之前，电感器中存储的全部能量也被传到输出电容器和负载电路。这种电路拓扑可使电感器的尺寸较小，但使电容器和开关器件上承受较大的应力。

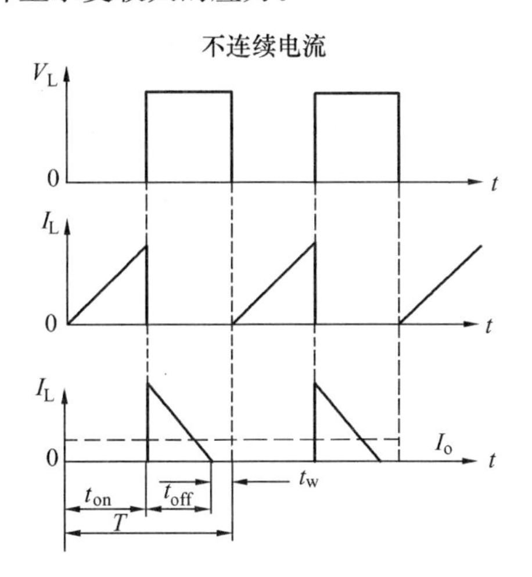

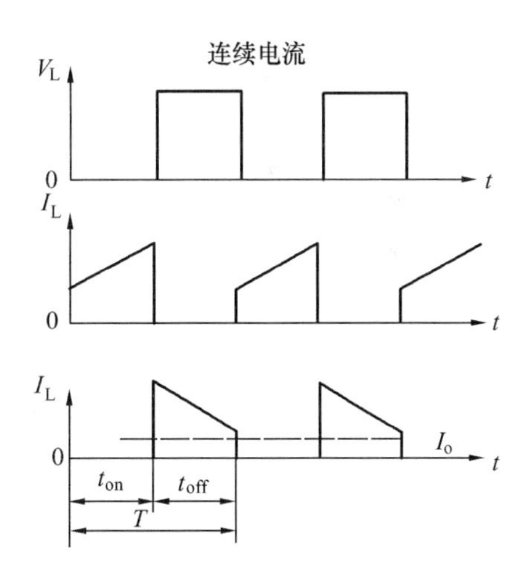

图 13-1　不连续和连续电流波形的比较

（2）连续电流模式。在下一个充磁时期到来之前，电感器中存储的能量没有完全传到输出电容器和负载电路。

总周期是

$$T = \frac{1}{f} \tag{13-1}$$

[1] 在功率电子学或称电力电子学领域，一般把具有隔离的 Buck-Boost 变换器称为反激变换器（Flyback conuerter），而把 Buck、Boost、Buck-Boost 变换器看作是 6 种基本变换器中的 3 种。另外 3 种是 Cuk、Sepic 和 Zeta 变换器。而该章章名中的反激变换器（Flyback Conrerter）是作者给 Buck、Boost、Buck-Boost 和具有隔离的 Buck-Boost 变换器的总称。

不连续电流模式

在不连续电流模式中，要求的电感量较小，但其代价是在开关晶体管中会有较高的峰值电流，结果是绕组损失增加，这是由于较高的峰值电流导致了较高 rms 值（有效值）的缘故。它还导致输入和输出电容器中的纹波电流和纹波电压较高，并增加了对开关晶体管的应力。除了电感器较小以外，这种电路的优点是当开关器件转向导通时，初始电流为零。这意味着输出二极管已完全恢复，及开关器件不会瞬间转为短路。这个二极管恢复减少了电磁干扰辐射。不连续电流模式变换器不出现右半平面的零点。没有右半面零点，回路容易稳定。

连续电流模式

在连续电流模式中，要求一个较大的电感器，这使一个周期末的峰值电流比同样输出功率的不连续电流模式系统的峰值电流低。连续电流模式在开关转向导通期间需要流过开关大电流，可能引起大的开关损失。连续电流模式变换器出现右半平面零点。有右半平面零点，回路变得很难在宽输入电压范围内稳定。连续和不连续运行模式的 B-H 回线之间的关系如图 13-2 所示。

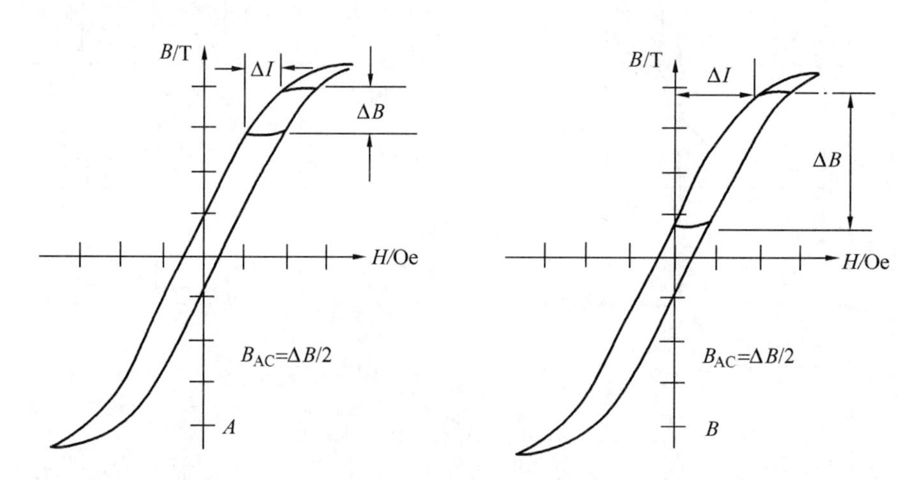

图 13-2 连续电流模式时（A）和不连续电流模式时（B）的 B-H 回线，用 ΔB 和 ΔI 表示

连续与不连续电流模式的边界

当负载电流增加时，控制电路使晶体管的导通时间 t_{on} 增加。电感器中的电流峰值将增加，则导致稳态中的“休止”时间 t_w 减小。当负载电流增加到临界水平时，t_w 变为零，就达到了不连续电流模式的边界。如果负载电流进一步增加，电感器电流在每个周期中不再去磁到零，导致了连续电流运行模式。

Buck 变换器

Buck 变换器如图 13-3 所示。这种变换器的输出电压总是小于输入电压。在 Buck 电路中，开关管 V1 与直流输入电压串联。V1 中断直流输入电压，提供出可变宽度的脉冲到一个简单的取平均的 LC 滤波器。当 V1 开关闭合时，直流输入电压加在了含电感器 L_1 的输出滤波器上，电流经过电感流到负载。当开关断开时，电感器的磁场中所储存的能量维持通过负载的电流。不连续电流模式时的电压和电流波形如图 13-4 所示，连续电流模式时的波形如图 13-5 所示。

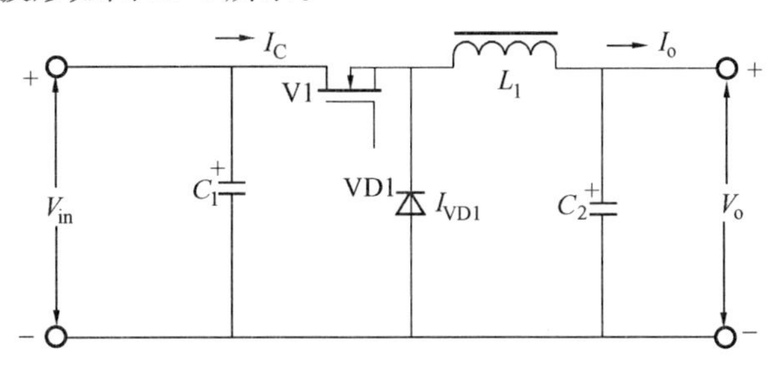

图 13-3　Buck 开关变换器的原理图

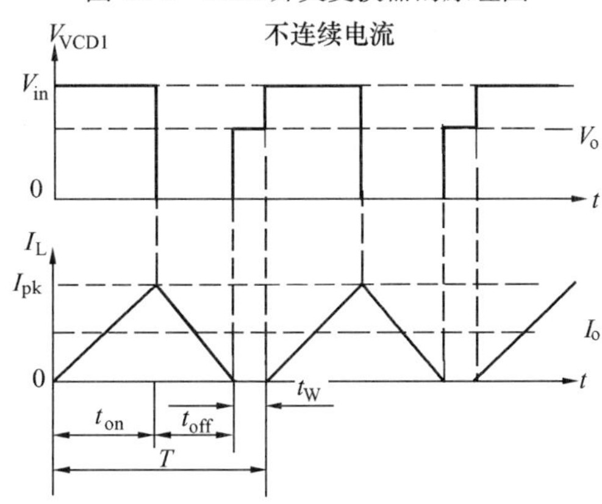

图 13-4　不连续电流模式时的 Buck 变换器波形

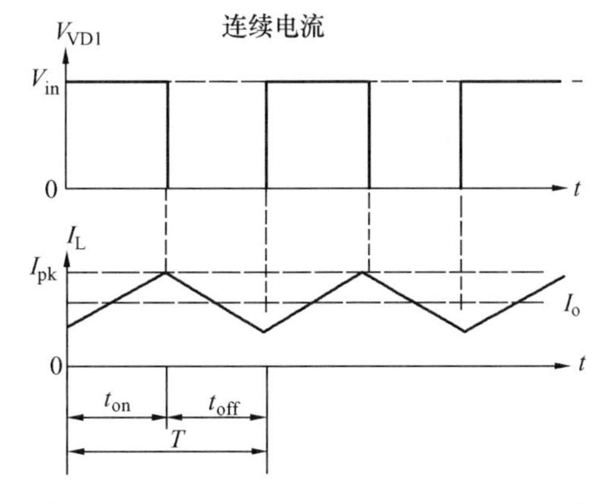

图 13-5　连续电流模式时 Buck 变换器的波形

不连续电流模式时 Buck 变换器的设计公式

电感 L 为

$$L_{max}=\frac{(V_{o}+V_{d})T(1-D_{max}-D_{W})}{2I_{o(max)}}\quad(H) \tag{13-2}$$

最大占空比

$$D_{max}=\frac{V_{o}(1-D_{W})}{\eta V_{in(max)}} \tag{13-3}$$

最大导通时间

$$t_{on(max)}=TD_{max} \tag{13-4}$$

最大断开时间为

$$t_{off(max)}=T(1-D_{min}) \tag{13-5}$$

电感器的电流峰值 $I_{(pk)}$

$$I_{pk}=\frac{2I_{o(max)}}{1-D_{W}} \tag{13-6}$$

连续电流模式时 Buck 变换器的设计公式

电感 L 为

$$L=\frac{V_{o}T(1-D_{min})}{2I_{o(min)}}\quad(H) \tag{13-7}$$

最大占空比为

$$D_{max}=\frac{V_{o}}{\eta V_{in(min)}} \tag{13-8}$$

最小占空比为

$$D_{min}=\frac{V_{o}}{\eta V_{in(max)}} \tag{13-9}$$

最大导通时间为

$$t_{on(max)}=TD_{max} \tag{13-10}$$

最大截止时间为

$$t_{off(max)}=T(1-D_{max}) \tag{13-11}$$

电感器电流的变化量 ΔI 为

$$\Delta I=\frac{TV_{in(max)}D_{min}(1-D_{min})}{L} \tag{13-12}$$

电感器的电流峰值 I_{pk} 为

$$I_{pk}=I_{o(max)}+\frac{\Delta I}{2} \tag{13-13}$$

Boost 变换器

Boost 变换器如图 13-6 所示。该变换器的输出电压总是大于输入电压。Boost 变换器

在电感器 L_1 中存储能量，然后把所存储的能量连同来自直流（DC）电源的能量传递到负载。当晶体管开关 V1 闭合时，电流流过电感器 L_1 和晶体管开关 V1，给电感器 L_1 充磁，而没有任何电流流向负载。当开关断开时，负载两端的电压等于输入直流（DC）电压加上电感器 L_1 中所存储的能量❶。能量先存储在 L_1 中，然后放出，把电流传到负载。不连续电压和电流情况下的波形如图 13-7 所示，连续电压和电流情况下的波形如图 13-8 所示。

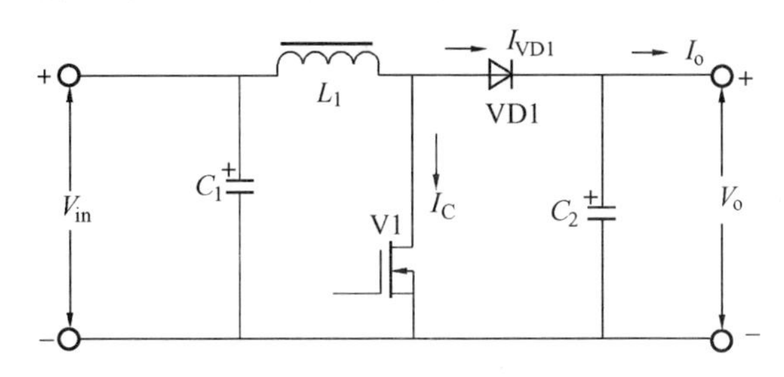

图 13-6　Boost 开关变换器的原理图

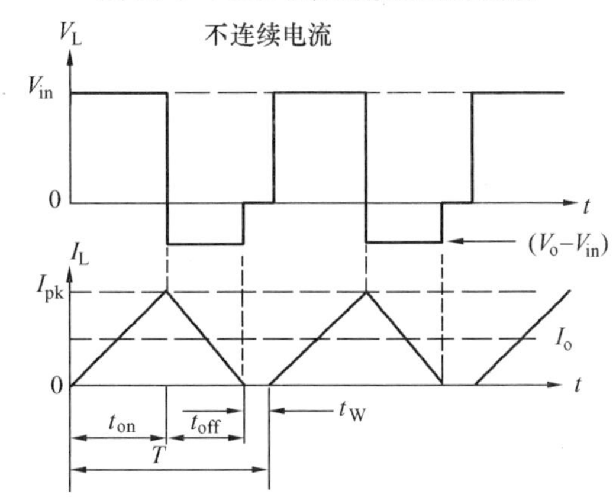

图 13-7　不连续电流模式时 Boost 变换器的波形

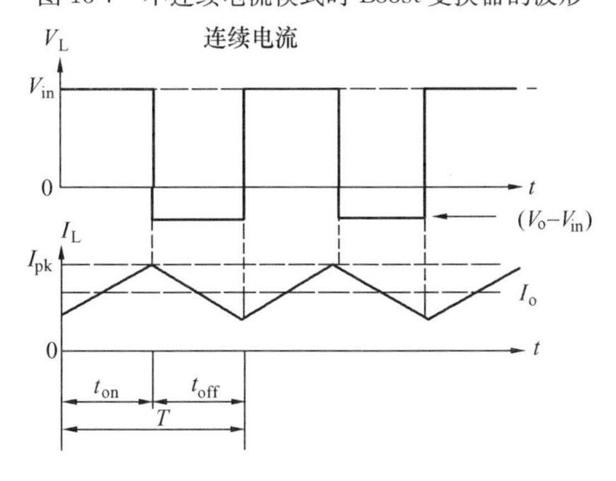

图 13-8　连续电流模式时 Boost 变换器的波形

❶　原文如此，即 When the switch is open, the voltage across the load equals the DC input voltage plus the energy stored in inductor，L_1。此句似应改为：负载两端的电压等于输入直流电压与电感器两端的电压之（代数）和。

不连续电流模式时 Boost 变换器的设计公式

电感 L

$$L_{max}=\frac{(V_o+V_d)TD_{max}(1-D_{max}-D_W)^2}{2I_{o(max)}}\quad (H) \tag{13-14}$$

最大占空比

$$D_{max}=(1-D_w)\left[\frac{V_o-V_{in(min)}+V_d}{V_o}\right] \tag{13-15}$$

最小占空比

$$D_{min}=(1-D_w)\left[\frac{V_o-V_{in(max)}+V_d}{V_o}\right] \tag{13-16}$$

最大导通时间

$$t_{on(max)}=TD_{max} \tag{13-17}$$

最大截止时间

$$t_{off(max)}=T(1-D_{min}) \tag{13-18}$$

电感器电流的峰值 I_{pk}

$$I_{pk}=\frac{2P_{o(max)}}{\eta V_o D_{(min)}} \tag{13-19}$$

连续电流模式时 Boost 变换器的设计公式

电感 L

$$L=\frac{(V_o+V_d)TD_{min}(1-D_{min})^2}{2I_{o(min)}}\quad (H) \tag{13-20}$$

最大占空比

$$D_{max}=1-\frac{V_{in(min)}\eta}{V_o} \tag{13-21}$$

最小占空比

$$D_{min}=1-\frac{V_{in(max)}\eta}{V_o} \tag{13-22}$$

最大导通时间

$$t_{on(max)}=TD_{max} \tag{13-23}$$

最大截止时间

$$t_{off(max)} = T(1-D_{min}) \tag{13-24}$$

电感器电流的变化量 ΔI

$$\Delta I = \frac{TV_{in(max)}D_{min}}{L} \tag{13-25}$$

电感器电流的峰值 I_{pk}

$$I_{pk} = \frac{I_{o(max)}}{1-D_{max}} + \frac{\Delta I}{2} \tag{13-26}$$

Buck-Boost 倒向变换器

Buck-Boost 倒向变换器如图 13-9 所示。它是 Boost 电路的一个变种。Buck-Boost 倒向变换器只由电感器 L_1 向负载传递能量。这个倒向变换器的输出电压可能大于也可能小于输入电压。当晶体管开关 V1 闭合时，电感器存储能量。而因为二极管 VD1 反向偏置，而没有电流流向负载。当晶体管开关 V1 断开时，二极管正向偏置，电感器 L_1 中存储的能量传到负载。不连续电压和电流情况下的波形如图 3-10 所示，连续电压和电流情况下的波形如图 13-11 所示。

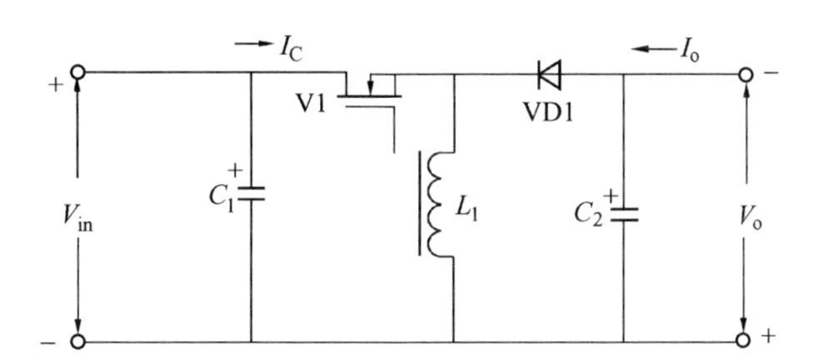

图 13-9　Buck-Boost 倒向开关变换器原理图

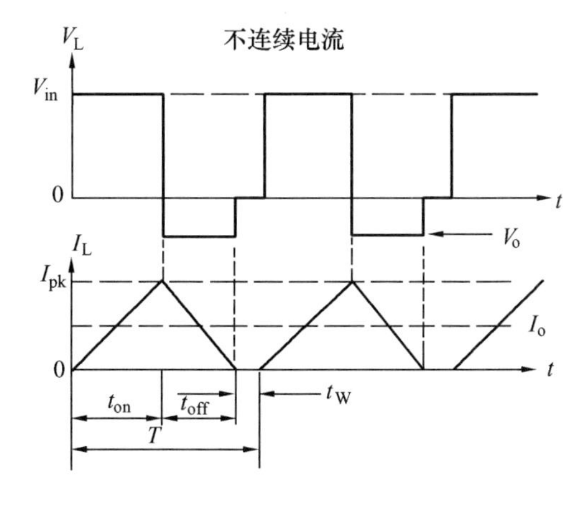

图 13-10　不连续电流模式时，Buck-Boost 倒向变换器的波形

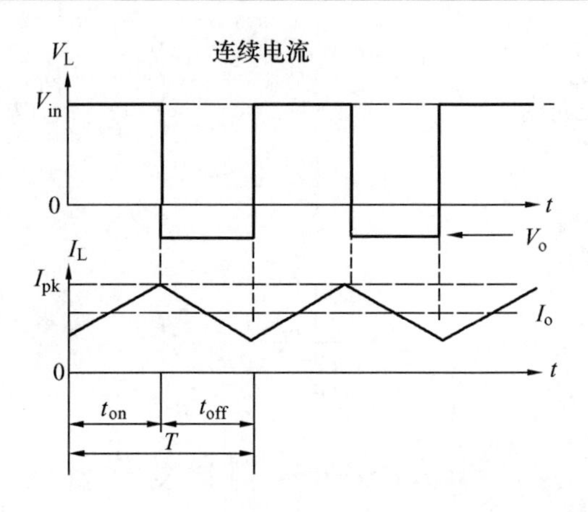

图 13-11　连续电流模式时 Buck-Boost 倒向变换器的波形

不连续电流模式时 Buck-Boost 倒向变换器的设计公式

电感 L

$$L_{max}=\frac{(V_o+V_d)T(1-D_{max}-D_W)^2}{2I_{o(max)}}\quad (H) \tag{13-27}$$

最大占空比

$$D_{max}=\frac{(V_o+V_d)(1-D_W)}{(V_o+V_d)+V_{in(min)}} \tag{13-28}$$

最小占空比

$$D_{min}=\frac{(V_o+V_d)(1-D_W)}{V_o+V_d+V_{in(max)}} \tag{13-29}$$

最大导通时间

$$t_{on(max)}=TD_{max} \tag{13-30}$$

最大截止时间

$$t_{off(max)}=T(1-D_{min}-D_W) \tag{13-31}$$

电感器的电流峰值 I_{pk}

$$I_{pk}=\frac{2P_{o(max)}}{D_{max}V_{in(min)}\eta} \tag{13-32}$$

连续电流模式时 Buck-Boost 倒向变换器的设计公式

电感 L

$$L=\frac{(V_o+V_d)T(1-D_{min})^2}{2I_{o(min)}}\quad (H) \tag{13-33}$$

最大占空比

$$D_{\max}=\frac{V_{\mathrm{o}}}{V_{\mathrm{o}}+\eta V_{\mathrm{in(min)}}} \tag{13-34}$$

最小占空比

$$D_{\min}=\frac{V_{\mathrm{o}}}{V_{\mathrm{o}}+\eta V_{\mathrm{in(max)}}} \tag{13-35}$$

最大导通时间

$$t_{\mathrm{on(max)}}=TD_{\max} \tag{13-36}$$

最大截止时间

$$t_{\mathrm{off(max)}}=T(1-D_{\min}) \tag{13-37}$$

电感器电流的变化量 ΔI

$$\Delta I=\frac{TV_{\mathrm{in(max)}}D_{\mathrm{(min)}}}{L} \tag{13-38}$$

电感器电流的峰值 I_{pk}

$$I_{\mathrm{pk}}=\frac{I_{\mathrm{o(max)}}}{1-D_{\max}}+\frac{\Delta I}{2} \tag{13-39}$$

具有隔离的 Buck-Boost 变换器

具有隔离的 Buck-Boost 变换器如图 13-12 所示。该变换器可以提供对电源的隔离，并且具有多输出能力。它只需要一个二极管和一个电容器，滤波电感器是自有的。具有隔离的 Buck-Boost 变换器在小功率场合应用得相当普遍，因为其简单性和低成本。这种变换器无法满足 VDE❶ 技术要求，因为要求一次和二次之间有电压绝缘。一定要当心这种变换器中的漏感可能在一次产生高的电压尖峰。不连续电压和电流情况下的波形如图 13-13 所示，连续电压和电流情况下的波形如图 13-14 所示。

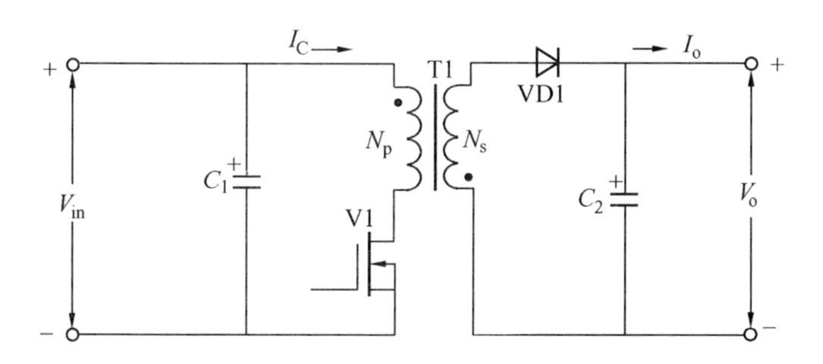

图 13-12　具有隔离的 Buck-Boost 变换器原理图

❶ VDE。全文为：VDE-PRUFSTELLE Testing and Certification Institute 即 VDE 测试机构和认证协会。是德国电气工程师协会的下属机构，是德国著名的测试机构，它直接参与德国国家标准的制定。VDE 即德文 Verband Deutscher Elektrotechniker. e. v. 的三个字头缩写，即德国电气工程师协会。

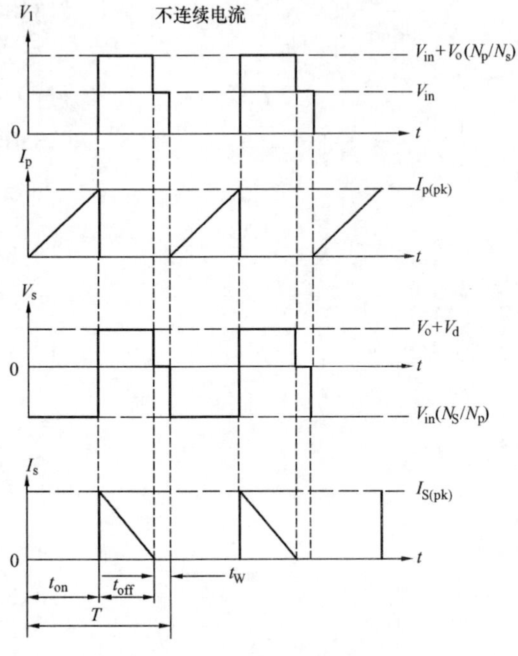

图 13-13 不连续电流模式时具有隔离的 Buck-Boost 变换器的波形

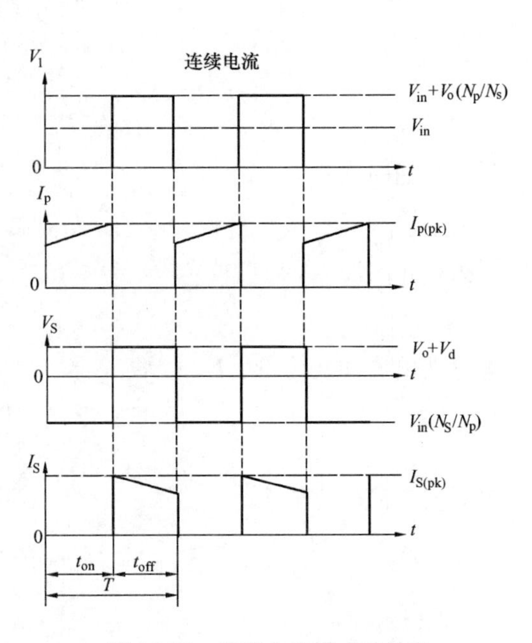

图 13-14 连续电流模式时具有隔离的 Buck-Boost 变换器的波形

不连续电流模式时具有隔离的 Buck-Boost 变换器的设计公式

一次电感 $L_{p(max)}$

$$L_{p(max)} = \frac{R_{in(equiv)} T(D_{max})^2}{2} \quad (H) \tag{13-40}$$

最大导通时间

$$t_{on(max)} = TD_{max} \tag{13-41}$$

最大截止时间

$$t_{off(max)} = T(1 - D_{min} - D_W) \tag{13-42}$$

总输出功率

$$P_{o(max)} = I_{o1(max)}(V_{o1} + V_d) + I_{o2(max)}(V_{o2} + V_d) + \cdots \tag{13-43}$$

最大输入功率

$$P_{in(max)} = \frac{P_{o(max)}}{\eta} \tag{13-44}$$

等效输入电阻

$$R_{in(equiv)} = \frac{V_{in(min)}^2}{P_{in(max)}} \tag{13-45}$$

一次电流峰值 $I_{p(pk)}$

$$I_{p(pk)} = \frac{2P_{in(max)}T}{T_{on(max)}V_{in(min)}} \tag{13-46}$$ [1]

连续电流模式时且具有隔离的 Buck-Boost 变换器的设计公式

电感 L

$$L = \frac{[V_{in(max)}D_{min}]^2 T}{2P_{in(min)}} \quad (H) \tag{13-47}$$

最小占空比

$$D_{min} = \frac{V_{in(min)}}{V_{in(max)}} D_{max} \tag{13-48}$$

最大导通时间

$$t_{on(max)} = TD_{max} \tag{13-49}$$

最大截止时间

$$t_{off(max)} = T(1 - D_{min}) \tag{13-50}$$

最小输出功率

$$P_{o(min)} = I_{o1(min)}(V_{o1} + V_d) + I_{o2(min)}(V_{o2} + V_d) + \cdots \tag{13-51}$$

最小输入功率

$$P_{in(min)} = \frac{P_{o(min)}}{\eta} \tag{13-52}$$

电感器电流的变化量 ΔI

$$\Delta I = \frac{TV_{in(min)}D_{max}}{L} \tag{13-53}$$

电感器电流的峰值 I_{pk}

$$I_{pk} = \frac{I_{in(max)}}{D_{max}} + \frac{\Delta I}{2} \tag{13-54}$$

工作在不连续电流模式且具有隔离的 Buck-Boost 变换器的设计举例

(1) 输入电压标称值 V_{in} 为 28V。

(2) 输入电压最小值 $V_{in(min)}$ 为 24V。

(3) 输入电压最大值 $V_{in(max)}$ 为 32V。

---

[1] 此式中 $T_{on(max)}$，应为 $t_{on(max)}$。

(4) 输出电压 V_{o1} 为 5V。

(5) 输出电流 I_{o1} 为 2A。

(6) 输出电压 V_{o2} 为 12V。

(7) 输出电流 I_{o2} 为 0.5A。

(8) 窗口利用系数 K_u 为 0.29[1]。

(9) 频率 f 为 100kHz。

(10) 变换器效率 η 为 90%。

(11) 最大占空比 D_{max} 为 0.5。

(12) 休止时间占空比 D_w 为 0.1。

(13) 调整率 α 为 1.0%。

(14) 工作磁通密度 B_m 为 0.25T。

(15) 二极管电压 V_d 为 1.0V。

趋肤效应：电感器中的趋肤效应和变压器中的趋肤效应是一样的。在常规的直流(DC) 电感器中，交流 (AC) 电流 (交流 AC 磁通) 很小，不需要与变压器中同样的最大导线号。而在不连续电流模式时的 flyback 变换器中，情况却不是这样。在那里，磁通全部是交流 (AC) 的，没有直流 (DC)。在不连续电流模式 flyback 变换器的设计中，必须像高频变压器中那样来考虑趋肤效应。有时，大尺寸粗导线太难绕制。大尺寸导线不仅加工困难，而且也不能安放得很合适。用具有等效横截面积的双股或四股来绕制是比较容易的。

选择一导线，使其交流 (AC) 电阻和直流 (DC) 电阻之间的关系为 1，即

$$\frac{R_{AC}}{R_{DC}} = 1 \tag{13-55}$$

趋肤深度，是

$$\varepsilon = \frac{6.62}{\sqrt{f}} \quad (\text{cm})$$

$$= \frac{6.62}{\sqrt{100000}} \quad (\text{cm})$$

$$= 0.0209 \quad (\text{cm})$$

则导线的直径为

$$\text{导线直径} = 2\varepsilon \quad (\text{cm})$$

$$= 2 \times 0.0209 \quad (\text{cm})$$

$$= 0.0418 \quad (\text{cm})$$

[1] 当工作在高频时，工程师必须重新考虑窗口利用系数 K_u。当采用有骨架的铁氧体时，骨架的绕线面积与磁心的窗口面积之比仅约 0.6。工作在 100kHz 和由于趋肤效应，必须用 26 号导线时，裸铜面积的比是 0.78。因此，总的窗口利用系数 K_u 被减小了。在第 3 章中，磁心几何常数 K_g 是用窗口利用系数 K_u 为 0.4 计算的。为了使设计恢复正常，磁心几何常数 K_g 要乘以 1.35，然后利用窗口利用系数 0.29 计算电流密度 J，详见第 4 章。

则裸线面积 A_w 为

$$A_w = \frac{\pi D^2}{4} \quad (cm^2)$$

$$= \frac{3.1416 \times 0.0418^2}{4} \quad (cm^2)$$

$$= 0.00137 \quad (cm^2)$$

从第 4 章的导线表中找到，26 号线的裸线面积是 0.00128cm²，这将是这个设计中可用的最小导线号码。如果设计要求更大的导线面积来满足技术指标，则设计将采用多股 26 号线。下面所列出的是 27 号和 28 号线，当 26 号线需要太多修整的情况，可用它们。

AWG 导线编号	裸面积	带绝缘层后面积	裸面积/带绝缘层后面积	μΩ/cm
26	0.001280	0.001603	0.798	1345
27	0.001021	0.001313	0.778	1687
28	0.0008046	0.0010515	0.765	2142

步骤 1：计算总的周期 T

$$T = \frac{1}{f} \quad (s)$$

$$= \frac{1}{100000} \quad (s)$$

$$= 10 \quad (\mu s)$$

步骤 2：计算晶体管的最大导通时间 t_{on}

$$t_{on} = TD_{max} \quad (\mu s)$$

$$= 10 \times 10^{-6} \times 0.5 \quad (\mu s)$$

$$= 5.0 \quad (\mu s)$$

步骤 3：计算二次负载功率 P_{o1}

$$P_{o1} = I_{o1}(V_{o1} + V_d) \quad (W)$$

$$= 2 \times (5 + 1) \quad (W)$$

$$= 12 \quad (W)$$

步骤 4：计算二次负载功率 P_{o2}

$$P_{o2} = I_{o2}(V_{o2} + V_d) \quad (W)$$

$$= 0.5 \times (12 + 1) \quad (W)$$

$$= 6.5 \quad (W)$$

步骤 5：计算总的负载功率 $P_{o(max)}$

$$P_{o(max)} = P_{o1} + P_{o2} \quad (W)$$

$$= 12 + 6.5 \quad (W)$$

$$= 18.5 \quad (W)$$

步骤 6：计算最大输入电流 $I_{in(max)}$

$$I_{in(max)} = \frac{P_{o(max)}}{V_{in(min)}\eta} \quad (A)$$
$$= \frac{18.5}{24 \times 0.9} \quad (A)$$
$$= 0.856 \quad (A)$$

步骤 7：计算一次电流的峰值 $I_{p(pk)}$

$$I_{p(pk)} = \frac{2P_{o(max)}T}{\eta V_{in(min)} I_{on(max)}} \quad (A)$$
$$= \frac{2 \times 18.5 \times 10 \times 10^{-6}}{0.9 \times 24 \times 5 \times 10^{-6}} \quad (A)$$
$$= 3.43 \quad (A)$$

步骤 8：计算一次电流的有效值（rms 值）$I_{p(rms)}$

$$I_{p(rms)} = I_{p(pk)}\sqrt{\frac{t_{on}}{3T}} \quad (A)$$
$$= 3.43\sqrt{\frac{5}{3 \times 10}} \quad (A)$$
$$= 1.40 \quad (A)$$

步骤 9：计算最大输入功率 $P_{in(max)}$

$$P_{in(max)} = \frac{P_{o(max)}}{\eta} \quad (W)$$
$$= \frac{18.5}{0.9} \quad (W)$$
$$= 20.6 \quad (W)$$

步骤 10：计算等效输入电阻 $R_{in(equiv)}$

$$R_{in(equiv)} = \frac{V_{in(min)}^2}{P_{in(max)}} \quad (\Omega)$$
$$= \frac{24^2}{20.6} \quad (\Omega)$$
$$= 28 \quad (\Omega)$$

步骤 11：计算要求的一次电感量 L

$$L = \frac{R_{in(equiv)} T D_{max}^2}{2} \quad (H)$$
$$= \frac{28 \times 10 \times 10^{-6} \times 0.5^2}{2} \quad (H)$$
$$= 35 \quad (\mu H)$$

步骤 12：计算能量处理能力，以 J 为单位

$$W = \frac{L I_{p(pk)}^2}{2} \quad (J)$$

$$= \frac{35 \times 10^{-6} \times 3.43^2}{2} \quad (\text{J})$$

$$= 0.000206 \quad (\text{J})$$

步骤 13：计算电状态 K_e

$$K_e = 0.145 P_o B_m{}^2 \times 10^{-4}$$

$$= 0.145 \times 18.5 \times 0.25^2 \times 10^{-4}$$

$$= 0.0000168$$

步骤 14：计算磁心几何常数 K_g。请看设计技术要求的窗口利用系数 K_u

$$K_g = \frac{W^2}{K_e \alpha} \quad (\text{cm}^5)$$

$$= \frac{0.000206^2}{1.68 \times 10^{-6} \times 1.0} \quad (\text{cm}^5)$$

$$= 0.00253 \quad (\text{cm}^5)$$

$$= 0.0025 \times 1.35 \quad (\text{cm}^5)❶$$

$$= 0.00342 \quad (\text{cm}^5)$$

步骤 15：由第 3 章中选择一个与上面计算出的磁心几何常数 K_g 差不多的 EFD 磁心，磁心型号为 EFD-20。

制造商为 Philips。

材料为 3C85。

磁路长度 MPL 为 4.7cm。

磁心质量 W_{tFe} 为 7.0g。

铜质量 W_{tCu} 为 6.8g。

平均匝长 MLT 为 3.80cm。

铁面积 A_c 为 0.31cm^2。

窗口面积 W_a 为 0.501cm^2。

面积积 A_p 为 0.155cm^4。

磁心几何常数 K_g 为 0.00506cm^5。

表面面积 A_t 为 13.3cm^2。

磁心磁导率为 2500。

绕组长度 G 为 1.54cm。

步骤 16：计算电流密度 J，利用窗口利用系数 $K_u=0.29$

$$J = \frac{2W \times 10^4}{B_m A_p K_u} \quad (\text{A/cm}^2)$$

$$= \frac{2 \times 0.000206 \times 10^4}{0.25 \times 0.155 \times 0.29} \quad (\text{A/cm}^2)$$

---

❶ 此处是按 P294 中的解释，在按公式 $K_g = \frac{W^2}{K_e^2}$ 计算结果 0.0025 的基础上，再乘以系数 1.35。

$$= 367 \quad (\text{A/cm}^2)$$

步骤 17：计算一次导线面积 $A_{pw(B)}$

$$A_{pw(B)} = \frac{I_{prms}}{J} \quad (\text{cm}^2)$$
$$= \frac{1.4}{367} \quad (\text{cm}^2)$$
$$= 0.00381 \quad (\text{cm}^2)$$

步骤 18：计算需要的一次导线股数 S_{np}

$$S_{np} = \frac{A_{pw(B)}}{26\text{ 号线裸面积}}$$
$$= \frac{0.00381}{0.00128}$$
$$= 2.97 \quad \text{取 } 3$$

步骤 19：计算一次绕组匝数 N_p。一次绕组的面积 W_{ap} 可用窗口的一半，利用股数和 26 号线的面积

$$W_{ap} = \frac{W_a}{2} = \frac{0.501}{2} = 0.250 \quad (\text{cm}^2)$$

$$N_p = \frac{K_u W_{ap}}{3 \times 26\text{ 号线裸面积}} \quad (\text{匝})$$
$$= \frac{0.29 \times 0.25}{3 \times 0.00128} \quad (\text{匝})$$
$$= 18.9 \text{ 取 } 19 \quad (\text{匝})$$

步骤 20：计算需要的气隙 l_g

$$l_g = \frac{0.4\pi N^2 A_c \times 10^{-8}}{L} - \frac{MPL}{\mu_m} \quad (\text{cm})$$
$$= \frac{1.26 \times 19^2 \times 0.31 \times 10^{-8}}{0.000035} - \frac{4.7}{2500} \quad (\text{cm})$$
$$= 0.0384 \quad (\text{cm})$$

步骤 21：计算以圆密耳（mils）为单位的等效气隙

$$\text{mils} = l_g \times 393.7$$
$$= 0.0384 \times 393.7$$
$$= 15$$

步骤 22：计算边缘磁通系数 F

$$F = 1 + \frac{l_g}{\sqrt{A_c}} \ln \frac{2G}{l_g}$$
$$= 1 + \frac{0.0384}{\sqrt{0.31}} \ln \frac{2 \times 1.54}{0.0384}$$
$$= 1.30$$

步骤 23：通过引入边缘磁通系数 F 计算新的绕组匝数

$$N_{np} = \sqrt{\frac{l_g L}{0.4\pi A_c F \times 10^{-8}}} \quad (\text{匝})$$

$$=\sqrt{\frac{0.0384\times 0.000035}{1.26\times 0.31\times 1.3\times 10^{-8}}}\quad (匝)$$

$$=16\quad (匝)$$

步骤 24：计算磁通密度的峰值 B_{pk}

$$B_{pk}=\frac{0.4\pi N_{np}FI_{p(pk)}\times 10^{-4}}{l_g+\frac{MPL}{\mu_m}}\quad (T)$$

$$=\frac{1.26\times 16\times 1.3\times 3.43\times 10^{-4}}{0.0384+\frac{4.7}{2500}}\quad (T)$$

$$=0.223\quad (T)$$

步骤 25：计算一次新的$\mu\Omega/cm$

$$(新的)\ \mu\Omega/cm=\frac{\mu\Omega/cm}{S_{np}}$$

$$=\frac{1345}{3}$$

$$=448$$

步骤 26：计算一次绕组的电阻 R_p

$$R_p=(MLT)N_{np}\left(\frac{\mu\Omega}{cm}\times 10^{-6}\right)\quad (\Omega)$$

$$=3.8\times 16\times 448\times 10^{-6}\quad (\Omega)$$

$$=0.0272\quad (\Omega)$$

步骤 27：计算一次铜损 P_p

$$P_p=I_{p(rms)}^2R_p\quad (W)$$

$$=1.4^2\times 0.0272\quad (W)$$

$$=0.0533\quad (W)$$

步骤 28：计算二次绕组 1 的匝数 N_{s1}

$$N_{s1}=\frac{N_{np}(V_{o1}+V_d)(1-D_{max}-D_W)}{V_pD_{max}}\quad (匝)$$

$$=\frac{16\times(5+1)\times(1-0.5-0.1)}{24\times 0.5}\quad (匝)$$

$$=3.2\ 取\ 3\quad (匝)$$

步骤 29：计算二次电流 I_{s1} 的峰值 $I_{s1(pk)}$

$$I_{s1(pk)}=\frac{2I_{o1}}{1-D_{max}-D_W}\quad (A)$$

$$=\frac{2\times 2.0}{1-0.5-0.1}\quad (A)$$

$$=10(A)$$

步骤 30：计算二次电流 I_{s1} 的有效值（rms 值）$I_{s1(rms)}$

$$I_{s1(rms)} = I_{s1(pk)}\sqrt{\frac{1-D_{max}-D_W}{3}} \quad (A)$$

$$= 10\times\sqrt{\frac{1-0.5-0.1}{3}} \quad (A)$$

$$= 3.65 \quad (A)$$

步骤 31：计算二次级导线 1 的面积 $A_{swl(B)}$

$$A_{swl(B)} = \frac{I_{s1(rms)}}{J} \quad (cm^2)$$

$$= \frac{3.65}{367} \quad (cm^2)$$

$$= 0.00995 \quad (cm^2)$$

步骤 32：计算需要的一次绕组 1 的导线股数 S_{ns1}

$$S_{ns1} = \frac{A_{sw(B)}}{Wire_A}$$ [1]

$$= \frac{0.00995}{0.00128}$$

$$= 7.8 \text{ 取 } 8$$

步骤 33：计算二次绕组 S1 的$\mu\Omega/cm$

$$(S1)\ \mu\Omega/cm = \frac{\mu\Omega/cm}{S_{ns1}}$$

$$= \frac{1345}{8}$$

$$= 168$$

步骤 34：计算二次绕组 1 的电阻 R_{s1}

$$R_{s1} = MLT(N_{S1})\frac{\mu\Omega}{cm}\times 10^{-6} \quad (\Omega)$$

$$= 3.8\times 3\times 168\times 10^{-6} \quad (\Omega)$$

$$= 0.00192 \quad (\Omega)$$

步骤 35：计算二次绕组 1 的铜损 P_{s1}

$$P_{s1} = I_{s1(rms)}^2 R_{s1} \quad (W)$$

$$= 3.65^2\times 0.00192 \quad (W)$$

$$= 0.0256 \quad (W)$$

步骤 36：计算二次绕组 2 的匝数 N_{s2}

$$N_{s2} = \frac{N_{np}(V_{o2}+V_d)(1-D_{max}-D_W)}{V_p D_{max}} \quad (\text{匝})$$

$$= \frac{16\times(12+1)\times(1-0.5-0.1)}{24\times 0.5} \quad (\text{匝})$$

[1] 式中 $Wire_A$ 即 26 号线裸面积。

$$= 6.9 \text{ 取 } 7 \quad (\text{匝})$$

步骤 37：计算二次电流 I_{s2} 的峰值 $I_{s2(pk)}$

$$I_{s2(pk)} = \frac{2I_{o2}}{1 - D_{max} - D_W} \quad (A)$$

$$= \frac{2 \times 0.5}{1 - 0.5 - 0.1} \quad (A)$$

$$= 2.5 \quad (A)$$

步骤 38：计算二次电流 I_{s2} 的有效值（rms 值）$I_{s2(rms)}$

$$I_{s2(rms)} = I_{s2(pk)}\sqrt{\frac{1 - D_{max} - D_W}{3}} \quad (A)$$

$$= 2.5 \times \sqrt{\frac{1 - 0.5 - 0.1}{3}} \quad (A)$$

$$= 0.913 \quad (A)$$

步骤 39：计算二次绕组 2 的导线面积 $A_{sw2(B)}$

$$A_{sw2(B)} = \frac{I_{s2(rms)}}{J} \quad (cm^2)$$

$$= \frac{0.913}{367} \quad (cm^2)$$

$$= 0.00249 \quad (cm^2)$$

步骤 40：计算二次绕组 2 所需要的导线股数 S_{ns2}

$$S_{ns2} = \frac{A_{sw2(B)}}{Wire_A}$$

$$= \frac{0.00249}{0.00128}$$

$$= 1.95 \text{ 取 } 2$$

步骤 41：计算二次绕组 2 的μm/cm

$$(s2)\ \mu\Omega/cm = \frac{\mu m/cm}{S_{ns2}}$$

$$= \frac{1345}{2}$$

$$= 672$$

步骤 42：计算二次绕组 2 的绕组电阻 R_{s2}

$$R_{s2} = MLT(N_{s2})\left(\frac{\mu\Omega}{cm}\right) \times 10^{-6} \quad (\Omega)$$

$$= 3.8 \times 7 \times 672 \times 10^{-6} \quad (\Omega)$$

$$= 0.0179 \quad (\Omega)$$

步骤 43：计算二次绕组 2 的铜损 P_{s2}

$$P_{s2} = I_{s2(rms)}^2 R_{s2} \quad (W)$$

$$= 0.913^2 \times 0.0179 \quad (W)$$

$$= 0.0149 \quad (\text{W})$$

步骤 44：计算窗口利用系数 K_u

$$\text{匝数} = N_p S_{np}\ (\text{一次})$$
$$= 16 \times 3 = 48\ (\text{一次})$$
$$\text{匝数} = N_{s1} S_{ns1}\ (\text{二次})$$
$$= 3 \times 8 = 24\ (\text{二次})$$
$$\text{匝数} = N_{s2} S_{ns2}\ (\text{二次})$$
$$= 7 \times 2 = 14\ (\text{二次})$$
$$N_t = 86\ \text{匝}(26\ \text{号线})$$
$$K_u = \frac{N_t A_w}{W_a} = \frac{86 \times 0.00128}{0.501} = 0.220$$

步骤 45：计算总铜损 P_{Cu}

$$P_{Cu} = P_p + P_{s1} + P_{s2} \quad (\text{W})$$
$$= 0.0533 + 0.0256 + 0.0149 \quad (\text{W})$$
$$= 0.0938 \quad (\text{W})$$

步骤 46：计算此设计的调整率 α

$$\alpha = \frac{P_{Cu}}{P_o} \times 100\%$$
$$= \frac{0.0938}{18.5} \times 100\%$$
$$= 0.507\%$$

步骤 47：计算交流（AC）磁通密度 B_{AC}

$$B_{AC} = \frac{0.4\pi N_{np} F \frac{I_{p(pk)}}{2} \times 10^{-4}}{t_g + \frac{MPL}{\mu_m}} \quad (\text{T})$$
$$= \frac{1.26 \times 16 \times 1.3 \times 1.72 \times 10^{-4}}{0.0384 + \frac{4.7}{2500}} \quad (\text{T})$$
$$= 0.111 \quad (\text{T})$$

步骤 48：计算单位质量消耗的功率（瓦每千克，W/kg）

$$\text{W/kg} = 4.855 \times 10^{-5} \times f^{1.63} \times B_{ac}{}^{2.62} \quad (\text{W/kg})$$
$$= 4.855 \times 10^{-5} \times 100000^{1.63} \times 0.111^{2.62} \quad (\text{W/kg})$$
$$= 21.6 \quad (\text{W/kg})\ \text{或}(\text{MW/g})$$

步骤 49：计算磁心损失 P_{Fe}

$$P_{Fe} = \frac{\text{mW}}{\text{g}} W_{tFe} \times 10^{-3} \quad (\text{W})$$
$$= 21.6 \times 7 \times 10^{-3} \quad (\text{W})$$
$$= 0.151 \quad (\text{W})$$

步骤 50：计算总损失 P_{Σ}

$$P_{\Sigma}=P_{Fe}+P_{Cu}\quad(W)$$
$$=0.151+0.0938\quad(W)$$
$$=0.245\quad(W)$$

步骤 51：计算表面积功率耗散密度 ψ

$$\psi=\frac{P_{\Sigma}}{A_t}\quad(W/cm^2)$$
$$=\frac{0.245}{13.3}\quad(W/cm^2)$$
$$=0.0184\quad(W/cm^2)$$

步骤 52：计算温升 T_r，以℃为单位

$$T_r=450\times\psi^{0.826}\quad(℃)$$
$$=450\times0.0184^{0.826}\quad(℃)$$
$$=16.6\quad(℃)$$

工作在不连续电流模式下 Boost 变换器的电感器设计举例

(1) 输入电压标称（正常）值 V_{in}为 28V。

(2) 输入电压最小值 $V_{in(min)}$ 为 26V。

(3) 输入电压最大值 $V_{in(max)}$ 为 32V。

(4) 输出电压 V_o为 50V。

(5) 输出电流 I_o为 1A。

(6) 窗口利用系数 K_u 为 0.29[1]。

(7) 频率 f 为 100kHz。

(8) 变换器效率 η 为 92%。

(9) 休止时间占空比 D_W为 0.1。

(10) 调整率 α 为 1.0%。

(11) 工作磁通密度 B_m 为 0.25T。

(12) 二极管电压 V_d 为 1.0V。

趋肤效应：电感器中的趋肤效应和变压器中的趋肤效应是一样的，在常规的直流（DC）电感器中，交流（AC）电流［交流（AC）磁通］很小，不需要与变压器中同样

---

[1] 当工作在高频时，工程师必须重新考虑窗口利用系数 K_u。当采用有骨架的铁氧体时，骨架的绕线面积与磁心的窗口面积之比仅约 0.6。工作在 100kHz 和由于趋肤效应必须用 26 号导线时，裸铜面积的比是 0.78。因此，总的窗口利用系数 K_u 被减小了。在第 3 章中，磁心几何常数 K_g 是用窗口利用系数 K_g 为 0.4 计算的。为了使设计恢复正常，磁心几何常数 K_g 要被乘以 1.35，然后利用窗口利用系数 0.29 计算电流密度 J，详见第 4 章。

的最大导线号。而在不连续电流模式时的 flyback 变换器中，情况却不是这样。在那里，磁通全部是交流（AC）的，没有直流（DC）。在不连续电流模式 flyback 变换器的设计中必须像高频变压器中那样来考虑趋肤效应。有时，大尺寸粗导线太难绕制。大尺寸导线不仅加工困难，而且也不能安放得很合适。用具有等效横截面积的双股或四股来绕制是比较容易的。

选择一导线，使其交流（AC）电阻和直流（DC）电阻之间的关系为 1

$$\frac{R_{AC}}{R_{DC}}=1$$

趋肤深度，是以厘米为单位

$$\begin{aligned}\varepsilon&=\frac{6.62}{\sqrt{f}}\quad(\text{cm})\\&=\frac{6.62}{\sqrt{100000}}\quad(\text{cm})\\&=0.029\quad(\text{cm})\end{aligned}$$

则，导线的直径为

$$\begin{aligned}\text{导线直径}&=2\varepsilon\quad(\text{cm})\\&=2\times0.0209\quad(\text{cm})\\&=0.0418\quad(\text{cm})\end{aligned}$$

则裸线面积 A_w 为

$$\begin{aligned}A_w&=\frac{\pi D^2}{4}\quad(\text{cm}^2)\\&=\frac{3.1416\times0.0418^2}{4}\quad(\text{cm}^2)\\&=0.00137\quad(\text{cm}^2)\end{aligned}$$

从第 4 章的导线表中找到，26 号线的裸线面积是 0.00128cm²，这将是这个设计中可用的最小导线号码。如果设计要求更大的导线面积来满足技术指标，则设计将采用多股 26 号线。下面所列出的是 27 号和 28 号线，当 26 号线需要太多修整的情况，可用它们。

AWG 导线编号	裸面积	带绝缘层后面积	裸面积/带绝缘层后面积	μΩ/cm
26	0.001280	0.001603	0.798	1345
27	0.001021	0.001313	0.778	1687
28	0.0008046	0.0010515	0.765	2142

步骤 1：计算总的周期 T

$$\begin{aligned}T&=\frac{1}{f}\quad(\text{s})\\&=\frac{1}{100000}\quad(\text{s})\\&=10\quad(\mu\text{s})\end{aligned}$$

步骤 2：计算最大输出功率 P_o

$$P_o = (V_o + V_d)I_o \quad (W)$$
$$= (50 + 1.0) \times 1.0 \quad (W)$$
$$= 51 \quad (W)$$

步骤 3：计算最大输入电流 $I_{in(max)}$

$$I_{in(max)} = \frac{P_o}{V_{in(min)}\eta} \quad (A)$$
$$= \frac{51}{26 \times 0.92} \quad (A)$$
$$= 2.13 \quad (A)$$

步骤 4：计算最大占空比 D_{max}

$$D_{max} = (1 - D_w)\left[\frac{V_o - V_{in(min)} + V_d}{V_o}\right]$$
$$= (1 - 0.1) \times \left(\frac{50 - 26 + 1.0}{50}\right)$$
$$= 0.45$$

步骤 5：计算最小占空比 D_{min}

$$D_{min} = (1 - D_w)\left[\frac{V_o - V_{in(max)} + V_d}{V_o}\right]$$
$$= (1 - 0.1) \times \left(\frac{50 - 32 + 1.0}{50}\right)$$
$$= 0.342$$

步骤 6：计算要求的电感 L

$$L_{max} = \frac{(V_o + V_d)TD_{max}(1 - D_{max} - D_w)^2}{2I_{o(max)}} \quad (H)$$
$$= \frac{(50 + 1.0) \times 10 \times 10^{-6} \times 0.45 \times (1 - 0.45 - 0.1)^2}{2 \times 1.0} \quad (H)$$
$$= 23.2 \text{ 取 } 23 \quad (\mu H)$$

步骤 7：计算（电感器）电流的峰值，在不连续电流工作模式下，Boost 变换器电流的峰值为 $I_{pk} = \Delta I$

$$I_{pk} = \frac{2P_{o(max)}}{\eta V_o D_{min}} \quad (A)$$
$$= \frac{2 \times 51}{0.92 \times 50 \times 0.342} \quad (A)$$
$$= 6.48 \quad (A)$$

步骤 8：计算电流的有效值 I_{rms}

$$I_{rms} = I_{pk}\sqrt{\frac{TD_{max}}{3T}} \quad (A)$$

$$= 6.48 \times \sqrt{\frac{10 \times 10^{-6} \times 0.45}{3 \times 10 \times 10^{-6}}} \quad (A)$$

$$= 2.51 \quad (A)$$

步骤 9：计算总的能量处理能力，以 J 为单位

$$W = \frac{LI_{pk}^2}{2} \quad (J)$$

$$= \frac{23 \times 10^{-6} \times 6.48^2}{2} \quad (J)$$

$$= 0.000483 \quad (J)$$

步骤 10：计算电的状态 K_e

$$K_e = 0.145 P_o B_m^2 \times (10^{-4})$$

$$= 0.145 \times 51 \times 0.25^2 \times 10^{-4}$$

$$= 0.0000462$$

步骤 11：计算磁心几何常数 K_g

$$K_g = \frac{W^2}{K_e \alpha} \quad (cm^5)$$

$$= \frac{0.000483^2}{0.0000462 \times 1.0} \quad (cm^5)$$

$$= 0.00505 \quad (cm^5)$$

$$= 0.00505(1.35)(cm^5)$$ [1]

$$= 0.00682 \quad (cm^5)$$

步骤 12：由第 3 章选择与上面计算出的 K_g 差不多的磁心

(1) 磁心型号为 RM6。

(2) 制造厂商为 TDK。

(3) 磁路长度为 MPL 为 2.86cm。

(4) 磁心质量 W_{tFe} 为 5.5g。

(5) 铜质量 W_{tCu} 为 2.9g。

(6) 平均匝长 MLT 为 3.1cm。

(7) 磁心面积 A_c 为 $0.366cm^2$。

(8) 窗口面积 W_a 为 $0.26cm^2$。

(9) 面积积 A_p 为 $0.0953cm^4$。

(10) 磁心几何常数 K_g 为 $0.0044cm^5$。

(11) 表面面积 A_t 为 $11.3cm^2$。

(12) 磁导率 μ_m 为 2500。

(13) 绕组长度 G 为 0.82。

---

[1] 此处之所以乘 1.35，见 303 页。

步骤 13：计算电流密度 J，窗口利用系数 $K_u=0.29$

$$J=\frac{2W\times 10^4}{B_m A_p K_u}\quad (\text{A/cm}^2)$$
$$=\frac{2\times 0.000483\times 10^4}{0.25\times 0.0953\times 0.29}\quad (\text{A/cm}^2)$$
$$=1398\quad (\text{A/cm}^2)$$

步骤 14：计算导线面积 $A_{w(B)}$

$$A_{w(B)}=\frac{I_{(rms)}}{J}\quad (\text{A})$$
$$=\frac{2.51}{1398}\quad (\text{A})$$
$$=0.00179\quad (\text{A})$$

步骤 15：计算所需要的导线股数 S_n

$$S_n=\frac{A_{w(B)}}{26\text{ 号线裸面积}}$$
$$=\frac{0.00180}{0.00128}$$
$$=1.41\text{ 取 }2$$

步骤 16：计算绕组匝数 N_1，利用导线股数 S_n 和 26 号导线的面积

$$N=\frac{K_u W_a}{S_n(26\text{ 号线面积})}\quad (\text{匝})$$
$$=\frac{0.29\times 0.26}{2\times 0.00128}\quad (\text{匝})$$
$$=29.5\text{ 取 }30\quad (\text{匝})$$

步骤 17：计算所需要的气隙 l_g

$$l_g=\frac{0.4\pi N^2 A_c\times 10^{-8}}{L}-\frac{MPL}{\mu_m}\quad (\text{cm})$$
$$=\frac{1.26\times 30^2\times 0.366\times 10^{-8}}{0.000023}-\frac{2.86}{2500}\quad (\text{cm})$$
$$=0.179\quad (\text{cm})$$

步骤 18：计算以密耳（mils）为单位的等效气隙

$$\text{mils}=393.7 l_g$$
$$=0.179\times 393.7$$
$$=70$$

步骤 19：计算边缘磁通系数 F

$$F=1+\frac{l_g}{\sqrt{A_c}}\ln\frac{2G}{l_g}$$
$$=1+\frac{0.179}{\sqrt{0.366}}\ln\frac{2\times 0.82}{0.179}$$
$$=1.66$$

步骤 20：计算考虑了边缘磁通系数 F 后新的绕组匝数 N_n

$$N_n=\sqrt{\frac{l_g L}{0.4\pi A_c F\times 10^{-8}}}\quad(匝)$$

$$=\sqrt{\frac{0.179\times 0.000023}{1.26\times 0.366\times 1.66\times 10^{-8}}}\quad(匝)$$

$$=23\quad(匝)$$

步骤 21：计算磁通密度的峰值 B_{pk}

$$B_{pk}=\frac{0.4\pi N_n F I_{pk}\times 10^{-4}}{l_g+\frac{MPL}{\mu_m}}\quad(T)$$

$$=\frac{1.26\times 23\times 1.6\times 6.48\times 10^{-4}}{0.179+\frac{2.86}{2500}}\quad(T)$$

$$=0.177\quad(T)$$

步骤 22：计算新的$\mu\Omega$/cm

$$(New)\ \mu\Omega/cm=\frac{\mu\Omega/cm}{S_n}$$

$$=\frac{1345}{2}$$

$$=673$$

步骤 23：计算（电感器的）绕组电阻 R

$$R=(MLT)N_n\frac{\mu\Omega}{cm}\times 10^{-6}\quad(\Omega)$$

$$=3.1\times 23\times 673\times 10^{-6}\quad(\Omega)$$

$$=0.0480\quad(\Omega)$$

步骤 24：计算铜损 P_{Cu}

$$P_{Cu}=I_{rms}^2 R\quad(W)$$

$$=2.51^2\times 0.0480\quad(W)$$

$$=0.302\quad(W)$$

步骤 25：计算该设计的调整率 α

$$\alpha=\frac{P_{Cu}}{P_o}\times 100\quad(\%)$$

$$=\frac{0.302}{50}\times 100\quad(\%)$$

$$=0.604\quad(\%)$$

步骤 26：计算交流（AC）磁通密度 B_{AC}，以特斯拉为单位

$$B_{AC}=\frac{0.4\pi N_n F\frac{\Delta I}{2}\times 10^{-4}}{l_g+\frac{MPL}{\mu_m}}\quad(T)$$

$$=\frac{1.26\times 23\times 1.66\times 3.24\times 10^{-4}}{0.179+\frac{2.86}{2500}}\quad(T)$$

$$=0.0869\quad(T)$$

步骤27：计算每千克瓦特W/kg

$$
\begin{aligned}
\mathrm{W/kg} &= 4.855\times10^{-5} f^{1.63} B_{\mathrm{AC}}{}^{2.62} \quad (\mathrm{W/kg}) \\
&= 4.855\times10^{-5}\times100000^{1.63}\times0.0869^{2.62} \quad (\mathrm{W/kg}) \\
&= 11.39 \quad (\mathrm{W/kg})\text{ 或}(\mathrm{MW/g})
\end{aligned}
$$

步骤28：计算磁心损失 P_{Fe}

$$
\begin{aligned}
P_{\mathrm{Fe}} &= \left(\frac{\mathrm{mW}}{\mathrm{g}}\right) W_{\mathrm{tFe}}\times10^{-3} \quad (\mathrm{W}) \\
&= 11.39\times5.5\times10^{-3} \quad (\mathrm{W}) \\
&= 0.0626 \quad (\mathrm{W})
\end{aligned}
$$

步骤29：计算总损失 P_{Σ}，即磁心损失 P_{Fe}加铜损 P_{Cu}

$$
\begin{aligned}
P_{\Sigma} &= P_{\mathrm{Fe}} + P_{\mathrm{Cu}} \quad (\mathrm{W}) \\
&= 0.0626 + 0.302 \quad (\mathrm{W}) \\
&= 0.365 \quad (\mathrm{W})
\end{aligned}
$$

步骤30：计算表面积功率耗散密度 ψ

$$
\begin{aligned}
\psi &= \frac{P_{\Sigma}}{A_{\mathrm{t}}} \quad (\mathrm{W/cm^2}) \\
&= \frac{0.365}{11.3} \quad (\mathrm{W/cm^2}) \\
&= 0.0323 \quad (\mathrm{W/cm^2})
\end{aligned}
$$

步骤31：计算温升 T_{r}，以℃为单位

$$
\begin{aligned}
T_{\mathrm{r}} &= 450\psi^{0.826} \quad (℃) \\
&= 450\times0.0323^{0.826} \quad (℃) \\
&= 26.4 \quad (℃)
\end{aligned}
$$

用于功率因数校正（PFC）的Boost变换器中电感器的设计

历史上，为电子设备所设计的标准电源，其功率因数都出了名的差，在0.5～0.6范围。相应地，它们有很大的谐波电流成分。这个设计是利用简单的整流器整流和电容器作滤波器，这就导致了从供电电源吸出很大的电流脉冲，引起供电电源电压的畸变并产生大量的电磁干扰（EMI）和噪声。

规范化团体，欧洲的IEC和美国的IEEE为开发限制离线设备的谐波电流标准已经做了很多工作。德国标准化团体已经制定了IEC 1000-2，一般都把它作为限制离线设备谐波电流的标准。

很多新的电子产品都被要求其功率因数接近1且其输入电流的波形无畸变。传统的AC-DC变换器通常是采用带有一个简单滤波器的全波整流器桥。这个滤波器从交流（AC）供电电源中吸引功率。如图13-15所示的典型输入电压桥式整流器和电容滤波器以及相应的波形已不能很好地满足要求。

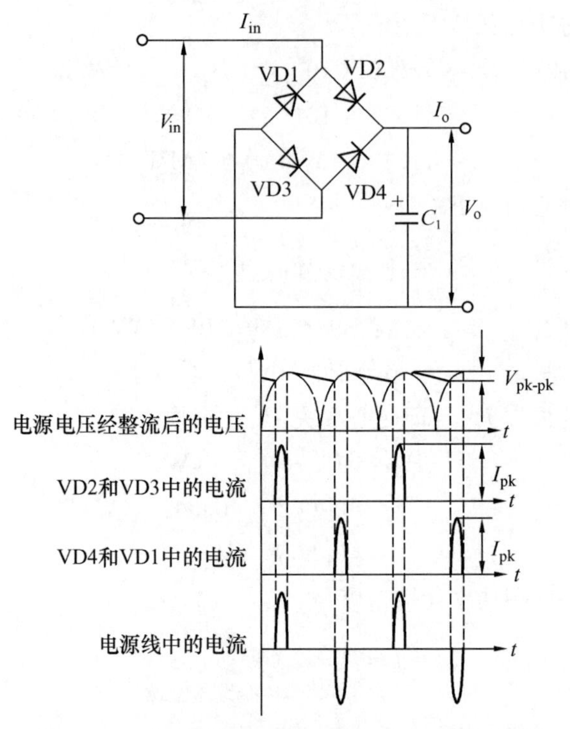

图 13-15　典型的输入桥式整流器和电容器滤波器

采用离线整流、电容器输入滤波设备的供电电流波形如图 13-15 所示。这个电流是窄脉冲。结果由于电流波形的大谐波畸变使功率因数很低（0.5～0.6）。电源可以通过加一个电感器，如图 13-16 所示，使其功率因数接近 1。而为什么在电源中不设计这个

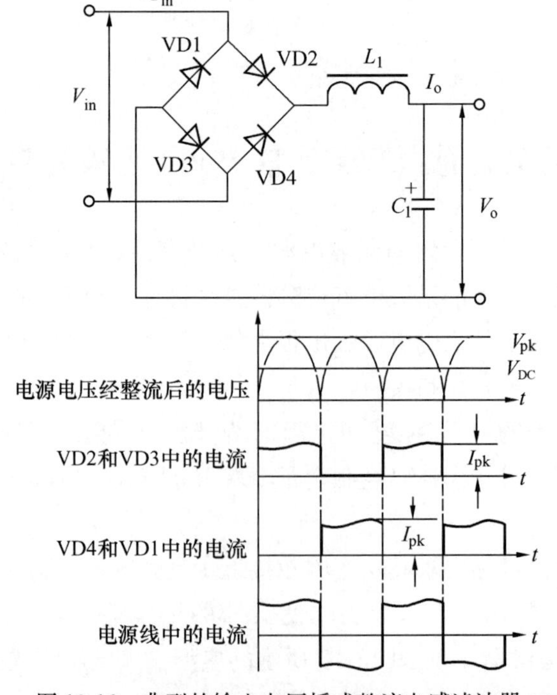

图 13-16　典型的输入电压桥式整流电感滤波器

输入电感器的理由很简单：成本、质量和体积。电感 L_1 的公式如下所示

$$L_1 = \frac{V_o}{3\omega I_{o(min)}} \quad (H) \tag{13-56}$$

标准的 Boost（回扫）变换器

标准的 Boost 变换器如图 13-7 所示，其电压和电流的波形如图 13-8 所示。Boost 变换器已经成了许多工程师作为有源功率因数校正设计中功率级的选择。其基本电路既可以工作在连续电流模式，也可以工作在不连续电流模式。

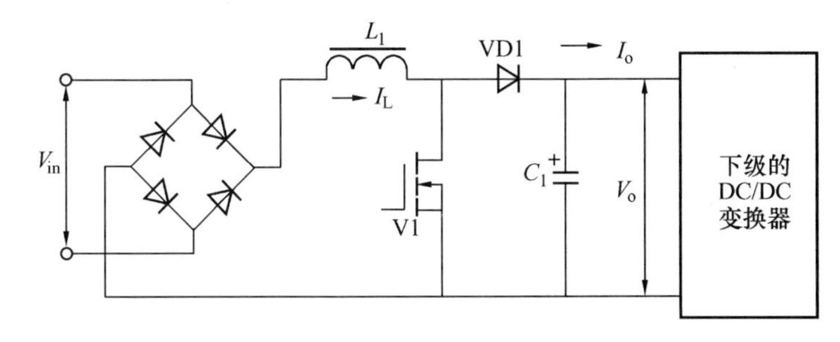

图 13-17　Boost PFC 变换器

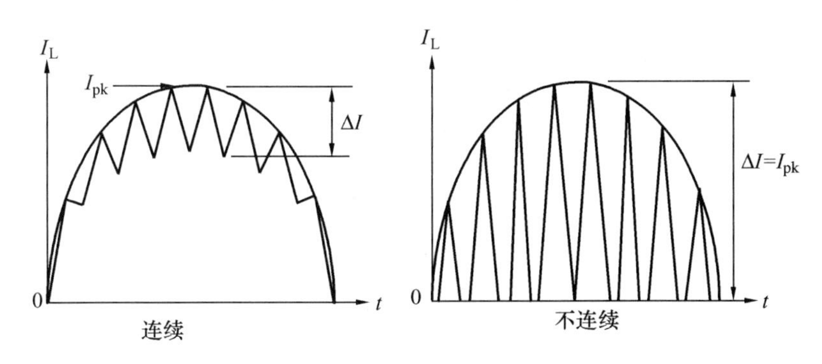

图 13-18　流过电感器 L_1 的电流

Boost 功率因数校正（PFC）变换器

Boost 功率因数校正变换器如图 13-17 所示。Boost 变换器是最通用的功率因数预调节器。Boost 变换器可以工作在两种模式：连续电流和不连续电流。流过电感器 L_1 的连续电流模式和不连续电流模式的电流如图 13-18 所示。在观察了这个原理图以后，很容易看到它的优点和缺点。其缺点是输出到负载电路的电压高，不利于实行对电流的限制。其优点是此电路要求的元器件最少以及对 V1 的门驱动可接地。

工作在连续导电模式下的（PFC）Boost 变换器设计举例

下面叙述用于如图 13-17 所示的功率因数校正（PFC）变换器中，工作在连续电流模式下 Boost 电感器的设计步骤。此设计有下面的技术要求：

（1）输出功率 P_o 为 250W。

（2）输入电压范围 V_{in} 为 90～270V。

（3）供电电源频率 $f_{(Line)}$ 为 47～65Hz。

（4）输出电压 V_o 为 400V。

（5）开关频率 f 为 100kHz。

（6）电感器电流纹波 ΔI 为 $20\% I_{pk}$。

（7）磁心为 ETD。

（8）磁心材料为 R。

（9）变换器效率 η 为 95%。

（10）电感器的调整率 α 为 1%。

（11）窗口利用系数 K_u 为 0.29[1]。

（12）工作磁通 B_m 为 0.25T。

趋肤效应：电感器中的趋肤效应和变压器中的趋肤效应是一样的。在通常的直流（DC）电感器中，交流（AC）电流（交流 AC 磁通）很小，不需要与变压器中那样的最大导线号。而在不连续电流模式时的 flyback 变换器中，情况却不是这样，在那里，磁通全部是交流（AC）的，没有直流（DC）。在不连续电流模式 flyback 变换器的设计中，必须像高频变压器中那样来考虑趋肤效应，有时，大尺寸粗导线太难绕制。大尺寸导线不仅加工困难，而且也不能安放得很合适。用具有等效横截面积的双股或四股来绕制是比较容易的。

选择一导线，使其交流（AC）电阻和直流（DC）电阻之间的关系为 1

$$\frac{R_{AC}}{R_{DC}} = 1 \tag{13-57}$$

趋肤深度为

$$\varepsilon = \frac{6.62}{\sqrt{f}} \quad \text{(cm)}$$

$$= \frac{6.62}{\sqrt{100000}} \quad \text{(cm)}$$

[1] 当工作在高频时，工程师必须重新考虑窗口利用系数 K_u。当采用有骨架的铁氧体时，骨架的绕线面积与磁心的窗口面积之比仅约 0.6。工作在 100kHz 和由于趋肤效应必须用 26 号导线时，裸铜面积的比是 0.78。因此，总的窗口利用系数 K_u 被减小了。在第 3 章中，磁心几何常数 K_g 是用窗口利用系数 K_u 为 0.4 计算的。为了使设计恢复正常，磁心几何常数 K_g 要乘以 1.35，然后利用窗口利用系数 0.29 计算电流密度 J，详见第 4 章。

$$= 0.0209 \quad (\text{cm})$$

则导线的直径为

$$\begin{aligned} \text{导线直径} &= 2\varepsilon \quad (\text{cm}) \\ &= 2 \times 0.0209 \quad (\text{cm}) \\ &= 0.0418 \quad (\text{cm}) \end{aligned}$$

则裸线面积 A_w 为

$$\begin{aligned} A_w &= \frac{\pi D^2}{4} \quad (\text{cm}^2) \\ &= \frac{3.1416 \times 0.0418^2}{4} \\ &= 0.00137 \quad (\text{cm}^2) \end{aligned}$$

步骤 1：计算输入功率 P_{in}

$$\begin{aligned} P_{in} &= \frac{P_o}{\eta} \quad (\text{W}) \\ &= \frac{250}{0.95} \quad (\text{W}) \\ &= 263 \quad (\text{W}) \end{aligned}$$

步骤 2：计算输入电流的峰值 I_{pk}

$$\begin{aligned} I_{pk} &= \frac{P_{in}\sqrt{2}}{V_{in(min)}} \quad (\text{A}) \\ &= \frac{263 \times 1.41}{90} \quad (\text{A}) \\ &= 4.12 \quad (\text{A}) \end{aligned}$$

步骤 3：计算输入电流的纹波 ΔI

$$\begin{aligned} \Delta I &= 0.2 I_{pk} \quad (\text{A}) \\ &= 0.2 \times 4.12 \quad (\text{A}) \\ &= 0.824 \quad (\text{A}) \end{aligned}$$

步骤 4：计算最大占空比 D_{max}

$$\begin{aligned} D_{max} &= \frac{V_o - \sqrt{2} V_{in(min)}}{V_o} \\ &= \frac{400 - 90\sqrt{2}}{400} \\ &= 0.683 \end{aligned}$$

步骤 5：计算所需要的 Boost 电感 L

$$\begin{aligned} L &= \frac{\sqrt{2} V_{in(min)} D_{max}}{\Delta I f} \quad (\text{H}) \\ &= \frac{126.9 \times 0.683}{0.824 \times 100000} \quad (\text{H}) \end{aligned}$$

$$= 0.00105 \quad (\text{H})$$

步骤 6：计算所要的能量 E_{ng}

$$W = \frac{LI_{pk}^2}{2} \quad (\text{J})$$

$$= \frac{0.00105 \times 4.12^2}{2} \quad (\text{J})$$

$$= 0.00891 \quad (\text{J})$$

步骤 7：计算电和磁状况系数 K_e

$$K_e = 0.145 P_o B_m^2 \times (10^{-4})$$

$$= 0.145 \times 250 \times 0.25^2 \times 10^{-4}$$

$$= 0.000227$$

步骤 8：计算磁心几何常数 K_g

$$K_g = \frac{W^2}{K_e \alpha} \quad (\text{cm}^5)$$

$$= \frac{0.00891^2}{0.000227 \times 1} \quad (\text{cm}^5)$$

$$= 0.35 \quad (\text{cm}^5)$$

经修正

$$K_g = 0.35 \times 1.35 \quad (\text{cm}^5)$$

$$= 0.47 \quad (\text{cm}^5)$$

步骤 9：由第 3 章选择和上面计算出的磁心几何常数 K_g 差不多的 ETD 铁氧体磁心

(1) 磁心型号为 ETD-44。

(2) 制造厂商为 Ferroxcube。

(3) 磁路长度 MPL 为 10.3cm。

(4) 磁心质量 W_{tFe} 为 93.2g。

(5) 铜质量 W_{tCu} 为 94g。

(6) 平均匝长 MLT 为 9.4cm。

(7) 磁心面积 A_c 为 1.74cm^2。

(8) 窗口面积 W_a 为 2.79cm^2。

(9) 面积积 A_p 为 4.85cm^4。

(10) 磁心几何常数 K_g 为 0.360cm^5。

(11) 表面面积 A_t 为 87.9cm^2。

(12) 磁导率 μ_m 为 2000。

(13) 每 1000 匝的毫亨数 A_L 为 3365。

(14) 绕组长度 G 为 3.22cm。

步骤 10：计算电流密度 J

$$J = \frac{2W \times 10^4}{B_m A_p K_u} \quad (\text{A/cm}^2)$$

$$= \frac{2 \times 0.00891 \times 10^4}{0.25 \times 4.85 \times 0.29} \quad (\text{A/cm}^2)$$

$$= 507 \quad (\text{A/cm}^2)$$

步骤 11：计算电流的有效值（rms 值）I_{rms}

$$I_{rms} = \frac{I_{pk}}{\sqrt{2}} \quad (\text{A})$$

$$= \frac{4.12}{\sqrt{2}} \quad (\text{A})$$

$$I_{rs} = 2.91 \quad (\text{A})$$

步骤 12：计算需要的裸导线面积 $A_{w(B)}$

$$A_{w(B)} = \frac{I_{rms}}{J} \quad (\text{cm}^2)$$

$$= \frac{2.91}{507} \quad (\text{cm}^2)$$

$$= 0.00574 \quad (\text{cm}^2)$$

步骤 13：计算需要的导线股数 S_n

$$S_n = \frac{A_{w(B)}}{26\text{ 号导线裸面积}}$$[1]

$$= \frac{0.00574}{0.00128}$$

$$= 4.48 \text{ 取 } 5$$

步骤 14：计算所需要的绕组匝数 N，利用导线股数 S_n 和 26 号导线面积

$$N = \frac{W_a K_u}{S_n A_{\#26}} \quad (\text{匝})$$

$$= \frac{2.79 \times 0.29}{5 \times 0.0028} \quad (\text{匝})$$

$$= 126 \quad (\text{匝})$$

步骤 15：计算需要的气隙 l_g

$$l_g = \frac{0.4\pi N^2 A_c \times 10^{-8}}{L} \quad (\text{cm})$$

$$= \frac{1.257 \times 126^2 \times 1.74 \times 10^{-8}}{0.00105} \quad (\text{cm})$$

$$= 0.331 \quad (\text{cm})$$

把气隙改为以密耳（mils）为单位，即 0.331×393.7=130mils。亦即中心柱或每个外柱为 65mils。

步骤 16：计算边缘磁通系数 F

[1] 原著此处有单位(cm²)，似为误写。

$$F = 1 + \frac{l_g}{\sqrt{A_c}} \ln \frac{2G}{l_g}$$

$$= 1 + \frac{0.331}{\sqrt{1.32}} \ln \frac{6.44}{0.331}$$

$$= 1.74$$

步骤 17：计算新的匝数，考虑边缘磁通

$$N = \sqrt{\frac{l_g L}{0.4\pi A_c F \times 10^{-8}}} \quad (匝)$$

$$= \sqrt{\frac{0.331 \times 0.00105}{1.257 \times 1.74 \times 1.74 \times 10^{-8}}}$$

$$= 96 \quad (匝)$$

步骤 18：计算磁通密度的峰值 B_{pk}

$$B_{pk} = F \frac{0.4\pi N I_{pk} \times 10^{-4}}{l_g} \quad (T)$$

$$= 1.74 \frac{1.257 \times 96 \times 4.12 \times 10^{-4}}{0.331} \quad (T)$$

$$= 0.261 \quad (T)$$

步骤 19：计算新的 $\mu\Omega/cm$

$$(New)\ \mu\Omega/cm = \frac{\mu\Omega/cm}{S_n}$$

$$= \frac{1345}{5}$$

$$= 269$$

步骤 20：计算绕组电阻 R

$$R = (MLT) N \frac{\mu\Omega}{cm} \times 10^{-6} \quad (\Omega)$$

$$= 9.4 \times 96 \times 269 \times 10^{-6} \quad (\Omega)$$

$$= 0.243 \quad (\Omega)$$

步骤 21：计算绕组铜损 P_{Cu}

$$P_{Cu} = I_{rms}^2 R \quad (W)$$

$$= 2.91^2 \times 0.243 \quad (W)$$

$$= 2.06 \quad (W)$$

步骤 22：计算调整率 α

$$\alpha = \frac{P_{Cu}}{P_o} \times 100\%$$

$$= \frac{2.06}{250} \times 100\%$$

$$= 0.824\%$$

步骤 23：计算磁通密度的交流成分 B_{AC}

$$B_{AC}=\frac{0.4\pi N\frac{\Delta I}{2}\times 10^{-4}}{l_g}\quad (T)$$

$$=\frac{1.257\times 96\times 0.412\times 10^{-4}}{0.331}\quad (T)$$

$$=0.0150\quad (T)$$

步骤 24：计算每千克的瓦数 W/k，利用第 2 章中材料 R 的数据

$$W/k=4.316\times 10^{-5}f^{1.64}{B_{AC}}^{0.268}\quad (W/kg)$$

$$W/k=4.316\times 10^{-5}\times 100000^{1.64}\times 0.0150^{2.68}\quad (W/kg)$$

$$W/k=0.0885\quad (W/kg)$$

步骤 25：计算磁心损失 P_{Fe}

$$P_{Fe}=W_{tFe}\times 10^{-3}(W/k)\quad (W)$$

$$=93.2\times 10^{-3}\times 0.0885\quad (W)$$

$$=0.0082\quad (W)$$

步骤 26：计算总损失，磁心损失 P_{Fe}加铜损 P_{Cu}

$$P=P_{Fe}+P_{Cu}\quad (W)$$

$$=2.03+0.0082\quad (W)$$

$$=2.04\quad (W)$$

步骤 27：计算表面积功率耗散功率密度 ψ

$$\psi=\frac{P}{A_t}\quad (W/cm^2)$$

$$=\frac{2.04}{87.9}\quad (W/cm^2)$$

$$=0.023\quad (W/cm^2)$$

步骤 28：计算温升 T_r

$$T_r=450\psi^{0.826}\quad (℃)$$

$$=450\times 0.023^{0.826}\quad (℃)$$

$$=19.9\quad (℃)$$

步骤 29：计算窗口利用系数 K_u

$$K_u=\frac{NS_nA_{w(B)}}{W_a}$$

$$=\frac{95\times 5\times 0.00128}{2.79}$$

$$=0.218$$

参　考　文　献

[1] Unitode Application Note U-132，Power Factor Correction Using The UC3852 Controller on-time

zero current Switching Technique.

[2] Unitode Application Note U-134，UC3854 Controlled Power Factor Correction Circuit Design.

[3] AlliedSignal Application Guide：Power Factor Correction Inductor Design for Switch Mode Power Supplies using Powerlite C Cores.

[4] PCIM August 1990，Active Power Factor Correction Using a Flyback Topology，James LoCascio and Mehmet Nalbant/Micor Linear Corporation.

[5] Silicon General Application SG3561A Power Factor Controller.

[6] SGS Thomson Application Note AN628/0593 Designing a High Power Factor Pre-regulator with the L4981 Continuous Current.

[7] IEEE，A Comparison Between Hysteretic and Fixed Frequency Boost Converter Used for Power Factor Correction，James J. Spanger Motorola and Anup K. Behera Illinois Institute Technology.

第14章

正激变换器及其变压器和输出电感器设计

Chapter 14

作者非常感谢已故的佛罗里达大学电气工程教授 J. K. Watson 博士在正激变换器设计公式方面的帮助。

目　次

导　　言

当谈到正激变换器的时候，首先想到的是单端正激变换器，如图 14-1 所示。这个单端正激变换器是大约在 1974 年被开发的。它现在已经是最普通的，功率在 200W 以下最广泛应用的拓扑之一。单端正激变换器是由一族变换器而得名的。正激变换器的特点是当电流在一次中流动时，在二次和负载中同时有电流流动。推挽式变换器、全桥式变换器和半桥式变换器基本上都是正激变换器。单端正激变换器中（开关管）电压应力与推挽式变换器中是相同的，即 $2V_{in}$。这种电路的主要优点以及它这样引起工程师的兴趣是它的简单性和元器件数量。

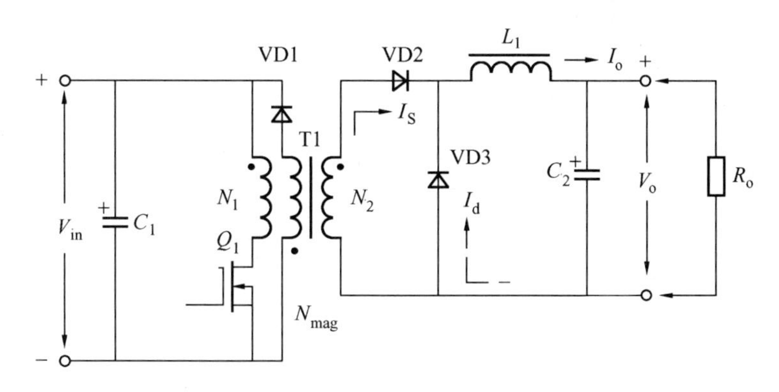

图 14-1　单端正激变换器的原理图

电路的工作情况

图 14-1 中的单端正激变换器电路的基本工作情况如下：当驱动信号加到 V1 时，二次电流 I_s 将流过 VD2 和 L_1 并进入负载。这个过程是由于变压器 T1 的作用。与此同时，励磁电流开始在变压器一次中建立。当 V1 的基极驱动被去掉时，在一次中所建立的励磁电流断开，而励磁电流继续通过去磁绕组 N_{mag} 和 VD1 流动。这个去磁绕组 N_{mag} 的匝数与一次绕组的匝数相同，所以，当励磁磁场消失时，在 V1 截止的情况下，二极管 VD1 承受与 V1 导通期间（t_{on}）所加的相同电压。这就意味着，由总时间 T 分给晶体管导通的时间 t_{on} 与总时间 T 之比一定不要超过 0.5 即 50%，否则，正的伏—秒面积将会超过复原的伏—秒面积，变压器将要饱和。为了保证励磁电流的平滑转换，一次绕组和去磁绕组必须紧耦合（双线并绕）。在推挽式变换器中，磁心的复原自然地发生在每个交变的半个周期上。

动态 B-H 回线的比较

工程师们采用单端正激变换器电路的主要原因之一是他们有用推挽式变换器磁心会饱和的难题。这个磁心饱和可能是由于一次或二次的不平衡。单端正激变换器和推挽式变换器的动态 B-H 回线如图 14-2 所示。

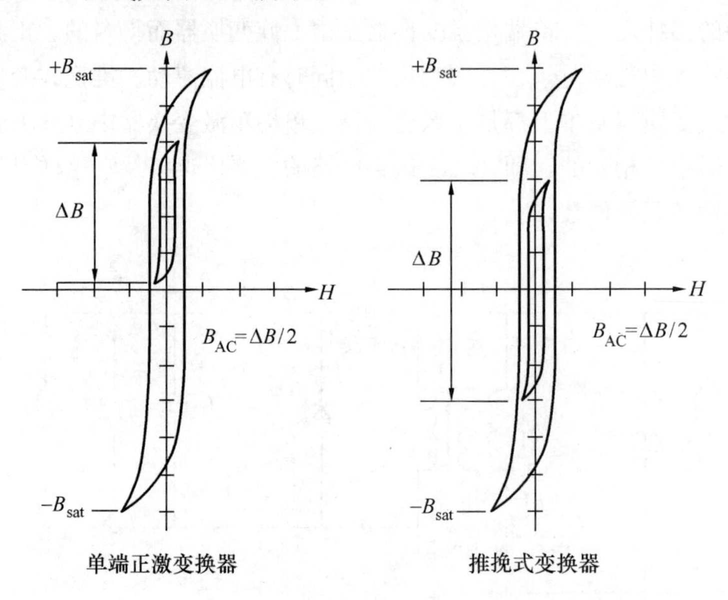

图 14-2 动态 B-H 回线比较

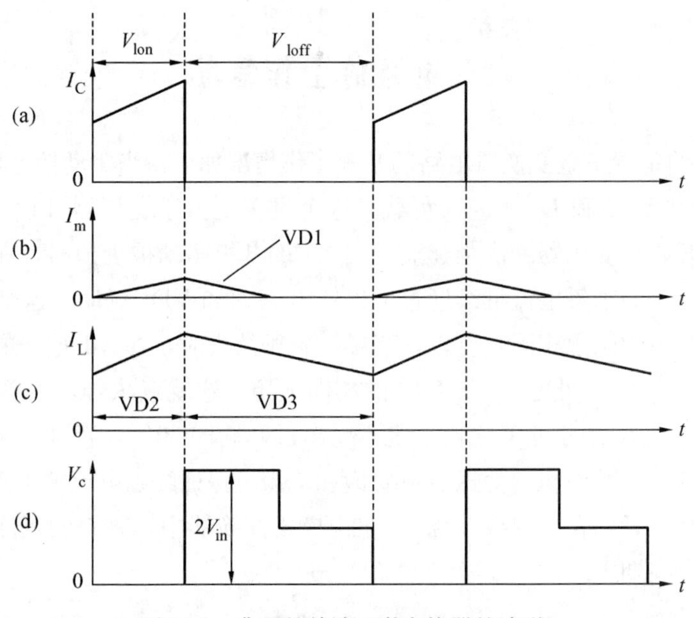

图 14-3 典型的单端正激变换器的波形

(a) 集电极电流 I_c 波形；(b) 励磁电流 I_m 波形；(c) 电感器中电流 I_L 波形；(d) 集电极电压 V_c 波形

单端正激变换器输入电流的平均值与推挽式变换器输入电流的平均值大致相同，但是其电流的峰值总是大于其平均值的两倍。运行于低输入电压下的单端正激变换器，其高电流峰值可能是个难题。单端正激变换器的输入滤波器和输出滤波器总是比推挽式变换器大，因为它工作在基波频率下。

图 14-3 中所示的波形是单端正激变换器的典型波形。集电极电流 I_c 如图 14-3（a）所示，励磁电流 I_m 如图 14-3（b）所示。电感器 L_1 的电流 I_L 是由整流器 VD2 中的电流和换向整流器 VD3 中的电流构成，如图 14-3（c）所示。集电极电压如图 14-3（d）所示。

正激变换器的波形

另一种典型的正激变换器是双端正激变换器，如图 14-4 所示。与图 14-1 中所示的单端正激变换器相比，双端正激变换器有两个晶体管，而不是一个。双端正激变换器比单端正激变换器麻烦些，因为有一个晶体管接在输入电压的高端，但是，它有某些显著的优点。串联的开关晶体管承受的只是输入电压（V_{in}），而不是输入电压的两倍（$2V_{in}$），它还免去了对去磁绕组的需要。现在，去磁电流通过一、二次绕组，通过 VD1 和 VD2 流回电源，如图 14-5 所示。去磁路径还为储存在漏感中的能量提供了路径。这样，由漏感引起的电压尖峰就被钳位在输入电压加上两个二极管压降（$V_{in}+2V_d$）。

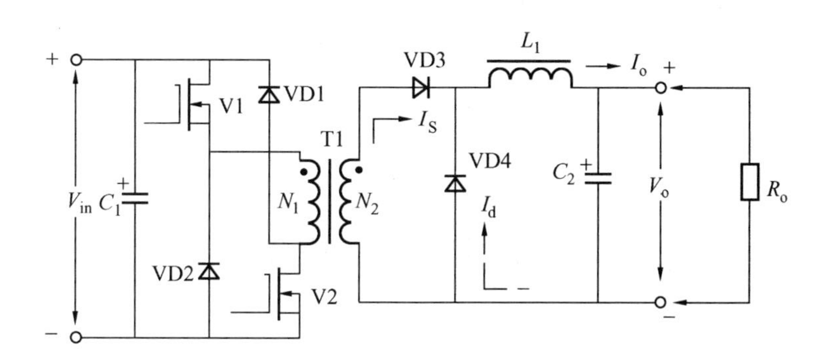

图 14-4　双端正激变换器的原理图

注：设计公式来源于已故佛罗里达大学电气工程教授 J. K. Watson 博士的通信和著作。

电状态系数是

$$K_e = 0.145 f^2 \Delta B^2 \times 10^{-4} \tag{14-1}$$

磁心几何常数是

$$K_g = \frac{P_{in} D_{(max)}}{\alpha K_e} \quad (cm^5) \tag{14-2}$$

电流密度是

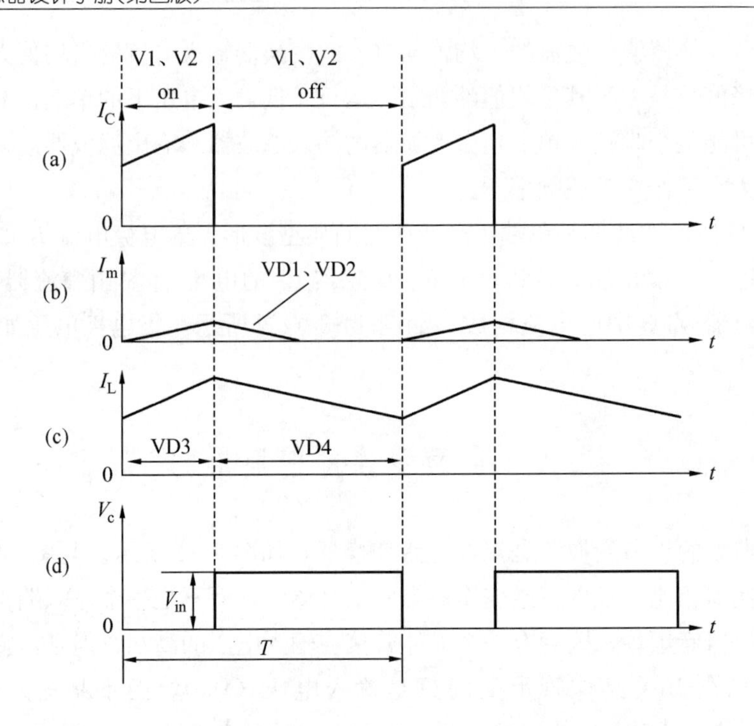

图 14-5 双端正激变换器的典型波形

(a) I_c 的波形；(b) I_m 的波形；(c) I_L 的波形；(d) V_c 的波形

$$J=\frac{2P_{in}\sqrt{D_{max}}\times 10^4}{f\Delta BA_cW_aK_u}\quad (A/cm^2)\tag{14-3}$$

一次电流是

$$I_p=\frac{P_{in}}{V_{in(min)}\sqrt{D_{max}}}\quad (A)\tag{14-4}$$

用磁心几何常数(K_g)法设计变压器

下面的数据是用磁心几何常数（K_g）法设计一个工作在100kHz、30W单端变压器的设计技术要求。对于一个典型的设计例子，假定单端变换器电路如图14-1所示，用下面的技术要求：

(1) 输入电压$V_{in(min)}$为22V。

(2) 输入电压$V_{in(nom)}$为28V。

(3) 输入电压$V_{in(max)}$为35V。

(4) 输出电压V_o为5.0V。

(5) 输出电流I_o为5.0A。

(6) 频率f为100kHz。

(7) 效率η为98%。

(8) 调整率α为0.5%。

(9) 二极管压降 V_d 为 1.0V。

(10) 工作磁通密度 ΔB ($B_{AC}=\Delta B/2$) 为 0.1T。

(11) 磁心材料为铁氧体。

(12) 窗口利用系数 K_u 为 0.3。

(13) 温升目标 T_r 为 30℃。

(14) 最大占空比 D_{max} 为 0.5。

(15) 去磁匝比 $N_{Demag}/N_p=1$，去磁功率 $P_{Demag}=0.1P_o$。

去磁功率 P_{mag} 为 $0.1P_o$。

选择导线使交流（AC）电阻和直流（DC）电阻之间的关系为 1

$$\frac{R_{AC}}{R_{DC}}=1$$

趋肤深度以厘米为单位。

$$\varepsilon=\frac{6.62}{\sqrt{f}} \quad (\text{cm})$$

$$=\frac{6.62}{\sqrt{100000}} \quad (\text{cm})$$

$$=0.0209 \quad (\text{cm})$$

则导线的直径为

$$\text{导线直径}=2\varepsilon \quad (\text{cm})$$

$$=2\times 0.0209 \quad (\text{cm})$$

$$=0.0418 \quad (\text{cm})$$

则裸线面积 A_w 为

$$A_w=\frac{\pi D^2}{4} \quad (\text{cm}^2)$$

$$=\frac{3.1416\times 0.0418^2}{4} (\text{cm}^2)$$

$$=0.00137 \quad (\text{cm}^2)$$

从第 4 章的导线表中找到，26 号线的裸线面积是 0.00128cm²，这将是这个设计中可用的最小导线号码。如果设计要求更大的导线面积来满足技术指标，则设计将采用多股 26 号线。下面所列出的是 27 号和 28 号线，当 26 号线需要太多修整的情况，可用它们。

AWG 导线编号	裸面积	带绝缘层后面积	裸面积/带绝缘层后面积	μΩ/cm
26	0.001280	0.001603	0.798	1345
27	0.001021	0.001313	0.778	1687
28	0.0008046	0.0010515	0.765	2142

步骤 1：计算变压器输出功率 P_o

$$P_o=I_o(V_o+V_d) \quad (\text{W})$$

$$=5\times(5+1) \quad (\text{W})$$

$$= 30 \quad (\text{W})$$

步骤 2：计算输入功率 P_{in}

$$P_{in} = \frac{1.1P_o}{\eta} \quad (\text{W})$$
$$= \frac{30 \times 1.1}{0.98} \quad (\text{W})$$
$$= 33.67 \quad (\text{W})$$

步骤 3：计算电状态系数 K_e

$$K_e = 0.145 f^2 \Delta B^2 \times 10^{-4}$$
$$= 0.145 \times 100000^2 \times 0.1^2 \times 10^{-4}$$
$$= 1450$$

步骤 4：计算磁心几何常数 K_g

$$K_g = \frac{P_{in} D_{max}}{\alpha K_e} \quad (\text{cm}^5)$$
$$= \frac{33.67 \times 0.5}{0.5 \times 1450} \quad (\text{cm}^5)$$
$$= 0.0232 \quad (\text{cm}^5)$$

当工作在高频时，工程师必须重新考虑窗口利用系数 K_u。当采用有骨架的铁氧体时，骨架的绕线面积与磁心的窗口面积之比仅约 0.6。工作在 100kHz 和由于趋肤效应，必须用 26 号导线时，裸铜面积的比是 0.78。因此，总的窗口利用系数 K_u 被减小了。在第 3 章中，磁心几何常数 K_g 是用窗口利用系数 K_u 为 0.4 计算的。为了使设计恢复正常，磁心几何常数 K_g 要乘以 1.35，然后利用窗口利用系数 0.29 计算电流密度 J。则

$$K_g = 0.0232 \times 1.35 \quad (\text{cm}^5)$$
$$= 0.0313 \quad (\text{cm}^5)$$

步骤 5：由第 3 章选择与上面计算出的磁心几何常数 K_g 差不多的 EPC 磁心。

(1) 磁心型号为 EPC-30。

(2) 制造厂商为 TDK。

(3) 磁心材料为 PC44。

(4) 磁路长度 MPL 为 8.2cm。

(5) 绕组高度 G 为 2.6cm。

(6) 磁心质量 W_{tFe} 为 23g。

(7) 铜质量 W_{tCu} 为 22g。

(8) 平均匝长 MLT 为 5.5cm。

(9) 磁心面积 A_c 为 0.61cm^2。

(10) 窗口面积 W_a 为 1.118cm^2。

(11) 面积积 A_p 为 0.682cm^4。

(12) 磁心几何常数 K_g 为 0.0301cm^5。

（13）表面面积 A_t 为 31.5cm²。

（14）每 1000 匝毫亨数 AL 为 1570。

步骤 6：计算一次绕组匝数 N_p

$$N_p=\frac{V_{in(min)}D_{max}\times 10^4}{fA_c\Delta B}\quad (匝)$$

$$=\frac{22\times 0.5\times 10^4}{100000\times 0.61\times 0.1}\quad (匝)$$

$$=18.0\quad (匝)$$

步骤 7：计算电流密度 J，利用窗口利用系数 $K_u=0.29$

$$J=\frac{2P_{in}\sqrt{D_{max}}\times 10^4}{fA_c\Delta BW_aK_u}\quad (A/cm^2)$$

$$=\frac{2\times 33.67\times 0.707\times 10^4}{100000\times 0.61\times 0.1\times 1.118\times 0.29}\quad (A/cm^2)$$

$$=241\quad (A/cm^2)$$

步骤 8：计算一次绕组电流的有效值 I_p

$$I_p=\frac{P_{in}}{r_{in(min)}\sqrt{D_{max}}}\quad (A)$$

$$=\frac{33.67}{22\times 0.707}\quad (A)$$

$$=2.16\quad (A)$$

步骤 9：计算一次绕组裸导线的面积 $A_{wp(B)}$

$$A_{wp(B)}=\frac{I_p}{J}\quad (cm^2)$$

$$=\frac{2.16}{241}\quad (cm^2)$$

$$=0.00896\quad (cm^2)$$

步骤 10：计算需要的一次绕组导线的股数 N_{sp}

$$N_{sp}=\frac{A_{wp(B)}}{A_{\#26}}$$

$$=\frac{0.00896}{0.00128}$$

$$=7$$

步骤 11：计算新的一次绕组每厘米微欧数

$$(New)\ \mu\Omega/cm=\frac{\mu\Omega/cm}{N_{sp}}$$

$$=\frac{1345}{7}$$

$$=192$$

步骤 12：计算一次绕组的电阻 R_p

$$R_p = (MLT) N_p \left(\frac{\mu\Omega}{cm}\right) \times 10^{-6} \quad (\Omega)$$
$$= 5.5 \times 18 \times 192 \times 10^{-6} \quad (\Omega)$$
$$= 0.0190 \quad (\Omega)$$

步骤 13：计算一次绕组铜损 P_p

$$P_p = I_p^2 R_p \quad (W)$$
$$= 2.16^2 \times 0.019 \quad (W)$$
$$= 0.0886 \quad (W)$$

步骤 14：计算二次绕组匝数 N_s

$$N_s = \frac{N_p(V_o + V_d)}{D_{max} V_{in(min)}} \left(1 + \frac{\alpha}{100}\right) \quad (匝)$$
$$= \frac{18 \times (5+1)}{0.5 \times 22} \times \left(1 + \frac{0.5}{100}\right) \quad (匝)$$
$$= 9.87 取 10 \quad (匝)$$

步骤 15：计算二次绕组电流的有效值 I_s

$$I_s = \frac{I_o}{\sqrt{2}} \quad (A)$$
$$= \frac{5}{1.41} \quad (A)$$
$$= 3.55 \quad (A)$$

步骤 16：计算二次绕组裸导线面积 $A_{ws(B)}$

$$A_{ws(B)} = \frac{I_s}{J} \quad (cm^2)$$
$$= \frac{3.55}{241} \quad (cm^2)$$
$$= 0.0147 \quad (cm^2)$$

步骤 17：计算二次绕组需要的导线股数 N_{Ss}

$$N_{Ss} = \frac{A_{ws(B)}}{A_{\#26}}$$
$$= \frac{0.0147}{0.00128}$$
$$= 11.48 取 11$$

步骤 18：计算二次绕组新的每厘米微欧数

$$(New)\ \mu\Omega/cm = \frac{\mu\Omega/cm}{N_{Ss}}$$
$$= \frac{1345}{11}$$
$$= 122$$

步骤 19：计算二次绕组电阻 R_s

$$R_s = MLT(N_s)\left(\frac{\mu\Omega}{\text{cm}}\right)\times 10^{-6} \quad (\Omega)$$
$$= 5.5\times 10\times 122\times 10^{-6} \quad (\Omega)$$
$$= 0.00671 \quad (\Omega)$$

步骤 20：计算二次绕组铜损 P_s

$$P_s = I_s^2 R_s \quad (\text{W})$$
$$= 3.55^2\times 0.00671 \quad (\text{W})$$
$$= 0.0846 \quad (\text{W})$$

步骤 21：计算一、二次绕组总铜损 P_{Cu}

$$P_{Cu} = P_p + P_s \quad (\text{W})$$
$$= 0.0886 + 0.0846 \quad (\text{W})$$
$$= 0.173 \quad (\text{W})$$

步骤 22：计算变压器调整率 α

$$\alpha = \frac{P_{Cu}}{P_o}(100) \quad (\%)$$
$$= \frac{0.173}{30}\times 100 \quad (\%)$$
$$= 0.576 \quad (\%)$$

步骤 23：计算去磁绕组的电感 L_{demag}

$$L_{demag} = L_{1000} N_{demag}^2 \times 10^{-6} \quad (\text{mH})$$
$$= 1570\times 18^2\times 10^{-6} \quad (\text{mH})$$
$$= 0.509 \quad (\text{mH})$$

步骤 24：计算 Δt 的时间，如图 14-6 所示

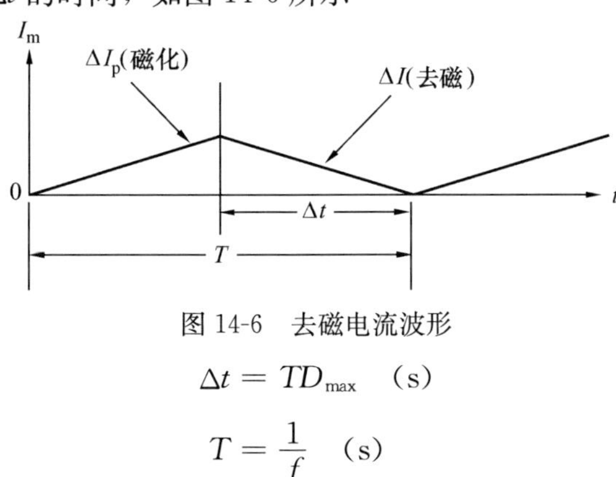

图 14-6　去磁电流波形

$$\Delta t = TD_{max} \quad (\text{s})$$

$$T = \frac{1}{f} \quad (\text{s})$$

$$T = \frac{1}{100000} \quad (\text{s})$$
$$= 10\times 10^{-6} \quad (\text{s})$$
$$\Delta t = 10\times 10^{-6}\times 0.5 \quad (\text{s})$$

$$= 5 \times 10^{-6} \quad (\text{s})$$

步骤 25：计算去磁绕组的电流变化量 ΔI_{demag}

$$\Delta I_{demag} = \frac{V_{in}\Delta t}{L_{demag}} \quad (\text{A})$$

$$= \frac{22 \times 5 \times 10^{-6}}{509 \times 10^{-6}} \quad (\text{A})$$

$$= 0.217 \quad (\text{A})$$

步骤 26：计算去磁绕组电流的有效值（rms 值）I_{demag}。用锯齿波电流的有效值的公式

$$I_{demag} = \Delta I\sqrt{\frac{D_{max}}{3}} \quad (\text{A})$$

$$= 0.217 \times 0.408 \quad (\text{A})$$

$$= 0.089 \quad (\text{A})$$

步骤 27：计算需要的去磁绕组导线面积 $A_{w(demag)}$

$$A_{w(demag)} = \frac{I_{demag}}{J} \quad (\text{cm}^2)$$

$$= \frac{0.089}{241} \quad (\text{cm}^2)$$

$= 0.000369$，≈ 31 号线面积取 26 号线

步骤 28：计算窗口利用系数 K_u

$$K_u = \frac{NA_{w(B)(\#26)}}{W_a}$$

$$N = N_p NS_p + N_s NS_s + N_{demag} Ns_{demag}$$

$$= 18 \times 7 + 10 \times 11 + 18 \times 1$$

$$= 254$$

$$K_u = \frac{254 \times 0.00128}{1.118}$$

$$= 0.291$$

步骤 29：计算每克毫瓦数 mW/g

$$\text{mW/g} = 0.000318 f^{1.51} B_{AC}{}^{2.747}$$

$$= 0.000318 \times 100000^{1.51} 0.05^{2.747}$$

$$= 3.01$$

步骤 30：计算磁心损失 P_{Fe}

$$P_{Fe} = (\text{mW/g}) W_{tFe} \times 10^{-3} \quad (\text{W})$$

$$= 3.01 \times 23 \times 10^{-3} \quad (\text{W})$$

$$= 0.069 \quad (\text{W})$$

步骤 31：计算总损失 P_{Σ}

$$P_{\Sigma} = P_{Cu} + P_{Fe} \quad (\text{W})$$

$$= 0.173 + 0.069 \quad (W)$$

$$= 0.242 \quad (W)$$

步骤 32：计算表面积功率耗散密度 ψ

$$\psi = \frac{P_{\Sigma}}{A_t} \quad (W/cm^2)$$

$$= \frac{0.242}{31.5} \quad (W/cm^2)$$

$$= 0.0077 \quad (W/cm^2)$$

步骤 33：计算温升 T_r

$$T_r = 450\psi^{0.826} \quad (℃)$$

$$= 450 \times 0.0077^{0.826} \quad (℃)$$

$$= 8.08 \quad (℃)$$

正激变换器中输出电感器的设计

下面是关于其 B-H 回线如图 14-7 所示输出电感器的设计。开关电源（SMPS）中的输出滤波电感器可能是比任何其他的单个元件被人们设计次数更多的一种元件。这里所说的是简单的直接通过选择磁心和适当的导线号码来满足技术要求的方法。

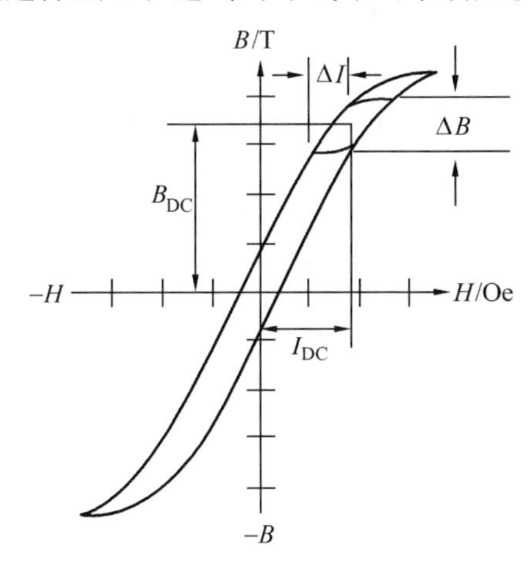

图 14-7　典型的输出电感器 B-H 回线

当变换器工作在较高频率下时，磁材料的损失将显著增加。但是，开关稳压器的输出电感器磁心损失比变换器中主变压器的磁心损失小得多。输出电感器的磁心损失是由电流的变化即 ΔI 引起的。这个 ΔI 的变化引起如图 14-7 中所示的磁通变化。

单端正激变换器的原理图如图 14-8 所示。这个拓扑之所以引起工程师们的兴趣是由于其简单性和元器件数。图 14-8 中所示的输出滤波电路有三个电流探测器，这些电流探测器探测开关型变换器输出滤波器中的三个基本电流。电流探测器 A 探测变压器的二次电流。电流探测器 B 探测流过 VD3 中的换向电流。电流探测器 C 探测流过输出

电感器 L_1 的电流。

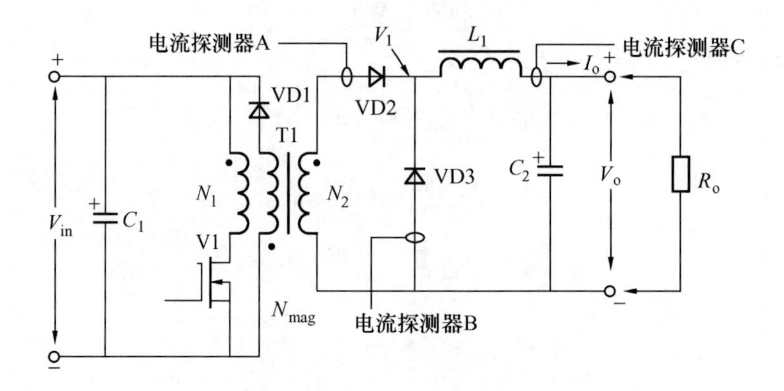

图 14-8 典型的单端正激变换器

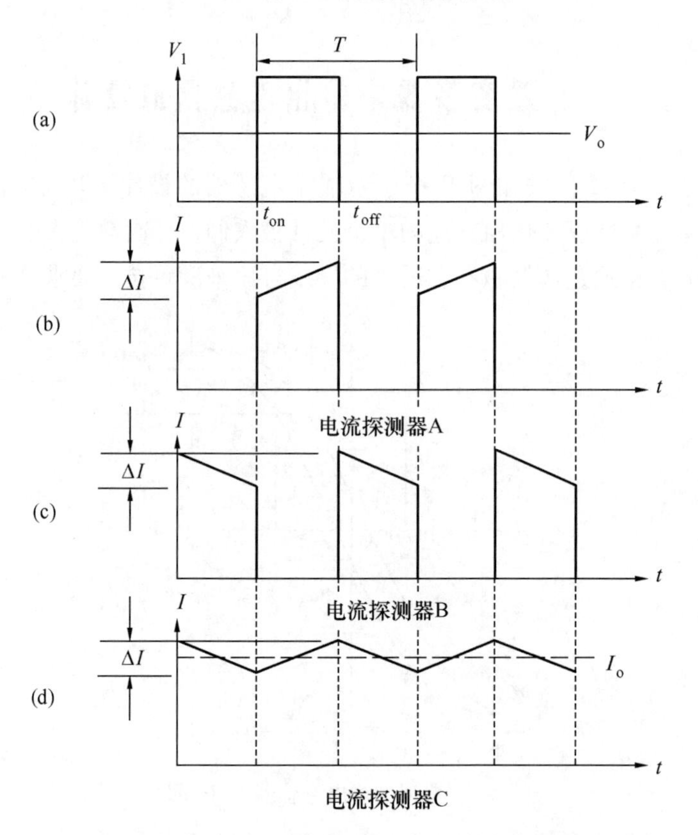

图 14-9 典型的正激变换器波形，工作在占空比为 0.5 时

典型的正激变换器二次和滤波器的波形如图 14-9 所示。这些波形所显示的是变换器工作在占空比为 0.5 时的情况。加到滤波器的电压 V_1 如图 14-9（a）所示。变压器二次电流如图 14-9（b）所示。流过 VD3 中的换向电流如图 14-9（c）所示，这个电流是 VT 转向截止，L_1 中的（外）磁场消失，产生换向电流的结果。流过 L_1 的电流如图 14-9（d）所示。流过 L_1 的电流是图 14-9（b）和图 14-9（c）中的电流之和。

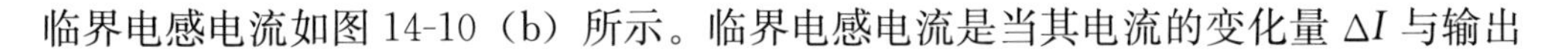

临界电感电流如图 14-10（b）所示。临界电感电流是当其电流的变化量 ΔI 与输出

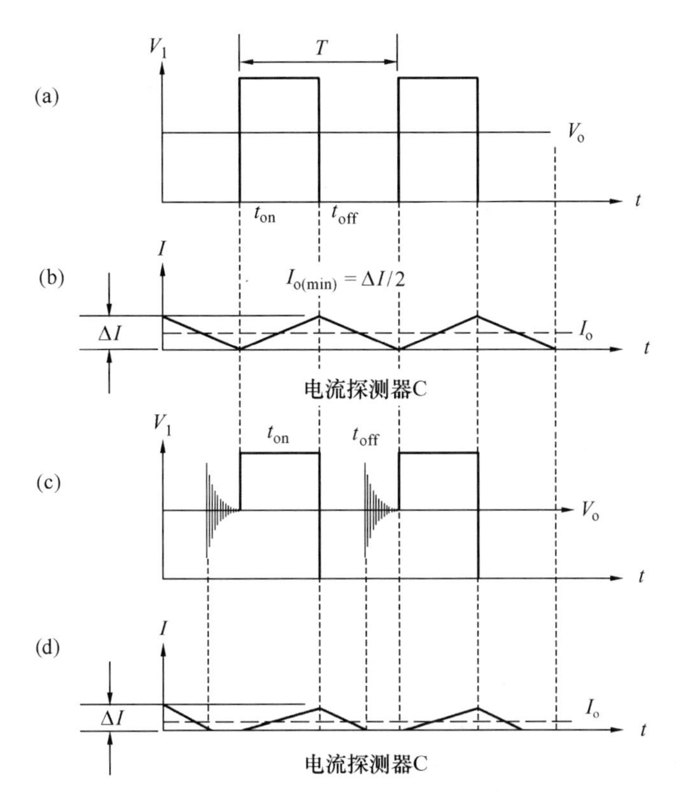

图 14-10　正激变换器，输出滤波电感器从临界到不连续电流时的工作情况

负载电流的比值等于 $2=\Delta I/I_o$ 时的电感电流。如果输出负载电流允许小于这一范围，电流将变得不连续，如图 14-10（d）所示。施加的电压 V_1 将在输出电压的电平上有振铃，如图 14-10（c）所示。当输出电感器中的电流变成如图 14-10（d）所示的不连续时，对阶跃负载的响应时间将变得很差。

当设计多输出的变换器时，从动输出应该永不要使电感器中的电流变为不连续，即到达零。如果电流达到零，从动输出电压将升到 V_1 的值。如果电流被允许达到零，则在滤波器的输入与输出电压之间就没有了任何电压差，那么输出电压将升到等于输入电压的峰值。

用磁心几何常数(K_g)法设计输出电感器

下面的数据是用磁心几何常数（K_g）法设计一个用于正激变换器中、工作在 100kHz 频率下 30W[1] 输出滤波器的设计技术要求。

[1] 此处的 30W 应理解为整个正激变换器的输出功率（25W）和二极管的功率损失之和，即主变压器的输出功率。

作为典型的设计例子，假定采用下列技术要求的输出滤波器如图 14-1 所示。

(1) 频率 f 为 100kHz。

(2) 输出电压 V_o 为 5V。

(3) 输出电流 $I_{o(max)}$ 为 5A。

(4) 输出电流 $I_{o(min)}$ 为 0.5A。

(5) 电流变比量 ΔI 为 1.0A。

(6) 输入电压 $V_{1(max)}$ 为 19V。

(7) 输入电压 $V_{1(min)}$ 为 12V。

(8) 调整率 α 为 1.0%。

(9) 输出功率$(V_o+V_a)I_{o(max)}$，即 P_o 为 30W。

(10) 工作磁通密度 B_{pk} 为 0.3T。

(11) 窗口利用系数 K_u 为 0.4。

(12) 二极管压降 V_d 为 1.0V。

这个设计步骤非常适于所有种类的粉末磁心电感器设计。应该注意的是，最大的磁通密度要随着材料和磁心损失的不同而不同。

电感器的趋肤效应与变压器中的相同。主要不同是其交流（AC）磁通小得多，不需要用同样大的导线号码。交流磁通是由电流变化量 ΔI 引起的，通常，它只是直流（DC）磁通的一个很小的百分数。在本设计中，交流（AC）电流和直流（DC）电流作同样的处理。

这里，选择一导线使其交流（AC）电阻与直流（DC）电阻之间的关系为 1。

$$\frac{R_{AC}}{R_{DC}} = 1 \tag{14-5}$$

趋肤深度是

$$\varepsilon = \frac{6.62}{\sqrt{f}} \quad (\text{cm})$$

$$= \frac{6.62}{\sqrt{1000000}} \quad (\text{cm})$$

$$= 0.0209 \quad (\text{cm})$$

$$\text{导线直径} = 2\varepsilon \quad (\text{cm})$$

$$= 2 \times 0.0209 \quad (\text{cm})$$

$$= 0.0418 \quad (\text{cm})$$

则裸线面积 A_w 为

$$A_w = \frac{\pi D^2}{4} \quad (\text{cm}^2)$$

$$= \frac{3.1416 \times 0.0418^2}{4}$$

$$= 0.00137 \quad (\text{cm}^2)$$

从第 4 章的导线表中找到，26 号线的裸线面积是 0.00128cm²，这将是这个设计中可用的最小导线号码。如果设计要求更大的导线面积来满足技术指标，则设计将采用多股 26 号线。下面所列出的是 27 号和 28 号线，当 26 号线需要太多修整的情况下，可用它们。

AWG 导线编号	裸面积	带绝缘层后面积	裸面积/带绝缘层后面积	μΩ/cm
26	0.001280	0.001603	0.798	1345
27	0.001021	0.001313	0.778	1687
28	0.0008046	0.0010515	0.765	2142

步骤 1：计算总的周期 T

$$T=\frac{1}{f}\quad (\text{s})$$

$$T=\frac{1}{100000}\quad (\text{s})$$

$$T=10\quad (\text{s})$$

步骤 2：计算最小占空比 $D_{\min}$

$$D_{\min}=\frac{V_o}{V_{1\max}}$$

$$=\frac{5}{19}$$

$$=0.263$$

步骤 3：计算需要的电感 L

$$L=\frac{T(V_o+V_d)(1-D_{\min})}{\Delta I}\quad (\text{H})$$

$$=\frac{10\times10^{-6}\times(5.0+1.0)\times(1-0.263)}{1.0}\quad (\text{H})$$

$$=44.2\mu\text{H}$$

步骤 4：计算电流的峰值 I_{pk}

$$I_{pk}=I_{o(\max)}+\frac{\Delta I}{2}\quad (\text{A})$$

$$=5.0+\frac{1.0}{2}\quad (\text{A})$$

$$=5.5\quad (\text{A})$$

步骤 5：计算能量处理能力，以 J 为单位

$$W=\frac{LI_{pk}^2}{2}\quad (\text{J})$$

$$=\frac{44.2\times10^{-6}\times5.5^2}{2}\quad (\text{J})$$

$$=0.000668\quad (\text{J})$$

步骤 6：计算电状态系数 K_e

$$K_e = 0.145P_oB_m^2 \times 10^{-4}$$
$$= 0.145 \times 30 \times 0.3^2 \times 10^{-4}$$
$$= 0.0000392$$

步骤 7：计算磁心几何常数 K_g

$$K_g = \frac{W^2}{K_e\alpha} \quad (\text{cm}^5)$$
$$= \frac{0.000668^2}{0.0000392 \times 1.0} \quad (\text{cm}^5)$$
$$= 0.01138 \quad (\text{cm}^5)$$

步骤 8：由第 4 章选择与上面计算出的磁心几何常数 K_g 差不多的 MPP 粉末磁心

磁心型号为 MP-55059-A2。

制造厂商为 Magnetics。

磁路长度 MPL 为 5.7cm。

磁心质量 W_{tFe} 为 16.0g。

铜质量 W_{tCu} 为 15.2g。

平均匝长 MLT 为 3.2cm。

磁心面积 A_c 为 0.331cm^2。

窗口面积 W_a 为 1.356cm^2。

面积积 A_p 为 0.449cm^4。

磁心几何常数 K_g 为 0.0184cm^5。

表面面积 A_t 为 28.6cm^2。

磁导率 μ 为 60。

每 1000 匝毫亨数 AL 为 43。

步骤 9：计算绕组匝数 N

$$N = 1000\sqrt{\frac{L_{new}}{L_{1000}}} \quad (\text{匝})$$
$$= 1000\sqrt{\frac{0.0442}{43}} \quad (\text{匝})$$
$$= 32 \quad (\text{匝})$$

步骤 10：计算电流的有效值（rms 值）I_{rms}

$$I_{rms} = \sqrt{I_{o(max)}^2 + \Delta I^2} \quad (\text{A})$$
$$= \sqrt{5.0^2 + 1.0^2} \quad (\text{A})$$
$$= 5.1 \quad (\text{A})$$

步骤 11：计算电流密度 J，利用窗口利用系数 $K_a=0.4$

$$J = \frac{NI}{W_aK_u} \quad (\text{A/cm}^2)$$

$$= \frac{32 \times 5.1}{1.36 \times 0.4} \quad (\text{A/cm}^2)$$

$$= 300 \quad (\text{A/cm}^2)$$

步骤 12：计算需要的磁导率 $\Delta\mu$

$$\Delta\mu = \frac{B_{pk}(MPL) \times 10^4}{0.4\pi W_a J K_u}$$

$$= \frac{0.3 \times 5.7 \times 10^4}{1.26 \times 1.36 \times 300 \times 0.4}$$

$$= 83.1 \text{ 取 } 60$$

步骤 13：计算磁通密度的峰值 B_{pk}

$$B_{pk} = \frac{0.4\pi N I_{pk} \mu_r \times 10^{-4}}{MPL} \quad (\text{T})$$

$$= \frac{1.26 \times 32 \times 5.5 \times 60 \times 10^{-4}}{5.7} \quad (\text{T})$$

$$= 0.233 \quad (\text{T})$$

步骤 14：计算需要的导线裸面积 $A_{w(B)}$

$$A_{w(B)} = \frac{I_{rms}}{J} \quad (\text{cm}^2)$$

$$= \frac{5.1}{300} \quad (\text{cm}^2)$$

$$= 0.017 \quad (\text{cm}^2)$$

步骤 15：计算所需要的导线股数 S_n[1]

$$S_n = \frac{A_{w(B)}}{\#26}$$

$$= \frac{0.017}{0.00128}$$

$$= 13$$

步骤 16：计算新的每厘米微欧数

$$(\text{New}) \quad \mu\Omega/\text{cm} = \frac{\mu\Omega/\text{cm}}{S_n}$$

$$= \frac{1345}{13}$$

$$= 103$$

步骤 17：计算绕组电阻 R

$$R = (MLT) N \frac{\mu\Omega}{\text{cm}} \times 10^{-6} \quad (\Omega)$$

---

[1] 按前述在电感器中的电流的交流成分只占直流电流的一小部分，其交流电流和直流电流一样处理，因此似不必用多股线。

$$= 3.2 \times 32 \times 103 \times 10^{-6} \quad (\Omega)$$
$$= 0.0105 \quad (\Omega)$$

步骤 18：计算绕组铜损 P_{Cu}

$$P_{Cu} = I_{rms}^2 R \quad (W)$$
$$= 5.1^2 \times 0.0105 \quad (W)$$
$$= 0.273 \quad (W)$$

步骤 19：计算磁场强度 H，以奥斯特为单位

$$H = \frac{0.4\pi N I_{pk}}{MPL} \quad (Oe)$$
$$= \frac{1.26 \times 32 \times 5.5}{5.7} \quad (Oe)$$
$$= 38.9 \quad (Oe)$$

步骤 20：计算以特斯拉为单位的交流（AC）磁通密度 B_{AC}

$$B_{AC} = \frac{0.4\pi N \frac{\Delta I}{2} \mu_r \times 10^{-4}}{MPL} \quad (T)$$
$$= \frac{1.26 \times 32 \times 0.5 \times 60 \times 10^{-4}}{5.7} \quad (T)$$
$$= 0.0212 \quad (T)$$

步骤 21：计算本设计下的调整率 α

$$\alpha = \frac{P_{Cu}}{P_o} \times 100\%$$
$$= \frac{0.273}{30} \times 100\%$$
$$= 0.91\%$$

步骤 22：计算每千克瓦特 W/kg，利用第 2 章中 MPP60 磁导率的粉末磁心系数

$$W/kg = 0.551 \times 10^{-2} f^{1.23} B_{DC}^{2.12} \quad (W/kg)$$
$$= 0.551 \times 10^{-2} \times 100000^{1.23} \times 0.0212^{2.12} \quad (W/kg)$$
$$= 2.203 \quad (W/kg)$$

步骤 23：计算磁心损失 P_{Fe}

$$P_{Fe} = (mW/g) W_{tFe} \times 10^{-3} \quad (W)$$
$$= 2.203 \times 16 \times 10^{-3} \quad (W)$$
$$= 0.0352 \quad (W)$$

步骤 24：计算总损失 P_{Σ}，即磁心损失 P_{Fe} 加铜损 P_{Cu}，以瓦为单位

$$P_{\Sigma} = P_{Fe} + P_{Cu} \quad (W)$$
$$= 0.0352 + 0.273 \quad (W)$$
$$= 0.308 \quad (W)$$

步骤 25：计算表面积功率耗散密度 ψ

$$\psi = \frac{P_{\Sigma}}{A_t} \quad (\mathrm{W/cm^2})$$

$$= \frac{0.308}{28.6} \quad (\mathrm{W/cm^2})$$

$$= 0.0108 \quad (\mathrm{W/cm^2})$$

步骤 26：计算温升 T_r，以℃为单位

$$T_r = 450\psi^{0.826} \quad (℃)$$

$$= 450 \times 0.0108^{0.826} \quad (℃)$$

$$= 107 \quad (℃)$$

步骤 27：计算窗口利用系数 K_u

$$K_u = \frac{NS_n A_{w(B)}}{W_a}$$

$$= \frac{32 \times 13 \times 0.00128}{1.356}$$

$$= 0.393$$

第15章

输入滤波器设计

Chapter 15

导　言

当今，几乎所有的现代设备都采用某种功率调整技术，有很多不同的电路拓扑可用。归根结底，所有的功率调整都需要某种输入滤波器，在它的设计中，LC 输入滤波器已经变得非常关键。之所以必须设计它，不仅是为了消除或减弱电磁干扰（EMI），而且也是为了系统的稳定性，同时为了从电源吸收交流电流纹波。

提供到设备的输入电压也提供给其他用户。因此，存在有关于从电源看电流纹波大小的技术要求如图 15-1 所示。由该用户产生的波纹电流引起了电源阻抗两端的电压纹波 V_Z。这个电压纹波可以妨碍连在同一总线上其他设备的运行。

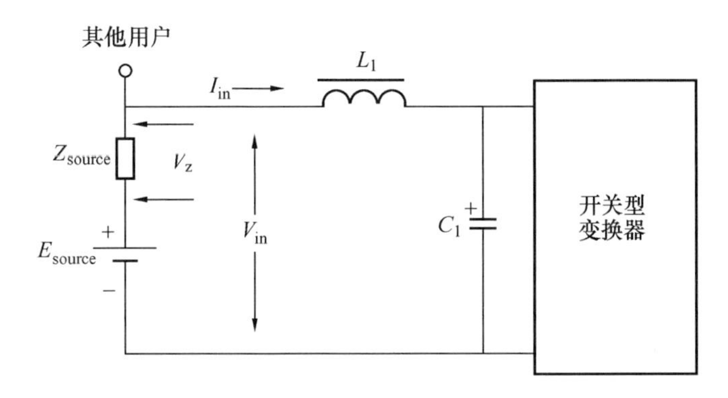

图 15-1　简单的 LC 滤波器

电　容　器

开关型稳压器要求工程师把很多分析上的努力转入到对输入滤波器的设计中。由开关型稳压器引起的电流脉冲对输入电容器是很大的挑战，这些电流脉冲要求采用具有低等效串联电阻（ESR）的高质量电容器。由开关型稳压器所引起的波形如图 15-2 所示。I_L 显示出输入电感器 L_1 中电流纹波峰-峰值，I_c 显示出电容器 C_1 中电流纹波的峰-峰值，ΔV_c 显示出电容器 C_1 两端电压纹波的峰-峰值。电容器的等效电路如图 15-3 所示。电容器两端产生的电压 ΔV_c 是两个部分，即等效串联电阻（ESR）和电容器电抗上的电压之和。

等效串联电阻（ESR）两端产生的电压为

$$V_{cr} = I_c(ESR) \quad (\mathrm{V}) \tag{15-1}$$

（理想）电容器两端产生的电压为

$$\Delta V_{cc} = I_c \frac{t_{on} t_{off}}{C_1 T} \quad (\mathrm{V}) \tag{15-2}$$

两个电压 ΔV_{cr}和 ΔV_{cc}之和为

$$\Delta V_c = \Delta V_{cr} + \Delta V_{cc} \quad (V) \tag{15-3}$$

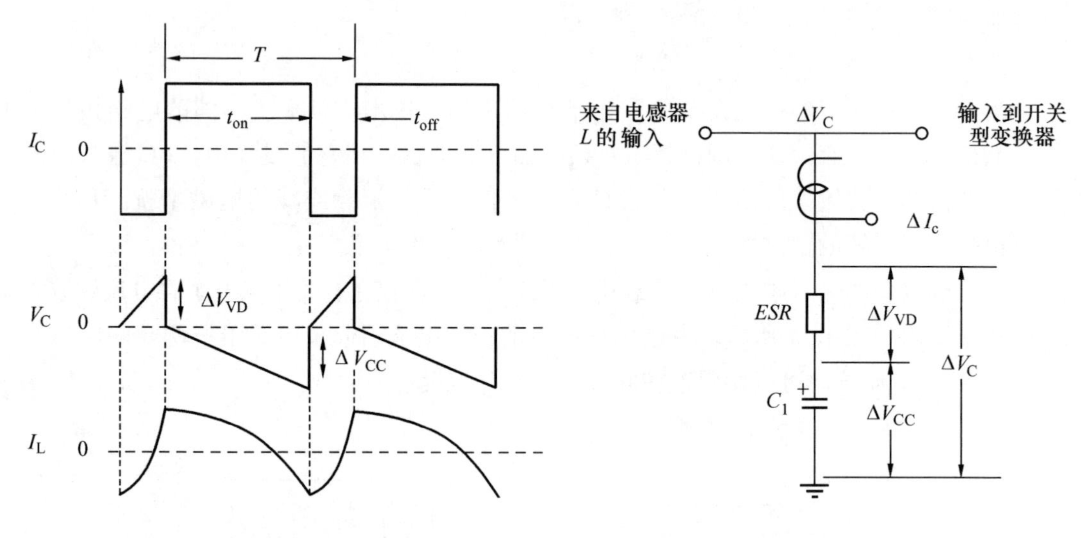

图 15-2　典型的电压，电流波形

图 15-3　内容器中独立出来的纹波成分

电　感　器

输入滤波器中电感器的设计基本上是直截了当的。为了获得一个好的设计需要有四个参数：①需要的电感量；②直流（DC）电流；③直流（DC）电阻；④温升。对输入电感器的要求是对电源提供一个低交流纹波的交流（AC）电流。电感器中的低交流（AC）纹波电流产生幅度约为 0.025T 的交流（AC）磁通，导致这个低交流（AC）磁通使磁心损失保持最小。输入电感器的损失通常 80%～90%是铜损。高磁通磁性材料是理想地适用于这种场合。用具有 1.6T 的高饱和磁通密度，工作在高直流（DC）磁通和低交流（AC）磁通状态下的硅钢将获得最小的尺寸，见表 15-1。

表 15-1　　最通用的输入滤波器材料

磁材料特性		
材　　料	工作磁通 B/T	磁导率 μ_i
硅钢	1.5～1.8	1.5k
坡莫合金粉末	0.3	14～550
铁粉末	1.2～1.4	35～90
铁氧体	0.3	1k～15k

振　　荡

输入滤波器可能对相关的开关型变换器稳定性有影响，这个稳定性问题是由于输入滤波器的输出阻抗和开关型变换器的输入阻抗之间的相互作用而形成的。当 LC 滤波和电源组合后的正电阻超过稳压器的直流（DC）输入负动态电阻时发生振荡。为了防止振荡，电容器的 ESR 和电感器的电阻必须要提供足够的阻尼。当下式成立时将不发生振荡

$$\frac{\eta V_{in}^{2}}{P_{o}} > \frac{L}{\frac{C+(R_{L}+R_{S})(ESR)}{R_{L}+R_{S}+ESR}} \tag{15-4}$$ [1]

式中：η 是开关型变换器的效率；$V_{in(max)}$ 是输入电压；P_{o} 是输出功率，W；L 是输入电感器的电感；C 是滤波器中电容器的电容，R_{L} 是电感器的串联电阻；R_{s} 是电源电阻；$R_{d(ESR)}$ [2]是（电容器的）等效串联电阻。如果需要更多的阻尼，可通过增加 $R_{d(ESR)}$ 和（或）R_{L} 来完成，如图 15-4 所示。串联电阻 R_{d} 使滤波器的 Q 降低，抑制了潜在的振荡。

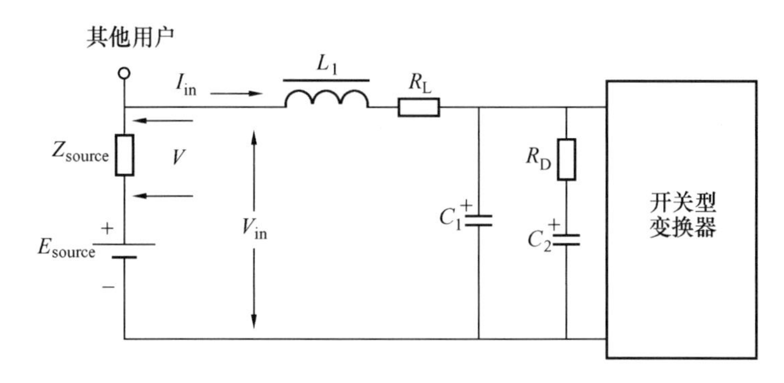

图 15-4　具有更多阻尼的输入滤波器

电 源 的 接 通

用这种简单的 LC 滤波器总是有浪涌电流的问题。当加上一个阶跃输入时，如图 15-5 中所示的继电器或开关 S1，总是有很大的浪涌电流。

当 S1 闭合时，全部输入电压 V_{in} 直接加到输入电感器的两端，因为 C_{1} 已被放过电。加到输入电感器 L_{1} 上的输入电压 V_{in}（伏—秒）及流过它的直流（DC）电流（安—匝）足以使磁心饱和。通常情况下，为了使尺寸最小化，电感器 L_{1} 是利用磁通密度的上限来设计的。一般用于输入电感器设计的有两种磁心结构。某些工程师喜欢使用粉末磁心，因为它简单和少麻烦，而另一些工程师喜欢用开气隙磁心来设计，这绝对是一个折中的策略问题。我们用三个不同的磁心材料进行试验：①粉末磁心；

---

[1] 此式似应为 $\frac{\eta V_{in}^{2}}{P_{o}} > \frac{L}{\frac{C(R_{L}+R_{S})(ESR)}{R_{L}+R_{S}+ESR}}$，因为这样不等式右侧的量纲才是电阻的量纲。

[2] $R_{d(ESR)}$ 即式（15-4）中的 ESR。

②铁氧体磁心；③铁合金。所有三种材料的磁心线圈都被设计成具有相同电感量和相同直流电阻。为了比较在相同条件下的浪涌电流，我们对三种电感器的设计进行试验。所有三种材料（制成电感器）的浪涌电流如图 15-6 所示，其所用的试验电路如图15-5所示。

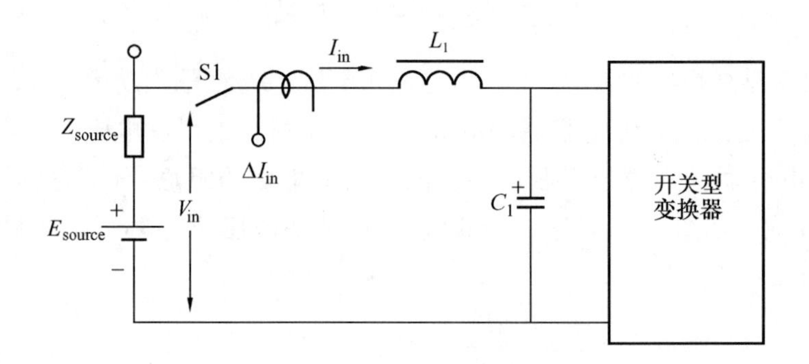

图 15-5 输入滤波器浪涌电流的测量

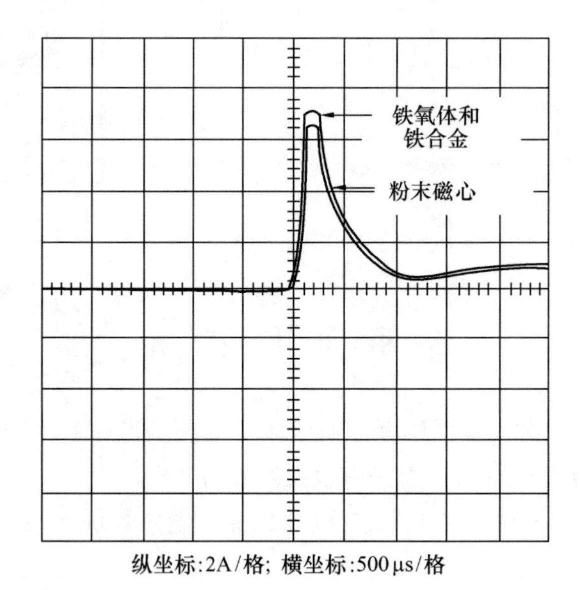

图 15-6 典型简单输入滤波器的浪涌电流

如图 15-6 所示，所有三种被试电感器的浪涌电流具有差不多相同的形状和幅度。开气隙磁心和粉末磁心两者的磁导率随直流（DC）偏置的不同变化如图 15-7 所示。开气隙磁心的磁导率变化具有明确的尖锐拐点，而粉末磁心的变化较平缓。采用开气隙磁心比采用粉末磁心的优点是可利用在磁导率开始下降以前直到其拐点的整个磁心的磁通能力。

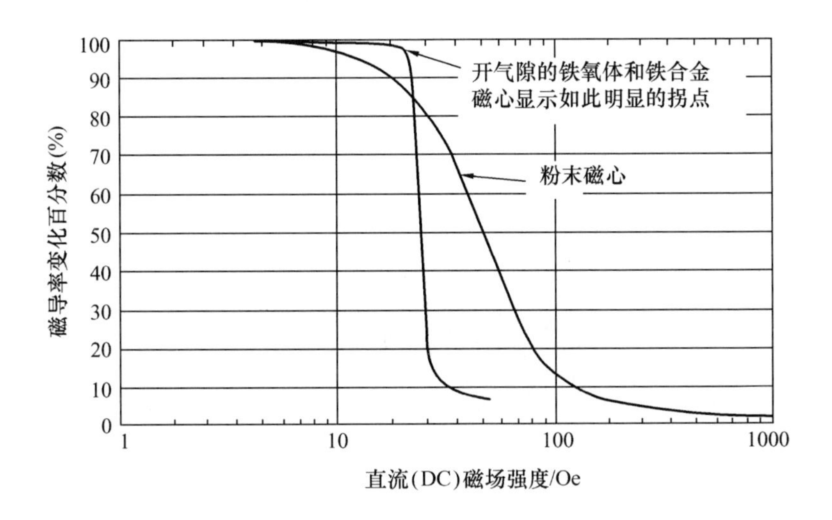

图 15-7　开气隙和粉末磁心导磁率随 DC 偏置而变化的比较

谐　振　电　荷

几乎所有的电子设备都是通过开关或继电器来使电路导通的。这样通电的方式正用于航天、航空、计算机、医用设备和汽车。有某些需要某种电流限制的电源不遵循一般的惯例。如果输入电压（见图 15-8）通过开关或继电器加到输入滤波器，在 L_1 和 C_1 中会形成谐振电荷条件。由 L_1 和 C_1 导致的谐振电荷可能把输入电压 2 倍的电压加到 C_1 上，如图 15-19 所示，则 C_1 的电压额定值必须足够高以保证能承受得住这个电压峰值而不受损害，而这个谐振电压要加到开关型变换器上。

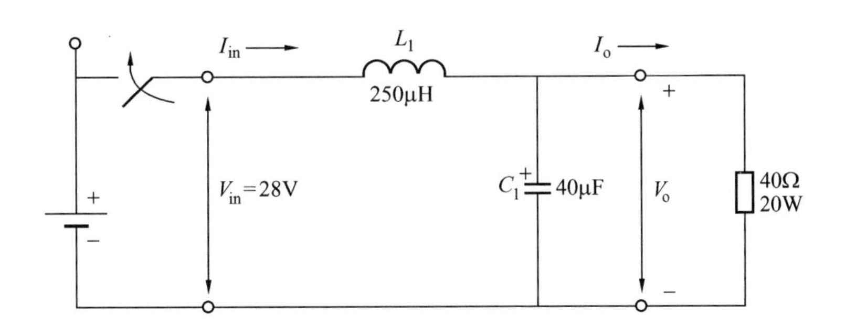

图 15-8　典型的简单 LC 输入滤波器

使这个振荡衰减的一个简单方法是在输入扼流圈的两端接上一个或两个二极管，如图 15-10 所示。接两个二极管的理由是电压纹波 V_C 可能比二极管的阈值电压大。当 C_1 两端的电压由于振荡升高到输入电压 V_{in}以上时，二极管 VD1 和 VD2 将变成正向偏置，使 C_1 两端电压抑制到在输出电压 V_{in}之上的两个二极管压降，如图 15-11 所示。

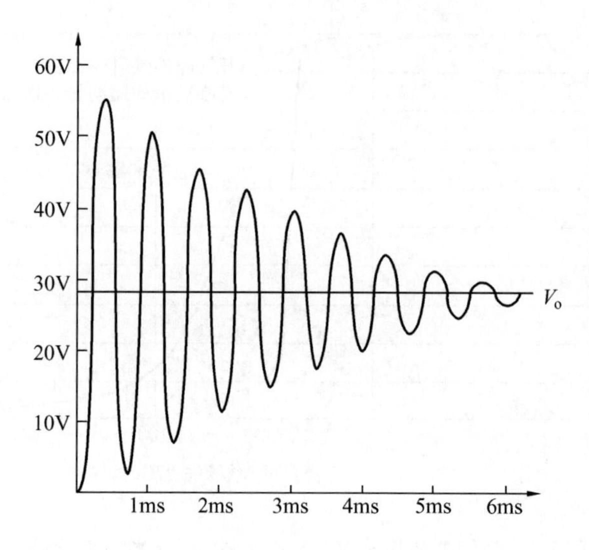

图 15-9 电容器 C_1 两端的谐振电压

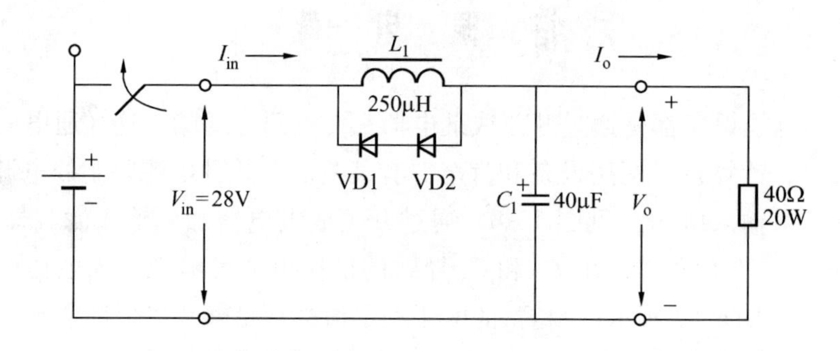

图 15-10 带钳位二极管的输入电感器

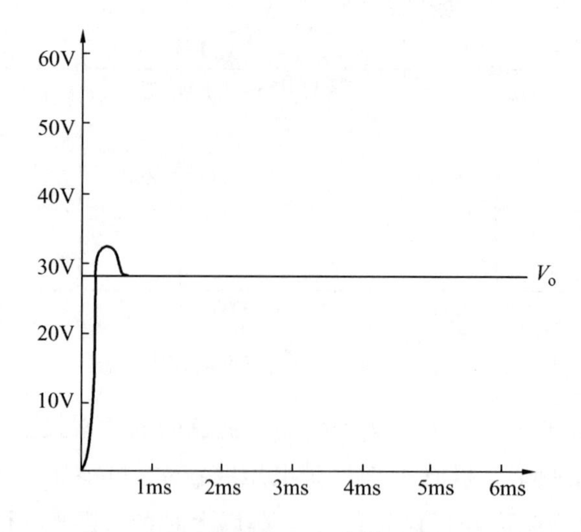

图 15-11 带钳位二极管时 C_1 两端的直流（DC）电压

输入电感器的设计步骤

用于本设计输入滤波器的电感器如图 15-12 所示。

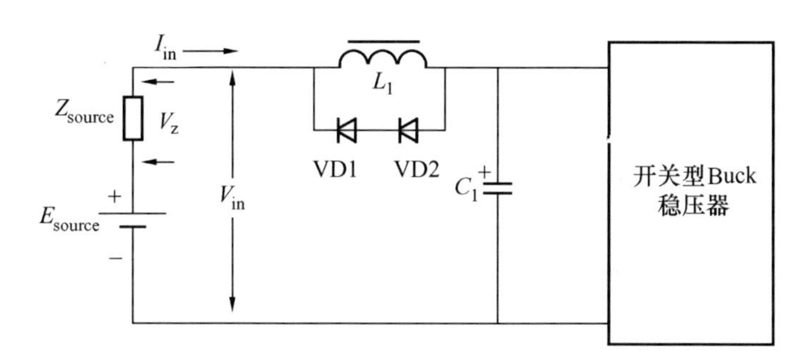

图 15-12　输滤波器电路

与输入电容器 C_1 有关的交流（AC）电压和电流纹波如图 15-13 所示。

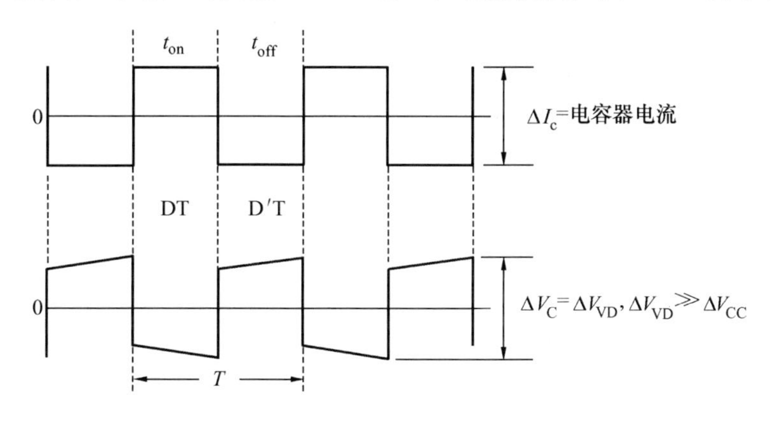

图 15-13　输入电容器的电压和电流纹波

输入电容器 C_1 上的交流（AC）电压和电流由图 15-14 定义。

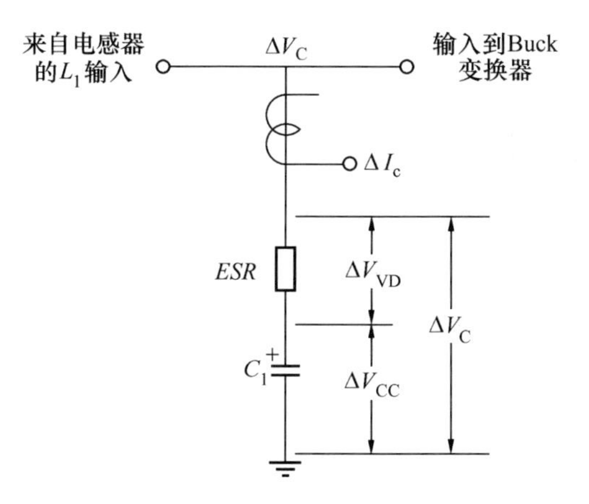

图 15-14　输入电容器的电压和电流纹波的定义

由于 ΔV_{CR}和 ΔV_{CC}而产生的电流分量是：

ΔV_{VD}为由于电容器的 ESR 产生的峰-峰分量。

ΔV_{cc}为由于电容器产生的峰-峰分量。

ΔI_{LVD}为由 ΔV_{VD}产生的电感器电流纹波分量。

ΔI_{LC}为由 ΔV_{CC}产生的电感器电流纹波分量。

$$\left.\begin{aligned}\Delta I_{LVD} &= \frac{\Delta V_{VD}}{L}(DD'T) \quad (A)\\ \Delta I_{LC} &= \left(\frac{\Delta V_{CC}}{2L}\right)\left(\frac{T}{4}\right) \quad (A)\end{aligned}\right\} \tag{15-5}$$

考虑到由于电容器 ESR 的缘故，ΔI_{LR}占主要地位，所以

$$\Delta I_L = \frac{\Delta V_{CR}}{L}(DD'T)❶ \quad (A) \tag{15-6}$$

输入滤波器技术要求

(1) 电压纹波的峰-峰值 V_{cr}为 0.5V。

(2) 对电源的电流纹波的峰-峰值 ΔI_L 为 0.010A。

(3) 周期 T 为 10 μs。

(4) 变换器导通时间占空比 $D=t_{on}/T$ 为 0.5❷。

(5) 变换器截止时间占空比 $D'=t_{off}/T$ 为 0.5。

(6) 调整率 α 为 0.5%。

(7) 从滤波器网络吸取的输出功率 P_o 为 50W。

(8) 到负载的最大电流 ΔI_c 为 4A。

(9) 输入平均电流 $I_{in}=I_{av}=\Delta I_c D$ 为 2A。

(10) 纹波频率 f 为 100kHz。

(11) 开气隙 RM 铁氧体磁心的 B_{max}为 0.25T。

步骤 1：计算所需要的电感量 L

$$L = \frac{\Delta V_{CR}}{\Delta I_L}(DD'T) \quad (H)$$

$$= \frac{0.5}{0.01}\times 0.5\times 0.5\times 10\times 10^{-6} \quad (H)$$

$$= 0.000125 \quad (H)$$

步骤 2：计算能量处理能力

---

❶ 原文有笔误：原文此处为 $\Delta I_{LR}=\frac{\Delta V_{CR}}{L}(DD'T)$。

❷ D 和 $D'=0.5$ 是时间域的最坏情况。

$$W=\frac{LI_{av}^2}{2}\quad (J)$$
$$=\frac{125\times10^{-6}\times2.0^2}{2}\quad (J)$$
$$=0.000250\quad (J)$$

步骤 3：计算电状态系数 K_e

$$K_e=0.145P_oB_m^2\times10^{-4}$$
$$=0.145\times50\times0.25^2\times10^{-4}$$
$$=0.0000453$$

步骤 4：计算磁心几何常数 K_g

$$K_g=\frac{W^2}{K_e\alpha}\quad (cm^5)$$
$$=\frac{0.00025^2}{0.0000453\times0.5}\quad (cm^5)$$
$$=0.00275\quad (cm^5)$$

步骤 5：由 RM 铁氧体磁心中选择与上面计算的磁心几何常数相近的磁心

(1) 磁心元件号为 RM-6。

(2) 磁心几何常数 K_g 为 0.0044cm^5。

(3) 磁心截面积 A_c 为 0.366cm^2。

(4) 窗口面积 W_a 为 0.260cm^2。

(5) 面积积 A_p 为 0.0953cm^4。

(6) 平均匝长 MLT 为 3.1cm。

(7) 磁路长度 MPL 为 2.86cm。

(8) 磁心重量 W_{tFe} 为 5.5g。

(9) 表面面积 A_t 为 11.3cm^2。

(10) 绕组长度 G 为 0.82cm。

(11) 磁导率 μ_m 为 2500。

步骤 6：计算电流密度 J，利用面积积 A_p 公式

$$J=\frac{2W\times10^4}{B_mA_pK_u}\quad (A/cm^2)$$
$$=\frac{2\times0.00025\times10^4}{0.25\times0.0953\times0.4}\quad (A/cm^2)$$
$$=525(A/cm^2)$$

步骤 7：计算所需要的导线裸面积 $A_{w(B)}$

$$A_{w(B)}=\frac{I_{av}}{J}\quad (cm^2)$$
$$=\frac{2.0}{525}\quad (cm^2)$$
$$=0.00381\quad (cm^2)$$

步骤 8：由第 4 章中的导线表选择导线。如果面积不在 10％以内，取下一个最小的导线号，并记录其每厘米的微欧数

$$\text{AWG} = \#21$$

$$计算面积\ A_{w(B)} = 0.00411(\text{cm}^2)$$

$$带绝缘面积\ A_w = 0.00484(\text{cm}^2)$$

$$\frac{\mu\Omega}{\text{cm}} = 419(\text{M}\Omega/\text{cm})$$

步骤 9：计算有效的窗口面积 $W_{a(eff)}$，利用步骤 5 中给出的窗口面积，如第 4 章所示，S_3 的典型值是 0.75

$$\begin{aligned} W_{a(eff)} &= W_a S_3 \quad (\text{cm}^2) \\ &= 0.260 \times 0.75 \quad (\text{cm}^2) \\ &= 0.195 \quad (\text{cm}^2) \end{aligned}$$

步骤 10：计算可能的绕组匝数 N，利用步骤 8 得到的带绝缘导线面积 A_w，如第 4 章中所示，S_2 的典型值是 0.6

$$\begin{aligned} N &= \frac{W_{a(eff)} S_2}{A_w} \quad (匝) \\ &= \frac{0.195 \times 0.60}{0.00484} \quad (匝) \\ &= 24(匝) \end{aligned}$$

步骤 11：计算所需要的气隙 l_g

$$\begin{aligned} l_g &= \frac{0.4\pi N^2 A_c \times 10^{-8}}{L} - \frac{MPL}{\mu_m} \quad (\text{cm}) \\ &= \frac{1.26 \times 24^2 \times 0.366 \times 10^{-8}}{0.000125} - \frac{2.86}{2500} \quad (\text{cm}) \\ &= 0.0201 \quad (\text{cm}) \end{aligned}$$

步骤 12：计算以密耳（mils）为单位的等效气隙

$$\begin{aligned} \text{mils} &= \text{cm}(393.7) \\ &= 0.0197 \times 393.7 \\ &= 7.91\ 取\ 8 \end{aligned}$$

步骤 13：计算边缘磁通系数 F

$$\begin{aligned} F &= 1 + \frac{l_g}{\sqrt{A_c}} \ln \frac{2G}{l_g} \\ &= 1 + \frac{0.0201}{\sqrt{0.366}} \ln \frac{2 \times 0.82}{0.0201} \\ &= 1.146 \end{aligned}$$

步骤 14：考虑边缘磁通 F 计算新的绕组匝数 N_n

$$N_n = \sqrt{\frac{l_g L}{0.4\pi A_c F \times 10^{-8}}} \quad (匝)$$

$$=\sqrt{\frac{0.0201 \times 0.000125}{1.26 \times 0.366 \times 1.146 \times 10^{-8}}} \quad (\text{匝})$$

$$=22 \quad (\text{匝})$$

步骤 15：计算绕组电阻 R_L，利用步骤 5 得到的 MLT 和步骤 8 得到 $\mu\Omega/\text{cm}$

$$R_L = (MLT)N_n\left(\frac{\mu\Omega}{\text{cm}}\right) \times 10^{-6} \quad (\Omega)$$

$$=3.1 \times 22 \times 419 \times 10^{-6} \quad (\Omega)$$

$$=0.0286 \quad (\Omega)$$

步骤 16：计算铜损 P_{Cu}

$$P_{Cu} = I_{av}^2 R_L \quad (\text{W})$$

$$=2.0^2 \times 0.0286 \quad (\text{W})$$

$$=0.114 \quad (\text{W})$$

步骤 17：计算调整率 α

$$\alpha = \frac{P_{Cu}}{P_o} \times 100\%$$

$$=\frac{0.114}{50} \times 100\%$$

$$=0.228\%$$

步骤 18：计算交流 AC 磁通密度 B_{AC}

$$B_{AC} = \frac{0.4\pi N_n F \frac{\Delta I}{2} \times 10^{-4}}{l_g + \frac{MPL}{\mu_m}} \quad (\text{T})$$

$$=\frac{1.26 \times 22 \times 1.14 \times \frac{0.01}{2} \times 10^{-4}}{0.0197 + \frac{2.86}{2500}} \quad (\text{T})$$

$$=0.000758 \quad (\text{T})$$

步骤 19：计算每千克的瓦数，对应于第 2 章中铁氧体 P 类材料，每千克的瓦数也可写成每克的毫瓦数

$$\text{mW/g} = kf^{(m)} B_{AC}^{(n)}$$

$$=0.00198 \times 100000^{1.36} \times 0.000758^{2.86}$$

$$=0.0000149$$

步骤 20：计算磁心损失 P_{Fe}

$$P_{Fe} = (\text{mW/g}) W_{tFe} \times 10^{-3} \quad (\text{W})$$

$$=0.0000149 \times 5.5 \times 10^{-3} \quad (\text{W})$$

$$=0.082 \times 10^{-6} \quad (\text{W})$$

步骤 21：计算总损失，铜损和铁损 P_Σ

$$P_{\Sigma}=P_{Fe}+P_{Cu}\quad (W)$$
$$=0.000+0.114\quad (W)$$
$$=0.114\quad (W)$$

步骤 22：计算表面的功率耗散密度 ψ，表面面积 A_t 可由步骤 5 中找到

$$\psi=\frac{P_{\Sigma}}{A_t}\quad (W/cm^2)$$
$$=\frac{0.114}{11.3}\quad (W/cm^2)$$
$$=0.010\quad (W/cm^2)$$

步骤 23：计算温升 T_r

$$T_r=450\psi^{0.826}\quad (℃)$$
$$=450\times 0.010^{0.826}\quad (℃)$$
$$=10.0\quad (℃)$$

步骤 24：计算磁通密度的峰值 B_{pk}

$$B_{pk}=\frac{0.4\pi N_n F\left(I_{DC}+\frac{\Delta I}{2}\right)\times 10^{-4}}{l_g+\frac{MPL}{\mu_m}}\quad (T)$$
$$=\frac{1.26\times 22\times 1.14\times 2.005\times 10^{-4}}{0.0197+\frac{2.86}{2500}}\quad (T)$$
$$=0.304\quad (T)$$

步骤 25：计算窗口利用系数 K_u

$$K_u=\frac{A_{w(B)}N_n}{W_a}$$
$$=\frac{0.00411\times 22}{0.260}$$
$$=0.348$$

参 考 文 献

[1] T. K. Phelps and W. S. Tate, "Optimizing Passive Input Filter Design," (no source).

[2] David Silber, "Simplifying the Switching Regulator Input Filter," Solid-State Power Conversion, May/June 1975.

[3] Dan Sheehan, "Designing a Regulator's LC Input Filter: 'Ripple' Method Prevents Oscillation Woes," Electronic Design 16, August 2, 1979.

注：我非常感谢 Jerry Fridenberg，他为图 15-8 和图 15-10 建立了使用 SPICE 程序的电路模型，其模拟的结果示于图 15-9 和图 15-11 中。

第16章

电流变压器设计

Chapter 16

目　次

导　　言

电流变压器用来测量或显示交流（AC）功率电路导线中的电流。它们在大功率电路中是很有用的。在那些电路中电流很大，即比所谓的自持电流表额定值还要大。另外的用途与用于功率电路保护的过电流和欠电流变换有关，诸如在逆变器或变换器电源线中的电流。多匝的二次绕组提供降低了的电流，以用于检测过电流、欠电流、电流峰值和电流平均值，如图 16-1 所示。

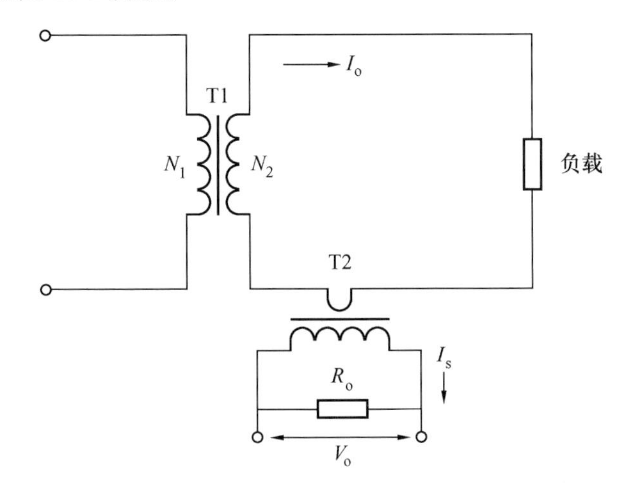

图 16-1　简单的二次交流（AC）电流检测器

在电流变压器设计中，磁心特性必须要仔细地选择，因为，从原理上，励磁电流 I_m 应该从测量的电流中被减去。它影响输出电流的真实比例和相位角。

电流变压器的简化等效电路[1]如图 16-2 所示，它示出了电流变压器的主要元件。其中二次与一次的匝数比是

$$n=\frac{N_s}{N_p} \tag{16-1}$$

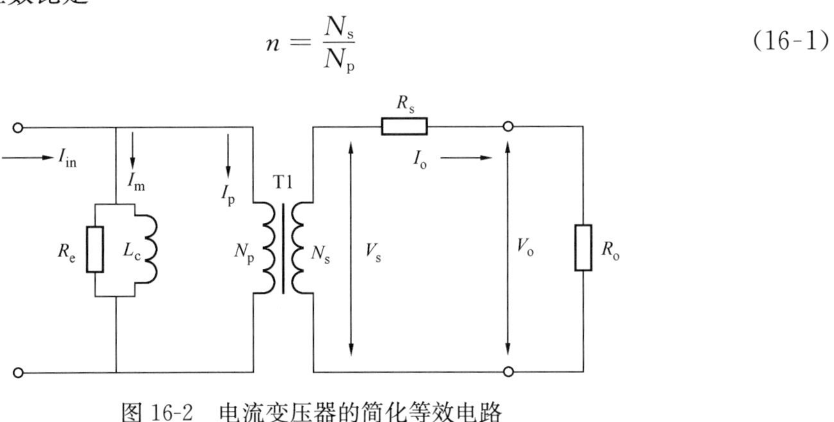

图 16-2　电流变压器的简化等效电路

[1] 最好称为“电流变压器的简化电路模型”。

输入电流成分的分析

对电流变压器行为的较深入的理解可以通过把加到一次绕组的输入电流看成是由各种分量组成来得到。安匝分量 $I_{in}N_p$ 只驱动磁心中的磁通[1]，安匝 I_mN_p 提供磁心损失[2]，二次安匝 I_sN_p 平衡一次安匝的其余部分。[3]

图 16-2 中的励磁电流 I_m 决定了此电流变压器的最大准确度，励磁电流 I_m 可以看成是一次电流中相应于磁心的磁滞损失和涡流损失的那一部分。[4]如果因为磁心材料的磁导率低和磁心损失大而使图 16-2 中的 L_c 和 R_c 值太低，其结果只是电流 (I_p/n)[5]的一部分流过输出负载电阻 R_o。励磁电流 I_m 与负载电流 I_o 的关系如图 16-3 所示。

励磁电流等于

$$I_m = \frac{H(MPL)}{0.4\pi N} \quad (A) \tag{16-2}$$

式中：H 是相关材料中的磁场强度；MPL 是磁路长度。

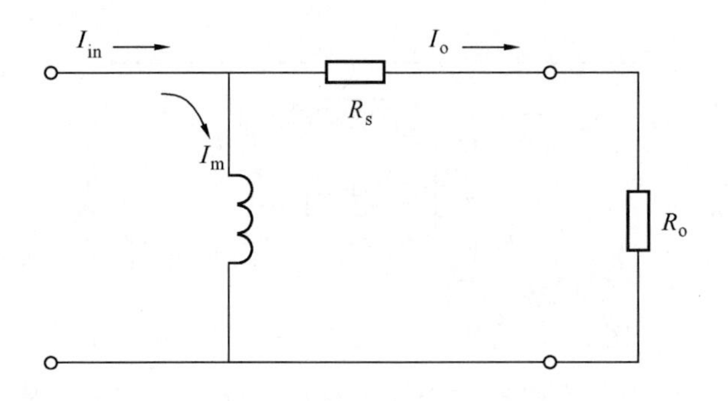

图 16-3 输入电流—输出电流关系[6]

输入电流由两个分量组成：励磁电流 I_m 和负载电流 I_o。

$$I_{in}^2 = I_m^2 + I_o^2 \quad (A) \tag{16-3}$$

则

$$I_m^2 = I_{in}^2 - I_o^2 \quad (A) \tag{16-4}$$

---

❶ 此处 $I_{in}N_p$ 中的 I_{in}应理解为图 16-2 中电感 L_c 中的电流，如 I_{L_c}。

❷ 此处 I_mN_p 中的 I_m 应理解为图 16-2 中电阻 R_c 中的电流，如 I_{R_c}。

❸ 此处的 N_sN_p 应为 I_sN_s。

❹ 相应于磁心的磁滞损失和涡流损失部分的电流应为图 16-2 中 R_c 中的电流 I_{R_c}，见❷。

❺ 此处的 I_p/n，应为输入电流 I_{in}。

❻ 如果此图是源于图 16-2，图中 R_s、R_o 应为 $\left(\frac{N_p}{N_s}\right)^2 R_s$ 和 $\left(\frac{N_p}{N_s}\right)^2 R_o$，$I_o$ 应为$\frac{N_s}{N_p}I_o$，或假定$\frac{N_s}{N_p}=1$，此图是图 16-2 忽略磁心损失的图。

$$I_m = I_{in}\left[1-\left(\frac{I_o}{I_{in}}\right)^2\right]^{\frac{1}{2}} \tag{16-5}$$

上面的公式在图16-4中做了图示，可看出励磁电流 I_m 越大即磁心损失越大，则误差越大。[1]磁化阻抗（电阻）R_e 限定着电流变压器的准确度，因为它分掉了输入电流的一部分，产生了误差，如图16-4所示。磁心材料中的 H 具有最低的值，将获得最高的准确度。

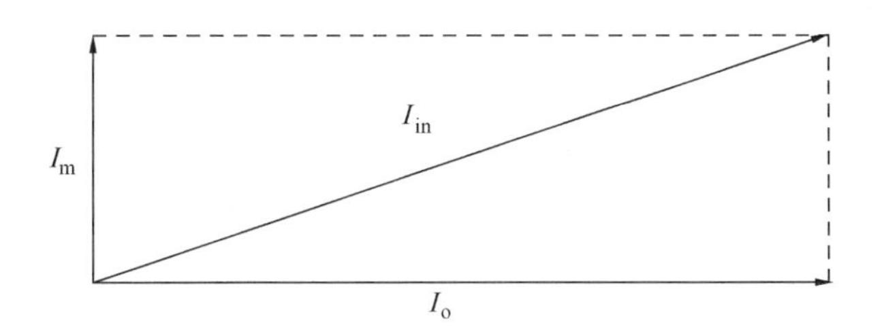

图16-4　输入电流 I_{in} 的相位关系图[2]

电流变压器的特点

电流变压器的功能与电压变压器是不同的。在电流变压器中运行一个一定的一次电流，试图对负载输出一个一定的电流而与负载无关。电流变压器工作在短路状态或电阻负载状态，后者不能由于负载电流引起的电压使磁心饱和或引起电压击穿。因此，电流变压器应该永远不要工作在开路状态，就像电压变压器应该永远不要工作在短路状态一样。电流变压器的一次电流与二次负载电流无关。其实，这个电流是由外部的负载电流 I_{in} 注入一次的。如果电流变压器中的负载电流从二次绕组去掉，而外部负载电流 I_{in} 还在加着，磁心中的磁通将升到很高的水平。因为在二次绕组中已没有反抗的电流来防止这一情况的发生。高电压将出现在二次绕组两端，像任何其他变压器一样，电流变压器必须满足安匝公式

$$\frac{I_p}{I_s} = \frac{N_s}{N_p} \tag{16-6}$$

二次负载 R_o、二次绕组电阻 R_s 和二次负载电流 I_o 决定了电流变压器产生的电压

$$V_s = I_o(R_s + R_o) \quad (\text{V}) \tag{16-7}$$

如果二次被设计为直流（DC），则二极管压降应该要考虑

---

[1] 此图没有反映磁心损失，若反映磁心损失，图中应在磁化电感旁画上与之并联的反映这个损耗的电阻 R_e。

[2] 此图 I_m 与 I_o 的相位关系画反了，I_m 应为滞后 I_o 90°。

$$V_s = I_o(R_s + R_o) + V_d \quad (16\text{-}8)$$

其简化的形式

$$V_s = V_o + V_d \quad (16\text{-}9)$$

电流比将是匝数比。二次负载电阻 R_o 将决定二次电压 V_s，工程师可利用式(16-10)选择所需要的磁心截面积 A_c。现在由工程师决定选择在工作的磁通密度 B_{AC} 下可提供最高磁导率的磁心材料

$$A_c = \frac{I_{in}(R_s + R_o) \times 10^4}{K_f B_{AC} f N_s} \quad (\text{cm}^2) \quad (16\text{-}10)$$

设计技术要求将影响对磁心材料和工作磁通密度 B_{AC} 的选择。这个选择将得出图16-2 中所示的 L_c 和 R_c 值。这些值要足够大以减小这些元件中的误差电流来满足大小比例和相位的技术要求。

由下面的公式计算电感量

$$L_c = \frac{0.4\pi N_p^2 A_c \Delta\mu \times 10^{-8}}{MPL} \quad (\text{H}) \quad (16\text{-}11)$$

R_e 是与磁心损失对应的等效（并磁）电阻，其上的电流与电压同相位

$$R_e = \frac{V_s/n}{P_{Fe}} \quad (\Omega) \quad (16\text{-}12)$$❶

式中

$$\frac{R_e}{n^2} \cup R_s + R_o \quad (16\text{-}13)$$❷

如

$$\frac{2\pi f L_c}{n^2} \cup R_s + R_o \quad (16\text{-}14)$$❸

则有

$$I_p = nI_s \quad (16\text{-}15)$$❹

或

$$I_p N_p = I_s N_s \quad (16\text{-}16)$$❺

除了精确度要求不高的工业场合外，电流变压器都是绕在环形磁心上，它基本上消

---

❶ 此式中$\frac{V_s}{n}$应为$\frac{V_s^2}{n^2}$，另这里的 R_e 就是图 16-2 中的 R_c。

❷、❸ 此两式中的数学符号 ∪ 译者不详，但从上下文来看，此两式似应为 $R_e \gg \frac{R_s + R_o}{n^2}$ 和 $2\pi f L_c \gg \frac{R_s + R_o}{n^2}$。

❹、❺ 此两式中的 I_p 应为 I_{in}。

除了由于漏感带来的误差，有些误差可以通过调整二次绕组的匝数来补偿。

电流变压器电路的应用

电流变压器的典型应用如图 16-5～图 16-8 所示。

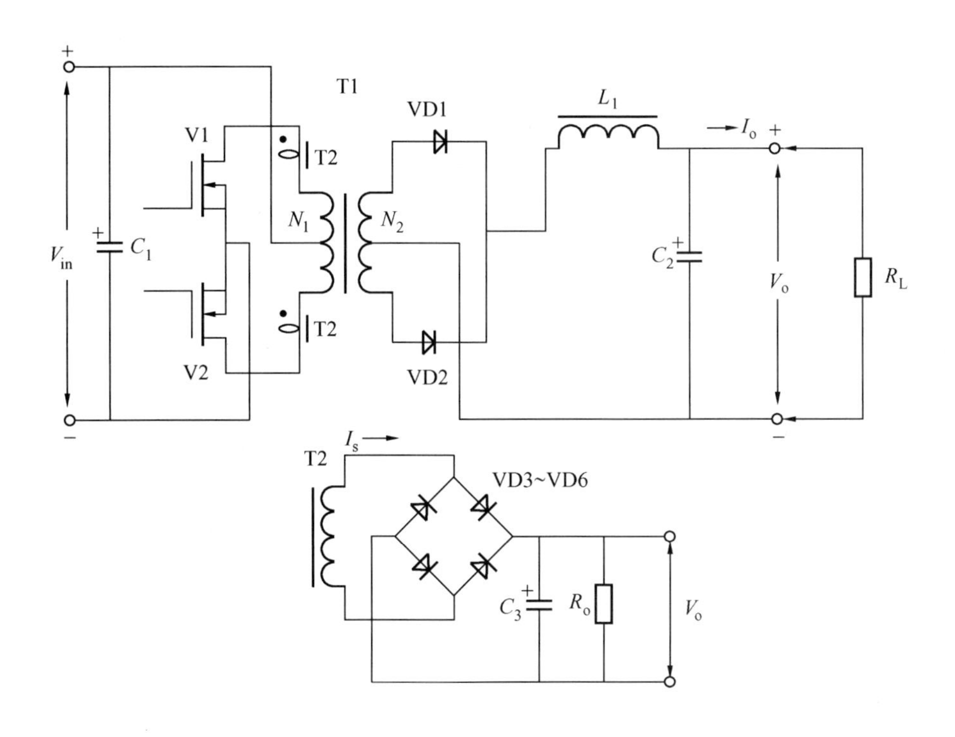

图 16-5　用以检测 VT1 和 VT2 漏极电流的电流变压器 T2

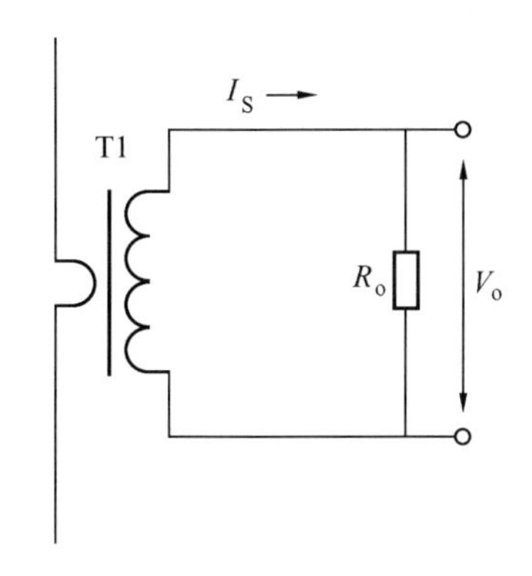

图 16-6　用来检测导线中电流的电流变压器 T1

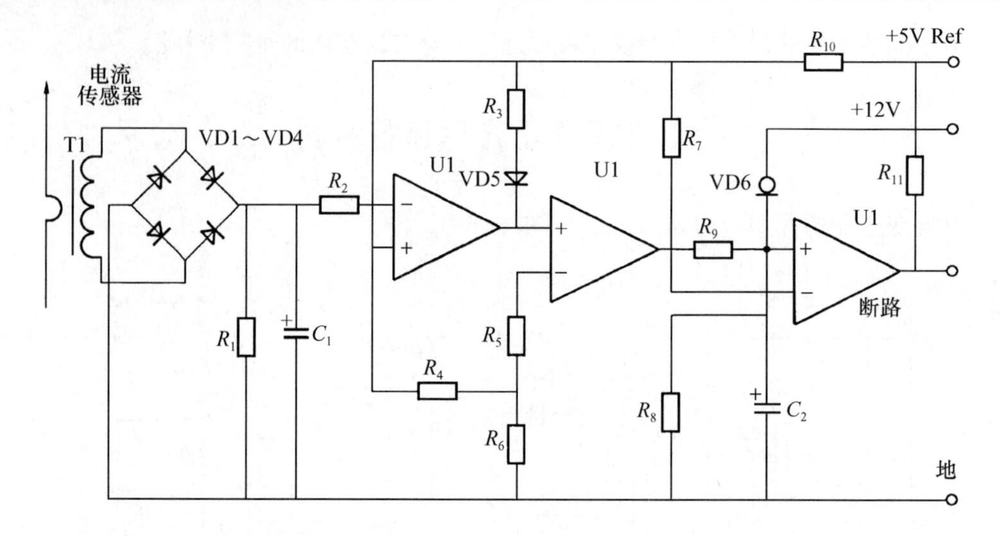

图 16-7 用来作为电流水平检测器的电流变压器 T1

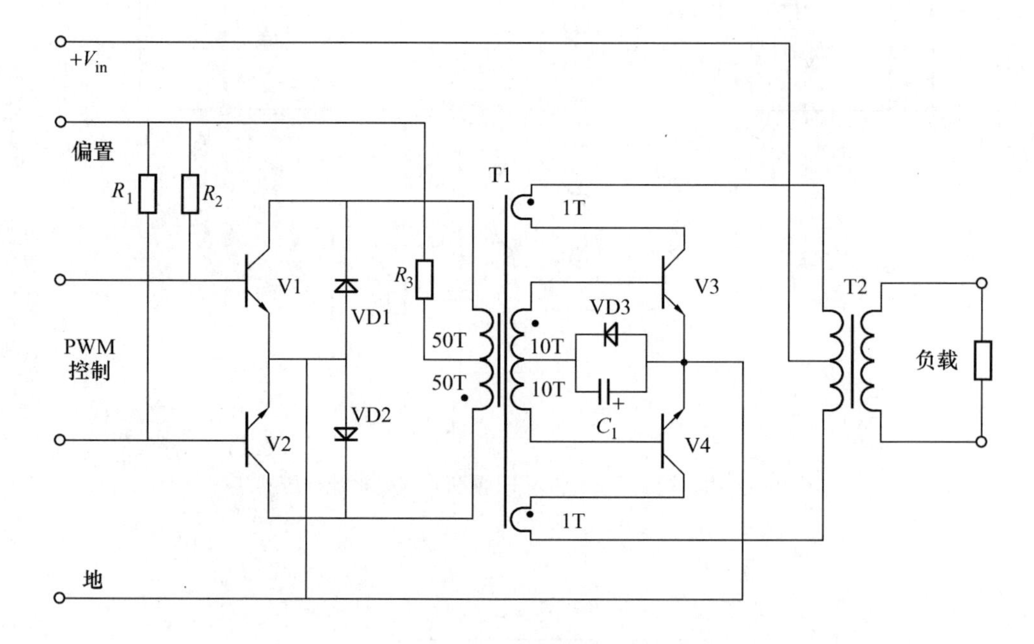

图 16-8 用来作正反馈驱动的电流变压器 T1

电流变压器设计举例

下面的数据是图 16-9 所示电流变压器的设计技术要求。

(1) 一次绕组匝数为 1 匝。

(2) 输入电流 I_{in} 为 0～5A。

(3) 输出电压 V_o 为 0～5V。

(4) 输出负载电阻 R_o 为 500Ω。

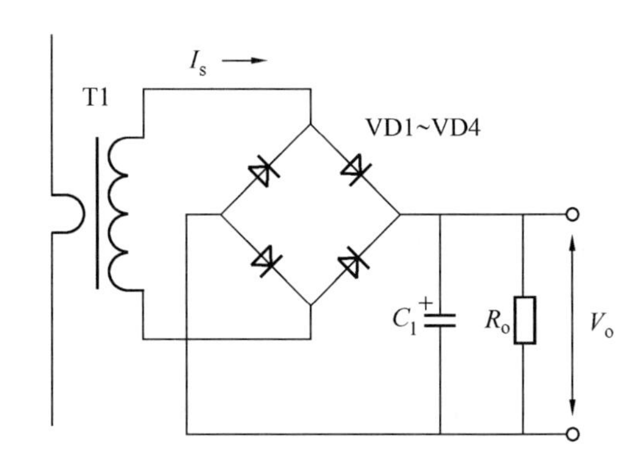

图 16-9　具有直流（DC）输出的检测电流的变压器

（5）工作频率 f（方波）为 2500Hz。

（6）工作磁通密度 B_{AC} 为 0.2T。

（7）磁心损失使检测误差小于 3%。

（8）二极管压降 V_d 为 1V。

（9）磁性材料为 Supermally 2mil。

（10）波形系数 K_f 为 4.0[1]。

步骤 1：计算二次电流 I_s

$$I_s = \frac{V_o}{R_o} \quad (A)$$

$$= \frac{5.0}{500} \quad (A)$$

$$= 0.01 \quad (A)$$

步骤 2：计算二次绕组匝数 N_s

$$N_s = \frac{I_p N_p}{I_s} \quad (匝)$$

$$= \frac{5.0 \times 1.0}{0.01} \quad (匝)$$

$$= 500 \quad (匝)$$

步骤 3：计算二次电压 V_s

$$V_s = V_o + 2V_d \quad (V)$$

$$= 5.0 + 2 \times 1.0 \quad (V)$$

$$= 7.0 \quad (V)$$

步骤 4：计算需要的磁心截面积 A_c，利用法拉第公式

$$A_c = \frac{V_s \times 10^4}{K_f B_{AC} f N_s} \quad (cm^2)$$

[1] 从后面步骤 5 来看，磁性材料应为硅钢。

$$=\frac{7.0\times10^4}{4.0\times0.2\times2500\times500}\quad(\text{cm}^2)$$

$$=0.070\quad(\text{cm}^2)$$

步骤 5：由第 3 章中选择其磁心截面积 A_c 最接近计算值的 2mil 带绕环形磁心

（1）磁心型号为 52000。

（2）生产厂商为磁学公司（Magnetics）。

（3）磁性材料为 2mil 硅钢。

（4）磁路长度 MPL 为 4.99cm。

（5）磁心质量 W_{tFe} 为 3.3g。

（6）铜质量 W_{tCu} 为 8.1g。

（7）平均匝长 MLT 为 2.7cm。

（8）磁心面积 A_c 为 0.086cm²。

（9）窗口面积 W_a 为 0.851cm²。

（10）面积积 A_p 为 0.0732cm⁴。

（11）磁心几何常数 K_g 为 0.000938cm⁵。

（12）表面积 A_t 为 20.6cm²。

步骤 6：计算有效的窗口面积 $W_{a(eff)}$，如第 4 章中所述，S_s 的典型值是 0.75

$$W_{a(eff)}=W_aS_3\quad(\text{cm}^2)$$

$$=0.851\times0.75\quad(\text{cm}^2)$$

$$=0.638\quad(\text{cm}^2)$$

步骤 7：计算二次窗口面积 $W_{a(sec)}$

$$W_{a(sec)}=\frac{W_{a(eff)}}{2}\quad(\text{cm}^2)$$

$$=\frac{0.638}{2}\quad(\text{cm}^2)$$

$$=0.319\quad(\text{cm}^2)$$

步骤 8：计算带绝缘的导线面积 A_w，利用填充系数 S_2 为 0.6

$$A_w=\frac{W_{a(sec)}S_2}{N_s}\quad(\text{cm}^2)$$

$$=\frac{0.319\times0.6}{500}\quad(\text{cm}^2)$$

$$=0.000383\quad(\text{cm}^2)$$

步骤 9：由第 4 章中的导线表选择与带绝缘导线面积相对应的等值 AWG 导线号，其规则是当计算得到的导线面积不在这个表中所列数据的 10%以内时，则应选下一个较小的号

AWG No. 33

$$A_w = 0.0003662 \quad (\text{cm}^2)$$

步骤 10：计算二次绕组的电阻 R_s，利用第 4 章中导线表的 $\mu\Omega/\text{cm}$ 和步骤 5 的 MLT

$$R_s = (MLT)N_s \frac{\mu\Omega}{\text{cm}} \times 10^{-6} \quad (\Omega)$$

$$= 2.7 \times 500 \times 6748 \times 10^{-6} \quad (\Omega)$$

$$= 9.11 \quad (\Omega)$$

步骤 11：计算二次输出功率 P_o

$$P_o = I_s(V_o + 2V_d) \quad (\text{W})$$

$$= 0.01 \times (5.0 + 2 \times 1.0) \quad (\text{W})$$

$$= 0.070 \quad (\text{W})$$

步骤 12：计算可接受的磁心损失 P_{Fe}

$$P_{Fe} = P_o \frac{\text{core loss }\%}{100} \quad (\text{W})$$

$$= 0.07 \times \frac{3}{100} \quad (\text{W})$$

$$= 0.0021 \quad (\text{W})$$

步骤 13：计算有效的磁心质量 $W_{tFe(eff)}$，选择第二章中镍铁钼超导磁合金[1]的磁心质量校正系数 K_w

$$W_{tFe(eff)} = W_{tFe}K_w \quad (\text{g})$$

$$= 3.3 \times 1.148 \quad (\text{g})$$

$$= 3.79 \quad (\text{g})$$

步骤 14：计算允许的磁心损失 F_{Fe}，以毫瓦每克为单位（mW/g）

$$\text{mW/g} = \frac{P_{Fe}}{W_{tFe}} \times 10^3 \quad (\text{mW/g})$$

$$= \frac{0.0021}{3.79} \times 10^3 \quad (\text{mW/g})$$

$$= 0.554 \quad (\text{mW/g})$$

步骤 15：计算新的磁通密度，利用新的磁心截面积 A_c

$$B_{AC} = \frac{V_s \times 10^4}{K_f A_c f N_s} \quad (\text{T})$$

$$= \frac{7.0 \times 10^4}{4.0 \times 0.086 \times 2500 \times 500} \quad (\text{T})$$

$$= 0.162 \quad (\text{T})$$

步骤 16：计算磁心损失 P_{Fe}，以毫瓦每克为单位（mW/g）

$$\text{mW/g} = 0.000179 f^{1.48} B_{AC}{}^{2.15} \quad (\text{mW/g})$$

[1] 原文为 Supermalloy，但这里应该是硅钢。

$$=0.000179\times2500^{1.48}\times0.162^{2.15}\quad(\text{mW/g})$$

$$=0.382\quad(\text{mW/g})$$

步骤 17：计算磁心损失 P_{Fe}，以瓦为单位

$$P_{Fe}=W_{tFe}\frac{\text{mW}}{\text{g}}\times10^{-3}\quad(\text{W})$$

$$=3.79\times0.382\times10^{-3}\quad(\text{W})$$

$$=0.00145\quad(\text{W})$$

步骤 18：计算引起的磁心误差，以%计

$$\text{磁心损失引起的误差}=\frac{P_{Fe}}{P_c}\times100\ (\%)$$

$$=\frac{0.00145}{0.07}\times100\ (\%)$$

$$=2.07\ (\%)$$

设计的性能结果

我们构建了电流变压器，其数据被记录于表 16-1 中。图 16-10 是它的图示，误差为 3.4%。二次绕组电阻是 6.5Ω。

表 16-1　　电流变压器的电数据

I_{in}/A	I_o/V	I_{in}/A	I_o/V	I_{in}/A	I_o/V
0.250	0.227	1.441	1.377	3.625	3.488
0.500	0.480	2.010	1.929	3.942	3.791
0.746	0.722	2.400	2.310	4.500	4.339
1.008	0.978	2.693	2.593	5.014	4.831
1.262	1.219	3.312	3.181	5.806	5.606

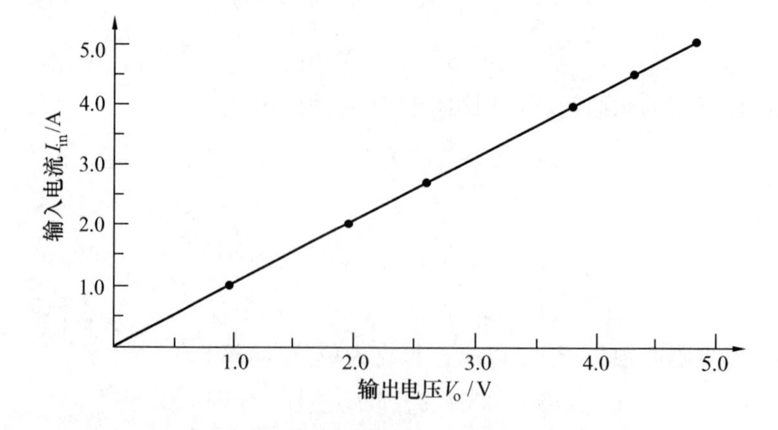

图 16-10　电流变压器的输入电流与输出电压的关系

第17章

绕组电容和漏感

Chapter 17

目　次

导　　言

工作在高频情况下的变压器由于磁心损失，漏感和绕组电容重要性的增加出现了一些独特的设计问题，高频功率变换器的设计比高频宽带音频变压器设计的严格程度差得远。工作在单一频率下，要求很少的匝数，结果要处理的漏感和电容都很小。两绕组变压器的等效电路[1]如图 17-1 所示。

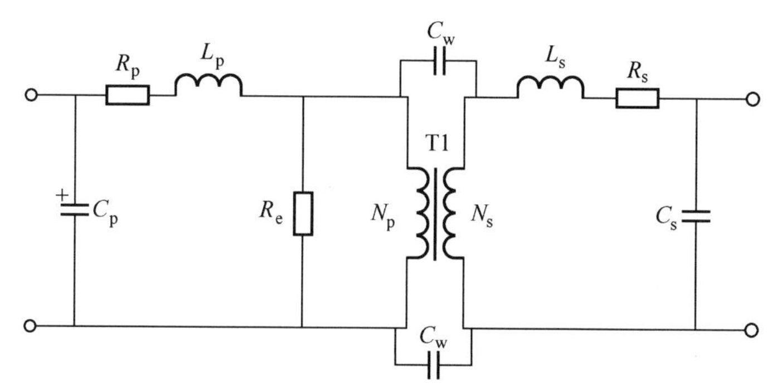

图 17-1　变压器的等效电路

在拟定高频工作下绕制的技术要求时需要特别小心，这是因为绕组的方位和空隙决定其漏感和绕组电容。漏感和电容实际上是分布在变压器的整个绕组中，但是，为简单起见，它们被表示为集总的常数，如图 17-1 中所示。漏感对一次用 L_p 来表示，对二次用 L_s 来表示。等效集总参数电容对一次和二次绕组分别用 C_p 和 C_s 来表示。直流（DC）绕组电阻 R_p 和 R_s 分别是一次和二次绕组的等效电阻。C_w 是绕组与绕组间的等效集总参数电容，R_c 是与磁心损失等效的并联电阻。

寄　生　效　应

漏感对开关电源电路的影响如图 17-2 所示。图 17-2 中所示的电压尖峰是由在漏磁通中所存储的能量引起的，它将随负载的加重而增加。这个尖峰总出现在电压转换波形的前沿边

$$W=\frac{L_{(\mathrm{Leakage})}I_{\mathrm{pk}}^{2}}{2}\quad(\mathrm{J})\tag{17-1}$$

在设计通过开关工作的变压器时，通常都把它设计成具有最小的漏感，以便使图 17-2 中所示的电压尖峰最小化。漏感（的影响）也可以由梯形电流波形的前沿边斜率观察到。

---

[1] 称为电路模型更好。

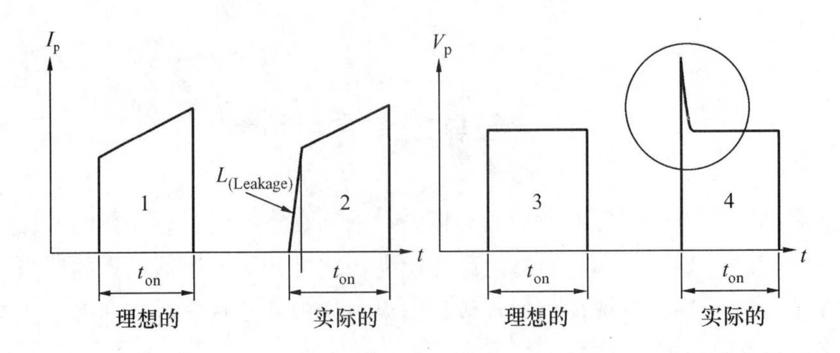

图 17-2 开关晶体管的电压和电流波形

为开关变换器设计的变压器通常都是用方波驱动的。这个方波的特征是具有快速上升和下降的时间。这个快速的转换，由于变压器中的寄生电容，在一次绕组中将产生很高的电流尖峰，图 17-3 中所示的这些电流尖峰是由变压器中的电容引起的，它们总是出现在电流波形的前沿，并且总是具有相同的幅度而不管负载如何。这个寄生电容会在每个半周期充电和放电。变压器的漏感和电容具有相反的关系：如果减小漏感，将会使电容增加；如果减小电容，将会使漏感增加。为了从应用角度设计出最好的变压器，功率变换工程师必须做出折中。

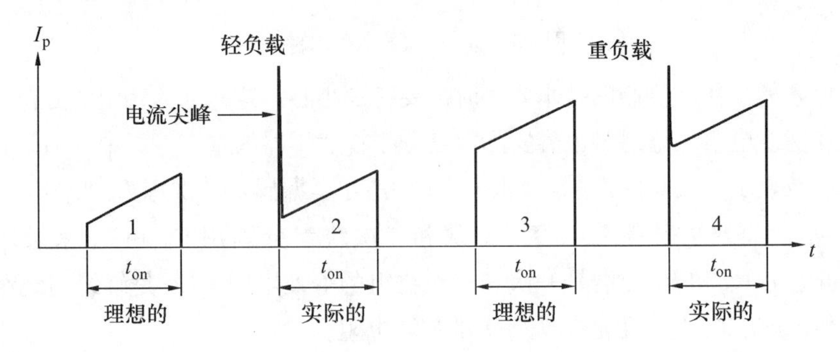

图 17-3 变压器电容引起电流尖峰

漏 磁 通

漏电感实际上是分布在变压器的整个线圈。因为磁通是由一次绕组建立的，这个磁通未与二次绕组键链。这样，使每个线圈中都出现漏感而对互感磁通没有贡献，如图 17-4 所示。

但是，为简单起见，漏感是像图 17-1 中那样用一个集总的常数来表示的。在那里，漏感是由 L_p 代表的。

在层绕线圈中，可通过交替安排一次和二次绕组来显著地减小漏感 L_p 和 L_s。具有单一次和单二次绕组的标准变压器连同它的漏感式（17-2）如图 17-5 所示。取同样的变压器，把其二次绕组分开安排在一次绕组的两边，将减小漏感。这样的变压器连同它

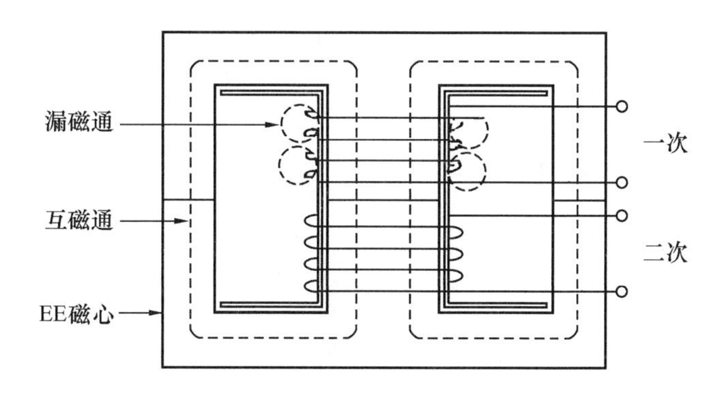

图 17-4　漏磁通

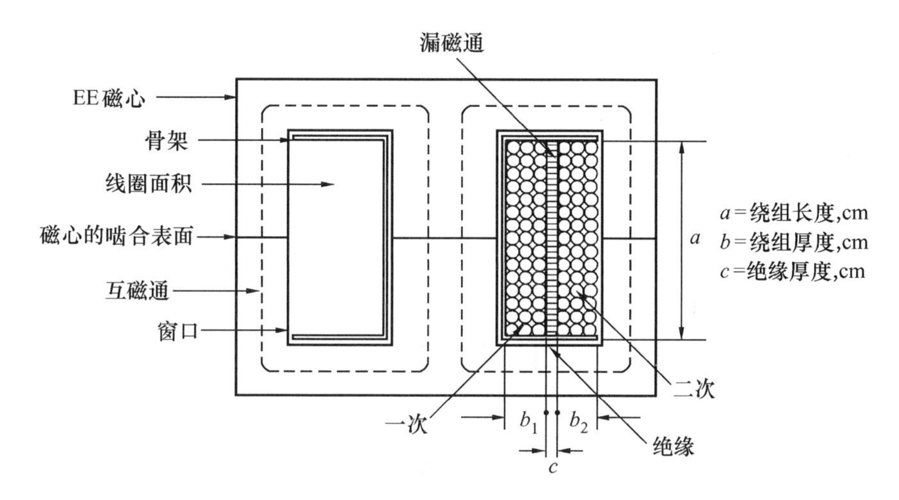

$$L_p=\frac{4\pi\ (MLT)\ N_p^2}{a}\left(c+\frac{b_1+b_2}{3}\right)\times 10^{-9}\quad (H) \tag{17-2}$$

图 17-5　传统的变压器结构

的漏感式（17-3）如图 17-6 所示。通过交替安排一次与二次可以更多地减小漏感，这

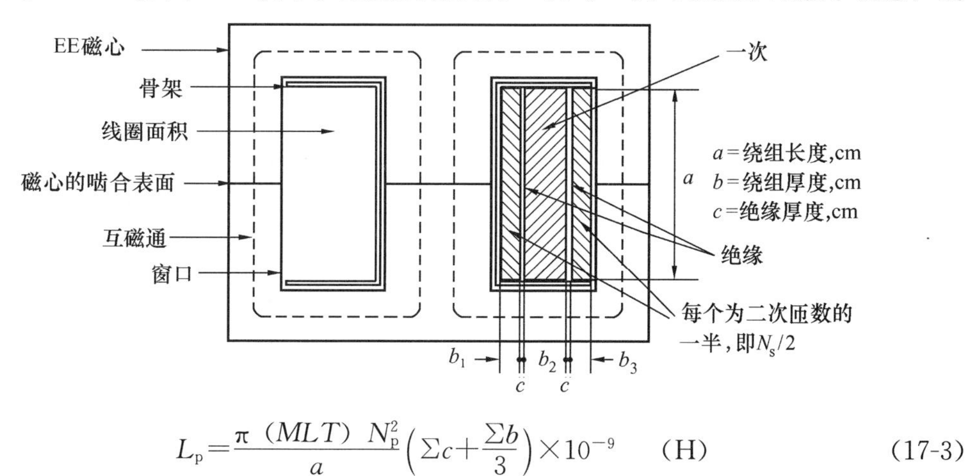

$$L_p=\frac{\pi\ (MLT)\ N_p^2}{a}\left(\Sigma c+\frac{\Sigma b}{3}\right)\times 10^{-9}\quad (H) \tag{17-3}$$

图 17-6　具有简单交错安排的传统变压器结构

样的变压器连同它的漏感式（17-4），如图 17-7 所示。变压器还可以利用上下并排分段骨架线圈来构建，这样的变压器连同它的漏感式（17-5）如图 17-8 所示。改进的三段并排骨架线圈结构连同它的漏感式（17-6）如图 17-9 所示。

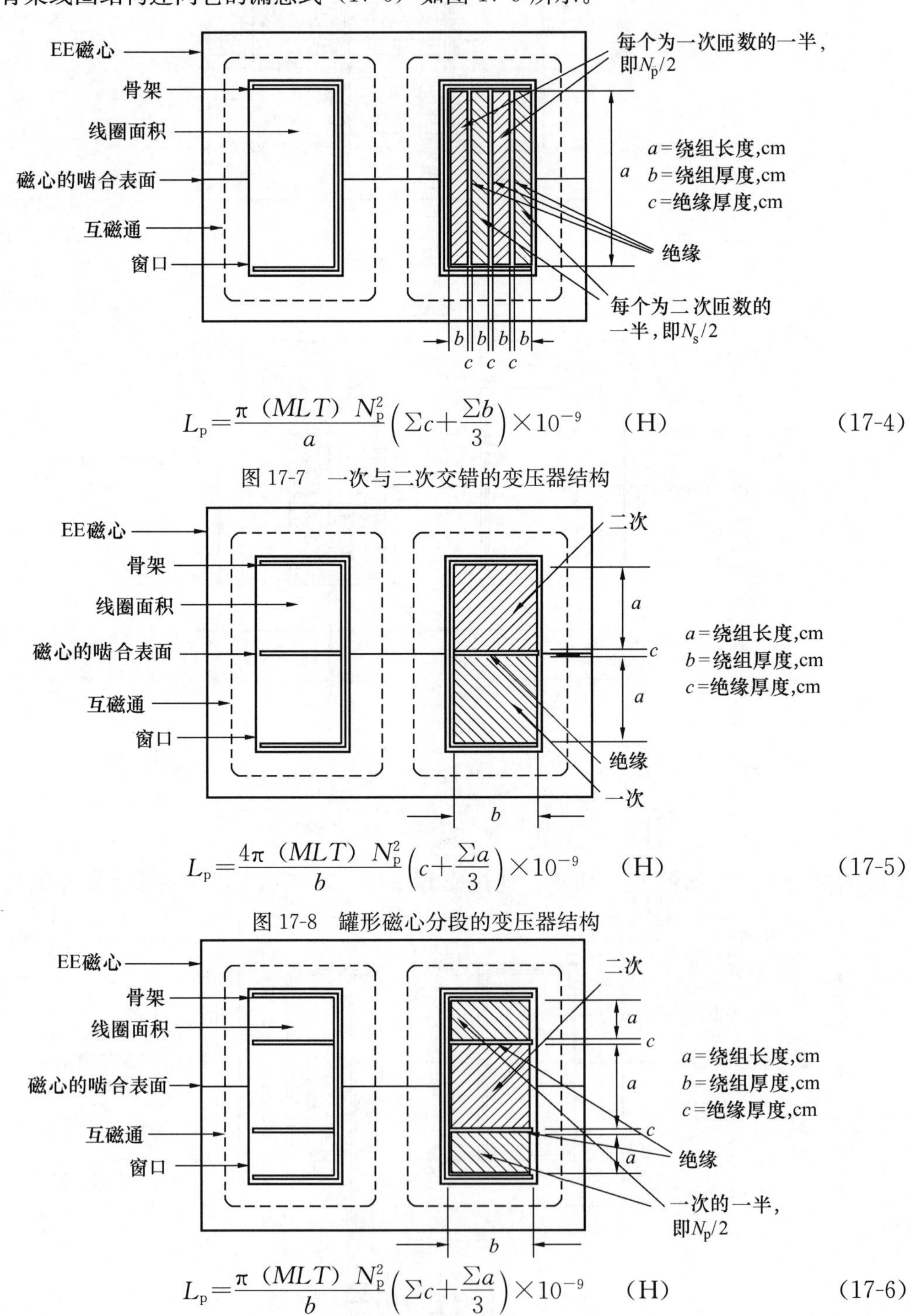

$$L_p=\frac{\pi\ (MLT)\ N_p^2}{a}\left(\Sigma c+\frac{\Sigma b}{3}\right)\times 10^{-9}\quad (H) \tag{17-4}$$

图 17-7　一次与二次交错的变压器结构

$$L_p=\frac{4\pi\ (MLT)\ N_p^2}{b}\left(c+\frac{\Sigma a}{3}\right)\times 10^{-9}\quad (H) \tag{17-5}$$

图 17-8　罐形磁心分段的变压器结构

$$L_p=\frac{\pi\ (MLT)\ N_p^2}{b}\left(\Sigma c+\frac{\Sigma a}{3}\right)\times 10^{-9}\quad (H) \tag{17-6}$$

图 17-9　改进的罐形分段变压器结构

漏感的最小化

磁心的几何形状对漏感有很大影响。为了使漏感最小化，一次绕组应该被绕在长线圈架或管胎上，与二次绕得尽可能紧且采用最小的绝缘。磁心可能具有某个相同的（几何）标称值，但一个磁心会比另一个磁心的漏感小。比较具有相同的窗口面积，但一个磁心的绕组长度是另一个的 2 倍，厚度仅为另一个一半的两个磁心，如图 17-10所示。

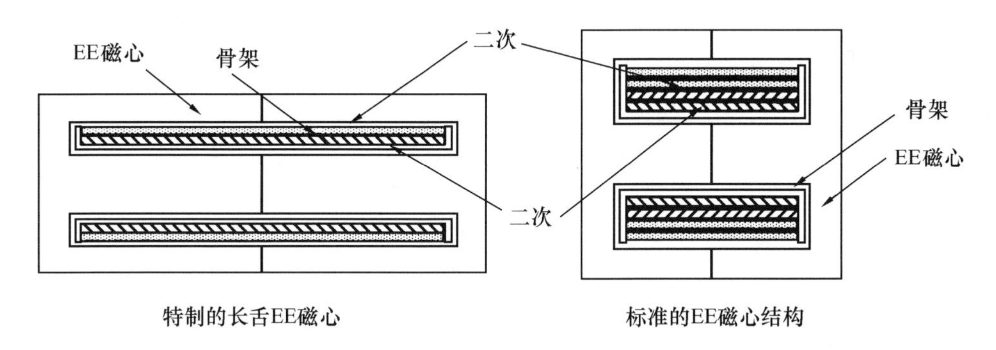

图 17-10　标准 EE 磁心与特制的长舌磁心比较

如果绕组一定要用多层，那么减小漏感的方法只有把一次绕组分组，然后把二次绕组夹在它们中间，如图 17-7 所示。这可能在根据欧洲 VDE 技术指标设计时造成实际的问题，因为它在一次和二次之间有漏电距离和绝缘最少方面的要求。在推挽式变换器设计中，使漏感最小化可能是一个大问题。我们需要特别考虑漏感和直流（DC）电阻的两个对称问题，这是为了得到开关型电路平衡的一次绕组，以使其正常的运行。

使漏感最小化和使推挽式或中心抽头式绕组中具有对称的直流（DC）电阻的最好方法是用双线绕制。双线绕绕组会大大减小漏感。当二次是全波，具有中心抽头电路的时候这个情况也同样。双线绕绕组是一对绝缘了的导线，一起紧挨着绕制的绕组（即彼此挨的足够紧）。

注意：不要用双股导线，否则（线间）电容会很大了。每根导线都形成一个线圈，它们的靠近性使其漏感比原来的交错式减小几个数量级，这样的安排可以用在一次、二次或一次和二次一起用，将提供最小的漏感。

绕组电容

变压器在高频下工作会出现为使绕组电容效应最小化的独特问题。变压器绕组电容有三个方面的害处：①绕组电容可能使变压器进入谐振；②当变压器工作来自方波电源驱动时，绕组电容可能产生很大的一次电流尖峰；③绕组电容可能与其他电路产生静电耦合。

当变压器运行中，几乎到处都会产生各种各样的电压斜率。这些电压斜率是由遍及变压器的大量多种多样的电容引起的。这些电容是由于线圈匝数和它们如何放置在整个变压器之中而产生的。当设计高频变换器时，有几个影响匝数的因素：①工作磁通密度或磁心损失；②一次和二次的工作电压水平；③一次电感量。

匝数最少将使得电容最小。这些电容可以分为4类：①匝间电容；②层间电容；③绕组间电容；④杂散电容。电容的净效应通常由如图17-1中所示的一次集总参数电容 C_p 反映。集总参数电容很难由它本身计算。借助于测量一次绕组电感量和变压器或电感器的谐振频率要容易得多，如图17-11所示。然后，利用式（17-7）计算电容值。图17-11中的试验电路操作如下：输入电压 V_1 为一常数，通过功率振荡器的频率扫描来测量 V_2。当电压 V_2 上升到峰值并开始在这个峰值电压点下降时，变压器或电感器处于谐振状态。在谐振时，视察 V_1 和 V_2 两者的曲线，其相位差角是0°。

$$C_p = \frac{1}{\omega_r^2 L} = \frac{1}{4\pi^2 f_r^2 L} \quad \text{(F)} \qquad (17\text{-}7)$$

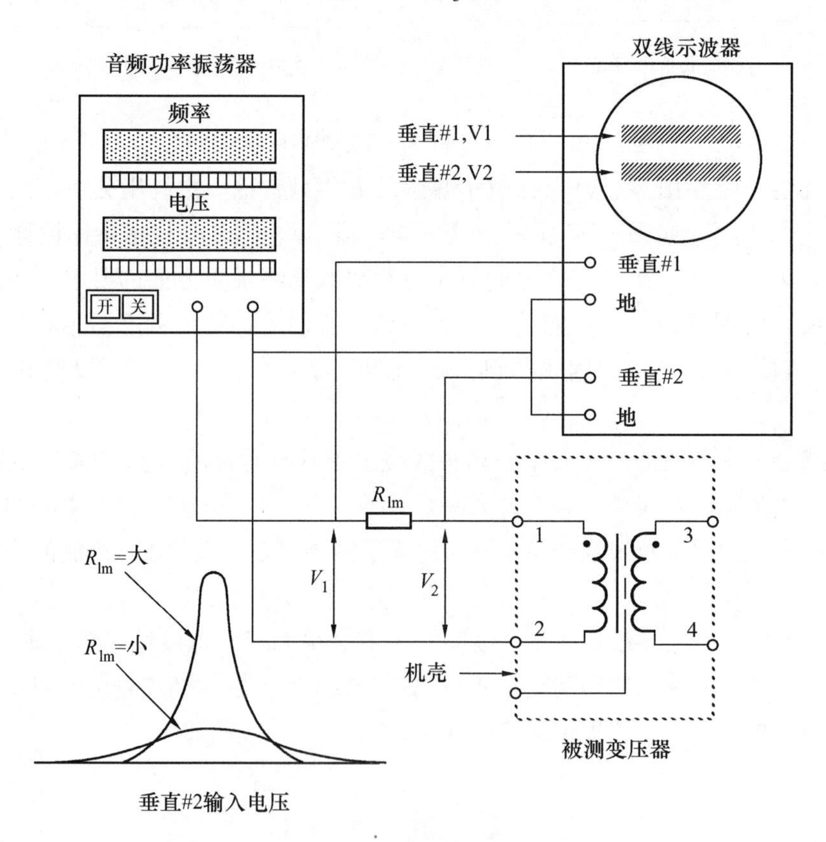

图17-11　测量变压器或电感器自谐振的电路

对于在方波驱动下工作而设计的变压器，如直流（DC）—直流（DC）变换器中的变压器、漏感 L_p 和集总参数电容 C_p 应该使其最小，这是因为它们要引起过冲和振荡或振铃，如图17-12所示。图17-12（a）中看到的过冲振荡具有由 L_p 和 C_p 决定的谐振频率

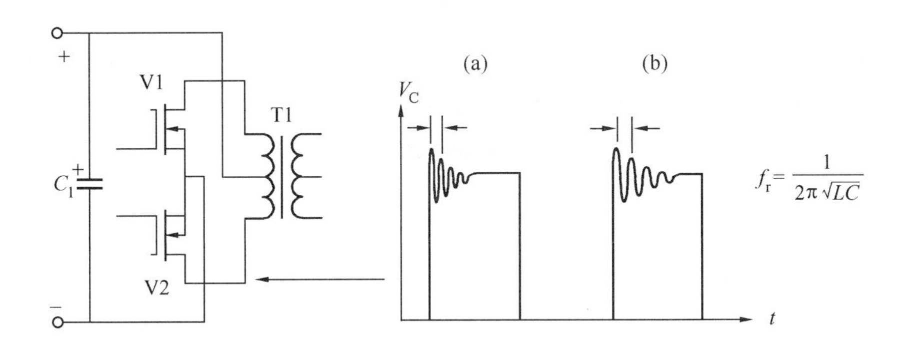

图 17-12　具有前沿振铃的一次电压[1]

f。这个谐振频率可能变化，在用罐封装以后可能发生剧烈的变化，这取决于材料和它的介电常数，如图 17-12（b）所示。

绕 组 匝 间 电 容

如果是在高频下工作的小功率变换器，由于其绕组匝数少，图 17-13 中所示的匝间电容 C_t 应该不是问题。如果匝间电容很重要，则可对介电常数较低的绕组改变它的励磁导线绝缘，参见第 4 章。

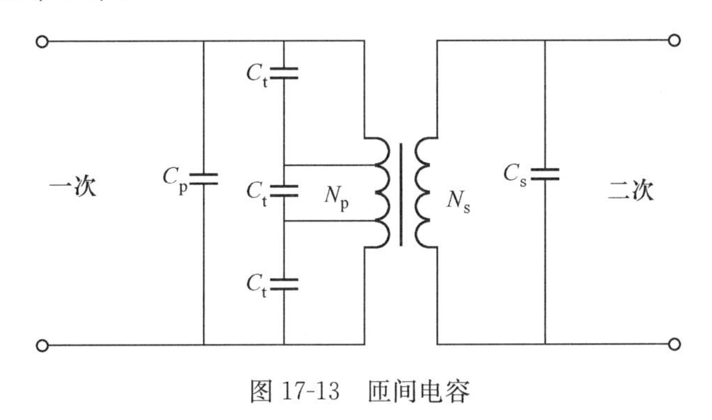

图 17-13　匝间电容

绕 组 的 层 间 电 容

一次或二次的层间电容是总的集总参数电容 C_p 的最大贡献者。使层间电容最小化有三个途径：①把一次或二次绕组分组，然后把另外的绕组夹在它们之间，如图 17-7 所示；②相对通常的 U 形绕组，人们更喜欢用图 17-14 中所示的折叠绕组技术，尽管它在下一层开始之前还要附加一个工序，折叠绕组法还会减小绕组末端之间的电压斜率；③增加绕组间绝缘量将会减小电容量，但是要记住，这将增加漏感量。如果电容减小，则漏感将上升。这一规则有一个例外，那就是，如果绕组是夹心绕制或交错绕制

[1] 此图中波形应为开关晶体管 V1 或 V2 漏—源两端的电压。

的，它将减少绕组电容。但是，它将增加绕组与绕组间的电容。

如果在设计一开始没有很留意，则绕在环形磁心上的变压器和电感器可能有电容的问题。由于它的奇特结构，控制环形磁心上绕组电容是很困难的。但是，控制绕组和电容还是有办法的，采用如图 17-15 所示的挡带来标示绕组的区域为控制电容提供了好方法。

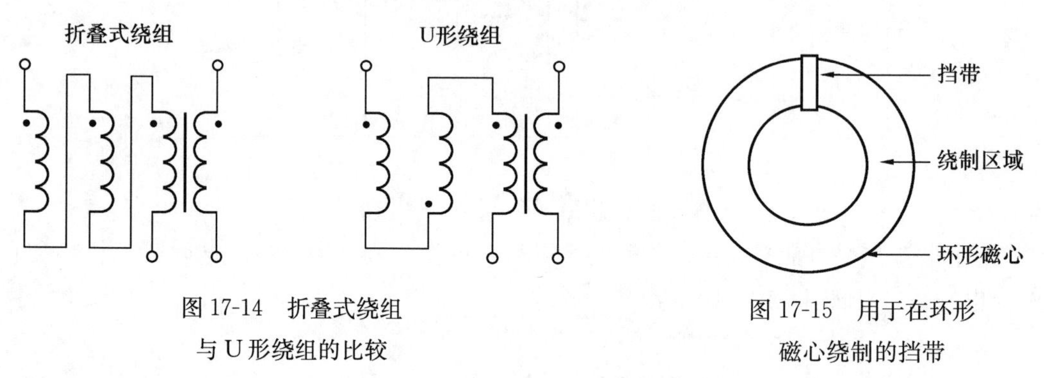

图 17-14 折叠式绕组与 U 形绕组的比较

图 17-15 用于在环形磁心绕制的挡带

帮助减小环形磁心上绕组电容效应的另一方法是采用逐步累进式绕制法。逐步累进式绕制法的例子如图 17-16 和图 17-17 所示，向前绕 5 匝和向后绕 4 匝，然后向前绕 10 匝且保持重复这个程序直至绕完。

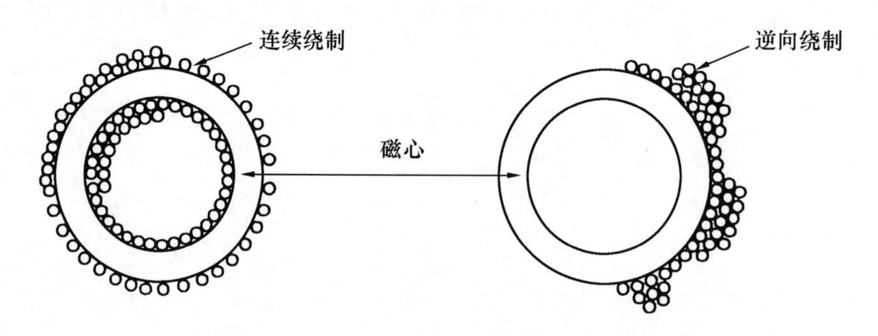

图 17-16 逐步累进式绕制法的顶视图

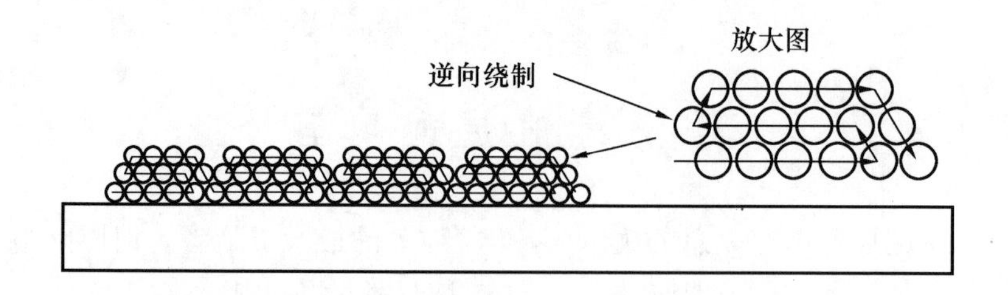

图 17-17 逐步累进式绕制法的侧视图

绕组与绕组间的电容

绕组的对称对保持降低噪声和共模信号是很重要的。共模信号可能引起下文要提到的电路内部噪声和不稳定问题。图 17-18 中所示的绕组与绕组之间的电容可以通过增加绕组之间的绝缘量来减小。这将减小电容量，但它将增加漏感。能够使绕组之间的电容效应减小又不显著增加漏感，可以通过在一次和二次绕组之间增加如图 17-19 中所示的法拉第屏蔽板或屏蔽网来做到。

法拉第屏蔽板是一种静电屏蔽板，通常由铜箔构成。法拉第屏蔽板通常是在加在一次和二次之间的绝缘之中。在某些设计中，法拉第屏蔽板可以由三个独立的绝缘屏蔽板组成，也可以由一个绝缘的屏蔽板组成，这完全取决于对噪声抑制程度的要求。

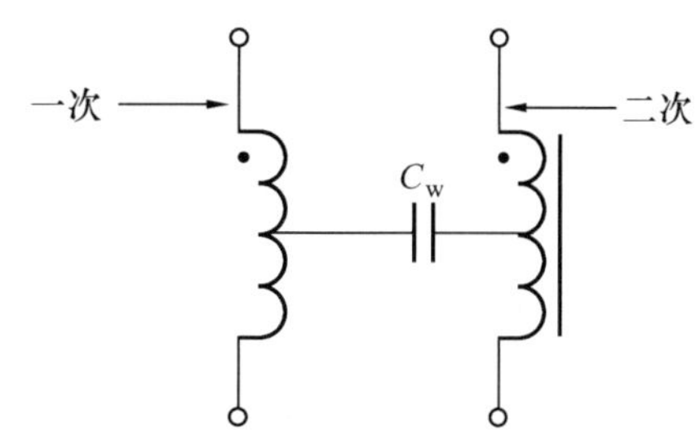

图 17-18 绕组与绕组间的电容 C_w

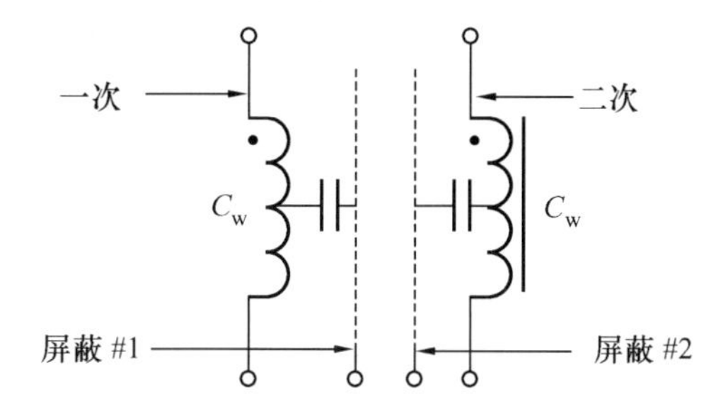

图 17-19 带有一次和二次间屏蔽板的变压器

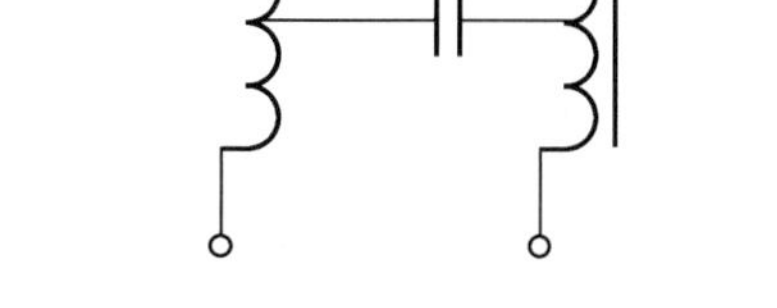

杂 散 电 容

杂散电容的最小化是非常重要的，因为它太能够产生不对称的电流而可能引起大的共模噪声，杂散电容与绕组和绕组之间的电容相类似，除了这个电容是在绕组与磁心之间（C_c）和绕组外侧与周围电路之间（C_s）外，如图 7-20 所示。杂散电容可以通过采

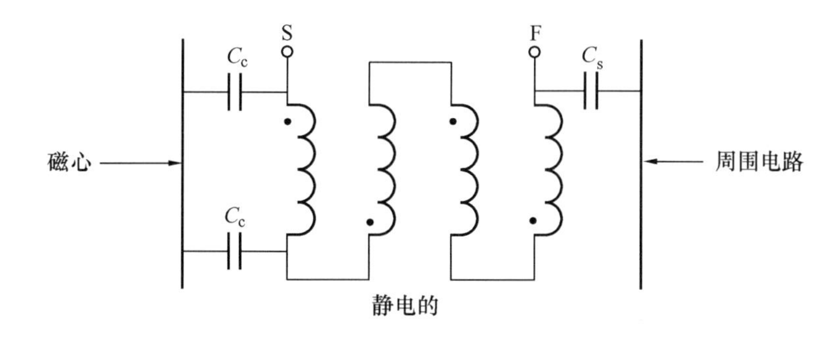

图 17-20 具有杂散电容的变压器绕组

用对称绕组或采取遍及整个绕组的铜箔屏蔽，使其最小化。测量漏感电流的方法如图 17-21 所示，绕组与绕组间电容可以利用式（17-8）和式（17-9）来计算。

$$X_c = R_l\sqrt{\left[\frac{V_{in}}{V_o}\right]-1} \quad [\Omega] \qquad (17\text{-}8)^{❶}$$

❶ 此式中$\left(\frac{V_{in}}{V_o}\right)$应为$\left(\frac{V_{in}}{V_o}\right)^2$。

$$C_x = \frac{1}{2\pi f X_c} \quad [F] \tag{17-9}$$

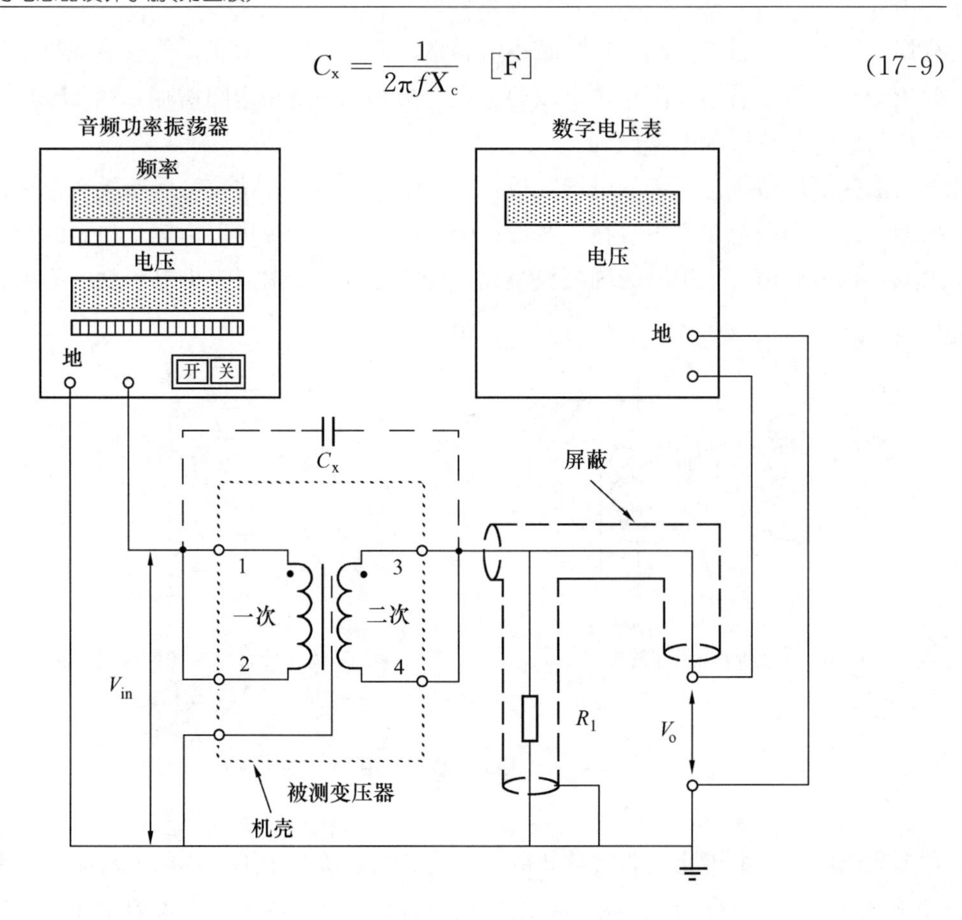

图 17-21　测量一次和二次交流（AC）漏感电流的测试电路

参 考 文 献

[1] Grossner, N. ,"Transformer for Electronic Circuits. "McGraw-Hill, New York, 1967.

[2] Landee, R. , Davis, D. , and Albecht, A. ,"Electronic Designer's Handbook," McGraw-Hill, New York, 1957, p. 17-12.

[3] Lee, R. ,"Electronic Transformer and Circuits,"2nd ed. , John Wiley & Sons, New York, 1958. "Reference Data for Radio Engineers,"4th ed. , International Telephone and Telegraph Co. , New York.

[4] Richardson, I. , The Technique of Transformer Design, Electro-Technology, January 1961, pp. 58-67. Flanagan, W. ,"Handbook of Transformer Application. "McGraw-Hill, New York, 1986.

第18章

静音变换器设计

Chapter 18

作者非常感谢喷气推进实验室（JPL）功率与传感器电子学组的资深工程师 V. Vorperian 博士在静音变换器设计公式方面的帮助。

目　次

导 言

少数工程师了解已经说了许多年的谐振变换器。这种谐振变换器主要做成 200W～2kW，作为静止逆变器来使用。然而，它在一般的文献中仍然少见。静音变换器是喷气推进实验室（JPL）38 分部为给很灵敏的仪器供电而开发出来的。静音变换器在并联谐振槽中产生正弦电压。直流输出电压是在对正弦的二次电压整流和滤波以后得到的，调整（稳压）通过控制开关晶体管的占空比得到。对静音变换器的标准 PWM 控制和其调幅（AM）控制的比较如图 18-1 所示。这种变换器固有的低噪声是其别名静音变换器的来由。这个变换器的噪声还可以容易地通过加法拉第屏蔽层和共模电感器进一步降低，在喷气推进实验室（JPL）已成功地采用了静音变换器的低噪声环境程序的有 WF/PC-Ⅱ、用铰链连接的折叠机构、镜子调节器（制动器）、哈勃空间望远镜、MISR（地球轨道系统）、Raman（拉曼光谱）和火星 05 ONC，CCD 照相机。

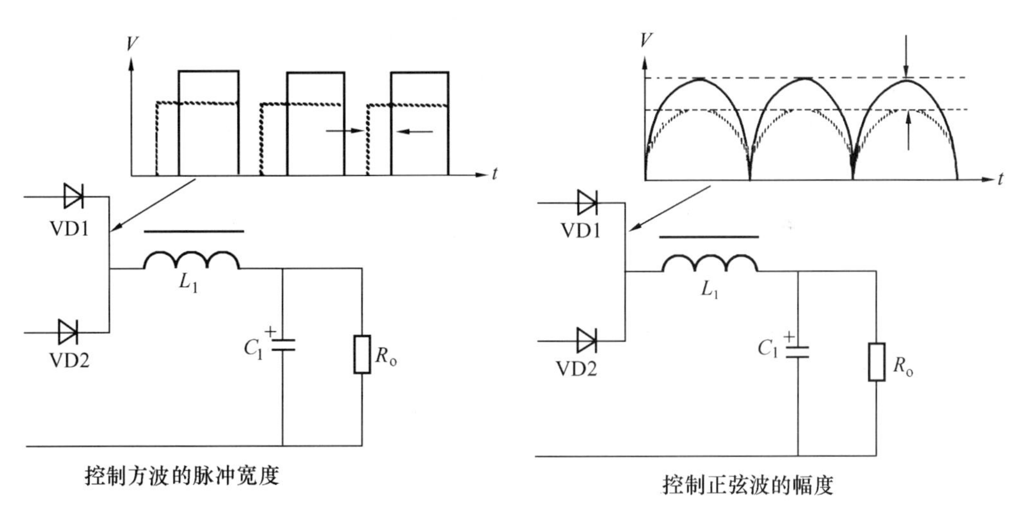

图 18-1　PWM 与幅度控制比较

电压馈电式变换器

电压馈电式变换器是应用最广泛的变换器拓扑。在电压馈电式变换器中，电源 V_{in} 通过晶体管 V1 直接连到变压器，如图 18-2 所示。当晶体管 V1 导通时，若忽略晶体管的饱和压降，则全部电源电压加到变压器 T1 的一次（1-2）。相反，当 V2 转向导通时，全部电源电压加到变压器一次的另一半（2-3）。

在图 18-2 中，交替转换驱动电路使半导体开关 V1 和 V2 饱和导通和截止，交替地在变压器 T1 的一次绕组两端加上电压，然后传到二次，在到达负载之前经整流和滤

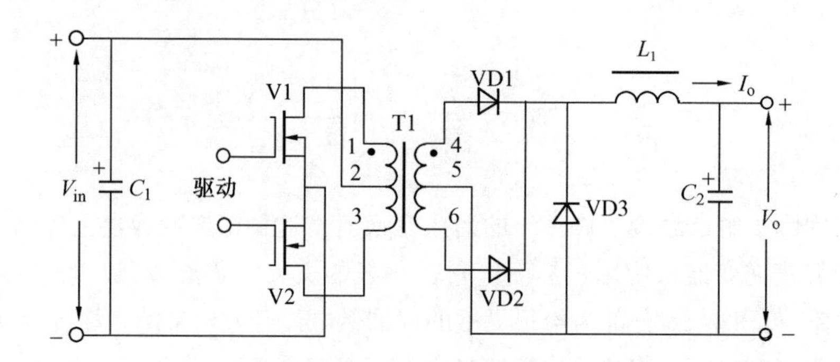

图 18-2 典型的电压馈电式功率变换器

波。由于一次电源电压 V_{in}直接加到变压器 T1 的一次绕组上，所以，变压器 T1 两端的电压总是方波。

调 整 与 滤 波

对电压馈电式变换器最有效的调整方法是脉冲宽度调节（PWM）。恒定的输出电压可以通过减少 VT1 和 VT2 的导通时间 T_{on}以使输入电压改变而得到，如图 18-3 所示❶。脉冲宽度电压加到输出滤波器 L_1C_2 这个平均电路上。这个电路提供出一个适当的输出电压 V_o。

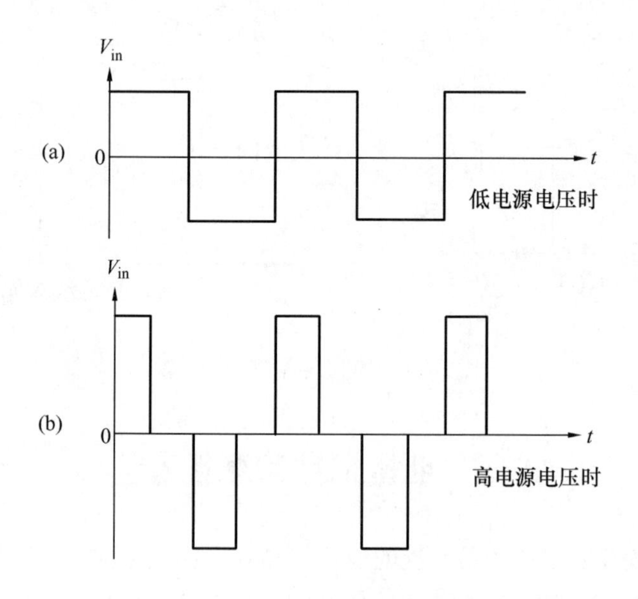

图 18-3 PMM 控制的变换器一次电压

❶ 图 18-2 中的电压 V_{in}是变换器的输入电压，是直流。图 18-3 中的波形应为变压器绕组（1-2）两端电压的波形。

电流馈电式变换器

电压馈电式变换器和电流馈电式变换器的主要区别在于图 18-4 中所示的串联电感器 L_1。电感器 L_1 通常称为馈电扼流圈或串联电感器，它具有足够大的电感量以使在电源和负载所有状况下通过电路的电流都保证是连续的。

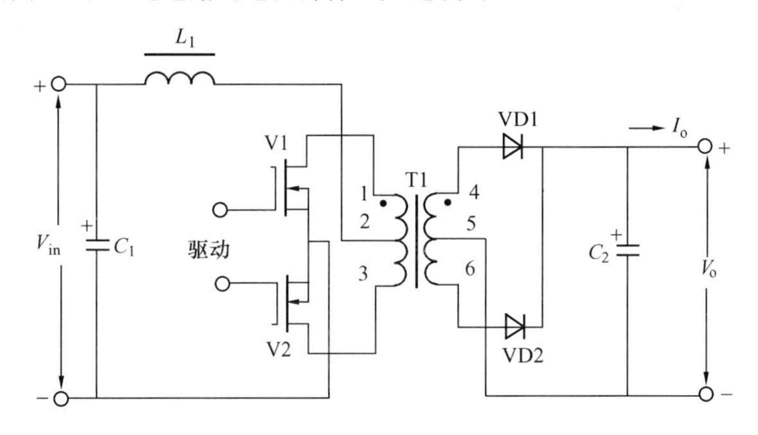

图 18-4 典型的电流馈电式功率变换器电路

静音变换器

经图 18-4 中的电路加一些简单的东西会使其性能发生戏剧性地变化，使它变成一个全新的变换器。这个新变换器如图 18-5 所示。其改变是：①变压器 T1 的磁心材料改为钼坡莫合金粉末磁心（MPP），采取粉末磁心的理由是因为它有对谐振槽路所需要的内建气隙以及这些磁心可以得到对温度稳定的磁导率。采取开气隙的铁氧体会有同样好的性能，但其设计必须在整个温度下稳定；②在串联电感器 L_1 上增加了一个换向线圈；③为形成并联谐振槽，需要加了一个电容器 C_3，这个调谐电容器 C_3 应为具有低 ESR 的高质量和稳定的电容器。飞机电源中所用的电容器是塑料薄膜型 CRH 对 MIL-

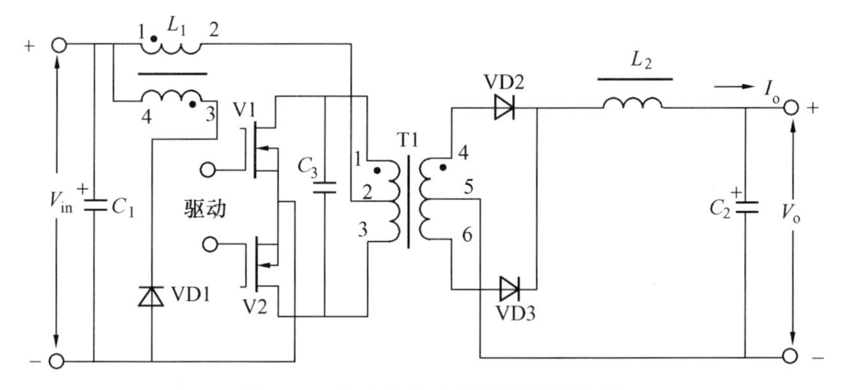

图 18-5 电流馈电式并联谐振变换器

C-83421。

在恰当设计元件的情况下，变压器 T1 的输出电压将总是正弦波，这个正弦波是通过利用一个调谐的并联谐振槽路（T1C3）在变换器的自然频率处完成的。串联电感器 L_1 把输入直流（DC）电源与变压器 T1 一次两端的电压相隔开。

调 整 与 滤 波

图 18-5 中所示的电流馈电式谐振变换器，为使电路正常运行，要求最小的死区时间（休止时间）。当串联电感器 L_1 如图 18-4 所示被连接时，要求 V1 和 V2 两者连续导通同时有少量交叠。在这种情况下，L_1 中总有连续的电流。如果在串联电感器 L_1 中有任何时间的电流间断，不管怎样短，它都会使开关晶体管 V1 和（或）V2 损坏。

为了装上脉宽调制（PWM），即一个驱动电路，这个电路具有内生的两个晶体管皆不导通的死区时间，必须有一个使串联电感 L_1 中电流换向的方法。在串联电感器 L_1 上加一个绕组是使电流换向的简单方法。这样，当在绕组（1-2）中流动的电流被中断时，电流将换向到所附加的绕组（3-4）中。这是当连接的极性正确时通过二极管 VD1，然后回到直流（DC）电源而形成一个如图 18-5 所示的完整路径而完成的。于是，当晶体管 V1 和 V2 中任何一个被切断，串联电感 L_1 的附加绕组就把电流换向返回 DC（直流）电源，这样就防止了开关晶体管 V1 和 V2 损坏。

静音变换器的波形

电流馈电式正弦波变换器的波形由图 18-6 来定其（测量）位置。图 18-7～图 18-15 相当于图 18-6 中的Ⓐ～Ⓣ各点。这里所表示出的波形都是从用示波器照下的真实照片复制下来的。

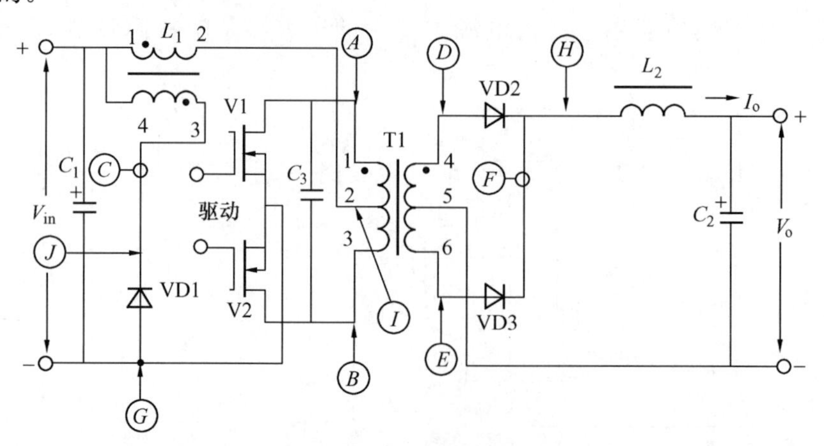

图 18-6 带有波形定位点的静音变换器原理图

V1 的漏极波形如图 18-7 所示。此波形取自点 A 和 G 之间，变换器被正确地调谐到自然频率。

具有最小死区时间的 V1 漏极电压波形如图 18-8 所示。波形取自点 A 和 G 之间，变换器被正确地调谐到自然频率。

V1 的漏极对地的电压波形如图 18-9 所示。波形取自点 A 和 G 之间。变换器没有正确地被调谐在自然频率，谐振槽路的电容器电容值太小。

V1 的漏极电压波形如图 18-10 所示。波形取自点 A 和 G 之间，变换器没有被正确地调谐在自然频率。谐振槽路电容器的电容值太大。

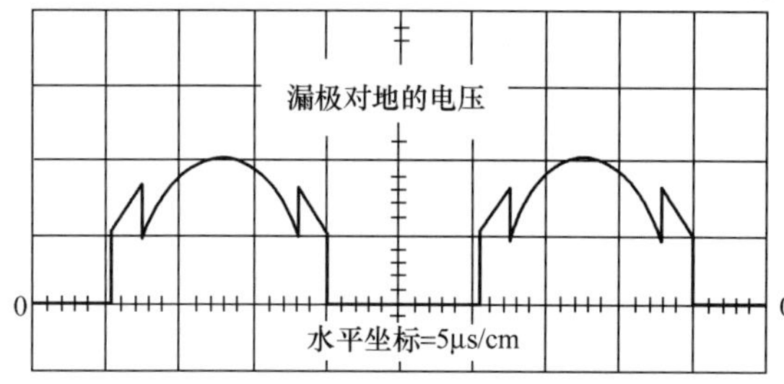

图 18-7　V1 和 V2 的漏极对地的电压波形

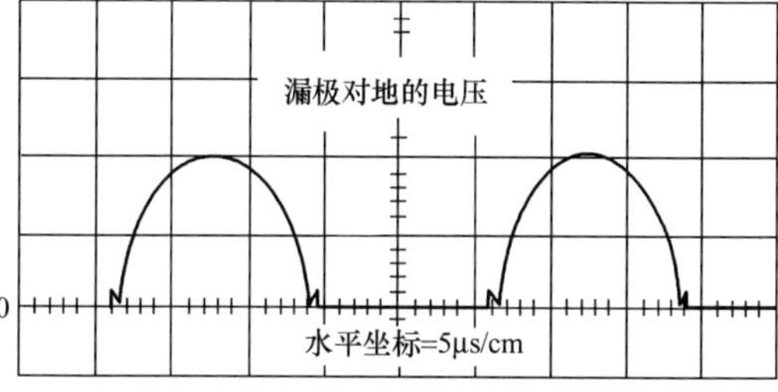

图 18-8　V1 和 V2 漏极对地的电压波形

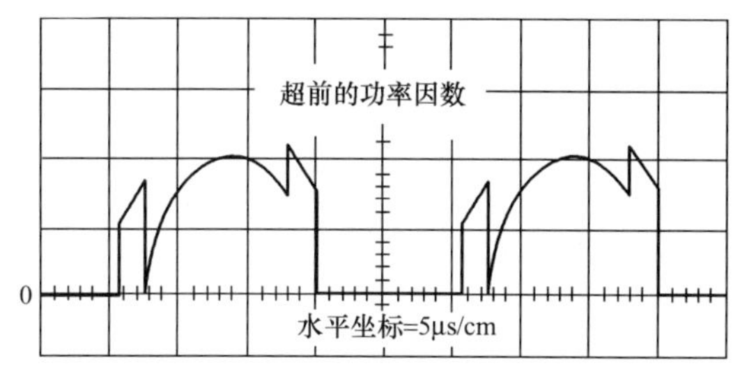

图 18-9　V1 和 V2 漏极对地的电压波形

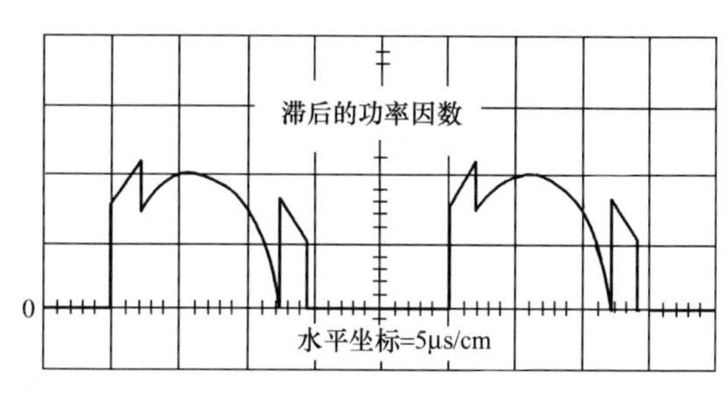

图 18-10　V1 和 V2 漏极对地的电压波形

变压器 T1 一次两端的电压波形如图 18-11 所示。波形取自点 A 和 B 之间，变换器被正确地调谐在自然频率。

变压器 T1 的二次电压波形如图 18-12 所示。波形取自点 D 和 E 之间，变换器被正确地调谐在自然频率。

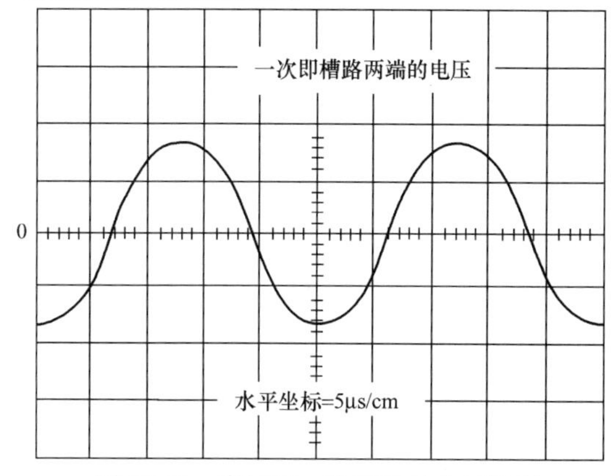

图 18-11　变压器一次两端的电压波形

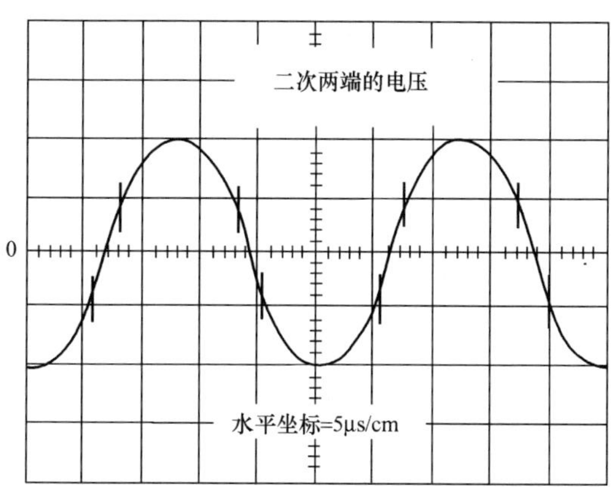

图 18-12　变压器二次两端的电压波形

VD2 和 VD3 阴极上的二次整流电压波形如图 18-13 所示。波形取自点 H，变换器被正确地调谐在自然频率。

二次电流波形如图 18-14 所示。电流波形取自点 F。

换流二极管电流如图 18-15 所示。电流流过串联电感器 L_1 的绕组（3-4)，波形取自点 C，变换器被正确地调谐在自然频率。

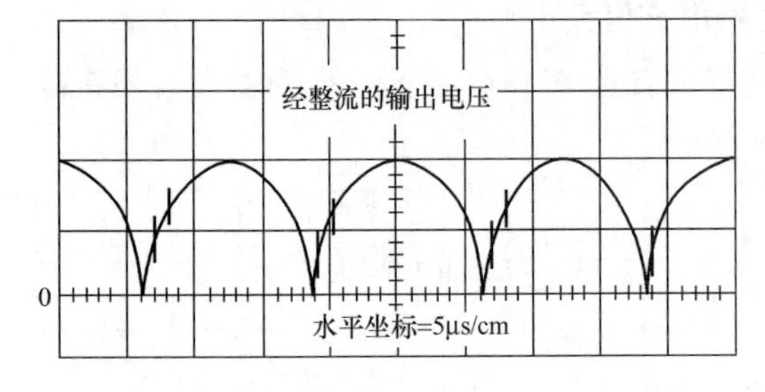

图 18-13　VD2 和 VD3 上的二次整流电压波形

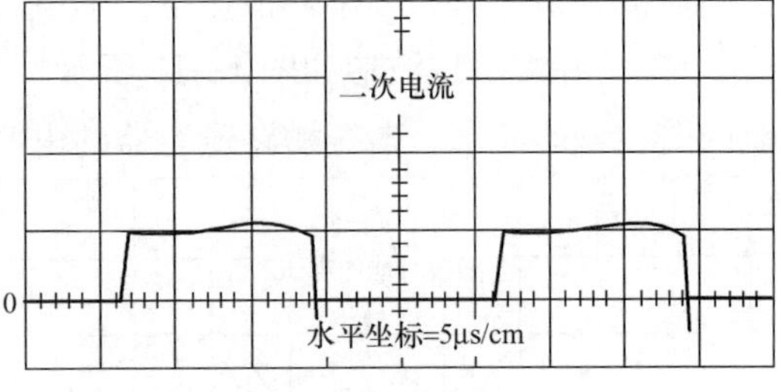

图 18-14　二次电流波形

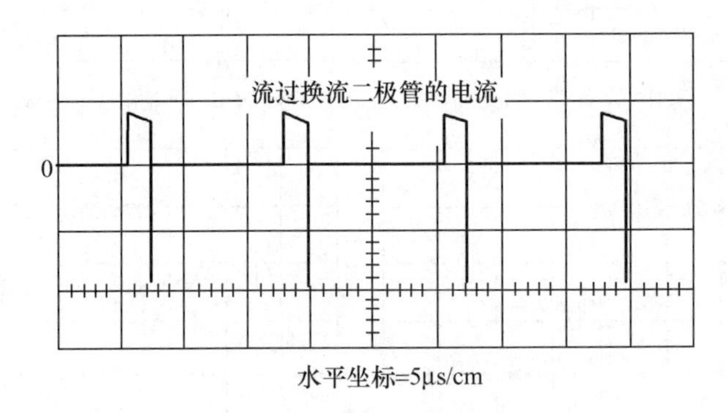

水平坐标=5μs/cm

图 18-15　流过换流二极管 VD1 的电流

进展中的工艺

随着技术的进步，仪器设备变得更精致、尺寸更小以及需要的功率更小了。需要的功率小通常是与电流小有关，电流小则需要承载电流的导线就细，尽管电流很小但是有一个导线尺寸不能再减少的实际尺寸限制。当导线尺寸达到很小的时候，会影响可靠性，它会成为加工和端接的难题。如果允许较大的导线，它没有把空间填得很满，就应该用较大的导线。根据实际应用的情况，所允许的最小导线尺寸在# 35～# 39AWG 范围。这样的导线需由专门的作坊来生产。

窗口利用系数 K_u

当设计变压器或电感器时，窗口利用系数 K_u 是指在窗口面积中所出现的铜的多少，详见第 4 章。窗口利用系数 K_u 受五个因素影响：

(1) 导线的绝缘 S_1。

（2）导线填充系数 S_2。

（3）有效的窗口面积 S_3。

（4）绕组的绝缘 S_4。

（5）加工技术水平。

综合这些因素给出一个通常的窗口利用系数 $K_u=0.4$。

$$K_u=S_1S_2S_3S_4=0.4 \tag{18-1}$$

与简单的电压馈电式方波变换器相比，电流馈电式正弦波变换器的设计要复杂得多。我们对它的叙述也详细得多。采用静音变换器的唯一理由是因为它固有的低噪声（EMI）。静音变换器的噪声甚至还可以通过增加一次和二次法拉第屏蔽层进一步减小。当法拉第屏蔽要被加到一次和二次之间时，变压器必须经过设计以适应蔽屏的需要。变压器尺寸主要是由负载决定。在设计过程中必须调整窗口利用系数 K_u 以适应法拉第屏蔽的需要。当选择变压器磁心尺寸时，它将需要稍微大一点的磁心，来解决法拉第屏蔽层所需增加的空间。

在初步的设计以后，工程师将为功率变压器选择适当的磁心型号。磁心几何常数 K_g 将选择钼坡莫合金粉末磁心型号，在选择了钼坡莫合金粉末磁心型号以后，工程师将选择一个具有最适于此应用场合的磁导率磁心。所有具有相同磁心几何常数 K_g 的钼坡莫合金粉末磁心的磁导率都在 14～550 之间。

温度稳定性

为了使静音变换器在宽温度范围内正常地运行，其元件必须在这个温度范围上是稳定的。控制振荡器频率的元件必须是稳定的，*LC* 槽路必须是稳定的，不随温度而漂移。磁学公司（Magnetics. Inc）提供的具有稳定磁导率的磁心有代号字母 M、W 和 D。W 材料的温度稳定性如图 18-16 所示。

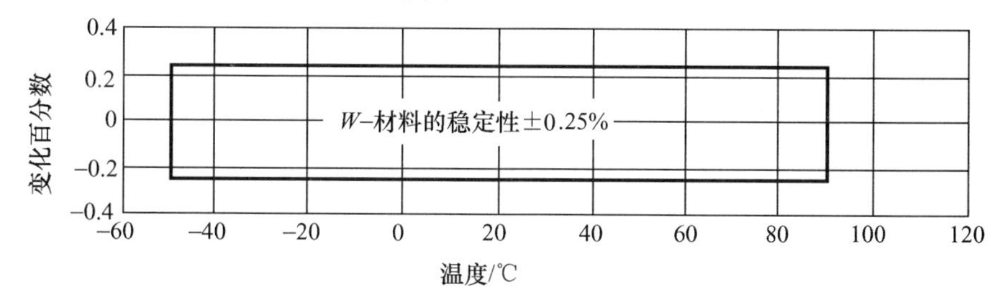

图 18-16　典型的稳定钼坡莫合金材料

视在功率 P_t 的计算

视在功率 P_t 是与变压器的几何尺寸有关的功率。设计者必须要把每个绕组的 rms 功率都考虑进去。一次绕组使用 P_{in}，二次绕组使用负载的 P_o。因为功率变压器的设计

必须是适应一次功率 P_{in} 与二次功率 P_o，所以用下面定义

$$P_t = P_{in} + P_\Sigma \quad (W)$$

$$P_\Sigma = P_{o1} + P_{o2} + \cdots + P_{on}$$

$$P_{in} = \frac{P_\Sigma}{\eta} \quad (W) \tag{18-2}$$

$$P_t = \frac{P_\Sigma}{\eta} + P_\Sigma \quad (W)$$

式中：η 为效率。

设计者必须关注变压器磁心和绕组的视在功率处理能力。视在功率 P_t 可能在输入功率 P_{in} 的 2～2.828 倍范围内变化，具体变化取决于采用含此变压器的电路类型。如果变压器中的电流有间断，诸如带中心抽头变压器的二次或推挽式变压器的一次，它的有效值要改变。因此，变压器尺寸不仅由负载要求来决定，也由应用场合来决定，这是因为由于电流波形不同而导致铜损也不同的缘故。

因为绕组结构不同，变压器的视在功率 P_t 必须是反映这些不同的总和。当绕组是带有中心抽头，产生不连续电流的时候，这个绕组不论是一次还是二次，其中的功率都必须乘上一个系数 U 以修正这个绕组中电流的 rms（方均根）值。如果绕组具有中心抽头，则 $U=1.41$；否则，$U=1$。把多输出变压器的输出功率相加将是

$$P_\Sigma = P_{o1}(U) + P_{o2}(U) + \cdots + P_{on}(U) \tag{18-3}$$ [1]

静音变换器的设计公式

变压器二次电压 V_s 是

$$V_s = (V_o + V_d) \quad (V) \tag{18-4}$$

式中：V_o 为输出电压；V_d 为二极管压降。

二次最大实际功率 $P_{s(max)}$ 是

$$P_{s(max)} = V_s I_{o(max)} \quad (W) \tag{18-5}$$

二次最小实际功率 $P_{s(min)}$ 是

$$P_{s(min)} = V_s I_{o(mio)} \quad (W) \tag{18-6}$$

二次视在功率 P_{sa} 是

$$P_{sa} = V_s I_{o(max)} U \quad (W) \tag{18-7}$$

式中：U 为 1.41，带中心抽头绕组；U 为 1.0，单个绕组。

如果有多于一个的输出，则全部二次最大视在负载功率的和 $P_{sa\Sigma}$ 为

$$P_{sa\Sigma} = P_{sao1} + P_{sao2} + \cdots \quad (W) \tag{18-8}$$

如果有多于一个的输出，则全部二次最大负载功率的和 $P_{ot(max)}$ 为

---

[1] 严格讲，此式中的 (U) 应是不同的，即应为 (U_{o1})、(U_{o2})、…、(U_{on})。

$$P_{ot(max)}=P_{o01(max)}+P_{o02(max)}+\cdots \quad (W) \tag{18-9}$$

如果有多于一个的输出，则全部二次最小负载功率的和 $P_{ot(min)}$ 为

$$P_{ot(min)}=P_{o01(min)}+P_{o02(min)}+\cdots \quad (W) \tag{18-10}$$

二次对一次的最大反射负载电阻 $R_{(max)}$ 为

$$R_{(max)}=\frac{V_{in}^2\eta}{P_{ot(min)}} \quad (\Omega) \tag{18-11}$$

$R_{(max)}$ = 电阻值

η = 效率

所需要的串联电感器电感 L_1 为

$$L_1=\frac{R_{(max)}}{3\omega} \quad (H) \tag{18-12}$$

$\omega=2\pi f$

f = 基波频率

总的周期 T 为

$$T=\frac{1}{f} \quad (s) \tag{18-13}$$

最大晶体管导通时间 $t_{on(max)}$ 是晶体管的驱动电路诸如脉宽调制器(PWM)会有一个最小死区时间 t_d，死区时间或休止时间如图 18-17 所示。

$$t_{on(max)}=\frac{T}{2}-t_d \quad (\mu s) \tag{18-14}$$

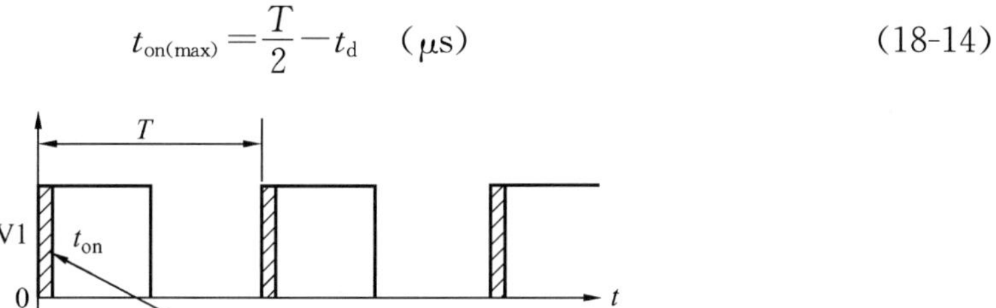
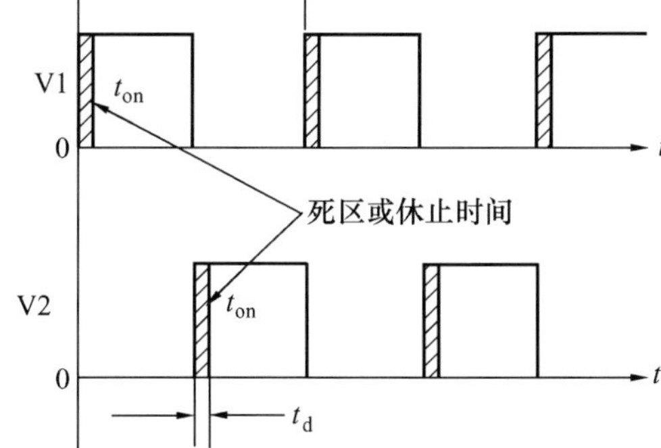

图 18-17　表示死区或休止区时间的晶体管驱动波形

变换比 K_a 为

$$K_a=\frac{4t_{on(max)}-T}{T\sin\left[\frac{t_{on(max)}\times 180}{T}\right]} \tag{18-15}$$

图 18-5 中所示的谐振电容器 C_3 上的电压峰值 $V_{c(pk)}$ 是

$$V_{c(pk)}=\frac{\pi K_a V_{in} K_b}{2} \quad (V) \tag{18-16}$$

式中：具有中心抽头的绕组时，$K_b=2$；单个绕组时，$K_b=1$。

一次电压的有效值(rms 值)是

$$V_{p(rms)}=\frac{0.707V_{c(pk)}}{K_b} \quad (V) \tag{18-17}$$

式中：具有中心抽头的绕组时，$K_b=2$，单个绕组时，$K_b=1$。

二次对一次的最大反射电流 I_{ps} 为

$$I_{ps}=\frac{P_{ot(max)}}{V_{p(rms)}\eta} \quad (A) \tag{18-18}$$

二次对一次反射的负载 R_{SR} 为

$$R_{SR}=\frac{K_a V_{p(rms)} K_b^2}{I_{sp}} \quad (\Omega) \tag{18-19}$$

式中：具有中心抽头的绕组时，$K_b=2$；单个绕组时，$K_b=1$。

注：电容电抗影响总的谐波畸变百分数，当 $\omega R_{SR}C=1$ 时，约为 12%；$\omega R_{SR}C=2$ 时，约为 6%；$\omega R_{SR}C=3$ 时，约为 4%。

按一般惯例

$$C_x=\frac{2}{2\pi f R_{SR}} \quad (F) \tag{18-20}$$

谐振电容 C_x 是

$$C_x=\frac{Q_T}{2\pi f R_{SR}} \quad (F) \tag{18-21}$$

式中：Q_T 是一个变数，它为工程师提供一点电容值的取值变化余地($1<Q_T<3$)，电容器 C_x 的电抗 X_{Cx}是

使用标准电容器

$$X_{Cx}=\frac{1}{2\pi f C_x} \quad (\Omega) \tag{18-22}$$

电容器电流的有效值 $I_{Cx(rms)}$ 为

$$I_{Cx(rms)}=\frac{0.707V_{C(pk)}}{X_{Cx}} \quad (A) \tag{18-23}$$

一次总电流 $I_{pt(rms)}$ 为

$$I_{pt(rms)}=\sqrt{I_{p(rms)}^2+I_{Cx(rms)}^2} \quad (A) \tag{18-24}$$

一次谐振槽路电感 L_x 为

$$L_x=\frac{1}{(2\pi f)^2 C_x} \quad (H) \tag{18-25}$$

变压器的总视在功率 P_t 为

$$P_t=(\text{一次视在功率})+(\text{二次视在功率})+(\text{电容器视在功率}) \quad (W)^{❶} \tag{18-26}$$

$$=\frac{P_{ot(max)}U}{\eta}+P_{sa\Sigma}+K_b V_{p(rms)} I_{Cx} \quad (W)$$

---

❶ 为与有功功率相区别，P_t 的单位最好用(VA)。

磁心几何常数 K_g 为

$$K_g=\frac{P_t}{0.000029K_f^2 f^2 B_{AC}^2\alpha}\quad (cm^5)\tag{18-27}$$

K_f 为波形系数=4.44。

B_{AC}为工作磁通密度，其值根据频率和磁心材料作工程的选择。

变压器设计，采用磁心几何常数（K_g）法

下面的数据是采用磁心几何常数（K_g）法设计一个工作在 32kHz、2.2W，推挽式变压器的设计技术要求。作为一个典型的例子，假定是一个推挽、全波桥式电路。

（1）输入电压 $V_{(min)}$ 为 22V。

（2）输出电压＃1，V_{s01} 为 5.0V。

（3）输出电流＃1，$I_{s01(max)}$ 为 0.2A。

（4）输出电流＃1，$I_{s01(min)}$ 为 0.1A。

（5）输出电压＃2，$V_{s02(max)}$ 为 12.0V。

（6）输出电流＃2，$I_{s02(max)}$ 为 0.1A。

（7）输出电流＃2，$I_{s02(min)}$ 为 0.05A。

（8）频率 f 为 32kHz。

（9）开关死区时间 t_d 为 0.625 μs。

（10）效率 η 为 95%。

（11）调整率 α 为 1.0%。

（12）二极管压降 V_d 为 0.5V。

（13）工作磁通密度 B_{AC}为 0.05T。

（14）磁心材料为 MPP。

（15）窗口利用系数 K_u 为 0.4。

（16）温升 T_r 为 15℃。

（17）波形系数 K_f 为 4.44。

注：采用具有中心抽头绕组时，$U=1.41$；采用单独绕组时，$U=1.0$。

步骤 1：计算每个输出的二次总电压 V_s

$$V_s=V_o+2V_d\quad (V)$$

$$V_{s01}=5.0+1.0=6.0\quad (V)$$

$$V_{s02}=12+1.0=13.0\quad (V)$$

步骤 2：计算二次最大实际功率 $P_{s(max)}$

$$P_{s(max)}=V_s I_{o(max)}\quad (W)$$

$$P_{s01(max)}=6.0\times 0.2=1.2\quad (W)$$

$$P_{s02(max)}=13.0\times 0.1=1.3\quad (W)$$

步骤 3：计算二次最小实际功率 $P_{s(min)}$

$$P_{s(min)}=V_s I_{o(min)} \quad (W)$$

$$P_{s01(min)}=6.0\times0.1=0.6 \quad (W)$$

$$P_{s02(min)}=13.0\times0.05=0.65 \quad (W)$$

步骤 4：计算二次视在功率 P_{sa}

$$P_{sa}=V_s I_{o(max)} U \quad (W)$$

$$P_{sa01}=6.0\times0.2\times1.0=1.2 \quad (W)$$

$$P_{sa02}=13.0\times0.1\times1.0=1.3 \quad (W)$$

步骤 5：计算二次总的最大视在负载功率 $P_{sa\Sigma}$

$$P_{sa\Sigma}=P_{sa01}+P_{sa02} \quad (W)$$

$$=1.2+1.3 \quad (W)$$

$$=2.5 \quad (W)$$

步骤 6：计算二次总的最大负载功率 $P_{ot(max)}$

$$P_{ot(max)}=P_{o01(max)}+P_{o02(max)} \quad (W)$$

$$=1.2+1.3 \quad (W)$$

$$=2.5 \quad (W)$$

步骤 7：计算二次总的最小负载功率 $P_{ot(min)}$

$$P_{ot(min)}=P_{o01(min)}+P_{o02(min)} \quad (W)$$

$$=0.6+0.65 \quad (W)$$

$$=1.25 \quad (W)$$

步骤 8：计算二次反射到一次的最大负载电阻 $R_{(max)}$

$$R_{(max)}=\frac{V_{in}^2\eta}{P_{ot(min)}} \quad (\Omega)$$

$$=\frac{22^2\times0.95}{1.25} \quad (\Omega)$$

$$=368 \quad (\Omega)$$

式中：$R_{(max)}$ 为电阻值；η 为效率。

步骤 9：计算串联电感器 L_1 的电感

$$L_1=\frac{R_{(max)}}{3\omega} \quad (H)$$

$$=\frac{368}{3\times2\times3.14\times32000} \quad (H)$$

$$=0.000610 \quad (H)$$

步骤 10：计算总周期 T

$$T=\frac{1}{f} \quad (s)$$

$$T=\frac{1}{32000} \quad (s)$$

$$T=31.25 \quad (\mu s)$$

步骤 11：计算晶体管最大导通时间 $T_{on(max)}$，死区时间如图 18-17 中所示

$$t_{on(max)}=\frac{T}{2}-t_d \quad (\mu s)$$

$$=\frac{31.25}{2}-0.625 \quad (\mu s)$$

$$=15 \quad (\mu s)$$

步骤 12：计算变(换)比 K_a

$$K_a=\frac{4t_{on(max)}-T}{T\sin\left[\frac{t_{on(max)}180}{T}\right]}=\frac{4\times15-32.25}{32.25\times\sin\left(\frac{15\times180}{32.25}\right)}=0.866$$

步骤 13：计算图 18-5 中所示的谐振电容器 C_3 上的电压峰值 $V_{c(pk)}$

$$V_{c(pk)}=\frac{\pi K_a V_{in} K_b}{2} \quad (V)$$

$$=\frac{3.1415\times0.866\times22\times2}{2} \quad (V)$$

$$=59.85 \quad (V)$$

式中：具有中心抽头绕组时，$K_b=2$；单个绕组时，$K_b=1$。

步骤 14：计算一次电压的有效值 $V_{p(rms)}$

$$V_{p(rms)}=\frac{0.707V_{c(pk)}}{K_b} \quad (V)$$

$$=\frac{0.707\times59.85}{2} \quad (V)$$

$$=21.2 \quad (V)$$

式中：具有中心抽头绕组时，$K_b=2$；单个绕组时，$K_b=1$。

步骤 15：计算由二次反射到一次的最大电流 I_{ps}

$$I_{ps}=\frac{P_{ot(max)}}{V_{p(rms)}\eta} \quad (A)$$

$$=\frac{2.5}{21.2\times0.95} \quad (A)$$

$$=0.124 \quad (A)$$

步骤 16：计算由负载反射到一次的电阻 R_{SR}

$$R_{SR}=\frac{K_q V_{p(rms)} K_b^2}{I_{sp}} \quad (\Omega)$$

$$=\frac{0.866\times21.2\times2^2}{0.124} \quad (\Omega)$$

$$=592 \quad (\Omega)$$

式中：具有中心抽头绕组时；$K_b=2$；单个绕组时，$K_b=1$。

注：电容电抗影响谐波失真的总百分数为，当 $\omega R_{SR}C=1$ 时，约为 12%；$\omega R_{SR}C=2$ 时，约为 6%；$\omega R_{SR}C=3$，约为 4%。

按一般惯例

$$C_x=\frac{2}{2\pi fR_{SR}}\quad(F)$$

步骤 17：计算谐振电容 C_x

$$C_x=\frac{2}{2\pi fR_{SR}}\quad(F)$$

$$=\frac{2}{6.28\times32000\times592}\quad(F)$$

$$=1.68\times10^{-8}\quad(F)$$

$$=0.0168\text{ 取 }0.015\quad(\mu F)$$

步骤 18：计算电容器 C_x 的电抗 X_{cx}，利用标准的电容器，令 C_x 等于 0.015 μF

$$X_{cx}=\frac{1}{2\pi fC_x}\quad(\Omega)$$

$$=\frac{1}{6.28\times32000\times0.015\times10^{-6}}\quad(\Omega)$$

$$=332\quad(\Omega)$$

步骤 19：计算电容器电流 $I_{cx(rms)}$

$$I_{cx(rms)}=\frac{0.707V_{c(pk)}}{X_{cx}}\quad(A)$$

$$=\frac{0.707\times59.85}{332}\quad(A)$$

$$=0.127\quad(A)$$

步骤 20：计算一次总电流 $I_{pt(rms)}$

$$I_{pt(rms)}=\sqrt{I_{p(rms)}^2+I_{cx(rms)}^2}\quad(A)$$

$$=\sqrt{0.124^2+0.127^2}\quad(A)$$

$$=0.177\quad(A)$$

步骤 21：计算一次谐振槽路电感 L_x

$$L_x=\frac{1}{2\pi^2f^2C_x}\quad(H)$$

$$=\frac{1}{6.28^2\times32000^2\times0.015\times10^{-6}}\quad(H)$$

$$=0.00165\quad(H)$$

步骤 22：计算变压器总的视在功率 P_t

$$P_t=(\text{一次视在功率})+(\text{二次视在功率})+(\text{电容器视在功率})\quad(W)$$

$$=\frac{P_{ot(max)}U}{\eta}+P_{sa\Sigma}+K_bV_{p(rms)}I_{cx}\quad(W)$$

$$=\frac{2.5\times1.41}{0.95}+2.5+2\times21.2\times0.127\quad(W)$$

$$=11.6\quad(W)$$

步骤 23：计算磁心几何常数 K_g。B_{AC}是工作磁通密度，其值根据频率和磁心材料

作工程选择

$$K_g = \frac{P_t}{0.000029K_f^2 f^2 B_{AC}^2 \alpha} \quad (cm^5)$$

$$= \frac{11.6}{0.000029 \times 4.44^2 \times 32000^2 \times 0.05^2 \times 1} \quad (cm^5)$$

$$= 0.00793 \quad (cm^5)$$

设计小结

(1) 变换系数 K_a 为 0.866。

(2) 谐振槽路电容 C_x 为 0.015 μF。

(3) 谐振槽路电容电压峰值 $V_{c(pk)}$ 为 59.85V。

(4) 谐振槽路电容电流有效值（rms 值）$I_{cx(rms)}$ 为 0.127A。

(5) 一次电感 L_x 为 0.00165H。

(6) 串联电感器 L_1 为 0.000610H。

(7) 二次对一次的反射电流 $I_{ps(rms)}$ 为 0.124A。

(8) 一次电压有效值（rms 值）$V_{p(rms)}$ 为 21.2V。

(9) 一次总电流的有效值（rms 值）$I_{tp(rms)}$ 为 0.177A。

(10) 二次总负载功率 $P_{ot(max)}$ 为 2.5W。

(11) 变压器总视在功率 P_t 为 11.6W。

(12) 变压器磁心几何常数 K_g 为 0.00793cm^5。

步骤 24：由第 3 章选择与上面计算的 K_g 相近的 MPP 粉末磁心

(1) 磁心元件型号为 55848-W4。

(2) 制造厂商为磁学公司（Magnetics）。

(3) 磁路长度 MPL 为 5.09cm。

(4) 磁心质量 W_{tFe} 为 9.4g。

(5) 铜质量 W_{tCu} 为 11.1g。

(6) 平均匝长 MLT 为 2.8cm。

(7) 磁心面积 A_c 为 0.226cm^2。

(8) 窗口面积 W_a 为 1.11cm^2。

(9) 面积积 A_p 为 0.250cm^4。

(10) 磁心几何常数 K_g 为 0.008cm^5。

(11) 表面面积 A_t 为 22.7cm^2。

(12) 磁导率 μ 为 60。

(13) 每 1000 匝毫亨数 AL 为 32。

步骤 25：计算一次总匝数 N_{tp}

$$N_{tp}=1000\sqrt{\frac{L_{(ncw)}}{L_{(1000)}}}\quad(匝)$$

$$=1000\sqrt{\frac{1.65}{32}}\quad(匝)$$

$$=226\ 从上绕到下\quad(匝)$$

$$N_{p}=113\ 中心抽头的每一边$$

步骤 26：计算工作磁通密度 B_{AC}

$$B_{AC}=\frac{V_{p(rms)}\times 10^{4}}{K_{f}N_{p}fA_{c}}\quad(T)$$

$$=\frac{21.2\times 10^{4}}{4.44\times 113\times 32000\times 0.226}\quad(T)$$

$$=0.0587\quad(T)$$

步骤 27：计算每 kg 的瓦数 W/kg，利用第 2 章中的 MPP 60 磁导率损耗公式

$$W/kg=0.788\times 10^{-3}f^{1.41}B_{AC}^{2.24}\quad(W/kg)$$

$$=0.788\times 10^{-3}\times 32000^{1.41}\times 0.0587^{2.24}\quad(W/kg)$$

$$=3.09\quad(W/kg)\ 即\quad 3.09\quad(mW/g)$$

步骤 28：计算磁心损失 P_{Fe}

$$P_{Fe}=\left(\frac{\text{milliwatts}}{\text{grams}}\right)W_{tFe}\times 10^{-3}\quad(W)$$

$$=3.09\times 9.4\times 10^{-3}\quad(W)$$

$$=0.0290\quad(W)$$

步骤 29：计算每伏的匝数 $K_{N/V}$

$$K_{N/V}=\frac{N_{p}}{V_{p}}\quad(匝/V)$$

$$=\frac{113}{21.2}\quad(匝/V)$$

$$=5.33\quad(匝/V)$$

步骤 30：计算二次匝数 N_{s}，α 为调整率，以百分比数表示，详见第 6 章

$$K=1+\frac{\alpha}{100}=1.01$$

$$N_{s01}=K_{N/V}V_{s01}K=5.33\times 6.0\times 1.01=32\quad(匝)$$

$$N_{s02}=K_{N/V}V_{s02}K=5.33\times 13.0\times 1.01=70\quad(匝)$$

步骤 31：计算电流密度 J，利用窗口利用系数 $K_{u}=0.4$

$$J=\frac{P_{t}10^{4}}{A_{p}B_{m}fK_{f}K_{u}}\quad(A/cm^{2})$$

$$=\frac{11.6\times 10^{4}}{0.25\times 0.0587\times 32000\times 4.44\times 0.4}\quad(A/cm^{2})$$

$$=139\quad(A/cm^{2})$$

步骤 32：计算二次级所需要的导线面积 A_{ws}

$$A_{ws01} = \frac{I_{s(01)(rms)}}{J} = \frac{0.2}{139} = 1.44 \times 10^{-3} \quad (cm^2)$$

$$A_{ws02} = \frac{I_{s(02)(rms)}}{J} = \frac{0.1}{139} = 0.719 \times 10^{-3} \quad (cm^2)$$

步骤 33：由第 4 章中的导线表选择导线，记下 $\mu\Omega/cm$

$$A_{ws01} = 1.44 \times 10^{-3}，取 26 号线 = 1.28 \times 10^{-3} \quad (cm^2)$$

$$26 号线, \frac{\mu\Omega}{cm} = 1345$$

$$A_{ws02} = 0.719 \times 10^{-3}，取 29 号线 = 0.647 \times 10^{-3} \quad (cm^2)$$

$$29 号线, \frac{\mu\Omega}{cm} = 2664$$

步骤 34：计算一次所需要的导线面积 A_{wp}

$$A_{wp} = \frac{I_{tp(rms)}}{J} \quad (cm^2)$$

$$= \frac{0.177}{139} \quad (cm^2)$$

$$= 1.27 \times 10^{-3} \quad (cm^2)$$

步骤 35：由第 4 章中的导线表选择导线，记下 $\mu\Omega/cm$

$$A_{wp} = 1.27 \times 10^{-3}，取 26 号线 = 1.28 \times 10^{-3} \quad (cm^2)$$

$$26 号线, \frac{\mu\Omega}{cm} = 1345$$

步骤 36：计算二次总的窗口利用系数 K_{uts}

$$K_{us01} = \frac{N_{01}A_{w01}}{W_a} = \frac{32 \times 0.00128}{1.11} = 0.0369$$

$$K_{us02} = \frac{N_{02}A_{w02}}{W_a} = \frac{70 \times 0.000647}{1.11} = 0.0408$$

$$K_{uts} = K_{us01} + K_{us02} = 0.0777$$

步骤 37：计算一次窗口利用系数 K_{up}

$$K_{up} = \frac{N_{tp}A_w}{W_a}$$

$$= \frac{226 \times 0.00128}{1.11}$$

$$= 0.261$$

步骤 38：计算总的窗口利用系数 K_u

$$K_u = K_{up} + K_{uts}$$

$$= 0.261 + 0.0777$$

$$= 0.339$$

步骤 39：计算一次绕组电阻 R_p

$$R_p = (MLT)N_p \frac{\mu\Omega}{cm} \times 10^{-6} \quad (\Omega)$$
$$= 2.80 \times 113 \times 1345 \times 10^{-6} \quad (\Omega)$$
$$= 0.426 \quad (\Omega)$$

步骤 40：计算一次铜损 P_p

$$P_p = I_{p(rms)}^2 R_p \quad (W)$$
$$= 0.177^2 \times 0.426 \quad (W)$$
$$= 0.0133 \quad (W)$$

步骤 41：计算二次绕组电阻 R_s

$$R_s = (MLT)N_s \frac{\mu\Omega}{cm} \times 10^{-6} \quad (\Omega)$$
$$R_{s01} = 2.80 \times 32 \times 1345 \times 10^{-6} = 0.121 \quad (\Omega)$$
$$R_{s02} = 2.80 \times 70 \times 2664 \times 10^{-6} = 0.186 \quad (\Omega)$$

步骤 42：计算二次铜损 P_s

$$P_s = I_{s(rms)}^2 R_s \quad (W)$$
$$P_{s01} = 0.2^2 \times 0.121 = 0.00484 \quad (W)$$
$$P_{s02} = 0.1^2 \times 0.186 = 0.00186 \quad (W)$$

步骤 43：计算二次级总铜损 P_{ts}

$$P_{ts} = P_{s01} + P_{s02} \quad (W)$$
$$= 0.00484 + 0.00186 \quad (W)$$
$$= 0.0067 \quad (W)$$

步骤 44：计算总损失，磁心损失率铜损 P_Σ

$$P_\Sigma = P_p + P_{ts} + P_{Fe} \quad (W)$$
$$= 0.0133 + 0.0067 + 0.0290 \quad (W)$$
$$= 0.049 \quad (W)$$

步骤 45：计算单位表面积的瓦数 ψ

$$\psi = \frac{P_\Sigma}{A_t} \quad (W/cm^2)$$
$$= \frac{0.049}{22.7} \quad (W/cm^2)$$
$$= 0.00216 \quad (W/cm^2)$$

步骤 46：计算温升 T_r

$$T_r = 450\psi^{0.826} \quad (℃)$$
$$= 450 \times 0.00216^{0.826} \quad (℃)$$
$$= 2.83 \quad (℃)$$

步骤 47：计算谐振槽路的品质因数 Q_t

$$\begin{aligned}Q_t &= 2\pi f C_x R_{SR} \\ &= 6.28 \times 32000 \times 0.015 \times 10^{-6} \times 592 \\ &= 1.79\end{aligned}$$

更多信息见式（18-20）。

参 考 文 献

[1] V. Vorperian, and C. McLyman, "Analysis of a PWM-Resonant DC-to-DC Converter." IEEE transaction.

[2] S. Lendena, "Current-Fed Inverter." 20th Annual Proceedings Power Sources Conference, May 24 1966.

[3] S. Lendena, "Single Phase Inverter for a Three Phase Power Generation and Distribution System." Electro-Optical-System, Contract #954272, from Jet Propulsion Laboratory, January 1976.

第19章

旋转式变压器设计

Chapter 19

目　次

导　　言

有很多场合需要通过旋转界面转换信号和功率。多数采用滑环或电刷的地方可以用旋转变压器来代替。科学仪表、天线和太阳能电池阵列都是某些宇宙飞船（S/C）结构如自旋稳定宇宙飞船（S/C）中需要旋转式功率转换的部件，过去信号和功率的传递主要是由滑环来完成的。但是，利用滑环在寿命和可靠性方面有问题：接触部分的损坏、噪声和污染。接触部分损坏将导致对地的导电通路，这个导电通路将产生噪声和破坏原已设计好的对共模噪声的抑制。一个简单的滑环装置和一个旋转变压器如图 19-1 中所示。高等级性能和低寿命迫使伽利略宇宙飞船（S/C）用旋转式变压器代替了信号的交接面，用旋转式变压器在伽利略宇宙飞船上转换功率也被仔细考虑过，但被认为对宇宙飞船供电的影响太大而未用。伽利略宇宙飞船上的旋转式变压器延长了宇宙飞船的寿命，无故障地工作从 1989～2003 年。

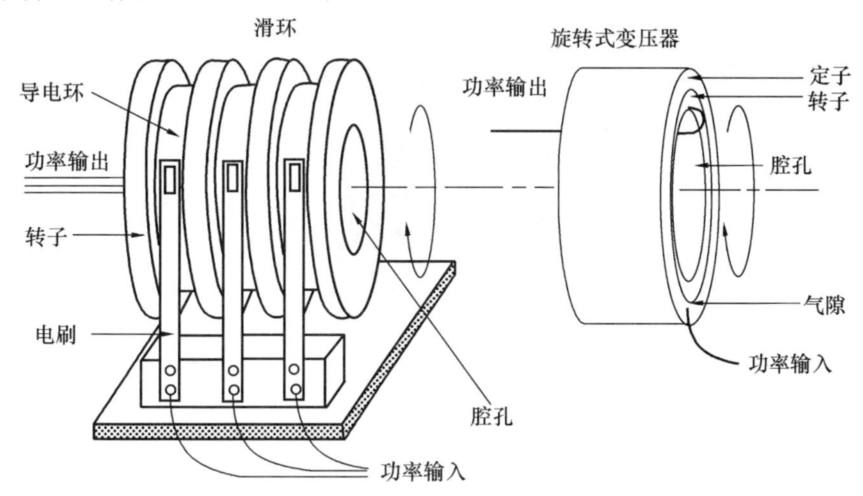

图 19-1　滑环装置与旋转式变压器的比较

现有的旋转式功率转换方法采用方波变换器技术。但是，存在有由旋转式变压器中的固有气隙与方波电压的快速变化相耦合而引起的问题，使功率电子电路加上过大的应力，使界面变成了电磁干扰（EMI）源而影响了整个系统的工作完好性。

基本的旋转式变压器

旋转式变压器与传统变压器基本相同。除了其几何形状被安排得使一次和二次可以相对旋转，其电特性几乎未变。最普通的旋转式变压器是如图 9-2 所示的轴型旋转式变压器和如图 9-3 所示的扁平型（罐形磁心）旋转式变压器。功率变换是通过空气隙以电磁原理完成的。由于润滑或耐磨粉碎屑而没有磨损性接触、噪声或污染问题。

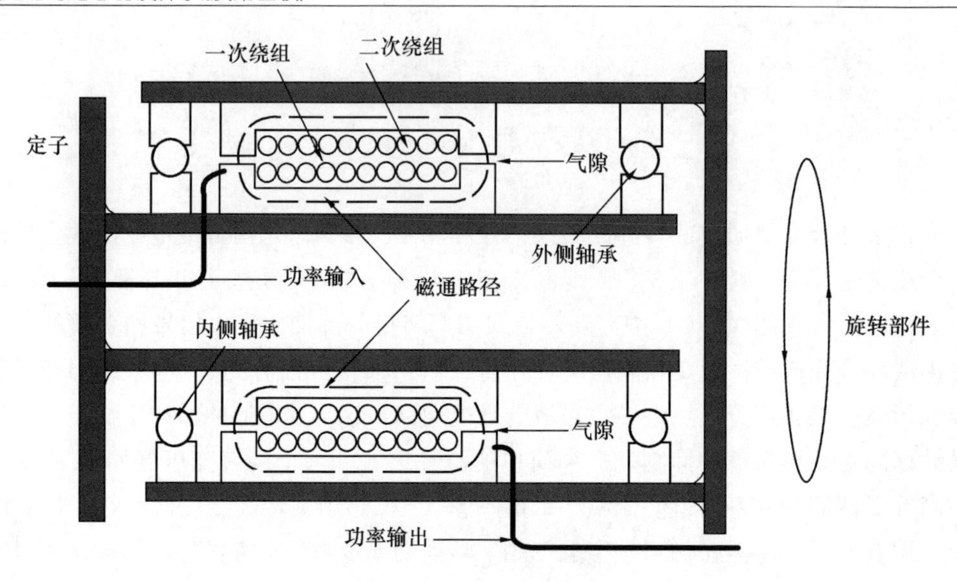

图 19-2 轴型旋转式变压器图示

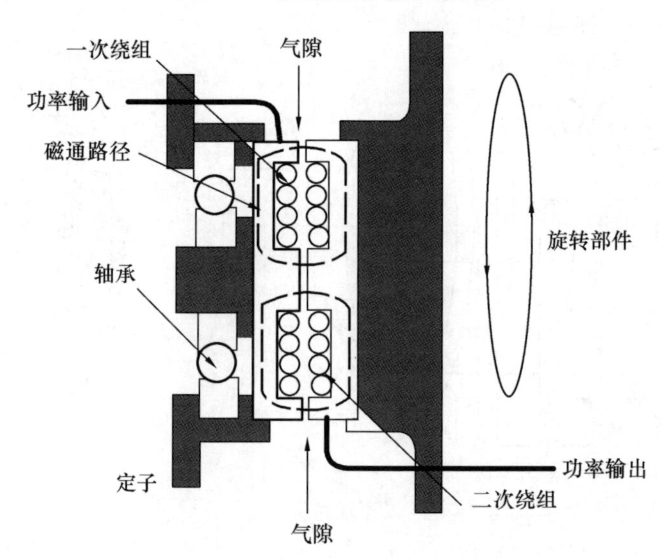

图 19-3 扁平型旋转式变压器图示

方 波 技 术

理想变换器中的变压器具有典型的矩形 B-H 回线，如图 19-4 所示。变换器中的变压器通常被设计成具有最小的漏感。通常在方波变换器中的变压器一次所看到的电压尖峰是由漏感引起的。为设计出使其漏感最小的变换器变压器，一次和二次之间必须有最小的距离。漏感最小化将减小对有功率损耗吸收电路的需要。虽然存在用方波变换器技术设计的旋转式功率变压器，但是它们不是没有问题。

有两个在一般变压器中没有的问题：①旋转式变压器中存在固有气隙；②一次和二次之间所需要的空间导致大的漏感。这些问题，连同方波驱动，都是导致需要高损耗吸收电路和使之成为影响邻近系统运行完好性的电磁干扰（EMI）源问题。由于旋转式变压器固有的空气隙，具有与电感器类似的 B-H 回线，如图 19-5 所示。基本上是变压器变换功率，电感器在气隙中存储能量。旋转式变压器不具有理想变压器的任何特性。更准确地说，它是一个具有气隙和具有在空间上与一次侧相远离的二次变电压的电感器（toans-inductor）。

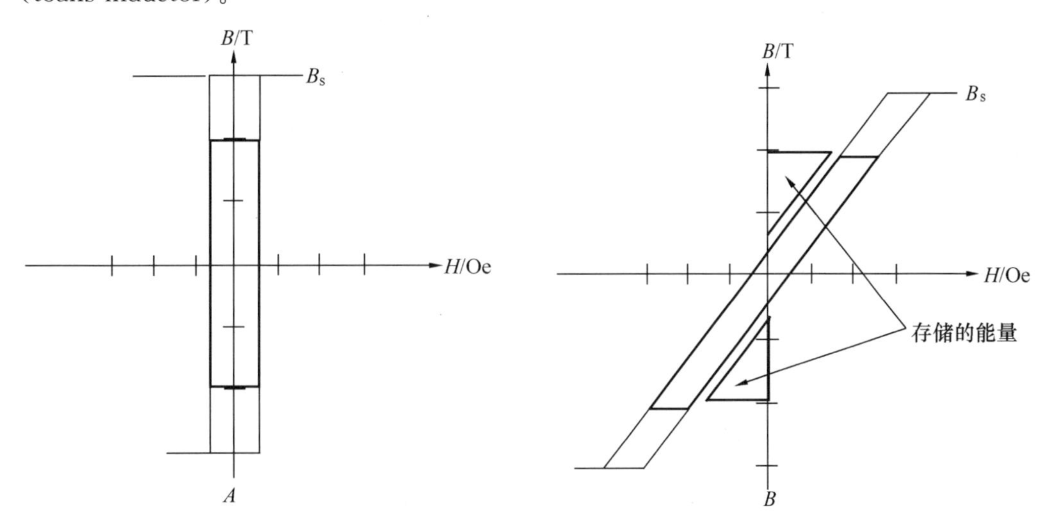

图 19-4　典型的变压器 B-H 回线　　图 19-5　典型旋转式变压器的 B-H 回线

旋转式变压器的漏感

旋转式变压器具有内在的气隙及一次和二次之间的空隙，这个气隙和空隙导致了一次电感量低，这个低的一次电感导致了磁化电流加大。利用式（9-1）可以计算出轴形和扁平形两种旋转式变压器的漏感。轴形旋转式变压器的绕组尺寸如图 19-6 所示。扁平旋转式变压器的绕组尺寸如图 19-7 所示。

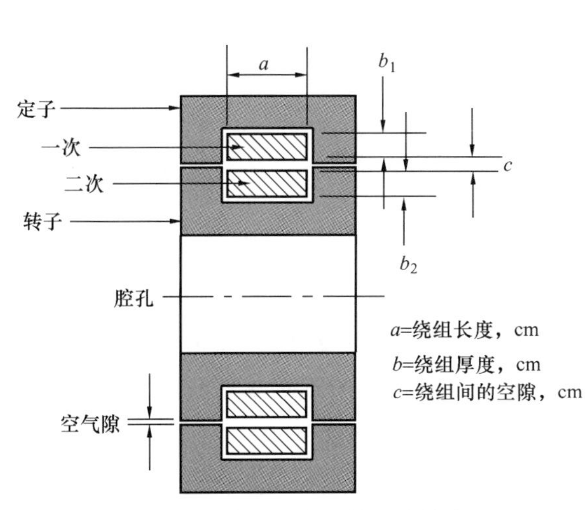

图 19-6　表示绕组尺寸的轴形旋转式变压器

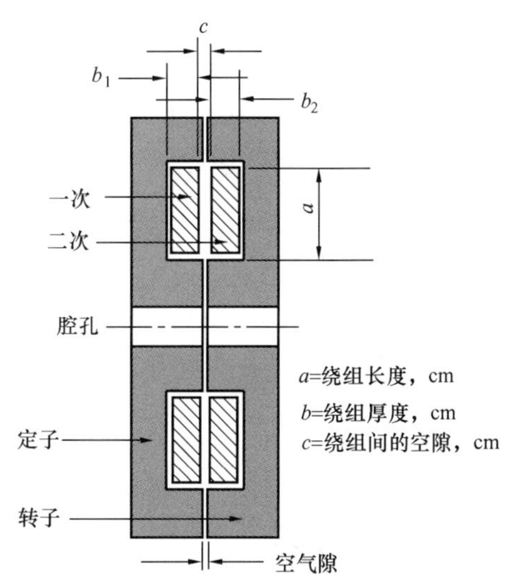

图 19-7　表示绕组尺寸的扁平旋转式变压器

$$L_p = \frac{4\pi(MLT)N_p^2}{a}\left(c + \frac{b_1 + b_2}{3}\right) \times 10^{-9} \quad (H) \tag{19-1}$$

电流馈电式正弦波变换器中用旋转变压器的实现

电流馈电式正弦波变换器拓扑是对旋转式变压器供电的一个好选择。这个设计将是电流馈电、推换式、具有调谐振荡槽路、需要开气隙变压器的变换器。图19-8所示的标准方波变换器和图 19-9 所示的电流馈电式正弦波变换器做一比较。在后者的拓扑中变压器采用旋转式变压器，存储在旋转气隙中的能量可被回收并被用于谐振槽路中。而如果这个旋转气隙是在图 19-8 所示的标准的方波变换器变压器中要引起很大的麻烦。在后者，采用旋转式变压器来逼近不需要任何损耗功率的吸收网络，详见第 18 章。

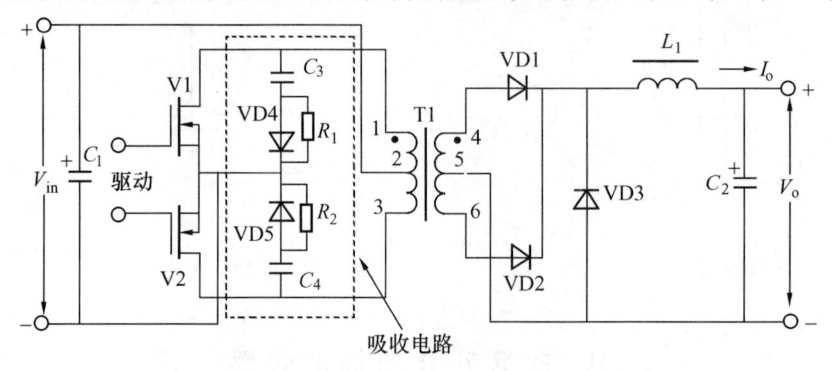

图 19-8 典型的带有吸收网络的电压馈电式方波变换器

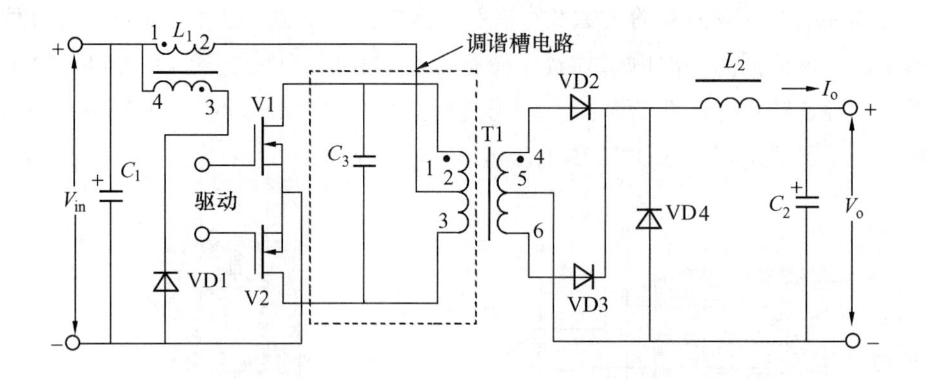

图 19-9 典型的电流馈电式谐振变换器电路

电流馈电式正弦波变换器需要一个 LC 谐振槽电路以使其正常运行。因为旋转式变压器存在固有的气隙，所以旋转式变压器的一次将是一个理想的电感器。把谐振槽电路与旋转式变压器合在一起有几个优点：①它使功率级中的元件数最小化；②逆变器的输出是一个自然的正弦波，如图 19-10 所示，一般情况下不需要再加滤波器；③当任何一个功率开关截止时，变压器空气隙中存储的能量都被释放，这个能量在谐振槽路内被交换，这就提供了谐振槽路与负载之间直接交换的能力。在旋转式变压器中没有明显的驱动力矩，调谐

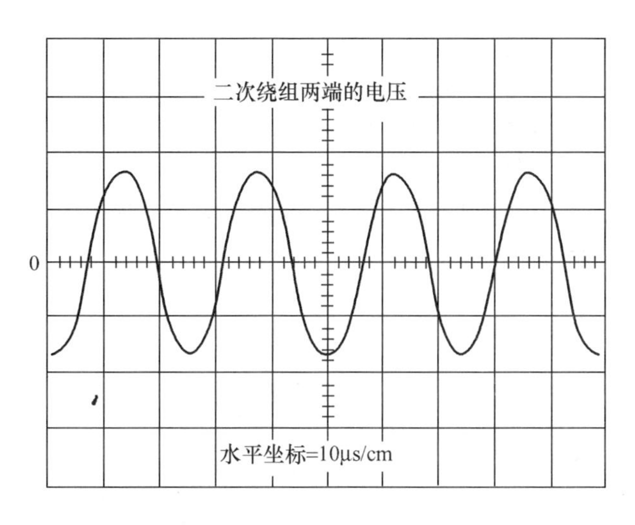

图 19-10　电流馈电式变换器，二次电压是正弦波

电容器，即槽路电容器必须是高质量的，即高稳定和低串联等效电阻(*ESR*)的。

旋转式变压器的设计约束

旋转式变压器的技术要求与一般的变压器设计相比较有一些非常的设计约束。首先，在磁路中有比较大的气隙，这个气隙的尺寸取决于偏心的尺寸和旋转轴的公差。气隙导致了一次磁化电感量降低；第二，一次和二次绕组分开的距离大，导致了一次、二次漏感非常大；第三，大的腔孔要求。由于一定的平均匝长而导致了磁心材料和铜的利用效率低，这个大的直径导致在相同的调整率下要求更大的铜面积；第四，与普通的变压器相比，磁心因为结构上的需要必须更坚固，如图 19-11 所示。

旋转式变压器的尺寸通常是由机械的交接界面，特别是比较大的气隙和大的穿孔来

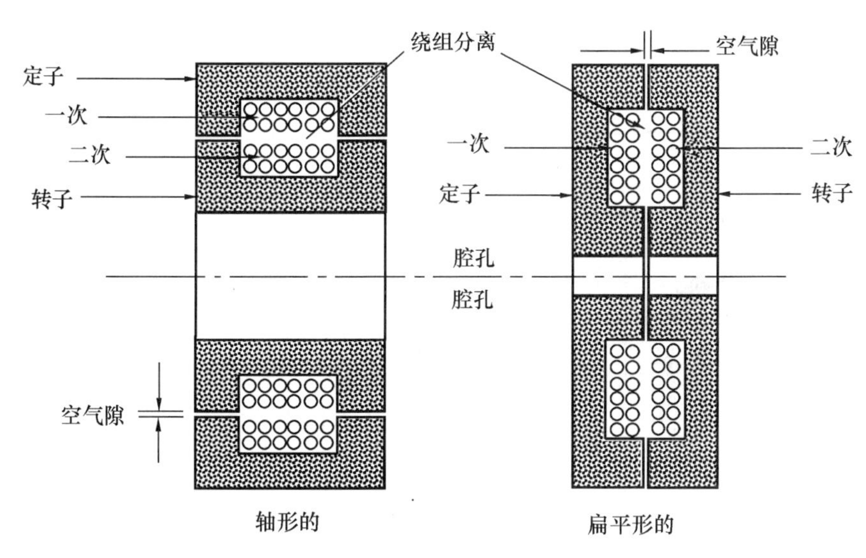

图 19-11　基本类型的旋转式变压器几何结构

决定的。这个气隙和穿孔导致了长的平均匝长（*MLT*）。旋转式变压器不是理想的磁元件，环形磁心是理想的磁元件。制造厂商采用的是取自环形磁心的试验数据来表示磁性材料的特性。环形磁心中的磁通如图 19-12 所示，沿整个磁路长度 *MPL* 穿过一个不变的磁心截面 A_c，提供了一个理想的磁特性。可以看到，图 19-13 和图 19-14 所示的整个旋转式变压器的横截面积没有提供出不变的磁通密度亦即理想的磁部件。用于伽利略宇宙飞船的旋转式变压器直径约 10cm，由 CMI（Ceramic Magnetics Inc，陶瓷磁器件公司）制造（见参考文献 4）。

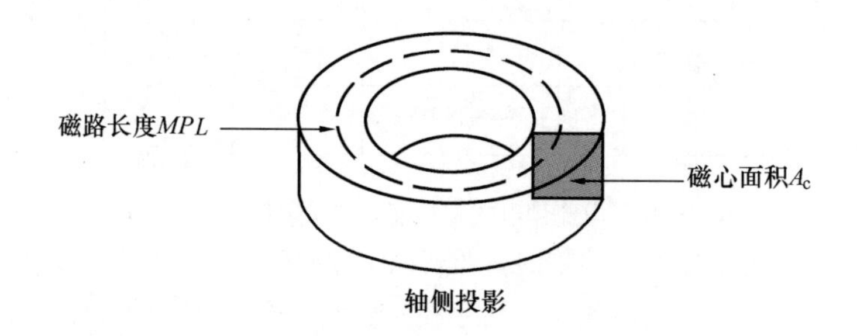

图 19-12　典型环形磁心的轴侧投影图

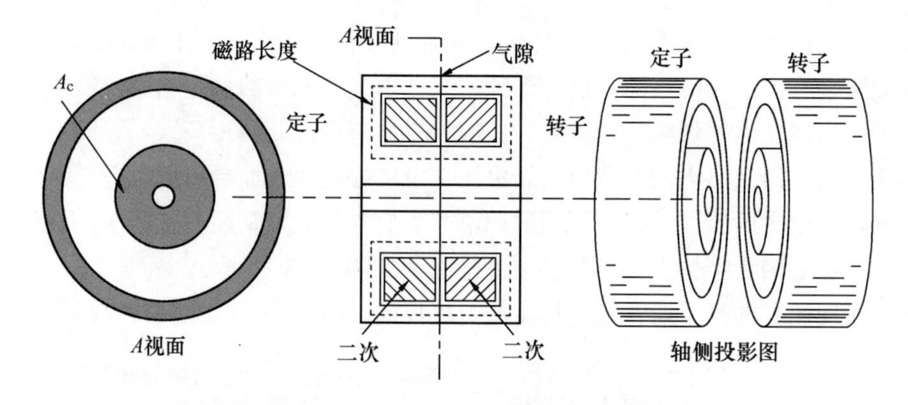

图 19-13　扁平旋转式变压器的切开图示

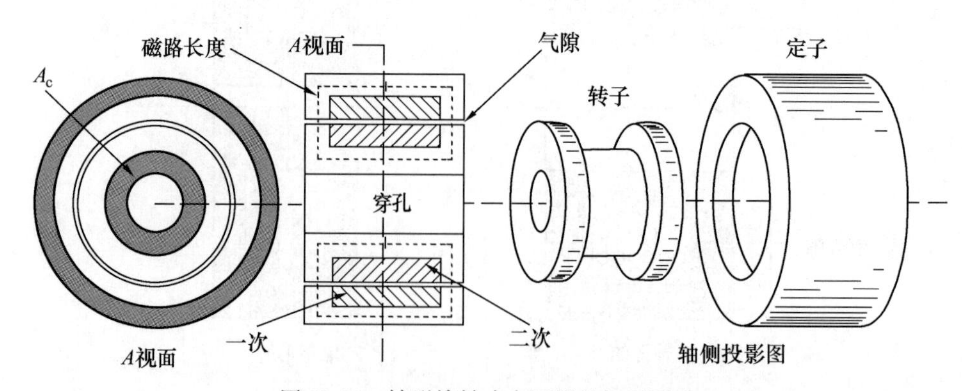

图 19-14　轴形旋转式变压器的切开图示

参 考 文 献

[1] E. Landsman,"Rotary Transformer Design. "Massachusetts Institute Technology, PCSC-70 Record, pp139-152.

[2] L. Brown,"Rotary Transformer Utilization in a Spin Stabilized Spacecraft Power System. "General Electric, pp 373-376.

[3] S. Marx,"A Kilowatt Rotary Power Transformer. "Philco-Ford Corp. , IEEE Transactions on Aerospace and Electronic Systems Vol. AES-7, No. 6 November 1971.

[4] Ceramic Magnetics, Inc. 16 Law Drive Fairfield, NJ 07006. Tel(973)227-4222.

第20章

平 面 变 压 器

Chapter 20

目　次

导　言

平面变压器或电感器是一种低矮造型且覆盖面积大的元件，而传统变压器多为立方体形。平面磁器件在功率磁器件领域中是一个新兴的词。这是一些工程师想出的增加功率密度的方法，同时它也提高了整体性能，使其成本更低廉。在平面磁器件方面公开发表的首批文章之一可追溯到 1986 年的 Alex Estrov。再读过这篇文章之后，你会真切地感觉到他做了些什么。如果一个人打算从事平面变压器设计，他可以从文章中看到在低造型铁氧体磁心和印制电路板方面一个全新的学习途径。对变压器工程师而言，这是一个全新的技术。使这个技术成为实际可能的两个元件是功率 MOS 场效应晶体管和铁氧体磁心。前者提高了开关频率，并能使设计者减少匝数，后者可以被模压制成几乎任何形状。在这篇文章发表以后，对平面磁器件的兴趣似乎每年都在增加。

平面变压器的基本结构

这里，图 20-1～图 20-4 所示的是四个典型的 EE 磁心平面结构方式的图示。装配好的平面变压器在它们已成型的结构方面具有很独特的特性。在已安装完的平面变压器中，每个一次线匝都处在精确的位置上，这个位置是由 PCB（印制电路板）制约的。一次总是与二次有相等的距离。这使一次对二次漏感被固定的控制。采用相同的绝缘材料将总是提供出一次与二次之间的相同电容。这样，所有的寄生参数从一个元件到另一个元件都将是相同的。用这种平面结构，工程师将会对漏感、谐振频率和共模抑制有固定的控制。固定的控制对所有采用的材料都是必然的。

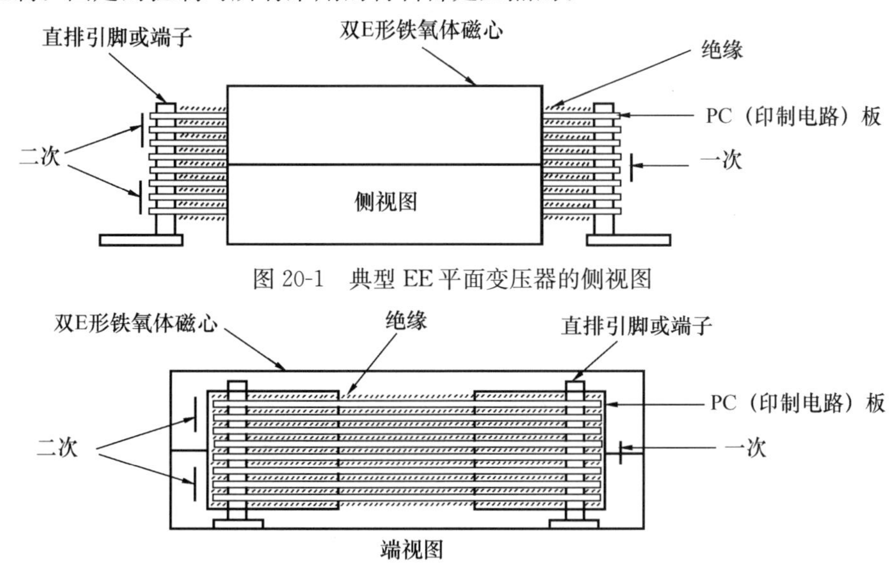

图 20-1　典型 EE 平面变压器的侧视图

图 20-2　典型 EE 平面变压器的端视图

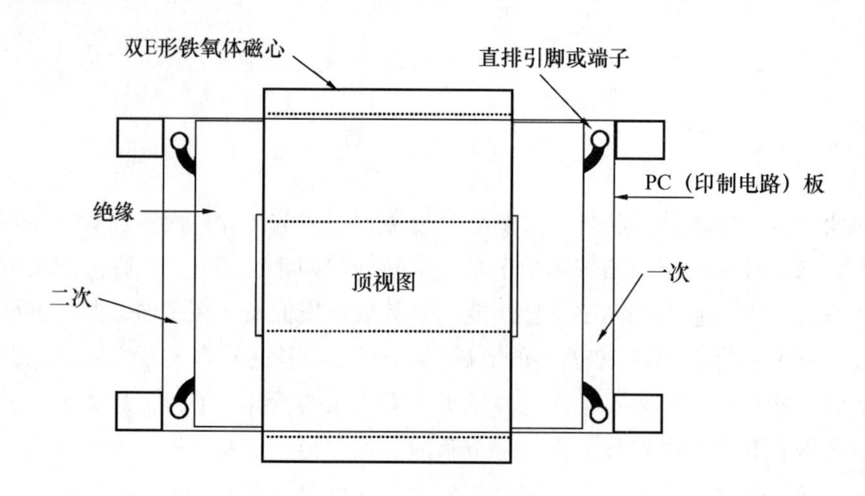

图 20-3　典型 EE 平面变压器的顶视图

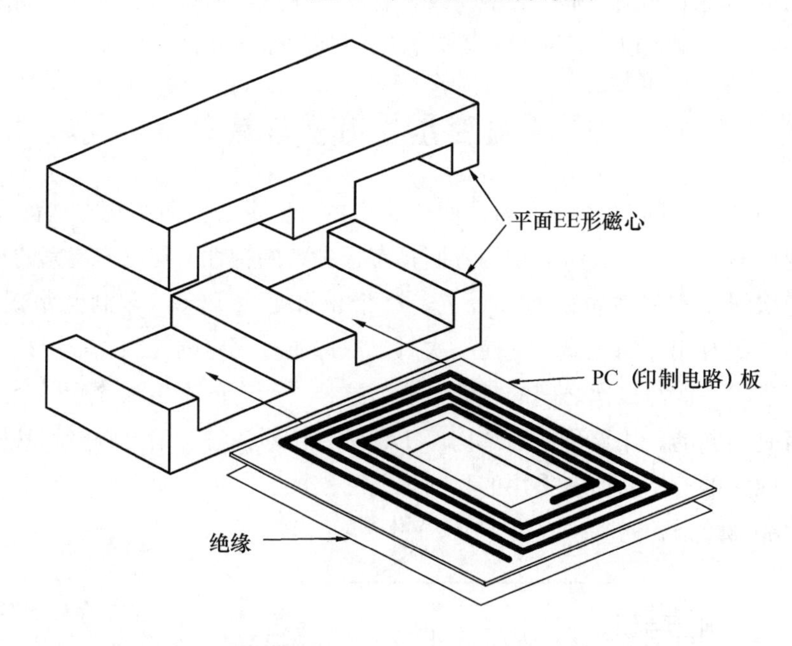

图 20-4　典型 EE 平面变压器的轴侧投影图

平面集成 PCB（印制电路板）上的磁性元件

现在，平面变压器已能很好地被集成在主 PCB 板上。设计工程师们正在努力使工作频率越来越高，以致使工作在 250～500kHz 范围内都是很平常的事了。随着频率的增加，所需功率的供应变得越来越小。为了进一步减小电源的尺寸，工程师们正转向研究集成于主 PCB 中的平面磁器件。图 20-5 就是一个显示集成于主 PCB 上的多层 PCB 平面变压器的部件分解图。图 20-6 所示的是同样的平面变压器最后装配图。

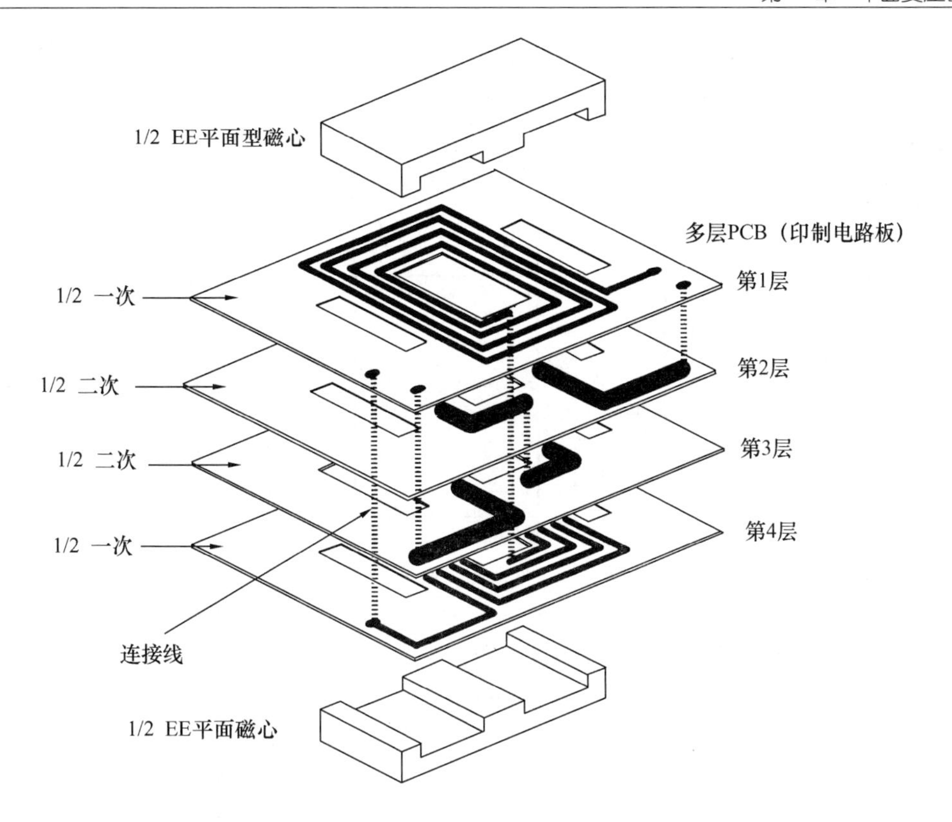

图 20-5 集成于主 PC 板的平面变压器

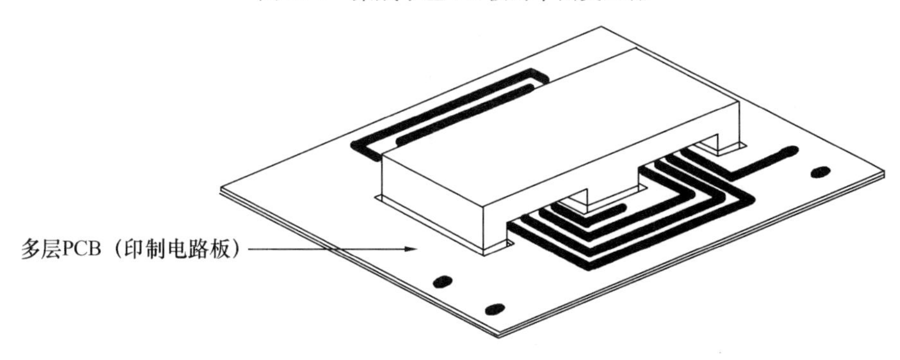

图 20-6 PC 板平面变压器的最后装配图示

磁心的几何形状与尺寸

EE 和 EI 磁心不是唯一可以买到的平面磁心。在铁氧体工业中有几个厂商提供低矮型的标准磁心，给工程师在其设计中更多的选择。图 20-7 所示的是从磁学公司(Magneties)可以买到的 EE 和 EI 磁心，图 20-8 所示的是从 Ferroxcube 公司可以买到的 ER 磁心，图 20-9 所示的是从 Ferrite International 公司可以买到的 ETD-lp 磁心，图 20-10 所示的是从 Ferrite Internatiniol 公司可以买到的 PQ-lp 磁心，图 20-11 所示的是从 Ferroxcube 公司可以买的 RM-lp 型磁心。具有圆形中心柱的磁心，如 PQ-lp、RM-lp、

ETP-lp 和 ER 有几个优点，图形的中心柱能更有效地利用铜和更有效地利用板的空间。有一个公司，陶瓷磁公司（Ceramic Magnetics，Inc，即 CMI），它可以针对你的技术要求任意改变这些磁心，即制造出适合你应用场合的特定磁心，EIC（国际电工技术委员会）对平面磁心有一个新标准 62313 以取代标准 61860。

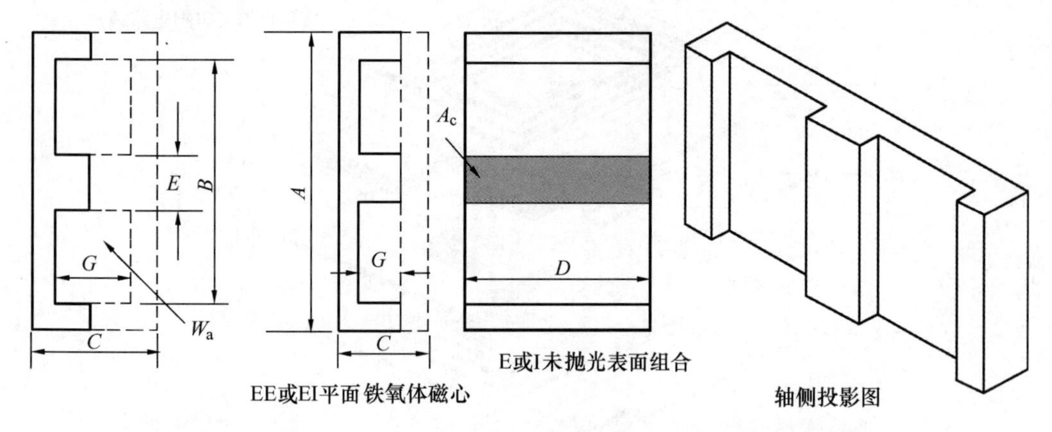

图 20-7 磁器件公司（Magnetic In）的 EE 和 EI 低矮造型平面磁心

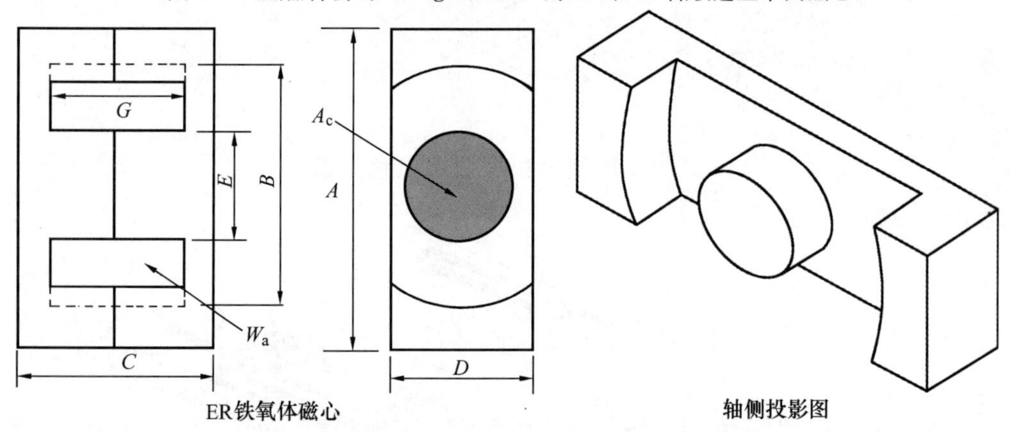

图 20-8 Ferroxcube 公司的 ER 低造型平面磁心

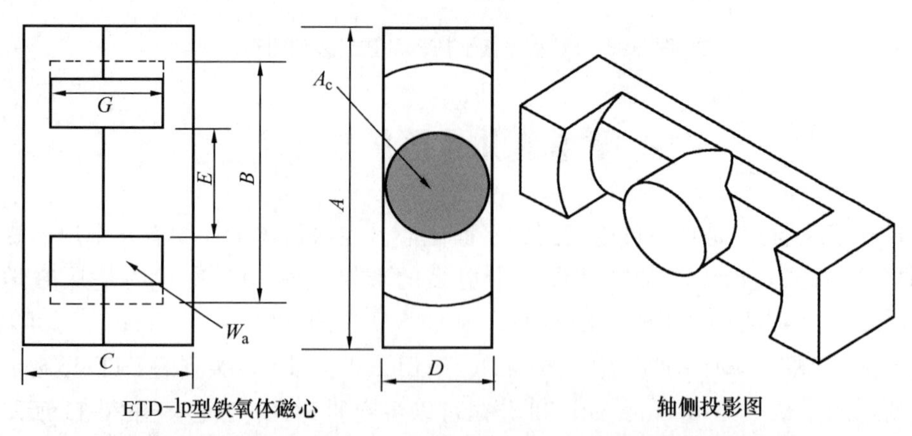

图 20-9 Ferrite International 公司的 ETD 低造型平面磁心

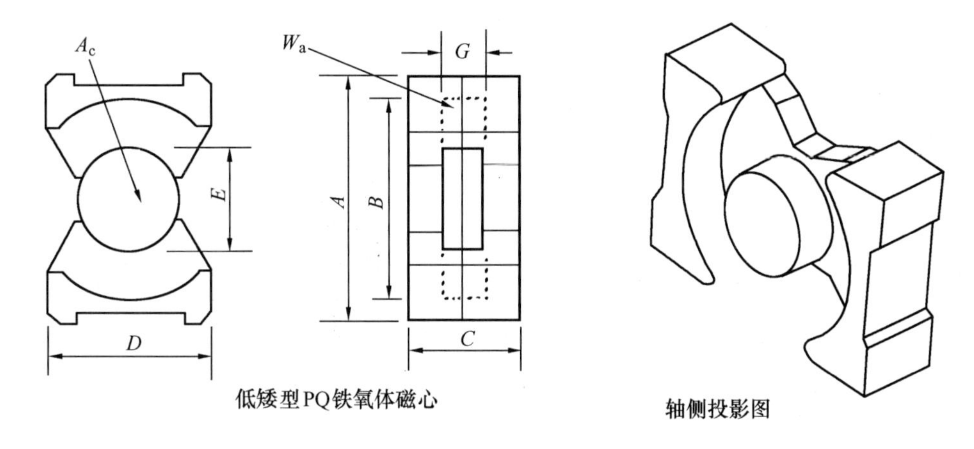

图 20-10　Ferrite International 公司的 PQ 低造型平面磁心

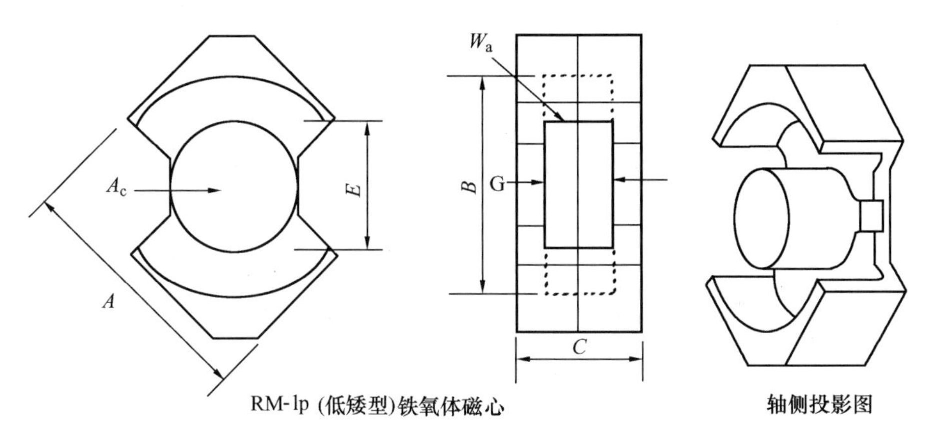

图 20-11　Ferroxcube 公司的 RM 低造型平面磁心

平面变压器和电感器设计公式

设计平面变压器和设计传统变压器所用的设计公式及所用的选择合适磁心准则是一样的。计算所需的匝数还是用法拉第定律

$$N = \frac{V_p \times 10^4}{K_f f A_c B_{Ac}} \quad (匝) \tag{20-1}$$

磁心功率处理公式 A_p

$$A_p = \frac{P_t \times 10^4}{K_f K_a f A_c B_{AC} J} \quad (\mathrm{cm}^4) \tag{20-2}$$

开气隙电感器 L

$$L = \frac{0.4\pi N^2 A_c \times 10^{-8}}{l_g + \frac{MPL}{\mu_m}} \quad (\mathrm{H}) \tag{20-3}$$

磁心能量处理公式 A_p

$$A_p = \frac{2W}{K_u B_{AC} J} \quad (cm^4) \qquad (20\text{-}4)$$

窗口利用系数 K_u

在传统的变压器中，窗口利用系数约为 0.4。这就意味着铜填满窗口面积的 40%，另外 60%的面积是用于骨架或绕线管、层间绝缘和导线绝缘，以及由加工技术水平的限制而多占用的空间。第 4 章已对窗口利用系数进行了详细地解释。设计平面变压器和采用 PCB（印刷电路板）绕制绕组的方法进一步减小了窗口利用系数。两种不同绕制技术的窗口利用系数 K_u 的比较如图 20-12 所示。

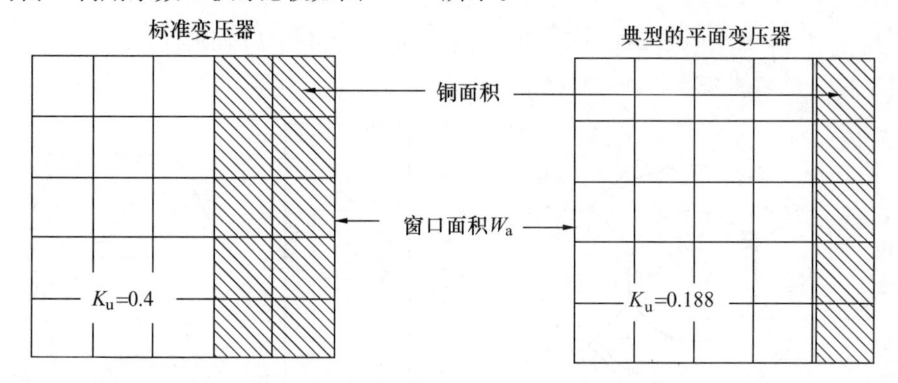

图 20-12 标准变压器和平面变压器窗口利用情况的比较

PCB 板窗口利用系数 K_u 的计算举例如下：

绕组将双面 2oz 铜[1]镶在 10 密耳（mils）厚的印制电路板上，使总厚度为 15.4 密耳（mils），即 0.0391cm。印制电路板与 PC 板之间是聚酯薄膜绝缘材料，夹芯又需另外加上 4 密耳（0.0102cm），这将使每层厚度为 19.4 密耳（0.0493cm）。在印制电路板外端与覆盖的铜箔之间还有 20 密耳的空隙（裕量），铜的宽度将是窗口宽度 0.551cm 减去 2 乘以裕量 0.0102。这将使总的铜宽度为 0.449。窗口利用系数 K_u 的计算要点概括于表 20-1 中，用图 20-13 作为参考。

表 20-1　　EI-42216 窗口的利用系数

项目	数值	项目	数值
窗口高度/cm	0.2970	5 层绕组板总厚度/cm	0.2570
窗口宽度/cm	0.5510	5 层铜厚度/cm	0.0686
窗口面积/cm	0.1640	铜的宽度/cm	0.4494
带铜的 PC 板　厚度/cm	0.0391	铜的总面积/cm^2	0.0308
绝缘层	0.0102	窗口利用系数 K_u	0.1878
总绝缘 5+1 层的厚度/cm	0.0612		

[1] 此处的 2oz 是指此印制电路上覆铜量是 2 盎司/呎^2 即相当于 68.6μm 的厚度。

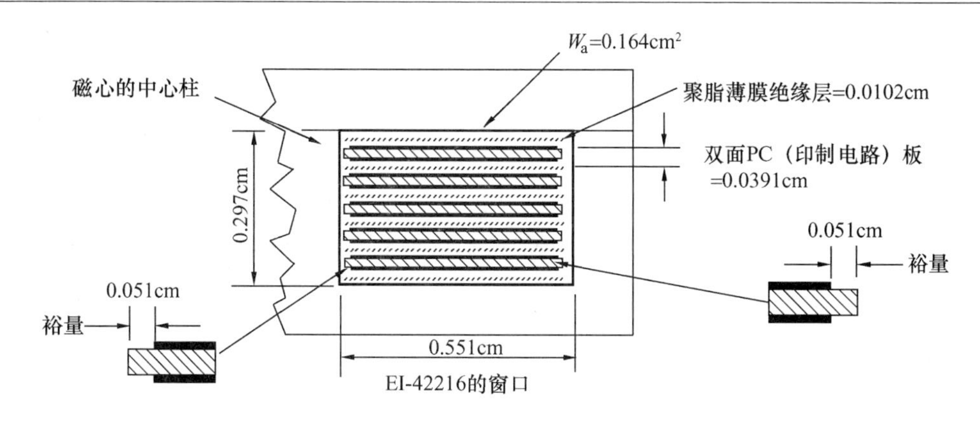

图 20-13　典型 EI 平面变压器的窗口利用情况

电流密度 J

在平面变压器的设计中，一个未知的因素是电流密度 J。电流密度影响铜损（调整率）以及由铜损引起的内部温升。温升通常是由变压器表面损耗来控制。变压器的体积按立方律上升，表面面积按平方律上升。体积大的变压器，例如 60Hz 的，用低电流密度来设计，而 400Hz 的变压器，在同样温升的情况下，可用较大的电流密度来设计。过去常有一个经验估计，对大变压器用 1000CM/A（圆密耳每安培），对小变压器用 500CM/A

$$500\text{CM/A} \approx 400\text{A/cm}^2 \quad (400\text{Hz，航空器})$$

$$1000\text{CM/A} \approx 200\text{A/cm}^2 \quad (60\text{Hz})$$

平面变压器设计师处理电流密度的方法与上不同。当设计平面变压器印制电路板绕组时，设计师用的是与印制电路板设计师相同的方法。即用针对于给定电压降和温升情况下的电流额定值。换句话说就是，印制电路板用铜皮覆盖，铜的厚度以 oz（盎司）表示。例如 1oz、2oz、3oz。以 oz 表示的质量是指 1 平方英尺面积上的材料质量。因此，1oz 铜皮就是 1 平方英尺铜皮的质量是 1 盎司，即其厚度是 0.00135in，2oz 是 0.0027in，3oz 是 0.0045in。我们做一个表格来展示一定的温升，不同轨线宽度导线的电流容量。1oz 铜的设计数据见表 20-2，2oz 铜的设计数据见表 20-3，.3oz 铜的设计数据见表 20-4。平面变压器工程师都利用工业产品指南来选择基于温升的铜轨线厚度和宽度。对于平面变压器，印制电路绕组设计的第一个工作应以下面为基础

$$100\text{CM/A} \approx 2000\text{A/cm}^2 \quad (500\text{kHz，平面变压器})$$

如果电流密度是基于表 20-1，线轨宽度为 0.06in，则可用

$$35\text{CM/A} \approx 5700\text{A/cm}^2 \quad (500\text{kHz，平面变压器})$$

表 20-2　　0.00135in 厚敷铜皮的设计数据

1oz 铜（基于 10in 长）印制电路轨线数据*

线宽/in	线宽/mm	电阻/(mΩ/mm)	铜重 1oz 厚度 0.00135in 的铜轨线的截面积/cm² AWG**		与温度上升到环境温度以上的温度对应的电流/A		
					5°	20°	40°
0.0200	0.51	989.7	0.000174	35	1.00	3.00	4.00
0.0400	1.02	494.9	0.000348	32	2.25	5.00	6.50
0.0600	1.52	329.9	0.000523	30	3.00	6.50	8.00
0.0800	2.03	247.4	0.000697	29	4.00	7.00	9.50
0.1000	2.54	197.9	0.000871	28	4.50	8.00	11.00
0.1200	3.05	165.0	0.001045	27	5.25	9.25	12.00
0.1400	3.56	141.4	0.001219	26	6.00	10.00	13.00
0.1600	4.06	123.7	0.001394	26	6.50	11.00	14.25
0.1800	4.57	110.0	0.001568	25	7.00	11.75	15.00
0.2000	5.08	99.0	0.001742	25	7.25	12.50	16.60

* 表中数据取自《Handbook of Electronic Packaging》。

** 非常接近的等效 AWG 导线号。

表 20-3　　0.0027in 原敷铜皮的设计数据

2oz 铜（基于 10in 长）印制电路轨线数据*

线宽/in	线宽/mm	电阻/(MΩ/mm)	铜重 2oz 厚度 0.0027 的铜轨线截面积/cm² AWG**		与温度上升到环境温度以上的温度对应的电流/A		
					5°	20°	40°
0.0200	0.51	494.9	0.000348	32	2.00	4.00	6.25
0.0400	1.02	247.4	0.000697	29	3.25	7.00	9.00
0.0600	1.52	165.0	0.001045	27	4.25	9.00	11.25
0.0800	2.03	123.7	0.001394	26	5.00	10.25	13.25
0.1000	2.54	99.0	0.001742	25	5.25	11.00	15.25
0.1200	3.05	82.5	0.002090	24	5.75	12.25	17.00
0.1400	3.56	70.7	0.002439	23	6.25	13.25	18.50
0.1600	4.06	61.9	0.002787	23	6.50	14.25	20.50
0.1800	4.57	55.0	0.003135	22	7.00	15.25	22.00
0.2000	5.08	49.5	0.003484	22	7.25	16.25	24.00

* 表中数据取自《Handbook of Electronic Packaging》。

** 非常接近的等效 AWG 导线号。

表 20-4　　**0.00405in 厚敷铜皮的设计数据**

3oz 铜（基于 10in 长）印制电路轨线数据*							
线宽/in	线宽/mm	电阻/(MΩ/mm)	铜重 3oz 厚度 0.00405 的铜轨线的截面积/cm^2	AWG**	与温度上升到环境温度以上的温度对应的电流/A		
					5°	20°	40°
0.0200	0.51	329.9	0.000523	30	2.50	6.00	7.00
0.0400	1.02	165.0	0.001045	27	4.00	8.75	11.00
0.0600	1.52	110.0	0.001568	25	4.75	10.25	13.50
0.0800	2.03	82.5	0.002090	24	5.50	12.00	15.75
0.1000	2.54	66.0	0.002613	23	6.00	13.25	17.50
0.1200	3.05	55.0	0.003135	22	6.75	15.00	19.50
0.1400	3.56	47.1	0.003658	22	7.00	16.00	21.25
0.1600	4.06	41.2	0.004181	21	7.25	17.00	23.00
0.1800	4.57	36.7	0.004703	20	7.75	18.25	25.00
0.2000	5.08	33.0	0.005226	20	8.00	19.75	27.00

*　表中数据取自《Handbook of Electronic Packaging》。

**　非常接近的等效 AWG 导线号。

印制电路绕组

当工程师们第一次开始设计平面变压器印制电路绕组时，有几个诀窍。从一个简单的设计并先用励磁导线开始，然后转换成完全真正的用 PC（印制电路）绕组板的平面型递近要容易得多。用这种方法，工程师将会慢慢地进入学习的轨道。印制电路绕组有几个优点：一旦印制电路绕组板被做好了，其布线就固定了，绕组将不再变化，所有的寄生参数，包括漏感都将被固定。这在传统的变压器中是不一定的。对进行平面设计的工程师而言，有两种基本的磁心结构可以得到。第一种结构是具有矩形中心柱的 EE 或 EI 磁心，一个典型的用于 E 形磁心的大电流和小电流印制电路板绕组如图 20-14 所示。

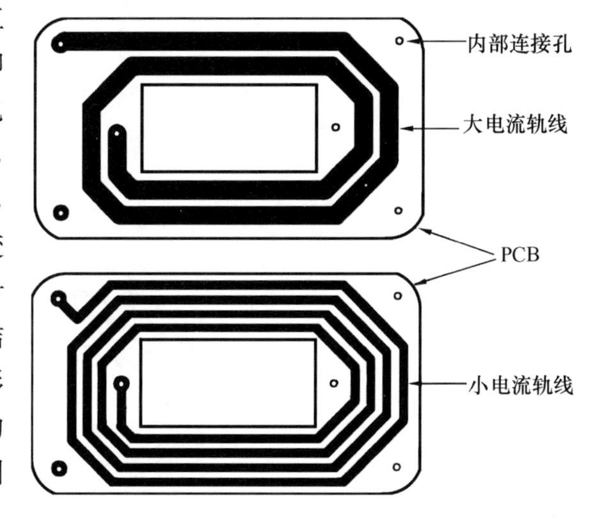

图 20-14　典型的平面 E 形磁心印制电路板绕组

第 2 种结构如图 20-15 所示，有 4 种具有圆形中心柱的磁心属于此种。具有圆形中心柱的印制电路板绕组被用在 PQ-lp、RM-lp、ETD-lp 和 ER 磁心上。具有圆形中心柱磁心的优点为：它将会产生一个圆形

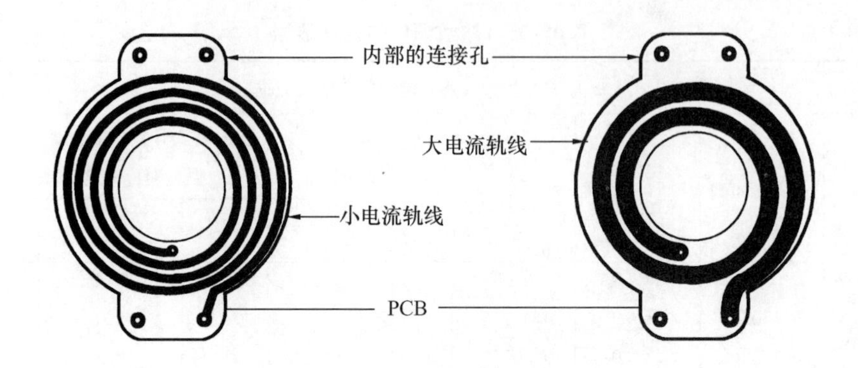

图 20-15　典型用于具有圆形中心柱的印制电路板图形绕组

的内径（ID）和外径（OD），这将导致铜的更有效利用。

平均匝长 *MLT* 的计算

为了计算绕组的直流电阻，需要平均匝长 *MLT*。当绕组电阻知道了以后，就可以计算出在额定负载下绕组的压降。与矩形绕组平均匝长（*MLT*）有关的绕组尺寸连同 *MLT* 的计算公式如图 20-16 所示。圆形绕组连同其 *MLT* 的计算公式如图 20-17 所示。

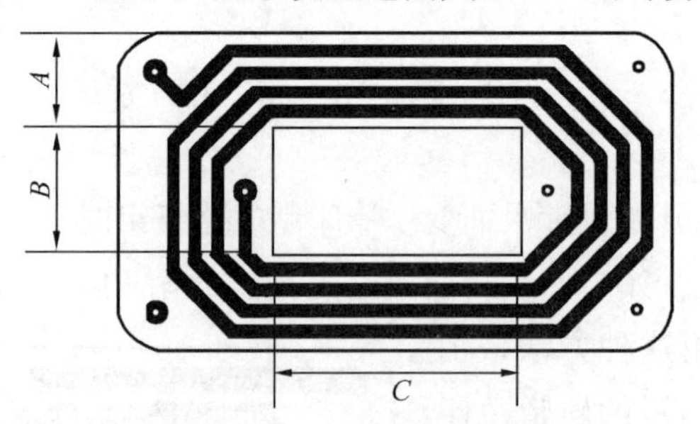

图 20-16　与矩形绕组平均匝长（*MLT*）有关的尺寸

$$MLT = 2B + 2C + 2.82A \quad (\text{mm}) \tag{20-5}$$

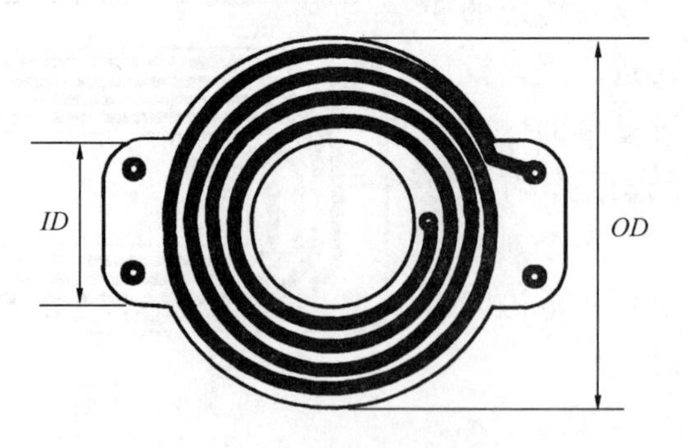

图 20-17　与图形绕组平均匝长（*MLT*）有关的尺寸

$$MLT = \frac{\pi(OD + ID)}{2} \quad (\text{mm}) \tag{20-6}$$

绕组电阻与损耗

绕组的直流（DC）电阻和压降计算如下：

利用板上绕组结构和图20-17中的公式计算平均匝长 MLT。采用表20-5中的印制绕组数据。

表20-5　　印制电路板绕组数据

PC绕组数据		
项　　目		单　　位
PC板每面匝数	4	
绕组轨线厚度	0.0027	in
绕组轨线宽度	2.54	mm
轨线电阻	99	μΩ/mm
绕组板外径 DD	31.5	mm
绕组板内径 ID	14.65	mm
绕组电流 I	3	A
PC板厚度	0.5	mm
PC板介电常数 K	4.7	

步骤1：计算平均匝长 MLT

$$MLT = \frac{\pi(DD + ID)}{2} \quad (\text{mm})$$

$$= \frac{3.14 \times (31.5 + 14.65)}{2} \quad (\text{mm})$$

$$= 72.5 \quad (\text{mm})$$

步骤2：计算绕组电阻 R

$$R = (MLT) N \frac{\mu\Omega}{\text{mm}} \times 10^{-6} \quad (\Omega)$$

$$= 72.5 \times 8 \times 99.0 \times 10^{-6} \quad (\Omega)$$

$$= 0.57(\Omega)$$

步骤3：计算绕组压降 V_w

$$V_w = IR \quad (\text{V})$$

$$= 3.0 \times 0.057 \quad (\text{V})$$

$$=0.171 \quad (V)$$

步骤 4：计算绕组损耗 P_w

$$P_w = I^2R \quad (W)$$
$$=3^2 \times 0.057 \quad (W)$$
$$=0.513 \quad (W)$$

PC（印制电路）绕组的电容

PC（印制电路）绕组的板上轨线会对板的另一面形成电容，如图 20-18 所示。这个电容也可能是对另外的绕组或是对接地的法拉第屏蔽。

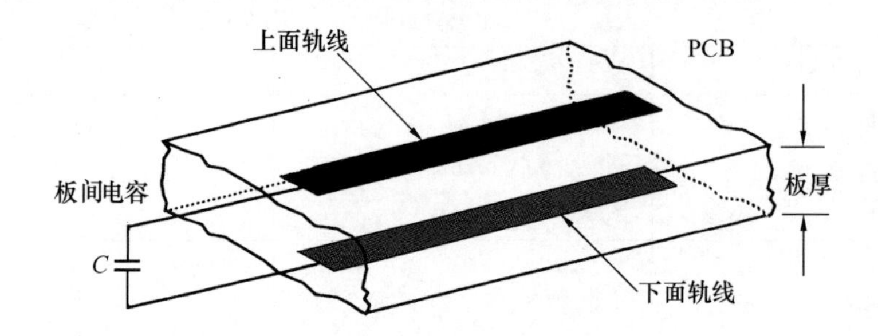

图 20-18 印制电路板上轨线电容

计算绕组轨线对另外的绕组轨线或对地平面的电容公式，在式（20-7）中给出。

$$C_p = \frac{0.0085KA}{d} \quad (pF) \tag{20-7}$$

式中：C_p 为电容，pF；K 为介电常数；A 为轨线的面积，mm^2；d 为印制电路板的厚度，mm。

典型的工作在 250kHz 的方波功率变换器会有极快速的 0.05μs 数量级的上升和下降时间。这个快速的上升和下降会产生相当大的电流脉冲，其大小取决于这个电容和电源的（内）阻抗。

绕组电容的计算如下：

利用表 20-5 中的印制电路板绕组数据，图 20-19 中所画的图和式（20-7）。

步骤 1：计算绕组轨线面积 A

$$A = \text{轨线宽度} \times MLT \times \text{匝数}\ N \quad (mm^2)$$
$$=2.54 \times 72.5 \times 8 \quad (mm^2)$$
$$=1473 \quad (mm^2)$$

步骤 2：计算绕组电容 C_p

$$C_p = \frac{0.0085KA}{d} \quad (pF)$$

$$= \frac{0.0085 \times 4.7 \times 1473}{0.50} \quad (\text{pF})$$

$$= 118 \quad (\text{pF})$$

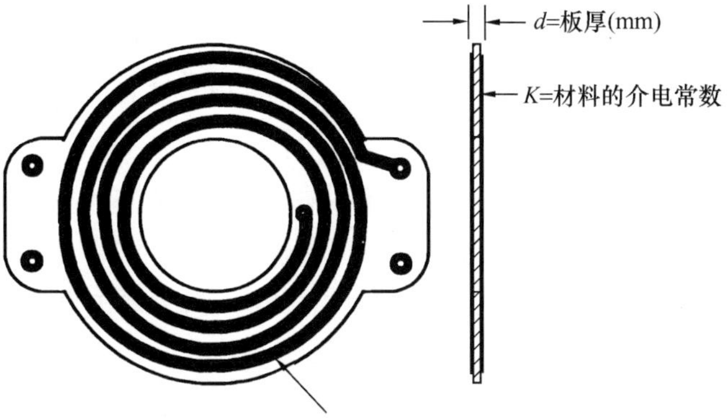

d=板厚(mm)
K=材料的介电常数
A=绕组轨线面积=（轨线宽度，mm)(MLT,mm)(N),mm²

图 20-19　印制电路板绕组电容

平面电感器设计

平面电感器的设计方法与传统电感器相同，后者见第 8 章。平面电感器采取与平面变压器同样的平面磁心和印制电路板绕制技术。其主要的不同是电感器会有气隙以防止直流（DC）电流使磁心过早饱和。通常平面磁元件工作在比传统高一点儿的温度下，主要是要校核最大工作温度下最大工作磁通的大小。

在任何开气隙的铁氧体电感器中，边缘磁通都可能是严重的，而对于平面电感器的结构，因为图 20-20 中所示的印制电路板绕组的缘故，就更是如此。当磁通穿过铜绕组时，产生涡流，产生热点，降低了整个的效率。采用印制电路板绕组（平面轨线）使涡流增加了自由的空间，导致的损失可能非常有害。

双E铁氧体磁心
气隙
边缘磁通
PCB
绝缘

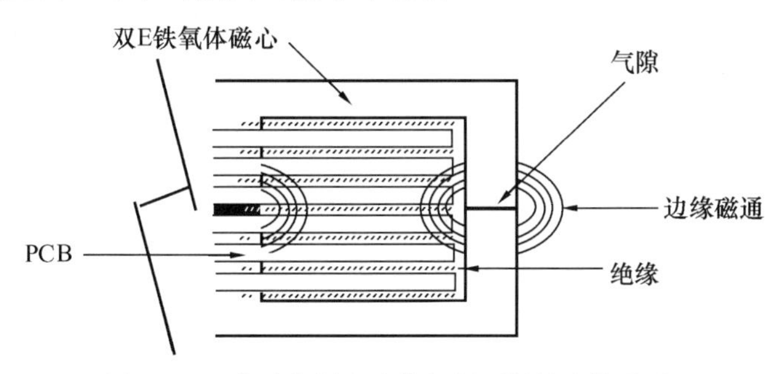

图 20-20　穿过印制电路绕组板两侧的边缘磁通

绕组的端接

如果对于终端接法没有足够的考虑，做平面变压器到外部的连接可能会很拙劣。应该考虑到，这是一个高频变压器，必经考虑趋肤效应（交流电阻）。由于趋肤效应，平面变压器的外部引线必须维持尽可能短。对于1A及以上的电流而言，端接是很重要的事情，低质量的连接只会使事情变得更差。推荐尽可能地采用金属化孔，但是这将受成本制约。如果变压器有很多相互连接或只有很少几个，对于那些连接应该做出准备。当要把印制电路绕组板重叠时，由于板上密度很高，所以，所有的板内连接和板间的相互连接不得不用扩展了面积的基片来做，如图20-21所示。要求把印制电路绕组板上的图形高质量地对准以保证在这些板之间可以做好相互连接。板间的相互连接通常是通过穿孔的总线，同时连到另外的板上。如果端部焊接是在板上进行，如果是用铜箔做连接，那么，留出尽可能的空间是特别重要的，如图20-22所示。当印制电路板绕组由于增加了电流而必须被并联的时候，必须要增加相互连接的跳线。

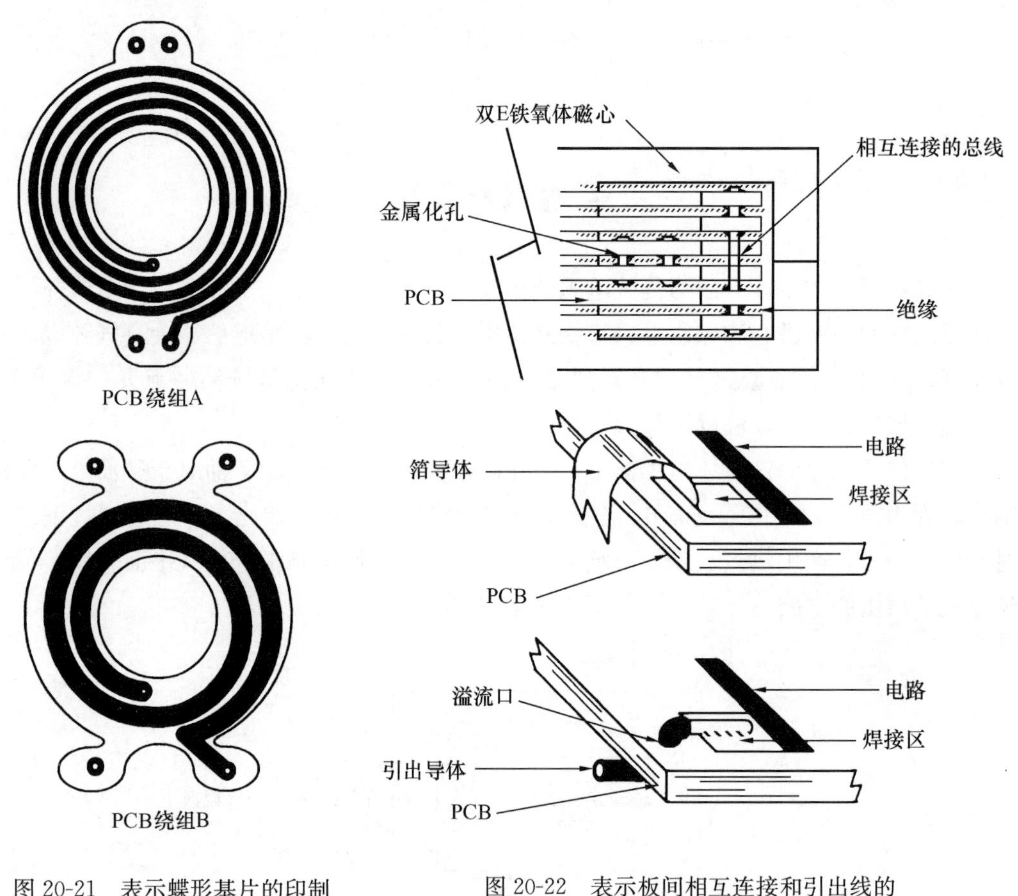

图20-21 表示蝶形基片的印制电路绕组板

图20-22 表示板间相互连接和引出线的印制电路绕组板

PCB（印制电路板）的基材

印制电路板的材料按美国国家电气制造商协会（NEMA-Natimal Eleetrical Manufacturers Association）的定义有不同的等级。表20-6列出了印制电路板材料的主要特性。选择合适的印制电路板材料对你的应用是很重要的。平面变压器通常是为针对给定的温升而所处理的最后动率，这个功率可能使绕组端接处升到热点，引起 PCB 变色。鉴于他们原有的设计，平面变压器会有很宽的温度范围 Δt。人们明白要远离纸/苯酚材料和吸收水分的材料。

表 20-6　典型印制电路板材料的特性

典型印制电路板材料的特性							
性能指标	美国国家电气制造商协会（NEMA）等级						
	FR-1 纸酚醛的	F-2 纸酚醛的	FR-3 纸环氧树脂	FR-4 玻璃/布环氧树脂	FR-5 玻璃/布环氧树脂	G10 玻璃/布环氧树脂	G11 玻璃/布环氧树脂
机械强度	好	好	好	很好	很好	很好	很好
湿状电阻	差	好	好	很好	很好	很好	很好
绝缘	中等	好	好	很好	很好	很好	很好
耐电弧性	差	差	中等	好	好	好	好
加工性磨损	好	好	好	差	差	差	差
最大持续温度/℃	105	105	105	130	170	130	170
介电常数 K	4.2	4.2	4.4	4.7	4.3	4.6	4.5

磁心的安装和固定

磁心的固定和安装应该是坚固而温度稳定的。使磁心两半安全可靠合在一起的最可行方法之一是用环氧树脂黏合剂。有一种环氧树脂黏合剂已经沿用了很长时间，那就是 3MEC-2216A/B。这个黏合技术如图 20-23 所示，它黏合得很好。当磁心的两部分被环氧树脂黏合剂适当黏合的时候，对其电性能很少或没有影响。这就是说，环氧树脂黏合剂很少或没有在啮合表面处附加出气隙。在平面磁元件中有大的温度漂移是很常见的，应该仔细考虑磁心与安装表面之间的热扩散系数。必须记住，铁氧体是陶瓷，它是很脆的（易碎的）。平面磁心的截面薄、外形低，不能像其他几何形状那样缓冲那么大的应变（变形）。在平面变压器被装配以后，在印制电路绕组的安装件中应该有一个小的间隙以保证在整个温度变化中有最小的应力。

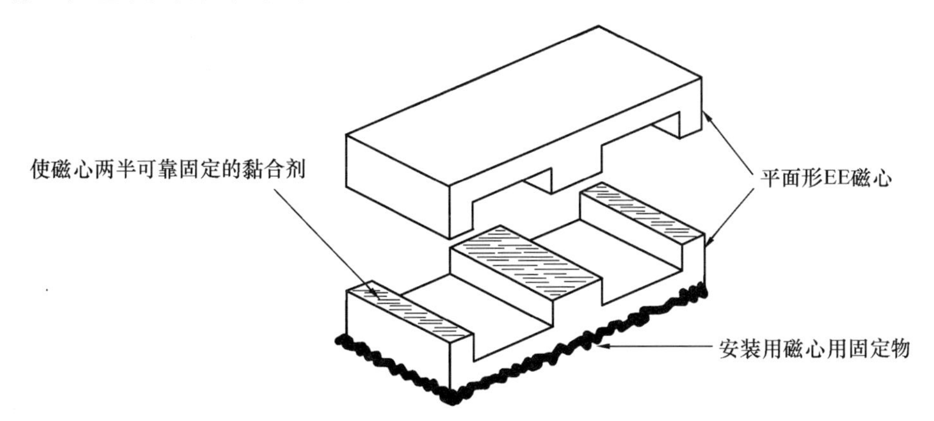

图 20-23　用来使变压器装配得安全可靠的环氧树脂黏合剂

参 考 文 献

[1] Designing with Planar Ferrite Cores, Technical Bulletin FC-S8, Magnetics, Division of Spang and Company 2001.

[2] Brown, E., "Planar Magnetics Simplifies Switchmode Power Supply Design and Production," PCIM, June 1992, pp. 46-52.

[3] Van der Linde, Boon, and Klassens, "Design of High-Frequency Planar Power Transformer in Multilayer Technology," IEEE Transaction on Industrial Electronics, Vol. 38, No. 2, April 1991, pp. 135-141.

[4] Bloom, E., "Planar Power Magnetics: New Low Profile Approaches for Low-Cost Magnetics Design," Magnetic Business & Technology, June 2002, pp. 26, 27.

[5] Charles A. *Harper*, *Handbook of Electronic Packaging*, McGraw-Hill Book Company, pp. 1-51-1-53.

[6] Reference Data for Radio Engineers, Fourth Edition, International Telephone and Telegraph Corp. March 1957, pp. 107-111.

[7] PC Boards, Casco Circuits, Inc., 10039 D Canoga Ave., Chatsworth, CA91311. Tel. (818) 882-0972.

第21章

设计公式的推导

Chapter 21

作者非常感谢线性磁器件公司（Linear Magnetics）的 Richard Ozenbaugh 在设计公式推导方面的帮助。

目　次

输出功率 P_o 与视在功率 P_t 的关系

对用户而言，输出功率 P_o 是其最关心的。对变压器设计师而言，与变压器的几何形状与尺寸有关的视在功率 P_t 是最具重要性的。为简单起见，假定隔离变压器的磁心窗口面积中只有两个绕组：一次和二次。还假定把窗口面积 W_a 分成与绕组的功率处理能力成比例的几个部分，这些绕组采用相同的电流密度。一次绕组处理 P_{in}，二次绕组处理传到负载的 P_o。因此变压器必须被设计得能满足一次 P_{in} 和二次 P_o 的需要。则：

由定义

$$P_t = P_{in} + P_o \quad (W)$$

$$P_{in} = \frac{P_o}{\eta} \quad (W) \qquad (21\text{-}1)$$

根据法拉第定律，一次匝数可表示为

$$N_p = \frac{V_p \times 10^4}{A_C B_{AC} f K_f} \quad (匝) \qquad (21\text{-}2)$$

变压器的绕组面积完全被利用时

$$K_a W_a = N_p A_{wp} + N_s A_{ws} \qquad (21\text{-}3)$$

由定义，导线面积为

$$A_w = \frac{I}{J} \quad (cm^2) \qquad (21\text{-}4)$$

重新安排公式为

$$K_a W_a = N_p \frac{I_p}{J} + N_s \frac{I_s}{J} \qquad (21\text{-}5)$$

用法拉第公式代入

$$K_u W_a = \frac{V_p \times 10^4}{A_c B_{AC} f K_f} \times \frac{I_p}{J} + \frac{V_s \times 10^4}{A_c B_{AC} f K_f} \times \frac{I_s}{J} \qquad (21\text{-}6)$$

重新安排表为

$$W_a A_c = \frac{(V_p I_p + V_s I_s) \times 10^4}{B_{AC} f J K_f K_a} \quad (cm^4) \qquad (21\text{-}7)$$

输出功率 P_o 为

$$P_o = V_s I_s \quad (W) \qquad (21\text{-}8)$$

输入功率 P_{in} 为

$$P_{in} = V_p I_p \quad (W) \qquad (21\text{-}9)$$

则

$$P_t = P_{in} + P_o \quad (W) \qquad (21\text{-}10)$$

变压器磁心几何常数 K_g 的推导

虽然多数变压器是针对给定温升来设计的，但是它们也可以针对调整率来设计。调

整率和磁心的功率处理能力与两个常数 K_g 和 K_e 通过下式相关

$$P_t = 2K_gK_e\alpha \quad (W) \tag{21-11}$$

式中：α 为调整率,%。

常数 K_g 是磁心几何形状与尺寸的函数

$$K_g = f(A_c, W_a, MLT) \tag{21-12}$$

常数 K_e 是磁和电工作状况的函数

$$K_e = f(f, B_m) \tag{21-13}$$

K_g 和 K_e 的具体函数推导如下：首先，假定有一个两绕组变压器，它具有相同的一次和二次调整率，其原理图如图 21-1 所示，其一次绕组电阻为 R_p，二次绕组电阻为 R_s。

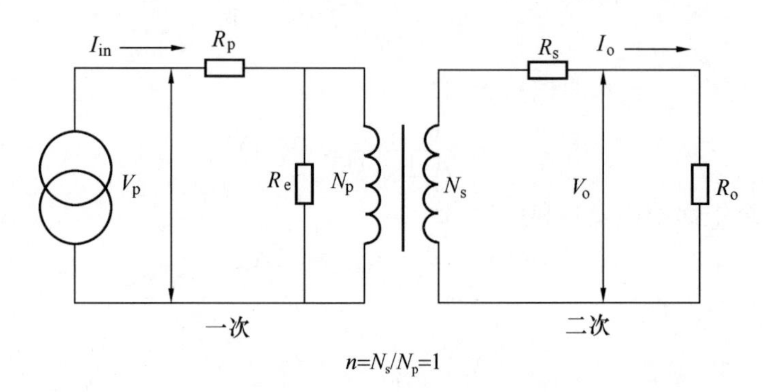

图 21-1　隔离变压器

$$\alpha = \frac{\Delta V_p}{V_p} \times 100 + \frac{\Delta V_s}{V_s} \times 100 \quad (\%) \tag{21-14}$$ [1]

为简单起见，假定 R_e 为无穷大（即没有损耗），则

$$I_{in} = I_o \tag{21-15}$$

则
$$\Delta V_p = I_pR_p = \Delta V_s = I_sR_s \tag{21-16}$$

$$\alpha = 2\frac{I_pR_p}{V_p} \times 100 \quad (\%) \tag{21-17}$$ [2]

用 V_p 乘以上式分子和分母

$$\alpha = 200\frac{I_pR_p}{V_p} \times \frac{V_p}{V_p} \tag{21-18}$$

$$= 200\frac{R_pP_{tp}}{V_p^2} \tag{21-19}$$

根据电阻公式，很容易表示为

[1] 注意,此式定义 α 为电压的相对变化量乘以 100,其单位为 %。

[2] 式（21-16）和式（21-17）是由于假定一、二次的调整率相同，即 $\frac{\Delta V_p}{V_p} = \frac{\Delta V_s}{V_s}$ 和 $V_p \approx V_s$。

$$R_{\rm p}=\frac{(MLT)N_{\rm p}^2}{W_{\rm a}K_{\rm p}}\rho \tag{21-20}$$

式中：$\rho=1.724\times10^{-6}$（$\Omega\cdot$cm）；$K_{\rm p}$ 为一次窗口利用系数；$K_{\rm s}$ 为二次窗口利用系数。

$$K_{\rm p}=\frac{K_{\rm u}}{2}=K_{\rm s} \tag{21-21}$$

用公制单位表示的法拉第定律为

$$V_{\rm p}=K_{\rm f}fN_{\rm p}A_{\rm c}B_{\rm m}\times10^{-4} \tag{21-22}$$

式中：对方波 $K_{\rm f}$ 为 4.0；对正弦波，$K_{\rm f}$ 为 4.44。

把式（21-20）和式（21-22）的 $R_{\rm p}$ 和 $V_{\rm p}$ 代入式（21-23）

$$P_{\rm tp}=\frac{E_{\rm P}{}^2}{200R_{\rm p}}\alpha \tag{21-23}$$[1]

一次 $P_{\rm tp}$是

$$P_{\rm tp}=\frac{K_{\rm f}fN_{\rm p}A_{\rm c}B_{\rm m}\times10^{-4}\times K_{\rm f}fN_{\rm p}A_{\rm c}B_{\rm m}\times10^{-4}}{200\times\dfrac{(WLT)N_{\rm p}^2}{W_{\rm a}K_{\rm p}}\rho}\alpha \tag{21-24}$$

化简为

$$P_{\rm tp}=\frac{K_{\rm f}^2f^2A_{\rm c}^2B_{\rm m}^2W_{\rm a}K_{\rm p}\times10^{-10}}{2(MLT)\rho}\alpha \tag{21-25}$$

对 ρ 代入 1.724×10^{-6}　则

$$P_{\rm tp}=\frac{0.29K_{\rm f}^2f^2A_{\rm c}^2B_{\rm m}^2W_{\rm a}K_{\rm p}\times10^{-4}}{MLT}\alpha \tag{21-26}$$

令一次的电磁状态为

$$K_{\rm ep}=0.29K_{\rm f}^2f^2B_{\rm m}^2\times10^{-4} \tag{21-27}$$

令一次的磁心几何常数为

$$K_{\rm gp}=\frac{W_{\rm a}A_{\rm c}^2K_{\rm p}}{MLT}\quad(\text{cm}^5) \tag{21-28}$$

变压器总的窗口利用系数为

$$K_{\rm p}+K_{\rm s}=K_{\rm a}$$

$$K_{\rm p}=\frac{K_{\rm u}}{2}=K_{\rm s} \tag{21-29}$$

当把这个 $K_{\rm p}$ 的值代入式（21-26）时，则有

$$P_{\rm tp}=K_{\rm e}K_{\rm g}\alpha \tag{21-30}$$

式中

$$K_{\rm e}=0.145K_{\rm f}^2f^2B_{\rm m}^2\times10^{-4} \tag{21-31}$$

上面的 $P_{\rm tp}$是一次功率，窗口利用系数 $K_{\rm u}$ 包括一次和二次线圈。

$$K_{\rm g}=\frac{W_{\rm a}A_{\rm c}^2K_{\rm u}}{MLT}\quad(\text{cm}^5) \tag{21-32}$$

[1] 此式来源于式(21-19)，式中的 $E_{\rm p}{}^2$ 即为 $V_{\rm p}{}^2$。

变压器的调整率与铜损有关，为

$$\alpha=\frac{P_{Cu}}{P_o}\times 100 \quad (\%) \tag{21-33}$$

变压器总的功率是一次加二次

一次 $$P_{tp}=K_eK_g\alpha$$

二次 $$P_{ts}=K_eK_g\alpha \tag{21-34}$$

则视在功率 P_t 为

$$P_t=K_eK_g\alpha+K_eK_g\alpha$$

$$P_t=2K_eK_g\alpha \tag{21-35}$$

变压器面积积 A_p 的推导

变压器的功率处理能力和面积积 A_p 的关系可以推导如下：

以公制单位表示的法拉第定律为

$$V=K_f f N_p A_c B_m\times 10^{-4} \tag{21-36}$$

式中：K_f=4.0，对方波；K_f=4.44，对正弦波。

当变压器的绕组面积被完全利用时

$$K_uW_a=N_pA_{wp}+N_sA_{ws} \tag{21-37}$$

按定义，导线面积为

$$A_w=\frac{I}{J} \quad (cm^2) \tag{21-38}$$

重新安排公式，为

$$K_uW_a=N_p\frac{I_p}{J}+N_s\frac{I_s}{J} \tag{21-39}$$

把法拉第公式代入

$$K_uW_a=\frac{V_p\times 10^4}{A_cB_{AC}fK_f}\times\frac{I_p}{J}+\frac{V_s\times 10^4}{A_cB_{AC}fK_f}\times\frac{I_s}{J} \tag{21-40}$$

重新安排，为

$$W_aA_c=\frac{(V_pI_p+V_sI_s)\times 10^4}{B_{AC}fJK_fK_u} \quad (cm^4) \tag{21-41}$$

输出功率 P_o 为

$$P_o=V_sI_s \quad (W) \tag{21-42}$$

输入功率 P_{in} 为

$$P_{in}=V_pI_p \tag{21-43}$$

则

$$P_t=P_{in}+P_o \quad (W) \tag{21-44}$$

因此

$$W_aA_c = \frac{P_t \times 10^4}{B_{AC}fJK_fK_u} \quad (cm^4) \tag{21-45}$$

由定义

$$A_p = W_aA_c \tag{21-46}$$

则

$$A_p = \frac{P_t \times 10^4}{B_{AC}fJK_fK_u} \quad (cm^4) \tag{21-47}$$

电感器磁心几何常数 K_g 的推导

像变压器一样，电感器一般是针对给定的温升来设计的，也可以是针对给定的调整率来设计。调整率和磁心能量处理能力的关系与两个常数 K_g 和 K_e 通过下式相关

$$W^2 = K_gK_e\alpha \tag{21-48}$$

式中：α 为调整率，%。

常数 K_g 是磁心几何形状与尺寸的函数

$$K_g = f(A_c, W_a, MLT) \tag{21-49}$$

常数 K_e 是磁和电的工作状况函数

$$K_e = g(P_o, B_m) \tag{21-50}$$

K_g 和 K_e 具体函数的推导如下：首先，假定 DC（直流）电感器可能是如图 21-2 中所示电路图的输入或输出电感器。电感器的电阻为 R_L。

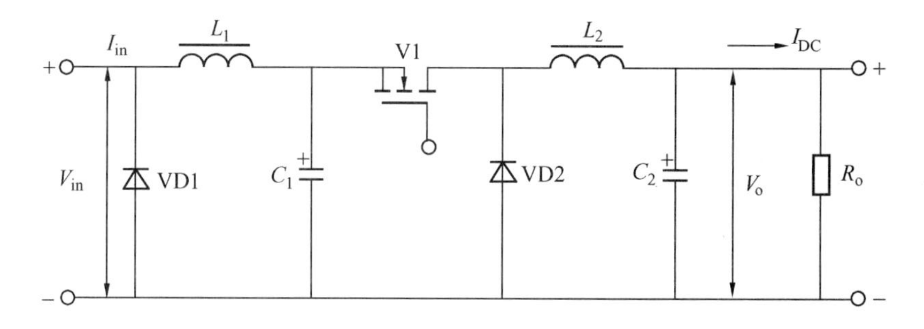

图 21-2 典型的 Buck 型开关变换器

输出功率是

$$P_o = I_{DC}V_o \quad (W) \tag{21-51}$$

$$\alpha = \frac{I_{DC}R_L}{V_o} \times 100 \quad (\%) \tag{21-52}$$

电感公式为

$$L = \frac{0.4\pi N^2 A_c \times 10^{-8}}{l_g} \quad (H) \tag{21-53}$$

电感器的磁通密度为

$$B_{DC}=\frac{0.4\pi NI_{DC}\times 10^{-4}}{l_g}\quad (T) \tag{21-54}$$

联立式(21-53)与式(21-54)

$$\frac{L}{B_{DC}}=\frac{NA_c\times 10^{-4}}{I_{DC}} \tag{21-55}$$

解 N 为

$$N=\frac{LI_{DC}\times 10^4}{B_{DC}A_c}\quad (匝) \tag{21-56}$$

根据电阻公式为

$$R_L=\frac{(MLT)N_p^2}{W_aK_u}\rho\quad (\Omega) \tag{21-57}$$

式中

$$\rho=1.724\times 10^{-6}\quad (\Omega\cdot cm)$$

联立式(21-52)和式(21-57)

$$\alpha=\frac{I_{DC}}{V_o}\times\frac{(MLT)N_p^2}{W_aK_u}\rho\times 100\quad (\%) \tag{21-58}$$

将式(21-56)平方为

$$N^2=\left(\frac{LI_{DC}}{B_{DC}A_c}\right)^2\times 10^8 \tag{21-59}$$

联立式(21-58)与式(21-59)

$$\alpha=\left[\frac{I_{DC}(MLT)}{V_oW_aK_u}\rho\right]\left(\frac{LI_{DC}}{B_{DC}A_c}\right)^2\times 10^{10} \tag{21-60}$$

组合并化简

$$\alpha=\left[\frac{I_{DC}(MLT)(LI_{DC})^2}{V_oW_aK_uB_{DC}^2A_c^2}\rho\right]\times 10^{10} \tag{21-61}$$

用 I_{DC}/I_{DC} 乘上式并组合

$$\alpha=\left[\frac{(MLT)(LI_{DC}^2)^2}{V_oI_{DC}W_aK_uB_{DC}^2A_c^2}\rho\right]\times 10^{10} \tag{21-62}$$

能量公式为

$$W=\frac{LI_{DC}^2}{2}\quad (J)$$

$$2W=LI_{DC}^2 \tag{21-63}$$

组合并化简

$$\alpha=\left[\frac{(2W)^2}{P_oB_{DC}^2}\right]\left[\frac{\rho(MLT)}{W_aK_uA_c^2}\right]\times 10^{10} \tag{21-64}$$

电阻率为

$$\rho=1.724\times 10^{-6}\quad (\Omega\cdot cm) \tag{21-65}$$

代入电阻率

$$\alpha=\left[\frac{6.89(W)^2}{P_oB_{DC}^2}\right]\left(\frac{MLT}{W_aK_uA_c^2}\right)\times 10^4 \tag{21-66}$$

解能量 W

$$W^2 = 0.145 P_o B_{DC}^2 \frac{W_a A_c^2 K_u}{MLT} \times 10^{-4} \alpha \tag{21-67}$$

磁心几何常数等于

$$K_g = \frac{W_a A_c^2 K_u}{MLT} \quad (\mathrm{cm^5}) \tag{21-68}$$

电磁状况系数

$$K_e = 0.145 P_o B_{DC}^2 \times 10^{-4} \tag{21-69}$$

调整率和能量处理能力为

$$W^2 = K_g K_e \alpha \tag{21-70}$$

铜损为

$$\alpha = \frac{P_{Cu}}{P_o} \times 100 \quad (\%) \tag{21-71}$$

电感器面积积 A_p 的推导

电感器的能量处理能力可以由面积积 A_p 来决定。这个面积积关系由下面步骤获得。注意：带撇的符号，如 H'，是 mks（米-千克-秒）单位

$$V = L \frac{\mathrm{d}i}{\mathrm{d}t} = N \frac{\mathrm{d}\phi}{\mathrm{d}t} \tag{21-72}$$

组合并化简

$$L = N \frac{\mathrm{d}\phi}{\mathrm{d}i} \tag{21-73}$$

磁通密度为

$$\phi = B_m A_c' \tag{21-74}$$

$$B_m = \frac{\mu_o NI}{l_g' + \frac{MPL'}{\mu_m}} \tag{21-75}$$

$$\phi = \frac{\mu_o NIA'_c}{l_g' + \frac{MPL'}{\mu_m}} \tag{21-76}$$

$$\frac{\mathrm{d}\phi}{\mathrm{d}I} = \frac{\mu_o NA'_c}{l_g' + \frac{MPL'}{\mu_m}} \tag{21-77}$$

联立式（21-73）和式（21-74）

$$L = N \frac{\mathrm{d}\phi}{\mathrm{d}I} = \frac{\mu_o' N^2 A'_c}{l_g' + \frac{MPL'}{\mu_m}} \tag{21-78}$$

能量公式为

$$W=\frac{LI^2}{2}\quad(\mathrm{J})\tag{21-79}$$

联立式（21-78）和式（21-79）

$$W=\frac{LI^2}{2}=\frac{\mu_o N^2 A'_c I^2}{2\left(l'_g+\frac{MPL'}{\mu_m}\right)}\tag{21-80}$$

如果 B_m 已被确定

$$I=\frac{B_m\left(l'_g+\frac{MPL}{\mu_m}\right)}{\mu_o N}\tag{21-81}$$

联立式（21-78）和式（21-81）

$$W=\frac{\mu_o N^2 A'_c}{2\left(l'_g+\frac{MPL'}{\mu_m}\right)}\left[\frac{B_m\left(l'_g+\frac{MPL'}{\mu_m}\right)}{\mu_o N}\right]^2\tag{21-82}$$

组合并化简

$$W=\frac{B_m^2\left(l'_g+\frac{MPL'}{\mu_m}\right)A'_c}{2\mu_o}\tag{21-83}$$

当电感器的绕组面积被完全利用时

$$K_u W'_a=NA'_w\tag{21-84}$$

按定义，导线面积为

$$A'_w=\frac{I}{J'}\tag{21-85}$$

联立式（21-84）和式（21-85）

$$K_u W'_a=N\frac{I}{J'}\tag{21-86}$$

解 I

$$I=\frac{K_a W'_a J'}{N}=\frac{B_m\left(l'_g+\frac{MPL}{\mu_m}\right)}{\mu_o N}\tag{21-87}$$

重新安排式（21-87）

$$l'_g+\frac{MPL'}{\mu_m}=\frac{K_u W'_a J'\mu_o}{B_m}\tag{21-88}$$

代入能量式（21-83）中

$$W=\frac{B_m^2\frac{K_u W'_a J'\mu_o}{B_m}A'_c}{2\mu_o}\tag{21-89}$$

重新安排式（21-89）

$$W=\frac{B_m^2 A'_c}{2\mu_o}\times\frac{K_u W'_a J'\mu_o}{B_m}\tag{21-90}$$

组合并化简

$$W=\frac{B_m K_u W'_a J' A'_c}{2} \tag{21-91}$$

现把以 mKs 为单位的量乘一系数使之回到 cgs 制

$$W'_a = W_a \times 10^{-4}$$

$$A'_c = A_c \times 10^{-4}$$

$$J' = J \times 10^{-4}$$

$$MPL' = MPL \times 10^{-2}$$

$$l'_g = l_g \times 10^{-2}$$

我们可以将其代入能量公式，得到

$$W=\frac{B_m K_u W_a J A_c}{2} \times 10^{-4} \tag{21-92}$$

解出面积积

$$A_p = W_a A_c$$

$$A_p=\frac{2W}{B_m J K_u} \quad (\text{cm}^4) \tag{21-93}$$

变压器调整率

变压器的最小尺寸通常是在假定其体积和质量最小比的情况下由温升限制或由所允许的电压调整率来限制的。图 21-3 示出了具有一个二次绕组的变压器电路图。

注：α=调整率（%）。

假定二次的分布电容可以忽略，因为频率和二次电压都不太高，绕组的几何形状和尺寸也设计得使其漏感的水平低到足以在多数工作状态下可以忽略的程度。变压器窗口分配如图 21-4 中所示。

$$\frac{W_a}{2}=\text{一次}=\text{二次} \tag{21-94}$$

变压器的电压调整率可以表达如下

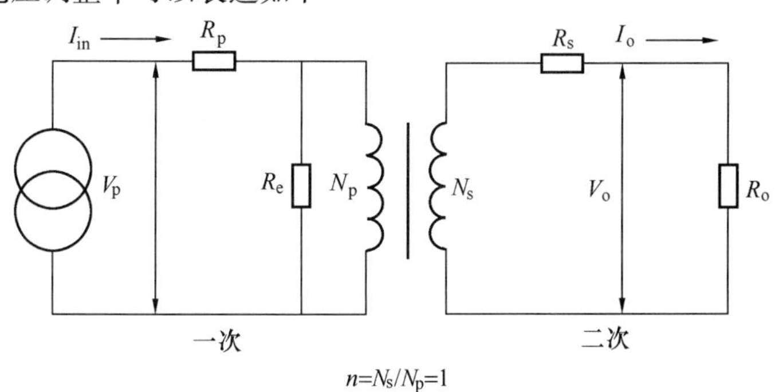

图 21-3 变压器电路图

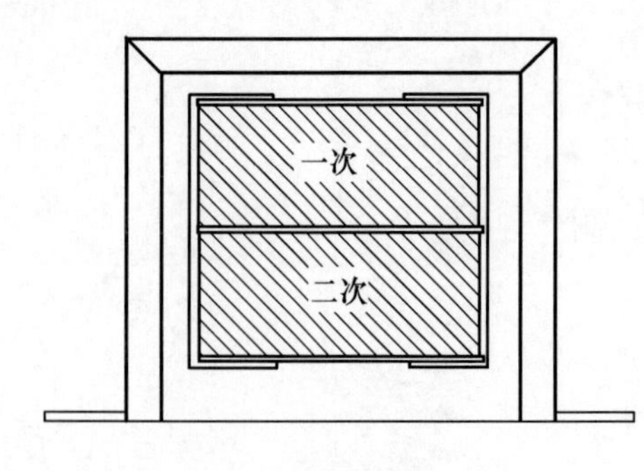

图 21-4 变压器窗口分配

$$\alpha = \frac{V_o(\mathrm{N.L.}) - V_o(\mathrm{F.L.})}{V_o(\mathrm{F.L})} \times 100 \quad (\%) \tag{21-95}$$

式中：$V_o(\mathrm{N.L})$为空载电压，$V_o(\mathrm{F.L})$为满载电压。为简单起见，假定图 21-3 中的变压器是一个隔离变压器，变比为 1∶1，磁心阻抗 R_e 为无穷大。

如果变压器的变比为 1∶1，磁心阻抗为无穷大，则

$$I_{in} = I_o \quad (\mathrm{A})$$

$$R_p = R_s \quad (\Omega) \tag{21-96}$$

若一次和二次绕组分配的面积相等且利用相同的电流密度 J

$$\Delta V_p = I_{in} R_p = \Delta V_s = I_o R_s \quad (\mathrm{V}) \tag{21-97}$$

则调整率为

$$\alpha = \left(\frac{\Delta V_p}{V_p} + \frac{\Delta V_s}{V_s}\right) \times 100 \quad (\%) \tag{21-98}$$

用电流 I 乘以此公式

$$\alpha = \left(\frac{\Delta V_p I_{in}}{V_p I_{in}} + \frac{\Delta V_s I_o}{V_s I_o}\right) \times 100 \quad (\%) \tag{21-99}$$

一次铜损为

$$P_p = \Delta V_p I_{in} \quad (\mathrm{W}) \tag{21-100}$$

二次铜损为

$$P_s = \Delta V_s I_o \quad (\mathrm{W}) \tag{21-101}$$

总铜损为

$$P_{Cu} = P_p + P_s \quad (\mathrm{W}) \tag{21-102}$$

则，调整率公式可以改写为

$$\alpha = \frac{P_{Cu}}{P_o} \times 100 \quad (\%) \tag{21-103}$$ [1]

[1] 此式成立的条件是假定 $V_p \approx V_s$。

第22章

自耦变压器设计

Chapter 22

目　次

导言

自耦变压器是一种特殊的变压器，在输入合适的调整率时，它可分别实现升压或降压功能。与图 22-1 所示的隔离变压器相比，自耦变压器的最大优点在于：只要二次电压设计值在一次电压的极限范围内，同等容量的自耦变压器尺寸更小，质量和成本更低。自耦变压器未能广泛应用，是因为它的一次绕组和二次绕组之间未采取隔离措施，如图 22-2 所示。当长距离输电线末端没有辅助电源时，可使用自耦变压器来提高线路电压，这也是它的最大用处。

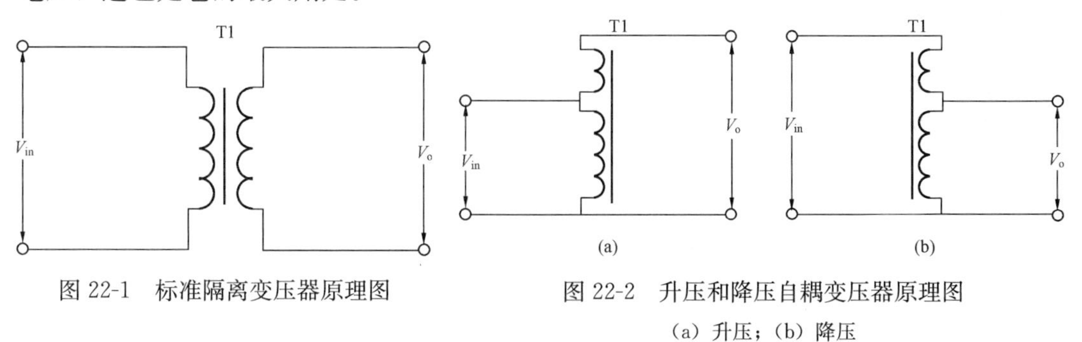

图 22-1 标准隔离变压器原理图

图 22-2 升压和降压自耦变压器原理图
(a) 升压；(b) 降压

自耦变压器电压—电流关系

对比图 22-3 所示的最简单的双绕组隔离变压器，可以说明自耦变压器电压、电流和功率容量。这种设计方式的损耗可忽略不计。

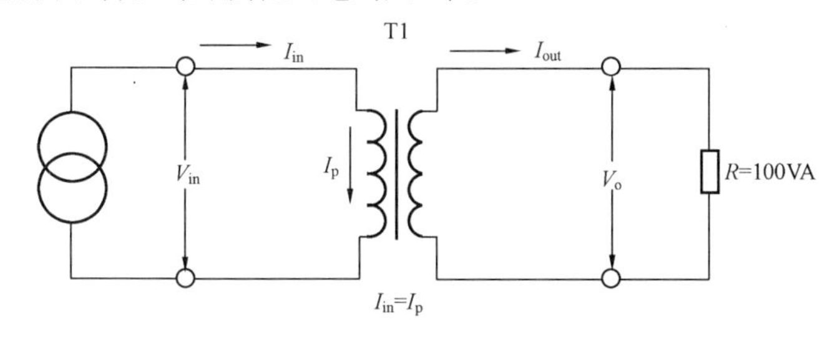

图 22-3 标准隔离变压器原理图

输出功率 P_o 是用户最感兴趣的参数。对于变压器设计人员而言，视在功率 P_t 与变压器的几何形状密切相关，是更为重要的参数。假设隔离变压器的磁心在窗口面积内仅有两个绕组，分别为一次绕组和二次绕组，如图 22-3 所示。进一步假设，使用相同的电流密度时，可根据绕组的功率处理能力按比例分配窗口面积 W_a。一次绕组处理负载的输入功率为 P_{in}，二次绕组处理负载的输出功率为 P_o，则

输出功率 P_o 为

$$P_o = V_o I_o(\text{W}) \tag{22-1}$$

输入功率 P_{in} 为

$$P_{in} = V_{in} I_{in}(\text{W}) \tag{22-2}$$

视在功率 P_t 为

$$P_t = P_{in} + P_o(\text{W}) \tag{22-3}$$

当输出功率 P_o 为 100W 时，视在功率 P_t 为

$$P_t = P_{in} + P_o(\text{W})$$
$$P_t = 100 + 100(\text{W}) \tag{22-4}$$
$$P_t = 200(\text{W})$$

设计过程中，选定合适的磁心尺寸后，按照式（22-5）计算面积积 A_p，按照式（22-6）计算磁心几何常数 K_g，都将用到参数视在功率 P_t。

面积积 A_p 为

$$A_p = \frac{P_t \times 10^4}{K_u K_f B_m f J}(\text{cm}^4) \tag{22-5}$$
$$A_p = W_a A_c(\text{cm}^4)$$

磁心几何常数 K_g 为

$$K_g = \frac{P_t}{2K_e \alpha}(\text{cm}^5)$$
$$K_e = 0.145 K_f^2 f^2 B_m^2 (10^{-4}) \tag{22-6}$$
$$K_g = \frac{W_a A_c^2 K_u}{MLT}(\text{cm}^5)$$

式（22-7）给出了隔离变压器的调整率或铜损 α。

$$\alpha = \frac{P_{cu}}{P_o} \times 100(\%) \tag{22-7}$$

升压自耦变压器

升压自耦变压器的电压、电流和伏安（VA）容量与隔离变压器相同。二者之间的主要区别是视在功率 P_t 的计算方法不同；自耦变压器一次绕组和二次绕组之间不存在电气隔离。一次绕组和二次绕组的匝数比与隔离变压器相同。图 22-4 给出了 100W 升压或增压自耦变压器的原理图，图 22-4 后面则列出了相应的设计公式。

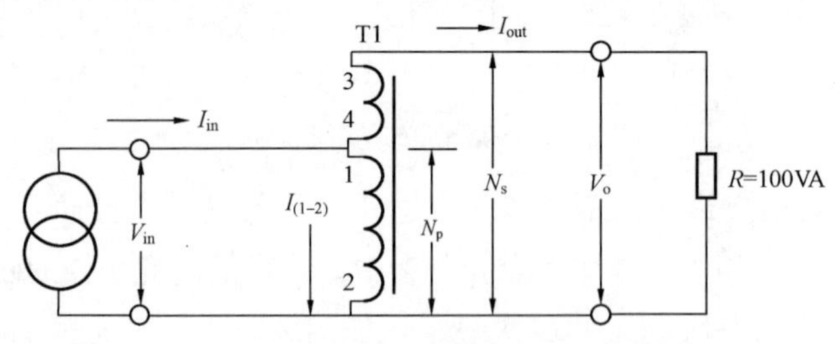

图 22-4 100W 升压或增压自耦变压器原理图

此处假设自耦变压器没有磁心损耗或铜损。

自耦变压器匝数比为

$$\frac{N_p}{N_s}=\frac{V_{in}}{V_o}(V) \tag{22-8}$$

输出电压 V_o 为

$$V_o=\frac{N_s}{N_p}V_{in}(V) \tag{22-9}$$

输入、输出功率关系 P_{in} 为

$$V_{in}I_{in}=V_oI_o(VA) \tag{22-10}$$

自耦变压器电流 $I_{(1-2)}$ 为

$$I_{(1-2)}=I_{in}-I_o(A) \tag{22-11}$$

升压自耦变压器容量（VA）为

$$V_{in}I_{(1-2)}=(V_o-V_{in})I_o(VA) \tag{22-12}$$

自耦变压器输入功率 P_{tin} 为

$$P_{tin}=V_{in}I_{(1-2)}=V_{in}(I_{in}-I_o)(VA) \tag{22-13}$$

自耦变压器增压输出功率 P_{AT} 为

$$P_{AT}=(V_o-V_{in})I_o(VA) \tag{22-14}$$

自耦变压器视在功率 P_t 为

$$P_t=V_{in}(I_{in}-I_o)+(V_o-V_{in})I_o(VA) \tag{22-15}$$

$$P_t=P_{AT}+P_{tin}(VA) \tag{22-16}$$

由式（22-14）可以很容易地看出，当输出电压 V_o 与输入电压 V_{in} 之间的差别变得非常小时，视在功率 P_t 也会变得非常小。

磁心几何常数 K_g 为

$$K_g=\frac{P_t}{2K_e\alpha}(cm^5)$$

$$K_e=0.145K_f^2f^2B_m^2(10^{-4}) \tag{22-17}$$

$$K_g=\frac{W_\alpha A_c^2K_\alpha}{MLT}(cm^5)$$

式（22-18）给出了自耦变压器的铜损百分比 α。

$$\alpha=\frac{P_{cu}}{P_{AT}}\times 100(\%) \tag{22-18}$$

降压自耦变压器

减压自耦变压器的电压、电流和容量与隔离变压器相同。二者之间的主要区别是视在功率 P_t 的计算方法不同。自耦变压器一次绕组和二次绕组之间不存在电气隔离。

一次绕组和二次绕组的匝数比与隔离变压器相同。100W 降压自耦变压器原理图如图 22-5 所示。

此处假设自耦变压器没有磁心损耗或铜损。

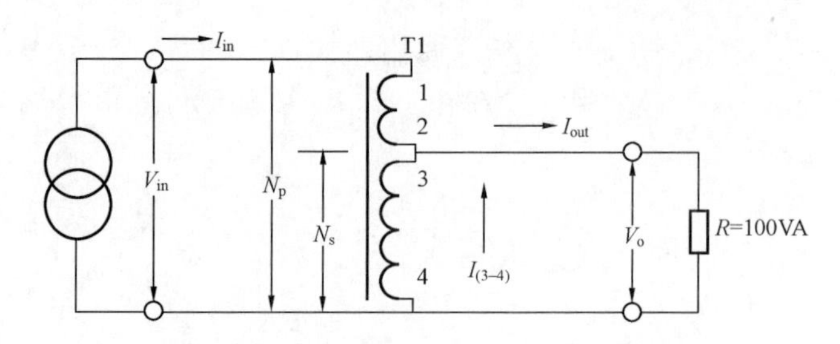

图 22-5　100W 降压或减压自耦变压器原理图

自耦变压器匝数比为

$$\frac{N_p}{N_s}=\frac{V_{in}}{V_o}(\mathrm{V}) \tag{22-19}$$

输出电压 V_o 为

$$V_o=\frac{N_s}{N_p}V_{in}(\mathrm{V}) \tag{22-20}$$

输入输出功率关系，P_o 为

$$V_{in}I_{in}=V_oI_o(\mathrm{W}) \tag{22-21}$$

自耦变压器绕组（3-4）的电流 $I_{(3-4)}$ 为

$$I_{(3-4)}=I_o-I_{in}(\mathrm{A}) \tag{22-22}$$

降压自耦变压器容量为

$$V_oI_{(3-4)}=I_{in}(V_{in}-V_o)(\mathrm{W}) \tag{22-23}$$

自耦变压器减压绕组（1-2）的功率 P_{AT} 为

$$P_{AT}=I_{in}(V_{in}-V_o)(\mathrm{W}) \tag{22-24}$$

自耦变压器绕组（3-4）的输入功率 P_{tin} 为

$$P_{tin}=V_oI_{(3-4)}(\mathrm{W}) \tag{22-25}$$

自耦变压器视在功率 P_t 为

$$P_t=(V_{in}-V_o)I_{in}+V_o(I_o-I_{in})(\mathrm{W}) \tag{22-26}$$

$$P_t=P_{AT}+P_{tin}(\mathrm{W}) \tag{22-27}$$

由式（22-24）可以很容易地看出，当输出电压 V_o 与输入电压 V_{in} 之间的差别变得非常小时，视在功率 P_t 也会变得非常小。

磁心几何常数 K_g 为

$$K_g=\frac{P_t}{2K_e\alpha}(\mathrm{cm}^5)$$

$$K_e=0.145K_f^2f^2B_m^2\times10^{-4} \tag{22-28}$$

$$K_g=\frac{W_\alpha A_c^2K_\alpha}{MLT}(\mathrm{cm}^5)$$

式（22-29）给出了自耦变压器的铜损百分比 α。

$$\alpha = \frac{P_{cu}}{P_{AT}}(100)(\%) \quad (22\text{-}29)$$

250W 升压自耦变压器设计（利用磁心几何常数 K_g 法）

下列信息为一台使用频率为 60Hz 的 250W 自耦变压器的设计规格，如图 22-6 所示。此自耦变压器利用磁心几何常数 K_g 法进行设计。作为一个典型设计实例，假定按照下列技术条件进行设计。

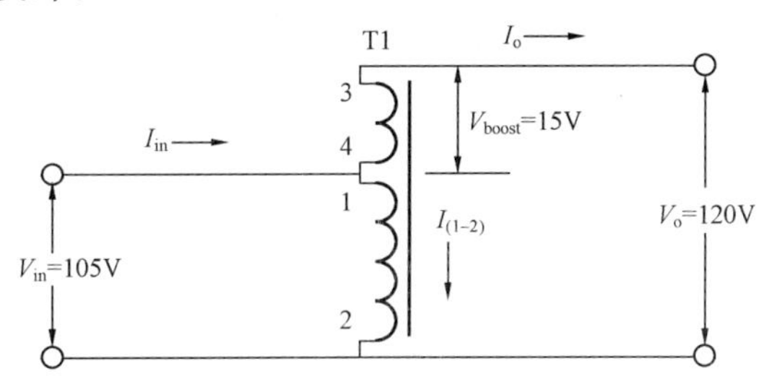

图 22-6　升压自耦变压器

电气设计规格

(1) 输入电压，$V_{in}=105V$。

(2) 输出电压，$V_o=120V$。

(3) 升压量，$V_{boost}=15V$。

(4) 输出电流，$I_o=2.08A$。

(5) 输出功率，$P_o=250W$。

(6) 频率，$f=60Hz$。

(7) 效率，$\eta=95\%$。

(8) 铜损百分比，$\alpha=5\%$。

(9) 运行磁通密度，$B_{ac}=1.4T$。

(10) 磁心材料为硅 M6X。

(11) 窗口利用系数，$K_u=0.4$。

(12) 温升指标，$T_r<20℃$。

步骤 1：计算输入电流 I_{in}

$$I_{in} = \frac{P_o}{V_{in}\eta}(A)$$

$$= \frac{250}{105 \times 0.95}(A)$$

$$= 2.51(A)$$

步骤 2：计算自耦变压器绕组（1-2）电流 $I_{(1-2)}$

$$I_{(1-2)} = I_{in} - I_o(A)$$

$$= 2.51\text{A} - 2.08\text{A}$$
$$= 0.43(\text{A})$$

步骤 3：计算自耦变压器绕组（1-2）的输入功率 P_{tin}

$$P_{tin} = V_{in} I_{(1-2)}(\text{W})$$
$$= 105 \times 0.43(\text{W})$$
$$= 45.1(\text{W})$$

步骤 4：计算自耦变压器绕组（3-4）的功率 P_{tin}

$$P_{AT} = (V_o - V_{in}) I_o(\text{W})$$
$$= (120 - 105) \times 2.08(\text{W})$$
$$= 31.2(\text{W})$$

步骤 5：计算自耦变压器视在功率 P_t

$$P_t = P_{tin} + P_{AT}(\text{W})$$
$$= 45.1\text{W} + 31.2\text{W}$$
$$= 76.3(\text{W})$$

步骤 6：计算电系数 K_e

$$K_e = 0.145 K_f^2 f^2 B_m^2 \times 10^{-4}$$
$$= 0.145 \times 4.44^2 \times 60^2 \times 1.4^2 \times 10^{-4}$$
$$= 2.02$$

步骤 7：计算磁心几何常数 K_g

$$K_g = \frac{P_t}{2K_e\alpha}(\text{cm}^5)$$
$$= \frac{76.3}{2 \times 2.02 \times 5}(\text{cm}^5)$$
$$= 3.78(\text{cm}^2)$$

步骤 8：在第 3 章里选择一种与磁心几何常数 K_g 相匹配的叠片磁心

(1) 叠片磁心为 EI—100。

(2) 制造商为 Temple。

(3) D 尺寸为 2.54cm。

(4) E 尺寸为 2.54cm。

(5) F 尺寸为 1.27cm。

(6) 磁心几何常数，K_g=4.93cm^5。

(7) 面积积，A_p=29.7cm^4。

(8) 磁心质量，W_t=676g。

(9) 表面面积，A_t=213cm^2。

(10) 磁心有效截面积，A_c=6.13cm^2。

(11) 窗口面积，W_a=4.84cm^2。

(12) 磁性材料，14 密耳为硅铁。

(13) 效率为 95%。

(14) 平均匝长，$MLT=14.8\text{cm}$。

步骤 9：计算绕组（1-2）需达到的匝数，$N_{(1-2)}$

$$N_{(1-2)}=\frac{V_{in}\times 10^4}{K_f B_{ac} f A_c}(\text{匝})$$
$$=\frac{105\times 10^4}{4.44\times 1.4\times 60\times 6.13}(\text{匝})$$
$$=459(\text{匝})$$

步骤 10：计算电流密度 J

$$J=\frac{P_l\times 10^4}{K_u K_f B_{ac} f A_p}(\text{A/cm}^2)$$
$$=\frac{76.3\times 10^4}{0.4\times 4.44\times 1.4\times 60\times 29.7}(\text{A/cm}^2)$$
$$=172(\text{A/cm}^2)\ \text{取}\ J=200$$

检查步骤 27 中计算出的 K_u，电流密度 J 为 200A/cm^2 更利于良好设计。

步骤 11：计算自耦变压器裸导线面积 $A_{w(1-2)(B)}$

$$A_{w(1-2)(B)}=\frac{I_{(1-2)}}{J}(\text{cm}^2)$$
$$=\frac{0.43}{200}(\text{cm}^2)$$
$$=0.00215(\text{cm}^2)$$

步骤 12：在第 4 章的导线表中选择导线

$$AWG=\#24$$
$$A_{w(1-2)(B)}=0.00205(\text{cm}^2)$$
$$A_{w(1-2)}=0.00251(\text{cm}^2)$$
$$\left(\frac{\mu\Omega}{\text{cm}}\right)=842(\mu\Omega/\text{cm})$$

步骤 13：计算自耦变压器绕组（1-2）的电阻 $R_{(1-2)}$

$$R_{(1-2)}=MLT(N_{1-2})\left(\frac{\mu\Omega}{\text{cm}}\right)\times 10^{-6}(\Omega)$$
$$=148\times 459\times 842\times 10^{-6}(\Omega)$$
$$=5.72(\Omega)$$

步骤 14：计算自耦变压器绕组（1-2）的铜损 $P_{(1-2)}$

$$P_{(1-2)}=I_{(1-2)}^2 R_{(1-2)}(\text{W})$$
$$=0.43^2\times 5.72(\text{W})$$
$$=1.058(\text{W})$$

步骤 15：计算二次升压绕组（3-4）的匝数 $N_{(3-4)}$

$$N_{(3-4)}=\frac{N_{(1-2)}V_{boost}}{V_{in}}\left(1+\frac{\alpha}{100}\right)(匝)$$

$$=\frac{459\times 15}{105}\left(1+\frac{5}{100}\right)(匝)$$

$$=68.8(匝)\ 取\ 69(匝)$$

步骤 16：计算自耦变压器升压绕组（3-4）的裸导线面积 $A_{w(3-4)(B)}$

$$A_{w(3-4)(B)}=\frac{I_o}{J}(cm^2)$$

$$=\frac{2.08}{200}(cm^2)$$

$$=0.0104(cm^2)$$

步骤 17：在第 4 章的导线表中选择导线

$$AWG=\#17$$

$$A_{w(3-4)(B)}=0.0104(cm^2)$$

$$A_{w(3-4)}=0.0117(cm^2)$$

$$\left(\frac{\mu\Omega}{cm}\right)=166(\mu\Omega/cm)$$

步骤 18：计算升压绕组（3-4）的电阻 $R_{(3-4)}$

$$R_{(3-4)}=MLT[N_{(3-4)}]\left(\frac{\mu\Omega}{cm}\right)\times 10^{-6}(\Omega)$$

$$=14.8\times 69\times 166\times 10^{-6}(\Omega)$$

$$=0.170(\Omega)$$

步骤 19：计算升压绕组（3-4）的铜损 $P_{(3-4)}$

$$P_{(3-4)}=I_o^2R_{(3-4)}(W)$$

$$=2.08^2\times 0.170(W)$$

$$=0.735(W)$$

步骤 20：计算总铜损 P_{Cu}

$$P_{Cu}=P_{(1-2)}+P_{(3-4)}(W)$$

$$=(1.058+0.735)(W)$$

$$=1.793(W)$$

步骤 21：计算自耦变压器调整率 α

运用步骤 4 中计算出的 $P_{AT}=31.2$，则

$$\alpha=\frac{P_{Cu}}{P_{AT}}(100)(\%)$$

$$=\frac{1.793}{31.2}\times 100\%$$

$$=5.7\%$$

步骤 22：利用第 2 章给出的公式计算这种材料的每千克瓦数（W/K）。

$$W/K = 0.000557(f)^{1.68}(B_{ac})^{1.86}$$
$$= 0.000557 \times 60^{1.68} \times 1.4^{1.86}$$
$$= 1.011$$

步骤23：计算磁心损耗 P_{Fe}

$$P_{Fe} = (W/K)(W_{tFe} \times 10^{-3})(W)$$
$$= 1.011 \times 0.67(W)$$
$$= 0.683(W)$$

步骤24：计算总损耗 P_{Σ}

$$P_{\sum} = P_{Cu} + P_{Fe}(W)$$
$$= 1.793 + 0.683(W)$$
$$= 2.476(W)$$

步骤25：计算单位面积瓦数 ψ

$$\psi = \frac{P_{\sum}}{A_t}(W/cm^2)$$
$$= \frac{2.476}{213}(W/cm^2)$$
$$= 0.0116(W/cm^2)$$

步骤26：计算温升 T_r

$$T_r = 450\psi^{0.826}(℃)$$
$$= 450 \times 0.0116^{0.826}(℃)$$
$$= 11.3(℃)$$

确认窗口利用率

步骤27：计算总窗口利用系数 K_u

$$K_u = K_{u(1-2)} + K_{u(3-4)}$$

$$K_{u(3-4)} = \frac{N_{(3-4)}A_{w(3-4)(B)}}{W_a}$$

$$= \frac{69 \times 0.0104}{4.84} = 0.148$$

$$K_{u(1-2)} = \frac{N_{(1-2)}A_{w(1-2)(B)}}{W_a}$$

$$= \frac{459 \times 0.00205}{4.84} = 0.194$$

$$K_u = 0.194 + 0.148$$
$$= 0.342$$

250W 升压自耦变压器设计测试数据(利用磁心几何常数 K_g 法)

下列信息为一台使用频率为 60Hz，容量高于 250W 的升压自耦变压器的设计测试数据，如图 22-7 所示。此升压自耦变压器利用磁心几何常数 K_g 法进行设计。

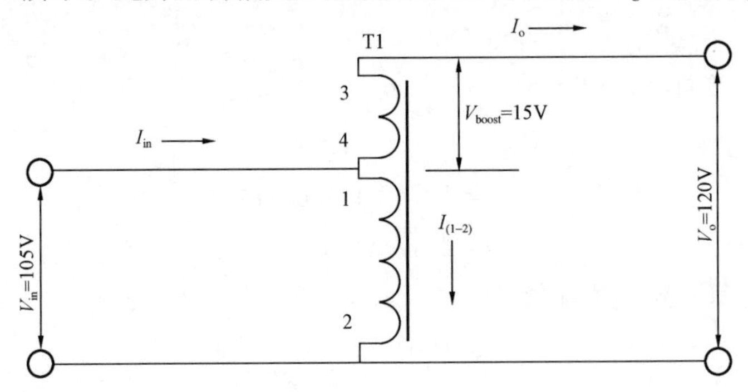

图 22-7　升压自耦变压器

测试数据为：

(1) 输入电压，$V_{in}=105V$。

(2) 输出电压，V_o，空载为 121V。

(3) 输出电压，V_o，满载为 120.3V。

(4) 输出电流，$I_o=2.08A$。

(5) 输出功率，$P_o=250W$。

(6) 电流，$I_{(1-2)}=0.351A$。

(7) 电流，$I_{in}=2.43A$。

(8) 电阻，$R_{(1-2)}=4.916\Omega$

(9) 电阻，$R_{(3-4)}=0.170\Omega$

(10) 温升，$T_r=14.2℃$。

升压自耦变压器与标准隔离变压器的设计对比

按照相同的电气要求，对升压自耦变压器与标准隔离变压器的设计进行比较。输出功率 P_o 为

$$P_o=V_oI_o\ (W)$$

输入功率 P_{in} 为

$$P_{in}=\frac{V_oI_o}{\eta}(W)$$

步骤 1：当输出功率 P_o 为 250W 时，计算视在功率 P_t

$$P_t = P_o\left(\frac{1}{\eta}+1\right)(\mathrm{W})$$
$$= 250\times\left(\frac{1}{0.95}+1\right)(\mathrm{W})$$
$$= 513(\mathrm{W})$$

步骤 2：计算电系数 K_e

$$K_e = 0.145K_f^2\ f^2\ B_m^2\times 10^{-4}$$
$$= 0.145\times 4.44^2\times 60^2\times 1.4^2\times 10^{-4}$$
$$= 2.02$$

步骤 3：计算磁心几何常数 K_g

$$K_g = \frac{P_t}{2K_e\alpha}(\mathrm{cm}^5)$$
$$= \frac{513}{2\times 2.02\times 5}(\mathrm{cm}^5)$$
$$= 25.4(\mathrm{cm}^5)$$

步骤 4：在第 3 章里选择一种与磁心几何常数 K_g 相匹配的叠片磁心

(1) 叠片磁心为 EI-138。

(2) 磁心几何常数，$K_g=24.5\mathrm{cm}^5$。

(3) 磁心质量，$W_t=1786\mathrm{g}$。

(4) 铜质量，$W_{tcu}=653\mathrm{g}$。

(5) 磁心有效截面积，$A_c=11.59\mathrm{cm}^2$

(6) 窗口面积，$W_a=9.148\mathrm{cm}^2$

250W 降压自耦变压器设计（利用磁心几何常数 K_g 法）

下列信息为一台使用频率为 60Hz 的 250W 降压自耦变压器的设计规格，如图 22-8 所示。此降压自耦变压器利用磁心几何常数 K_g 法进行设计。作为一个典型设计实例，假定按照下列技术规格进行设计。

电气设计规格

(1) 输入电压，$V_{in}=135\mathrm{V}$。

(2) 输出电压，$V_o=120\mathrm{V}$。

(3) 降压量，$V_{bk}=15\mathrm{V}$。

(4) 输出电流，$I_o=2.08\mathrm{A}$。

(5) 输出功率，$P_o=250\mathrm{W}$。

(6) 频率，$f=60\mathrm{Hz}$。

(7) 效率，$\eta=95\%$。

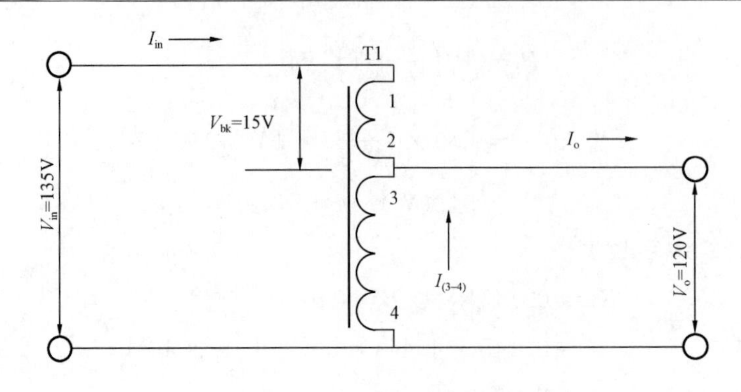

图 22-8　降压自耦变压器

(8) 铜损百分比，$\alpha=5\%$。

(9) 运行磁通密度，$B_{ac}=1.4\text{T}$。

(10) 磁心材料为硅 M6X。

(11) 窗口利用系数，$K_u=0.4$。

(12) 温升指标，$T_r<20℃$。

步骤 1：计算输入电流 I_{in}

$$I_{in}=\frac{P_o}{V_{in}\eta}(\text{A})$$
$$=\frac{250}{135\times0.95}(\text{A})$$
$$=1.95(\text{A})$$

步骤 2：计算自耦变压器绕组（3-4）的电流 $I_{(3-4)}$

$$I_{(3-4)}=I_o-I_{in}(\text{A})$$
$$=(2.08-1.95)(\text{A})$$
$$=0.13(\text{A})$$

步骤 3：自耦变压器绕组（3-4）的容量 P_{to}

$$P_{to}=V_oI_{(3-4)}(\text{W})$$
$$=120\times0.13(\text{W})$$
$$=15.6(\text{W})$$

步骤 4：计算自耦变压器降压绕组（1-2）的容量 P_{AT}

$$P_{AT}=I_{in}(V_{in}-V_o)(\text{W})$$
$$=1.95\times1.35-120(\text{W})$$
$$=29.25(\text{W})$$

步骤 5：计算绕组（1-2）和绕组（3-4）的视在功率 P_t

$$P_t=P_{AT}+P_{to}(\text{W})$$
$$=(29.25+15.6)(\text{W})$$
$$=44.85(\text{W})$$

步骤 6：计算电系数 K_e

$$K_e = 0.145K_f^2 f^2 B_m^2 \times 10^{-4}$$
$$= 0.145 \times 4.44^2 \times 60^2 \times 1.4^2 \times 10^{-4}$$
$$= 2.02$$

步骤 7：计算磁心几何常数 K_g

$$K_g = \frac{P_t}{2K_e\alpha}(\mathrm{cm}^5)$$
$$= \frac{44.85}{2 \times 2.02 \times 5}(\mathrm{cm}^5)$$
$$= 2.22(\mathrm{cm}^5)$$

步骤 8：在第 3 章里选择一种与磁心几何常数 K_g 相匹配的叠片磁心。

(1) 叠片磁心为 EI-875。

(2) 制造商为 Temple。

(3) D 尺寸为 2.22cm。

(4) E 尺寸为 2.22cm。

(5) F 尺寸为 1.11cm。

(6) 磁心几何常数，K_g=2.513cm^5。

(7) 面积积，A_p=17.4cm^4。

(8) 磁心质量，W_t=457g。

(9) 表面积，A_t=163cm^2。

(10) 磁心有效截面积，A_c=4.69cm^2。

(11) 窗口面积，W_a=3.705cm^2。

(12) 磁性材料，14 密耳为硅铁。

(13) 效率为 95%。

(14) 平均匝长，MLT=13.0cm。

步骤 9：计算绕组 (3-4) 的匝数 $N_{(3-4)}$

$$N_{(3-4)} = \frac{V_o(10^4)}{K_f B_{ac} f A_c}(\text{匝})$$
$$= \frac{120(10^4)}{4.44 \times 1.4 \times 60 \times 4.69}(\text{匝})$$
$$= 686(\text{匝})$$

步骤 10：计算电流密度 J

$$J = \frac{P_t(10^4)}{K_u K_f B_{ac} f A_p}(\mathrm{A/cm^2})$$
$$= \frac{44.85 \times 10^4}{0.4 \times 4.44 \times 1.4 \times 60 \times 17.4}(\mathrm{A/cm^2})$$
$$= 173(\mathrm{A/cm^2})\ \text{取}\ J = 200(\mathrm{A/cm^2})$$

检查步骤 27 中计算出的 K_u，电流密度 J 为 200 A/cm² 更利于良好设计。

步骤 11：计算绕组（3-4）的裸导线面积 $A_{w(3-4)(B)}$

$$A_{w(3-4)(B)} = \frac{I_{(3-4)}}{J}(cm^2)$$
$$= \frac{0.13}{200}(cm^2)$$
$$= 0.00065(cm^2)$$

步骤 12：在第 4 章的导线表中选择导线

$$AWG = \#29$$
$$A_{w(3-4)(B)} = 0.000647(cm^2)$$
$$A_{w(3-4)} = 0.000855(cm^2)$$
$$\left(\frac{\mu\Omega}{cm}\right) = 2644(\text{微欧/厘米})$$

步骤 13：计算绕组（3-4）的电阻 $R_{(3-4)}$

$$R_{(3-4)} = MLT(N_p)\left(\frac{\mu\Omega}{cm}\right) \times 10^{-6}(\Omega)$$
$$= 13 \times 686 \times 2644 \times 10^{-6}(\Omega)$$
$$= 23.8(\Omega)$$

步骤 14：计算绕组（3-4）的铜损 $P_{(3-4)}$

$$P_{(3-4)} = I_{(3-4)}^2 R_{(3-4)}(W)$$
$$= 0.13^2 \times 23.8(W)$$
$$= 0.402(W)$$

步骤 15：计算降压绕组（1-2）的匝数 $N_{(1-2)}$

$$N_{(1-2)} = \frac{N_{(3-4)} V_{bk}}{V_o}(\text{匝})$$
$$= \frac{686 \times 15}{120}(\text{匝})$$
$$= 85.7(\text{匝}),\text{取 } 86 \text{ 匝}$$

步骤 16：计算降压绕组（1-2）的裸导线面积 $A_{w(1-2)(B)}$

$$A_{w(1-2)(B)} = \frac{I_{in}}{J}(cm^2)$$
$$= \frac{1.95}{200}(cm^2)$$
$$= 0.00975\ (cm^2)$$

步骤 17：在第 4 章的导线表中选择导线

$$AWG = \#18$$
$$A_{w(1-2)(B)} = 0.00823\ (cm^2)$$
$$A_{w(1-2)} = 0.00933\ (cm^2)$$

$$\left(\frac{\mu\Omega}{\text{cm}}\right)=210(\text{微欧 / 厘米})$$

步骤 18：计算降压绕组（1-2）的电阻 $R_{(1-2)}$

$$R_{(1-2)}=MLT(N_{1-2})\left(\frac{\mu\Omega}{\text{cm}}\right)\times 10^{-6}(\Omega)$$
$$=13\times 86\times 210\times 10^{-6}(\Omega)$$
$$=0.235(\Omega)$$

步骤 19：计算降压绕组（1-2）的铜损 $P_{(1-2)}$

$$P_{(1-2)}=I_{\text{in}}^{2}R_{(1-2)}(\text{W})$$
$$=1.95^{2}\times 0.235(\text{W})$$
$$=0.894(\text{W})$$

步骤 20：计算绕组（1-2）和绕组（3-4）的总铜损 P_{Cu}

$$P_{\text{Cu}}=P_{(1-2)}+P_{(3-4)}(\text{W})$$
$$=(0.894+0.402)(\text{W})$$
$$=1.296(\text{W})$$

步骤 21：计算变压器调整率 α。

使用步骤 4 中计算出的 $P_{\text{AT}}=29.25\text{W}$。

$$\alpha=\frac{P_{\text{Cu}}}{P_{\text{tin}}}\times 100\%$$
$$=\frac{1.296}{29.25}\times 100\%$$
$$=4.43\%$$

步骤 22：利用第 2 章给出的公式计算这种材料的每千克瓦数（W/K）

$$W/K=0.000557f^{1.68}B_{\text{AC}}{}^{1.86}$$
$$=0.000557\times 60^{1.68}\times 1.4^{1.86}$$
$$=1.01$$

步骤 23：计算磁心损耗 P_{Fe}

$$P_{\text{Fe}}=(W/K)W_{\text{tFe}}\times 10^{-3}(\text{W})$$
$$=1.01\times 0.457(\text{W})$$
$$=0.462(\text{W})$$

步骤 24：计算总损耗 P_{Σ}

$$P_{\Sigma}=P_{\text{Cu}}+P_{\text{Fe}}(\text{W})$$
$$=(1.296+0.462)(\text{W})$$
$$=1.758(\text{W})$$

步骤 25：计算单位面积瓦数 Ψ

$$\Psi=\frac{P_{\Sigma}}{A_{\text{t}}}(\text{W/cm}^{2})$$

$$= \frac{1.758}{163}(\mathrm{W/cm^2})$$
$$= 0.0108\ (\mathrm{W/cm^2})$$

步骤 26：计算温升 T_r

$$T_r = 450(\Psi)^{0.826}(℃)$$
$$= 450 \times 0.0108^{0.826}(℃)$$
$$= 10.7(℃)$$

确认窗口利用率

步骤 27：计算总窗口利用系数 K_u

$$K_u = K_{u(1-2)} + K_{u(3-4)}$$
$$K_{u(1-2)} = \frac{N_{(1-2)}A_{w(1-2)(B)}}{W_a}$$
$$= \frac{86 \times 0.00823}{3.705} = 0.191$$
$$K_{u(3-4)} = \frac{N_{(3-4)}A_{w(3-4)(B)}}{W_a}$$
$$= \frac{686 \times 0.000647}{3.705} = 0.120$$
$$K_u = 0.191 + 0.120$$
$$= 0.311$$

250W 降压自耦变压器设计测试数据（利用磁心几何常数 K_g 法）

下列信息为一台使用频率为 60Hz，容量高于 250W 的降压自耦变压器测试数据，如图 22-9 所示。此减压自耦变压器利用磁心几何常数 K_g 法进行设计。

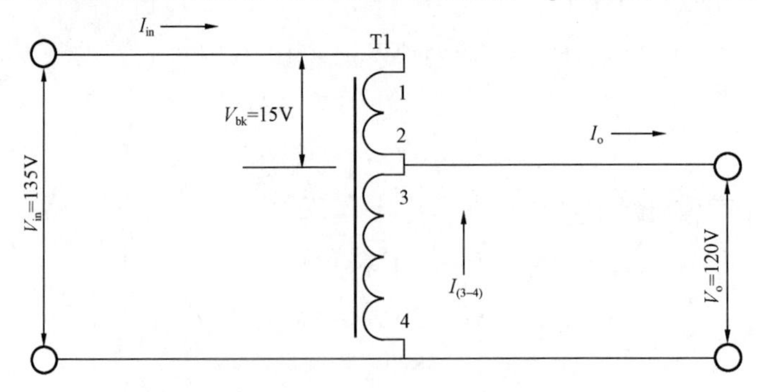

图 22-9 降压自耦变压器

测试数据为：

(1) 输入电压，$V_{in}=135V$。

(2) 输出电压，V_o，空载为120.3V。

(3) 输出电压，V_o，满载为119.6V。

(4) 输出电流，$I_o=2.08A$。

(5) 输出功率，$P_o=250W$。

(6) 电流，$I_{(3-4)}=0.24A$。

(7) 电流，$I_{in}=1.86A$。

(8) 电阻，$R_{(1-2)}=0.237\Omega$。

(9) 电阻，$R_{(3-4)}=19.72\Omega$。

(10) 温升，$T_r=19.1℃$。

自耦变压器与标准隔离变压器的设计对比

按照相同的电气要求，对升压自耦变压器与标准隔离变压器的设计进行比较。

输出功率P_o为

$$P_o=V_oI_o\ (W)$$

输入功率P_{in}为

$$P_{in}=\frac{V_oI_o}{\eta}(W)$$

步骤1：当输出功率P_o为250W时，计算视在功率P_t

$$\begin{aligned}P_t&=P_o\left(\frac{1}{\eta}+1\right)(W)\\&=250\times\left(\frac{1}{0.95}+1\right)(W)\\&=513(W)\end{aligned}$$

步骤2：计算电系数K_e

$$\begin{aligned}K_e&=0.145K_f^2f^2B_m^2\times10^{-4}\\&=0.145\times4.44^2\times60^2\times1.4^2\times10^{-4}\\&=2.02\end{aligned}$$

步骤3：计算磁心几何常数K_g

$$\begin{aligned}K_g&=\frac{P_t}{2K_e\alpha}(cm^5)\\&=\frac{513}{2\times2.02\times5}(cm^5)\\&=25.4(cm^5)\end{aligned}$$

步骤4：在第3章里选择一种与磁心几何常数K_g相匹配的叠片磁心。

(1) 磁心型号为EI-138。

(2) 磁心几何常数，$K_g=24.5\text{cm}^5$。

(3) 磁心质量，$W_t=1786\text{g}$。

(4) 铜质量，$W_{tcu}=653\text{g}$。

(5) 磁心有效截面积，$A_c=11.59\text{cm}^2$。

(6) 窗口面积，$W_a=9.148\text{cm}^2$。

工　程　说　明

对于图 22-1 所示的标准变压器，铜损调整率 α 与总铜损 P_{cu} 和输出功率 P_o 有关，如式 (22-30) 所示

$$\alpha=\frac{P_{Cu}}{P_o}\times 100\% \tag{22-30}$$

$$P_{Cu}=P_p+P_s(\text{W}) \tag{22-31}$$

$$P_o=V_oI_o(\text{W}) \tag{22-32}$$

对于图 22-2 所示的自耦变压器，铜损调整率 α 与总铜损 P_{Cu}、伏安容量、升压或降压绕组的电压—电流有关，如式 (22-33) 所示

$$\alpha=\frac{P_{Cu}}{P_{AT}}\times 100\% \tag{22-33}$$

$$P_{Cu}=P_{(1-2)}+P_{(3-4)}(\text{W}) \tag{22-34}$$

变压器升压

$$P_{AT}=(V_o-V_{in})I_o(\text{W}) \tag{22-35}$$

变压器降压

$$P_{AT}=(V_{in}-V_o)I_{in}(\text{W}) \tag{22-36}$$

致　　谢

在此衷心感谢 Leightner 电子公司的工程师 Charles Barnett 为我们提供了 250W 升压和降压自耦变压器设计实例，并对此开展了测试工作。

Leightner Electronics Inc

1501 S. Tennessee St

McKinney，TX. 75069

参 考 文 献

[1] Flanagan, W. M. , *Handbook of Transformer Applications*, McGraw-Hill Book Co. , Inc. , New York, 1986, pp. 3. 10-3. 12.

[2] Lee, R. , *Electronic Transformers and Circuits*, John Wiley & Sons, New York, N. Y. , 1958, pp. 250-252.

[3] Nordenberg, H. M. , *Electronic Transformers*, Reinhold Publishing Corporation, New York, 1964, pp. 147-149.

[4] Grossner, N. R. , *Transformers for Electronic Circuits*, McGraw-Hill Book Co. , Inc. , New York, 1983, pp. 31-32.

第23章

共模电感器设计

Chapter 23

目　次

导　言

开关电源（SMPS）通常是最大的噪声发生器之一，它通常可产生两类噪声，分别为共模噪声和差模噪声。共模噪声在与共地底座相对应的两个导线对中同时产生，而差模噪声仅在输入导线的路径之间产生。通常使用共模滤波器来抑制线传导共模噪声，输入 LC 滤波器则用于从源头上将差模噪声（纹波电流）减小至最低程度。

差　模　噪　声

差模噪声示意图如图 23-1 所示。差模噪声与输入功率的传输路径相同。图 23-2 给出了一种典型开关电源（SMPS）产生差模噪声的示例。

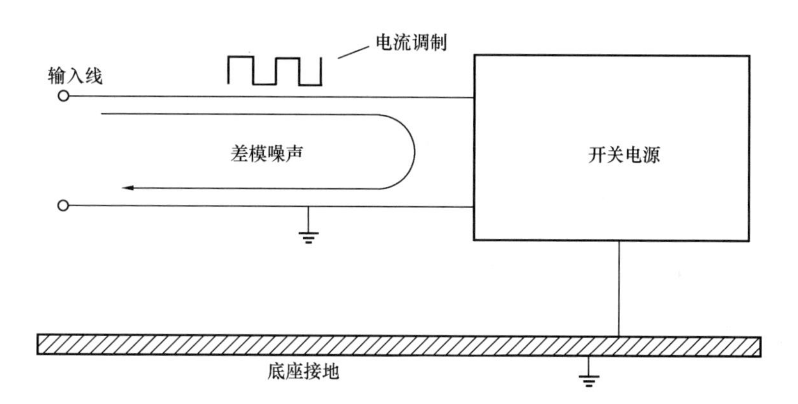

图 23-1　开关电源（SMPS）产生的差模噪声传输路径图

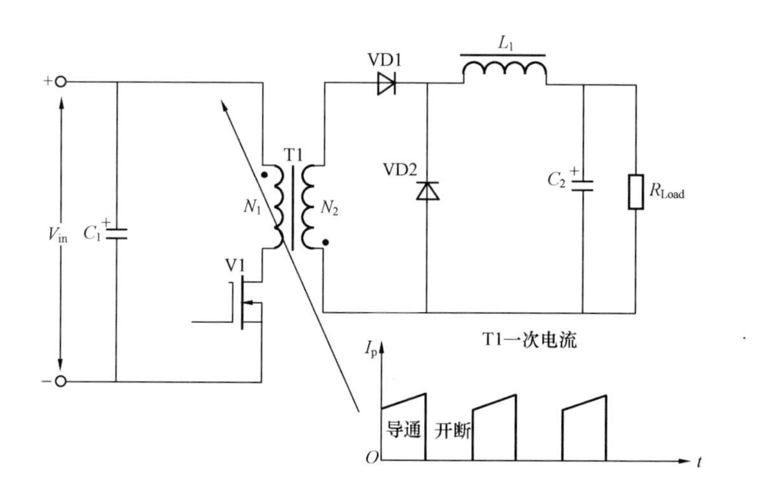

图 23-2　反激变换器输入电流调制

一般而言，使用一个简单的 LC 滤波器即可将噪声降至合理的范围内，如图 23-3 所示。

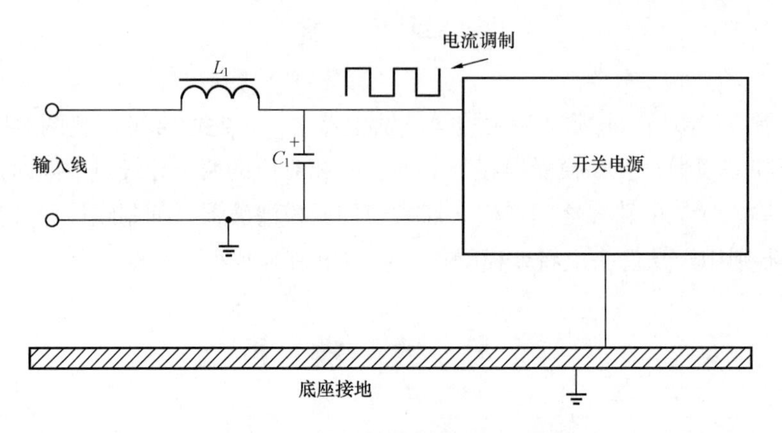

图 23-3　典型差模噪声输入滤波器

输入 LC 滤波器用于降低电源的输入电流调制。输入电流调制可在电源内产生噪声电压，如图 23-4 所示。可以看出，使用该电源的其他用户均可接收到开关电源（SMPS）产生的任何噪声 $V_{(noise)}$。噪声 $V_{(noise)}$ 的大小如式(23-1)所示。利用式(23-2)可计算出纹波电流 $I_{L(pk-pk)}$。其中 R_X 为外部无感电阻器，用于测量纹波电压 $V_{I(ripple)}$ 进而计算纹波电流 $I_{L(pk-pk)}$。

$$V_{(noise)} = I_{L(pk-pk)} R_Z \text{(V)} \tag{23-1}$$

$$I_{L(pk-pk)} = \frac{V_{I(ripple)}}{R_X} \text{(A)} \tag{23-2}$$

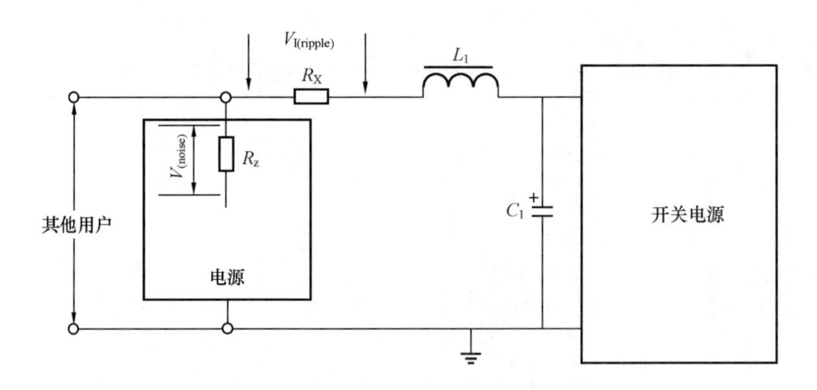

图 23-4　电源产生的噪声干扰

对于差模（DM）噪声 $V_{(noise)}$，通常会将其幅值限制在 100mV（峰—峰值）以下。共模（CM）噪声的幅值可达到几伏，此时将产生错误的测量值。测试装置内不得存在接地回路且测试设备必须具有良好的共模（CM）抑制能力。

共　模　噪　声

共模噪声的简化示意图如图 23-5 所示。共模噪声在与共地点（底座）相对应的两个导线对中同时产生。这种噪声的根源在于电源内部的开关速率较高，杂散电容 C_s 不断地充电放电，如图 23-6 所示。

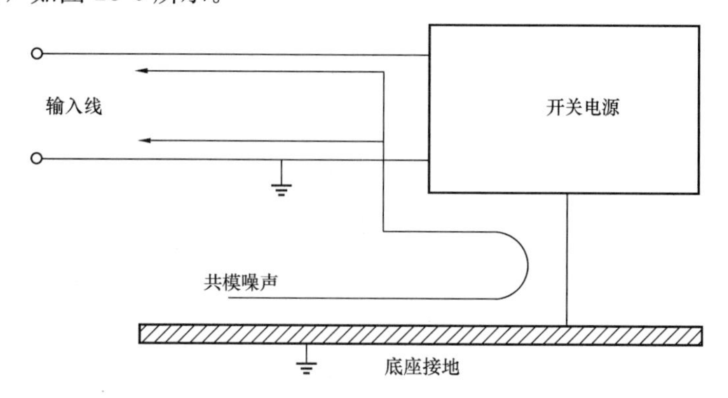

图 23-5　共模噪声及其传输路径

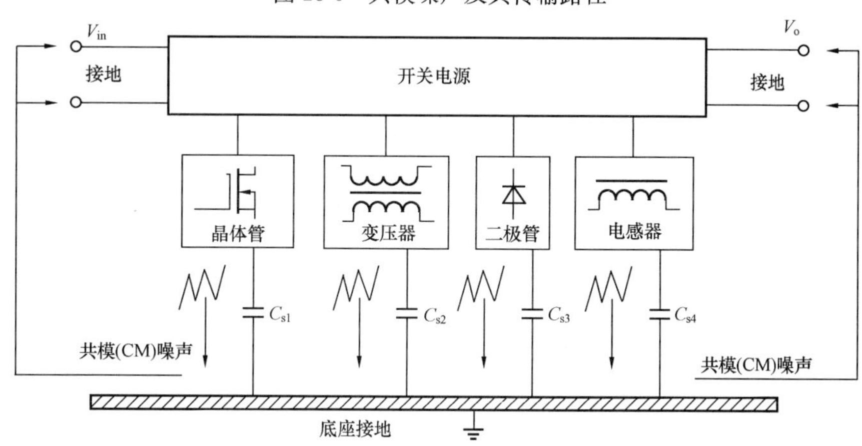

图 23-6　共模噪声可分别传输至输入和输出线路中

开关电源（SMPS）与共地底座之间的杂散电容是其内部共模噪声的主要来源。与散热片连在一起的开关电源变压器、电感器、晶体管和二极管以及传输较大交流电流的导线均存在杂散电容。这种噪声的根源为快速开关功率 MOSFET 晶体管的 di/dt 和 dv/dt，如图 23-7 所示。这种亚微秒级的上升和下降时间导致杂散电容 C_s 的充、放电速度特别快，进而导致了较高的脉冲电流。根据式（23-3）可计算出电流变化量 ΔI。

$$\Delta I = \frac{C_s V_{(pk)}}{\Delta t} (A) \tag{23-3}$$

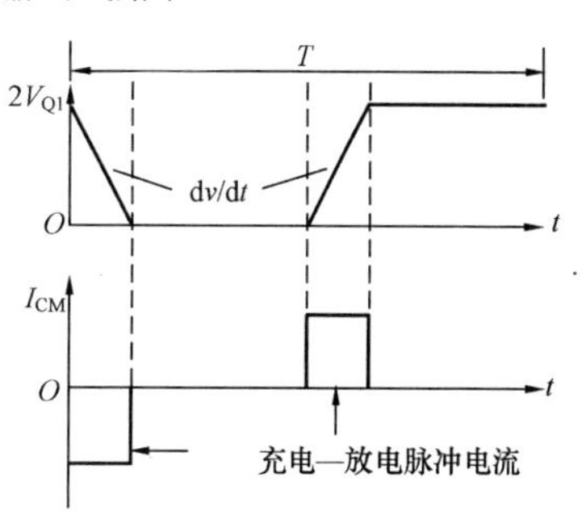

图 23-7　开关电源内杂散电容的充、放电过程

半导体共模噪声源

与底座耦合在一起的主要噪声发生器为晶体管和二极管。这是由于它们被螺栓固定在散热片上面，而散热片又与底座连在了一起。如果不将晶体管和二极管安装在散热片上，就可以将杂散电容 C_s 导致的问题将降至最低程度。另外，固定在底座上的功率变压器和开关电感器也在一定程度上造成了共模噪声。可使用一些简单的方法从源头上降低共模噪声。如图 23-8 所示，与散热片连在一起的功率开关晶体管通过杂散电容 C_s 产生共模噪声。这种噪声来源于电流对杂散电容 C_s 的充、放电过程，对应的杂散电容由安装功率晶体管到散热片时采用的绝缘硬件产生。这种由杂散电容 C_s 产生的噪声电流必须返回至起始点。电流 I_s 仅能通过输入导线返回至起始点，除非提供其他并联通路。

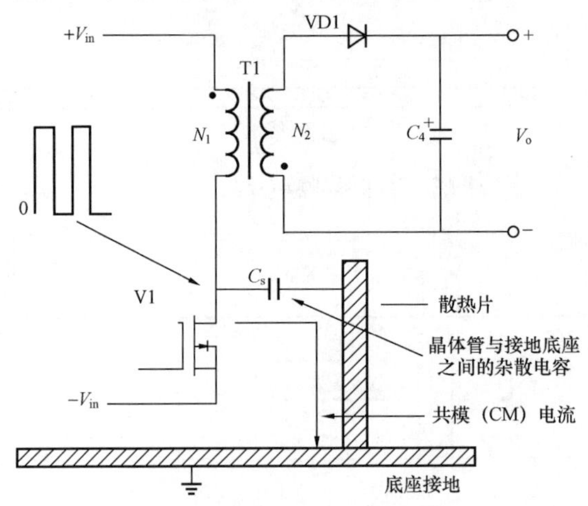

图 23-8　开关电源内杂散电容的充电/放电过程

这里可将流经杂散电容 C_s 的噪声电流 I_s 分流至输入地。采取这种旁路措施时，噪声电流仍在电源内部流动，如图 23-9 所示。在晶体管和散热片之间安装绝缘铜箔，然

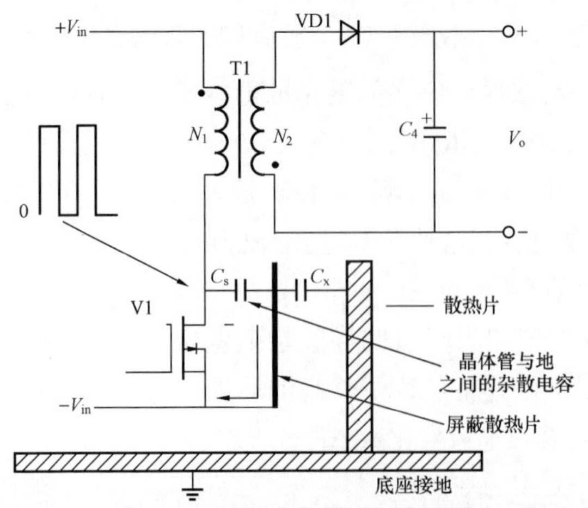

图 23-9　将安装晶体管产生的杂散电容旁路至输入地

后将铜箔接地即可达到这一目的。与晶体管一样，输出功率整流器的安装也存在杂散电容 C_s 问题，如图 23-10 所示。这里也可将流经杂散电容 C_s 的噪声电流 I_s 分流至大地，但应分流至输出地，如图 23-11 所示。在整流器和散热片之间安装绝缘铜箔，然后将铜箔与输出地连接在一起即可达到这一目的。

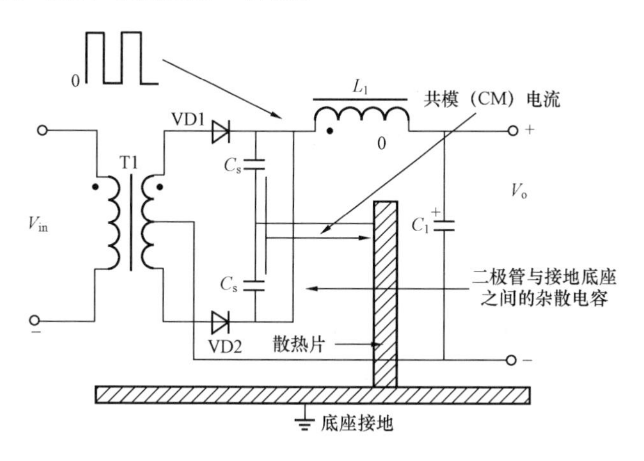

图 23-10　将整流器安装在散热片上产生的杂散电容 C_s

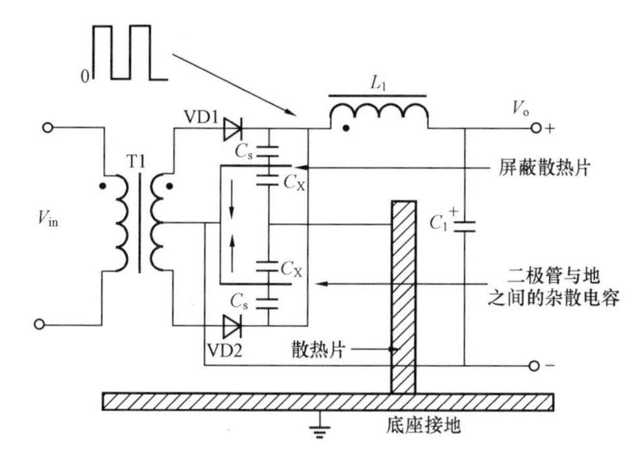

图 23-11　将安装整流器产生的杂散电容 C_s 旁路至输出地

变压器和电感器共模噪声源

变压器和多绕组电感器对应的杂散电容 C_s 产生的共模噪声存在两种传输路径，分别为：绕组—绕组、绕组—磁心。与一次绕组和二次绕组之间的杂散电容 C_s 相比，绕组与磁心之间的杂散电容 C_s 更容易处理。如图 23-12 所示，降压型反激电感器 L_1 的线圈与磁心之间也存在杂散电容 C_s。反激变压器 T_1 的绕组与磁心之间也存在杂散电容 C_s，如图 23-13 所示。如果不直接将变压器安装在散热片上，而是将其安装在印制电路板上，再采取接地措施保证安全或许是个不错的想法。在绕组上附加一层绝缘铜箔进行

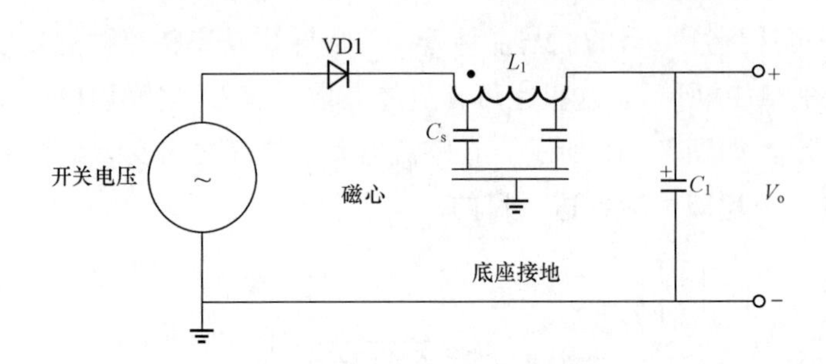

图 23-12 电感器绕组与磁心之间的杂散电容 C_s

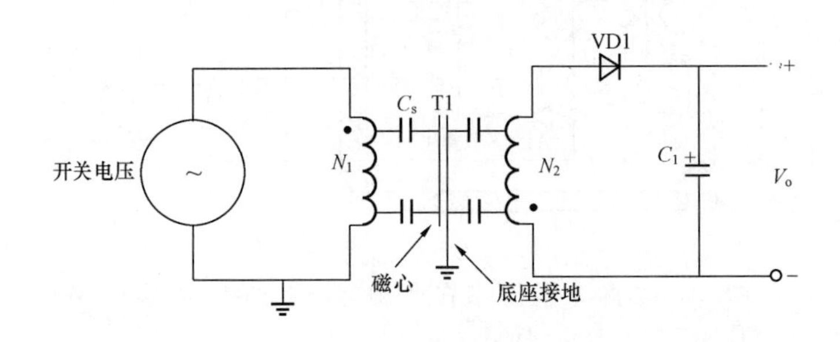

图 23-13 反激变压器绕组与磁心之间的杂散电容 C_s

屏蔽后，可将变压器与磁心之间的杂散电容 C_s 降至最小，如图 23-14 所示。屏蔽用铜箔应布置在中心柱周围和线圈的外表面上，而且应注意避免线匝短路，如图 23-14 所示。

为了消除电压梯度效应，屏蔽用铜箔应终止于中间位置，如图 23-14 所示。

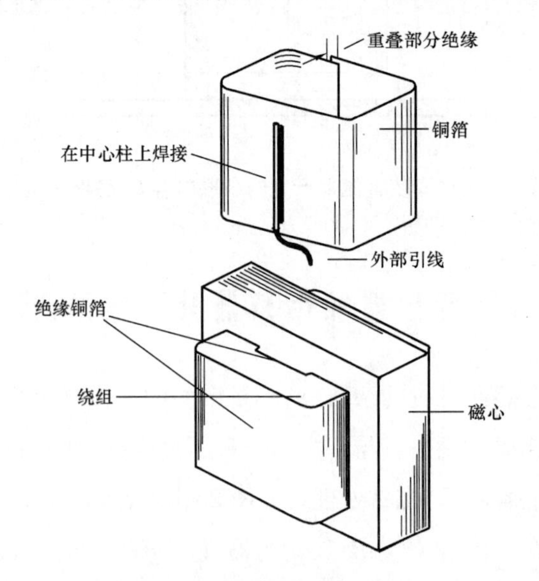

图 23-14 屏蔽功率变压器绕组与磁心之间的杂散电容 C_s

法拉第屏蔽

一次绕组与二次绕组之间的杂散电容 C_s，如图 23-15（a）所示，处理起来比较困难，这是由于杂散电容 C_s 减小的同时，漏磁电感会 L_s 增大。正因如此，设计高频变换器功率变压器和/或电感器时，通常将它们的一次绕组和二次绕组非常紧密地耦合在一起，进而将漏磁电感降至最低。设计变压器时，为了将一次绕组和二次绕组之间的杂散电容 C_s 降至最小，漏磁电感 L_s 就会显著增加，这将导致不良的负面效应。

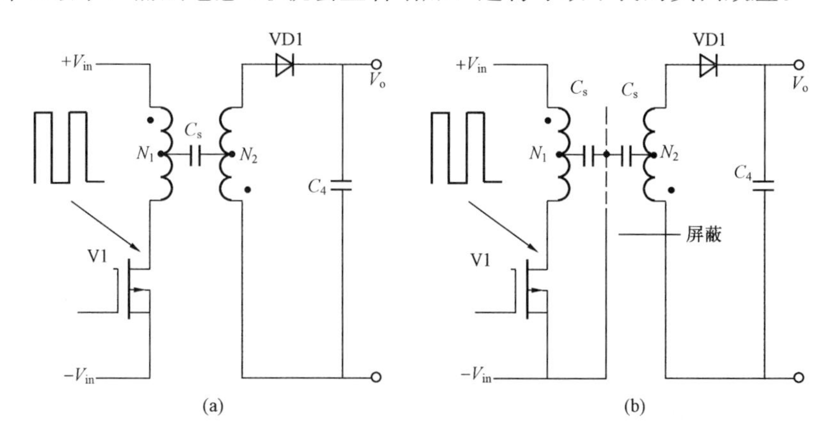

图 23-15　增加法拉第屏蔽铜箔将共模噪声旁路至输入地

附加一层法拉第屏蔽铜箔可有效降低杂散电容 C_s 产生的共模噪声，如图 23-15（b）所示。屏蔽铜箔应布置在一次绕组和二次绕组之间，如图 23-15（b）所示。应按照图 23-14 所示的方法安装屏蔽铜箔。为了消除电压梯度效应，铜箔应终止于中间位置。为了进一步降低共模噪声，可附加多层法拉第屏蔽铜箔，如图 23-16 所示。

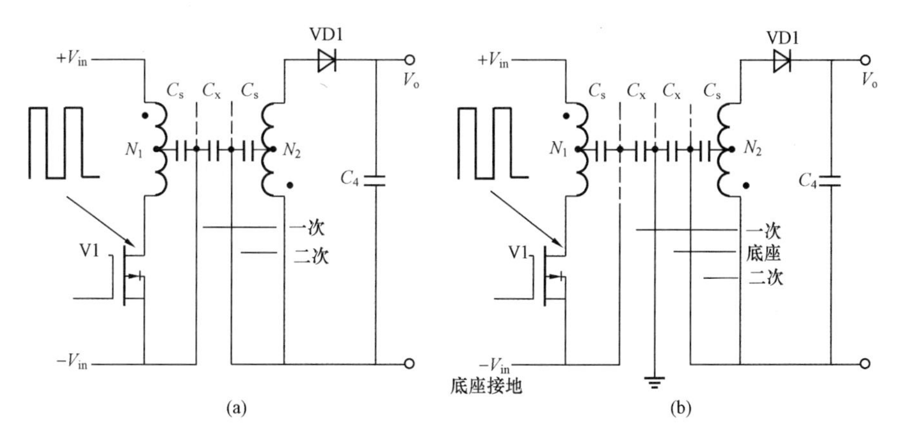

图 23-16　增加多层法拉第屏蔽铜箔进而达到更好的共模噪声抑制效果

共 模 滤 波 器

典型输入共模滤波器由元件 L_1、C_2 和 C_3 组成，如图 23-17 所示。共模电感器 L_1 配有两个相同的绕组：N_1 和 N_2。来自于电源的输入电流首先进入 L_1 的 1 号引脚，然后从 L_1 的 3 号引脚流出。由于输入电流同时流经这两个引脚，净通量变化量为 0。这是由于绕组 N_1 的安匝与 N_2 的安匝相等，二者互相抵消。高品质电容器 C_2 和 C_3 的等效串联电阻（*ESR*）均非常低，二者均用来旁路电源内部杂散电容 C_s 产生的噪声电流。电容器 C_2 和 C_3 可保持电源内部杂散电容 C_s 产生的共模噪声电流。输出共模滤波器如图 23-18 所示，由元件 L_4、C_4 和 C_5 组成。输出共模滤波器与输入共模滤波器的工作方式相同。

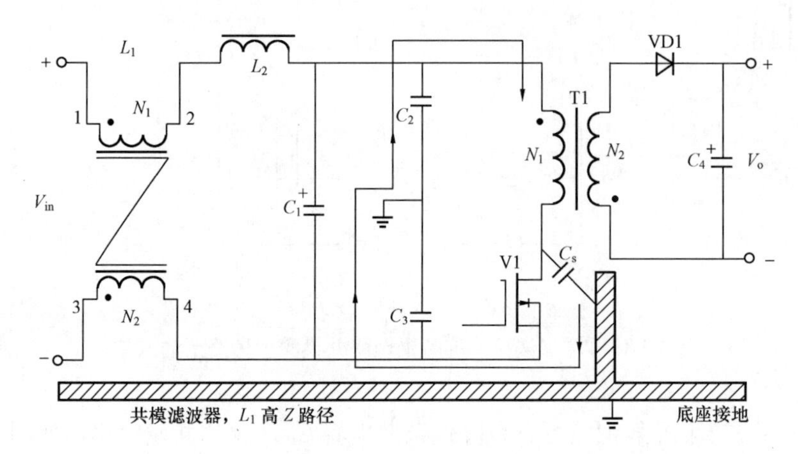

图 23-17　输入共模滤波器，为杂散电容电流提供了并联通路

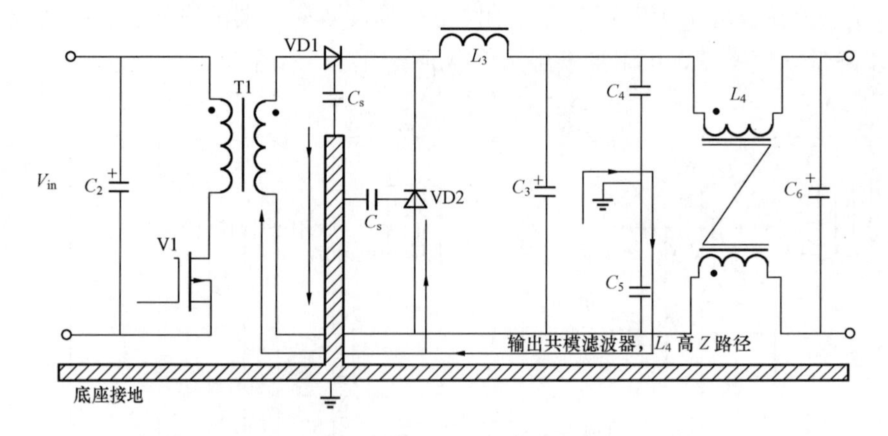

图 23-18　输出共模滤波器，为杂散电容电流提供了并联通路

共模滤波电感器

环形磁心在共模滤波电感器中得到了最广泛的应用，这是由于它的磁导率很高，而且通常情况下需要的匝数非常小，如图 23-19 所示。利用定位隔离片可将绕组布置在环形磁心上。它不仅有助于实现绕组间隙的精确控制，还可有效抑制寄生现象。如前文所述，由于绕组 N_1 和 N_2 的相位相反，流经共模滤波电感器的差模电流或安匝将被相互抵消，如图 23-20 所示。正因如此，差模电流产生的净通量为 0。这意味着使用磁导率较高的磁心可获得性能更好的共模电感器。

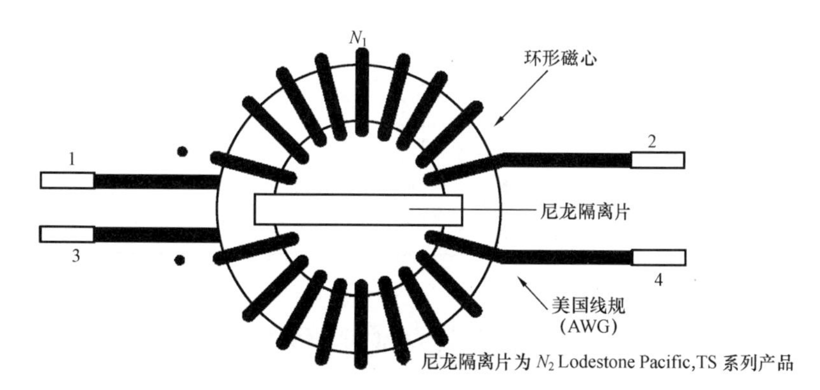

图 23-19 环形磁心共模滤波电感器示意图

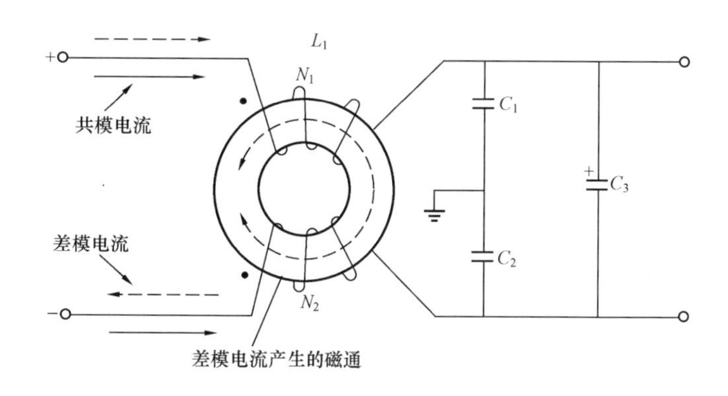

图 23-20 共模滤波器中的外加电流

选择磁性材料

对于共模电感器的设计，工程师们通常都知道应将间隙设置为多少。一般而言，应在总体设计完成之后开展共模滤波器的设计工作。它们会为滤波器预留一定的空间。工程师们还清楚可接受的最大插入损耗。这种插入损耗通常以功率下降或电压下降的形式表现出来。通过选择合适的磁心和导线尺寸，工程师们可实现功率损耗、温升和/或电压下降量的控制。

开关电源产生的噪声谱频率通常在10kHz～50MHz之间变化。为了达到合适的衰减效果，电感器在这一频率范围内的阻抗必须足够高。磁性材料必须具有较高的初始磁导率和较低的成本。对于大多数共模电感器而言，可选择磁导率较高的铁氧体作为磁性材料，如初始磁导率为5000μH的铁氧体J和初始磁导率为10 000μH的铁氧体W。Vacuumschmelze（VAC）生产的一种非晶态材料在共模电感器市场上获得了成功的应用，这种纳米晶体材料被称为Vitroperm 500F。其性能可与表23-1中列出的材料相媲美。

表23-1　磁性材料特性

制造商名称	材料名称	商品名成分	初始磁导率 μ_i	磁通密度 B_s /T	典型工作频率 /Hz
Magnetics	Ferrite J	锰锌	5000	0.43	10k～2M
Magnetics	Ferrite W	锰锌	10 000	0.43	10k～2M
CMI	CMD 5005	镍锌	1600	0.3	0.2M～100M
VAC	Vitroperm 500F	纳米晶体	30 000	1.2	10k～2M

铁氧体材料的温度特性

铁氧体材料是一种磁导率μ_m很高的介质，而且具有"下降"点。如图23-21所示，这种材料的磁导率μ_m对温度非常敏感。可以看出，随着温度的变化，磁导率μ_m非常容易发生变化。由式（23-4)可知，电感与磁导率μ_m成正比例关系。当设计的电感存在气隙时，磁导率μ_m将变为相对磁导率μ_r。相对磁导率μ_r通常在600左右，或者更小，这取决于气隙l_g的尺寸，如式（23-5）所示。气隙l_g可保证电感随温度的变化趋于稳定。铁氧体磁心的饱和度或最大磁通密度B_{max}也受到温度的影响。如图23-22所示，磁通密度B_{max}随温度上升而下降。随着温度的上升，饱和磁通逐渐下降。对于高温应用而言，这种特性显然不利于设计

$$L=\frac{0.4\pi N^2 A_c \mu_m \times 10^{-8}}{MPL}(\text{H}) \tag{23-4}$$

$$\mu_r=\frac{\mu_m}{1+\left(\frac{l_g}{MPL}\right)\mu_m}(\text{相对磁导率}) \tag{23-5}$$

铁氧体材料的应力特性

铁氧体材料对机械应力非常敏感，无论是压缩应力还是拉伸应力。在适当的应力下，高磁导率材料的磁导率受应力的影响尤为严重。如果电感的相对稳定性对装置的正常运行非常重要，那么装置搭建完成后，温度周期变化将有助于缓解这类压力并提高磁

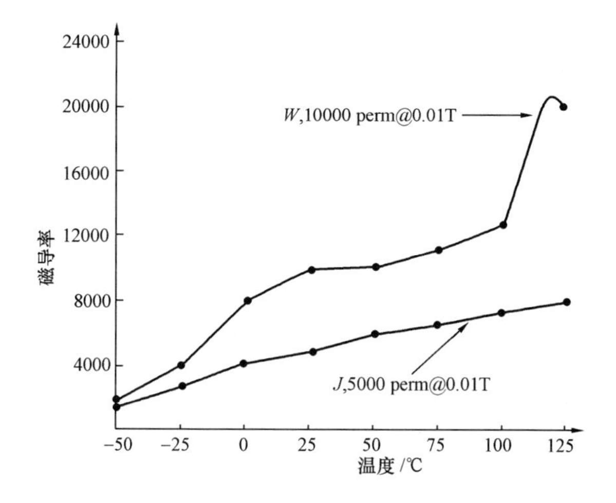

图 23-21　磁导率随温度变化曲线

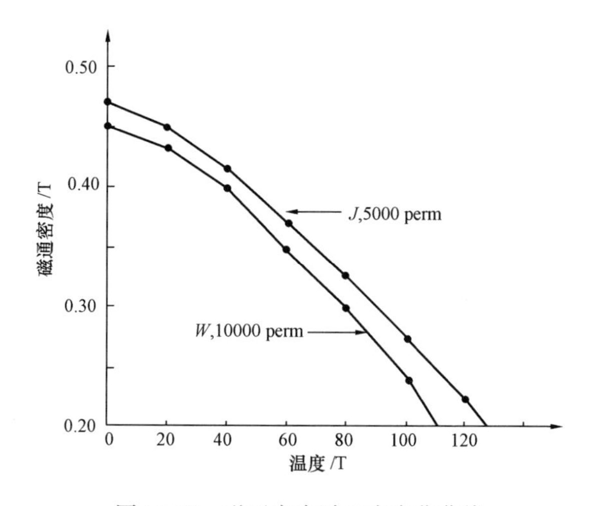

图 23-22　磁通密度随温度变化曲线

心的稳定性。另外，如果匝数达到最小，并刷上一层非常薄的环氧密封剂涂层，也会起到积极作用，如图 23-23 所示。使用之前，必须检查铁氧体磁心是否存在裂纹/裂缝。使用铁氧体材料时要注意如下两个问题。

（1）密封剂会导致应力产生。

（2）直接在磁心上布置绕组会导致应力产生。

磁　心　饱　和

已经证实一部分漏磁通会从各绕组的磁心中泄漏出去，而且这种漏磁通与绕组的线电流和漏电感成正比。这是因为漏磁通离开磁心后并没有被抵消，如果此时电流较大，它可能会导致磁心进入饱和状态。因此，必须设法将漏电感降至最低，必须以相同的方式在磁心上布置绕组，进而使它们近似地成为彼此的镜像。挑选磁心时，应始终选择具

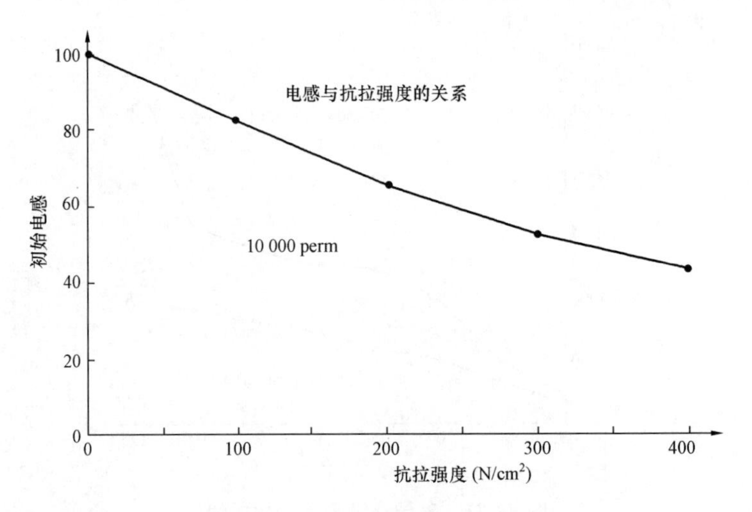

图 23-23 环形磁心共模滤波电感器

有最高磁导率的材料。这样一来，仅需较少的匝数即可达到规定的电感值。使用较少的匝数也就意味着较小的漏磁通，如图 23-24 所示。

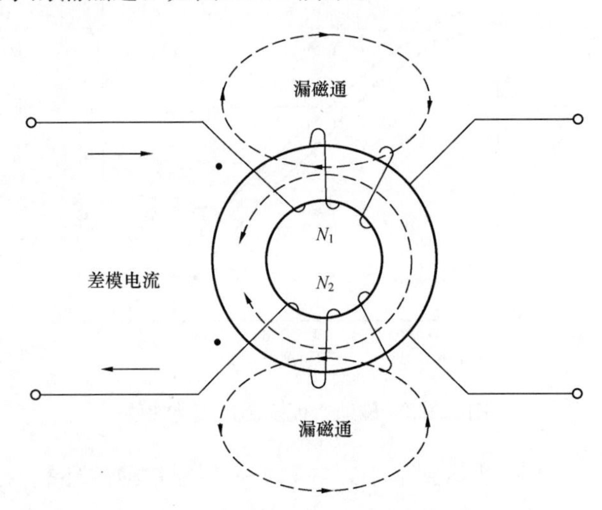

图 23-24 存在漏磁通的环形磁心共模滤波电感器

共模滤波电感器设计规格

(1) 磁心结构为环形磁心。

(2) 磁心材料为铁氧体。

(3) 材料磁导率，W（+/−30）=10 000μ

(4) 线电流，I_{in}=0.5A。

(5) 10kHz 线圈电阻，X_L=100Ω。

(6) 电流密度为 400/cm²。

（7）使用尼龙隔离片为LP、TS系列产品（见参考文献[9]）。

（8）安装为LP，垂直（见参考文献[9]）。

（9）磁心选择P/N＝TC－41605。

（10）外径为1.664cm。

（11）内径为0.812cm。

（12）磁心高度，$H_t=0.521$cm。

步骤1：计算裸导线面积$A_{w(B)}$

$$A_{w(B)}=\frac{I_{in}}{J}(\mathrm{cm}^2)$$

$$=\frac{0.5}{400}(\mathrm{cm}^2)$$

$$=0.00125(\mathrm{cm}^2)$$

步骤2：查阅第4章给出的导线表（见表4-9）的第2列，选择最接近于步骤1中计算出来的裸导线面积$A_{w(B)}$的导线面积值，然后分别记下第1列里对应的美国线规（AWG）导线尺寸、第2列里的裸导线面积、第4列里的以微欧为单位的电阻率、第7列里的含绝缘层在内的导线直径。

第1列，＃26（AWG）

第2列，0.00128cm^2（导线面积）

第4列，1345（$\mu\Omega$/cm）

第7列，0.0452cm（含绝缘层直径）

步骤3：如图23-25所示，应设计尼龙隔离片来隔离线圈。

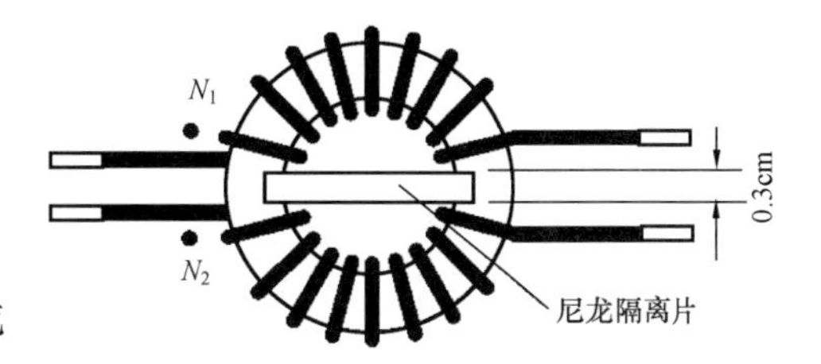

图23-25　用尼龙隔离片来隔离线圈

步骤4：计算最小电感L

$$L_{(\min)}=\frac{X_L}{2\pi f}(\mathrm{H})$$

$$=\frac{100}{2\times3.14\times10000}(\mathrm{H})$$

$$=0.00159(\mathrm{H})$$

步骤5：在第3章表3-52里选择磁心尺寸，然后记下1kperm磁心的内径（ID）和A_L值。反复对比并选定一种合适的磁心，当然这需要一点点技巧和运气

磁心为$TC-41605$。

内径为0.812cm。

$$A_L,\text{对于}1000\text{perm},\frac{\mathrm{mh}}{1000\mathrm{T}}=548(\text{factor})$$

步骤6：针对以1000perm为单位的材料W，计算每1000匝对应的毫亨值

$$A_L=\left(\frac{mh}{1000T}\right)(W_{\text{kiloperm}})\text{，每 1000 匝}$$
$$=548\times10(\text{每 1000 匝})$$
$$=5480/1000(\text{匝})$$

步骤 7：计算总绕组平均长度（见图 23-26）

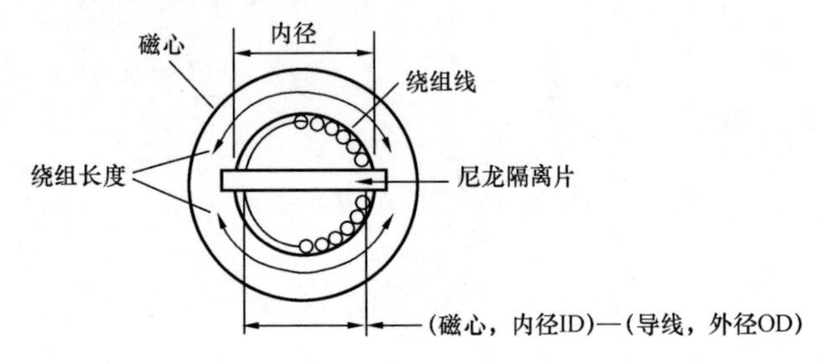

图 23-26　计算总绕组平均长度

绕组长度＝ π(磁心内径－磁心外径)－2(隔离片宽度)

＝3.14×(0.812－0.0452)－2×0.3

＝1.81(cm)

步骤 8：计算每个线圈的绕组长度

每个线圈的绕组长度＝总绕组长度/2(cm)

＝1.81/2(cm)

＝0.905(cm)

步骤 9：使用＃26 计算各线圈可能需要的匝数

匝数＝绕组长度(cm)/导线直径(cm)(匝)

＝0.905/0.0452(匝)

＝20(匝)

步骤 10：使用最低磁导率(－30%)计算电感 L

$$L=\left(\frac{mh}{1000T}\right)N^2\times10^{-6}(\text{mH})$$
$$=3836\times20^2\times10^{-6}(\text{mH})$$
$$=1.53(\text{mH})$$

步骤 11：计算平均匝长(见图 23-27)

$$MLT=(OD-ID)+2(Ht)(\text{cm})$$
$$=(1.664-0.812)+2\times0.521(\text{cm})$$
$$=1.894(\text{cm})$$

步骤 12：计算线圈的绕组电阻 R

$$R=MLT(N_1)\left(\frac{\mu\Omega}{\text{cm}}\right)\times10^{-6}(\Omega)$$
$$=1.89\times20\times1345\times10^{-6}(\Omega)$$
$$=0.0508(\Omega)$$

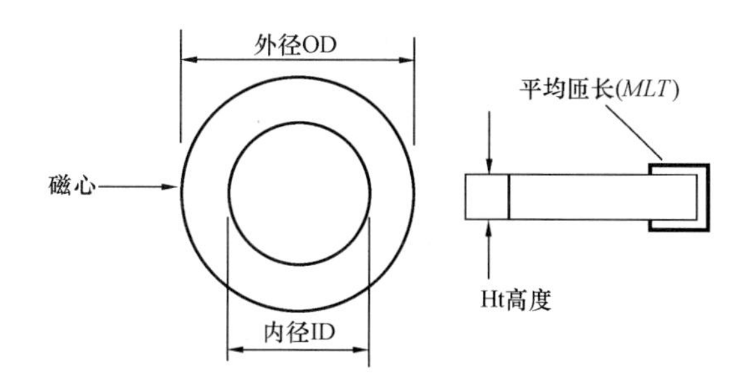

图 23-27　计算平均匝长

步骤 13：计算两个线圈的总铜损 P_{Cu}

$$P_{Cu} = I_{in}^2 2R(\mathrm{W})$$
$$= 0.5^2 \times 2 \times 0.0508(\mathrm{W})$$
$$= 0.0254(\mathrm{W})$$

步骤 14：垂直安装共模电感器，并做好测试准备，如图 23-28 所示

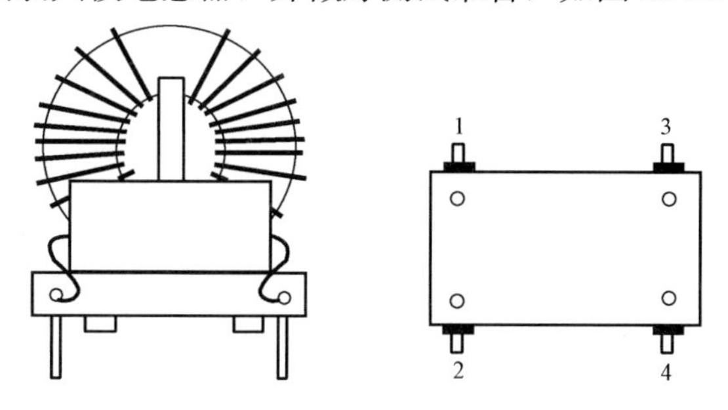

图 23-28　垂直安装环形磁心

参 考 文 献

[1] Magnetics Technical Bulletin, FC-S5, 1997.

[2] Magnetics Technical Bulletin, FC-S2, 1995.

[3] Magnetics Ferrite Catalog, FC-601, 2006.

[4] Sebranig, Steve and Leonard Crane. *Guide for Common Mode Filter Design Coilcraft*, 1985.

[5] Kociecki, John. Predicting the Performance of Common-Mode Inductors, Data General Corporation, n. d.

[6] Nave, Mark. A Novel Differential Mode Rejection Network for Conducted Emissions Diagnostics, IEEE, 1089.

[7] Leonard Crane, Sebranig, Steve. *Common Mode Filter Inductor Analysis*, Coilcraft Publication, 1985.

[8] Ozenbaugh, Richard. *EMI Filter Design*, CRC Press, New York, 2001.

[9] Lodestone Pacific. VTM Series, Vertical Toroid Mount, 2002.

第24章

串联饱和电抗器设计

Chapter 24

目　次

导　　言

饱和电抗器是一种磁装置，在 20 世纪 50～60 年代得到了最为广泛的应用。然而，随着晶体管和晶闸管整流器时代的到来，饱和电抗器几乎淡出了人们的视线。目前，饱和电抗器仍被用于电机控制、电源和电流变送器。它具有很好的耐用性，可在输入和输出之间提供良好的电气隔离。

串联饱和电抗器

饱和电抗器电路图如图 24-1 所示。将饱和电抗器作为电流变送器使用如图 24-2 所

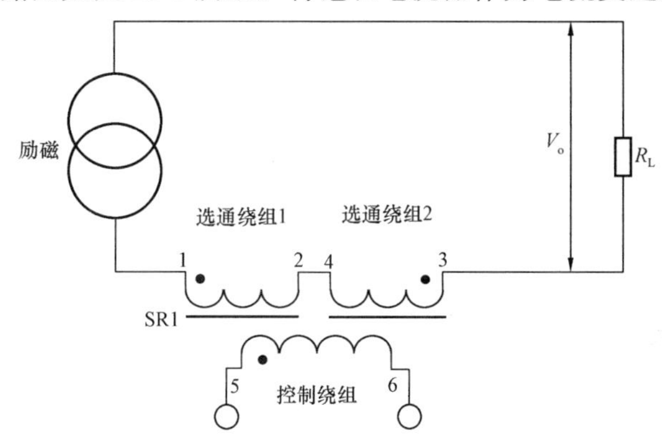

图 24-1　双磁心串联饱和电抗器基本结构

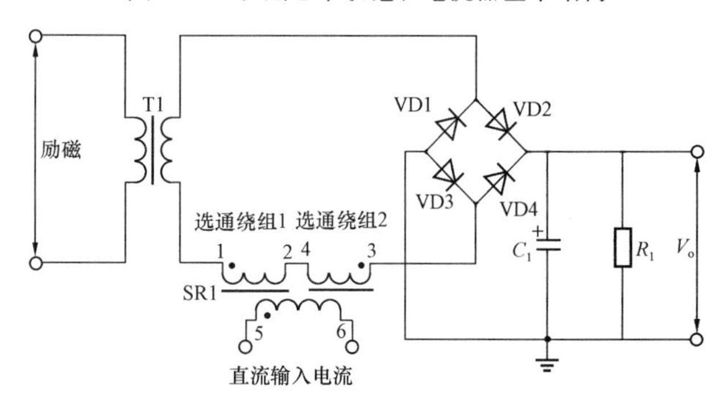

图 24-2　将串联饱和电抗器作为电流变送器使用

示。饱和电抗器由两个反向串联在一起的选通绕组和一个独立的控制绕组组成。可使用两种环形磁心构造饱和电抗器，分别为 DU 叠片磁心或 EI 叠片磁心。使用矩磁回线和高磁导率磁性材料时，饱和电抗器可达到最佳性能。饱和电抗器属于安匝装置，控制绕组中的安匝将在选通绕组内产生相应的安匝。安匝公式为

$$N_{c(5-6)} I_c = N_{g(1-2)} I_g \tag{24-1}$$

基 本 操 作

为便于理解饱和电抗器的操作，这里分步对图 24-3 所示的 EI 磁心饱和电抗器的功能性环节进行介绍。磁心材料为具有矩磁回线的晶粒取向型 50-50 镍铁（具有矩形磁滞回线的铁心材料），并且具有相对较高的磁导率。EI 磁心外柱上的两个选通绕组 N_{G1} 和 N_{G2} 匝数相同，控制绕组布置在 EI 磁心的中心柱上面。如图 24-3 所示，利用电池 E_C 可在控制绕组 N_C 上施加一个直流电流。这样一来，磁心内将产生磁通。如图 24-3 中箭头所示，磁通将在中心柱内向上运动，并在外柱内向下运动。如果改变直流控制电流方向，磁通将沿着相反的方向运动，其他保持不变。

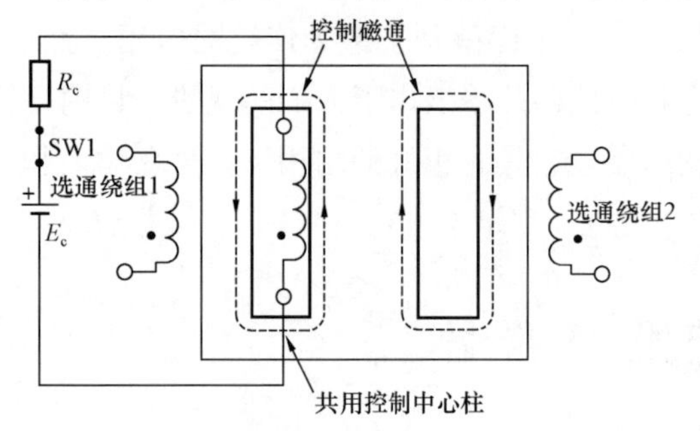

图 24-3 仅由控制绕组产生的磁通

然后再反向串联在一起，在中间还串联有负载电阻 R_L 的两个选通绕组之间施加交流励磁电压，并切断控制绕组内的直流电流，如图 24-4 所示。每个选通绕组各分担 1/2 的交流励磁电压，它们产生的磁通方向如图 24-4 所示。此时 EI 磁心右柱内的磁通向下运动，左柱内的磁通向上运动，如图 24-4 中箭头所示。两个选通绕组产生的磁通大小相等、方向相反且彼此相对独立。在没有直流控制电流的情况下，各选通绕组内的磁通均处于静态模式，如图 24-5 所示。

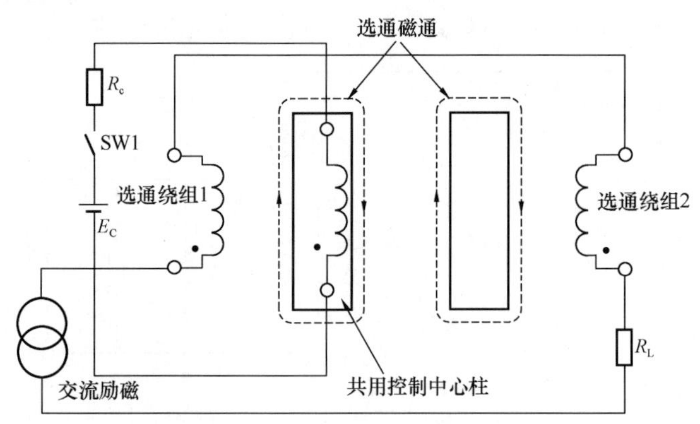

图 24-4 由两个选通绕组产生的磁通

当选通绕组分担了所有的外施电压且控制绕组直流电流为 0 时，磁化电流 I_m 的存在将导致负载电阻 R_L 两侧具有可测的输出电压 V_o，如图 24-6 所示。利用式（24-2）可计算出磁化电流 I_m。如需减小磁化电流 I_m，工程师们可选择以下两种方案之一：降低工作磁通密度 B_m 或改变磁性材料，使用对驱动力要求较低的材料。

$$I_m = \frac{V_o}{R_L}, (\mathrm{A}) \tag{24-2}$$

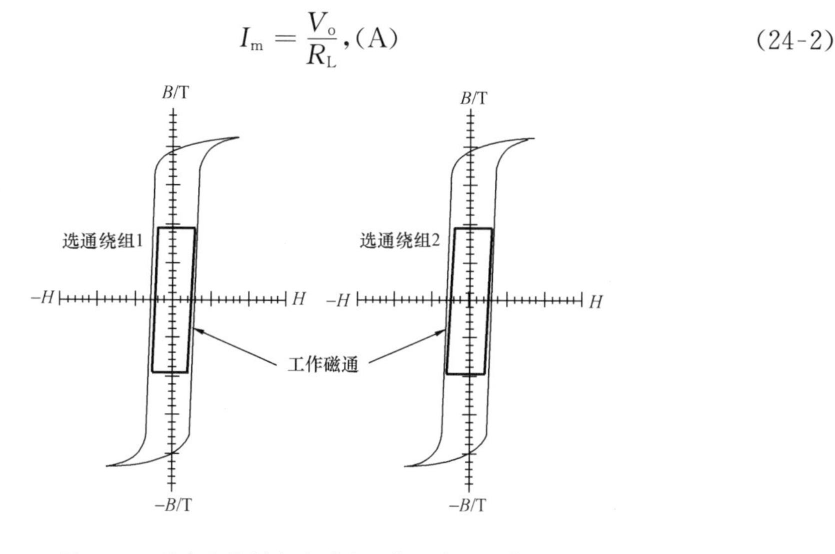

图 24-5　无直流控制电路时选通绕组内的工作磁通

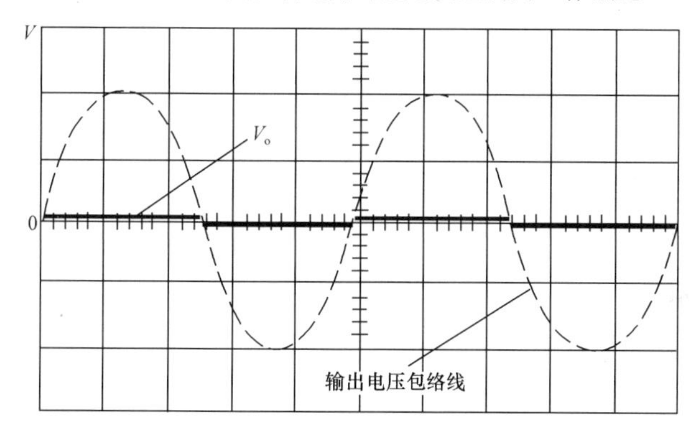

图 24-6　磁化电流 I_m 导致的输出电压

串联饱和电抗器的工作方式

现在将两个条件合并起来，对控制绕组施加足够大的电流，使其占空比达到 50%，然后对选通绕组施加交流励磁，如图 24-7 所示。控制绕组将在中心柱和外柱内产生方向相同的磁通。选通绕组 1 在左柱内产生的磁通与控制绕组在中心柱内产生的磁通方向相反。选通绕组 2 在右柱内产生的磁通与控制绕组在中心柱内产生的磁通方向相同。最终，控制绕组内的安匝（$N_C I_C$）将使磁心偏置到饱和状态，进而满足式（24-3）。这样一来，饱和的磁心柱将在负载电阻 R_L 两侧产生输出电压，如图 24-8 所示。

$$I_{g2} = \frac{N_C I_C}{N_{g2}} (\mathrm{A}) \tag{24-3}$$

饱和电抗器的两个选通绕组以串联方式连接在一起。不论电流流入选通绕组 2 还是选通绕组 1，控制绕组与选通绕组内的安匝方向始终相反，最终二者相互抵消，如式

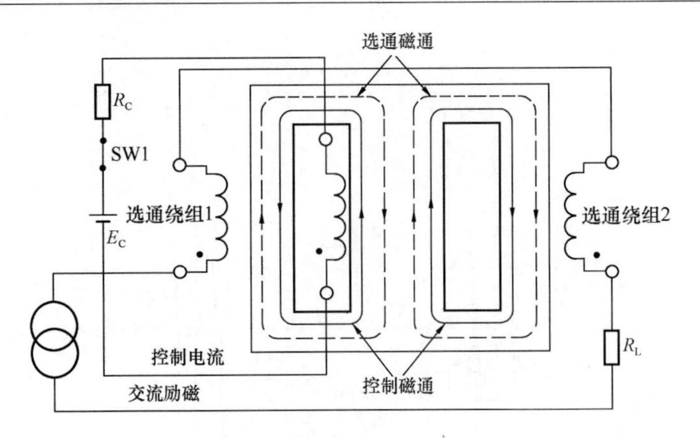

图 24-7　两个选通绕组和一个控制绕组产生的磁通示意图

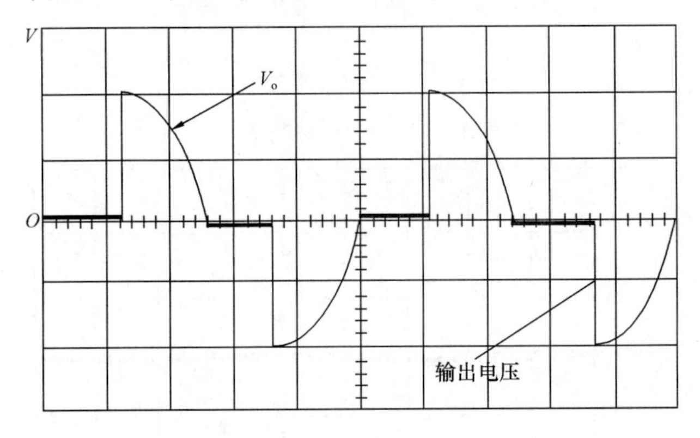

图 24-8　以 50%占空比运行时负载电阻的输出电压

(24-4) 所示。

$$O = N_{g1}I_{g1} - N_C I_C \tag{24-4}$$

这种状态每半个周期变化一次，选通绕组 1 进入饱和状态的同时，选通绕组 2 将脱离饱和状态。当电流流入控制绕组时，图 24-5 中的 B-H 回线将发生变化。选通绕组 2 进入饱和状态时，选通绕组 1 内的磁通仍以原点为中心保持对称，如图 24-9 所示。当

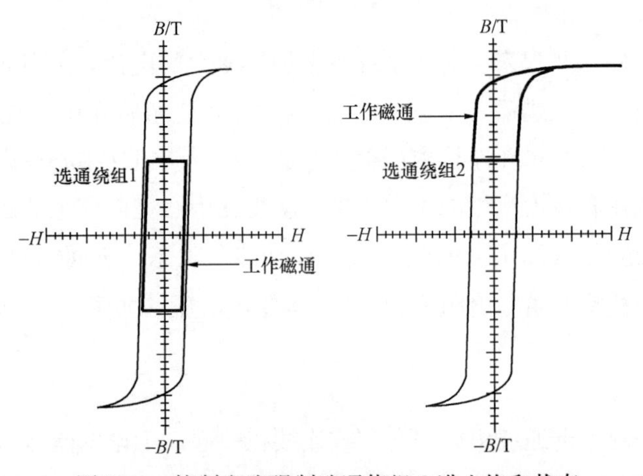

图 24-9　控制电流强制选通绕组 2 进入饱和状态

输入交流励磁在下半个周期反向时，选通绕组的磁通方向也会随之改变，此时选通绕组 1 进入饱和状态，选通绕组 2 脱离饱和状态，如图 24-10 所示。

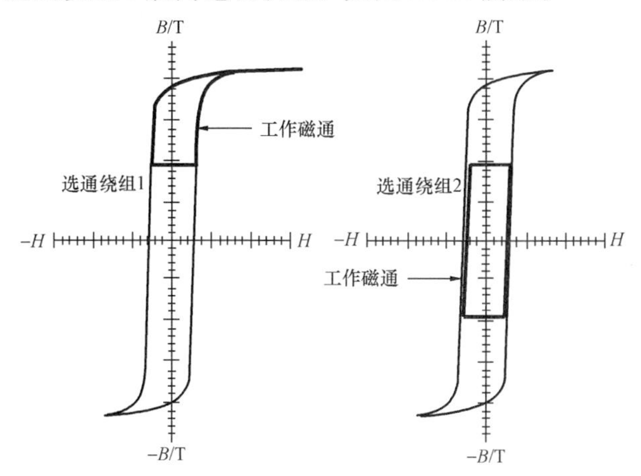

图 24-10 控制电流强制选通绕组 1 进入饱和状态

控 制 绕 组

向选通绕组施加交流励磁时，若不施加直流控制电流，控制绕组内磁通的净变化量将为 0，相应的感应电压也将为 0。这是由于反相串联在一起的选通绕组在 EI 磁心中心柱内产生的磁通被相互抵消了。当然，这种状态仅在各选通绕组匝数相同且 EI 磁心各外柱磁导率也相同的情况下才会出现。为了将选通绕组和磁心材料可导致的非对称程度降至最低，通常会编制相应的测试规范对选通绕组的匝数和磁心材料的磁导率进行控制。

如上例所述，以 50%占空比运行时，选通绕组内将产生感应电压，如图 24-11 所示。如果施加在选通绕组上的交流励磁为方波信号，相应的感应电压也将是方波，如图 24-12 所示。控制绕组内的感应电压始终是工作频率的二次谐波，这种谐波是由处于非

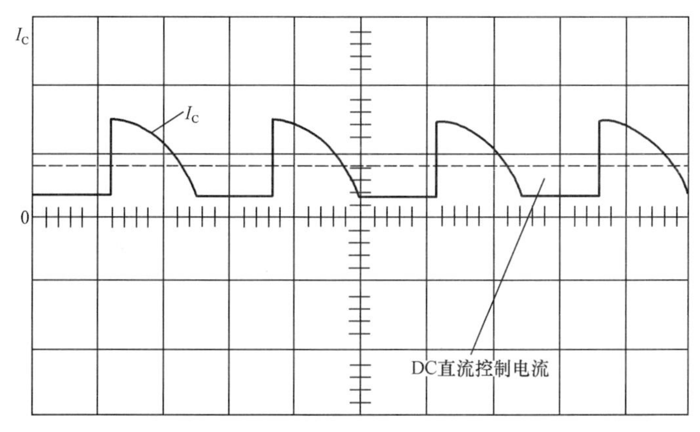

图 24-11 正弦励磁在控制绕组内产生的感应电压

饱和状态的磁心内的磁通发生了变化所导致的。

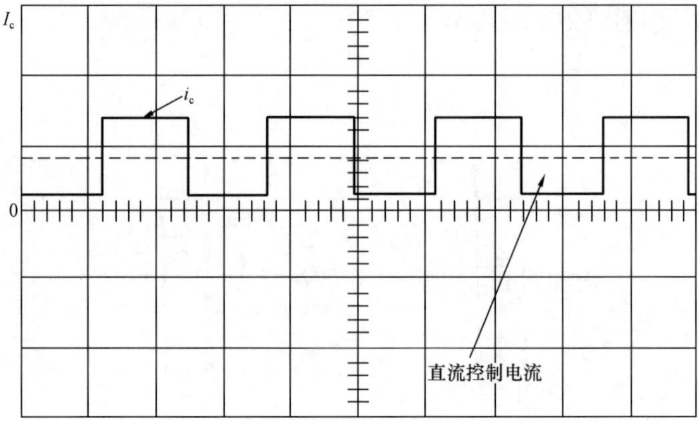

图 24-12　方波励磁在控制绕组内产生的感应电压

饱和电感和绕组电阻

饱和电抗器搭建完成后，在设计其余电路结构之前，要先测量所有的参数，这是一种明智的选择。这是由于负载的输出电压可能会低于设计电压，如图 24-13 所示。这种差异是由饱和电抗器的绕组电阻和饱和电感造成的。其中饱和电感是一个内置交流电阻器，当控制安匝使磁心进入饱和状态时，它将承担相应的电压。如果磁性材料是理想的且磁心处于饱和状态，磁导率将下降为 0，这样将获得一个空心电感器。饱和电感与选用的磁性材料及其结构密切相关，取决于工程师对所的选择叠片磁心、C 形磁心还是环形磁心进行设计。其中环形磁心的结构决定了它的最小气隙。叠片磁心和 C 形磁心均存在气隙，这将导致它们的磁滞回线存在“剪切”现象，见第 2 章。为了最小化饱和电感值，应尽可能选择气隙最小、磁导率和磁通密度都较高的磁性材料。

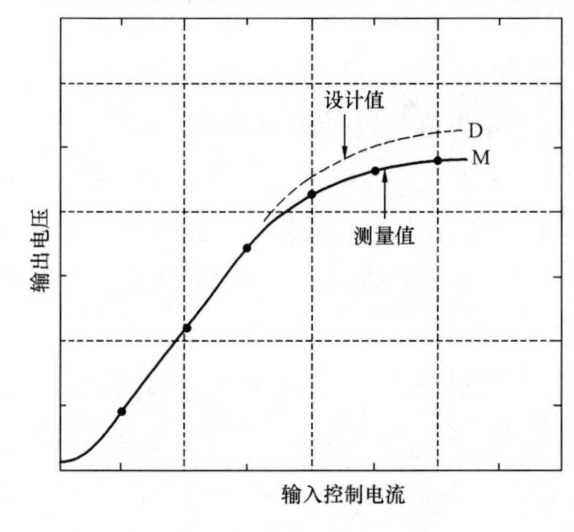

图 24-13　负载输出电压设计值与测量值对比曲线

磁性材料具有两种类型的 *B-H* 回线供设计人员使用，分别为高磁导率矩形回线和回环形回线，如图 24-14 所示。其中矩形 *B-H* 回线是环形磁心最为典型的特征。X 代表磁性材料的饱和磁通密度 B_{sat}。如果励磁增大，X 上方的水平线长度也会随之增加，而且 B_{sat} 仍保持恒定。图 24-14 中的回环形 *B-H* 回线是叠片磁心的典型特征，这是由于这种磁心的气隙相对较小。Y 代表磁心内高磁导率磁性材料的饱和磁通密度 B_{sat}。如果励磁增大，Y 上方的斜切线的斜率将随之增大。这表明，由于磁心内存在较小的气隙，磁性材料还没有完全达到其饱和磁通密度 B_{sat}，并且需要更大的电感 H 才能达到这一指标。

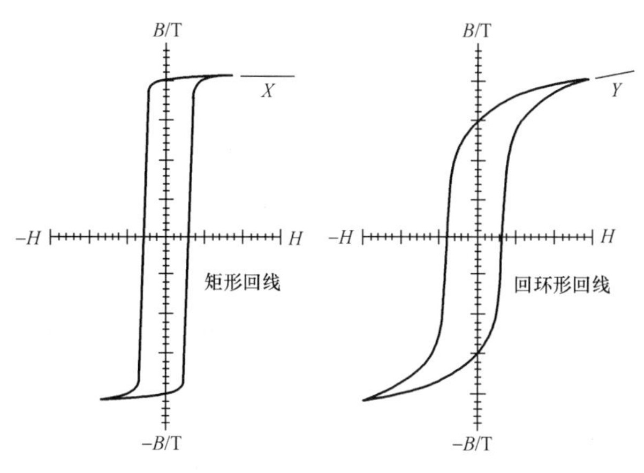

图 24-14　矩形和回环形 B-H 回线对比图

饱和电抗器的功率增益

功率增益是饱和电抗器的品质参数之一，很大程度上取决于饱和电抗器的设计方式、类型及其物理尺寸。饱和电抗器的功率增益定义为输入控制功率 P_c 与输出或负载功率 P_o 之比。其中输入控制功率为控制绕组消耗掉的功率。控制功率 P_c 为控制绕组消耗掉的功率，如式（24-5）所示。其中控制电流为 I_c，绕组电阻为 R_c。输出功率 P_o 为输送至负载的功率，如式（24-6）所示。其中选通绕组内的电流为 I_g，负载电阻为 R_L，然后用输出功率 P_o 除以控制功率 P_c 即可算出功率增益，如式（24-7）所示。

$$P_c = I_c^2 R_c (W)(\text{控制}) \tag{24-5}$$

$$P_o = I_o^2 R_L (W)(\text{负载}) \tag{24-6}$$

$$P_{(gain)} = \frac{I_o^2 R_L}{I_c^2 R_c}(\text{功率增益}) \tag{24-7}$$

由于饱和电抗器内的电流与匝比成反比例关系，因此式（24-7）可改写成式(24-8)的形式。

$$P_{(gain)} = \frac{N_{c(5-6)}^2 R_L}{N_{g(1-2)}^2 R_c}(\text{功率增益}) \tag{24-8}$$

式中　N_c——控制绕组的匝数；

　　　N_g——单个选通绕组的匝数。

式（24-7）和式（24-8）均未考虑反馈问题。

饱和电抗器的响应时间

对于控制信号的跃变，饱和电抗器的响应时间 t_r 非常长。这是由于控制绕组具有

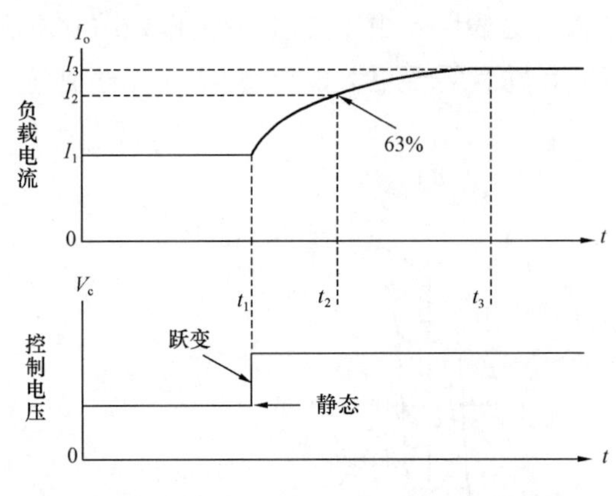

图 24-15 输入信号发生跃变时的输出响应时间

较强的电感特性。控制绕组对于任何电流跃变都需要一定的时间来才能达到最终值。因此，可将响应时间 t_r 作为控制电路的时间常数使用。当输入电流发生跃变时，负载电流达到最终值的 63%所需的时间就是响应时间，如图 24-15 所示。从图 24-15 中可以看出，当控制电路的输入信号在 t_1 时刻发生跃变时，输出电流 I_1 也在 t_1 时刻开始上升，并在 t_3 时刻达到最终值 I_3。当电流达到最终值 I_3 的 63%（I_2）时，所需的时间即为时间常数。时间常数如式（24-9）所示。

$$t_r = \frac{L_c}{R_c} \text{ (s)} \tag{24-9}$$

式中 t_r——时间常数，s；

L_c——控制绕组电感，H；

R_c——控制绕组电阻，Ω。

这一概念来自于线性系统，但大多数情况下均可获得足够精确的结果。

饱和电抗器的视在功率 P_t

饱和电抗器 SR1 的每个选通绕组都将分担 50%的负载输出电压。饱和电抗器 SR1 的容量与负载的容量相等。控制绕组内的安匝将在选通绕组内产生相应的安匝，如式（24-10）所示。如果选通绕组与控制绕组的伏安容量相等，那么二者将平分窗口面积，如图 24-16 所示。

$$N_{c(5-6)} I_c = N_{g(1-2)} I_g \tag{24-10}$$

为了使输出电压完全受控于 T1（见图 24-2），饱和电抗器 SR1 的伏安容量必须等于负载的伏安容量 P_o。饱和电抗器 SR1 由一个选通绕组和一个公用控制绕组组成，二者各

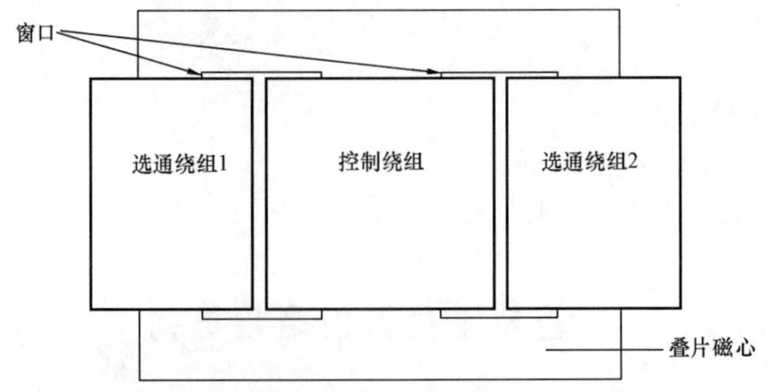

图 24-16 串联饱和电抗器选通绕组和控制绕组窗口面积分配示意图

分担一半的负载功率 P_o，见式（24-11）。

$$P_t = 0.5P_o\left[\frac{l_{(gate)}}{\eta} + l_{(control)}\right]\ (W) \tag{24-11}$$

利用式（24-11）可计算出各磁心的视在功率 P_t，该公式适用于具有两个磁心的饱和电抗器，如图 24-18 所示的环形磁心电抗器。式（24-12）给出了总视在功率 P_t 的计算方法。使用叠片磁心设计饱和电抗器时也可使用该公式。但需要注意，此时选通绕组将布置在叠片磁心的外柱上面，横截面积 A_c 通常为中心柱的一半

$$P_t = P_o\left[\frac{l_{(gate)}}{\eta} + l_{(control)}\right]\ (W) \tag{24-12}$$

式（24-13）为磁心几何常数 K_g 对应的电系数 K_e 的计算方法

$$K_e = 0.145K_f^2 f^2 B_m^2 \times 10^{-4} \tag{24-13}$$

磁心几何常数 K_g 的计算方法为

$$K_g = \frac{P_t}{2K_e\alpha}\ (cm^2) \tag{24-14}$$

式中，α 为饱和电抗器控制绕组和选通绕组的组合铜损。对于磁心几何常数 K_g，可按式（24-15）来计算

$$K_g = \frac{W_a A_c^2 K_u}{MLT}\ (cm^5) \tag{24-15}$$

E 形磁心的平均匝长

对于给定的绕组，计算其电阻和质量时需要知道平均匝长（MLT）。设计饱和电抗器时，若使用 EI 叠片磁心，还需要计算控制绕组和选通绕组的电阻。对于管状或筒状线圈，绕组的尺寸与平均匝长（MLT）有关，如图 24-17 所示。式（24-16）、式（24-17）分别用来计算控制绕组和选通绕组平均匝长（MLT）。

$$MLT_{(control)} = 2(D+2B) + 2(E+2B) + 2\pi\left(\frac{F}{4}\right)\ (cm) \tag{24-16}$$

$$MLT_{(gate)} = 2(D+2B) + 2\left(\frac{E}{2}+2B\right) + 2\pi\left(\frac{F}{4}\right)\ (cm) \tag{24-17}$$

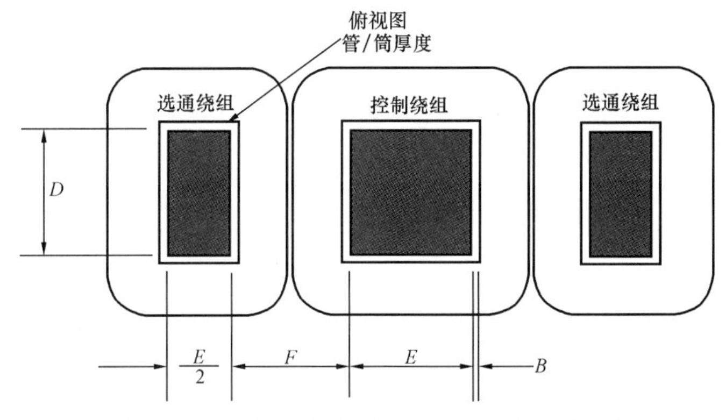

图 24-17　与绕组平均匝长（MLT）有关的尺寸

环形磁心平均匝长 (*MLT*) 的计算

为了绕制环形磁心，必须为线梭预留一定的空间，既可使用机械线梭也可使用手动线梭。饱和电抗器与其他环形磁心在绕组制作方法上没有任何区别，都需要留出一半内径供线梭使用。对于绕组而言，这将剩余75%的窗口面积 W_a。由于饱和电抗器的环形磁心需要满足所有的条件，计算其平均匝长（*MLT*）将非常困难。饱和电抗器具有两个磁心且每个磁心都具有选通绕组。首先应绕制选通绕组，绕制完成后，测试磁心并配对，安装好后再绕制共用控制绕组。环形磁心的安装方式如图 24-18 所示。环形磁心绕组的装配质量与绕线人员的技能密切相关。对于环形磁心饱和电抗器而言，无论是手工绕制还是机械绕制，都需要格外注意。这是由于两个磁心堆叠在一起时存在角度问题。由于环形磁心饱和电抗器的外形完全是非线性的，很难获得其平均匝长（*MLT*）。对于图 24-18 所示的环形磁心，利用式（24-18）和式（24-19）可很好地计算出选通绕组和控制绕组平均匝长（*MLT*）的近似值。其中选通绕组的修正系数为 0.85，控制绕组的修正系数为 0.70。

公式符号说明：

（1）*A* 为含外壳在内的磁心带宽，磁心高度。

（2）*B* 为含外壳在内的磁心厚度，*B*=（外径－内径）/2。

（3）*C* 为选通绕组和控制绕组的厚度，*C*=*W*/4。

（4）*D* 为选通绕组的厚度，*D* 为 W/8。

（5）*W* 为含外壳在内的磁心内径。

$$MLT = 2A + 2B + \pi \times 0.125W \times 0.85,\text{近似值(选通绕组)} \tag{24-18}$$

$$MLT = (4A + 0.25W) + 2B + 2\pi \times 0.375W \times 0.70,\text{近似值(控制绕组)} \tag{24-19}$$

环形磁心饱和电抗器的表面积

计算表面积时，可从图 24-18 中获取必要的高度、外径这类数据。饱和电抗器高度 *H* 及外径 *OD* 的计算公式如下。饱和电抗器外形如图 24-19 所示。

$$H = (3C + 2A)$$

$$OD = (2C + 2B + W)$$

式中 *A*——磁心高度；

B——磁心厚度，（外径－内径）/2；

C——绕组厚度，*W*/4=内径/4。

$$SR_{Ht} = 3\left(\frac{ID}{4}\right) + 2Ht \tag{24-20}$$

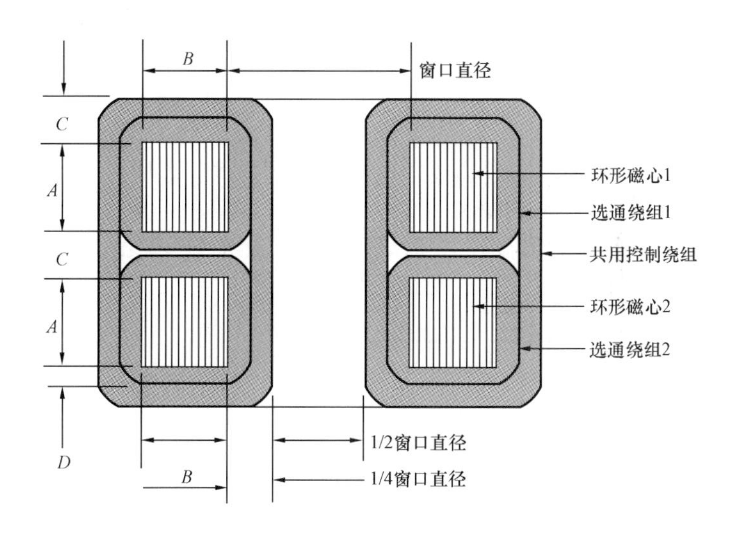

图 24-18　环形磁心饱和电抗器的平均匝长（MLT）为近似值

$$SR_{\mathrm{OD}} = \frac{ID}{2} + (OD - ID) + ID \tag{24-21}$$

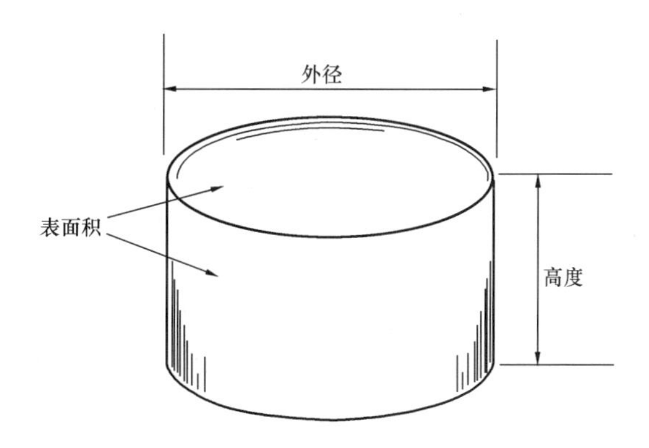

图 24-19　环形磁心绕线式饱和电抗器轮廓图

按照式（24-24）可计算出饱和电抗器的表面积为

$$顶面和底面面积 = 2\left[\frac{\pi(SR_{\mathrm{OD}})^2}{4}\right](\mathrm{cm}^2) \tag{24-22}$$

$$圆周面积 = \pi(SR_{\mathrm{OD}})SR_{\mathrm{Ht}}(\mathrm{cm}^2) \tag{24-23}$$

$$A_{\mathrm{t}} = \frac{\pi(SR_{\mathrm{OD}})^2}{2} + \pi(SR_{\mathrm{OD}})SR_{\mathrm{Ht}}(\mathrm{cm}^2) \tag{24-24}$$

E 形磁心饱和电抗器的表面积

计算表面积所需的高度、宽度和长度数据可从第 3 章获取。高度 H 为 $(E+G)$，宽度为 $(D+F)$，长度为 $(2E+3F)$。饱和电抗器外形如图 24-20 所示。利用式（24-28）可

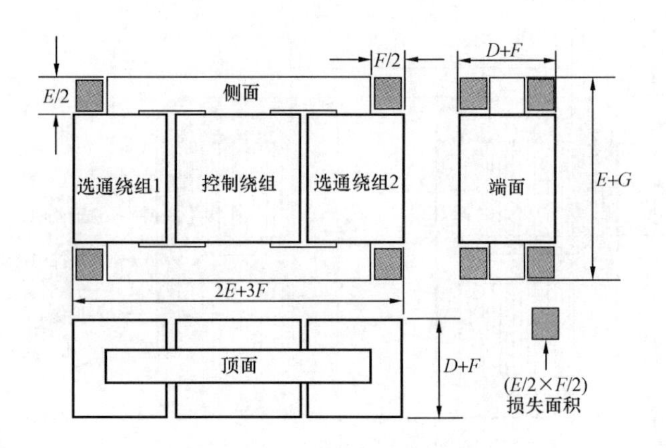

图 24-20 E形磁心绕线式饱和电抗器轮廓图

计算出E形磁心饱和电抗器的表面积。

$$侧面 = (2E+3F)(E+G)-(EF)\ (\mathrm{cm}^2) \tag{24-25}$$

$$底面 = (E+G)(D+F)-(EF)\ (\mathrm{cm}^2) \tag{24-26}$$

$$顶面 = (2E+3F)(D+F)\ (\mathrm{cm}^2) \tag{24-27}$$

$$A_t = 2(侧面积)+2(底面积)+2(顶面积)\ (\mathrm{cm}^2) \tag{24-28}$$

利用环形带绕磁心设计

与叠片磁心相比，使用环形带绕磁心制成的饱和电抗器性能更加优越，如图 24-21 所示。环形带绕磁心有很多种尺寸和形状。窗口面积较大的环形带绕磁心以其功率增益大而被人们熟知。这种磁心具有更高的磁导率且公差更小。环形带绕磁心的结构决定了它不存在气隙。这一特性决定了它的磁化电流可达到最小。最终，当控制电流为 0 时，它仅会输出一个最小化的偏移电压。然而，较高的磁心磁导率和工作频率也存在不足之处。当高磁导率磁心工作在较高频率时，必须注意避免其中的磁性元件进入自谐振状态。

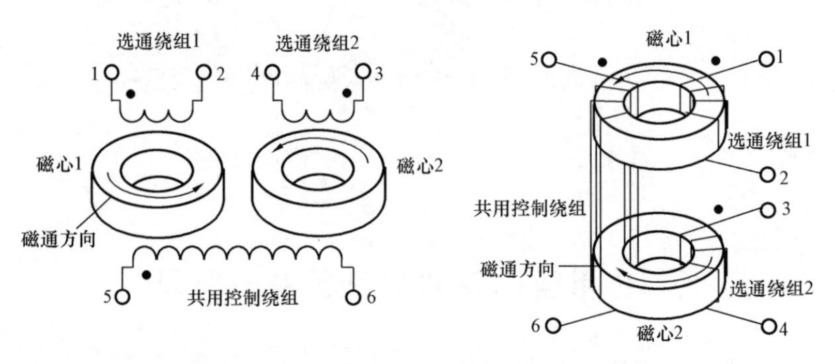

图 24-21 使用环形磁心制成的饱和电抗器

环形带绕磁心与叠片磁心的对比

图 24-22 分别给出了基于环形带绕磁心和叠片磁心的饱和电抗器原理图。事实上，使用叠片磁心或环形带绕磁心设计的饱和电抗器并没有太大的区别，但确实需要说明环形带绕磁心更合适的原因。

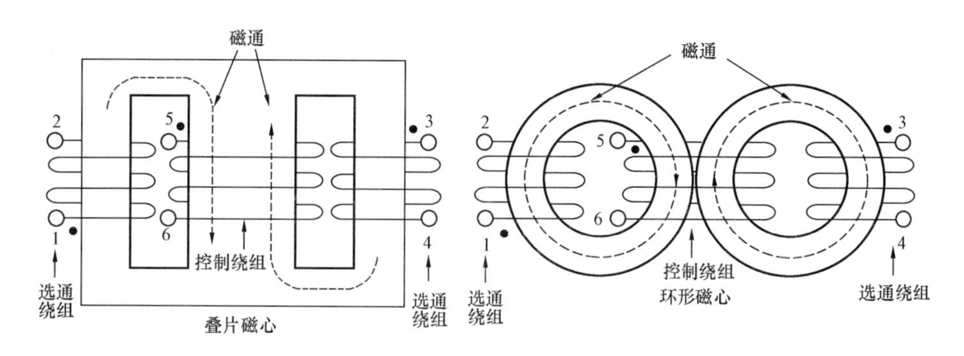

图 24-22　使用环形带绕磁心和叠片磁心制成的饱和电抗器的对比图

串联饱和电抗器设计实例

本例将使用饱和电抗器控制白炽灯的 12.6V 电压，电流为 1A。负载电阻 R_1 为 12Ω，如图 24-23 所示。测试时使用负载电阻 R_1 来代替白炽灯。这是因为白炽灯属于非线性负载，而使用电阻可获得更简洁的传递函数，能更好地反映饱和电抗器 SR1 的输出特征。

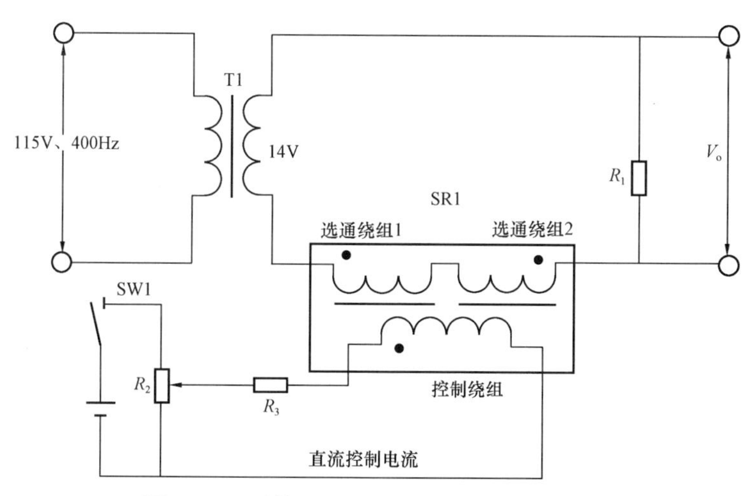

图 24-23　受控于饱和电抗器 SR1 的交流电源

规 格 和 设 计

(1) 变压器，T1 输出电压为 14V 交流电压。

(2) 工作频率为 400Hz。

(3) 负载电压 V_o 为 12.6V 交流电压。

(4) 负载电流 I_o 为 1.0A。

(5) 磁心类型为环形磁心。

(6) 磁性材料，4 密耳=50－50 镍铁。

(7) 效率 η=95%。

(8) 调整率（铜损）α=5%。

(9) 运行磁通密度 B_{ac}=1.0T。

(10) 控制电流 I_c=0.10A。

步骤 1：计算负载功率 P_t

$$P_O = V_O I_O (\text{W})$$
$$= 12.6 \times 1.0 (\text{W})$$
$$= 12.6 (\text{W})$$

步骤 2：计算饱和电抗器单个磁心的视在功率 P_t

$$P_t = (0.5) P_O \left(\frac{l_{gate}}{\eta} + l_{control} \right) (\text{W})$$
$$= 0.5 \times 12.6 \times \left(\frac{1}{0.95} + 1 \right) (\text{W})$$
$$= 12.9 (\text{W})$$

步骤 3：计算电系数 K_e

$$K_e = 0.145 K_f^2 f^2 B_m^2 \times 10^{-4}$$
$$K_f = 4.44$$
$$K_e = 0.145 \times 4.44^2 \times 400^2 \times 1.0^2 \times 10^{-4}$$
$$= 45.7$$

步骤 4：计算磁心几何常数 K_g

$$K_g = \frac{P_t}{2 K_e \alpha} (\text{cm}^5)$$
$$= \frac{12.9}{2 \times 45.7 \times 5} (\text{cm}^5)$$
$$= 0.0282 (\text{cm}^5)$$

步骤 5：按照磁心几何常数 K_g 在《Magnetics 带绕式磁心产品目录》中选择了 TWC 500 型磁心

(1) 环形磁心为 52029－4A。

（2）制造商为 Magnetics。
（3）外径（OD）尺寸为 3.78cm。
（4）内径（ID）尺寸为 2.25cm。
（5）高度（H）尺寸为 0.978cm。
（6）磁心几何常数，$K_g=0.0256\text{cm}^5$。
（7）面积积，$A_p=1.08\text{cm}^4$。
（8）磁心质量，$W_t=19.66\text{g}$。
（9）磁心有效截面积，$A_c=0.272\text{cm}^2$。
（10）窗口面积，$W_a=3.97\text{cm}^2$。
（11）磁路长度，$MLT=9.47\text{cm}$。
（12）磁性材料，4 密耳＝具有矩形磁滞回线的铁心材料。
（13）效率为 95%。
（14）铜损百分比，$\alpha=5\%$。

步骤 6：计算选通绕组的窗口面积 A_{cg}

$$W_{ag}=\frac{W_a}{2}\ (\text{cm}^2)$$
$$=\frac{3.97}{2}(\text{cm}^2)$$
$$=1.98(\text{cm}^2)$$

步骤 7：计算选通绕组的匝数 N_g

$$N_g=\frac{0.5V_o\times10^4}{K_f B_{ac} f A_c}\ (\text{匝})$$
$$=\frac{0.5\times14\times10^4}{4.44\times1.0\times400\times0.272}(\text{匝})$$
$$=145(\text{匝})$$

步骤 8：计算电流密度 J

$$J=\frac{P_t\times10^4}{K_u K_f B_{ac} f A_p}\ (\text{A/cm}^2)$$
$$=\frac{12.9\times10^4}{0.4\times4.44\times1.0\times400\times1.08}(\text{A/cm}^2)$$
$$=168(\text{A/cm}^2)$$

步骤 10：计算选通绕组的裸导线面积 $A_{wg(B)}$

$$A_{wg(B)}=\frac{I_O}{J}\ (\text{cm}^2)$$
$$=\frac{1.0}{168}(\text{cm}^2)$$
$$=0.00595(\text{cm}^2)$$

步骤 11：在第 4 章的导线表中选择导线

$$AWG = 20$$

$$A_{w(B)} = 0.005188(cm^2)$$

$$A_{wg} = 0.006065(cm^2)$$

$$\left(\frac{\mu\Omega}{cm}\right) = 332$$

步骤 12：计算选通绕组的平均匝长（MLT），参考图 24-18 计算。

A 为含外壳磁心高度尺寸为 0.978。

B 为含外壳厚度＝（外径－内径）/2＝0.765

W 为含外壳内径为 2.25

$$\begin{aligned} MLT &= (2A + 2B + \pi 0.125W)0.85\ (cm) \\ &= (2 \times 0.978 + 2 \times 0.765 + \pi \times 0.125 \times 2.25) \times 0.85(cm) \\ &= 3.71(cm) \end{aligned}$$

步骤 13：计算选通绕组电阻 R_g

$$\begin{aligned} R_g &= MLT(N_g)\left(\frac{\mu\Omega}{cm}\right) \times 10^{-6}(\Omega) \\ &= 3.71 \times 145 \times 332 \times 10^{-6}(\Omega) \\ &= 0.179(\Omega) \end{aligned}$$

步骤 14：计算选通绕组铜损 P_g

$$\begin{aligned} P_g &= I_g^2 R_g(W) \\ &= 1.0^2 \times 0.179(W) \\ &= 0.179(W) \end{aligned}$$

步骤 15：计算所需匝数 N_c

$$\begin{aligned} N_c &= \left(\frac{N_g l_g}{I_c}\right)\ (匝) \\ &= \frac{145 \times 1.0}{0.1}(匝) \\ &= 1450(匝) \end{aligned}$$

步骤 16：计算控制绕组裸导线面积 $A_{w(B)}$

$$\begin{aligned} A_{wc(B)} &= \frac{I_c}{J}(cm^2) \\ &= \frac{0.10}{168}(cm^2) \\ &= 0.000595(cm^2) \end{aligned}$$

步骤 17：在第 4 章的导线表中选择导线

$$AWG = 30$$

$$A_{wc(B)} = 0.000507(cm^2)$$

$$A_{wc}=0.000678(cm^2)$$

$$\left(\frac{\mu\Omega}{cm}\right)=3402$$

步骤18：计算控制绕组的平均匝长（MLT），如图24-18所示

A为含外壳磁心高度尺寸，为0.978。

B为含外壳磁心厚度=（外径OD−内径ID）/2=0.765

W=为含外壳磁心内径，为2.25

$$\begin{aligned}MLT&=[(4A+0.25W)+2B+2\pi\times0.375W]\times0.70(cm)\\&=(4\times0.978+0.25\times2.25+2\times0.765+2\pi\times0.375\times2.25)\times0.70(cm)\\&=7.9(cm)\end{aligned}$$

步骤19：计算控制绕组电阻R_c

$$\begin{aligned}R_c&=MLT(N_c)\left(\frac{\mu\Omega}{cm}\right)\times10^{-6}(\Omega)\\&=7.91\times1450\times3402\times10^{-6}(\Omega)\\&=39.0(\Omega)\end{aligned}$$

步骤20：计算控制绕组铜损P_c

$$\begin{aligned}P_c&=I_c^2R_c(W)\\&=0.1^2\times39.0(W)\\&=0.39(W)\end{aligned}$$

步骤21：计算选通绕组和控制绕组的总铜损P_{Cu}。

$$\begin{aligned}P_{Cu}&=P_{g1}+P_{g2}+P_c(W)\\&=(0.179+0.179+0.39)(W)\\&=0.748(W)\end{aligned}$$

步骤22：计算总铜损百分比α

$$\begin{aligned}\alpha&=\frac{P_{Cu}}{P_o}\times100\%\\&=\frac{0.748}{12.6}\times100\%\\&=5.94\%\end{aligned}$$

步骤23：利用第2章给出的公式计算这种材料的每千克瓦数（W/K）

$$\begin{aligned}W/K&=0.000618f^{1.48}B_{ac}{}^{1.44}\\&=0.000618\times400^{1.48}\times1.0^{1.44}\\&=4.38\end{aligned}$$

步骤 24：计算磁心损耗 P_{Fe}

$$P_{Fe}=(W/K)2W_{tFe}\times10^{-3}(W)$$
$$=4.38\times2\times19.7\times10^{-3}(W)$$
$$=0.173(W)$$

步骤 25：计算总损耗 P_{Σ}

$$P_{\Sigma}=P_{Cu}+P_{Fe}\ (W)$$
$$=0.748+0.173\ (W)$$
$$=0.921\ (W)$$

步骤 26：参考图 24-19 计算饱和电抗器的高度 Ht（见第 5 章）

$$SR_{Ht}=3\left(\frac{ID}{4}\right)+2Ht(cm)$$
$$=\left(3\times\frac{2.25}{4}+2\times0.978\right)(cm)$$
$$=3.64(cm)$$

步骤 27：参考图 24-19 计算饱和电抗器外径 OD（见第 5 章）

$$SR_{OD}=\left(\frac{ID}{2}\right)+(OD-ID)+ID\ (cm)$$
$$=\left[\frac{2.25}{2}+(3.78-2.25)+2.25\right](cm)$$
$$=4.91(cm)$$

步骤 28：参考图 24-19 计算饱和电抗器的表面积（见第 5 章）

$$A_t=\frac{\pi(SR_{OD})^2}{2}+[\pi(SR_{OD})(SR_{Ht})](cm^2)$$
$$=\frac{\pi\times4.91^2}{2}+\pi\times4.91\times3.64(cm^2)$$
$$=85.8(cm^2)$$

步骤 29：计算单位面积瓦数 Ψ。

$$\Psi=\frac{P_{\Sigma}}{A_t}(W/cm^2)$$
$$=\frac{0.921}{85.8}(W/cm^2)$$
$$=0.0107(W/cm^2)$$

步骤 30：计算温升 T_r

$$T_r=450\Psi^{0.826}(℃)$$
$$=450\times0.0107^{0.826}(℃)$$
$$=10.6(℃)$$

步骤 31：计算选通绕组的窗口利用系数 K_u

$$K_{uc}=\frac{N_c A_{wc(B)}}{\frac{W_a}{2}}=\frac{1450\times 0.000507}{1.98}=0.371$$

$$K_{ug}=\frac{N_g A_{wg(B)}}{\frac{W_a}{2}}=\frac{145\times 0.005188}{1.98}=0.380$$

串联饱和电抗器测试数据（磁心几何常数 K_g 法）

总结

至此，我们建立了饱和电抗器并对此开展了测试工作。以下内容为上述设计的饱和电抗器测试数据。输入控制电流与对应的输出电压测试数据见表 24-1。输入控制电流与对应输出电压的函数关系如图 24-24 所示。编者希望这种分步设计方式能帮助读者更好地了解串联饱和电抗器的设计过程。

表 24-1　串联饱和电抗器输入电流与输出电压对应关系

步骤	输入电流/A	输出电压/V	步骤	输入电流/A	输出电压/V
1	0.00	0.200	7	0.06	8.400
2	0.01	1.600	8	0.07	9.900
3	0.02	2.900	9	0.08	11.400
4	0.03	4.400	10	0.09	12.500
5	0.04	5.700	11	0.10	12.700
6	0.05	7.100	12	0.11	12.700

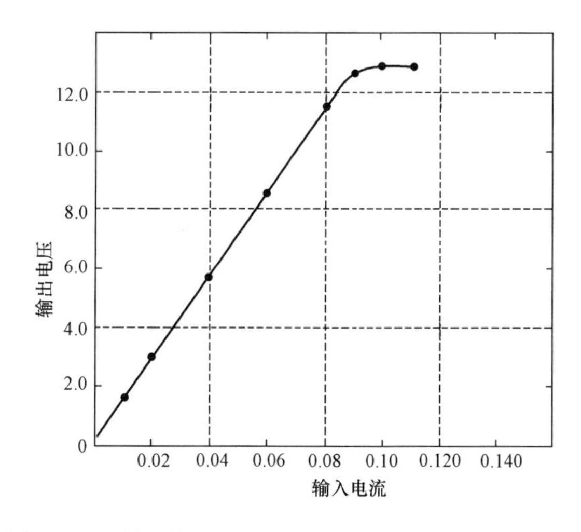

图 24-24　利用表 24-1 给出的测试数据得到的函数关系

测试数据为

(1) 频率，f=400Hz。

(2) 输出电压，V_o=12.7V。

(3) 输出电流，I_o=1.0A。

(4) 控制电流，I_c=0.10A。

(5) 选通绕组电阻，R_g=0.176Ω。

(6) 控制绕组电阻，R_c=38.4Ω。

(7) 温升，T_r=10.4℃。

超低功率0～15A电流变送器（饱和电抗器）

引言

为了测量Mariner Mark II电池的充电和放电电流，开发了一种特殊的超低功率电流变送器。通过串联饱和电抗器，这种变送器可实现电流检测和隔离功能。对于0～15A的输入电流，这种电流变送器可提供0～3V的输出电压，如图24-25所示。电源电压为5V，功耗为22MW。查看基于输入电流与对应输出电压的函数关系（见图24-26），可清楚地了解这种电流变送器的性能。图24-26使用的数据来自于表24-2。

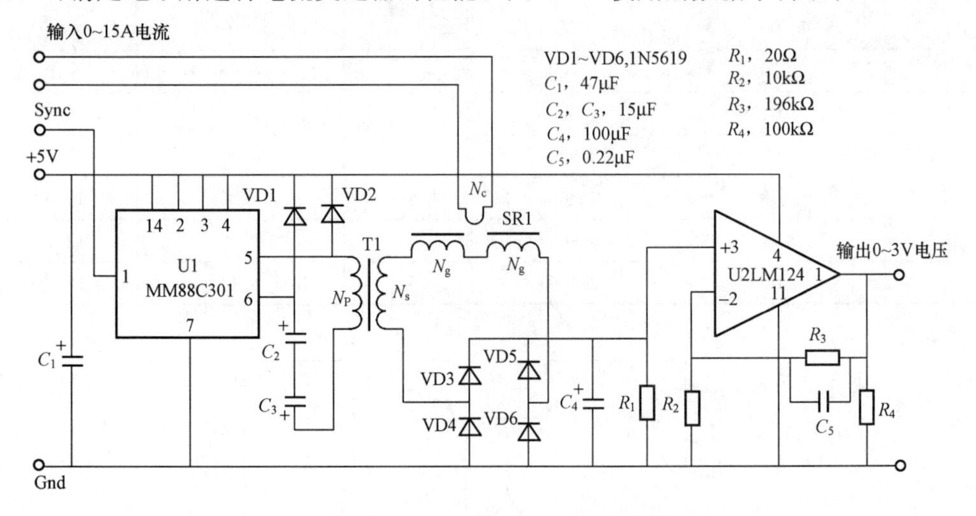

图24-25 超低功率电流变送器原理图

表24-2 毫瓦电流变送器输入电流与输出电压的对应关系

步骤	输入电流/A	输出电压/V	步骤	输入电流/A	输出电压/V
1	0.00	0.020	5	3.00	0.475
2	0.50	0.051	6	4.00	0.669
3	1.00	0.136	7	5.00	0.875
4	2.00	0.298	8	6.00	1.089

续表

步骤	输入电流 /A	输出电压 /V	步骤	输入电流 /A	输出电压 /V
9	7.00	1.306	14	12.00	2.392
10	8.00	1.525	15	13.00	2.603
11	9.00	1.744	16	14.00	2.814
12	10.00	1.962	17	15.00	3.022
13	11.00	2.178			

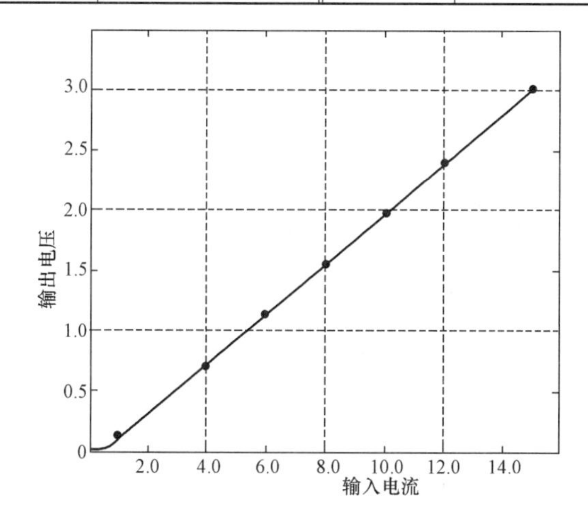

图 24-26 输入电流与输出电压的关系曲线

饱和电抗器可适用于动力和信号系统。典型的功率函数关系如图 24-27（a）所示。可以看出，当输出电压较高时，输出功率的函数关系变成了非线性曲线，如图 24-27（a）所示。对于电灯、加热器和电动机控制，这种非线性特性非常实用，但并不影响其变送器的本质。遥测变送器时，要求输入—输出函数关系必须具有非常高的线性度。使用饱和电抗器时，为了获得线性度较好的函数关系，仅使用 40%的输出能力是非常明智的，如图 24-27（b）所示。另外，选择具有矩形 B-H 回线的磁性材料也很有用。

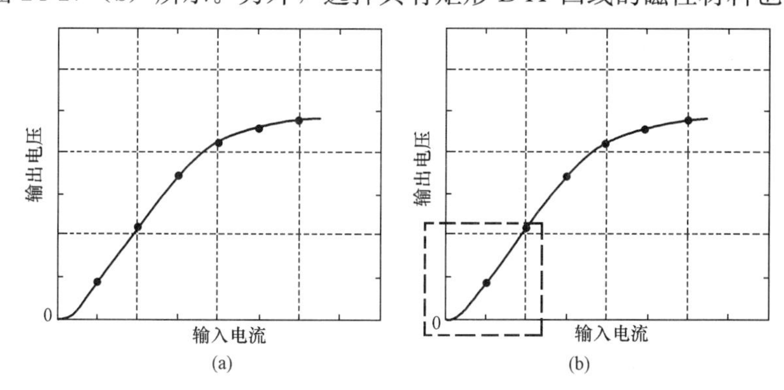

图 24-27 典型饱和电抗器的输入—输出函数关系

（a）典型的功率函数关系；（b）使用 40%的输出能力

电路描述

电流检测和隔离功能是由饱和电抗器（SR1）实现的。线路驱动器（U1）用作变送器的激励电源。逆变变压器（T1）用来向电流检测装置供电，即为串联饱和电抗器SR1供电。饱和电抗器在经过二极管（VD3～VD6）对其输出进行整流处理之后，向运算放大器（U2）发送信号。运算放大器的增益为20。对于0～15A的输入电流，运算放大器可在0～3V范围内产生相应的输出电压。这里使用一台5V直流电源为变送器供电。

规格为

（1）输入电流，I_{in}=0～15A，直流。

（2）输出电压，V_o=0～3V，直流。

（3）电源电压，V_{in}=5V，直流。

（4）输入电流为10A时的最大供电功率为50mW。

（5）工作频率，f=2.3kHz。

（6）外部驱动信号为0～5V。

（7）电源线路驱动器为MM78C30。

设计准则

功率变压器（T1）

为了达到最佳性能，设计的功率变压器（T1）具有效率高、电容最小的特点；为了最小化磁心损耗，设计变压器时使用了80/20镍—铁磁心，磁心型号为Magnetics 52056-2D。为了尽量减小电容，绕制一次和二次绕组时应采用交替并逐渐增加到350°的绕线方式。绕组制作方法如图24-28所示。一次绕组匝数为408，二次绕组匝数为660，导线均按#34 AWG（美国线规）设计。

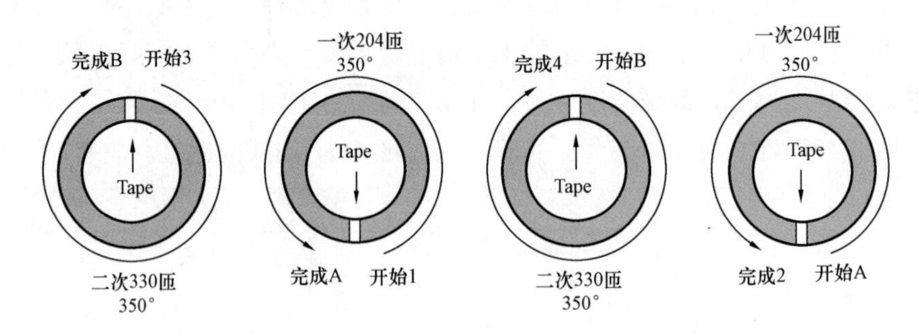

图24-28 变压器T1的绕组结构

饱和电抗器（SR1）

设计的饱和电抗器电流检测绕组的匝数为1。这样设计是为了保证输入电流为15A时，输出电流约为10mA，以便于将其功耗降至最低。设计饱和电抗器时，必须保证控制绕组内的安匝与选通绕组内的安匝相等，如式（24-29）所示

$$I_g N_g = I_c N_c$$

$$N_g = \frac{I_c N_c}{I_g}(\text{匝})$$

$$N_g = \frac{15 \times 1}{0.01}(\text{匝}) \tag{24-29}$$

$$N_g = 1500(\text{匝})$$

饱和电抗器由两个反相串联在一起的选通绕组和一个公用控制绕组组成，如图24-28所示。由于选通绕组的匝数高达1500且使用了高磁导率磁心，必须设法将其电容降至最低，进而消除产生谐振的可能性。绕制这种选通绕组时，首先将匝数逐渐增加至750匝、350°，然后进行绝缘处理；接下来再绕制750匝、350°。磁心上的绕组之间的角度差为180°。磁心型号为Magnetics 52057-2D，80/20镍—铁且具有标准的5%正弦电流匹配比。

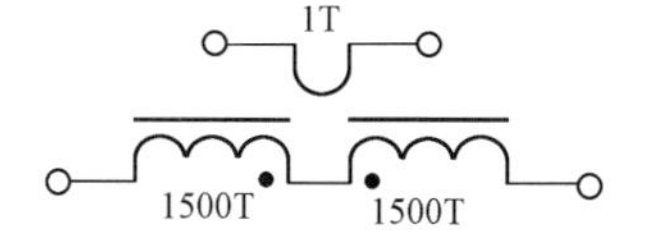

图24-29 串联饱和电抗器简化原理图

线路驱动器（U1）

这里使用的集成电路（IC）线路驱动器为美国国家半导体公司（National Semiconductor）生产的MM78C30型双差分线路驱动器，可提供足够的功率来驱动变压器T1。线路驱动器输入信号为0～5V的2.3kHz方波信号。

运算放大器（U2）

这里使用的是美国国家半导体公司（National Semiconductor）生产的LM124型运算放大器。选择LM124是因为它具有输入共模特性，以单电源运行时可将其输出电压切换至大地。

整流二极管（VD1，VD2）

整流二极管型号为1N5619。它们可对T1的一次绕组内的无功电流进行整流处理并回馈至电源。一次绕组内的无功电流是由选通绕组的无功分量导致的，这是由于二次绕组与饱和电抗器（SR1）连在了一起。这两个二极管将在各自的半周期内对无功电流进行整流处理并回馈至电源。如果没有这两个二极管，一次绕组内将存在非常大的电压尖峰，不仅会增加损失功率，还可能损坏线路驱动器。工作于静态模式下的变送器输入电流约为1.2mA。信号电流为10A时，输入电流上升至4.4mA；信号电流达到15A时，输入电流将上升至7.2mA。信号电流为10A时，输入功率为22mW，很好地满足了技术规格里的50mW要求。

整流二极管（VD3～VD6）

这些整流二极管的型号为1N5619，用于实现饱和电抗器输出的整流处理。

电容器（C_1）

滤波电容器C_1的电容值为4.7μF。用来储存来自于VD1和VD2的能量。

电容器（C_2和C_3）

位于引脚1的线路驱动器U1需要2.3kHz，0～5V信号才能正常工作。如果去掉该信号，线路驱动器将运行于未知状态且无法作为变压器T1的交流源使用。电容器C_2

和 C_3 用来阻止直流电流进入变压器。如果能保证线路驱动器始终具有驱动信号，可去掉电容器 C_2 和 C_3。

总　　结

如前文所述，这种电流变送器的性能足以满足大多数应用要求。其电路结构非常简单，而且不需要大量的校准操作。只需简单的修改，该电路就能处理其他输入电流。重新设计和/或修改其中的线路驱动器，可使其变成一个独立振荡器，当然也可以简单地增加一个振荡器。使用如此低的工作频率是因为电路中存在饱和电抗器，而饱和电抗器选通绕组的电感却非常高，这就要求工作频率必须保持在饱和电抗器自谐振频率以下。

致　　谢

在此衷心感谢 Leightner 电子公司的工程师 Charles Barnett 为我们提供了 12W 饱和电抗器的设计实例，并对此开展了相应的测试工作。

Leightner Electronics Inc.

1501 S. Tennessee St.

McKinney，TX. 75069

在此衷心感谢 Magnetics 公司的高级应用工程师 Zack Cataldi 为我们提供了饱和电抗器设计实例所需的磁心。

Magnetics

110 Delta Drive

Pittsburgh，PA 15238

参 考 文 献

[1] Flanagan，W. M.，*Handbook of Transformer Applications*，McGraw-Hill Book Co.，Inc.，New York，1986，pp. 14. 9-14. 20.

[2] Lee，R. *Electronic Transformers and Circuits*，John Wiley & Sons，New York，1958，pp. 259-291.

[3] Platt，S. *Magnetic Amplifiers Theory and Application*. Prentice-Hall，Inc. Englewood Cliffs，N. J.，1958，Chapter4.

[4] National Aeronautics and Space Administration. New Technology. NPO-16888. Low Power 0-15 Amp Current Transducer.

第25章

自饱和磁放大器

Chapter 25

目　次

导　　言

与饱和电抗器相似，自饱和磁放大器在 20 世纪 50～ 60 年代获得了最为广泛的应用。然而，随着晶体管和晶闸管整流器时代的到来，自饱和磁放大器几乎不再有用武之地。磁放大器的早期成功应用为军用飞机的电源，工作频率为 400Hz。目前，磁放大器仍被用于电动机控制、电源系统。它可在输入和输出之间提供良好的电气隔离。磁放大器具有坚固耐用、使用寿命长、可靠性高等特点。目前，一些非常偏远的地区仍在使用磁放大器。本章仅对基本的自饱和、双磁心磁放大器的工作方式和设计要点进行讨论。要想全面讨论磁放大器的所有特性，几乎需要一本书的篇幅。回顾一下第 2 章《磁性材料及其特性》将有助于读者更好地了解磁心的工作方式。

自饱和磁放大器概述

图 25-1 给出了基本的自饱和双磁心磁放大器的电路图，具有可控的直流（DC）输出；图 25-2 所示电路也是自饱和双磁心磁放大器，但其输出为可控的交流（AC）输出。本节通过一个电阻性负载 R_L 对自饱和磁放大器进行了概括性描述。

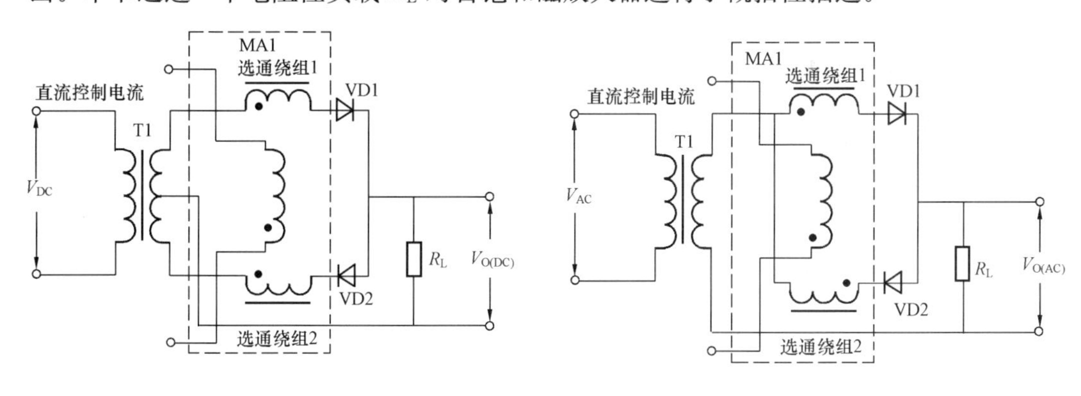

图 25-1　可控直流（DC）电压输出磁放大器电路图

图 25-2　可控交流（AC）电压输出磁放大器电路图

自饱和磁放大器的性能及其设计难度取决于选用的磁性材料。工程师可选择具有矩形或回环形 *B-H* 回线的磁性材料进行设计，如图 25-3 所示。很大一部分已设计好的磁放大器都使用了环形磁心，并且使用的磁性材料在设计工作条件下都具有矩形回线和较高的磁导率。

自饱和磁放大器的基本操作

设计自饱和磁放大器时，使用的磁心材料及材料结构直接影响着磁放大器的整体性

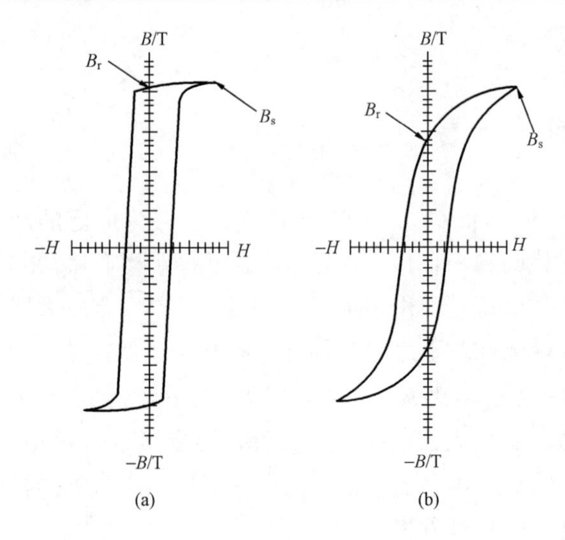

图 25-3　矩形和回环形 B-H 回线对比图

(a) 矩形回线；(b) 回环形回线

能。图 25-4 (a) 给出了磁放大器选通绕组的电路图，其中变压器 T1 为电阻性负载 R_L 的交流励磁。

图 25-4 (a) 所示的选通绕组 1 的磁心结构为环形，而且使用了磁导率较高的具有矩形回线的磁性材料。选通绕组阻抗 $Z_{(gate)}$ 远大于负载电阻 R_L，即 $Z_{(gate)} >> R_L$。图 25-4 (b) 给出了这种具有矩形 B-H 回线的磁性材料磁化电流。图 25-4 (c) 则给出了磁化电流与 B-H 回线轮廓的对应关系。

ΔH 为促使磁心进入或脱离饱和状态所需的磁场强度变化量，如图 25-4 (c) 所示。磁场强度 H 既可以是式 (25-1) 所示的单位安匝，也可以是式 (25-2) 所示的单位奥斯特。所有磁性材料的磁场强度 H 都不同，它随着频率和材料厚度而变化。用安匝乘以 0.01256 可将安匝/米变换成奥斯特；反之，用奥斯特除以 0.012 56 可将其变换成安匝/米。

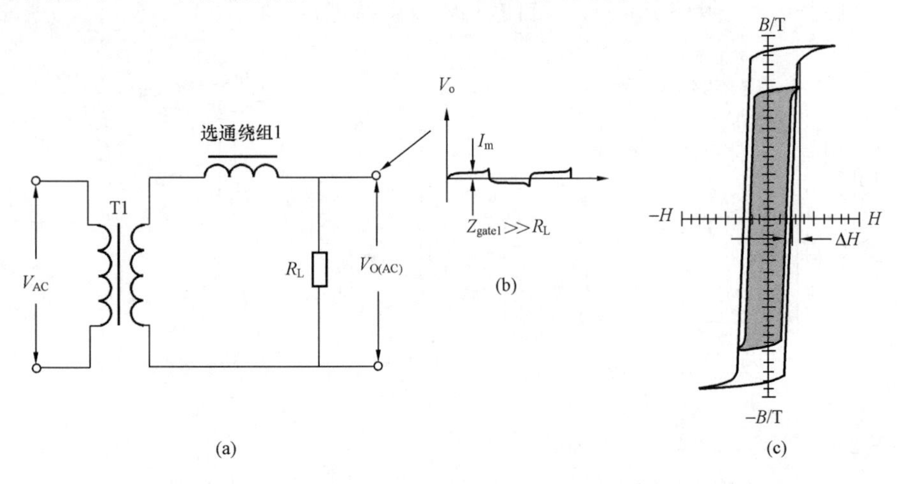

图 25-4　处于励磁状态的磁放大器选通绕组，具有矩形 B-H 回线

(a) 电路；(b) 波形；(c) B-H 曲线

$$H = \frac{NI}{(MPL)} \quad (\text{A 匝 /m}) \tag{25-1}$$

$$H = \frac{0.4\pi NI}{(MPL)} \quad (\text{Oe}) \tag{25-2}$$

基本的双磁心自饱和磁放大器如图 25-5 所示。之所以称之为自饱和磁放大器，是因为电路中存在整流二极管 VD1 和 VD2。这两个二极管与选通绕组串联在一起，可向磁放大器的选通绕组 1 和 2 提供单向电流，进而促使磁心进入饱和状态。磁放大器

MA1 的输出如图 25-5（b）所示。选通绕组 1 和选通绕组 2 进入饱和状态后，其输出相当于一个中心抽头的全波整流器。流入选通绕组 1 和选通绕组 2 的直流电流将促使磁心进入饱和状态，如图 25-5（c）所示。

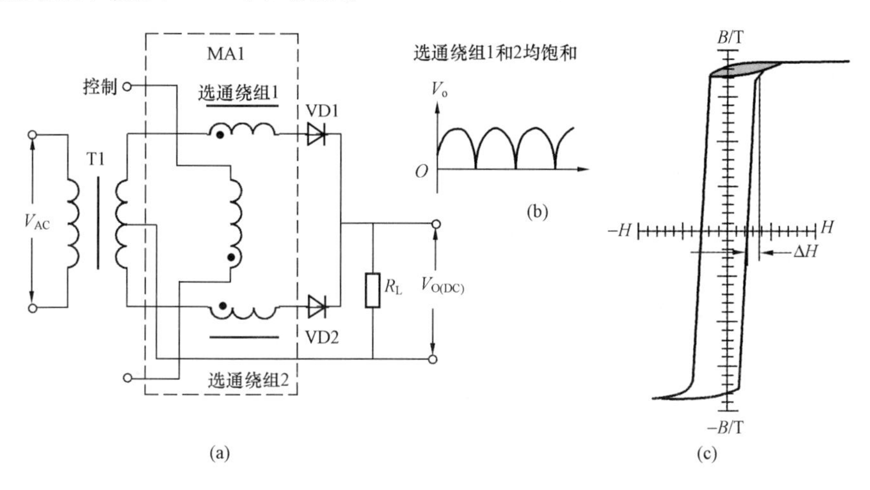

图 25-5　直流（DC）输出双磁心自饱和磁放大器

（a）电路；（b）波形；（c）B-H 曲线

为了使选通绕组起到可变开关的作用，必须为控制绕组施加一个与选通绕组内的安匝方向相反的电流。如图 25-5（a）所示，选通绕组内的电流方向为流入圆点，此时控制绕组内的电流方向必须为流出圆点。从图 25-6 可以看出，随着控制磁化电流的增加，磁心将从图 25-6（a）所示的饱和状态进入图 25-6（b）所示的 50％占空比状态，直到图 25-6（c）所示的选通绕组吸收了全部外施电压的状态。这种情况仅在选通绕组可以承担变压器 T1 全部二次侧电压的时候才会出现。在某些磁放大器设计案例中，选通绕

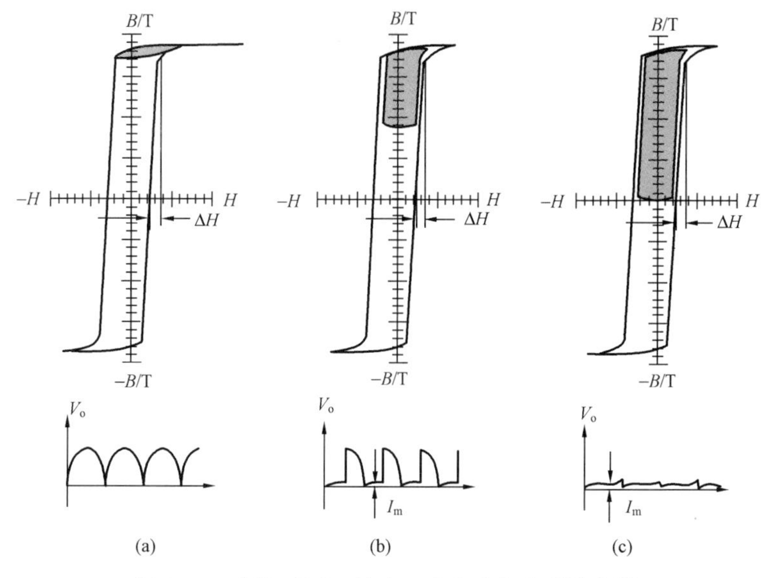

图 25-6　直流（DC）输出双磁心自饱和磁放大器

（a）饱和状态；（b）50％占空比；（c）选通绕组吸收了全部外施电压的状态

组并不承担全部的二次电压。

矩形和回环形 *B-H* 回线的性能

令控制绕组处于开路状态（无直流电流），考察负载电阻 R_L 上的输出电压波形是查看矩形 *B-H* 回线与回环形 *B-H* 回线在功能上差别的最好方法。使用方波驱动自饱和磁放大器可以非常清楚地说明这种情况，如图 25-7 所示。

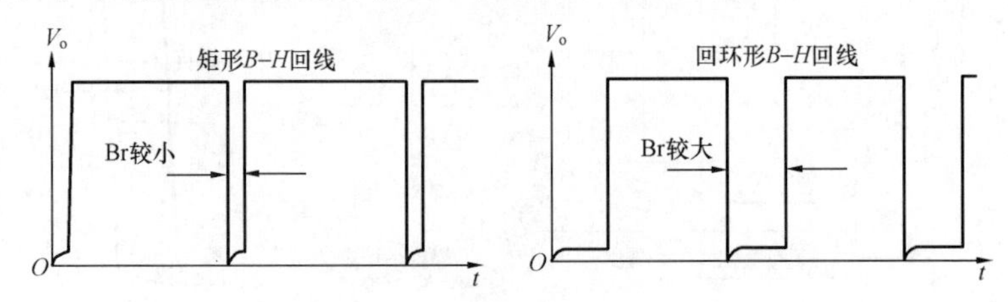

图 25-7 回环形与矩形 *B-H* 回线磁性材料的性能对比图

由图 25-7 可以看出，回环形 *B-H* 曲线磁性材料在半周期之间的间隙更大。这是由于每当变压器 T1（见图 25-1）将二极管 VD1 切换至关断状态时，二极管 VD2 都会被导通。这种周期变化将导致选通绕组 1 里的磁通回落到剩余磁通 B_r，然后在接下来的半个周期里，磁通将以之前的剩余磁通 B_r 为起始点开始变化，如图 25-3 所示。移除励磁信号后，不论磁性材料的 *B-H* 回线是回环形还是矩形，相应的磁通都会回落至剩余磁通 B_r。从图 25-7 中可以很容易地看出，回环形磁性材料没有用掉全部的磁通容量。出于成本或其他物资原因，回环形磁性材料的需求范围更为广泛。

添 加 偏 置 绕 组

如果选择了回环形回线的磁性材料，必须采取合适的措施偏移 *B-H* 回线，以充分利用全部的磁心容量。图 25-8 给出了自饱和磁放大器的典型函数关系，分别与矩形和

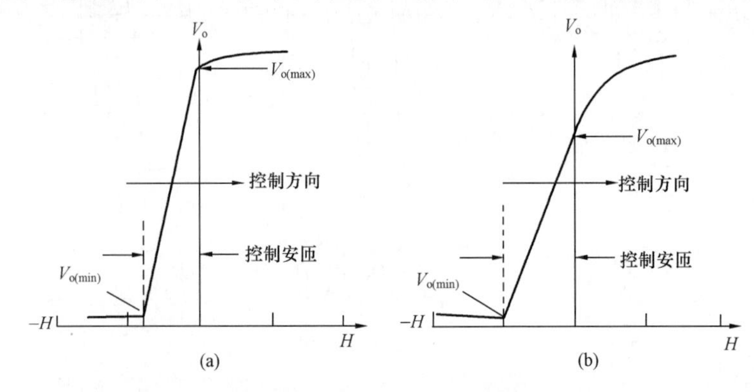

图 25-8 矩形和回环形磁性材料函数关系对比图

（a）矩形回线；（b）回环形回线

回环形 B-H 回线的磁性材料相对应。

由图 25-8 可以看出，控制安匝可实现磁心的偏置。为了使输出电压降至最低［即 $V_{o(min)}$］，应确保安匝的控制方向与箭头所示方向一致。为了实现磁心的偏置，使其安匝与控制安匝方向相反（见图 25-9），可在图 25-1 所示的磁放大器电路中添加一个偏置绕组。

新增的偏置绕组安匝可实现选通绕组的偏置，并使它与整流器 VD1 和 VD2 具有相同的安匝方向。此时输出负载电流将流入选通绕组的起始点，控制绕组内的电流也将流入起始点。即使变压器已将 VD1 和 VD2 里的开关负载电流切断，偏置绕组中的电流也能实现两个磁心的偏置，并保持磁通不变。这样一来，控制电流将能在整个范围［最小值 $V_{o(min)}$～最大值 $V_{o(max)}$］内对输出电压进行控制，进而充分利用磁心的全部容量，如图 25-10 所示。对比图 25-8（a）中的矩形 B-H 回线和图 25-10（b）中经偏置的回环形 B-H 回线，虽然它们具有相同的输出电压范围，但回环形 B-H 回线对应的材料需要更大的控制电流 I_c。这是因为后者的控制电流 I_c 需要克服偏置安匝才能获得相同的输出电压 V_o 范围。

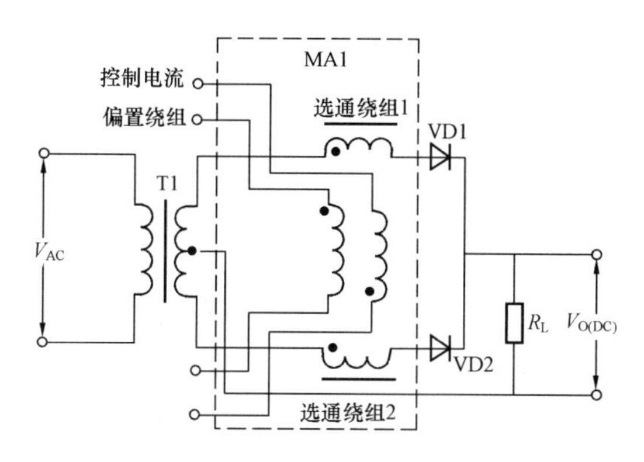

图 25-9　磁放大器的控制和偏置绕组

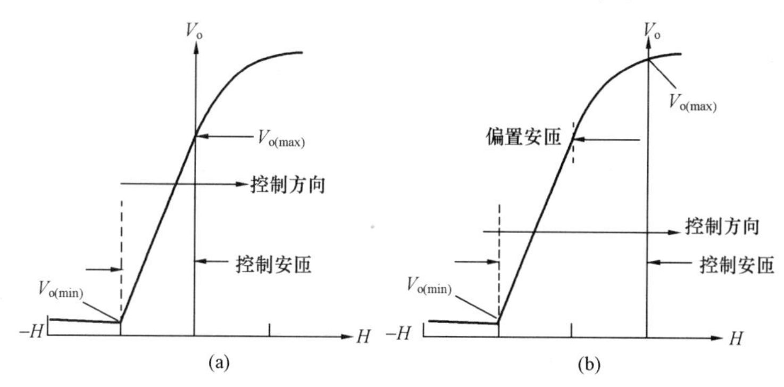

图 25-10　利用偏置绕组实现 B-H 回线的偏移

（a）回环形回线；（b）偏置回环形回线

控制绕组和整流器

磁放大器 MA1 的窗口面积应与其功率和控制绕组相适应。整流器对控制绕组的影响非常大。早在 20 世纪 50～60 年代，工程师们只能使用图 25-9 所示的二极管整流器（VD1 和 VD2）来设计磁放大器，并且存在非常多的问题。现在则有很多种整流器可供选择，如硒整流器、锗整流器和新型硅整流器。当时，正向电压降和反向漏电流都没有得到有效地控制。半导体器件制造商们也是在那时开始着手解决这一问题。图 25-11 反映了整流器里的反向漏电流所导致的问题。每半个周期，反向漏电流都会通过安匝数将磁心复位一次。为了能够充分利用磁心容量，需要增加一个偏置绕组来克服整流器的反向漏电流。整流器必须能够处理好正向与反向之间的平衡关系，这样才能将控制绕组内产生的交流非对称噪声降至最低。早期的自饱和磁放大器需要为控制和偏置绕组预留大量的窗口空间，这是由于反向漏电流会导致严重的增益损失。

随着时间的推移，半导体器件制造商们纷纷改进工艺，生产出了在正向、反向两种条件下都能严格满足技术要求的新型整流器。性能均衡的磁放大器应具备将控制绕组内的干扰维持在最低水平的能力。工程师们可使用晶体管来驱动磁放大器，而不是仅仅依赖于磁放大器本身的增益。这样一来，控制绕组需要的匝数就会减小。控制绕组将具有更多的窗口面积供工程师们使用，进而考虑如何才能达到更好的控制效果。

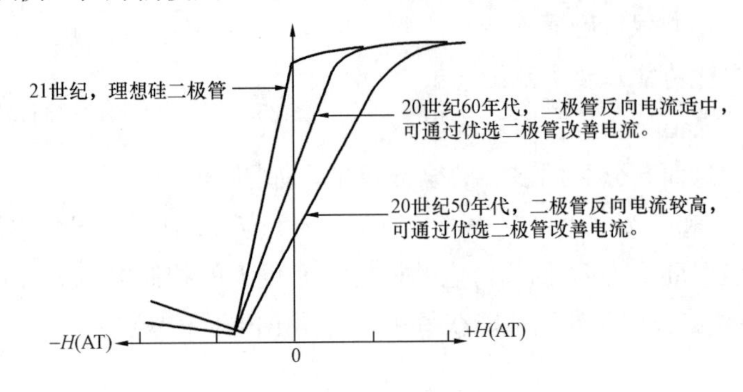

图 25-11 二极管反向漏电流偏移传递函数的方式

自饱和磁放大器的视在功率 P_t

选择合适的磁心时，设计师应充分考虑磁放大器的视在功率 P_t、功率处理能力及绕组。磁放大器可配置两个选通绕组和一个控制绕组，还可增加一个偏置绕组，如图 25-12 所示。如需了解更多关于视在功率 P_t 和功率处理能力的信息，请参考本书第 7 章和 21 章。自饱和磁放大器 MA1 的每个选通绕组都将用来承担全部的输出电压 V_o。各选通绕组内的电流 I_g 每半个周期都会被中断一次，这将对选通绕组的电流有效值产生影响，并改变其伏安容量(VA)，如式(25-3)和式 (25-4) 所示。这两个选通绕组的视在功率 P_t 与变压器 T1 二次绕组的

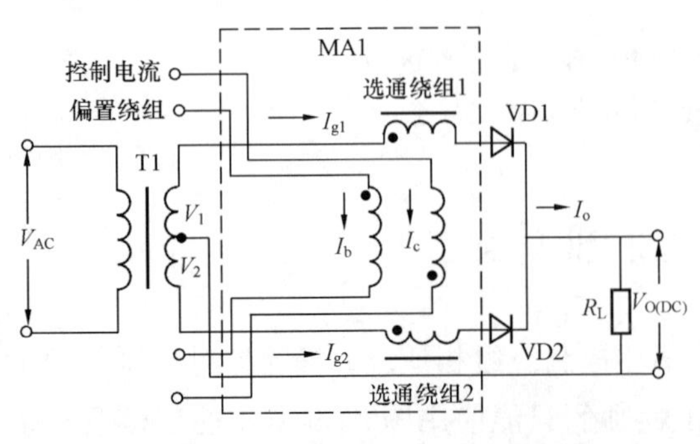

图 25-12 自饱和磁放大器选通绕组、控制绕组的电流参数

视在功率 P_t 相同。

$$I_{g(rms)} = 0.707I_o \tag{25-3}$$

$$VA_{(gates)} = P_o\sqrt{2} \tag{25-4}$$

选定磁心后，应为控制绕组和偏置绕组分配相应的窗口面积。变压器视在功率计算公式如式（25-5）所示。该公式可简化成式（25-6）的形式。

$$P_t = \text{一次功率} + \text{二次功率} \quad (\text{W}) \tag{25-5}$$

$$P_t = P_{in} + P_o \quad (\text{W}) \tag{25-6}$$

对于磁放大器而言，可使用选通绕组的 $VA_{(gates)}$ 代替输入功率 P_{in}，修改视在功率 P_t 的计算公式（25-6）。另外，还可使用控制和偏置绕组系数 K_{cw} 来代替输出功率 P_o。由此可得到一个新的磁放大器视在功率 P_t 计算公式。

$$P_t = P_o(\sqrt{2}_{gate} + K_{cw})(\text{W}) \tag{25-7}$$

工程师可利用绕组系数 K_{cw} 来调整视在功率 P_t，从而使其适应于控制绕组和偏置绕组。当绕组系数为 $K_{cw}=1$ 时，应将窗口面积的 60%、40% 分别分配给选通绕组和偏置绕组作为有效绕组面积，如图 25-13 所示。这只是一个很好的开始，并非是一成不变的规则，设计时亦可根据需要改变这一比例。

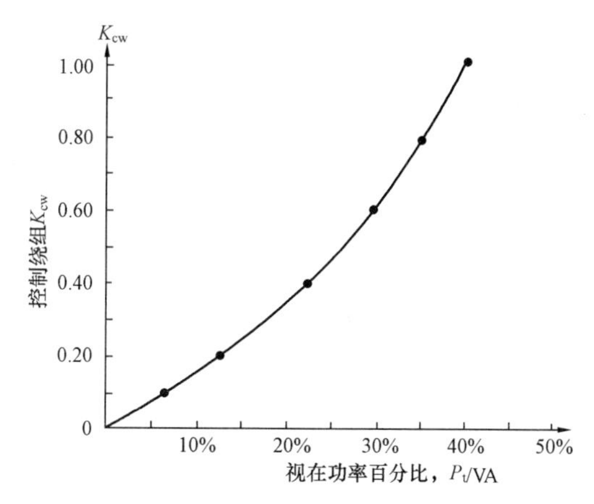

图 25-13　控制绕组系数 K_{cw} 对视在功率 P_t 的影响（百分比）

对于双磁心（如环形或双层 DU 叠片磁心）磁放大器而言，利用式(25-8)计算出来的视在功率 P_t 为其中一个磁心的功率值

$$P_t = 0.5P_o(\sqrt{2}_{gate} + K_{cw})(\text{W}) \tag{25-8}$$

电系数 K_e 的计算公式为

$$K_e = 0.145K_f^2 f^2 B_m^2 \times 10^{-4} \tag{25-9}$$

磁心几何常数 K_g 的计算方法为

$$K_g = \frac{P_t}{2K_e\alpha}(\text{cm}^5) \tag{25-10}$$

式中：α 为磁放大器控制绕组和选通绕组的组合铜损。对于磁心的几何常数 K_g，可按照式（25-11）来计算

$$K_g = \frac{W_a A_c^2 K_u}{MLT}(\text{cm}^5) \tag{25-11}$$

磁放大器的功率增益

功率增益是磁放大器的品质参数之一，这在很大程度上取决于磁放大器的设计方式、类型及其物理尺寸。与饱和电抗器相比，自饱和磁放大器的功率增益通常会更高一些。磁放大器的功率增益定义为输出或负载功率 P_o 与输入控制功率 P_c 之比。其中输入控制功率为控制绕组消耗掉的功率，控制功率 P_c 为控制绕组消耗掉的功率，如式 (25-12) 所示。其中控制电流为 I_c，绕组电阻为 R_c。输出功率 P_o 为输送至负载的功率，如式 (25-13) 所示。其中选通绕组内的电流为 I_g，负载电阻为 R_L，然后，用输出功率 P_o 除以控制功率 P_c 即可算出功率增益，如式 (25-14) 所示

$$P_c = I_c^2 R_c \quad (W,控制) \tag{25-12}$$

$$P_o = I_o^2 R_L \quad (W,负载) \tag{25-13}$$

$$P_{(gain)} = \frac{I_o^2 R_L}{I_c^2 R_c} \quad (功率增益) \tag{25-14}$$

自饱和磁放大器的响应时间

对于控制信号的跃变，磁放大器的响应时间 t_r 非常长。这是由于控制绕组具有较强的电感特性。控制绕组电流的任何跃变都需要一定的时间来达到最终值。因此，可将响应时间 t_r 作为控制电路的时间常数使用。当输入电流发生跃变时，负载电流达到最终值的 63%所需的时间就是响应时间，如图 25-14 所示。从图 25-14 中可以看出，当控制电路的输入信号在 t_1 时刻发生跃变时，输出电流 I_1 也在 t_1 时刻开始上升，并在 t_3 时刻达到最终值 I_3。当电流达到最终值 I_3 的 63% (即 I_2) 时所需的时间即为时间常数。时间常数计算方法式 (25-15) 所示。

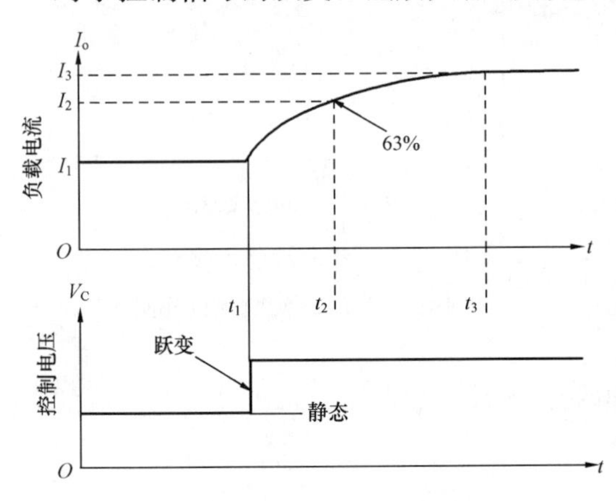

图 25-14　输入信号发生跃变时的输出响应时间

$$t_r = \frac{L_c}{R_c}(s)$$

$$t_r = (s,时间常数)$$

$$L_c = (H)(控制绕组电感)$$

$$R_c = (\Omega)(控制绕组电阻) \tag{25-15}$$

这一概念来自于线性系统，但大多数情况下均可获得足够精确的结果。

DU 叠片磁心的平均匝长

对于给定的绕组，计算其电阻和质量时需要知道平均匝长（*MLT*）。使用 DU 叠片磁心设计磁放大器时，还需要计算控制绕组和选通绕组的电阻。对于管状或筒状线圈，绕组的尺寸与平均匝长（*MLT*）有关，如图 25-15 所示。式（25-16）、式（25-17）分别用来计算控制绕组和选通绕组平均匝长（*MLT*）。

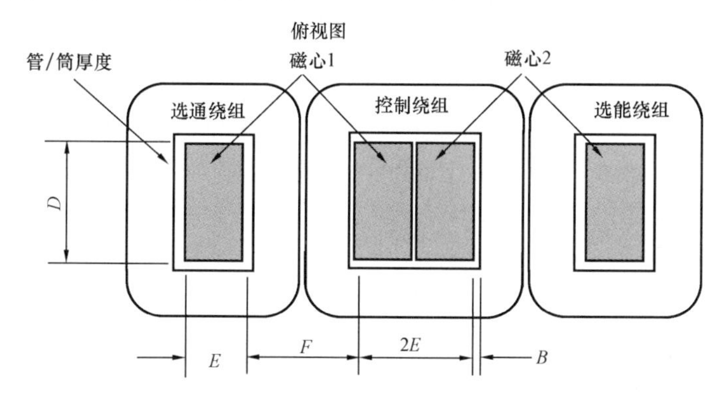

图 25-15 与 DU 叠片磁心绕组平均匝长（*MLT*）有关的尺寸

环形磁心平均匝长（*MLT*）的计算

$$MLT_{(\mathrm{control})}=2(D+2B)+4(E+B)+\pi\left(\frac{F}{2}\right)(\mathrm{cm}) \quad (25\text{-}16)$$

$$MLT_{(\mathrm{gate})}=2(D+2B)+2(E+2B)+\pi\left(\frac{F}{2}\right)(\mathrm{cm}) \quad (25\text{-}17)$$

环形磁心平均匝长（*MLT*）的计算

为了绕制环形磁心的绕组，必须为线梭预留一定的空间，既可使用机械线梭也可使用手动线梭。磁放大器绕组与其他环形磁心绕组在制作方法上不存在任何区别，都需要留出一半内径供线梭运行。对于绕组而言，这将剩余 75%的窗口面积 W_a。由于磁放大器的环形磁心需要满足所有的条件，计算其平均匝长（*MLT*）非常困难。磁放大器具有两个磁心，而且每个磁心都具有选通绕组，首先应绕制选通绕组，绕制完成后，测试磁心并配对，安装好后再绕制共用控制绕组。环形磁心的安装方式如图 25-16 所示。环形磁心绕组的装配质量与绕线人员的技能密切相关。对于环形磁心磁放大器而言，无论是手工绕制还是机械绕制，都需要格外注意，这是由于两个磁心堆叠在一起时存在角度问题。由于环形磁心磁放大器的外形完全是非线性的，很难获得其平均匝长（*MLT*）。对于图 25-16 所示的环形磁心，利用式（25-18）和式（25-19）可很好地计算出选通绕组和控制绕组平均匝长（*MLT*）的近似值。其中选通绕组的修正系数为 0.85，控制绕组的修正系数为0.70。

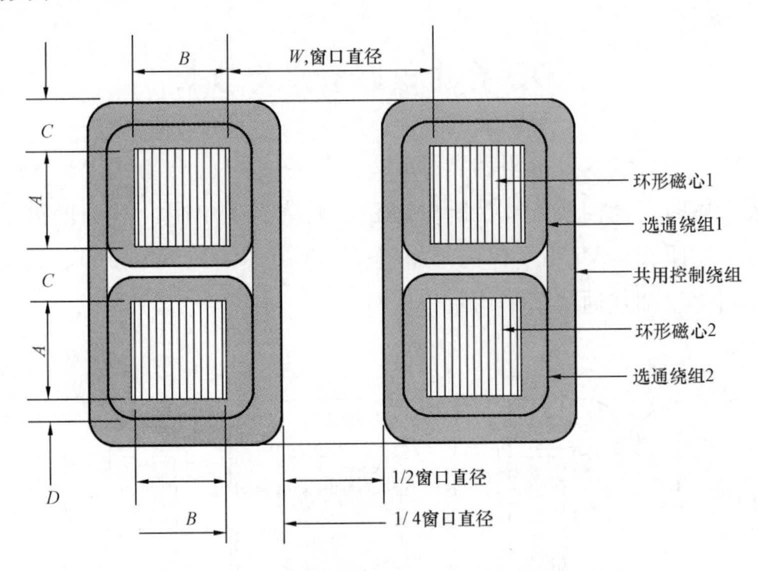

图 25-16 环形磁心磁放大器的平均匝长（MLT）为近似值

$$MLT=(2A+2B+\pi 0.125W)0.85 \quad \text{近似值(选通绕组)} \tag{25-18}$$

$$MLT=(4A+0.25W+2B+2\pi 0.375W0.70 \quad \text{近似值(控制绕组)} \tag{25-19}$$

式中 A——含外壳在内的磁心带宽；

B——含外壳在内的磁心厚度；

C——选通绕组和控制绕组的厚度，$C=W/4$；

D——选通绕组的厚度，$D=W/8$；

W——含外壳在内的磁心内径。

环形磁心磁放大器的表面积

可从图 25-16 中获取计算表面积所需的高度、外径等数据。磁放大器高度 Ht 及外径 OD 的计算公式分别为式（25-20）和式（25-21）。磁放大器外形如图 25-17 所示。

$$H_t=(3C+2A)$$

$$OD=(2C+2B+W)$$

式中 A——磁心高度；

B——磁心厚度（外径－内径）/2；

C——绕组厚度，$W/4=ID/4$；

$$MA_{Ht}=3\left(\frac{ID}{4}\right)+2H \tag{25-20}$$

$$MA_{OD}=\left(\frac{ID}{2}\right)+(OD-ID)+ID \tag{25-21}$$

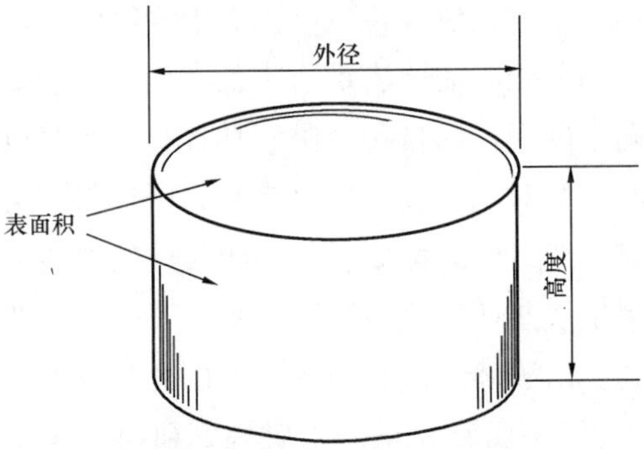

图 25-17 环形磁心绕线式磁放大器轮廓图

利用式（25-24）可计算出磁放大器的表面积

$$顶面和底面 = 2\left[\frac{\pi(MA_{OD})^2}{4}\right](cm^2) \tag{25-22}$$

$$外周表面积 = \pi(MA_{OD})MA_{Ht}(cm^2) \tag{25-23}$$

$$A_t = \frac{\pi(MA_{OD})^2}{2} + \pi MA_{OD}(MA_{Ht})(cm^2) \tag{25-24}$$

DU 叠片磁心磁放大器的表面积

可从第 3 章获取计算表面积所需的高度、宽度和长度等数据。高度 H 为$(H+G)$，宽度为$(D+F)$，长度为$(4E+3F)$。磁放大器外形如图 25-18 所示。利用式（24-28）可计算出 DU 叠片磁心磁放大器的表面积。

$$侧面积 = (4E+3F)(H+G) - 2(HF)(cm^2) \tag{24-25}$$

$$底面积 = (2H+G)(D+F) - 2(EF)(cm^2) \tag{24-26}$$

$$顶面积 = (4E+3F)(D+F)(cm^2) \tag{24-27}$$

$$A_t = 2(侧面积) + 2(底面积) + 2(顶面积)(cm^2) \tag{24-28}$$

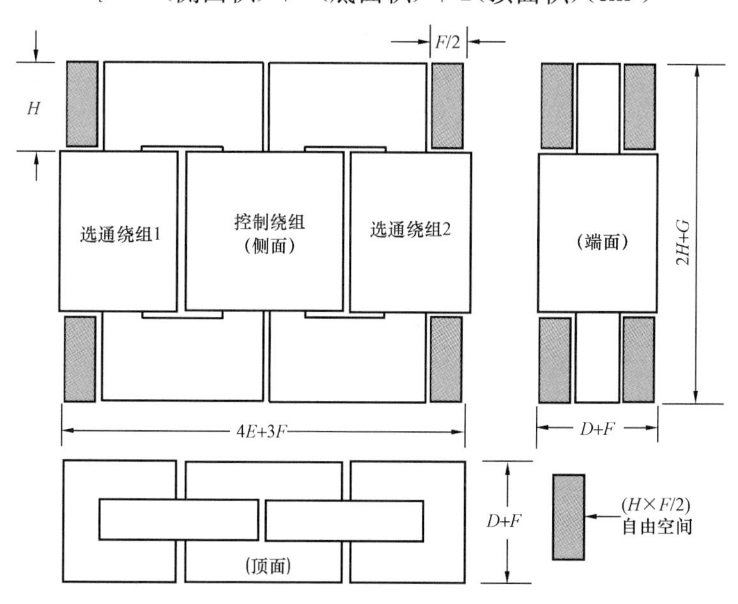

图 25-18 绕线式 DU 叠片磁心磁放大器轮廓图

控制绕组计算

当选通绕组承担了全部的外施电压时，控制绕组的安匝数必须足以促使选通绕组脱离饱和状态，如图 25-6 所示。每类磁性材料都有其自己的电气特性，适用于叠片磁心和带绕磁心的磁性材料有多种厚度可供选择，工程师可根据工作频率选择最合适的材料

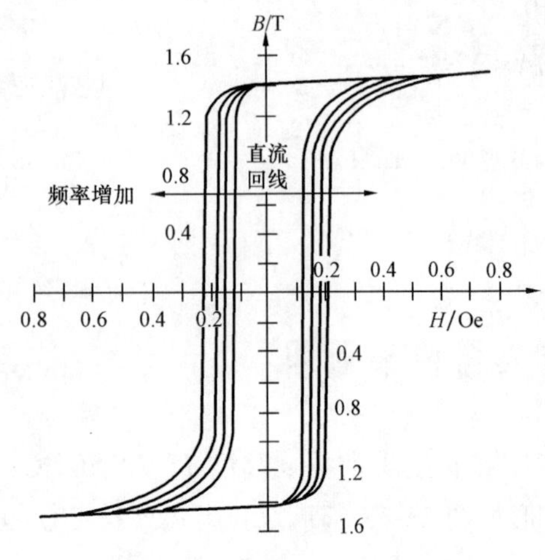

图 25-19　工作频率变化对 B-H 回线宽度的影响

进行设计，进而获得最佳性能，见第 3 章。磁滞回线内的面积即为绕组损耗。磁性材料内的涡流损耗会随着工作频率的升高而增加，相应地，随着磁滞回线的加宽，损耗也在增加，如图 25-19 所示。

计算控制绕组匝数时，应将磁滞回线的加宽问题考虑在内。如果控制电流为 5mA，磁路长度(MPL)为 9.5cm，可参照图 25-20 来计算控制绕组的匝数。图 25-20 中参数 A 为 0.26Oe。制造商设定的磁场强度（Oe）公差为±25%。利用磁场强度（Oe）计算匝数应使用式（25-29），利用安匝/米计算匝数应使用式（25-30）。

$$N=\frac{H(MPL)}{0.4\pi I_c}(\text{匝})$$

$$N=\frac{0.26\times 9.5}{0.4\times 3.415\times 0.005}(\text{匝}) \tag{25-29}$$

$$N=393(\text{匝})$$

$$N=\frac{H(MPL\times 10^{-2})}{I_c}(\text{匝})$$

$$N=\frac{20.7\times 9.5\times 10^{-2}}{0.005} \tag{25-30}$$

$$N=393(\text{匝})$$

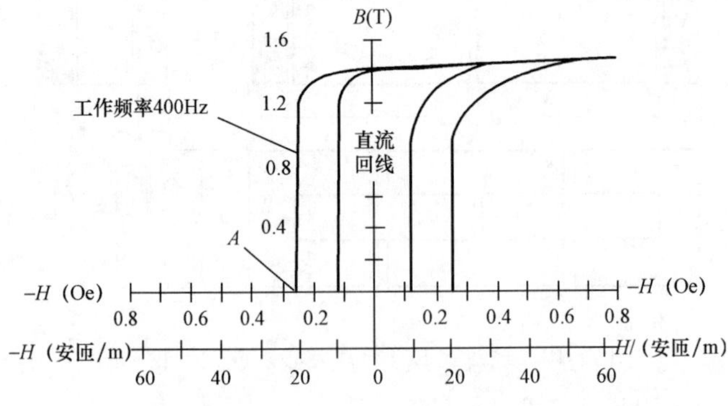

图 25-20　工作频率为 400Hz 时需达到的磁场强度 A

偏 置 绕 组 计 算

为了充分利用全部磁心容量，偏置绕组的安匝数必须足以促使B-H回线偏移至指定位置，如图 25-21 所示。图 25-22 所示的磁性材料为环形磁心内的矩磁坡莫合金 80。尽管这种材料 *B-H* 回线的顶部近似于回环形回线，通常仍将其作为矩形回线材料使用。虽然偏置绕组可以改善其性能，但并不强制使用。

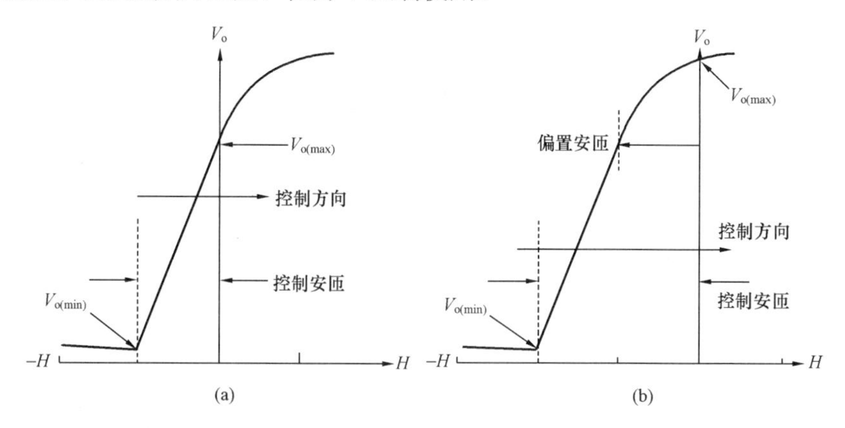

图 25-21　偏置安匝偏移 *B-H* 回线的方式

（a）回环形回线；（b）偏置回环形回线

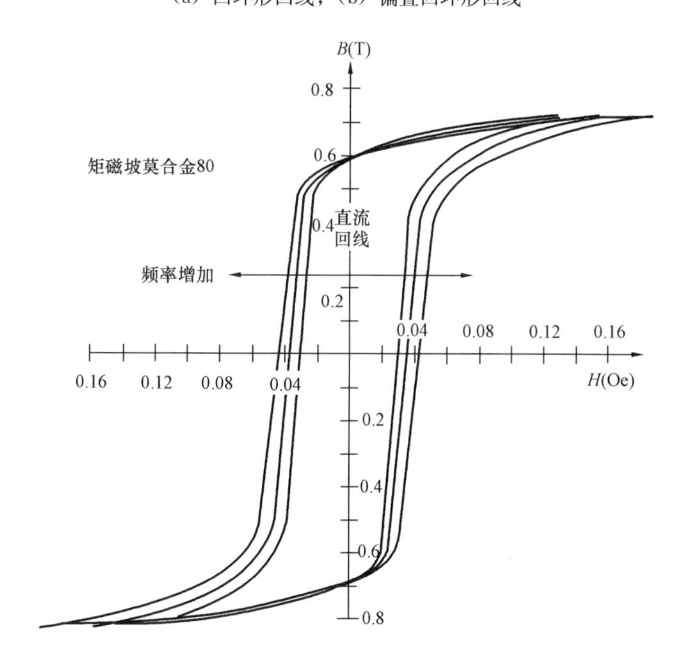

图 25-22　工作频率增加对矩磁坡莫合金 80*B-H* 回线的影响

一般而言，叠片磁心内的少量气隙是形成回环形 *B-H* 回线的原因。即便气隙非常小，它们也会对 *B-H* 回线起到“剪切”效果并形成回环形 *B-H* 回线，并且很难确定 *B-H* 回线的被剪切程度。如果制造商没有提供相应的曲线或数据，绕制一个样品来获取实际数据或许是非常明智的做法。参考图 25-7 所示的输出电压波形，可了解到当前磁心的实际情况和偏置绕组可达到的效果。另一种方法就是考察磁心的 *B-H* 回线。在一个磁心上绕制几匝导线即可查看 *B-H* 回线的被剪切情况，见第 2 章。如果按照图 25-12

将自饱和磁放大器接入到电路中，偏置电流将流入小圆点。可利用式（25-31）计算偏移 B-H 回线所需的偏置安匝。

$$H=\frac{NI}{MPL}\ (\text{安匝 / 米}) \tag{25-31}$$

控制绕组注意事项

如果设计方法得当，且使用了合适的磁心和高品质的二极管，选通绕组在控制绕组内感应出的基本交流（AC）电压将被相互抵消。控制绕组内很容易感应出较高的电压，设计时必须格外注意。如果选通绕组的电压较高且选通绕组和控制绕组之间的匝数比较大，控制绕组内就很容易出现较高的感应电压，如式（25-32）所示。采取相应的预防措施将是非常明智的做法：对控制绕组进行绝缘处理，将电压击穿的可能性降至最低。当然，也存在一些目前无法预测的意外情况，如接线错误、反相连接或元件损坏等。

$$V_c=\frac{N_cV_g}{N_g}\ (\text{V}) \tag{25-32}$$

自饱和磁放大器设计实例

本设计实例涉及的磁放大器可用来控制并调节电流为 1A、电压为 12.0V 的电源。磁放大器测试原理图如图 25-23 所示。本设计实例使用的交流电源的电压为 14V，频率为 400Hz。使用的磁心外形为环形，并使用了恒电流磁通复位测试法验证了磁心的适用性。读者可在 Magnetics 手册《带绕式磁心设计手册 TWC-500》找到这种方法的相关介绍。使用的磁性材料为 50-50 镍铁合金，材料厚度为 4 密耳，相应的 B-H 回线如图 25-24所示。由于 B-H 回线非常接近于矩形，不需要附加偏置绕组。磁放大器控制电流 I_c 为 3mA，电流方向为流出小圆点方向。绕组系数为 $K_{cw}=1$。这样一来，可将窗口面积的 60%、40%分别分配给选通绕组和控制绕组作为有效绕组面积，如图 25-13 所示。

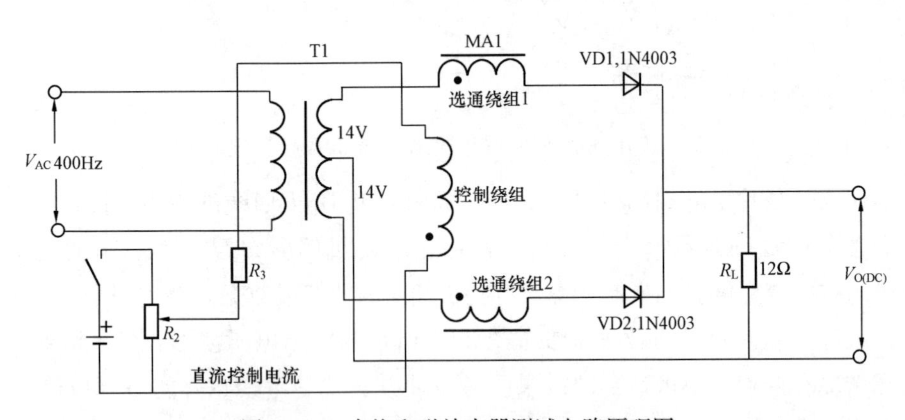

图 25-23　自饱和磁放大器测试电路原理图

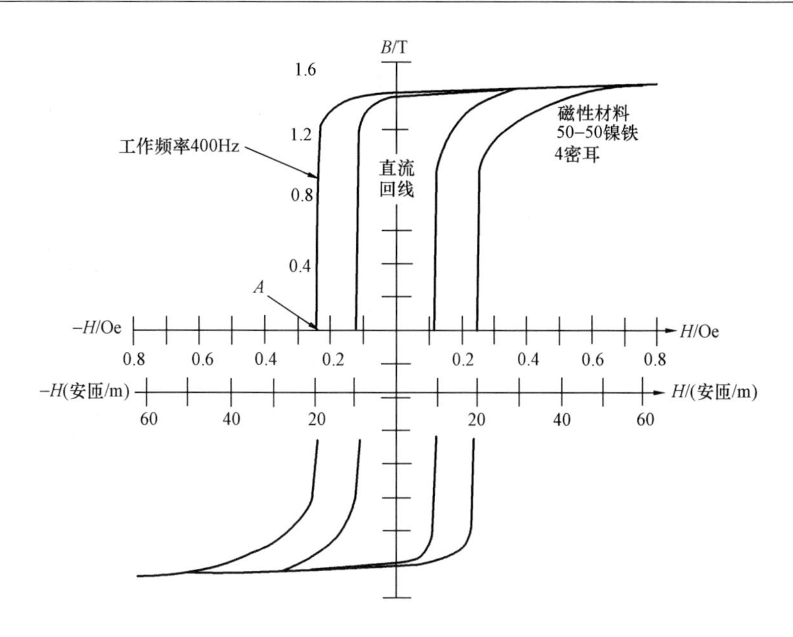

图 25-24　4 密耳磁性材料 50-50 镍铁的 B-H 回线

规格和设计为

(1) 变压器，T1 输出电压 V_t=14V、交流。

(2) 工作频率为 400Hz

(3) 负载电压 V_o=12.0V、直流。

(4) 负载电流 I_o=1A。

(5) 磁心类型为环形磁心。

(6) 磁性材料，4 密耳为 50-50 镍铁。

(7) 效率 η=95%。

(8) 调整率（铜损）α=5%。

(9) 运行磁通密度 B_{AC}=1.1T。

(10) 控制电流 I_c=0.003A。

(11) 磁场强度 H=0.26Oe。

(12) 控制绕组系数 K_{cw}=1.0。

步骤 1：计算负载功率 P_o

$$P_o=V_oI_o(\mathrm{W})$$

$$P_o=12.0\times1.0(\mathrm{W})$$

$$P_o=12(\mathrm{W})$$

步骤 2：计算磁放大器 MA1 单个磁心的视在功率 P_t，令 $K_{cw}=1$

$$\begin{aligned}P_t&=0.5P_o(\sqrt{2}_{\mathrm{gate}}+K_{cw})\ (\mathrm{W})\\&=0.5\times12\times(1.41+1)\ (\mathrm{W})\\&=14.5(\mathrm{W})\end{aligned}$$

步骤 3：计算电系数 K_e

$$K_e = 0.145K_f^2 f^2 B_m^2 \times 10^{-4}$$
$$K_f = 4.44$$
$$K_e = 0.145 \times 4.44^2 \times 400^2 \times 1.1^2 \times 10^{-4} = 55.3$$

步骤 4：计算磁心几何常数 K_g

$$K_g = \frac{P_t}{2K_e \alpha}\ (\mathrm{cm}^5) = \frac{14.5}{2 \times 55.3 \times 5}\ (\mathrm{cm}^5) = 0.0262(\mathrm{cm}^5)$$

步骤 5：按照磁心几何常数 K_g 在《Magnetics 带绕式磁心产品目录》中选择了 TWC 500 型磁心

(1) 环形磁心为 52029－4A。

(2) 制造商为 Magnetics。

(3) 外径（OD）尺寸为 3.78cm。

(4) 内径（ID）尺寸为 2.25cm。

(5) 高度（Ht）尺寸为 0.978cm。

(6) 磁心几何常数 K_g=0.0256cm^5。

(7) 面积积 A_p=1.08cm^4。

(8) 磁心质量 W_t=19.66g。

(9) 磁心有效截面积 A_c=0.272cm^2。

(10) 窗口面积 W_a=3.97cm^2。

(11) 磁路长度 MLT=9.47cm。

(12) 磁性材料，4 密耳=具有矩形磁滞回线的铁心材料。

步骤 6：计算选通绕组和控制绕组的窗口面积

$$W_{ag} = 0.60W_a = 3.97 \times 0.60 = 2.38\ (\mathrm{cm}^2)\ \text{选通绕组}$$
$$W_{ac} = 0.40W_a = 3.97 \times 0.40 = 1.59\ (\mathrm{cm}^2)\ \text{控制绕组}$$

步骤 7：计算选通绕组的匝数 N_g

$$N_g = \frac{(V_t - V_d) \times 10^4}{K_f B_{ac} f A_c}\ (\text{匝}) = \frac{(14-1) \times 10^4}{4.44 \times 1.1 \times 400 \times 0.272}\ (\text{匝}) = 245\ (\text{匝})$$

步骤 8：计算选通绕组的电流有效值 $I_{g(rms)}$

$$I_{g(rms)} = 0.707I_o(\mathrm{A}) = 0.707 \times 1.0\ (\mathrm{A}) = 0.707\ (\mathrm{A})$$

步骤 9：计算选通绕组的裸导线面积 A_{wg}

$$A_{wg}=\frac{K_u W_{ag}}{N_g}$$
$$=\frac{0.4\times 2.38}{245}$$
$$=0.00389$$

步骤 10：在第 4 章的导线表中选择导线

$$AWG=22$$
$$A_{w(B)}=0.00324(cm^2)$$
$$A_{wg}=0.00386(cm^2)$$
$$\left(\frac{\mu\Omega}{cm}\right)=531(m\Omega/cm)$$

步骤 11：计算选通绕组的平均匝长（MLT），参考图 25-16 计算

A=含外壳磁心高度尺寸，A=0.978(cm)

B=含外壳厚度=(外径 OD−内径 ID)/2=0.765(cm)

W=含外壳内径=2.25(cm)

$$MLT=(2A+2B+\pi 0.125W)\times 0.85(cm)$$
$$=(2\times 0.978+2\times 0.765+\pi 0.125\times 2.25)\times 0.85\ (cm)$$
$$=3.71(cm)$$

步骤 12：计算选通绕组电阻 R_g

$$R_g=MLT(N_g)\left(\frac{\mu\Omega}{cm}\right)\times 10^{-6}(\Omega)$$
$$=3.71\times 245\times 531\times 10^{-6}(\Omega)$$
$$=0.483\ (\Omega)$$

步骤 13：计算选通绕组铜损 P_g

$$P_g=I_g^2 R_g(W)$$
$$=0.707^2\times 0.483\ (W)$$
$$=0.241\ (W)$$

步骤 14：计算所需匝数 N_c

$$N_c=\frac{H(MPL)}{0.4\pi I_c}\ (匝)$$
$$=\frac{0.260\times 9.47}{1.256\times 0.003}(匝)$$
$$=653，取\ 660\ (匝)$$

步骤 15：计算控制绕组导线面积 A_{wc}

$$A_{wc}=\frac{K_u W_{ac}}{N_c}$$
$$=\frac{0.4\times 1.59}{660}$$
$$=0.000964$$

步骤 16：在第 4 章的导线表中选择导线

$$AWG = 28$$

$$A_{wc(B)} = 0.000805\ (cm^2)$$

$$A_{wc} = 0.00105\ (cm^2)$$

$$\left(\frac{\mu\Omega}{cm}\right) = 2142$$

步骤 17：计算控制绕组的平均匝长（MLT），如图 25-16 所示。

图中：A——含外壳磁心高度，A=0.978。

B——含外壳厚度=（外径－内径）/2=0.765。

W——含外壳内径为 2.25。

$MLT = [(4A + 0.25W) + 2B + 2\pi 0.375W] \times 0.70(cm)$

$MLT = (4 \times 0.978 + 0.25 \times 2.25) + 2 \times 0.765 + 2\pi \times 0.375 \times 2.25) \times 0.70(cm)$

$MLT = 7.91\ (cm)$

步骤 18：计算控制绕组电阻 R_c

$$R_c = MLT(N_c)\left(\frac{\mu\Omega}{cm}\right) \times 10^{-6}(\Omega)$$

$$= 7.91 \times 660 \times 2142 \times 10^{-6}(\Omega)$$

$$= 11.2\ (\Omega)$$

步骤 19：计算控制绕组铜损 P_c

$$P_c = I_c^2 R_c(W)$$

$$= 0.003^2 \times 11.2(W)$$

$$= 0.0001(W)$$

步骤 20：计算选通绕组和控制绕组的总铜损 P_{Cu}

$$P_{Cu} = P_{g1} + P_{g2} + P_c(W)$$

$$= 0.241 + 0.241 + 0.0001\ (W)$$

$$= 0.482\ (W)$$

步骤 21：计算总铜损百分比 α

$$\alpha = \frac{P_{Cu}}{P_o} \times 100\ (\%)$$

$$= \frac{0.482}{12.0} \times 100\ (\%)$$

$$= 4.02(\%)$$

步骤 22：利用第 2 章给出的公式计算这种材料的每千克瓦数（W/K）

$$W/K = 0.000618 f^{1.48} B_{DC}^{1.44}$$

$$= 0.000618 \times 400^{1.48} \times 1.1^{1.44}$$

$$= 5.03$$

步骤 23：计算磁心损耗 P_{Fe}

$$P_{Fe} = (W/K)2 \times W_{tFe} \times 10^{-3}(W)$$

$$= 5.03 \times 2 \times 19.7 \times 10^{-3}\,(\text{W})$$

$$= 0.198\ (\text{W})$$

步骤 24：计算总损耗 P_{Σ}

$$P_{\sum} = P_{\text{Cu}} + P_{\text{Fe}}\,(\text{W})$$

$$= 0.482 + 0.198\ (\text{W})$$

$$= 0.68\ (\text{W})$$

步骤 25：参考图 25-17 计算磁放大器的高度 H（见第 5 章）

$$MA_{\text{H}} = 3\left(\frac{ID}{4}\right) + 2H\ (\text{cm})$$

$$= 3\left(\frac{2.25}{4}\right) + 2 \times 0.978\,(\text{cm})$$

$$= 3.64\,(\text{cm})$$

步骤 26：参考图 25-17 计算磁放大器的外径 OD（见第 5 章）

$$MA_{\text{OD}} = \frac{ID}{2} + (OD - ID) + ID\,(\text{cm})$$

$$= \frac{2.25}{2} + 3.78 - 2.25 + 2.25\ (\text{cm})$$

$$MA_{\text{OD}} = 4.91\,(\text{cm})$$

步骤 27：参考图 25-17 计算磁放大器的表面积（见第 5 章）

$$A_{\text{t}} = \frac{\pi(MA_{\text{OD}})^2}{2} + \pi(MA_{\text{OD}})(MA_{\text{H}})\ (\text{cm}^2)$$

$$= \frac{\pi 4.91^2}{2} + \pi \times 4.91 \times 3.64\ (\text{cm}^2)$$

$$= 85.8\ (\text{cm}^2)$$

步骤 28：计算单位面积瓦数 Ψ

$$\Psi = \frac{P_{\Sigma}}{A_{\text{t}}}\ (\text{W/cm}^2)$$

$$= \frac{0.68}{85.8}\ (\text{W/cm}^2)$$

$$= 0.00793\ (\text{W/cm}^2)$$

步骤 29：计算温升 T_{r}

$$T_{\text{r}} = 450\psi^{0.826}\,(^{\circ}\text{C})$$

$$= 450 \times 0.00793^{0.826}\,(^{\circ}\text{C})$$

$$= 8.28\ (^{\circ}\text{C})$$

步骤 30：计算选通绕组的窗口利用系数 K_{u}

$$K_{\text{uc}} = \frac{N_{\text{c}}A_{\text{wc(B)}}}{\dfrac{W_{\text{a}}}{2}} = \frac{660 \times 0.000805}{1.59} = 0.334$$

$$K_{ag}=\frac{N_gA_{wg(B)}}{\frac{W_a}{2}}\times\frac{245\times0.00324}{2.38}=0.334$$

自饱和磁放大器设计测试数据

总结

至此，我们建立了自饱和磁放大器并对此开展了测试工作。以下内容为上述设计的磁放大器的测试数据。输入控制电流与对应的输出电压测试数据见表 25-1。输入控制电流与对应的输出电压函数关系如图 25-25 所示。笔者希望这种分步设计方式能帮助读者更好地了解自饱和磁放大器的设计过程。

测试数据为

(1) 频率，f=400Hz。

(2) 输出电压，V_o=12.05V。

(3) 输出电流，I_o=1.0A。

(4) 控制电流，I_c=0.003A。

(5) 选通绕组电阻，R_g=0.475Ω。

(6) 控制绕组电阻，R_c=10.56Ω。

(7) 温升，T_r=8.1℃。

表 25-1　　自饱和磁放大器输入电流与输出电压的对应关系

步骤	输入电流/mA	输出电压/V	步骤	输入电流/mA	输出电压/V
1	0.000	12.050	8	1.750	7.130
2	0.250	12.020	9	2.000	5.220
3	0.500	12.000	10	2.250	3.570
4	0.750	11.880	11	2.500	2.360
5	1.000	11.550	12	2.750	1.270
6	1.250	10.350	13	3.000	0.480
7	1.500	8.770			

致　　谢

在此衷心感谢 Leightner 电子公司的工程师 Charles Barnett 为我们提供了磁放大器设计实例，并对此开展了相应的测试工作。

Leightner Electronics Inc。

1501 S. Tennessee St.

McKinney，TX. 75069

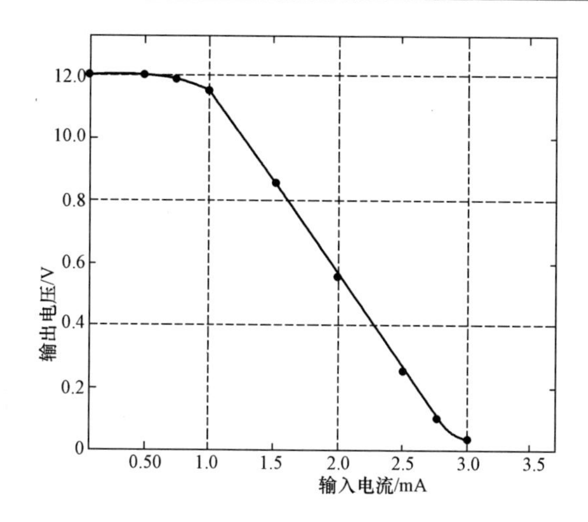

图 25-25 利用表 25-1 给出的测试数据绘制的函数关系

在此衷心感谢 Magnetics 公司的高级应用工程师 Zack Cataldi 为我们提供了磁放大器设计实例所需的磁心。

Magnetics

110 Delta Drive

Pittsburgh，PA 15238

参 考 文 献

[1] Flanagan, W. M. *Handbook of Transformer Applications*. McGraw-Hill Book Co. Inc. New York, 1986. pp. 14. 9-14. 20.

[2] Lee, R. *Electronic Transformers and Circuits*, John Wiley & Sons, New York, 1958. pp. 259-291.

[3] Platt, S. *Magnetic Amplifiers Theory and Application*, Prentice-Hall, Inc., Englewood Cliffs, N. J., 1958. Chapter 9.

[4] ITT, Corp, *Reference Data for Radio Engineers*, fourth edition. Stratford Press, Inc. New York, 1956. Chapter 13, pp. 323-343.

第26章

给定阻值电感器设计

Chapter 26

目　次

导　言

工程师们经常需要围绕一个黑盒子开展设计工作，这意味着工程师们无法获得非常全面的概要信息。提供给他们的通常是电感、直流电流、交流电流、直流电阻、温升和体积等参数。仅在很幸运的情况下，工程师们才有机会获得一个简单的装置作为参考。如果手头有设计实例，工程师们将对设计时使用的磁心类型获得更细致的了解。对于给定了直流电阻的电感器的设计问题，工程师们曾多次要求使用公式编写一套分步设计方法。电感器及其内部等效电阻如图 26-1 所示。

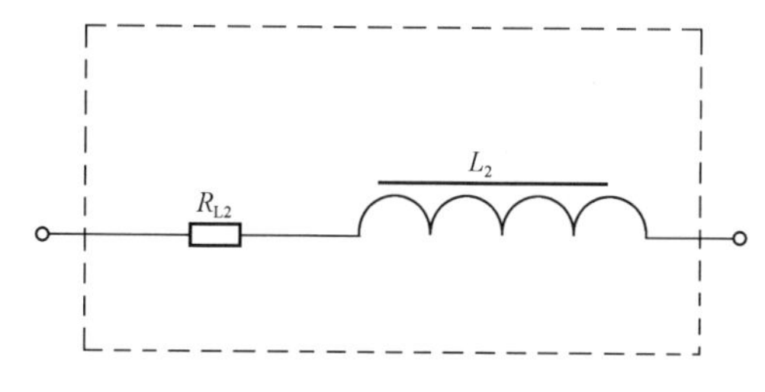

图 26-1　输出电感器 L_2 及其内部等效电阻

设　计　概　述

针对给定的绕组电阻规格，本章将介绍一种直接选择磁心类型和合适的导线尺寸的方法。可使用这种方法设计图 26-2 所示的输入电感器 L_1 和输出电感器 L_2。

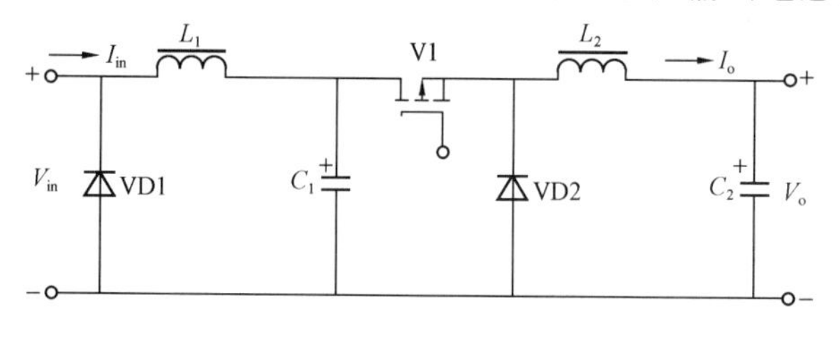

图 26-2　一种简单的降压型稳压器原理图

对于给定阻值电感器的设计，使用面积积（A_p）方法需要很多次的迭代计算，实施起来非常困难。使用磁心几何常数（K_g）法则可实现非常精确地设计，而且能在最短的时间内选出合适的磁心。

随着变换器工作频率的升高，磁性材料的损耗将显著增加。然而，与变换器主变压器的磁心损耗相比，开关式稳压器输出电感器中的磁心损耗要小得多。输出电感器的磁心损耗是由电流变化（即 ΔI）引起的，由于 ΔI 的变化将导致磁通发生变化，如图 26-3 所示。

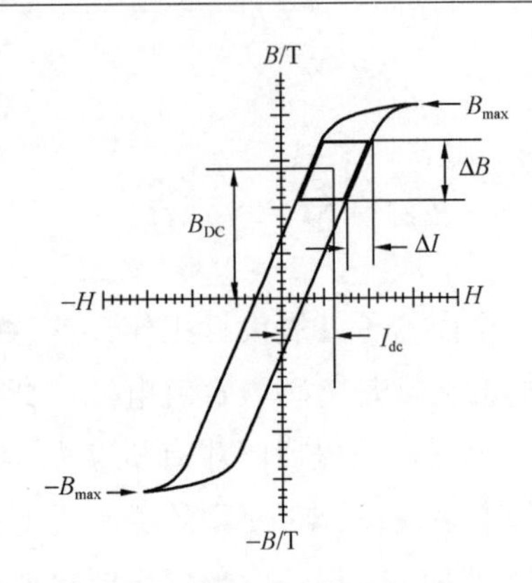

图 26-3 典型输出电感器的 B-H 回线

粉末磁心电感器设计实例（利用磁心几何常数 K_g 法）

磁心和导线数据均来自于第 3 和第 4 章。在本粉末磁心电感器设计实例中，假设图 26-2 中的输出滤波器 L_2 的规格参数如下。

(1) 频率，$f=100\text{kHz}$。

(2) 电感值，$L=50\mu\text{H}$。

(3) 输出电流，$I_o=5.0\text{A}$。

(4) 电流变化量，$\Delta I=1.0\text{A}$。

(5) 直流电阻，$R=0.01\Omega$。

(6) 温升，$T_r\leqslant 20℃$。

(7) 窗口利用系数，$K_u=0.4$。

(8) 工作磁通密度，$B_m=0.3\text{T}$。

这种设计方法同样适用于所有类型的粉末磁心。需要注意的是，最大磁通密度会随着材料和磁心损耗的不同而发生变化。

步骤 1：计算峰值电 I_{pk}

$$I_{pk}=I_{o(max)}+\frac{\Delta I}{2}(\text{A})$$

$$=5.0+\frac{1.0}{2}(\text{A})$$

$$=5.5(\text{A})$$

步骤 2：计算能量处理能力 W-s（以瓦-秒为单位）

$$能量=\frac{LI_{pk}^2}{2}(\text{W-s})$$

$$=\frac{50\times10^{-6}\times5.5^2}{2}(\text{W-s})$$

$$=0.000\ 756(\text{W-s})$$

步骤 3：计算电系数 K_e

$$K_e = \frac{345L}{B_m^2 R_L}$$
$$= \frac{345 \times 50 \times 10^{-6}}{0.3^2 \times 0.01}$$
$$= 19.2$$

步骤 4：计算磁心几何常数 K_g

$$K_g = K_e(\text{Energy})(\text{cm}^5)$$
$$= 19.2 \times 0.000756(\text{cm}^5)$$
$$= 0.0145(\text{cm}^5)$$

步骤 5：在第 3 章内里选择一种与磁心几何常数 K_g 相近的 MPP 粉末磁心。

（1）磁心编号为 55059－A2。

（2）制造商为 Magnetics。

（3）磁路长度，MPL=5.7cm。

（4）磁心质量，W_{tFe}=15.0g。

（5）铜质量，W_{tCu}=15.2g。

（6）平均匝长，MLT=3.2cm。

（7）磁心有效截面积，A_c=0.331cm^2。

（8）窗口面积，W_a=1.356cm^2。

（9）面积积，A_p=0.449cm^4。

（10）磁心几何常数，K_g=0.0186cm^5。

（11）表面面积，A_t=28.6cm^2。

（12）磁导率，μ=60。

（13）每 1000 匝毫亨数，A_L=43mH。

步骤 6：计算匝数 N

$$N = 1000\sqrt{\frac{L_{(\text{new})}}{L_{(1000)}}}(\text{匝})$$
$$= 1000\sqrt{\frac{0.05}{43}}(\text{匝})$$
$$= 34(\text{匝})$$

步骤 7：计算电流有效值 I_{rms}

$$I_{rms} = \sqrt{I_{o(\max)}^2 + \Delta I^2}(\text{A})$$
$$= \sqrt{5^2 + 1^2}(\text{A})$$
$$= 5.1(\text{A})$$

步骤 8：使用窗口利用系数（K_u=0.4）计算电流密度 J

$$J = \frac{NI}{W_a K_u}(\text{A/cm}^2)$$

$$= \frac{34 \times 5.1}{1.356 \times 4}(\mathrm{A/cm^2})$$

$$= 320(\mathrm{A/cm^2})$$

步骤 9：计算需要的磁导率 $\Delta\mu$

$$\Delta u = \frac{B_m \times MPL \times 10^4}{0.4\pi W_a J K_u}$$

$$= \frac{0.3 \times 5.7 \times 10^4}{1.256 \times 1.356 \times 320 \times 0.4}$$

$$= 78.4, \text{取 } 60\text{perm}$$

步骤 10：计算磁通密度峰值 B_m

$$B_m = \frac{0.4\pi N I_{pk} \mu_r \times 10^4}{MPL}(\mathrm{T})$$

$$= \frac{1.25 \times 34 \times 5.5 \times 60 \times 10^{-4}}{5.7}(\mathrm{T})$$

$$= 0.247(\mathrm{T})$$

步骤 11：计算需要的裸导线面积 $A_{w(B)}$

$$A_{w(B)} \frac{I_{rms}}{J}(\mathrm{cm^2})$$

$$= \frac{5.1}{320}(\mathrm{cm^2})$$

$$= 0.0159(\mathrm{cm^2})$$

步骤 12：根据需要的导线面积在第 4 章的导线表中选择导线尺寸。如果导线面积超过了需要达到的面积几个百分点，应选择与之相邻的最小面积尺寸

$$\mathrm{AWG} = \#15$$

$$A_{w(B)} = 0.0165$$

$$\mu\Omega/\mathrm{cm} = 104$$

步骤 13：计算绕组电阻 R

$$R = MLT(N)\left(\frac{\mu\Omega}{\mathrm{cm}}\right) \times 10^{-6}(\Omega)$$

$$= 3.2 \times 34 \times 104 \times 10^{-6}(\Omega)$$

$$= 0.0113(\Omega)$$

步骤 14：计算绕组铜损 P_{Cu}

$$P_{Cu} = I^2 R(\mathrm{W})$$

$$= 5.1^2 \times 0.0113(\mathrm{W})$$

$$= 0.294(\mathrm{W})$$

步骤 15：计算磁场强度 H

$$H = \frac{0.4\pi N I_{pk}}{MPL}(\mathrm{Oe})$$

$$= \frac{1.256 \times 34 \times 5.5}{5.7}(\text{Oe})$$

$$= 41.2(\text{Oe})$$

步骤 16：计算交流磁通密度 B_{ac}

$$B_{ac} = \frac{0.4\pi N\left(\frac{\Delta I}{2}\right)\mu_r \times 10^{-4}}{MPL}(\text{T})$$

$$= \frac{1.256 \times 34 \times 0.5 \times 60 \times 10^{-4}}{5.7}(\text{T})$$

$$= 0.0225(\text{T})$$

步骤 17：计算每千克瓦数（W/K），使用第 7 章给出的 MPP 60 磁导率的粉末磁心

$$W/K = 0.788 \times 10^{-3} f^{1.41} B_{ac}{}^{2.24}(\text{W/kg})$$

$$= 0.788 \times 10^{-3} \times 100000^{1.41} \times 0.0225^{2.24}(\text{W/kg})$$

$$= 1.80(\text{W/kg})$$

步骤 18：计算磁心损耗 P_{Fe}。

$$P_{Fe} = \left(\frac{\text{mW}}{\text{g}}\right) W_{tFe} \times 10^{-3}(\text{W})$$

$$= 1.8 \times 15 \times 10^{-3}(\text{W})$$

$$= 0.027(\text{W})$$

步骤 19：计算总损耗 P_{Σ}

$$P_{\Sigma} = P_{Fe} + P_{Cu}(\text{W})$$

$$= 0.027 + 0.294(\text{W})$$

$$= 0.321(\text{W})$$

步骤 20：计算单位面积瓦数 Ψ

$$\Psi = \frac{P_{\Sigma}}{A_t}(\text{W/cm}^2)$$

$$= \frac{0.321}{28.6}(\text{W/cm}^2)$$

$$= 0.0112(\text{W/cm}^2)$$

步骤 21：计算温升 T_r

$$T_r = 450\Psi^{0.826}(^\circ\text{C})$$

$$= 450 \times 0.0112^{0.826}(^\circ\text{C})$$

$$= 11.0(^\circ\text{C})$$

步骤 22：计算总窗口利用系数 K_u

$$K_u = \frac{NA_{w(B)}}{W_a}$$

$$= \frac{34 \times 0.0165}{1.356}$$

$$= 0.0414$$

粉末磁心电感器设计测试数据 (利用磁心几何常数 K_g 法)

总结

以下内容为上述设计的粉末磁心电感器测试数据。若只用一根导线制作电感器，即便设计非常紧凑，也很难达到规定的电阻值。如果要求工程师设计出来的电感器电阻值更接近于设计规格，应同时使用一根粗线和一根略细的导线形成双线再绕制电感器绕组。这相当于将两个电阻并联在一起，有助于获得更准确的电阻值。作者希望本章给出的分步设计方法能帮助读者更好地了解给定阻值滤波电感器的设计过程。至此，我们完成了电感器实例的设计和测试工作。在满足了设计要求的同时，也向读者展示了一种典型的设计方法。

测试数据

(1) 频率，f=100kHz。

(2) 电感值，L=54μH。

(3) 电感值，L=50μH（5A 电流时）。

(4) 输出电流，I_o=5.0A。

(5) 直流电阻，R_L=0.0119Ω。

(6) 温升，T_r=12.5℃。

(7) 窗口利用系数（见第 4 章），K_u=0.404。

(8) 最大工作磁通密度，B_m=0.247T。

开气隙铁氧体电感器设计实例 (利用磁心几何常数 K_g 法)

磁心和导线数据均来自于第 3 和第 4 章。在本开气隙电感器设计实例中，假设图 26-2 中的输出滤波器 L_2 的规格参数如下。

步骤 1：设计规格为：

(1) 频率，f=100kHz。

(2) 电感值，L=50μH。

(3) 输出电流，I_o=4.0A。

(4) 电流变化量，ΔI=0.4A。

(5) 直流电阻，R=0.01Ω。

(6) 温升，$T_r \leqslant 20℃$。

(7) 窗口利用系数（见第 4 章），$K_u = 0.313$。

(8) 工作磁通密度，$B_m = 0.25T$。

步骤 2：计算峰值电流 I_{pk}

$$I_{pk} = I_{o(max)} + \left(\frac{\Delta I}{2}\right)(A)$$
$$= 4.0 + \frac{0.4}{2}(A)$$
$$= 4.2(A)$$

步骤 3：计算能量处理能力 W－s（以瓦一秒为单位）

$$能量 = \frac{LI_{pk}^2}{2}(W-s)$$
$$= \frac{50 \times 10^{-6} \times 4.2^2}{2}(W-s)$$
$$= 0.000441(W-s)$$

步骤 4：计算电系数 K_e

$$K_e = \frac{345L}{B_m^2 R_L}$$
$$= \frac{345 \times 50 \times 10^{-6}}{0.25^2 \times 0.01}$$
$$= 27.6$$

步骤 5：计算磁心几何常数 K_g。由于本设计实例使用了铁氧体磁心，应将磁心几何常数 K_g 增大 20%左右，见第 4 章关于骨架铁氧体磁心窗口利用系数（K_u）部分内容。

$$K_g = K_e(\text{Energy}) \times 1.20(cm^5)$$
$$= 27.6 \times 0.000441 \times 1.20(cm^5)$$
$$= 0.0146(cm^5)$$

步骤 6：在第 7 章里选择一种与磁心几何常数 K_g 相近的罐形磁心

(1) 磁心编号为 PC-42213。

(2) 制造商为 Magnetics。

(3) 磁路长度，$MPL = 3.12cm$。

(4) 磁心质量，$W_{tFe} = 13g$。

(5) 铜质量，$W_{tCu} = 6.2g$。

(6) 平均匝长，$MLT = 4.4cm$。

(7) 磁心有效截面积，$A_c = 0.634cm^2$。

(8) 窗口面积，$W_a = 0.414cm^2$。

(9) 面积积，$A_p = 0.262cm^4$。

(10) 磁心几何常数，$K_g = 0.0151cm^5$。

(11) 绕组长度，$G=0.940\text{cm}$。

(12) 表面面积，$A_t=16.4\text{cm}^2$。

(13) 磁导率，$\mu=2500P$

(14) 每 1000 匝毫亨数，$A_L=4393\text{mH}$。

步骤 7：使用面积积公式（A_p）计算电流密度 J

$$J=\frac{2(\text{Energy})\times 10^4}{B_m A_p K_u}(\text{A/cm}^2)$$

$$=\frac{2\times 0.000441\times 10^4}{0.25\times 0.262\times 0.4}(\text{A/cm}^2)$$

$$=337(\text{A/cm}^2)$$

步骤 8：计算电流有效值 I_{rms}

$$I_{rms}=\sqrt{I_o^2+\Delta I^2}(\text{A})$$

$$=\sqrt{4.0^2+0.4^2}(\text{A})$$

$$=4.02(\text{A})$$

步骤 9：计算需要的裸导线面积 $A_{w(B)}$

$$A_{w(B)}=\frac{I_{rms}}{J}(\text{cm}^2)$$

$$=\frac{4.02}{337}(\text{cm}^2)$$

$$=0.0119(\text{cm}^2)$$

步骤 10：在第 4 章的导线表中选择导线。如果导线面积超过了需要达到的面积几个百分点，应选择与之相邻的尺寸最小的导线，此外，还应记下每厘米导线的电阻值（mΩ）

$$\text{AWG}=\#17$$

$$\text{裸导线},A_{w(B)}=0.01039(\text{cm}^2)$$

$$\text{绝缘导线},A_W=0.0117(\text{cm}^2)$$

$$\left(\frac{\mu\Omega}{\text{cm}}\right)=166\text{m}\Omega/\text{cm}$$

步骤 11：计算有效窗口面积 $W_{a(eff)}$。使用步骤 6 计算出窗口面积。S_3 的典型值为 0.6，如第 4 章所述

$$W_{a(eff)}=W_a S_3(\text{cm}^2)$$

$$=0.414\times 0.60(\text{cm}^2)$$

$$=0.248(\text{cm}^2)$$

步骤 12：使用第 10 步计算出来的绝缘导线面积 A_w，计算可能的匝数 N。S_2 的典型值为 0.61，如第 4 章所述

$$N=\frac{W_{a(eff)}S_2}{A_W}(\text{匝})$$

$$=\frac{0.248\times 0.61}{0.0117}(\text{匝})$$

$$=12.9,\text{取 }13(\text{匝})$$

步骤 13：计算需要的气隙 l_g

$$l_g = \frac{0.4\pi N^2 A \times 10^{-8}}{L} \left(\frac{MPL}{\mu_m}\right) \text{(cm)}$$

$$= \frac{1.26 \times 13^2 \times 0.634 \times 10^{-8}}{0.00005} - \frac{3.12}{2500} \text{(cm)}$$

$$= 0.0257 \text{(cm)}$$

步骤 14：计算等效气隙，以密耳为单位。

$$\text{mils} = \text{cm} \times 393.7$$

$$= 0.0257 \times 393.7$$

$$= 10，此时\ \text{cm} = 0.0254$$

步骤 15：计算边缘磁通系数 F

$$F = 1 + \frac{l_g}{\sqrt{A_c}} \ln\left(\frac{2G}{l_g}\right)$$

$$= 1 + \frac{0.0254}{\sqrt{0.634}} \ln\left(\frac{2 \times 0.940}{0.0254}\right)$$

$$= 1.14$$

步骤 16：插入边缘磁通系数 F，计算新的匝数 N_n

$$N_n = \sqrt{\frac{l_g L}{0.4\pi A_c F \times 10^{-8}}} \text{（匝）}$$

$$= \sqrt{\frac{0.0254 \times 0.00005}{1.26 \times 0.634 \times 1.14 \times 10^{-8}}} \text{（匝）}$$

$$= 12 \text{（匝）}$$

步骤 17：计算绕组电阻 R_L。使用第 6 步计算出来的平均匝长（MLT）和第 10 步算出的每厘米毫欧值

$$R_L = (MLT) N_n \left(\frac{\mu\Omega}{\text{cm}}\right) \times 10^{-6} (\Omega)$$

$$= 4.4 \times 12 \times 166 \times 10^{-6} (\Omega)$$

$$= 0.0088 \text{（}\Omega\text{）}$$

步骤 18：计算铜损 P_{Cu}

$$P_{Cu} = I_{rms}^2 R_L \text{(W)}$$

$$= 4.02^2 \times 0.0088 \text{（W）}$$

$$= 0.142 \text{（W）}$$

步骤 19：计算交流磁通密度 B_{AC}

$$B_{AC} = \frac{0.4\pi N_n F \left(\frac{\Delta L}{2}\right) \times 10^{-4}}{l_g + \left(\frac{MPL}{\mu_m}\right)} \text{（T）}$$

$$=\frac{1.26\times 12\times 1.14\times \frac{0.4}{2}\times 10^{-4}}{0.0254+\frac{3.12}{2500}}\ (\mathrm{T})$$

$$=0.0129\ (\mathrm{T})$$

步骤 20：利用第 2 章给出的公式计算铁氧体材料 P 的每千克瓦数。每千克瓦数可改写成 mW/g

$$\mathrm{mW/g}=kf^{m}B_{ac}^{n}$$
$$=0.00004855\times 100000^{1.63}\times 0.0129^{2.62}$$
$$=0.0769$$

步骤 21：计算磁心损耗 P_{Fe}

$$P_{Fe}=(\mathrm{mW/g})(W_{tFe}\times 10^{-3})\ (\mathrm{W})$$
$$=0.0769\times 13\times 10^{-3}(\mathrm{W})$$
$$=0.001\ (\mathrm{W})$$

步骤 22：计算总损耗，铜损＋磁心损耗，P_{Σ}

$$P_{\Sigma}=P_{Fe}+P_{Cu}(\mathrm{W})$$
$$=0.001+0.265\ (\mathrm{W})$$
$$=0.266\ (\mathrm{W})$$

步骤 23：计算单位面积瓦数 Ψ，使用第 6 步计算出来的表面积 A_t

$$\Psi=\frac{P_{\Sigma}}{A_t}\ (\mathrm{W/cm^2})$$
$$=\frac{0.266}{16.4}\ (\mathrm{W/cm^2})$$
$$=0.0162\ (\mathrm{W/cm^2})$$

步骤 24：计算温升 T_r

$$T_r=450(\Psi)^{(0.826)}(^\circ\mathrm{C})$$
$$=450\times 0.0162^{0.826}(^\circ\mathrm{C})$$
$$=14.9\ (^\circ\mathrm{C})$$

步骤 25：计算磁通密度的峰值 B_{pk}

$$B_{pk}=\frac{0.4\pi N_n F\left(1_{DC}+\frac{\Delta I}{2}\right)\times 10^{-4}}{l_g+\left(\frac{MPL}{\mu_m}\right)}\ (\mathrm{T})$$

$$=\frac{1.26\times 12\times 1.14\times 4.2\times 10^{-4}}{0.0254+\frac{3.12}{2500}}\ (\mathrm{T})$$

$$=0.271\ (\mathrm{T})$$

步骤 26：计算总窗口利用系数 K_u。

$$K_u = \frac{NA_{u(B)}}{W_a} = \frac{12 \times 0.01039}{0.414} = 0.301$$

开气隙铁氧体电感器设计测试数据（利用磁心几何常数 K_g 法）

总结

以下内容为上述设计的开气隙铁氧体电感器测试数据。若只用一根导线制作电感器，即便设计非常紧凑，也很难达到规定的电阻值。如果要求工程师设计出来的电感器的电阻值更接近于设计规格，应同时使用一根粗线和一根略细的导线形成双线再绕制电感器绕组。这相当于将两个电阻并联在一起，有助于获得更准确的电阻值。作者希望本章给出的分步设计方法能帮助读者更好地了解给定阻值滤波电感器的设计过程。至此，我们完成了实例电感器的设计和测试工作。本文在满足了设计要求的同时，也向读者展示了一种典型的设计方法。

测试数据

（1）频率，$f=100\text{kHz}$。

（2）电感值，$L=52\mu\text{H}$。

（3）电感值，$L=49\mu\text{H}$（4.0A 电流时）。

（4）输出电流，$I_o=4.0\text{A}$。

（5）直流电阻，$R_L=0.0088\Omega$。

（6）温升，$T_r=12.1℃$。

（7）窗口利用系数（见第 4 章），$K_u=0.301$。

（8）最大工作磁通密度，$B_m=0.271\text{T}$。

粉末磁心输入电感器设计实例（利用磁心几何常数 K_g 法）

在这个典型设计实例中，假设图 26-2 中的输入滤波器规格参数如下。

（1）频率，$f=100\text{kHz}$。

（2）电感值，$L=125\mu\text{H}$。

（3）输入电流，$I_{in}=2.5\text{A}$。

（4）电流变化量，$\Delta I=0.010\text{A}$。

（5）直流电阻，$R=0.05\Omega$。

(6) 温升，$T_r \leqslant 20℃$。

(7) 窗口利用系数，$K_u = 0.4$。

(8) 工作磁通密度，$B_m = 0.3T$。

这种设计方法同样适用于所有类型的粉末磁心。需要注意的是，最大磁通密度会随着材料和磁心损耗的不同而发生变化。

步骤 1：计算峰值电流 I_{pk}

$$I_{pk} = I_{in(max)} + \left(\frac{\Delta l}{2}\right) \text{(A)}$$

$$= 2.5 + \frac{0.01}{2} \text{(A)}$$

$$= 2.505 \text{(A)}$$

步骤 2：计算能量处理能力（以 W-s 为单位）

$$\text{能量} = \frac{LI_{pk}^2}{2} \text{(W-s)}$$

$$= \frac{125 \times 10^{-6} \times 2.505^2}{2} \text{(W-s)}$$

$$= 0.000392 \text{(W-s)}$$

步骤 3：计算电系数 K_e

$$K_e = \frac{345L}{B_m^2 R_L}$$

$$= \frac{345 \times 125 \times 10^{-6}}{0.3^2 \times 0.05}$$

$$= 9.58$$

步骤 4：计算磁心几何常数 K_g

$$K_g = K_e(\text{Energy}) \text{(cm}^5\text{)}$$

$$= 9.58 \times 0.000392 \text{(cm}^5\text{)}$$

$$= 0.00376 \text{(cm}^5\text{)}$$

步骤 5：在第 3 章里选择一种与磁心几何常数 K_g 相近的铁硅铝（Sendust）粉末磁心

(1) 磁心编号为 77121-A7。

(2) 制造商为 Magnetics。

(3) 磁路长度，$MPL = 4.11cm$。

(4) 磁心质量，$W_{tFe} = 5.524g$。

(5) 铜质量，$W_{tCu} = 6.10g$。

(6) 平均匝长，$MLT = 2.5cm$。

(7) 磁心有效截面积，$A_c = 0.192cm^2$。

(8) 窗口面积，$W_a = 0.684cm^2$。

（9）面积积，$A_p = 0.131\text{cm}^4$。

（10）磁心几何常数，$K_g = 0.00403\text{cm}^5$。

（11）表面面积，$A_t = 16.0\text{cm}^2$。

（12）磁导率，$\mu = 60$。

（13）每 1000 匝毫亨数，$A_L = 35\text{mH}$。

步骤 6：计算匝数 N

$$N = 1000\sqrt{\frac{L_{(\text{new})}}{L_{1000}}}\ (\text{匝})$$

$$= 1000\sqrt{\frac{125}{35}}\ (\text{匝})$$

$$= 59.7\text{，取 }60\ (\text{匝})$$

步骤 7：计算电流有效值 I_{rms}

$$I_{\text{rms}} = \sqrt{I_{\text{o(max)}}^2 + \Delta I^2}\ (\text{匝})$$

$$= \sqrt{2.5^2 + 0.01^2}\ (\text{匝})$$

$$= 2.50\ (\text{匝})$$

步骤 8：使用窗口利用系数（$K_u = 0.4$）计算电流密度 J

$$J = \frac{NI}{W_a K_a}\ (\text{A/cm}^2)$$

$$= \frac{60 \times 2.5}{0.684 \times 4}\ (\text{A/cm}^2)$$

$$= 458\ (\text{A/cm}^2)$$

步骤 9：计算需要的磁导率 $\Delta\mu$

$$\Delta\mu = \frac{B_m(MPL) \times 10^4}{0.4\pi \times W_a J K_u}$$

$$= \frac{0.3 \times 4.11 \times 10^4}{1.256 \times 0.684 \times 458 \times 0.4}$$

$$= 78.3\text{，取 }60\text{pem}$$

步骤 10：计算磁通密度的峰值 B_m

$$B_m = \frac{0.4\pi N I_{\text{pk}} \mu_r \times 10^{-4}}{MPL}\ (\text{T})$$

$$= \frac{1.256 \times 60 \times 2.5 \times 60 \times 10^{-4}}{4.11}\ (\text{T})$$

$$= 0.275\ (\text{T})$$

步骤 11：计算需要的裸导线面积 $A_{w(B)}$

$$A_{w(B)} = \frac{I_{\text{rms}}}{J}\ (\text{cm}^2)$$

$$= \frac{2.5}{458}\ (\text{cm}^2)$$

$$=0.00546\ (\text{cm}^2)$$

步骤 12：根据需要的导线面积在第 4 章的导线表中选择导线尺寸。如果导线面积超过了需要达到面积的 10%，应选择与之相邻的面积最小的尺寸。

$$AWG = \#20$$
$$A_{w(B)} = 0.00519$$
$$\mu\Omega/\text{cm} = 332$$

步骤 13：计算绕组电阻 R

$$R = MLT(N)\left(\frac{\mu\Omega}{\text{cm}}\right)\times 10^{-6}(\Omega)$$
$$= 2.5\times 60\times 332\times 10^{-6}(\Omega)$$
$$= 0.0498\ (\Omega)$$

步骤 14：计算绕组铜损 P_{Cu}

$$P_{Cu} = I^2 R\ (\text{W})$$
$$= 2.5^2\times 0.0498\ (\text{W})$$
$$= 0.311\ (\text{W})$$

步骤 15：计算磁场强度 H，以奥斯特为单位

$$H = \frac{0.4\pi N I_{pk}}{MPL}\ (\text{Oe})$$
$$= \frac{1.256\times 60\times 2.5}{4.11}\ (\text{Oe})$$
$$= 45.8\ (\text{Oe})$$

步骤 16：计算交流磁通密度 B_{AC}，以特斯拉为单位

$$B_{AC} = \frac{0.4\pi N\left(\frac{\Delta I}{2}\right)\times \mu_r\times 10^{-4}}{MPL}\ (\text{T})$$
$$= \frac{1.256\times 60\times 0.005\times 60\times 10^{-4}}{4.11}\ (\text{T})$$
$$= 0.00055\ (\text{T})$$

说明：通常情况下，输入滤波电感器的交流磁通密度非常低。

步骤 17：使用第 2 章给出的铁硅铝（Sendust）60 磁导率的粉末磁心，计算每千克瓦数（W/K）。

$$W/K = 0.634\times 10^{-3} f^{1.46} B_{AC}^{2.0}(\text{W/kg})$$
$$= 0.634\times 10^{-3}\times 100000^{1.46}\times (0.00055)^{2.0}(\text{W/kg})$$
$$= 0.00383\ (\text{W/kg})$$

步骤 18：计算磁心损耗 P_{Fe}

$$P_{Fe} = \left(\frac{\text{mW}}{\text{g}}\right) W_{tFe}\times 10^{-3}(\text{W})$$

$$=0.00383 \times 5.524 \times 10^{-3}\text{(W)}$$
$$=4.5 \times 10^{-7}\text{(W)}$$

步骤19：计算总损耗 P_{Σ}

$$P_{\Sigma}=P_{Fe}+P_{Cu}\text{(W)}$$
$$=0.000+0.311\text{ (W)}$$
$$=0.311\text{ (W)}$$

步骤20：计算单位面积瓦数 Ψ

$$\Psi=\frac{P_{\Sigma}}{A_t}\text{ (W/cm}^2\text{)}$$
$$=\frac{0.311}{16}\text{ (W/cm}^2\text{)}$$
$$=0.0194\text{ (W/cm}^2\text{)}$$

步骤21：计算温升 T_r

$$T_r=450\Psi^{0.826}\text{(℃)}$$
$$=450 \times 0.0194^{0.826}\text{(℃)}$$
$$=17.3\text{ (℃)}$$

步骤22：计算总窗口利用系数 K_u

$$K_u=\frac{NA_{w(B)}}{W_a}$$
$$=\frac{60 \times 0.00519}{0.684}$$
$$=0.455$$

粉末磁心输入电感器设计测试数据（利用磁心几何常数 K_g 法）

总结

以下内容为上述设计的粉末磁心电感器测试数据。若只用一根导线制作电感器，即便设计非常紧凑，也很难达到规定的电阻值。如果要求工程师设计出来的电感器的电阻值更接近于设计规格，应同时使用一根粗线和一根略细的导线形成双线再绕制电感器绕组。这相当于将两个电阻并联在一起，有助于获得更准确的电阻值。作者希望本章给出的分步设计方法能帮助读者更好地了解给定阻值滤波电感器的设计过程。至此，我们完成了实例电感器的设计和测试工作。本文在满足了设计要求的同时，也向读者展示了一种典型的设计方法。

测试数据为：

（1）频率，f=100kHz。

（2）电感值，L=125μH。

(3) 电感值，$L=103\mu H$（2.5A 电流时）。

(4) 输出电流，$I_o=2.5A$。

(5) 直流电阻，$R_L=0.0503\Omega$。

(6) 温升，$T_r=16.6℃$。

(7) 窗口利用系数（见第 4 章），$K_u=0.455$。

(8) 最大工作磁通密度，$B_m=0.275T$。

致　谢

在此衷心感谢 Leightner 电子公司的工程师 Charles Barnett 为我们提供了电感器设计实例，并开展了相应的测试工作。

Leightner Electronics Inc。

1501 S. Tennessee St.

McKinney，TX. 75069

同时，我们也衷心感谢 Paul A. Levin 在我们已有的磁心几何常数（K_g）公式基础上推导出了这些公式。

索 引

E

F

G

H

Q

R

S

❶ 原文这里是“Eddy carrenf loss”，查看 2—4 页，应为 Hycferesis loss。